国家电网
STATE GRID

国家电网公司

生产技能人员职业能力培训专用教材

电力通信 上

国家电网公司人力资源部　组编

葛剑飞　主编

中国电力出版社
CHINA ELECTRIC POWER PRESS

内容提要

《国家电网公司生产技能人员职业能力培训教材》是按照国家电网公司生产技能人员模块化培训课程体系的要求,依照《国家电网公司生产技能人员职业能力培训规范》(简称《培训规范》),结合生产实际编写而成。

本套教材作为《培训规范》的配套教材,共72册。本册为专用教材部分的《电力通信》,全书共22个部分83章277个模块,主要内容包括通信原理,光纤通信,SDH原理,交换原理,计算机网络设备,网络安全管理及设备,光缆基础,设备安装,通信机房安全与防护技术,规程、规范及标准,通信电源及其维护,仪表工具的使用,通信线缆制作及布线,网络设备配置与调试,网络运行与维护,SDH调试与维护,PCM调试与维护,光缆施工、维护及故障处理,程控交换机硬件及维护,程控交换机软件配置及维护,调度台维护,网络安全防护。

本书可作为供电企业电力通信工作人员的培训教学用书,也可作为电力职业院校教学参考书。

图书在版编目(CIP)数据

电力通信. 上 / 国家电网公司人力资源部组编. —北京:中国电力出版社,2010.8(2022.2 重印)

国家电网公司生产技能人员职业能力培训专用教材

ISBN 978-7-5123-0799-5

Ⅰ. ①电…　Ⅱ. ①国…　Ⅲ. ①电力系统–通信–技术培训–教材　Ⅳ. ①TM73

中国版本图书馆 CIP 数据核字(2010)第 189308 号

中国电力出版社出版、发行

(北京三里河路 6 号　100044　http://www.cepp.com.cn)

北京九州迅驰传媒文化有限公司印刷

各地新华书店经售

*

2010 年 9 月第一版　　2022 年 2 月北京第九次印刷

880 毫米×1230 毫米　16 开本　54 印张　1660 千字

印数 17101—17300 册　　定价 198.00 元(上、下册)

《国家电网公司生产技能人员职业能力培训专用教材》

编 委 会

国家电网公司
生产技能人员职业能力培训专用教材

前　　言

为大力实施"人才强企"战略，加快培养高素质技能人才队伍，国家电网公司按照"集团化运作、集约化发展、精益化管理、标准化建设"的工作要求，充分发挥集团化优势，组织公司系统一大批优秀管理、技术、技能和培训教学专家，历时两年多，按照统一标准，开发了覆盖电网企业输电、变电、配电、营销、调度等34个职业种类的生产技能人员系列培训教材，形成了国内首套面向供电企业一线生产人员的模块化培训教材体系。

本套培训教材以《国家电网公司生产技能人员职业能力培训规范》（Q/GDW 232—2008）为依据，在编写原则上，突出以岗位能力为核心；在内容定位上，遵循"知识够用、为技能服务"的原则，突出针对性和实用性，并涵盖了电力行业最新的政策、标准、规程、规定及新设备、新技术、新知识、新工艺；在写作方式上，做到深入浅出，避免烦琐的理论推导和验证；在编写模式上，采用模块化结构，便于灵活施教。

本套培训教材涵盖34个职业的通用教材和专用教材，共72个分册、5018个模块，每个培训模块均配有详细的模块描述，对该模块的培训目标、内容、方式及考核要求进行了说明。其中：通用教材涵盖了供电企业多个职业种类共同使用的基础、专业基础、基本技能及职业素养等知识，包括《电工基础》、《电力安全生产及防护》等38个分册、1705个模块，主要作为供电企业员工全面系统学习基础理论和基本技能的自学教材；专用教材涵盖了单一职业种类专用的所有专业知识和专业技能，按照供电企业生产模式分职业单独成册，每个职业分为Ⅰ、Ⅱ、Ⅲ等3个级别，包括《变电检修》、《继电保护》等34个分册、3313个模块，可以分别作为供电企业生产一线辅助作业人员、熟练作业人员和高级作业人员的岗位技能培训教材，也可作为电力职业院校的教学参考书。

本套培训教材的出版是贯彻落实国家人才队伍建设总体战略，充分发挥企业培养高技能人才主体作用的重要举措，是加快推进国家电网公司发展方式和电网发展方式转变的迫切要求，也是有效开展电网企业教育培训和人才培养工作的重要基础，必将对改进生产技能人员培训模式，推进培训工作由理论灌输向能力培养转型，提高培训的针对性和有效性，全面提升员工队伍素质，保证电网安全稳定运行、支撑和促进国家电网公司可持续发展起到积极的推动作用。

本套教材共72个分册，本册为专用教材部分的《电力通信》。

本书中第一部分通信原理，由江苏省电力公司薛如桂编写；第二部分光纤通信，由江苏省电力公司薛如桂编写；第三部分SDH原理，由上海市电力公司陈瑜编写；第四部分交换原理，由青海省电力公司曹建雪、赵元珍编写；第五部分计算机网络设备，由山东电力集团公司王兆佩编写；第六部分网络安全管理及设备，由山东电力集团公司王兆佩编写；第七部分光缆基础，由江西省电力公司朱兰编写；第八部分设备安装，由江苏省电力公司薛如桂编写；第九部分通信机房安全与防护技术，由上海市电力公司瞿长春编写；第十部分规程、规范及标准，由江苏省电力公司薛如桂、山东电力集团公司王兆佩、上海市电力公司姚贤炯编写；第十一部分通信电源及其维护，由上海市电力公司姚贤炯编写；第十二部分仪表工具的使用，由江苏省电力公司薛如桂编写；第十三部分通信线缆制作及布线，由江西省电力公司朱兰编写；第十四部分网络设备配置与调试，由山东电力集团公司王兆佩编写；第十五部分网络运行与维护，由山东电力集团公司王兆佩编写；第十六部分SDH调试与维护，由上海市电力公司陈瑜编写；第十七部分PCM调试与维护，由上海市电力公司葛剑飞编写；第十八部分光缆施工、维护及故障处理，由江西省电力公司朱兰编写；第十九部分程控交换机硬件及维护，由青海省电力公司曹建雪、赵元珍编写；第二十部分程控交换机软件配置及维护，由青海省电力公司曹建雪、赵元珍编写；第二十一部分调度台维护，由青海省电力公司曹建雪、赵元珍编写；第二十二部分网络安全防护，由山东电力集团公司王兆佩编写。全书由上海市电力公司葛剑飞担任主编。华北电网有限公司张红红担任主审，国家电力调度通信中心杨斌、华北电网有限公司冷中林、张维、彭柏参审。

由于编写时间仓促，本套教材难免存在疏漏之处，恳请各位专家和读者提出宝贵意见，使之不断完善。

国家电网公司
生产技能人员职业能力培训专用教材

目　录

上　册

第一部分　通　信　原　理

第五部分　计 算 机 网 络 设 备

第六部分　网络安全管理及设备

第七部分 光 缆 基 础

第八部分 设 备 安 装

第九部分 通信机房安全与防护技术

第十部分 规程、规范及标准

第十一部分　通信电源及其维护

第十二部分　仪表工具的使用

第十三部分　通信线缆制作及布线

第十四部分　网络设备配置与调试

下　册

第十五部分　网络运行与维护

第十六部分　SDH 调试与维护

第十七部分　PCM 调试与维护

第一部分

通信原理

第一章 通 信 概 述

模块 1 通信系统的组成（ZY3200101001）

【模块描述】本模块介绍了通信系统的基本组成，包含通信系统模型、模拟通信和数字通信系统的模型及其优缺点、电力系统通信设备连接情况。通过模型框图示例、流程图形介绍，掌握通信系统的基本组成及特点。

【正文】

一、通信系统模型

通信的目的是传输消息。消息包括符号、文字、话音、音乐、图片、数据、影像等形式。基本的点对点通信都是将消息从发送端通过某种信道传递到接收端。这种通信系统可由图 ZY3200101001-1 中的模型加以概括。发送端的作用是把各种消息转换成原始电信号。为了使原始信号适合在信道上传输，需要对原始信号进行某种变换，然后再送入信道。信道是信号传输的通道。接收端的作用是从接收到的信号中恢复出相应的原始信号，再转换成相应的消息。图中所示的噪声源是信道中的噪声以及分散在通信系统其他各处的噪声的集中表示。

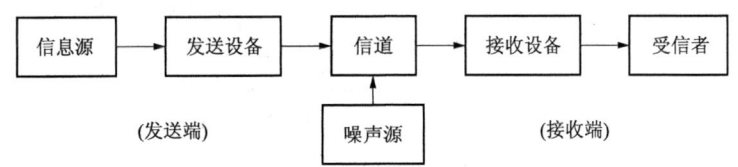

图 ZY3200101001-1 通信系统的简化模型

二、模拟通信和数字通信

可以将各种不同的消息分成数字消息（离散消息）和模拟消息（连续消息）两大类。数字消息是指消息的状态是可数的或离散型的，如符号、文字或数据等。模拟消息是指消息的状态是连续变化的，如连续变化的语音、图像等。

为了传递消息，各种消息需要转换成电信号，消息和电信号之间必须建立单一的对应关系，这样在接收端才能准确地还原出原来的消息。通常，消息被载荷在电信号的某一参量上，如果电信号的该参量携带着离散消息，则该参量是离散取值的，这样的信号就称为数字信号。如果电信号的该参量是连续取值的，这样的信号就称为模拟信号。按照信道中传输的是模拟信号还是数字信号，把通信系统分成模拟通信系统和数字通信系统。

在通信过程中，也可以先将模拟信号变换成数字信号，经数字通信方式传输到接收端，再将数字信号反变换成模拟信号。数字通信与模拟通信相比，更加适应对通信技术越来越高的要求。数字通信的优点主要表现在以下几个方面：数字传输抗干扰能力强，尤其在中继时可以消除噪声的积累；传输差错可以控制，改善了传输质量；便于使用现代数字信号处理技术对数字信号进行处理；数字信号易于做高保密性的加密处理；数字通信可以综合传递各种消息，增强通信系统的功能。

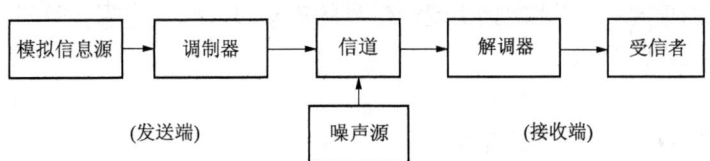

图 ZY3200101001-2 模拟通信系统模型

三、模拟通信与数字通信系统模型

模拟通信系统需要两种变换。首先，发送端的连续消息需要变换成原始电信号，接收端收到的信号需要反变换成原连续消息。第二种变换是将原始电信号变换成适合信道传输的信号，接收端需进行反变换。这种变换和反变换通常被称为调制和解调。调制后的信号称为已调信号或频带信号，将发送端调制前和接收端解调后的信号（即原始电信号）称为基带信号。模拟通信系统模型如图ZY3200101001-2所示。

数字通信中强调已调参量与基带信号之间的一一对应；数字信号传输差错可以控制，这需要通过差错控制编码等手段来实现，因此在发送端需要增加一个编码器，而在接收端需要一个相应的解码器；当需要保密时，需要在发送端加密，在接收端解密。

点对点的数字通信系统模型如图ZY3200101001-3所示。

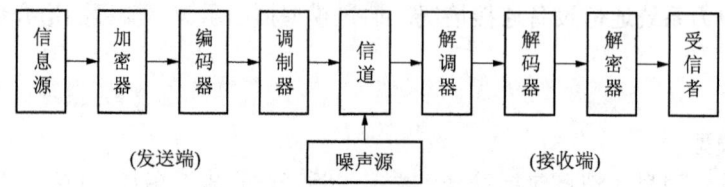

图 ZY3200101001-3　点对点的数字通信系统模型

数字通信的许多优点都是用比模拟通信占据更宽的系统频带换来的。以电话为例，一路模拟电话通常只占据4kHz带宽，而一路传输质量相同的数字电话要占用数十千赫兹的带宽。

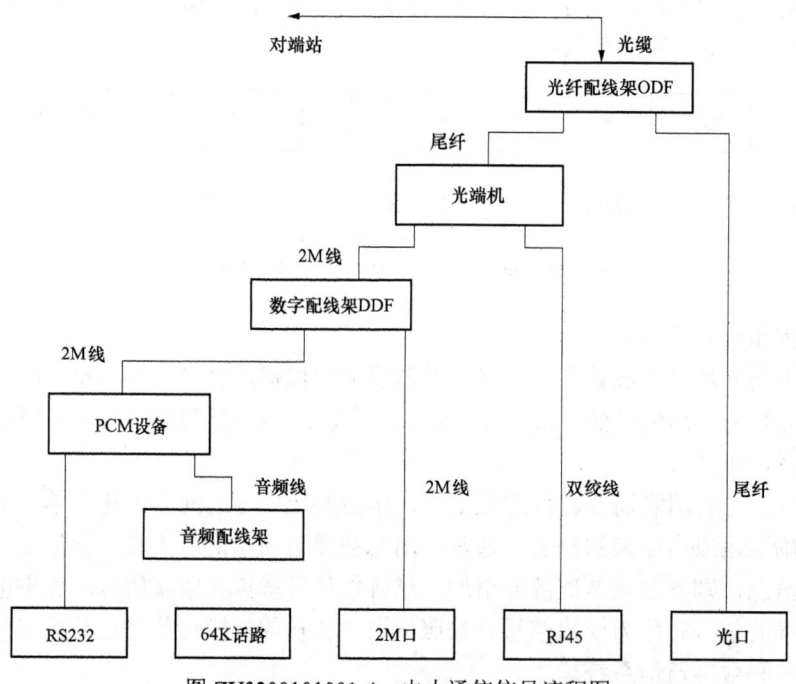

图 ZY3200101001-4　电力通信信号流程图

四、电力系统通信设备连接

图 ZY3200101001-4 表示出电力系统通信中常用设备的连接情况。通过音频配线架实现音频信号的连接；PCM的主要功能是将音频信号汇接成2M信号或将2M信号解复用成音频信号；通过数字配线架实现2M信号的连接；光端机的主要功能是将2M信号或以太网信号汇接成光信号或将光信号解复用2M信号或以太网信号；通过光配架实现光信号的连接。远动、继电保护等设备可能分别提供64K、2M、以太网（RJ45）或光接口。

【思考与练习】

1. 什么是模拟通信？什么是数字通信？

2. 电力系统设备提供通信端口有哪些类型？

模块 2　通信系统的分类及通信方式（ZY3200101002）

【模块描述】本模块介绍了通信系统的分类及通信方式，包含通信系统的几种分类方式以及几种通信方式。通过分类介绍、图形示例，熟悉通信系统常用的分类方式，掌握几种通信方式的基本概念。

【正文】

一、通信系统分类

1. 按消息的物理特征分类

根据消息的物理特征不同，通信系统分为电话通信系统、数据通信系统、图像通信系统等。目前电话通信网最为普及，其他消息常常通过公共的电话通信网传送。

2. 按调制方式分类

根据是否采用调制，通信系统分为基带传输和频带（调制）传输。基带传输是将未经调制的信号直接传送，如音频市内电话。频带传输是将各种信号调制后再进行传输。

3. 按传输介质分类

根据传输介质的不同，通信系统分为有线通信系统和无线通信系统两大类。

4. 按信号的特征分类

按照信道中传输的是模拟信号还是数字信号，通信系统分为模拟通信系统和数字通信系统。

5. 按信号复用方式分类

信号的复用有三种方式：频分复用、时分复用和码分复用。频分复用方式是将信道的可用频带划分为若干互不交叠的频段，每路信号的频谱占用其中的一个频段，以实现多路传输。传统的模拟通信大都采用频分复用。时分复用方式是把一条物理通道按照不同的时刻分成若干条通信信道，各信道按照一定的周期和次序轮流使用物理通道，从宏观上看，一条物理通路可以同时传送多条信道的信息。随着数字通信的发展，时分复用通信系统的应用越来越广泛。码分复用方式是用一组包含互相正交的码字的码组携带多路信号。码分复用多用于空间扩频通信和移动通信系统中。

二、通信方式

（1）对于点与点之间的通信，按消息传送的方向与时间关系，可分为单工通信、半双工通信及全双工通信三种方式。

1）单工通信方式是指消息只能单方向传输，如图 ZY3200101002-1 所示，如遥测、遥信、遥控等。

2）半双工通信方式是指通信双方都能收发消息，但不能同时进行收发的工作方式，如图 ZY3200101002-2 所示，如使用同一载频的无线电对讲机。

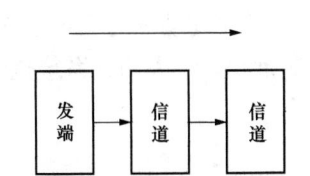

图 ZY3200101002-1　单工通信方式

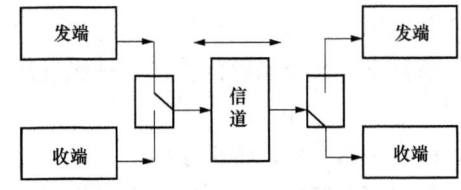

图 ZY3200101002-2　半双工通信方式

3）全双工通信方式是指通信双方可同时进行收发消息的工作方式，如图 ZY3200101002-3 所示，如普通电话。

（2）在数字通信中，按照数字信号码元排列方式不同，分为串行传输和并行传输。

1）串行传输是将数字信号码元序列按时间顺序一个接一个地在信道中传输，如图 ZY3200101002-4 所示。这种通信方式只需要占用一条通路，一般用于长距离的数字通信。

2）并行传输是将数字信号码元序列分割成两路或两路以上的数字信号码元序列同时在信道上传输，如图 ZY3200101002-5 所示。并行传输一般用于近距离的数字通信，它需要占用两条或两条以上的通路。

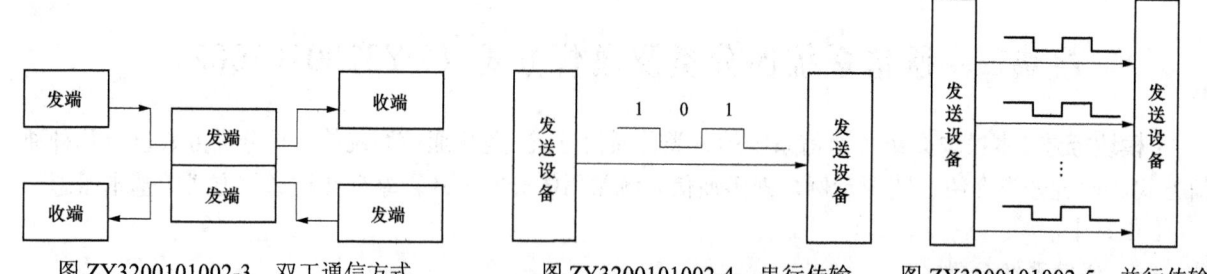

图 ZY3200101002-3　双工通信方式　　图 ZY3200101002-4　串行传输　　图 ZY3200101002-5　并行传输

（3）实际的通信系统分为专线和通信网两类，专网为两点间设立专用传输线的通信称为专线通信，有时称为点对点的通信，多点间的通信属于通信网。通信网的基础是点对点的通信。

【思考与练习】

1. 通信系统有哪几种分类方式？
2. 信号的复用方式有哪几种？简述其基本概念。
3. 什么是单工通信、半双工通信和全双工通信？

模块 3　通信系统的性能指标（ZY3200101003）

【模块描述】本模块介绍了通信系统的性能指标，包含通信系统的性能指标、模拟通信中误差产生的原因、数字通信系统的性能指标。通过概念介绍、举例讲解，掌握通信系统主要性能指标及其基本概念。

【正文】

一、通信系统的性能指标

通信系统的性能指标主要包括有效性和可靠性。有效性主要指消息传输的"速度"问题；可靠性主要是指消息传输的"质量"问题。这是两个相互矛盾的问题，通常只能依据实际要求取得相对统一。在满足一定可靠性指标下，尽量提高消息的传输速度；或者在维持一定有效性指标下，尽可能提高消息的传输质量。

模拟通信中还有一个重要的性能指标，即均方误差。它是衡量发送的模拟信号与接收端还原的模拟信号之间误差程度的质量指标。均方误差越小，还原的信号越逼真。

模拟通信中误差的产生有两个原因：一是信道传输特性不理想，由此产生的误差称为乘性干扰产生的误差，这种干扰会随着信号的消失而消失；二是由于信号在传输时叠加在信道上的噪声，由此产生的误差称为加性干扰产生的误差，这种干扰不管信号有无、强弱始终都会存在。对于加性干扰产生的误差通常用信噪比这一指标来衡量，信噪比是指接收端的输出信号的平均功率与噪声平均功率之比。在相同的条件下，某个系统的输出信噪比越高，则该系统的通信质量越好，表明该系统抗信道噪声的能力越强。

二、数字通信系统的性能指标

在数字通信系统中，常用时间间隔相同的符号来表示一位二进制数字。这个时间间隔称为码元长度，这个时间间隔内的信号称为二进制码元。同样，N 进制的信号也是等长的，被称为 N 进制码元。数字通信系统有两个主要的性能指标：传输速率和差错率。

1. 传输速率

通常是以码元传输速率来衡量。码元传输速率（R_B）又称为码元速率，它是指每秒钟传送的码元的数量，单位为"波特（B）"。

例 1：某系统每秒钟传送 2400 个码元，则该系统的码元速率 R_B 为 2400B。

码元传输速率又叫调制速率。它表示信号调制过程中，1 秒内调制信号（即码元）变换的次数。

例 2：二进制调频波，一个"1"变成"0"符号的持续信号时间 $T=833\times10^{-6}$，则：调制速率为 $R_B=1/T=1/(833\times10^{-6})\approx1200$（B）。

消息传输速率 R_b 是指单位时间（每秒）内所传输的信息量，单位为比特/秒（bit/s）。在二进制数字通信中，码元传输速率与信息传输速率在数值上是相等的，但单位不同，意义不同。在多进制系统中：

$N=2^n$（N—进制数，n—二进制码元数）

$R_b = R_B \log_2 N$（bit/s）（R_B—码元速率，R_b—消息传输速率）

例 3：在四进制中，已知码元速率 R_B 为 600B，则：信息传输速率 R_b =600$\log_2$4=1200（bit/s）。

2. 差错率

差错率主要有误码率和误信率两种表述方法。

（1）误码率是在传输过程中发生误码的码元个数与传输的总码元数之比，它表示码元在传输系统中被传错的概率，通常以 P_e 来表示。即：P_e =错误接收的码元个数/传输码元的总数。

误码率 P_e 是指某一段时间内的平均误码率。对于同一条通信线路，由于测量的时间长短不同，误码率也不一样。在测量时间长短相同时，测量时间的分布不同，如上午和下午，它们的测量结果也不相同。因此，在对通信系统进行差错率测试时，应取较长时间的平均误码率。

（2）误信率是指错误接收的信息量在传送信息总量中所占的比例，它是码元的信息量在传输系统中被丢失的概率。通常以 P_b 来表示。即：P_b =传错的比特数/传输的总比特数。

【思考与练习】

1. 通信系统的性能指标主要包括哪些？

2. 模拟通信中误差产生的原因有哪两个？

3. 数字通信系统性能指标主要有哪两个？

模块 3

ZY3200101003

第二章 信　道

模块 1　信道的概念（ZY3200102001）

【模块描述】 本模块介绍了信道的概念，包含信道的定义、调制信道、编码信道及数学模型。通过概念介绍、图形讲解，掌握信道的定义、分类及数学模型。

【正文】

一、信道的定义

信道是信号的传输媒质，分为有线信道和无线信道两类。有线信道包括同轴电缆及光缆等。无线信道包括地波传播、超短波或微波、人造卫星等。

广义的信道是除传输媒质外，还包括有关的变换装置，如发送设备、接收设备、调制器、解调器、馈线与天线等，将这种扩大范围的信道称之为广义信道，而称前者为狭义信道。

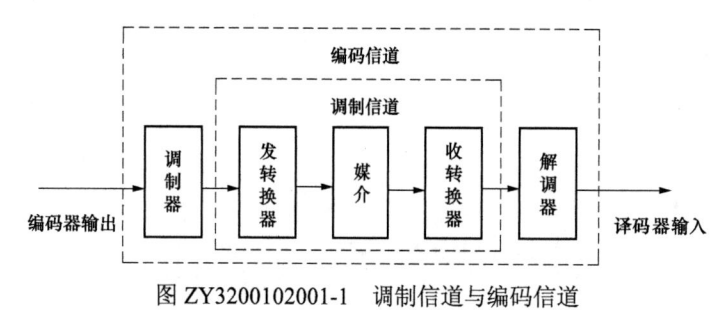

图 ZY3200102001-1　调制信道与编码信道

广义信道按照它包含的功能划分为调制信道与编码信道。调制信道是指从调制器输出端到解调器输入端的部分。编码信道是指从编码器输出端到译码器输入端的部分。调制信道与编码信道如图 ZY3200102001-1 所示。

二、信道数学模型

1. 调制信道模型

调制信道是传输已调信号，它的输入端和输出端分别与调制器输出端和调制器输入端相连接，因此，它显然可以被视为一个二对端网络。大量考察后可知，这个网络是时变线性网络，称之为调制信道模型，如图 ZY3200102001-2 所示。

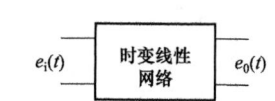

图 ZY3200102001-2　调制信道模型

对于二对端的信道模型，其输入与输出的关系为

$$e_0(t) = f[e_i(t)] + n(t)$$

式中　$e_i(t)$ ——输入的已调信号；

$n(t)$ ——加性噪声或称加性干扰，它与 $e_i(t)$ 没有任何依赖关系；

$f[e_i(t)]$ ——已调信号通过网络所发生的（时变）线性变换；

$e_0(t)$ ——信道总的输出。

设 $f[e_i(t)] = k(t)e_i(t)$，其中，$k(t)$ 依赖于网络的特性，$k(t)$ 乘以 $e_i(t)$ 反映网络特性对 $e_i(t)$ 的影响。$k(t)$ 的存在，对 $e_i(t)$ 来说是一种干扰，通常称为乘性干扰，所以二对端信道的数学模型为

$$e_0(t) = k(t)e_i(t) + n(t)$$

综上所述，信道对信号的影响可归结为两点：一是乘性干扰 $k(t)$，二是加性干扰 $n(t)$。信道的不同特性反映在信道模型仅为 $k(t)$ 和 $n(t)$ 的不同。

因为信道的迟延特性和损耗特性随时间而随机变化，通常乘性干扰 $k(t)$ 只能用随机过程来表述。经过大量观察表明，有些信道对信号的影响是相对固定的或者变化极为缓慢的；而有些信道是随机快速变化的。因此，在分析研究乘性干扰 $k(t)$ 时，通常将信道分成两类：一类称为非恒（定）参（量）

信道，即 $k(t)$ 是随机快速变化的，另一类为恒（定）参（量）信道，即 $k(t)$ 不随时间变化或基本不变化。

2. 编码信道模型

编码信道对信号的影响是一种数字序列的变换，也就是将一种数字序列变成另一种数字序列。有时将编码信道看成是一种数字信道。

由于编码信道包含调制信道，因此它要受到调制信道的影响。调制信道越差，则发生错误的概率则越大。因此，编码信道模型可以用数字的转移概率来描述。常见的二进制数字传输系统的编码模型如图 ZY3200102001-3 所示。

其中，$P(0/0)$、$P(1/0)$、$P(0/1)$、$P(1/1)$ 称为信道转移概率；$P(0/0)$、$P(1/1)$ 是正确转移的概率，$P(1/0)$、$P(0/1)$ 是错误转移的概率，并满足下列关系

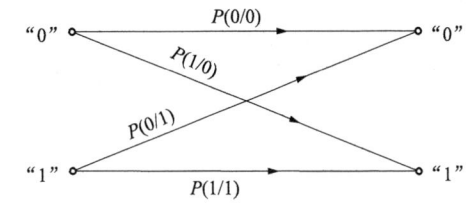

图 ZY3200102001-3 二进制数字传输系统的编码模型

$$P(0/0)=1-P(1/0)；\quad P(1/1)=1-P(0/1)$$

转移概率完全决定于编码信道的特性，一个特定的编码信道有确定的转移概率，通常通过对实际编码信道作大量的统计分析后得到。

【思考与练习】

1. 什么是信道？它可分成哪两种类型？

2. 什么是调制信道？什么是编码信道？

3. 什么是非恒参信道？什么是恒参信道？

模块 2 恒参信道及其特性（ZY3200102002）

【模块描述】本模块介绍了恒参信道及其特性，包含几种恒参信道及其特性、均衡的基本概念。通过概念介绍、图形讲解，掌握恒参信道的特性及其对信号传输的影响。

【正文】

恒参信道是指由电缆、光导纤维、人造卫星、中长波地波传播、超短波及微波视距传播等传输媒质构成的信道。

一、有线电信道

1. 对称电缆

对称电缆是指在同一保护套内有许多对相互绝缘的双导线的传输媒质。导线材料主要是铜或铝，直径为 0.4～1.4mm。为了减小各线对之间的干扰，每一对线都拧成扭绞状。对称电缆的传输损耗相对较大但其传输特性比较稳定。

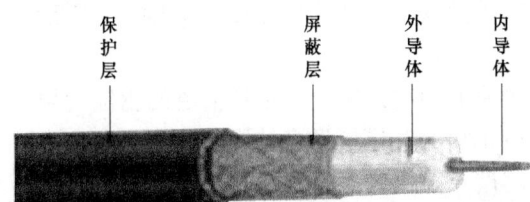

图 ZY3200102002-1 同轴电缆的基本结构

2. 同轴电缆

同轴电缆由同轴的两个导体构成，外导体是一个圆柱形的空管，在可弯曲的同轴电缆中，它可以由金属丝编织而成。内导体是金属线。它们之间填充着塑料或空气等介质。同轴电缆的基本结构如图 ZY3200102002-1 所示。

二、光纤信道

光纤信道是以光导纤维（简称光纤）为传输媒质、以光波为载波的信道。它能够实现大容量的传输。光纤具有损耗低、频带宽、线径细、重量轻、可弯曲半径小、不怕腐蚀以及不受电磁干扰等优点。

三、无线电视距中继

无线电视距中继是指工作频率在超短波和微波波段时，电磁波基本上是沿视线传播，通信距离依靠中继方式延伸的无线电电路。相邻中继站之间的距离一般在 40～50km。

10

无线电中继信道如图 ZY3200102002-2 所示。它由终端站、中继站及各站间的电波传播路径构成，具有传输容量大、发射功率小、通信稳定可靠等优点，主要用于长途干线、移动通信网以及某些数据收集系统。

四、卫星中继信道

卫星中继信道是无线电中继信道的一种特殊形式，如图 ZY3200102002-3 所示。它是航天技术与通信技术相结合的产物。卫星中继信道由通信卫星、地球站、上行线路及下行线路构成。其中，上行线路与下线线路是地球站至卫星及卫星至地球站的电波传播路径，而信道设备集中于地球站与卫星中继站中。它具有传输距离远、覆盖地域广、传播稳定可靠、传输容量大等优点，广泛用于传输多路电话、电报、数据和电视。

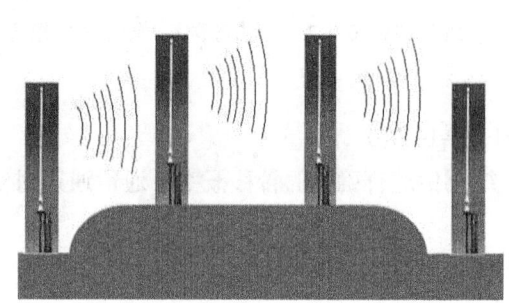

图 ZY3200102002-2　无线电中继信道

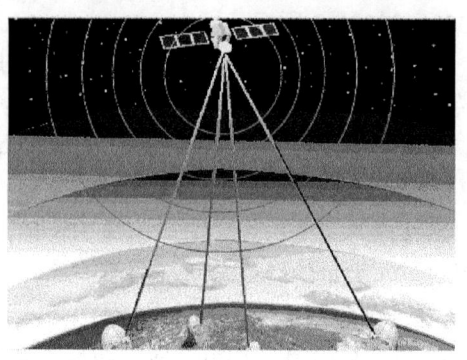

图 ZY3200102002-3　卫星中继信道

五、恒参信道特性及其对信号传输的影响

恒参信道对信号传输的影响是相对确定的或者变化是极其缓慢的，可以认为恒参信道是一个线性非时变网络。传输特性通常用幅度—频率特性及相位—频率特性来表征。下面以有线电音频信道为例，简要说明上述两个特征。

1. 幅度—频率畸变

幅度—频率畸变是由有线电话信道的幅度—频率特性的不理想所引起的。在通常的电话信道中可能存在各种滤波器，还可能有混合线圈、串联电容和分路电感等。因此，电话信道的幅度—频率特性总是不理想的，通常在 300~1100Hz 范围内衰耗比较平坦。

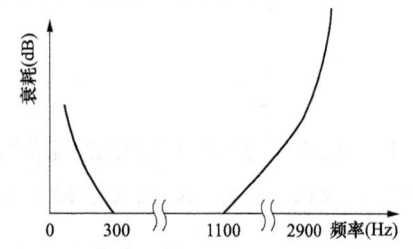

图 ZY3200102002-4　音频电话信道的相对衰耗

不均匀衰耗使得传输信号的幅度随频率发生畸变，引起信号波形的失真。如果传输的是数字信号，还会引起相邻码元波形在时间上的相互重叠，造成码间串扰。在设计电话信道时，一般要求将幅度—频率畸变控制在一个允许的范围，通过改善信道的滤波性能或者增加一个线性补偿网络达到均衡目的。

音频电话信道的相对衰耗如图 ZY3200102002-4 所示。

2. 相位—频率畸变

相位—频率畸变是指信道的相位—频率特性偏离线性关系而引起的畸变。电话信道的相位—频率畸变主要来源于信道中的各种滤波器和加感线圈。相位—频率畸变对模拟话音的通信影响不大，主要表现在对数字信号传输的影响上，当传输速率高时，会引起严重的码间串扰。

六、均衡的概念

实际的基带传输系统不可能完全满足无码间串扰传输条件，因而码间串扰是不可避免的。当串扰严重时，必须对系统的传输函数进行校正，使其达到或接近无码间串扰要求的特性。理论和实践表明，在基带系统中插入一种可调（或不可调）滤波器就可以补偿整个系统的幅频和相频特性，从而减小码间串扰的影响。这个对系统校正的过程称为均衡，实现均衡的滤波器称为均衡器。

均衡分为频域均衡和时域均衡。频域均衡是从频率响应考虑，使包括均衡器在内的整个系统的总传输函数满足无失真传输条件。而时域均衡，则是直接从时间响应考虑，使包括均衡器在内的整个系

模块
2

ZY3200102002

统的冲激响应满足无码间串扰条件。

频域均衡在信道特性不变且传输低速率数据时是适用的，而时域均衡可以根据信道特性的变化进行调整，能够有效地减小码间串扰，故在高速数据传输中得以广泛应用。

【思考与练习】

1. 恒参信道的传输媒介包括哪些？
2. 有线电音频信道中引起幅度—频率畸变和相位—频率畸变的原因是什么？
3. 什么是均衡器？它有什么作用？

模块 3 随参信道及其特性（ZY3200102003）

【模块描述】本模块介绍了随参信道及其特性，包含短波电离层反射信道、对流层散射信道以及随参信道的特性和分集接收技术。通过概念介绍、图形讲解，熟悉恒参信道特性以及改善随参信道特性的分集接收技术。

【正文】

随参信道包括短波电离层反射、超短波流星余迹散射、超短波及微波对流层散射、超短波电离层散射以及超短波超视距绕射等。下面介绍其中的两种。

一、短波电离层反射信道

短波是指波长为 100～10m（相应的频率为 3～30MHz）的无线电波。短波的传播既可沿地表面传播，称为地波传播；也可由电离层反射传播，称为天波传播。离地面高 60～600km 的大气层称为电离层。电离层是由分子、原子、离子及自由电子组成的。短波电磁波从电离层反射的传播路径如图 ZY3200102003-1 所示。短波电离层反射信道是远距离传输的重要信道之一。

在短波电离层反射信道中，存在多径传播，引起多径传播的主要原因包括：

（1）电离层不均匀性引起的漫射现象；

（2）电波经电离层的一次反射和多次反射；

（3）几个反射层高度不同；

（4）地球磁场引起的电磁波束分裂成寻常波与非寻常波。

主要优点包括：

（1）要求的功率较小，终端设备的成本较低；

（2）传播距离远；

（3）受地形限制较小；

（4）有适当的传输频带宽度；

（5）不易受到人为的破坏。

主要缺点包括：

（1）传输可靠性差，电离层中的异常变化会引起较长时间的通信中断；

（2）干扰电平高；

（3）需要经常更换工作频率，因而使用较复杂；

（4）存在快衰落与多径时延失真。

二、对流层散射信道

离地面 10～12km 以下的大气层称为对流层。在对流层中，由于大气对流层湍流运动等原因产生了不均匀性，因此引起散射，如图 ZY3200102003-2 所示。对流层散射信道是一种超视距的传播信道，可工作在超短波和微波波段。其一跳的传播距离约为 100～500km。主要应用于干线通信，通常每隔 300km 左右建立一个中继站；或者用于点对点通信，如海岛与陆地、山区与城市之间的通信。

对流层散射信道的主要特点简述如下：

1. 衰落

散射信号电平是不断随时间变化的，这些变化分为慢衰落和快衰落。

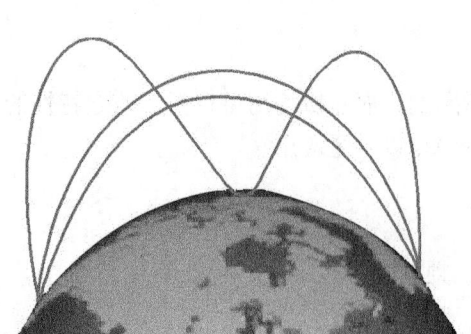

图 ZY3200102003-1　短波电离层反射的传播路径

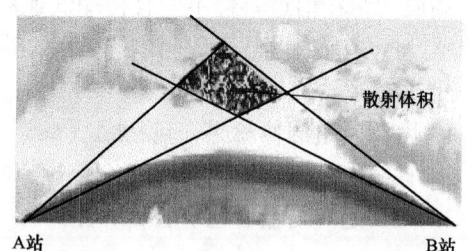

图 ZY3200102003-2　对流层散射传播路径

（1）慢衰落（长期变化），主要取决于气象条件。在一天之内，中午的信号比早晚弱；在一年之内，夏季的信号比冬季强。慢衰落常用小时中值相对月中值的起伏来表示。

（2）快衰落（短期变化），主要由多径传播引起。散射体积内各不均匀气团散射的电波是经过多条路径到达接收点的，形成了接收信号的快衰落，即信号振幅和相位的快速随机变化。克服快衰落影响的有效方法是分集接收。

2. 传播损耗

无线电波经散射传播能量的损耗包括两个部分：一是自由空间的能量扩散损耗；二是散射损耗。

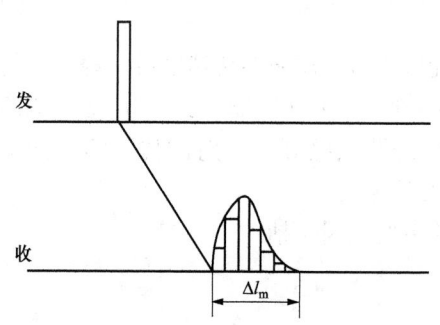

图 ZY3200102003-3　多径传播后脉冲被展宽

3. 信道的允许频带

散射信道属于典型的多径信道。多径传播不仅会引起信号电平的快衰落，而且还会导致波形失真。如图 ZY3200102003-3 所示，某时刻的窄脉冲经过不同长度的路径到达接收点后，因为到达接收点的时刻不同，结果脉冲被展宽。这种现象称为信号的时间扩散，简称为多径时散。

4. 天线与媒质间的耦合损耗

随着天线增益的提高，散射体积减小，因而接收电平不能按比例增加。天线在自由空间的理论增益与在对流层散射线路上测得的实际增益之差称为天线与媒质间的耦合损耗。

三、随参信道特性

随参信道的传输媒质的特点概括为：

（1）对信号的衰耗随时间而变化；

（2）传播的时延随时间而变化；

（3）多径传播。

在多径传播的随参信道中，每条路径的信号其衰耗和时延都是随机变化的，接收信号将是衰减和时延都随时间变化的各路径的信号的合成。

四、分集接收技术

为了抗快衰落，最为有效且被广泛应用的措施是分集接收技术。分集接收的基本思想是快衰落信道中接收的信号是到达接收机的各径分量的合成，如果在接收端同时获得几个不同路径的信号，将这些信号适当合并构成总的接收信号，则大大减小衰落的影响。只要被分集的几个信号之间是统计独立的，那么经适当的合并后就能使系统性能人为改善。分集接收可看作是随参信道中的一个组成部分。

分集方式大致有以下几种：

（1）空间分集。在接收端架设几副天线，各天线的位置有足够的间距，保证各自获得的信号基本上互相独立。

（2）角度分集。电磁波通过几个不同路径，并以不同角度到达接收端，接收端利用多个方向性尖锐的接收天线分离不同方向信号。

（3）频率分集。用多个不同载频传送同一个消息，如果各载频的频差相隔较远，那么各载频信号也基本上互不相关。

（4）极化分集。分别接收水平极化波和垂直极化波。当然，这两种波相关性一般极小。

分集的方法都不是互相排斥的，在实际应用中常常可以是组合式的。将各分散的信号进行合并的方法通常有：

（1）最佳选择方式。从几个分散信号中选择其中信噪比最好的一个作为接收信号。

（2）等增益相加方式。将几个分散信号以相同的支路增益进行直接相加作为接收信号。

（3）最大比值相加方式。控制各支路增益，使得它们分别和本支路的信噪比成正比，然后再相加作为接收信号。

各种合并方式改善总接收信噪比的能力不同，一般最大比值相加方式性能最好，其次为等增益相加方式，最佳选择方式最差。

【思考与练习】

1. 随参信道的传输媒介包括哪些？

2. 随参信道的传输媒质有什么特点？

3. 什么是分集接收技术？有哪几种分集方式？

4. 分集的方法如何进行组合使用？有几种方式？

模块 4 信道的加性噪声（ZY3200102004）

【模块描述】本模块介绍了信道的加性噪声的基本概念，包含加性噪声的来源、几种类型的随机噪声和起伏噪声。通过概念介绍、分类讲解，熟悉加性噪声的来源以及几种随机噪声和起伏噪声的产生机理及其对信号传输的影响。

【正文】

信道的加性噪声独立于有用信号，它始终干扰着有用信号，因此不可避免地对信道造成危害。

一、加性噪声的来源

信道中的加性噪声的来源有三个方面：人为噪声、自然噪声和内部噪声。人为噪声是指由于人类活动造成的其他信号源带来的干扰，如外台信号、开关接触噪声等。自然噪声是指由于自然界存在的各种电磁波源带来的干扰，如闪电等各种宇宙噪声。内部噪声是指由于系统设备本身产生的各种噪声，如电阻内自由电子的热运动(称为热噪声)、真空管中电子的起伏发射和半导体中载流子的起伏变化(称为散弹噪声)、电源噪声等。

二、加性噪声的分类

某些类型的噪声是确知的，如自激振荡、电源噪声等，从原理上讲是可以消除或基本消除这类噪声的。另一类噪声则不能准确预测它的波形，称为随机噪声。常见的随机噪声分为单频噪声、脉冲噪声和起伏噪声三类。

1. 单频噪声

单频噪声是一种连续波的干扰（如外台信号），它通常是一个已调正弦波，但其幅度、频率、相位往往是事先无法预知的。这种噪声占有极窄的频带，它不是在所有通信系统中都存在，而且也比较容易防止。

2. 脉冲噪声

脉冲噪声是在时间上无规则地突发的短促噪声，如工业上点火辐射、闪电等。这种噪声突发的脉冲幅度大，但其持续时间短，相邻突发脉冲之间往往有较长的时间间隔。从频谱上看，脉冲噪声通常有较宽的频谱，但频率越高，其频谱强度就越小。它对模拟话音信号的影响不大，但在数字通信系统中，一旦出现突发脉冲，将会导致一连串的误码，危害很大。在数字通信中通常采用纠错编码技术来减轻这种危害。

3. 起伏噪声

起伏噪声包括热噪声、散弹噪声及宇宙噪声。这些噪声总是普遍存在，并且是不可避免的，因此它是影响通信质量的主要因素之一。

（1）热噪声。热噪声是在电阻类导体中由于自由电子的布朗运动引起的噪声。电子的这种随机运动会产生一个交流电流成分。这个交流成分称为热噪声。热噪声服从高斯分布，且具有均匀的功率谱密度。

（2）散弹噪声。散弹噪声是由于真空电子管和半导体器件中电子发射的不均匀性引起的。在给定的温度下，每秒发射的电子平均数目是常数，但实际数目随时间是变化的和不可预测的，因此发射电子所形成的电流并不是固定的，而是在一个平均值上下起伏变化的。散弹噪声也服从高斯分布。

（3）宇宙噪声。宇宙噪声是指天体辐射波对接收机形成的噪声。实测表明，在 20～300MHz 的频率范围内，它的强度与频率的三次方成反比。宇宙噪声服从高斯分布，具有平坦的功率谱密度。

起伏噪声是通信系统中最基本的噪声来源。到达解调器输入端的噪声并不是起伏噪声的本身，而是它的某种变换形式——带通型噪声。因为起伏噪声到达解调器之前需经过接收转换器，而接收转换器的作用之一是滤出有用信号并部分地滤除噪声。它的输出噪声是带通型噪声，又称为窄带噪声。带通滤波器通常是一种线性网络，其输入端的噪声是高斯白噪声，所以它的输出窄带噪声应是窄带高斯噪声。

【思考与练习】

1. 什么是信道的加性噪声？它主要来源于哪几方面？
2. 常见的随机噪声分为哪几类？
3. 起伏噪声分为哪几类？

第三章 模拟调制系统

模块 1 幅度调制（ZY3200103001）

【**模块描述**】本模块介绍了幅度调制的基本概念，包含双边带信号、调幅信号、单边带信号、残留边带信号。通过波形分析、模型讲解，掌握幅度调制的原理以及线性调制系统对通信系统抗噪声性能的影响。

【**正文**】

一、调制的基本概念

基带信号不宜直接在信道中传输，需要将信源发出的原始电信号对频率较高的载波进行调制，才能使有用信号搬移到适合信道的频率范围内进行传输。而在通信系统的接收端则需要对已调信号进行解调，恢复出原始信号。

以模拟信号为调制信号，对连续的正（余）弦载波进行调制，这种调制方式称为模拟调制。根据载波参数的不同，分为幅度调制和角度调制。

幅度调制是正（余）弦载波的幅度随调制信号作线性变化的过程。在幅度调制中有常规调幅（AM）、双边带（DSB）调制、残留边带（VSB）调制和单边带（SSB）调制等方式。

二、调制方式

1. 常规调幅（AM）

设调制信号为 $m(t)$，$m(t)$ 叠加直流 A_0 后对载波的幅度进行调制，就形成了常规调幅信号，其时间波形表达式为

$$S_{AM}(t) = [A_0 + m(t)]\cos(\omega_c t + \phi_0)$$

式中　　A_0——外加的直流分量；

　　　　通常认为 $m(t)$ 的平均值等于 0；

　　　　ω_c——载波角频率；

　　　　ϕ_0——载波的初相位。

AM 信号的波形如图 ZY3200103001-1 所示。常规调幅信号的调制效率很低，这是因为载波分量不携带信息却占据了大部分的功率。从传输信息的角度来说，载波分量的功率是毫无意义的。

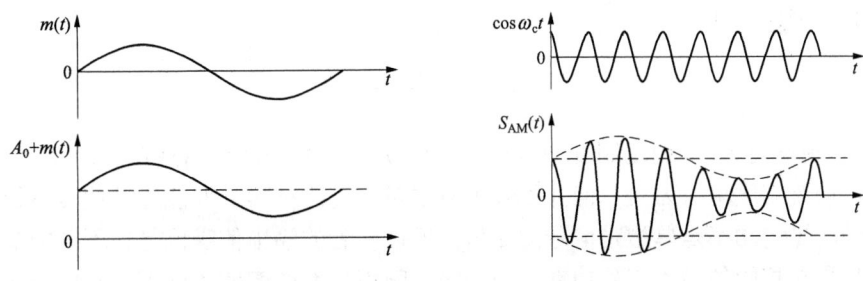

图 ZY3200103001-1　AM 信号的波形

2. 双边带调制（DSB）

调制信号为 $m(t)$ 上不附加直流分量 A_0，直接用 $m(t)$ 调制载波的幅度，则输出信号为无载波分量的双边带调制信号，简称 DSB 信号。其时间波形表达式为

$$S_{DSB}(t) = m(t)\cos(\omega_c t)$$

DSB 信号的波形如图 ZY3200103001-2 所示。抑制载波的双边带信号节省了载波功率，但是双边带的上、下两个边带是完全对称的，它们都携带了调制信号的全部信息，所以完全可以用一个边带来传输。这样，除了节省载波功率之外，还可节省一半传输频带，这就是单边带调制能解决的问题。

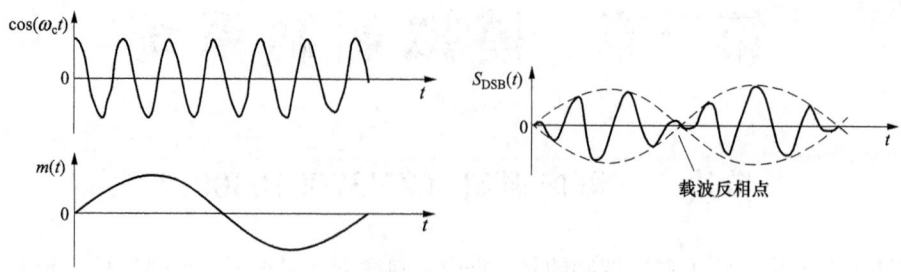

图 ZY3200103001-2　DSB 信号的波形

3. 单边带（SSB）调制

产生单边带信号最直观的方法是让双边带信号通过一个单边带滤波器，只保留所需要的一个边带，滤除不要的边带。这种方法称为滤波法，它是最简单也是最常用的方法。

4. 残留边带（VSB）信号

在残留边带调制中，除了传送一个边带外，还保留了另外一个边带的一部分。对于具有低频及直流分量的调制信号，用滤波法实现单边带调制时所需要的过渡带无限陡的理想滤波器，在残留边带调制中已不再需要，这就避免了实现上的困难。

残留边带调制是一种介于单边带调制与双边带调制之间的调制方式，它既克服了 DSB 信号占用频带宽的问题，又解决了单边带滤波器不易实现的难题。

三、线性调制系统的抗噪声性能

调制系统的抗噪声性能是利用解调器的抗噪声能力来衡量。抗噪声能力通常用"信噪比"来度量。信噪比是有用信号与噪声的平均功率之比。

图 ZY3200103001-3 为解调器模型。模型输入端的已调制信号用 $s_m(t)$ 表示，信道用相加器表示，加性高斯白噪声用 $n(t)$ 表示。$s_m(t)$、$n(t)$ 在到达解调器之前，通常都要经过一个带通滤波器，滤出有用信号并部分地滤除噪声。在解调器输入端的信号仍可认为是 $s_m(t)$，而噪声 $n(t)$ 则由白噪声变成带通噪声 $n_i(t)$。

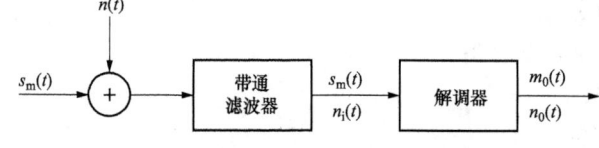

图 ZY3200103001-3　解调器模型

为了对解调器的抗噪声性能进行评估，通常用解调器的输出信噪比与输入信噪比的比值 G（称为调制制度增益）来表述，即

$$G = \frac{\text{输出信噪比}}{\text{输入信噪比}}$$

对于 DSB 调制系统而言，调制制度增益 $G=2$，即 DSB 信号的解调器使信噪比改善一倍。对于 SSB 调制系统而言，调制制度增益为 1。但并不表示双边带系统的抗噪声性能比单边带系统好，这是因为双边带已调信号的平均功率是单边带信号的 2 倍，所以两者的输出信噪比是在不同的输入信号功率情况下得到的。如果在相同的输入信号功率、相同输入噪声功率谱密度条件下，它们的输出信噪比是相等的，因此两者的抗噪声性能是相同的。

【思考与练习】

1. 最常用的模拟调制方式可分为哪两种？

2. 什么是幅度调制？幅度调制包括哪几种方式？

3. 什么是信噪比？

模块 2　非线性调制（ZY3200103002）

【**模块描述**】本模块介绍了非线性调制的原理，包含相位调制和频率调制。通过公式波形介绍、框图讲解，熟悉非线性调制的原理以及非线性调制系统对通信系统抗噪声性能的影响。

【**正文**】

幅度调制属于线性调制，其调制方法是用调制信号改变载波的幅度，以实现调制信号频谱的线性搬移。要完成频率的搬移，还可以采用另外一种调制方式，即用调制信号改变载波的频率或相位，但这种调制与线性调制不同，已调信号的频谱不再是原调制信号频谱的线性搬移，而是一种非线性变换，因而称为非线性调制。非线性调制分为频率调制（FM）和相位调制（PM），分别简称为调频和调相，两者又统称为角度调制。

一、角度调制的基本概念

任一未调制的正弦载波可表示为

$$S_{AM}(t) = A_0 \cos(\omega_c t + \phi_0)$$

式中　A_0——载波的恒定振幅；

$\omega_c t + \phi_0$——信号的瞬时相位，ϕ_0 为初相位。

调制后正弦载波可表示为

$$S_{AM}(t) = A_0 \cos[\omega_c t + \phi(t)] = A_0 \cos[\theta(t)]$$

式中　$\theta(t)$——信号的瞬时相位，$\theta(t) = \omega_c(t) + \phi(t)$；

$\phi(t)$——瞬时相位偏移。

$\dfrac{d\theta(t)}{dt}$ 称为信号的瞬时角频率；$\dfrac{d\phi(t)}{dt}$ 称为信号的瞬时角频率偏移。

二、频率调制（FM）

载波的振幅不变，调制信号控制载波的瞬时角频率偏移，使载波的瞬时角频率偏移按调制信号的规律变化，称之为频率调制（PM）。FM 信号的时域波形如图 ZY3200103002-1 所示。

三、相位调制（PM）

载波的振幅不变，调制信号控制载波的瞬时相位偏移，使载波的瞬时相位偏移按调制信号的规律变化，称之为相位调制（PM）。PM 信号的时域波形图如图 ZY3200103002-2 所示。

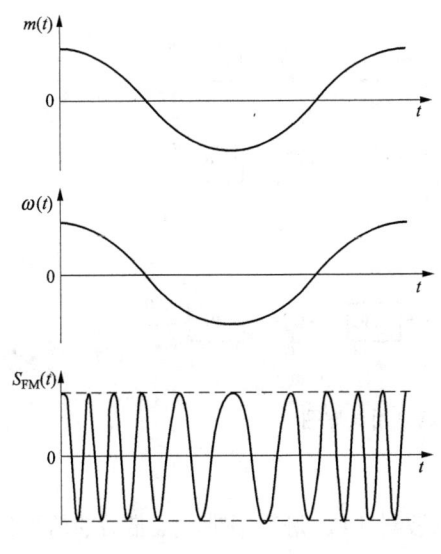
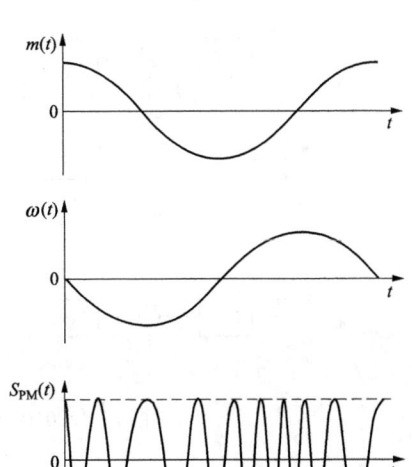
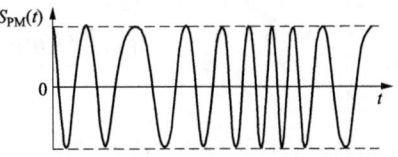

图 ZY3200103002-1　FM 信号的时域波形　　　　图 ZY3200103002-2　PM 信号的时域波形

四、非线性调制系统的抗噪声性能

因为频率调制和相位调制在本质上没有多大区别，所以选择常用的频率调制（调频）系统来分析非线性系统的抗噪声性能即可。

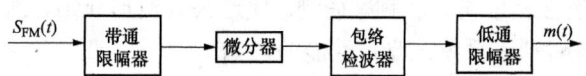

图 ZY3200103002-3 调频信号的解调方框图

调频信号的解调方法通常采用鉴频法，其方框图如图 ZY3200103002-3 所示。

图 ZY3200103002-3 中，带通限幅器的作用是消除接收信号在幅度上可能出现的畸变，鉴频器是由微分器和包络检波器组成。

以常用的调频系统来分析非线性系统的抗噪声性能可得到如下结论：

（1）在大信噪比情况下，调频系统抗噪声性能将好于调幅系统，且其抗噪声性能将随着传输带宽的增加而提高；

（2）在小信噪比情况下，在相同输入信噪比情况下，FM 输出信噪比要好于 AM 输出信噪比；但是，当输入信噪比低于某一门限并继续降低，则 FM 解调器的输出信噪比将急剧变坏，甚至比 AM 的性能还要差。

【思考与练习】

1. 什么是非线性调制？它有哪几种方式？
2. 什么是频率调制？什么是相位调制？
3. 从抗噪声性能的角度看，调频系统相比于调幅系统，情况如何？

模块 3 频分复用（ZY3200103003）

【模块描述】本模块介绍了频分复用的基本概念，包含频分复用系统组成、频分复用信号的频谱结构、频分复用系统的优缺点。通过框图讲解，掌握频分复用系统的基本概念。

【正文】

一、频分复用的基本概念

若干路独立的信号在同一信道中传送称为复用。频分复用是按频率分割多路信号的方法，即将信道的可用频带分成若干互不交叠的频段，每路信号占据其中的一个频段。在接收端用滤波器将多路信号分开，然后分别解调和终端接收。

二、频分复用系统组成

以线性调制信号的频分复用为例，其原理框图如图 ZY3200103003-1 所示。

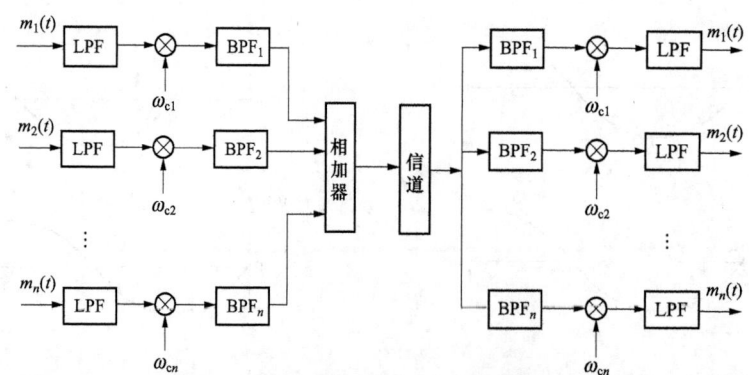

图 ZY3200103003-1 频分多路复用原理图

1. 发送端

为了限制已调信号的带宽，首先将各路信号通过低通滤波器 LPF 进行限带。限带后的信号分别对不同频率的载波进行线性调制，形成频率不同的已调信号。为了避免已调信号的频带交叠，再将各路已调信号送入对应的带通滤波器进行限带。限带后的已调信号相加后形成频分复用信号再送入信道中传输。

2. 接收端

在频分复用系统的接收端，首先用带通滤波器将多路信号分别提取，再由各自的解调器进行解调，最后经低通滤波器滤波后恢复为原调制信号。

三、频分复用系统的特点

1. 频分复用系统的优点

信道利用率高，分路方便。因此，频分复用是目前模拟通信中常采用的一种复用方式，特别是在有线和微波通信系统中应用十分广泛。

2. 频分复用系统的主要问题

频分复用系统中的主要问题是各路信号之间的相互干扰，即串扰。引起串扰的主要原因是滤波器特性不够理想和信道中的非线性特性造成的已调信号频谱的展宽。调制非线性所造成的串扰可以部分地由发送带通滤波器消除，但信道传输中非线性所造成的串扰无法消除。因而在频分多路复用系统中对系统线性的要求很高。另外，合理选择载波频率并在各路已调信号频谱之间留有一定的保护间隔，也是减小串扰的有效措施。

【思考与练习】

1. 什么是频分复用？频分复用系统有什么优点？

2. 频分复用系统存在的主要问题是什么？引起的原因是什么？可以采取哪些有效措施来解决？

模块 3

ZY3200103003

第四章 模拟信号的数字传输

模块 1 脉冲编码调制概述 (ZY3200104001)

【模块描述】本模块介绍了脉冲编码调制的基本知识，包含脉冲编码调制的基本原理以及对模拟信号进行抽样、量化过程。通过原理图形介绍、量化图形分析，掌握模拟信号的数字传输机理以及脉冲编码调制的原理和实现方法。

【正文】

一、脉冲编码调制（PCM）的基本原理

通信中的电话、图像等业务其信源是在时间和幅度上都是连续取值的模拟信号，要实现数字化传输，首先要把模拟信号变成数字信号。采用脉冲编码调制的模拟信号数字传输系统如图 ZY3200104001-1 所示。

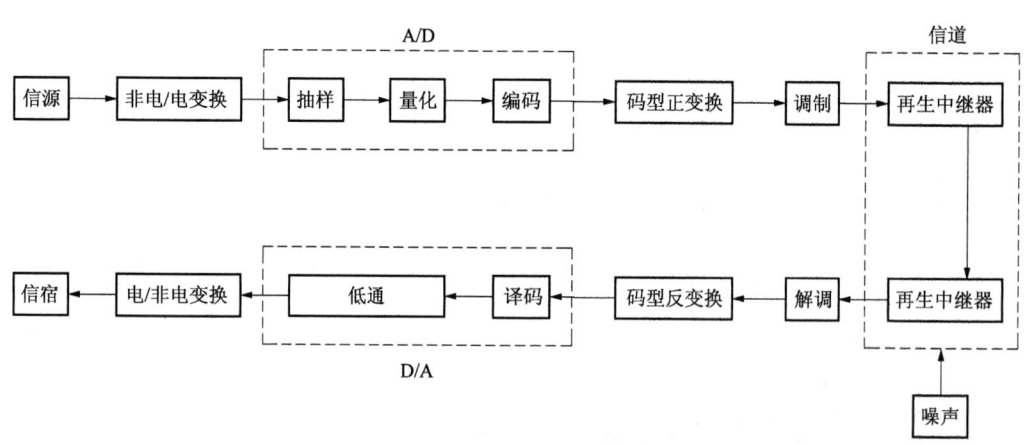

图 ZY3200104001-1　采用脉冲编码调制的模拟信号数字传输系统

在发送端把模拟信号转换为数字信号的过程简称为模数转换，通常用符号 A/D 表示。模数转换要经过抽样、量化和编码三个步骤。其中，抽样是把时间上连续的信号变成时间上离散的信号；量化是把抽样值在幅度进行离散化处理，使得量化后只有预定的有限个值；编码是用一个 M 进制的代码表示量化后的抽样值，通常采用二进制代码来表示。

从调制的观点来看，以模拟信号为调制信号，以二进制脉冲序列为载波，通过调制改变脉冲序列中码元的取值，这一调制过程对应于 PCM 的编码过程，所以 PCM 称为脉冲编码调制。

在接收端把接收到的代码（数字信号）还原为模拟信号，这个过程简称为数模转换，通常用符号 D/A 表示。数模转换是通过译码和低通滤波器完成的。其中，译码是把代码变换为相应的量化值。

二、低通抽样定理

在接收端能否将接收到的代码（数字信号）还原为原始的模拟信号，是抽样定理要回答的问题。设时间连续信号最高截止频率为 f_M。要从样值序列无失真地恢复出原始信号，其抽样频率应选为 $f_s \geqslant 2f_M$。这就是著名的奈奎斯特抽样定理，简称抽样定理。

按标准电话信号的规定，在抽样前通过低通滤波器将语音信号的频带限制在为 300～3400Hz 范围内。通常将抽样频率 f_s 取得稍大些。我国 30/32 路 PCM 基群的抽样频率 f_s 取值为 8000Hz。

三、模拟信号的量化

在抽样以后的抽样值在时间上变为离散了，但这种时间离散的信号在幅度上仍然是连续的，即有无限多种取值，仍然为模拟信号。因为有限位数字编码最多只能表示 2^n 种电平，所以这种样值无法用有限位数字编码信号来表示，因此必须使样值成为幅度上是有限种取值的离散样值。

用有限个电平来表示模拟信号抽样值的过程称为量化。实现量化的器件称为量化器。将抽样值的幅度变化范围划分成若干个小间隔，每个小间隔叫做一个量化级 Δ。在两个量化级之间的样本点，按"四舍五入"的原则以最靠近它的量化级电平作为样本点的近似值，即为样本的量化值。量化的过程如图 ZY3200104001-2 所示。

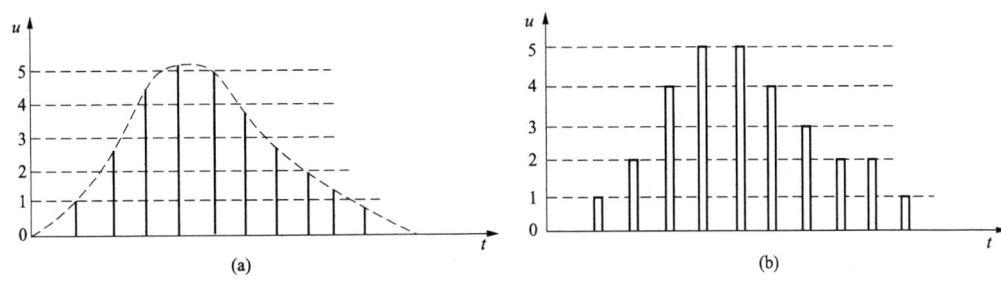

图 ZY3200104001-2　量化的过程

（a）抽样；（b）量化

显然，量化过程会产生误差，因量化而导致的量化值和样值的差称为量化误差。量化误差在电路中形成的噪声称为量化噪声。

四、编码

编码是用一定位数的二进制码元组合成不同的码字来表示量化后的样值。编码所需的二进制码元数 n 与量化级数 N 之间的关系为 $N=2^n$。通常，样值信号的正负极性用二进制码元的最高有效位即极性码表示。一般用 1 表示正极性，0 表示负极性。余下的码元用于表示样值信号幅度的绝对值，并称为幅度码。

图 ZY3200104001-3 中，设量化级数为 $N=8$，则用 3 位二进制码 $a_1 a_2 a_3$ 表示（其中：a_1 为极性码），二进制编码序列为 $\{a_k\}=\{101,\ 110,\ 111,\ 001,\ 010,\ 011,\ 000\}$。编码序列 $\{a_k\}$ 称为 PCM 编码序列，即 PCM 码。

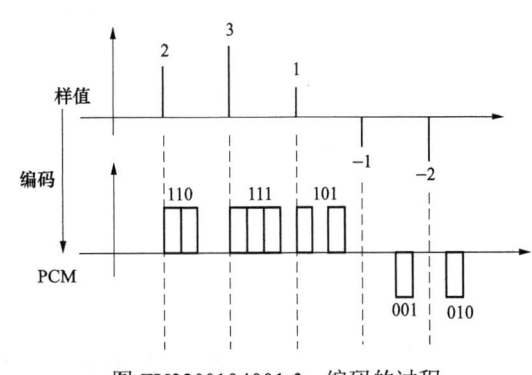

图 ZY3200104001-3　编码的过程

【思考与练习】

1. 什么是脉冲编码调制？

2. 低通抽样定理的内容是什么？

3. 模数转换要经过哪三个步骤？每一步的作用是什么？

模块 2　均匀量化与非均匀量化（ZY3200104002）

【模块描述】本模块介绍了均匀量化与非均匀量化的概念，包含均匀量化和非均匀量化实现过程。通过图形讲解、公式分析，掌握均匀量化和非均匀量化对信噪比的影响，熟悉 A 律 13 折线 PCM 编码规则。

【正文】

在样值信号的量化过程中，根据量化间隔是否均匀将量化分为均匀量化和非均匀量化。

一、均匀量化

在信号幅度值最大变化范围内（$-U\sim+U$），将其划分为 N 个量化级，相邻量化级之间的量化级差

Δ均相等，即$\Delta=2U/N$，这种量化称为均匀量化。

1. 均匀量化特性

设样值信号的幅度值为u，量化后的量化值为u_q，描述u与u_q之间的对应变化关系特性，称为量化特性。

图 ZY3200104002-1 示出了两种线性量化的关系曲线。其中，（a）为中平特性，（b）为中升特性。两者量化策略稍有不同，但无本质区别。（c）、（d）分别表示出了它们的量化误差曲线。量化误差 e_k 总是在$\pm\Delta/2$ 范围。

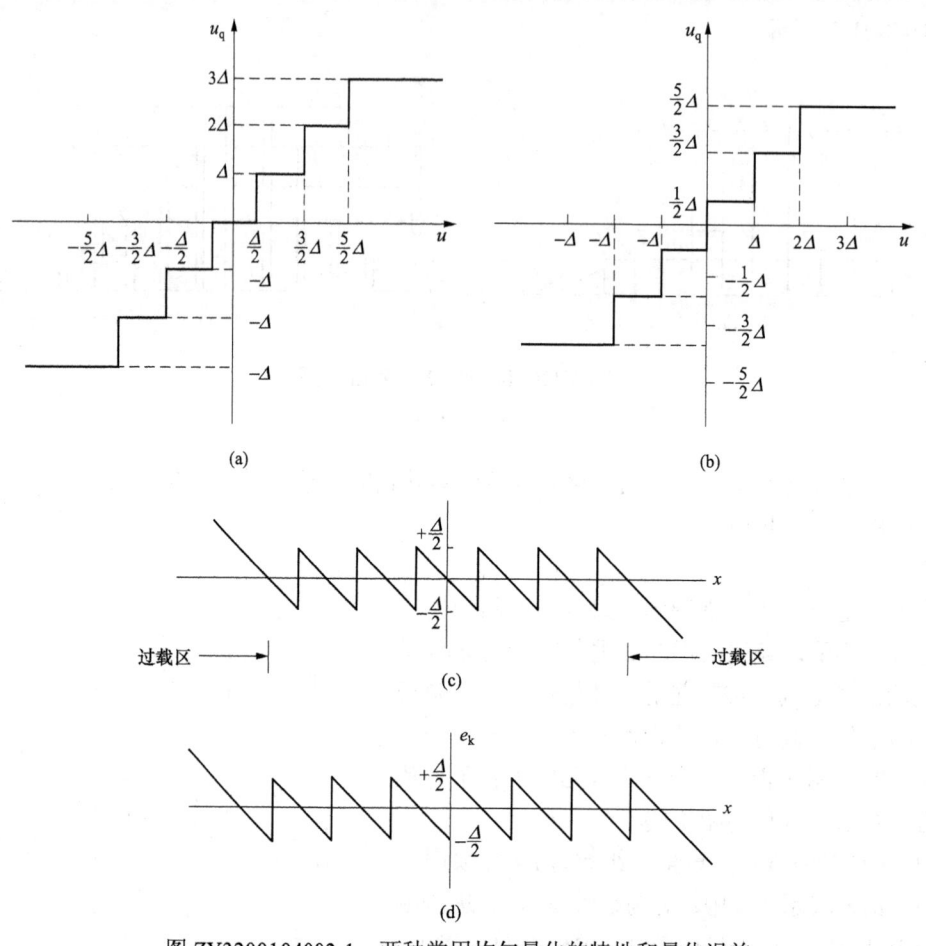

图 ZY3200104002-1 两种常用均匀量化的特性和量化误差

（a）中平特性；（b）中升特性；（c）中平型量化误差；（d）中升型量化误差

2. 均匀量化信噪比

量化信噪比的计算公式如下

$$(S/N_q)_{dB} \approx 6n+1.76+20\lg(U_m/U) \qquad (ZY3200104002-1)$$

式中 U_m——有用信号幅度；

U——临界过载电压；

n——码字位数。

根据式（ZY3200104002-1）可知，信噪比与码字位数成正比，即码字位数越多，信噪比越高，通信质量越好。每增加一位码，信噪比就提高 6dB。有用信号幅度U_m越小，信噪比越低，反之，有用信号幅度U_m越大，信噪比越高。因此，在相同码字位数的情况下，大信号时信噪比大，小信号时信噪比小。这就是均匀量化的特点。

通信系统要求：在信号动态范围达到−40dB[即$20\lg(U_m/U)=-40$dB]的条件下，量化信噪比不应低于 26dB，即$6n+1.76-40 \geqslant 26$，可得$n=12$。为了保证量化信噪比的要求，均匀量化的 PCM 编码的位数n必须大于或等于 12。如果每个样值用 12 位码传输，则信道利用率较低，但减少了码字位数，又不能满足量化信噪比的要求。这就是均匀量化的缺点。

二、非均匀量化

为了满足量化信噪比的要求，又避免均匀量化的缺点，必须采用非均匀量化。非均化量化的基本方法是对大信号使用大的量化间隔，而小信号则利用小的量化间隔。实现非均匀量化的技术称为压缩与扩张。图 ZY3200104002-2 表示了具有压扩器的 PCM 系统。

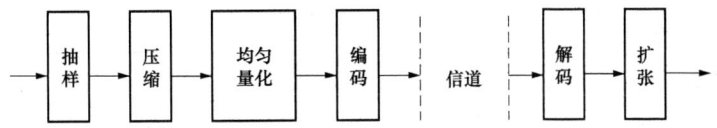

图 ZY3200104002-2　具有压扩器的 PCM 系统

1. 压缩—扩展特性

实现非均匀量化的技术称为压缩和扩张。在发送端先对抽样值进行压缩，即对大信号"压缩"、对小信号的"扩展"。压缩特性如图 ZY3200104002-3（a）所示。对接收端解码后的受压缩影响的样本序列，再进行扩张。扩张特性与图 ZY3200104002-3（a）完全相反，如图 ZY3200104002-3（b）所示。发收两种特性之和应为线性，才不致引起各样本的压—扩失真。

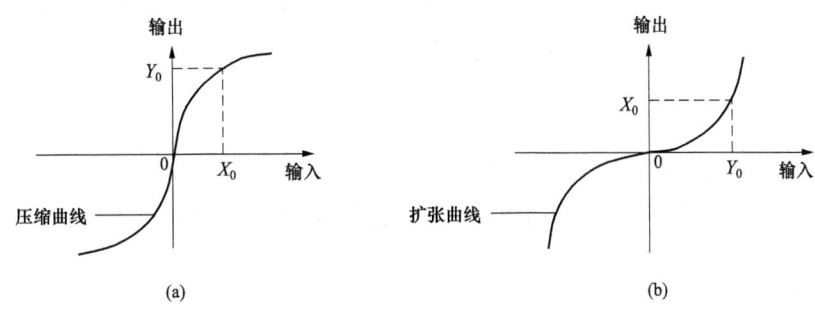

图 ZY3200104002-3　压缩与扩张特性
（a）压缩特性；（b）扩张特性

因压缩、扩张特性曲线的互补性，以下仅说明压缩特性。

2. A 律 13 折线近似压缩特性

实现压扩特性的非线性曲线有多种。在 PCM 中，30/32 路制式采用对数型 A 律压扩特性。A 律压缩特性如图 ZY3200104002-4 所示。但 A 律压缩特性是一条连续曲线，不能用数字电线，因此应采用折线来近似其压缩特性。

设在直角坐标系中，x 轴和 y 轴分别表示输入信号和输出信号，并假定输入信号和输出信号的最大取值范围都是 +1 至 −1，即都是取归一化后的值。

（1）x 轴输入信号归一化后，按 1/2 递减规律分为 8 段，如图 ZY3200104002-5 所示。

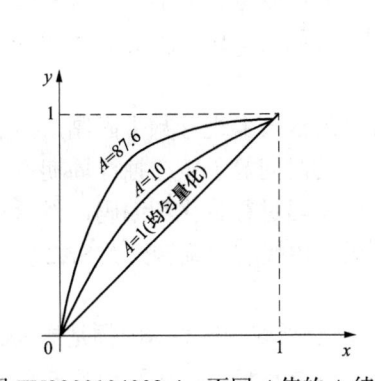

图 ZY3200104002-4　不同 A 值的 A 律
压缩特性（第 I 象限）

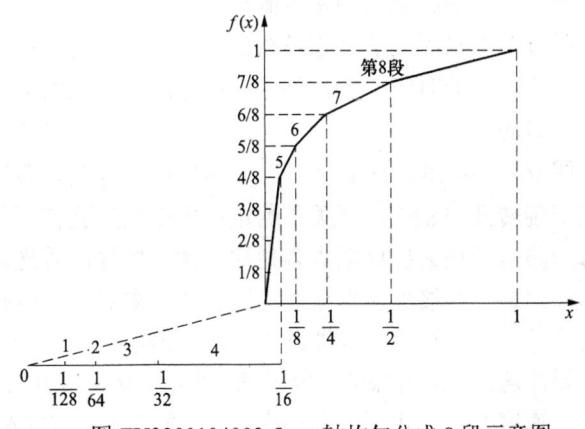

图 ZY3200104002-5　y 轴均匀分成 8 段示意图

（2）y 轴输出信号归一化后，均匀地分为 8 段，如图 ZY3200104002-5 所示。折线各段的坐标如表 ZY3200104002-1 所示，折线各段的斜率如表 ZY3200104002-2 所示。正负方向各有 8 段，共有 16 段线段。将此 16 段线段相连就得到一条折线。正负方向的第 1 段和 2 段因斜率相同而合成一段线段。因此 16 段线段从形状上变成了 13 段折线，这条折线被称为 A 律 13 折线。

表 ZY3200104002-1　　　　　　　　　折线各段端点对标与斜率

端点	0	1	2	3	4	5	6	7	8
y	0	1/8	2/8	3/8	4/8	5/8	6/8	7/8	1
x	0	1/128	1/64	1/32	1/16	1/8	1/4	1/2	1

表 ZY3200104002-2　　　　　　　　　折 线 各 段 斜 率

折线段	1	2	3	4	5	6	7	8
斜率	16	16	8	4	2	1	1/2	1/4

3. A 律 13 折线量化与编码

A 律 13 折线量化电平的划分方法是：在归一化信号幅度范围内，在正负极性内各分成不等的 8 大段，每一大段内再均匀分成 16 等份。即被分成 8 段×16 等份×2 极性=256 个量化级，因此须用 8 位码表示每一个量化级，记为 $a_1a_2a_3a_4a_5a_6a_7a_8$。编码规则如下：

（1）极性码：8 位中的最高位 a_1，用 1 或 0 分别表示信号极性为正或负；

（2）段落码：除已表示了正负极性外，量化的 ±8 段需由 $a_2a_3a_4$ 3 位码元表示，即 000，001，…，111 表示量化值处于 8 段中的哪一段；

（3）段内码：±8 段中每段内有 16 个均匀分布的量化电平，由低 4 位 $a_5a_6a_7a_8$ 表示量化值取某段中第几个量化电平。

【思考与练习】

1. 什么均匀量化？它有何缺点？

2. 实现非均匀量化的技术是什么？

3. 如何采用折线来近似表示 A 律压缩特性的？

4. 简述 A 律 13 折线编码规则。

模块 3　时分复用系统（ZY3200104003）

【模块描述】本模块介绍了时分复用系统的基本概念，包含时分复用、数字复接系列以及 PCM 基群帧结构。通过概念介绍、图形讲解、数据列举，掌握时分复用系统的基本概念和实现原理。

【正文】

一、时分多路复用的基本概念

时分多路复用通信是指各路信号在同一信道上占有不同的时间间隙进行通信。也就是说，把时间分成一些均匀的时间间隙，将各路信号的传输时间分配在不同的时间间隙内，以达到互相分开、互不干扰的目的。

图 ZY3200104003-1 为时分多路复用示意图。各路信号经低通滤波器进行频带限制，然后加到快速电子旋转开关 SA1。开关不断重复地作匀速旋转，每旋转一周的时间等于一个抽样周期 T，实现了对每一路信号在采样周期内各抽样一次。抽样信号送到 PCM 编码器进行量化和编码，然后将数字信码送往信道。在接收端将这些从发送端送来的各路信码依次解码，由接收端旋转开关 SA2 依次接通每一路信号，再经过低通滤波器重建成原始信号。

要注意的是，为保证正常通信，收、发端旋转开关 SA1、SA2 必须同频同相。同频是指 SA1、SA2 的旋转速度要完全相同；同相指的是发端旋转开关 SA1 连接第 i 路信号时，收端旋转开关 SA2 也必须连接第 i 路，否则接收端将收不到本路信号，为此要求收、发双方必须保持严格的同步。

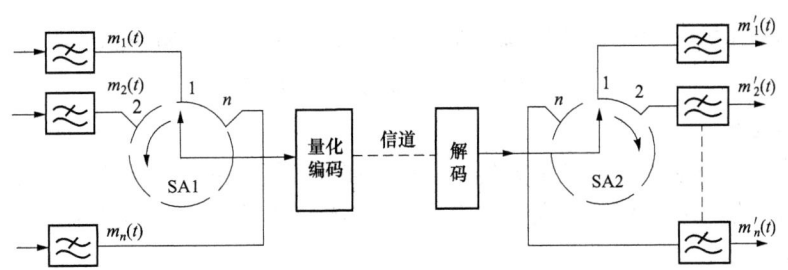

图 ZY3200104003-1　时分多路复用示意图

二、时分复用的帧结构

现以 PCM30/32 路电话系统为例，来说明时分复用的帧结构，这样形成的 PCM 信号称为 PCM 一次群信号。

时分多路复用的方式是用时隙来分割的，每一路信号分配一个时隙叫路时隙，帧同步码和信令码也各分配一个路时隙。PCM30/32 系统的意思是整个系统共分为 32 个路时隙，其中 30 个路时隙分别用来传送 30 路话音信号，一个路时隙用来传送帧同步码，另一个路时隙用来传送信令码。其帧结构如图 ZY3200104003-2 所示。

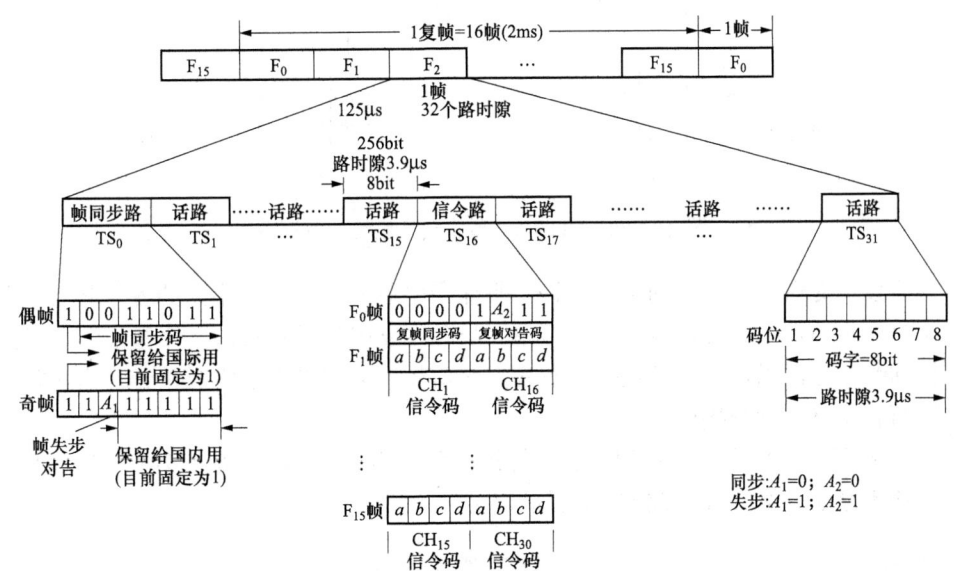

图 ZY3200104003-2　PCM30/32 路系统帧结构

从图中可看出，PCM30/32 路系统中一个复帧包含 16 帧，编号为 F_0 帧、F_1 帧……F_{15} 帧，一个复帧的时间为 2ms。每一帧（每帧的时间为 125μs）又包含有 32 个路时隙，其编号为 TS_0、TS_1、TS_2……TS_{31}，每个路时隙的时间为 3.9μs。每一路时隙包含有 8 个位时隙，其编号为 D_1、D_2……D_8，每个位时隙的时间为 0.488μs。

路时隙 TS_0～TS_{15} 分别传送第 1 路～第 15 路的信码，路时隙 TS_{17}～TS_{31} 分别传送第 16 路～第 30 路的信码。

偶帧 TS_0 时隙传送帧同步码，其码型为 {×0011011}。奇帧 TS_0 时隙码型为 {×$1A_1$SSSSS}，其中，A_1 是对端告警码，$A_1=0$ 时表示帧同步，$A_1=1$ 时表示帧失步；S 为备用比特，可用来传送业务码；×为国际备用比特或传送循环冗余校验码（CRC 码），它可用于监视误码。

F_0 帧 TS_{16} 时隙前 4 位码为复帧同步码，其码型为 0000；A_2 为复帧失步对告码。F_1～F_{15} 帧的 TS_{16} 时隙用来传送 30 个话路的信令码。F_1 帧 TS_{16} 时隙前 4 位码用来传送第 1 路信号的信令码，后 4 位码用来传送第 16 路信号的信令码，直到 F_{15} 帧 TS_{16} 时隙前后各 4 位码分别传送第 15 路、第 30 路信号的信令码，这样一个复帧中各个话路分别轮流传送信令码一次。

按图 ZY3200104003-2 所示的帧结构，并根据抽样理论，每帧频率应为 8000 帧/s。

PCM30/32 路系统的总数码率

$$f_b=8000（帧/s）\times 32（路时隙/帧）\times 8（bit/路时隙）=2048kbit/s=2.048Mbit/s$$
$$单路数码率=8000\times 8=64kbit/s$$

三、数字复接技术

在时分制数字通信系统中，为了扩大传输容量和提高传输效率，常常需要将若干个低速数字信号合并成一个高速数字信号流，以便在高速宽带信道中传输。数字复接技术就是解决 PCM 信号由低次群到高次群的合成技术。

1. 数字复接

数字复接是指将几个经 PCM 复用后的数字信号（例如 4 个 PCM30/32 系统）再进行时分复用，形成更多路的数字通信系统。

数字复接系统由数字复接器和数字分接器组成，如图 ZY3200104003-3 所示。数字复接器是把两个或两个以上的支路（低次群），按时分复用方式合并成一个单一的高次群数字信号 的设备，它由定时、码速调整和复接单元等组成。数字分接器的功能是把已合路的高次群数字信号分解成原来的低次群数字信号，它由帧同步、定时、数字分接和码速恢复等单元组成。

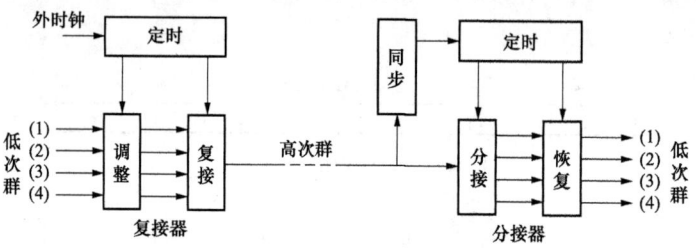

图 ZY3200104003-3　数字复接系统的方框图

定时单元给设备提供一个统一的基准时钟。码速调整单元是把速率不同的各支路信号调整成与复接设备定时完全同步的数字信号，以便由复接单元把各个支路信号复接成一个数字流。另外在复接时还需要插入帧同步信号，以便接收端正确接收各支路信号。分接设备的定时单元是由接收信号中提取时钟，并分送给各支路进行分接用。

CCITT 已推荐了两类数字速率系列和复接等级，分别称为 1.5M 系列和 2M 系列。两类数字速率系列和数字复接等级如表 ZY3200104003-1 所示。

表 ZY3200104003-1　　　　　　　　　　两 类 数 字 速 率 系 列

类别	群　号	一次群	二次群	三次群	四次群
一	数码率（Mbit/s）	1.544	6.312	32.064	97.728
	话路数	24	24×4=96	96×5=480	480×3=1440
二	数码率（Mbit/s）	2.048	8.448	34.368	139.264
	话路数	30	30×4=120	120×4=480	480×4=1920

2. 数字信号的复接方法

数字复接的方法主要有按位复接、按字复接和按帧复接三种。按位复接又叫比特复接，即复接时每支路依次复接一个比特。图 ZY3200104003-4（a）所示是 4 个 PCM30/32 系统 TS$_1$ 时隙（CH$_1$ 话路）的码字情况。图 ZY3200104003-4（b）是按位复接后的二次群中各支路数字码排列情况。按位复接方法简单易行，设备也简单，存储器容量小，目前被广泛采用，其缺点是对信号交换不利。图 ZY3200104003-4（c）是按字复接，对 PCM30/32 系统来说，一个码字有 8 位码，它是将 8 位码先储存起来，在规定时间四个支路轮流复接，这种方法有利于数字电话交换，但要求有较大的存储容量。按帧复接是每次复接一个支路的一个帧（一帧含有 256 个比特），这种方法的优点是复接时不破坏原来的帧结构，有利于交换，但要求更大的存储容量。

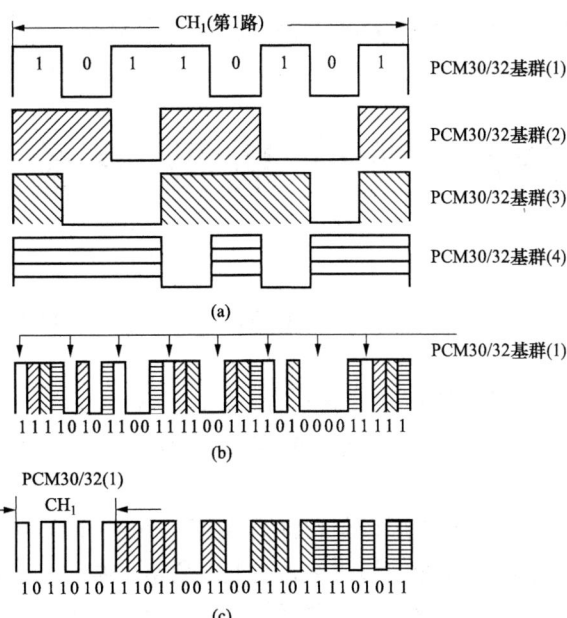

图 ZY3200104003-4 按位复接与按字复接示意图

（a）一次群（基群）；（b）二次群（按位数字复接）；（c）二次群（按字数字复接）

【思考与练习】

1. 什么时分多路复用？画出时分多路复用系统的原理图，并简述其实现方法。
2. PCM 30/32 路系统帧结构中，用于传送帧同步码和信令码的分别是哪个时隙？
3. 画出数字复接系统的方框图，并简述各部分的功能。
4. 什么是数字复接技术？分别说明按位、按字、按帧复接的含义。

第五章 数字基带传输系统

模块 1　数字基带信号的码型（ZY3200105001）

【模块描述】本模块介绍了几种数字基带信号的码型，包含二元码、三元码、多元码。通过波形分析、举例练习，掌握常用的数字基带信号码型的特点及其应用。

【正文】

数字信号的基带传输系统是指不使用调制和解调装置而直接传输数字基带信号的系统。数字基带信号是数字信息的电脉冲表示，电脉冲的形式称为码型。通常将数字信息的电脉冲表示过程称为码型编码，由码型还原为数字信息称为码型译码。数字基带信号所占据的频带通常从直流和低频开始。在某些有线信道，特别是传输距离不太远的情况下，数字基带信号可以直接传输，但大多数实际信道都是带通型的，所以必须先用数字基带信号对载波进行调制，形成数字调制信号再进行传输，这种传输方式称为数字信号的调制传输。

一、码型选择

不同的码型具有不同的频性，对于码型的选择，通常主要考虑以下的因素：

（1）对直流或低频受限信道，线路编码应不含直流；

（2）便于从接收码流中提取定时信号；

（3）节省传输带宽，减少码间干扰；

（4）所选码型以及形成的波形，应有较大能量，以提高自身抗噪声及干扰的能力；

（5）码型具有一定检错能力，能减少误码扩散。

二、二元码

最简单的二元码基带信号的波形是矩形波，幅度取值只有两种电平，常用有几种二元码的波形如图 ZY3200105001-1 所示。

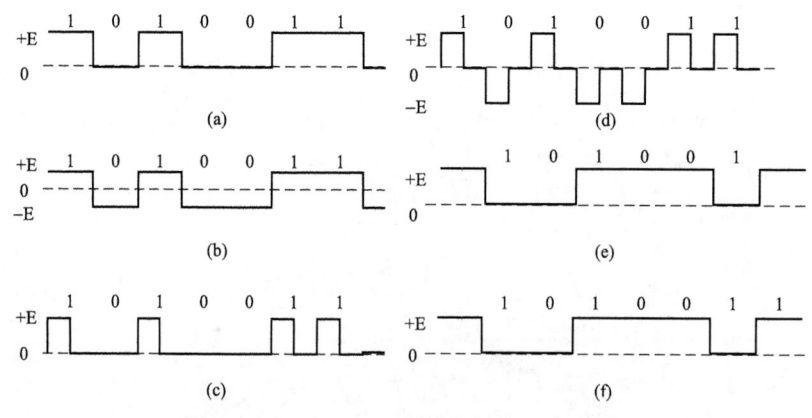

图 ZY3200105001-1　几种常见的二元码波形

（a）NRZ（单极性）；（b）NRZ（双极性）；（c）RZ（单极性）；（d）RZ（双极性）；（e）NRZ（M）；（f）NRZ（S）

1. 单极性不归零码

如图 ZY3200105001-1（a）所示，单极性不归零码的 0、1 码分别与基带信号的 0 电位和正电位相对应，脉冲无间隔，只适用于短距离传输。其缺点是：① 含有直流分量；② 接收判决门限为接收电平一半，门限不稳，判决易错；③ 不便直接从接收码序列中提取同步信号；④ 传输时需信道一端接地（不平衡传输）。

2. 双极性不归零码

如图 ZY3200105001-1（b）所示，双极性码的 0、1 码与基带信号的负、正电位对应。与单极性相比，双极性不归零码的优点是：① 1、0 码各占 50% 时不含直流分量；② 两种码元极性相反，接收判决电平为 0，稳定性高；③ 可不接地传送（平衡传输）。适用于速度不高的比特流传输。

其缺点是：① 不易从中直接提取同步信息；② 1、0 不等概率时仍有直流分量。

3. 单极性归零码

如图 ZY3200105001-1（c）所示，每个脉冲都回到 0 电位。其优点是可直接提取同步信息，但仍有单极性 NRZ 码的缺点。

4. 双极性归零码

如图 ZY3200105001-1（d）所示，这种码型的优点是：当接收码归零时，则认定传送完毕，便于经常维持位同步，收发无须定时，故称其为自同步方式，它得到广泛应用。

5. 差分码

在差分码中，0、1 分别用电平的跳变或不变来表示。若用电平跳变表示 1，称为传号差分码，如图 ZY3200105001-1（e）所示。若用电平跳变表示 0，称为空号差分码，如图 ZY3200105001-1（f）所示。它利用码元间互相关系，减少误码扩散，同时在连续出现多个误码时，接收误码反而减少。

6. CMI 码（传号反转码）

其编码规则为："1" 码交替用 "11" 和 "00" 表示；"0" 码用 "01" 表示。这种码型有较多的电平跃变，含有丰富的定时信息。该码已被 CCITT 推荐为 PCM 四次群的接口码型。在光缆传输系统中有时也用作线路传输码型。

三、三元码

1. 交替传号极性码（AMI）

其编码规则为：当遇 0 码时为 0 电平，当遇 1 码则交替转换极性，这样成为确保正负极性个数相等的 "伪三进制" 码。

其优点是：① 确保无直流，零频附近低频分量小；② 有一定检错能力，当发生 1 位误码时，可按 AMI 规则发现错误；③ 归零型 AMI 码可直接提取同步。其缺点是：码流中当连 0 过多时不易提取同步信息。

2. 三阶高密度双极性码（HDB3）

这种码型属于伪三进制码。HDB3 中 "3 阶" 的含义是，这种码是限制 "连 0" 个数不超过 3 位。编码规则：把消息代码变换成 AMI 码、检查 AMI 码的连 0 串情况。当没有 4 个以上连 0 串时，则这时的 AMI 码就是 HDB3 码；当出现 4 个以上连 0 串时，四个连 0 用取代节 000V 或 B00V 代替；当两个相邻 "V" 码中间有奇数个 1 时用取代节 000V 代替；反之，为偶数个 1 时用取代节 B00V 代替。另外，B 符号的极性与前一非 0 符号的相反，V 的符号与其前一非 0 符号同极性，相邻 V 码符号相反。

HDB3 的优点为：保留了 AMI 码的优点，克服了 AMI 连 0 多的缺点。它是一、二、三次群的接口码型，是 CCITT 推荐使用的码型之一。消除了 NRZ 码的直流成分，具有时钟恢复更好的抗干扰能力，适合于长距信道传输。

例：分别写出已知消息码的 AMI 码和 HDB3 码。

消息码	1	0	0	0	0	1	0	0	0	0	1	1	0	0	0	0	1
AMI 码	−1	0	0	0	0	+1	0	0	0	0	−1	+1	0	0	0	0	−1
HDB3 码	−1	0	0	0	−V	+1	0	0	0	+V	−1	+1	−B	0	0	−V	−1

四、多元码

当数字信息有 M（$M \geq 2$）种符号时，称为 M 元码（也称多元码），相应地要用 M 种电平表示它们。与二元码传输相比，在码元速率相同的情况下，它们的传输带宽是相同的，但是多元码的信息传输速率提高到 $\log_2 M$ 倍。

【思考与练习】

1. 常用的基带信号二元码型有哪几种？各有何优缺点？

2. 常用的基带信号三元码型有哪几种？各有何优缺点？

3. 分别写出消息码"1101000000010000001"的 AMI 码和 HDB3 码。

模块 2　无码间串扰的传输波形（ZY3200105002）

【模块描述】本模块介绍了无码间串扰的传输波形，包含基带传输系统的模型、理想低通信号和升余弦滚降信号。通过模型框图介绍、波形分析，掌握实现无码间串扰的传输条件和波形。

【正文】

根据频谱分析的基本原理可知，任何信号的频域受限和时域受限是不可能同时成立的，因此，信号经频域受限的系统传输后其波形在时域上必定是无限延伸的。这样，前面的码元对后面的若干码元都会产生影响，这种影响被称为码间串扰。另外，信号在传输的过程中要叠加入信道噪声，当噪声幅度过大时，将会引起接收端的判断错误。图 ZY3200105002-1 为基带信号传输系统模型。

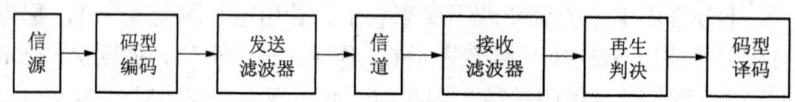

图 ZY3200105002-1　基带信号传输系统模型

影响基带信号进行可靠性传输的主要因素是码间串扰和信道噪声，而它们都与基带传输系统的传输特性有密切关系。

一、无码间串扰的传输条件

在数字信号的传输中，只需要考虑在特定时刻的样值无串扰，而波形是否在时间上延伸是无关紧要的。即使信号经传输后整个波形发生了变化，但只要特定点的样值能反映其所携带的信息，那么用再次抽样的方法仍然可以准确无误地恢复原始信码。

接收波形满足抽样值无串扰的充要条件是仅仅在本码元的抽样时刻有最大值，而对其他码元在抽样时刻的信号值没有影响，即在抽样点上不存在码间干扰。

设抽样时间间隔为 T_s，则无码间干扰的充要条件是

$$h(kT_s) = \begin{cases} S_0, & k = 0 \\ 0, & k \neq 0 \end{cases}$$

一种典型波形如图 ZY3200105002-2 所示，接收波形除了在 $t=0$ 时抽样值为 S_0 以外，在其他抽样时刻抽样值都为 0，因而它不会影响其他接收波形的抽样值。

二、无码间串扰的传输波形

1. 理想低通信号

图 ZY3200105002-3 为理想低通滤波器的冲激响应。从图中可以看出，理想信道的单位冲激响应在 $t=0$ 时有输出最大值，且有很长的拖尾，其幅度是逐渐衰减的。在数值上有很多的零点，第一个零点是 T，而且后面的零点是以 T（$T=1/2f_c$，f_c 为信道的理想低通截止频率）为间隔的。

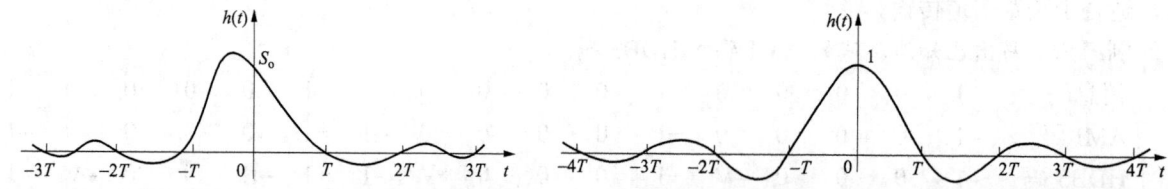

图 ZY3200105002-2　抽样点上不存在码间串扰的波形　　图 ZY3200105002-3　理想低通滤波器的冲激响应

实际上，对于理想的冲激序列，通过理想低通滤波特性传输信道后输出的信号，选择在最大值点进行判决，其间隔为 T，则可实现无码间干扰的传输。如果系统是理想低通滤波器，则其传递函数满足抽样值无串扰的传输条件。

2. 升余弦滚降信号

理想低通波形物理上是不可实现的。在实际中得到广泛应用的无串扰波形，其频域过渡特性以 π/T

为中心，具有奇对称升余弦形状，通常称为升余弦滚降信号，简称升余弦信号。这里的"滚降"是指信号的频域过渡特性或频域衰减特性。升余弦滚降系统如图 ZY3200105002-4 所示。

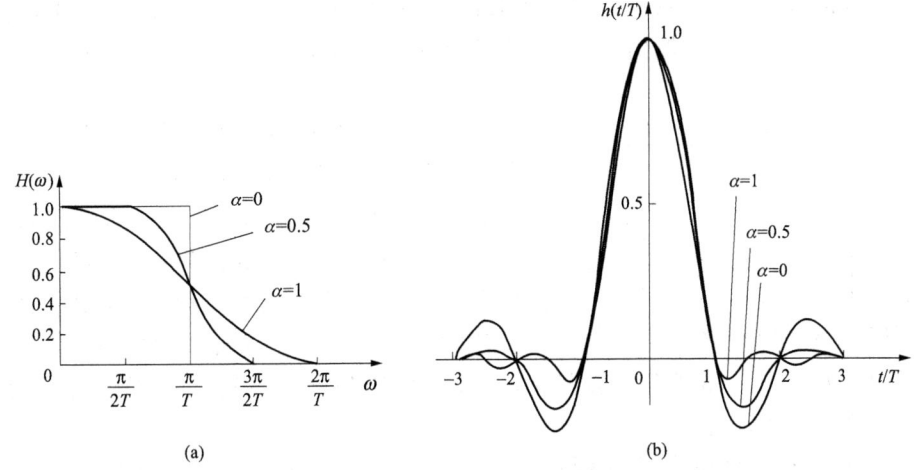

图 ZY3200105002-4　升余弦滚降系统

（a）传递函数；（b）冲激响应

为了描述滚降程度，定义 α 为滚降系数。$\alpha=0$ 时为理想低通波形；$\alpha=1$ 时为升余弦滚降波形（通常选择 $\alpha \geqslant 0.2$）。由图 ZY3200105002-4 可知，升余弦滚降信号在前后抽样值处的串扰始终为 0，因此满足抽样值无串扰的传输条件。

【思考与练习】

1. 什么是码间串扰？无码间串扰的传输条件是什么？
2. 无码间干扰的传输波形应满足什么特性？
3. 什么是升余弦滚降信号？

模块 3　扰码和解扰（ZY3200105003）

【模块描述】 本模块介绍了扰码与解扰的概念，包含 m 序列的产生和性质、扰码与解扰的原理。通过原理讲解、图形示意，掌握扰码与解扰的概念、原理及应用。

【正文】

在设计数字通信系统时，通常假设信源序列是随机序列，而实际信源发出的序列不一定满足这个条件，特别是出现长 0 串时，给接收端提取定时信号带来一定的困难。解决这个问题的办法，除采用码型编码方法以外，常用 m 序列对信源序列进行"加扰"处理，称为扰码，以使信源序列随机化。在接收端再把"加扰"了序列，用同样的 m 序列"解乱"，即进行解扰，恢复原有的信源序列。

扰码能使数字传输系统对各种数字信息具有透明性。这不但因为扰码能改善位定时恢复的质量，而且它还能使信号频谱分布均匀且保持稳恒，能改善有关子系统的性能。

扰码的原理基于 m 序列的伪随机性。为此，首先要了解 m 序列的产生和性质。

一、m 序列的产生和性质

m 序列，也称为循环周期最长的线性反馈移位寄存器序列，它是最长线性反馈移位寄存器序列的简称。m 序列可以用线性反馈移位寄存器产生，它的生成是有规律的，但它具有随机二进制序列信号的性质，因此，m 序列是一种伪随机序列。

伪随机序列是由一个标准的伪随机序列发生器生成的，其中"0"与"1"出现的概率接近 50%。由于二进制数值运算的特殊性质，用伪随机序列对输入的传送码流进行扰乱后，无论原始传送码流是何种分布，扰乱后的数据码流中"0"与"1"的出现概率都接近 50%。

由 n 级串接的移位寄存器和反馈逻辑线路可组成动态移位寄存器，如果反馈逻辑线路只用模 2 和构成，则称为线性反馈移位寄存器；如果反馈线路中包含"与"、"或"等运算，则称为非线性反馈移位寄存器。

带线性反馈逻辑的移位寄存器设定初始状态后，在时钟触发下，每次移位后各级寄存器状态会发生变化。其中任何一级寄存器的输出，随着时钟节拍的推移都会产生一个序列，该序列称为移位寄存器序列。

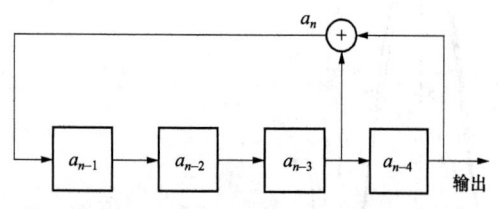

图 ZY3200105003-1　对应的 4 级移位寄存器

以图 ZY3200105003-1 所示的 4 级移位寄存器为例，图中线性反馈逻辑服从以下递归关系式：$a_n = a_{n-3} \oplus a_{n-4}$，即第 3 级与第 4 级输出的模 2 和运算结果反馈到第 1 级去。假设这 4 级移位寄存器的初始状态为 0001，随着移位时钟节拍，各级移位寄存器的状态转移流程图如表 ZY3200105003-1 所示。在第 15 节拍时，移位寄存器的状态与第 0 拍的状态（即初始状态）相同，因而从第 16 拍开始必定重复第 1 拍～第 15 拍的过程。这说明该移位寄存器的状态具有周期性，其周期长度为 15。

n 级线性反馈移位寄存器的输出序列是一个周期序列，其周期长短由移位寄存器的级数、线性反馈逻辑和初始状态决定。但在产生最长线性反馈移位寄存器序列时，只要初始状态非全 0 即可，关键要有合适的线性反馈逻辑。

由 n 级移位寄存器产生（即本原多项式的次数是 n）的 m 序列具有以下特点：

（1）周期为 $2^n - 1$。

（2）除了全 0 状态外，各种可能出现的不同状态都在 m 序列的一个周期内出现，而且只出现一次。m 序列中"1"和"0"的出现频率大致相同，"1"码只比"0"码多一个。

（3）m 序列中最长的连"1"码长度为 n，最长的连"0"码长度为 $n-1$。

表 ZY3200105003-1　　　　　　　　m 序列发生器状态转移流程图

移位时钟节拍	第 1 级 a_{n-1}	第 2 级 a_{n-2}	第 3 级 a_{n-3}	第 4 级 a_{n-4}	反馈值 $a_n = a_{n-3} \oplus a_{n-4}$
0	0	0	0	1	1
1	1	0	0	0	0
2	0	1	0	0	0
3	0	0	1	0	1
4	1	0	0	1	1
5	1	1	0	0	1
6	0	1	1	0	1
7	1	0	1	1	0
8	0	1	0	1	1
9	1	0	1	0	1
10	1	1	0	1	1
11	1	1	1	0	1
12	1	1	1	1	0
13	0	1	1	1	0
14	0	0	1	1	0
15	0	0	0	1	1

二、扰码和解扰的原理

扰码原理是以线性反馈移位寄存器理论作为基础的。以 5 级线性反馈移位寄存器为例，在反馈逻辑输出与第一级寄存器输入之间引入一个模 2 和相加电路，以输入序列作为模 2 和相加电路的另一个输入端，即可得到图 ZY3200105003-2 所示的扰码器电路，相应的解扰电路如图 ZY3200105003-3 所示。

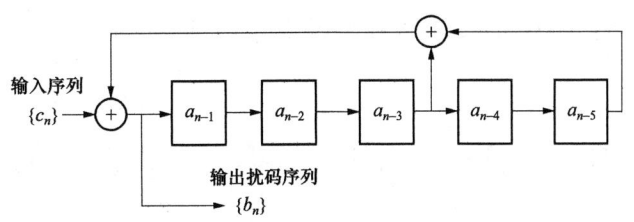

图 ZY3200105003-2 扰码器电路

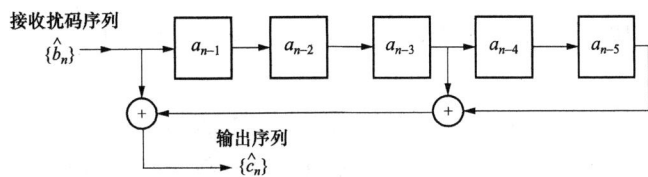

图 ZY3200105003-3 解扰器电路

由于扰码器能使包括连 0 或连 1 在内的任何输入序列变为伪随机码，所以在基带传输系统中作为码型变换使用时，能限制连 0 码的个数。

采用扰码方法的主要缺点是对系统的误码性能有影响。在传输扰码序列过程中产生的单个误码会在接收端解扰器的输出端产生多个误码，这是因为解扰时会导致误码的增值。误码增值是由反馈逻辑引入的，反馈项数愈多，差错扩散也愈多。

三、m 序列的应用

在调试数字设备时，m 序列可作为数字信号源使用。如果 m 序列经过发送设备、信道和接收设备后仍为原序列，则说明传输是无误的；如果有错误，则需要进行统计。在接收设备的末端，由同步信号控制，产生一个与发端相同的本地 m 序列。将本地 m 序列与收端解调出的 m 序列逐位进行模 2 和相加运算，一旦有错，就会出现 1 码，用计数器计数，便可统计错误码元的个数及比率。发送端 m 序列发生器及接收端的统计部分组成的成套设备称为误码测试仪。误码测试仪原理如图 ZY3200105003-4 所示。

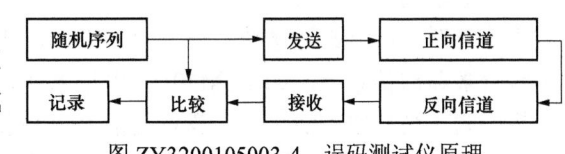

图 ZY3200105003-4 误码测试仪原理

【思考与练习】

1. 为什么要对信源序列进行"加扰"处理？
2. 由 n 级移位寄存器产生的 m 序列具有哪些特点？
3. m 序列有何作用？

第六章 同步原理

模块1 载波同步（ZY3200106001）

【模块描述】本模块介绍了载波同步的基本概念，包含同步的基本概念、载波同步的方法、载波同步系统的性能。通过概念讲解、方法介绍、图形示意，掌握载波同步的基本概念及其实现方法。

【正文】

一、同步的基本概念

同步是指收发双方在时间上步调一致，又称为定时。在数字通信中，按照同步的功能分为载波同步、位同步、帧同步和网同步。

在相干解调时，接收端需要提供一个与接收信号中的调制载波同频同相的相干载波。这个载波的获取称为载波提取或载波同步。载波同步是实现相干解调的先决条件。

位同步又称码元同步。在数字通信系统中，任何消息都是通过一连串码元序列传送的，所以接收时需要知道每个码元的起止时刻，以便在恰当的时刻进行取样判决。这就要求接收端必须提供一个位定时脉冲序列，该序列的重复频率与码元速率相同，相位与最佳取样判决时刻一致。提取这种定时脉冲序列的过程称为位同步。

在数字通信中，信息流是用若干码元组成一个"字"，又用若干个"字"组成"句"。在接收这些数字信息时，必须知道这些"字"、"句"的起止时刻，否则接收端无法正确恢复出原始信息。对于数字时分多路通信系统，如 PCM30/32 电话系统，各路信码都安排在指定的时隙内传送，形成一定的帧结构。为了使接收端能正确分离各路信号，在发送端必须提供每帧的起止标记，在接收端检测并获取这一标志的过程，称为帧同步。因此，在接收端产生与"字"、"句"及"帧"起止时刻相一致的定时脉冲序列的过程统称为群同步。

随着数字通信的发展，多个用户之间的通信和数据交换，构成了数字通信网。显然，为了保证通信网内各用户之间可靠地通信和数据交换，全网必须有一个统一的时间标准时钟，这就是网同步。

二、载波同步

提取载波的方法：

（1）插入导频法，是在发送有用信号的同时，在适当的频率位置上，插入一个（或多个）称为导频的正弦波，接收端就由导频提取出载波，这类方法称为插入导频法；

（2）直接法，是不专门发送导频，而在接收端直接从发送信号中提取载波，这类方法称为直接法。

1. 插入导频法

下面以在抑制载波的双边带信号中插入导频为例说明插入导频法的实现方法。

如图 ZY3200106001-1 所示，在载频处，已调信号的频谱分量为零，载频附近的频谱分量也很小，便于插入导频以及解调时易于滤出它。

如图 ZY3200106001-2 所示，调制信号 $m(t)$，无直流分量，载波为 $a_c \sin \omega_c t$，插入导频为 $-a_c \cos \omega_c t$，输出信号为

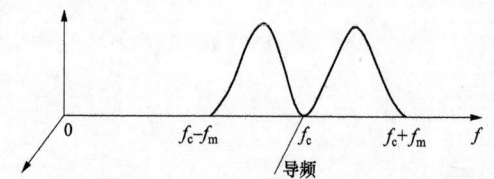

图 ZY3200106001-1　抑制双边带信号的导频插入

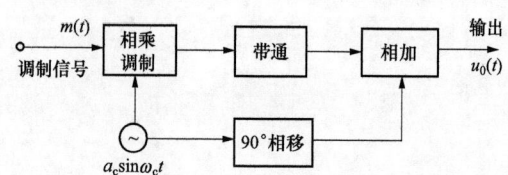

图 ZY3200106001-2　插入导频法发端框图

$$u_0(t) = a_c m(t) \sin \omega_c t - a_c \cos \omega_c t$$

如图 ZY3200106001-3 所示插入导频法收端框图。收端相乘器的输出 $v(t)$ 为

$$v(t) = \frac{1}{2} a_c m(t) - \frac{1}{2} a_c \cos 2\omega_c t - \frac{1}{2} \sin 2\omega_c t$$

式中，$\frac{1}{2} a_c m(t)$ 可以通过低通滤波取出。

2. 直接法

载波提取常用直接法也称自同步法。这种方法是设法从接收信号中提取同步载波。有些信号虽然本身不直接含有载波分量，但经过某种非线性变换后，可从中提取出载波分量来。常用的方法平方变换法和平方环法。

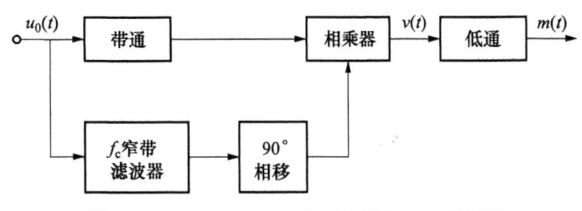

图 ZY3200106001-3　插入导频法收端框图

（1）平方变换法。此方法广泛用于建立抑制载波的双边带信号的载波同步。设调制信号 $m(t)$ 无直流分量，则抑制载波的双边带信号为

$$e(t) = m(t) \cos \omega_c t$$

接收端将该信号经过非线性变换（平方律器件）后得到

$$e(t) = [m(t) \cos \omega_c t]^2 = \frac{1}{2} m^2(t) + \frac{1}{2} m^2(t) \cos 2\omega_c t$$

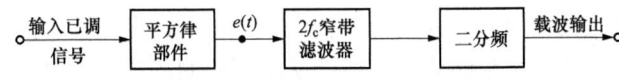

图 ZY3200106001-4　平方变换法提取载波

上式的第二项包含有载波的倍频 $2\omega_c$ 的分量。如果用一个窄带滤波器将 $2\omega_c$ 频率分量滤出，再进行二分频，就可获得所需的相干载波。基于这种构思的平方变换法提取载波的方框图如图 ZY3200106001-4 所示。

（2）平方环法。在实际中，伴随信号一起进入接收机的还有加性高斯白噪声，为了改善平方变换法的性能，使恢复的相干载波更为纯净，图 ZY3200106001-4 中的窄带滤波器常用锁相环代替，构成如图 ZY3200106001-5 所示的方框图，称为平方环法提取载波。由于锁相环具有良好的跟踪、窄带滤波和记忆功能，平方环法比一般的平方变换法具有更好的性能。因此，平方环法提取载波得到了较广泛的应用。

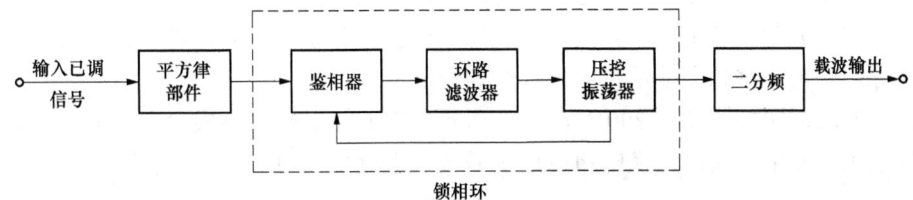

图 ZY3200106001-5　平方环法提取载波

三、载波同步系统的性能

载波同步系统的性能指标主要有效率、精度、同步建立时间和同步保持时间。载波同步追求的是高效率、高精度、同步建立时间快，保持时间长。

高效率指为了获得载波信号而尽量少消耗发送功率。在这方面，直接法由于不需要专门发送导频，因而效率高，而插入导频法由于插入导频要消耗一部分发送功率，因而效率要低一些。

高精度指接收端提取的载波与需要的载波标准比较，应该有尽量小的相位误差。如果需要的同步载波为 $\cos \omega_c t$，而提取的同步载波为 $\cos(\omega_c t + \Delta\phi)$，那么 $\Delta\phi$ 就是载波相位误差，$\Delta\phi$ 应尽量小。

同步建立时间 t_s 指从开机或失步到同步所需的时间。显然 t_s 越小越好。

同步保持时间 t_c 指同步建立后，若同步信号小时，系统还能维持同步的时间。t_c 越大越好。

这些指标与提取的电路、信号及噪声的情况有关。当采用性能优越的锁相环提取载波时这些指标主要取决于锁相环的性能。

模块 1

ZY3200106001

【思考与练习】

1. 什么是同步？按其功能可分为哪几种？
2. 提取载波的方法有哪两种？简述其基本概念。
3. 载波同步系统的性能指标包括哪些？

模块 2　位同步（ZY3200106002）

【模块描述】本模块介绍了位同步的基本概念，包含位同步的方法、数字锁相法位同步系统的性能、位同步相位误差对性能的影响。通过概念定义、方法介绍、图形分析，掌握位同步的概念以及位同步的三种实现方法。

【正文】

位同步是指在接收端的基带信号中提取码元定时的过程。位同步是正确取样判决的基础，只有数字通信才需要，并且不论基带传输还是频带传输都需要位同步；所提取的位同步信息是频率等于码速率的定时脉冲，相位则根据判决时信号波形决定，可能在码元中间，也可能在码元终止时刻或其他时刻。实现方法也有插入导频法和直接法。

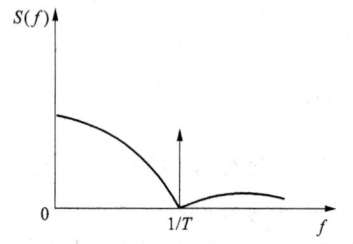

图 ZY3200106002-1　双极性不归零基带
插入导频法频谱图

一、位同步的实现方法

1. 插入导频法

与载波同步时的插入导频法类似，也是在基带信号频谱的零点处插入所需的位定时导频信号。图 ZY3200106002-1 为双极性不归零基带信号的功率谱，插入导频的位置是 $1/T$。在接收端，经中心频率为 $1/T$ 的窄带滤波器，就可从解调后的基带信号中提取出位同步所需的信号，这时，位同步脉冲的周期与插入导频的周期一致。

2. 直接法

这一类方法是在发端不专门发送导频信号，而直接从接收的数字信号中提取位同步信号。这种方法在数字通信中得到了最广泛的应用。直接提取位同步的方法又分滤波法和特殊锁相环法。

（1）滤波法。

1）波形变换—滤波法。不归零的随机二进制序列，不能直接滤出位同步信号。但是，若对该信号进行某种变换，如变成归零的单极性脉冲，则该序列中就含有 $f=1/T$ 的位同步信号分量，然后用窄带滤波器取出该分量，再经移相调整后就可形成位定时脉冲。

这种方法的原理框图如图 ZY3200106002-2 所示。它的特点是先形成含有位同步信息的信号，再用滤波器将其取出。图中的波形变换电路可以用微分、整流来实现。

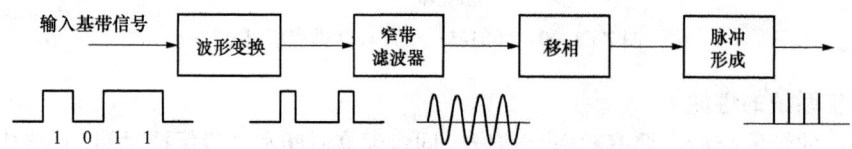

图 ZY3200106002-2　滤波法原理图

2）包络检波—滤波法。这是一种从频带受限的中频 PSK 信号中提取位同步信息的方法，其波形如图 ZY3200106002-3 所示。当接收端带通滤波器的带宽小于信号带宽时，使频带受限的 2PSK 信号在相邻码元相位反转点处形成幅度的"陷落"。经包络检波后得到图 ZY3200106002-3（b）所示的波形，它可看成是一直流与图 ZY3200106002-3（c）所示的波形相减，而图（c）波形是具有一定脉冲形状的归零脉冲序列，含有位同步的线谱分量，可用窄带滤波器取出。

（2）特殊锁相环法。位同步锁相法的基本原理是在接收端利用鉴相器比较接收码元和本地产生的位同步信号的相位，若两者相位不一致（超前或滞后），鉴相器就产生误差信号去调整位同步信号的相位，直至获得准确的位同步信号为止。

前面介绍的滤波法中的窄带滤波器可以是简单的单调谐回路或晶体滤波器，也可以是锁相环路。把采用锁相环来提取位同步信号的方法称为锁相法。用于位同步的全数字锁相环的原理框图如图 ZY3200106002-4 所示，它由信号钟、控制器、分频器、相位比较器等组成。

数字锁相法电路中，由于噪声的干扰，使接收到的码元转换时间产生随机抖动甚至产生虚假的转换，相应在鉴相器输出端就有随机的超前或滞后脉冲，这导致锁相环进行不必要的来回调整，引起位同步信号的相位抖动。仿照模拟锁相环鉴相器后加有环路滤波器的方法，在数字锁相环鉴相器后加入一个数字滤波器。插入数字滤波器的作用就是滤除这些随机的超前、滞后脉冲，提高环路的抗干扰能力。

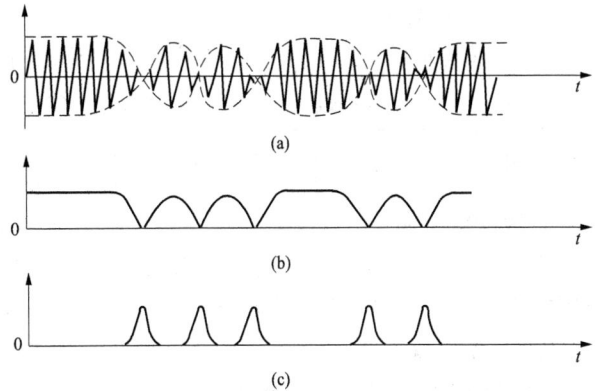

图 ZY3200106002-3　从 2PSK 信号中提取位同步信息

（a）二相 PSK 信号波形；（b）二相 PSK 信号包络检波后的波形；

（c）含位同位信号分量的脉冲序列

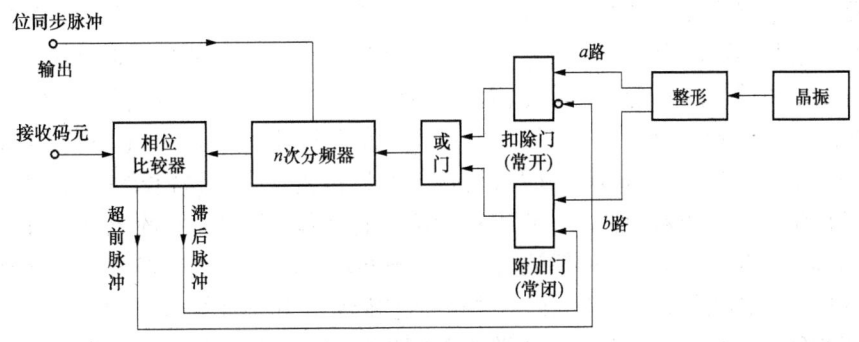

图 ZY3200106002-4　数字锁相原理框图

二、位同步系统的性能及其相位误差对性能的影响

与载波同步系统相似，位同步系统的性能指标主要有相位误差、同步建立时间、同步保持时间及同步带宽等。

位同步的相位误差 θ_e 主要是造成位定时脉冲的位移，使抽样判决时刻偏离最佳位置，必然使误码率增大。

【思考与练习】

1. 什么是位同步？实现位同步的方法有哪些？

2. 引起位同步信号相位抖动的原因是什么？采取什么措施来解决？

3. 滤波法提取同步信号有哪几种方式？

4. 位同步的相位误差对系统性能有何影响？

模 块 3　帧 同 步（ZY3200106003）

【模块描述】本模块介绍了帧同步的基本概念，包含帧同步的实现方法及帧同步系统的性能。通过方法介绍、图形示意，掌握帧同步的概念以及帧同步的实现方法。

【正文】

帧同步的任务就是识别出帧的"开头"和"结尾"时刻。帧同步有时也称为群同步。

一、帧同步的实现方法

通常采用的方法是起止式同步法和插入特殊同步码组的同步法。而插入特殊同步码组的方法有两种：一种为连贯式插入法，另一种为间隔式插入法。

1. 起止式同步法

起止式同步法中常用的是五单位码。为标志每个字的开头和结尾，在五单位码的前后分别加上 1 个单位的起码（低电平）和 1.5 个单位的止码（高电平），共 7.5 个码元组成一个字，如图 ZY3200106003-1 所示。收端根据高电平第一次转到低电平这一特殊标志来确定一个字的起始位置，从而实现字同步。

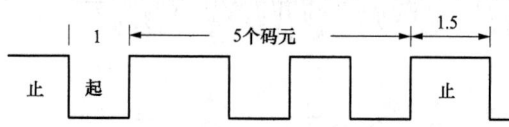

图 ZY3200106003-1　起止式同步法示意图

这种 7.5 单位码（码元的非整数倍）给数字通信的同步传输带来一定困难。另外，在这种同步方式中，7.5 个码元中只有 5 个码元用于传递消息，因此传输效率较低。

2. 连贯式插入法

连贯插入法，又称集中插入法。它是指在每一信息帧的开头集中插入作为帧同步码组的特殊码组，该码组应在信息码中很少出现。接收端按帧的周期连续数次检测该特殊码组，这样便获得帧同步信息。

连贯插入法的关键是寻找实现帧同步的特殊码组，如全 0 码、全 1 码、1 与 0 交替码、巴克码、电话基群帧同步码 0011011。

3. 间隔式插入法

间隔式插入法又称为分散插入法，它是将帧同步码以分散的形式均匀插入信息码流中。这种方式比较多地用在多路数字电路系统中，如一帧插入"1"码，下一帧插入"0"码，如此交替插入。由于每帧只插一位码，那么它与信码混淆的概率则为 1/2，这样似乎无法识别同步码，但是这种插入方式在同步捕获时不是检测一帧两帧，而是连续检测数十帧，每帧都符合"1"、"0"交替的规律才确认同步。

分散插入的最大特点是同步码不占用信息时隙，每帧的传输效率较高，但是同步捕获时间较长，它较适合于连续发送信号的通信系统，若是断续发送信号，每次捕获同步需要较长的时间，反而降低效率。

分散插入常用滑动同步检测电路。所谓滑动检测，它的基本原理是接收电路开机时处于捕捉态，当收到第一个与同步码相同的码元，先暂认为它就是帧同步码，按码同步周期检测下一帧相应位码元，如果也符合插入的同步码规律，则再检测第三帧相应位码元，如果连续检测 M 帧（M 为数十帧），每帧均符合同步码规律，则同步码已找到，电路进入同步状态。如果在捕捉态接收到的某个码元不符合同步码规律，则码元滑动一位，仍按上述规律周期性地检测，看它是否符合同步码规律，一旦检测不符合，又滑动一位……如此反复进行下去。若一帧共有 N 个码元，则最多滑动 $(N–1)$ 位，一定能把同步码找到。

二、帧同步系统的性能

帧同步性能的主要指标包括同步可靠性（包括漏同步概率 P_1 和假同步概率 P_2）及同步平均建立时间 t_s。

1. 漏同步概率 P_1

由于干扰的影响，接收的同步码组中可能出现一些错误码元，从而使识别器漏识已发出的同步码组，出现这种情况的概率称为漏同步概率，记为 P_1。

2. 假同步概率 P_2

假同步是指信息的码元中出现与同步码组相同的码组，这时信息码会被识别器误认为同步码，从而出现假同步信号。发生这种情况的概率称为假同步概率，记为 P_2。

3. 同步平均建立时间 t_s

对于连贯式插入法，假设漏同步和假同步都不出现，在最不利的情况，实现帧同步最多需要一帧的时间。设每帧的码元数为 N（其中 n 位为帧同步码），每码元的时间宽度为 T，则一帧的时间为 NT。在建立同步过程中，如出现一次漏同步，则建立时间要增加 NT；如出现一次假同步，建立时间也要增加 NT。由于连贯式插入同步的平均建立时间比较短，因而在数字传输系统中被广泛应用。

三、帧同步的保护

为了保证同步系统的性能可靠，就必须要求漏同步概率 P_1 和假同步概率 P_2 都要低，但这一要求对识别器判决门限的选择是矛盾的。因此，把同步过程分为两种不同的状态，即捕捉态和维持态，以便在不同状态对识别器的判决门限电平提出不同的要求，达到降低漏同步和假同步的目的。

具体方法是：在捕捉态时提高判决门限，使假同步概率 P_2 下降；在维持态时降低判决门限，使漏同步概率 P_1 下降。

【思考与练习】

1. 什么是帧同步？实现帧同步的方法有哪些？
2. 帧同步性能指标主要有哪些？
3. 如何保护帧同步？

模块 4　网同步（ZY3200106004）

【模块描述】 本模块介绍了网同步的基本概念，包含网同步的基本概念以及几种网同步的方法。通过概念介绍、图形讲解，掌握网同步的概念以及网同步的实现方法。

【正文】

一、网同步的概念

数字通信网是由许多交换局、复接设备、多条联结线路和终端设备构成的。一个局部数字通信网的复接系统如图 ZY3200106004-1 所示。图中复接设备把各支路不同码元速率的数字流合群，或把高速数字流分路。在合路（合群）时，若用较高速率去取样各支路数据，对数据率偏低的支路就会增码（信息重叠）。如果用较低速率对各支路数据采样，则合群时较高速率的数据支路就会少码（信息丢失）。由此可见，为了保证整个网内信息能灵活、可靠地交换和复接，必须实现网同步，即必须使整个通信网各转接点的时钟频率和相位相互协调一致。

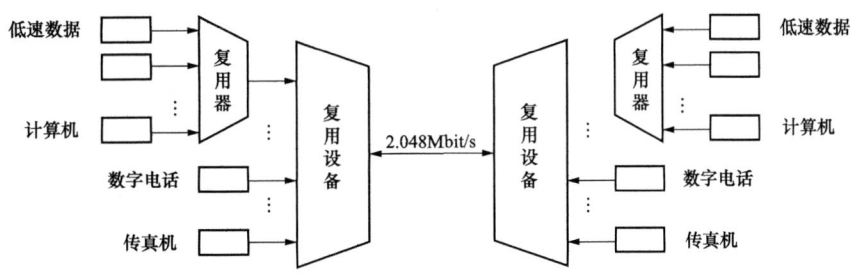

图 ZY3200106004-1　局部数字通信复接系统

二、网同步的方法

实现数字通信网同步的方式有主从同步方式、相互同步方式和独立时钟同步方式三种。

1. 主从同步方式

主从同步时钟传送如图 ZY3200106004-2 所示。主从同步法是在整个通信网中设置一个高稳定度的主时钟源，时钟信号送往各局，使其他局的时钟频率全部以主时钟为标准。由于各局的联接线路延时不同，因而各局来的信号时延也不同，所以需在各站设置时延电路解决相位不一致的问题。

主从同步方式的优点是时钟稳定度高，设备简单。但它的主要缺点是主时钟源出故障时，全网通信中断。尽管如此，由于主从同步方法简单易行，在小型通信网中应用十分广泛。

2. 相互同步方式

为了克服主从同步方式中过于依赖主时钟源的缺点，提出了相互同步方式。这种方式如图 ZY3200106004-3 所示。通信网内各局都设有时钟源，并将各局时钟源联接起来，使其互相影响，最后使时钟频率锁定在网内各局的固有频率的平均值或加权平均上，即平均频率（称为网频率），实现网同步。

这种同步是一个互相控制的过程。当某一局（站）出故障时，网频率将平滑地过渡到一个新的值，其他各站仍能正常工作。因而相互同步法提高了通信网工作的可靠性，这就是它的主要优点。

各局的频率变化都会引起网频的变化，出现暂时的不稳，引起转接误码。这是相互同步的一个缺点。所以要求各局频率源稳定度尽量高一些，且要求锁相环的调整时间尽可能短。这种相互同步方式的另一个缺点是各局设备比较复杂，多输入端的锁相环调整困难。

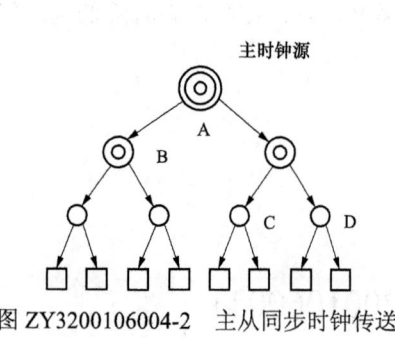

图 ZY3200106004-2　主从同步时钟传送　　　　图 ZY3200106004-3　相互同步方式

3. 独立时钟同步方式

独立时钟同步又称为准同步方式，或称异步复接。这种方式是全网内各局都采用独立的时钟源。各局的时钟频率不一定完全相等，但要求时钟频率稍高于所传送的码元速率。即使码元速率波动时，也不会高于时钟频率。在传输过程中，可以采用"填充脉冲"（又称为正码速调整法）完成同步转接，也可以采用"水库法"调整码元速率。

【思考与练习】

1. 为什么要进行网同步？有哪几种同步方式？
2. 什么是主从同步方式、相互同步方式和独立时钟同步方式？

国家电网公司
生产技能人员职业能力培训专用教材

第七章　数字信号的调制传输

模块 1　二进制幅度键控（ZY3200107001）

【模块描述】 本模块介绍了二进制幅度键控的基本概念。包含数字调制的基本概念、2ASK 信号的波形以及调制器和解调器。通过概念介绍、图形分析，掌握二进制幅度键控信号的波形及其调制、解调的工作机理。

【正文】

一、数字调制的基本概念

数字调制是指把数字基带信号转换为与信道特性相匹配的频带信号的过程，已调信号通过信道传输到接收端，在接收端通过解调器把频带数字信号还原成基带数字信号，这种数字信号的反变换称为数字解调。通常将包含调制和解调过程的传输系统称为数字信号的频带传输系统。

在数字调制中，所选参量的可能变化状态数应该与信息元数相对应，分为二进制调制和多进制调制两种。根据数字信号对载波参数的控制，数字调制可分为振幅键控（ASK）、频移键控（FSK）及相移键控（PSK）三种调制形式。

二、2ASK 的基本概念

振幅键控（ASK）又称为开关键控（通断键控）。二进制数字键控通常记为 2ASK。2ASK 是利用代表数字信息"0"或"1"的基带矩形脉冲去键控一个连续的载波，使载波时断时续地输出，即传"1"信号时，发送载波，传"0"信号时，送 0 电平。

三、2ASK 的实现方法

数字信号的调制有两种方法：一是利用模拟方法来实现数字调制，即将数字基带信号当作模拟信号的特殊情况来处理，如图 ZY3200107001-1（a）所示；二是利用数字信号的离散值的特点去键控载波，称之为键控法，如图 ZY3200107001-1（b）所示。键控法一般由数字电路来实现，它具有调制变换速率快、设备可靠性高等特点。键控法实现 2ASK 的波形如图 ZY3200107001-1（c）所示。

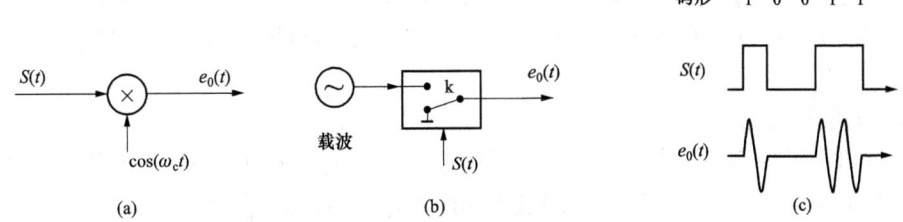

图 ZY3200107001-1　2ASK 调制实现模型及波形

（a）模拟幅度调制；（b）键控法调制；（c）$S(t)$ 及 $e_0(t)$ 的波形示例

四、ASK 的解调方法

ASK 的两种基本的解调方法：非相干解调（包络检波法）和相干解调法。

1. 包络检波法

包络检波法的原理框图如图 ZY3200107001-2 所示。带通滤波器恰好使 2ASK 信号完整地通过，经包络检测后，输出其包络。低通滤波器（LPF）的作用是滤除高频杂波，使基带信号（包络）通过。抽样判决器包括抽样、判决及码元形成器。定时抽样脉冲（位同步信号）是很窄的脉冲，通常位于每个码元的中央位置，其重复周期等于码元的宽度。

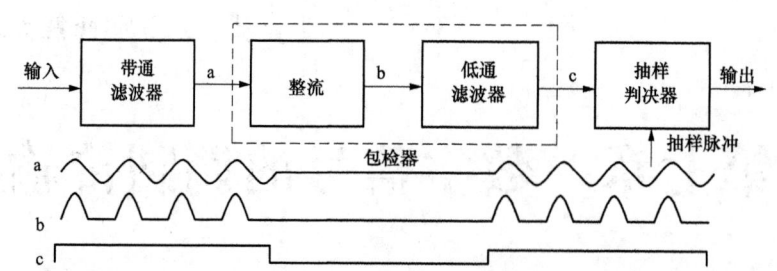

图 ZY3200107001-2　2ASK 非相干解调（包络检波法）原理框图和波形图

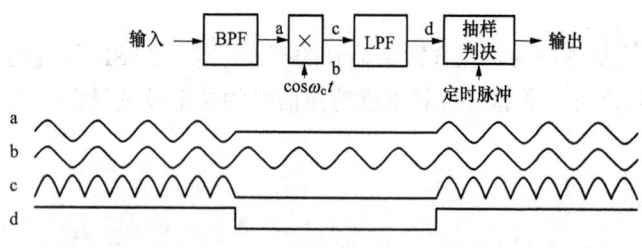

图 ZY3200107001-3　2ASK 相干解调法框图和波形图

2. 相干检测法

相干检测法原理方框图如图 ZY3200107001-3 所示。相干检测就是同步解调，要求接收机产生一个与发送载波同频同相的本地载波信号，称其为同步载波或相干载波。虽然 2ASK 信号中确实存在着载波分量，原则上可以通过窄带滤波器或锁相环来提取同步载波，但这会给接收设备增加复杂性。因此，实际中很少采用相干解调法来解调 2ASK 信号。

【思考与练习】

1. 什么是数字调制？什么是数字解调？
2. 数字调制分为哪三种调制形式？
3. 什么是二进制数字键控？
4. 2ASK 的解调方法有哪两种？

模块 2　二进制频率键控（ZY3200107002）

【模块描述】 本模块介绍了二进制频率键控的基本概念，包含 2FSK 信号的波形以及调制器和解调器。通过概念介绍、图形分析，掌握二进制频率键控信号的波形及其调制、解调的工作机理。

【正文】

一、FSK 的基本概念

数字频率调制 FSK 又称频移键控，二进制移频键控记作 2FSK。数字频移键控是用不同频率的载波来传送数字消息的，或者说用所传送的数字消息控制载波的频率。2FSK 信号中传"0"信号时，发送频率为 f_1 的载波；传"1"信号时，发送频率为 f_2 的载波，而两个不同频率之间的改变是在瞬间完成的。

二、2FSK 的实现方法

数字调频可以用模拟调频法来实现，也可用键控法来实现。模拟调频法可利用一个矩形脉冲序列对一个载波进行调频来实现；键控法是利用受矩形脉冲序列控制的开关电路对两个不同的频率源进行选通。两种方法的实现模型及其波形如图 ZY3200107002-1 所示。

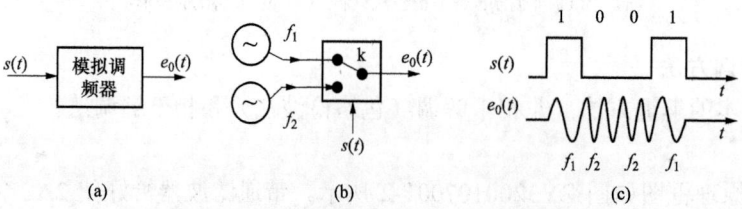

(a)　　　　　　　(b)　　　　　　　(c)

图 ZY3200107002-1　2FSK 信号的实现模型及其波形

（a）调频法模型；（b）键控法模型；（c）ZFSK 信号波形

三、2FSK 的解调

2FSK 信号的接收方法很多，如相干法、非相干法、过零检测法等。

1. 包络检波法

2FSK 信号的包络检波法解调方框图如图 ZY3200107002-2 所示，其可视为由两路 2ASK 解调电路组成。这里，两个带通滤波器（带宽相同，皆为相应的 2ASK 信号带宽；中心频率不同）起分路作用，用以分开两路 2ASK 信号，上支路、下支路经包络检测后分别取出它们的包络；抽样判决器起比较器作用，把两路包络信号同时送到抽样判决器进行比较，从而判决输出基带数字信号。

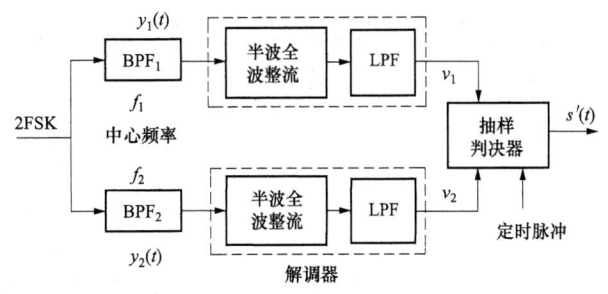

图 ZY3200107002-2　2FSK 信号包络检波方框图

2. 过零检测法

单位时间内信号经过零点的次数多少，可以用来衡量频率的高低。数字调频波的过零点数随不同载频而不同，所以检出过零点数就可以得到关于频率的差异，这就是过零检测法的基本思想。

过零检测法方框图及各点波形如图 ZY3200107002-3 所示。2FSK 输入信号经放大限幅后产生矩形脉冲序列，经微分及全波整流形成与频率变化相应的尖脉冲序列，这个序列就代表着调频波的过零点。用尖脉冲去触发一个宽脉冲发生器，变换成具有一定宽度的矩形波，该矩形波的直流分量便代表着信号的频率，脉冲越密，直流分量越大，反映着输入信号的频率越高。经低通滤波器就可得到脉冲波的直流分量。这样就完成了频率—幅度变换，从而再根据直流分量幅度上的区别还原出数字信号"1"和"0"。

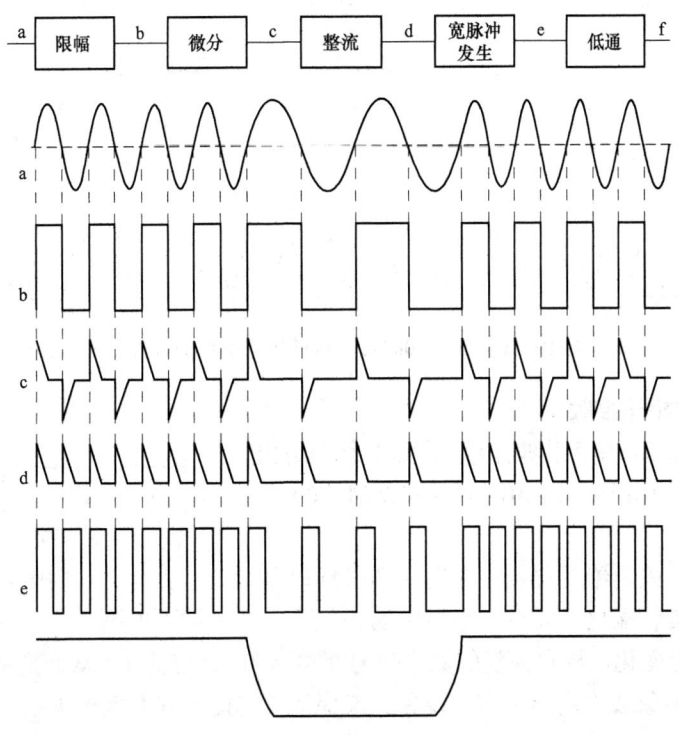

图 ZY3200107002-3　过零检测法系统构成框图及系统中各点波形

【思考与练习】

1. 什么是二进制移频键控？

2. 画出过零检测法接收 2FSK 信号的原理框图。

模块3　二进制相移键控（ZY3200107003）

【模块描述】本模块介绍了二进制相移键控的基本概念，包含二进制相移键控信号的波形以及调制器和解调器。通过概念介绍、模型波形框图示意，掌握二进制相移键控信号的波形及其调制、解调的工作机理。

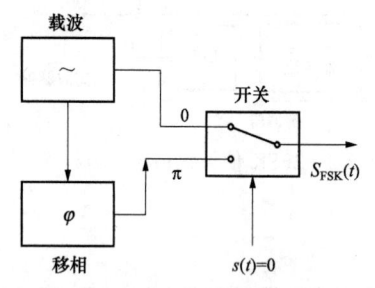

图 ZY3200107003-1　绝对相移键控的实现模型

【正文】

一、相移键控的基本概念

利用基带脉冲信号控制正弦波的相位的调制方式称为调相，它是数字信号中用得比较多的调制方式。数字相位调制（PSK）又称相移键控，通常 PSK 分为绝对调相（PSK）和相对调相（DPSK）两种。

二、二进制绝对相移键控（2PSK）

在传"1"信号时，发起始相位为 π 的载波；传"0"信号时，发起始相位为 0 的载波（或取相反的形式）。图 ZY3200107003-1 为绝对相移键控的实现方法，图 ZY3200107003-2 为绝对相移键控的波形。

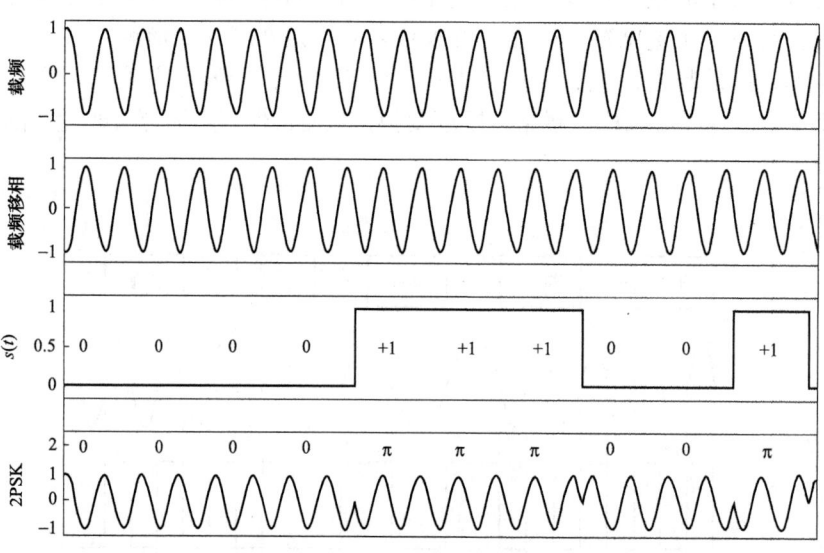

图 ZY3200107003-2　绝对相移键控的波形

三、2PSK 信号的相干接收

由于 PSK 信号的功率谱中无载波分量，所以必须采用相干解调方式。2PSK 信号的相干接收框图如图 ZY3200107003-3 所示。

按照 2PSK 定义，采用绝对移相，在发送端必须以某一相位作为基准，在接收端也必须有一个固定的相位作基准，如果参考相位发生变化，导致恢复的数字信号 1 变为 0，0 变为 1，从而造成错码，这种现象称为 2PSK 方式的"倒 π"现象或"反向工作"现象。考虑到 2PSK 方式有倒 π 现象，故它的改进型 2DPSK 是受到重视的。

图 ZY3200107003-3　2PSK 信号的相干接收框图

【思考与练习】

1. 什么是二进制相移键控？
2. 二进制相移键控可分成哪两种形式？
3. 二进制相移键控有何优缺点？

模块 4 二进制差分相移键控（ZY3200107004）

【模块描述】本模块介绍了二进制差分相移键控的基本概念，包含对二进制差分相移键控的波形以及调制器和解调器。通过概念介绍、模型波形框图示意，掌握二进制差分相移键控的波形及其调制、解调的工作机理。

【正文】

一、二进制差分相移键控 2DPSK 的基本概念

2PSK 信号中，相位变化是以未调载波的相位作为参考基准的。因为它是利用载波相位的绝对数值来传送数字信息，因而称为绝对调相。利用载波相位的相对数值也同样可以传送数字信息。传"0"信号时，载波的起始相位与前一码元载波的起始相位相同（即$\Delta\varphi=0$）；传"1"信号时，载波的起始相位与前一码元载波的起始相位相差π（即$\Delta\varphi=\pi$）。因为这种方法是用前后两后码元的载波相位相对变化传送数字信息的，所以称为相对调相。

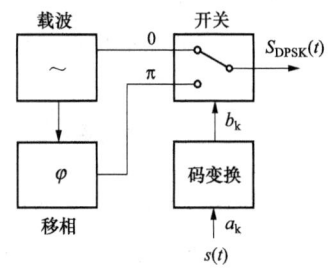

图 ZY3200107004-1 相对相移键控的实现模型

二、二进制差分相移键控 2DPSK 的实现方法

相对相移键控的实现方法及波形图分别如图 ZY3200107004-1 和图 ZY3200107004-2 所示。其中码变换电路的功能是对数字基带信号进行差分编码，即将绝对码 a_k 变成相对码（差分码）b_k，然后再进行绝对调相。具体变换关系为

$$b_k=a_k \oplus b_{k-1}$$

例如：

绝对码 a_k：0 0 0 1 1 1 0 0 1

相对码 b_k：0 0 0 1 0 1 1 1 0

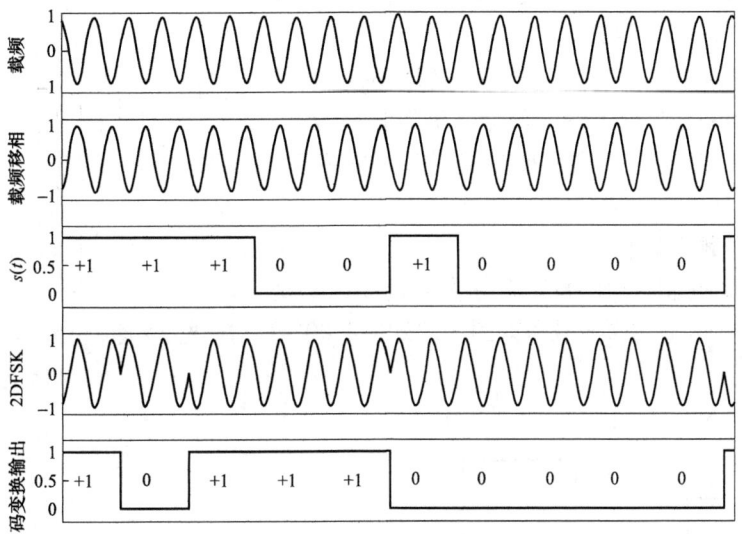

图 ZY3200107004-2 相对相移键控的波形

三、2DPSK 信号的解调

1. 2DPSK 信号的相干接收

2DPSK 信号的相干接收框图如图 ZY3200107004-3 所示。

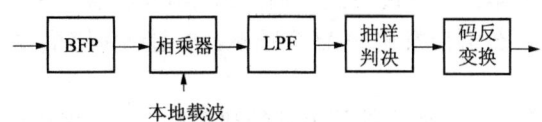

图 ZY3200107004-3 2DPSK 信号的相干接收框图

由于本地载波相位模糊度的影响，解调得到的相对码也是 1 和 0 倒置的，但经过码反变换后得到的绝对码不会发生任何倒置的现象。

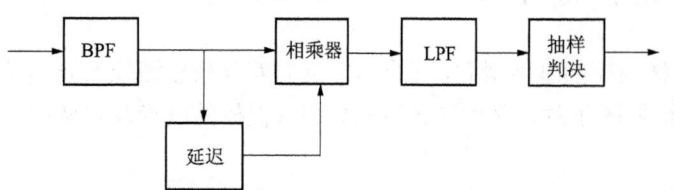

图 ZY3200107004-4　2DPSK 信号的差分相干接收框图

2. 2DPSK 信号的差分相干接收

2DPSK 信号的差分相干接收框图如图 ZY3200107004-4 所示。

用这种方法解调时不需要恢复本地载波，只需由收到的信号单独完成。将 DPSK 信号延时一个码元间隔，然后再与 DPSK 信号本身相乘。差分相干解调又称延时解调，只有 DPSK 信号才能采用这种方法解调。

【思考与练习】

1. 什么是二进制差分相移键控？
2. 二进制差分相移键控有何优点？

模块 5　多进制数字键控（ZY3200107005）

【模块描述】本模块介绍了多进制数字调制的基本概念，包含多进制幅度键控、相移键控及频移键控。通过波形讲解、矢量图框图示意，熟悉多进制数字调制信号的波形和调制、解调的工作机理。

【正文】

二进制数字调制系统频带利用率较低，为了提高频带利用率，通常采用多进制数字调制系统。在信息传输速率不变的情况下，通过增加进制数，可以降低码元传输速率，从而减小信号带宽，节约频带资源，提高频带利用率。但其代价是增加信号功率和实现上的复杂性。

一、多进制数字振幅调制。

M 进制数字振幅调制信号的载波幅度有 M 种取值，在每个符号时间间隔 T_s 内发送 M 个幅度中的一种幅度的载波信号。其信号的时间波形如图 ZY3200107005-1 所示。

M 进制数字振幅调制信号每个符号可以传送 $\log_2 M$ 比特信息。在信息传输速率相同时，码元传输速率降低为 2ASK 信号的 $1/\log_2 M$ 倍，因此 M 进制数字振幅调制信号的带宽是 2ASK 信号的 $1/\log_2 M$ 倍。

二、多进制数字频率调制

多进制数字频率调制（MFSK）简称多频调制，它是 2FSK 方式的推广。4FSK 信号频率关系如图 ZY3200107005-2 所示。

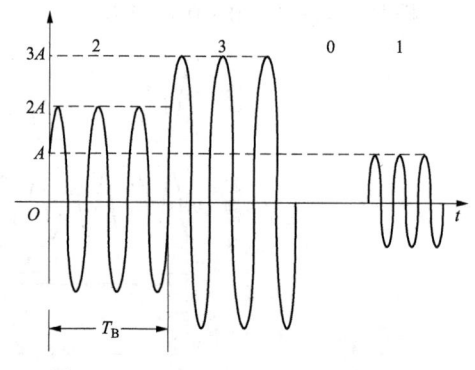

图 ZY3200107005-1　多进制数字振幅
调制信号的时间波形

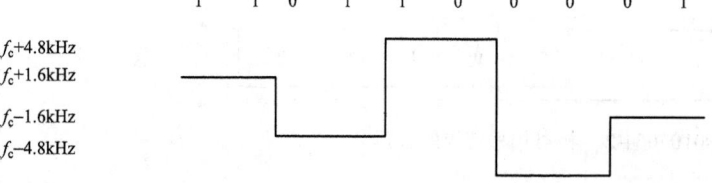

图 ZY3200107005-2　4FSK 信号频率关系

多进制数字频率调制系统发送端采用键控选频的方式，在一个码元期间 T_s 内只有 M 个频率中的一个被选通输出。接收端采用非相干解调方式，输入的 MFSK 信号通过 M 个中心频率分别为 f_1，f_2，……，f_M 的带通滤波器，分离出发送的 M 个频率。再通过包络检波器、抽样判决器和逻辑电路，从而恢复出二进制信息。

MFSK 信号具有较宽的频带，因而它的信道频带利用率不高。多进制数字频率调制一般应用于调制速率不高的场合。

三、多进制数字相位调制

多进制数字相位调制又称多相调制，它是利用载波的多种不同相位来表征数字信息的调制方式。与二进制数字相位调制相同，多进制数字相位调制也有绝对相位调制和差分相位调制两种。

为了便于说明概念，可以将 MPSK 信号用信号矢量图来描述，如图 ZY3200107005-3 所示。在 M 进制数字相位调制中，四进制绝对移相键控（4PSK）和四进制差分相位键控（4DPSK）两种调制方式应用最为广泛。四进制绝对移相键控利用载波的四种不同相位来表示数字信息。由于每一种载波相位代表两个比特信息，因此每个四进制码元可以用两个二进制码元的组合来表示。两个二进制码元中的前一比特用 a 表示，后一比特用 b 表示，则双比特 ab 与载波相位的关系如表 ZY3200107005-1 所示。

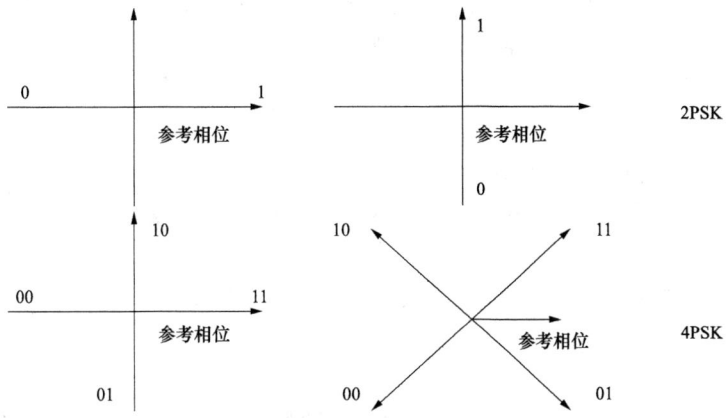

图 ZY3200107005-3　多进制数字相位调制（MPSK）信号矢量图

表 ZY3200107005-1　　　　　　　双比特 ab 与载波相位的关系

双比特码元		载波相位（ϕ_n）	
a	b	A 方式	B 方式
0	0	0°	225°
1	0	90°	315°
1	1	180°	45°
0	1	270°	135°

在一个码元时间间隔 T_s 内，4PSK 信号为载波四个相位中的某一个。因此，可以用相位选择法产生 4PSK 信号。相位选择法产生 4PSK 信号原理如图 ZY3200107005-4 所示。

图 ZY3200107005-4　相位选择法产生 4PSK 信号原理图

4PSK 信号也可以采用正交调制的方式产生，正交调制器可以看成由两个载波正交的 2PSK 调制器构成。

【思考与练习】

1. 什么是多进制数字振幅调制？

2. 什么是多进制数字频率调制？

3. 什么是多进制数字相位调制？

国家电网公司
生产技能人员职业能力培训专用教材

第八章　差错控制编码

模块 1　差错控制编码的基本概念（ZY3200108001）

【模块描述】本模块介绍了差错控制编码的基本概念，包含几种差错控制方式和几种简单的检错码。通过要点介绍，掌握差错控制的基本原理及其实现方式。

【正文】

一、差错控制概述

差错控制编码的基本方法是在发送端被传输的信息序列上附加一些监督码元，这些多余码元与信息码元之间以某种确定的规则相互关联（约束），接收端按照既定的规则检验信息码元与监督码元之间的关系。

常用差错控制方法包括前向纠错（FEC）、反馈重发（ARQ）、混合纠错（HEC）和信息反馈（IRQ）。

1. 前向纠错（FEC）

FEC 方式是在信息码序列中，以特定结构加入足够的冗余位，称为监督元（或校验元），接收端解码器可以按照双方约定的这种特定的监督规则，自动识别出少量差错，并能予以纠正。FEC 最适于高速数据传输而且需实时传输的情况。

2. 反馈重发（ARQ）

解码器对接收码组逐一按编码规则检测其错误。如果无误，向发送端反馈"确认"ACK 信息；如果有错，则反馈回 ANK 信息，以表示请求发送端重复发送刚刚发送过的这一信息。ARQ 优点在于编码冗余位较少，可以有较强的检错能力，同时编解码简单。由于检错与信道特征关系不大，在非实时通信中具有普遍应用价值。

3. 混合纠错方式（HEC）

此种方式是上述两种方式的有机结合，即在纠错能力内，实行自动纠错，而当超出纠错能力的错误位数时，可以通过检测而发现错码，不论错码多少，利用 ARQ 方式进行纠错。HEC 也适于实时传输。

4. 信息反馈（IRQ）

这是一种全回执式最简单差错控制方式，接收端将收到的信码原样转发回发送端，并与原发送信码相比较，若发现错误，则发送端再进行重发。只适于低速非实时数据通信，是一种较原始的做法。

二、纠错编码分类

按信息码元和附加的监督码元之间的检验关系分为线性码和非线性码。按信息码元和监督码元之间的约束方式分为分组码和卷积码。

三、差错编码的基本原理

将信息码分组，为每组信码附加若干监督码的编码，称为分组码。在分组码中，监督码元仅监督本码组的中的信息码元。

分组码用（n，k）表示，n 为码组长度，k 为信息位数，$n-k=r$ 为监督位数。

1 的数目称为码组的重量，两个码组对应位上数字不同的位数称为码组距离（汉明距离）。各码组间距离的最小值称为最小码距 d_0。d_0 的大小直接关系着编码的检、纠错能力。

（1）为检测 e 个错码，要求 $d_0 \geq e+1$。

（2）为纠正 t 个错码，要求 $d_0 \geq 2t+1$。

（3）为纠正 t 个错码，同时检测 e 个错码，要求 $d_0 \geq e+t+1$。

四、常用的简单编码

1. 奇偶监督码

对于一般的数字序列，为了能发现传输中的一位或更多差错，一种很简单的方法是在码字后面加1个冗余码元（校验元）。加1位监督元后，称为有检错功能的"码字"，码长为 n。当信码组的码重等于奇数时加入 $C_0=1$ 或者当信码组的码重等于偶数时加入 $C_0=0$，则构成偶校检码；反之称为奇校检码。

$$
\begin{array}{cccc|c}
a_{n-1}^1 & a_{n-2}^1 & \cdots & a_1^1 & a_0^1 \\
a_{n-1}^2 & a_{n-2}^2 & \cdots & a_1^2 & a_0^2 \\
\hline
a_{n-1}^m & a_{n-2}^m & \cdots & a_1^m & a_0^m \\
c_{n-1} & c_{n-2} & \cdots & c_1 & c_0
\end{array}
$$

图 ZY3200108001-1 二维奇偶监督码的构成

2. 二维奇偶监督码

把上述奇偶监督码的若干码组排列成矩阵，每一码组写成一行，然后，再按列的方向增加第二维监督位。二维奇偶监督码的构成如图 ZY3200108001-1 所示。

它的好处是可以将突发错误的几个连续错位分散到相邻码字中各含1位错，于是就可纠正。这对于不设反馈信道的单向低速传输是有利的。

3. 恒重码（或等比码）

这是从 2^n 个码组中，只选出一些特定结构的码组作为许用码字，如"五中取三"码，就是从 $2^5=32$ 个码组中，只选用码重为 3 的 10 个码组作为传输码字，可代表 10 个信息符号（如 10 字阿拉伯数字），而其余 22 个是禁用码组。

4. 重复码

重复码是在每位信息码元之后，用简单重复多次的方法编码。例如重复两次时，用 111 传输 1 码，用 000 传输 0 码。接收端译码时采用多数表决法，当出现 2 个或 3 个 1 时判为 1，当出现 2 个或 3 个 0 时判为 0。这样的码可以纠正 1 个差错或者检出 2 个差错。

【思考与练习】

1. 什么是差错控制编码？

2. 差错控制编码的基本方法是什么？常用差错控制方法有哪些？

3. 常用的编码有哪些？简述其构成方法。

模块 2 线性分组码（ZY3200108002）

【模块描述】本模块介绍了线性分组码的基本概念，包含线性分组码的概念及其构造原理。通过要点讲解、公式介绍，掌握线性分组码的构造原理及其检错机理。

【正文】

线性分组码中信息码元和监督码元是用线性方程联系起来的。线性码建立在代数学群论基础上，线性码各许用码组的集合构成代数学中的群，因此，又称群码。

线性分组码有两个特点：① 任意两许用码组之和（模 2 和）仍为一许用码组，称之为封闭性；② 码的最小距离等于非零码的最小重量。

一、奇偶监督码

奇偶监督码是一种最简单的线性码，偶校验时

$$S=a_{n-1} \oplus a_{n-2} \oplus \cdots \oplus a_0$$

（1）S 称为校正子，又称伴随式。$S=0$ 无错，$S=1$ 有错。

（2）由 r 个监督方程式计算得 r 个校正子，可以用来指示 2^r-1 种错误，对于 (n, k) 码，如果满足 $2^r-1 >= n$，则可能构造出纠正一位或一位以上错误的线性码。

校正子与错码对应表见表 ZY3200108002-1。

二、线性分组码的监督矩阵

设分组码 (n, k) 中 $k=4$，为纠正一位错码，要求 $r \geq 3$，则 $n=k+r=7$。

表 ZY3200108002-1　　　　　　　　　校正子与错码对应表

$S_1S_2S_3$	错 码 位 置	$S_1S_2S_3$	错 码 位 置
001	a_0	101	a_4
010	a_1	110	a_5
011	a_2	111	a_6
100	a_3	000	无错

校正子的计算方法

$$s_1=a_6+a_5+a_4+a_2; \quad s_2=a_6+a_5+a_3+a_1; \quad s_3=a_6+a_4+a_3+a_0 \qquad (ZY3200108002-1)$$

监督位的计算方法

$$a_2=a_6+a_5+a_4; \quad a_1=a_6+a_5+a_3; \quad a_0=a_6+a_4+a_3 \qquad (ZY3200108002-2)$$

按上述方法构造的纠正单个错误的线性分组码称为汉明码。码长 $n=2^r-1$，信息位 $k=2^r-1-r$，监督位 r。编码速率 $=k/n=1-r/n$。

将式（ZY3200108002-1）改写为

$$\begin{cases} 1ga_6+1ga_5+1ga_4+0ga_3+1ga_2+0ga_1+0ga_0=0 \\ 1ga_6+1ga_5+0ga_4+1ga_3+0ga_2+1ga_1+0ga_0=0 \\ 1ga_6+0ga_5+1ga_4+1ga_3+0ga_2+0ga_1+1ga_0=0 \end{cases}$$

表示成矩阵形式

$$\begin{bmatrix} 1 & 1 & 1 & 0 & 1 & 0 & 0 \\ 1 & 1 & 0 & 1 & 0 & 1 & 0 \\ 1 & 0 & 1 & 1 & 0 & 0 & 1 \end{bmatrix} g[a_6a_5a_4a_3a_2a_1a_0]^T = \begin{bmatrix} 0 \\ 0 \\ 0 \end{bmatrix}$$

简记为 $HA^T=0^T$ 或 $AH^T=0^T$。H 称为监督矩阵，H 确定，则编码时监督位和信息位的关系就完全确定了。

三、线性分组码的生成矩阵

将式（ZY3200108002-2）写成另一种矩阵形式

$$\begin{bmatrix} a_2 \\ a_1 \\ a_0 \end{bmatrix} = \begin{bmatrix} 1 & 1 & 1 & 0 \\ 1 & 1 & 0 & 1 \\ 1 & 0 & 1 & 1 \end{bmatrix} \begin{bmatrix} a_6 \\ a_5 \\ a_4 \\ a_3 \end{bmatrix}$$

再将上式变换后得到

$$[a_6a_5a_4a_3a_2a_1a_0] = [a_6a_5a_4a_3] \begin{bmatrix} 1 & 0 & 0 & 0 & 1 & 1 & 1 \\ 0 & 1 & 0 & 0 & 1 & 1 & 0 \\ 0 & 0 & 1 & 0 & 1 & 0 & 1 \\ 0 & 0 & 0 & 1 & 0 & 1 & 1 \end{bmatrix} = MG$$

式中　G——码的生成矩阵；

　　　M——信息码组矩阵。

因此，如果知道生成矩阵同样可以确定编码的码组。

例： 已知（6，3）码的生成矩阵为 G 为

$$\begin{bmatrix} 1 & 0 & 0 & 1 & 0 & 1 \\ 0 & 1 & 0 & 0 & 1 & 1 \\ 0 & 0 & 1 & 1 & 1 & 0 \end{bmatrix}$$

试求：（1）编码码组和各个码组的重量 W；（2）最小码距和该码的差错控制能力。

编码表见表 ZY3200108002-2。

表 ZY3200108002-2　　　　　　　　编　码　表

信 息 码 组	编码码组	码 重 W	信 息 码 组	编码码组	码 重 W
000	000000	0	100	100101	3
001	001110	3	101	101011	4
010	010011	3	110	110110	4
011	011101	4	111	111000	3

非零码的最小码重 $W_{\min}=3$，最小码距 $d_0=3$。因此该码有纠 1 位错，或检 2 位错，或纠 1 位错同时检 1 位错的能力。

【思考与练习】

1. 线性分组码有什么特点？

2. 简述线性分组码的检错机理。

模块 3　循环码（ZY3200108003）

【模块描述】 本模块介绍了循环码的基本概念、循环码的特点及其表述，包含循环码的特点、表述及其编、译码。通过概念讲解、表述方式介绍，掌握循环码的表述及其编、译码的工作机理。

【正文】

循环码是线性分组码中最重要的一种子类。循环码具有许多特殊的代数性质，这些性质有助于按照要求的纠错能力系统地构造这类码，并且编、译码电路很容易实现，因此在 FEC 系统中得到广泛应用。

一、循环码的概念

在描述循环码之前，先看以下例子。设（7，4）分组码 C 的生成矩阵为

$$G = \begin{bmatrix} 1 & 0 & 0 & 0 & 1 & 0 & 1 \\ 0 & 1 & 0 & 0 & 1 & 1 & 1 \\ 0 & 0 & 1 & 0 & 1 & 1 & 0 \\ 0 & 0 & 0 & 1 & 0 & 1 & 1 \end{bmatrix}$$

得到 16 个码组是：

（1000101）（0001011）（0010110）（0101100）

（1011000）（0110001）（1100010）

（0100111）（1001110）（0011101）（0111010）

（1110100）（1101001）（1010011）

（1111111）（0000000）

由以上这些码组可以看到：如果 c_i 是 c 的码组，则不论左移还是右移，移位位数多少，其结果仍为一许用码组，具有这种特性的线性分组码称为循环码。

二、循环码的表述

为了运算的方便，将码组的各分量作为多项式的系数，把码组表示成多项式，称为码多项式。其一般表示式为

$$c(x) = c_{n-1}x^{n-1} + c_{n-2}x^{n-2} + L + c_0$$

码多项式 $c(x)$ 的一次左移循环记为 $c^{(1)}(x)$；i 次左移循环为 $c^{(i)}(x)$

$$c^{(1)}(x) = c_{n-2}x^{n-1} + c_{n-3}x^{n-3} + L + c_0 x + c_{n-1}x^{n-1}$$

$$c^{(i)}(x) = c_{n-1-i}x^{n-1-i} + c_{n-2-i}x^{n-2-i} + L + c_0 x^i + c_{n-1}x^{i-1} + L + c_{n-i}$$

分析结果为：循环码组的第 i 次循环移位等效于将码多项式乘以 x^i 后再模 (x^n+1)，即

$$c^{(i)}(x) \equiv x^i c(x) \quad （模\ x^n + 1）$$

三、循环码的编、译码

循环码的编码和译码电路都是用移位寄存器和模 2 和构成的线性时序电路来构成。

【思考与练习】

1. 什么是循环码？
2. 循环码有什么特性？

第二部分

光 纤 通 信

第九章 光纤通信概述

模块 1 光纤通信的光波波谱 （ZY3200201001）

【模块描述】本模块介绍了光纤通信的光波波谱，包含光在电磁波谱中的位置、光纤通信使用的波段。通过波谱图、公式介绍，掌握光纤通信使用的波长和频率范围。

【正文】

一、光在电磁波谱中的位置

光波与无线电波相似，也是一种电磁波。图ZY3200201001-1为电磁波波谱图。

可见光是人眼能看见的光，其波长范围为0.39～0.76μm。红外线是人眼看不见的光，其波长范围为 0.76～300μm，一般分为近红外区、中红外区和远红外区。近红外区的波长范围为 0.76～15μm；中红外区的波长范围为 15～25μm；远红外区的波长范围为 25～300μm。

二、光纤通信使用的波段

目前光纤通信所用光波的波长范围为 0.8～2.0μm，属于电磁波谱中的近红外区。其中 0.8～1.0μm 称为短波长段，1.0～2.0μm 称为长波长段。目前光纤通信使用的波长有三个，分别为 0.85、1.31μm 和 1.55μm。

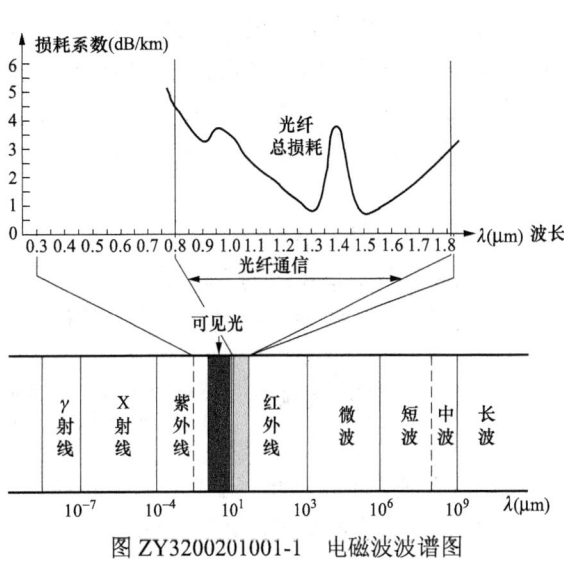

图 ZY3200201001-1　电磁波波谱图

光在真空中的传播速度 c 为 3×10^8m/s，根据波长 λ、频率 f 和光速 c 之间的关系式可计算出各电磁波的频率范围

$$f = \frac{c}{\lambda} \qquad\qquad \text{（ZY3200201001-1）}$$

根据光纤通信所用光波的波长范围，由式（ZY3200201001-1）可得，光纤通信所用光波的相应的频率范围为 $1.67～3.75 \times 10^{14}$Hz。

各种单位的换算公式为：

1μm（微米）$=10^{-6}$m；1nm（纳米）$=10^{-9}$m

1MHz（兆赫兹）$=10^{6}$Hz；1GHz（吉赫兹）$=10^{9}$Hz

1THz（太赫兹）$=10^{12}$Hz

【思考与练习】

1. 目前光纤通信使用的波长有哪几个？

2. 对应光纤通信所用光波的频率范围是多少？

模块 2 光纤通信的基本组成 （ZY3200201002）

【模块描述】本模块介绍了光纤通信的基本组成，包含光通信系统的组成框图。通过框图介绍，掌握光纤通信系统的基本组成和工作机制。

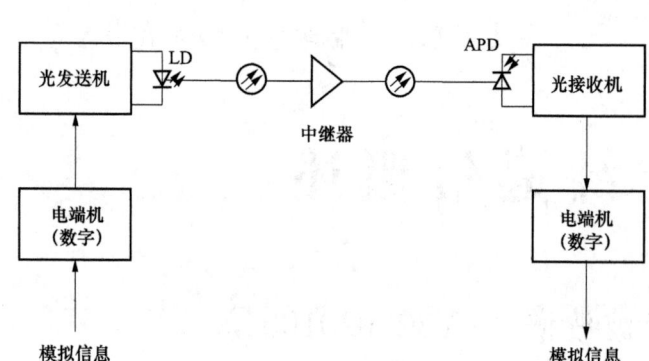

图 ZY3200201002-1　光纤通信系统方框图

【正文】

所谓光纤通信，就是利用光纤来传输携带信息的光波以达到通信之目的。典型的数字光纤通信系统方框图如图 ZY3200201002-1 所示。

光纤通信系统中电端机的作用是对来自信息源的信号进行处理，例如模拟/数字转换、多路复用等；发送端光端机的作用是将光源（如激光器或发光二极管）通过电信号调制成光信号，输入光纤传输至远方；接收端的光端机内有光检测器（如光电二极管）将来自光纤的光信号还原成电信号，经放大、整形、再生恢复原形后，输至电端机的接收端。

对于长距离的光纤通信系统还需中继器，其作用是将经过长距离光纤衰减和畸变后的微弱光信号经放大、整形、再生成一定强度的光信号，继续送向前方以保证良好的通信质量。目前的中继器多采用光—电—光形式，即将接收到的光信号用光电检测器变换为电信号，经放大、整形、再生后再调制光源将电信号变换成光信号重新发出，而不是直接放大光信号。目前，采用光放大器（如掺铒光纤放大器）作为全光中继及全光网络已逐步进入商用。

【思考与练习】

1. 什么是光纤通信？
2. 画出光纤通信系统的方框图。
3. 光纤通信系统中，中继器的作用是什么？

模块 3　光纤通信系统的分类（ZY3200201003）

【模块描述】本模块介绍了光纤通信系统的分类，包含光纤通信系统的两种分类方式。通过分类介绍，熟悉光纤通信系统两种分类标准。

【正文】

光纤通信系统根据系统所使用的传输信号的形式、传输光的波长和光纤的类型进行不同的分类。

一、按传输信号的形式分类

按传输信号的形式不同，光纤通信系统可以分成模拟光纤通信系统和数字光纤通信系统两大类。

1. 数字光纤通信系统

数字光纤通信系统是光纤通信的主要通信方式。光纤通信在接收和发送时，在光电转换过程中所产生的散粒效应噪声和非线性失真较大，但采用数字通信方式时，中继器采用判决再生技术，噪声积累少。因此，光纤通信采用数字传输成了最有利的技术。

2. 模拟光纤通信系统

模拟光纤通信系统的输入电信号不是采用脉冲编码信号。它的缺点是光电变换时噪声较大，只适用于短距离传输。但它不需要模/数转换和数/模转换，因此，相对而言比较经济。

二、按波长和光纤类型分类

1. 短波长（0.85μm）多模光纤通信系统

该系统通信速率在 34Mbit/s 以下，中继段长度在 10km 以内，发送机的光源为镓铝砷半导体激光器或发光二极管，接收机的光电检测器为硅光电二极管或硅雪崩光电二极管。

2. 长波长（1.31μm）多模光纤通信系统

该系统通信速率在 34～140Mbit/s，中继距离为 25km 或 20km 以内，发送机的光源为铟镓砷磷半导体多纵模激光器或发光二极管，接收机的光电检测器为锗雪崩光电二极管或镓铝砷光电二极管和镓铝砷雪崩光电二极管。

3．长波长（1.31μm）单模光纤通信系统

该系统通信速率在 140～565Mbit/s，中继距离为 30～50km，发送机的光源为铟镓砷磷单纵模激光器或发光二极管。

4．长波长（1.55μm）单模光纤通信系统

该系统通信速率在 565Mbit/s 以上，中继距离可达 100km 以上，采用零色散位移光纤和动态单纵模激光器。

【思考与练习】

1．光纤通信系统按照传输信号的不同，可分成哪几类？

2．光纤通信系统按照波长和光纤类型的不同形式，可分成哪几类？

模块 4　光纤通信的特点（ZY3200201004）

【模块描述】本模块介绍了光纤通信的特点。通过优、缺点介绍，熟悉光纤通信系统的特点。

【正文】

与电缆等电通信方式相比，光纤通信的优点如下：

（1）传输频带极宽，通信容量很大；

（2）由于光纤衰减小，中继距离长；

（3）串扰小，信号传输质量高；

（4）光纤抗电磁干扰，保密性好；

（5）光纤尺寸小，重量轻，便于传输和铺设；

（6）耐化学腐蚀；

（7）光纤是石英玻璃拉制成形，原材料来源丰富，并节约了大量有色金属。

由于光纤通信具备一系列的优点，因此，得到广泛应用。

光纤通信同时也具有以下缺点：

（1）光纤弯曲半径不宜过小；

（2）光纤的切断和连接操作技术较复杂；

（3）分路、耦合麻烦；

（4）需要光/电和电/光转换。

【思考与练习】

1．光纤通信具有哪些优点？

2．光纤通信具有哪些缺点？

模块 4

ZY3200201004

国家电网公司
生产技能人员职业能力培训专用教材

第十章　光纤结构与特性

模块 1　光纤的结构和分类（ZY3200202001）

【模块描述】本模块介绍了光纤的结构和分类、ITU–T 建议的光纤分类，包含光纤的典型结构图和不同分类形式。通过图形示意、分类介绍，掌握光纤的结构及各层的材质要求及作用，熟悉常用的三种主要类型的光纤在横截面上折射率的分布形状以及光线在其纤芯内的传播路径。

【正文】

一、光纤的结构

光纤的典型结构是多层同轴圆柱体，如图 ZY3200202001-1 所示，自内向外为纤芯、包层和涂覆层。核心部分是纤芯和包层，纤芯的粗细和材料以及包层材料的折射率，对光纤的特性起决定性影响。包层位于纤芯的周围，设纤芯和包层的折射率分别为 n_1 和 n_2，光在光纤中传输的必要条件是 $n_1 > n_2$。

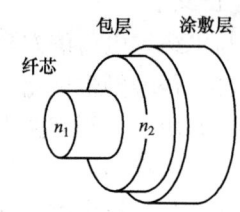

图 ZY3200202001-1　光纤的结构

由纤芯和包层组成的光纤称为裸纤。裸纤经过涂敷后才能制作光缆。通常所说的光纤就是指经过涂敷后的光纤。涂敷层保护光纤不受水汽的侵蚀及机械的擦伤，同时又增加光纤的柔韧性，起着延长光纤寿命的作用。

目前使用较为广泛的光纤有两种：紧套光纤和松套光纤。紧套光纤是指在一次涂敷的光纤再紧套一层聚乙烯或尼龙套管，光纤在套管内不能自由活动。松套光纤是指在涂敷层的外面再套上一层塑料套管，光纤在套管内可以自由活动。松套光纤的耐侧压能力和防水性能较好，便于成缆。紧套光纤的耐侧压能力不如松套光纤，但其结构相对简单，在测量和使用时都比较方便。

二、光纤的分类

（1）根据折射率在横截面上的分布形状，光纤可分为阶跃型光纤和渐变型光纤两种。阶跃型光纤在纤芯和包层交界处的折射率呈阶梯形突变，纤芯的折射率 n_1 和包层的折射率 n_2 分别为某一常数。渐变型光纤纤芯的折射率 n_1 随着半径的增加而按一定规律逐渐减少，到纤芯与包层交界处为包层折射率 n_2，纤芯的折射率不是某一常数。

（2）根据工作波长，光纤可分为短波长光纤和长波长光纤。

（3）根据光纤中传输模式的多少，光纤可分为单模光纤和多模光纤两类。

光是一种频率极高的电磁波。当光纤纤芯的几何尺寸远大于光波波长时，光在光纤中会以几十种乃至几百种传播模式进行传播，如 TMmn 模、TEmn 模、HEmn 模等（其中 m、$n=0$、1、2、3…）。其中 HE11 模被称为基模，其余的都称为高次模。

单模光纤中只传输一种模式（基模），纤芯直径较细，与光波长在同一数量级，通常在 4～10μm 范围内。多模光纤中可以同时传输多种模式，纤芯直径较粗，远大于光波波长，典型尺寸为 50μm 左右。

多模光纤可以采用阶跃型或者渐变型折射率分布；单模光纤多采用阶跃型折射率分布。因此，光纤大体分为多模阶跃折射率光纤、多模渐变折射率光纤和单模阶跃折射率光纤等几种。它们的结构、尺寸、折射率分布及光传输示意如图 ZY3200202001-2 所示。

三、国际电信联盟远程通信标准化组 ITU–T 建议的光纤分类

G.651 光纤：渐变多模光纤，工作波长为 1.31μm 或 1.55μm，在 1.31μm 处光纤有最小色散，而在 1.55μm 处光纤有最小损耗，主要用于计算机局域网或接入网。

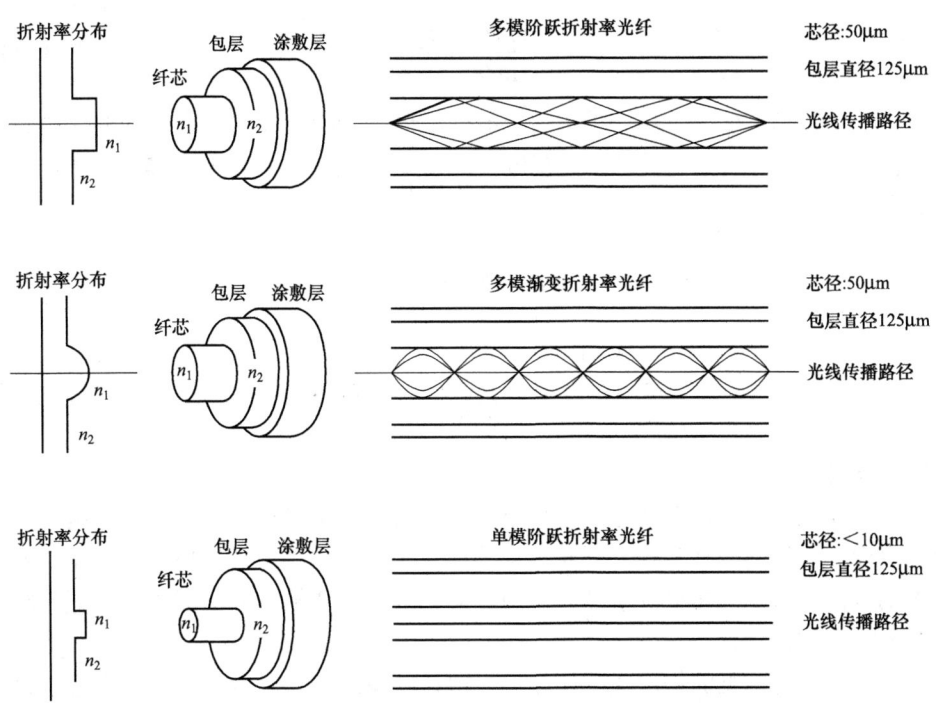

图 ZY3200202001-2　三种类型的光纤的结构、尺寸、折射率分布及光传输示意图

G.652 光纤：常规单模光纤，也称为非色散位移光纤，其零色散波长为 1.31μm，在 1.55μm 处有最小损耗，是目前应用最广泛的光纤。

G.653 光纤：色散位移光纤，在 1.55μm 处实现了最低损耗与零色散波长一致，但由于在 1.55μm 处存在四波混频等非线性效应，阻碍了它的应用。

G.654 光纤：性能最佳单模光纤，在 1.55μm 处具有极低损耗（大约 0.18dB/km）且弯曲性能好。

G.655 光纤：非零色散位移单模光纤，在 1.55～1.65μm 处色散值为 0.1～6.0ps/（nm·km），用来平衡四波混频等非线性效应，适用于高速（10Gbit/s 以上）、大容量、DWDM 系统。

【思考与练习】

1. 画出光纤的结构简图，并进行标注。

2. 什么是单模光纤？什么是多模光纤？

3. 什么是阶跃型光纤？什么是渐变型光纤？

4. ITU–T 建议光纤可分为哪几类？

模块 2　光纤的导光原理（ZY3200202002）

【模块描述】本模块介绍了光纤的导光原理，包含光的全反射、折射、反射、偏振、色散。通过原理讲解、图形示意，掌握全反射原理以及影响光传播速度的因素。

【正文】

一、全反射原理

射线光学的基本关系式是有关其反射和折射的菲涅耳定律。光在分层介质中的传播如图 ZY3200202002-1 所示。图中介质 1 的折射率为 n_1，介质 2 的折射率为 n_2，设 $n_1 > n_2$。当光线以较小的入射角 θ_1 入射到介质界面时，部分光进入介质 2 并产生折射，部分光被反射。它们之间的相对强度取决于两种介质的折射率。

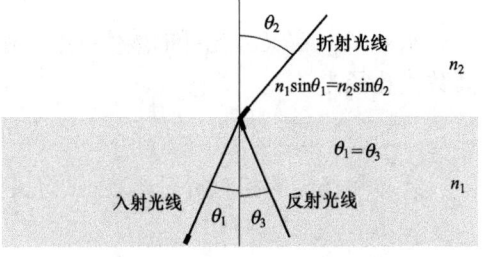

图 ZY3200202002-1　光的反射与折射

由菲涅耳定律可知

反射定律　　　　　　　　　　　　　　　　　$\theta_1 = \theta_3$　　　　　　　　　　　　（ZY3200202002-1）

折射定律　　　　　　　　　　$$\frac{\sin\theta_1}{\sin\theta_2}=\frac{n_2}{n_1}$$ （ZY3200202002-2）

在 $n_1 > n_2$ 时，逐渐增大 θ_1，进入介质 2 的折射光线进一步趋向界面，直到 θ_2 趋于 90°。此时，进入介质 2 的光强减小并趋于零，而反射光强接近于入射光强。当 $\theta_2 = 90°$ 极限值时，相应的 θ_1 角定义为临界角 θ_c；因为 $\sin 90° = 1$，所以临界角

$$\theta_c = \arcsin\left(\frac{n_2}{n_1}\right)$$ （ZY3200202002-3）

当 $\theta_1 \geqslant \theta_c$ 时，入射光线将产生全反射。应当注意，只有当光线从折射率大的介质进入折射率小的介质，即 $n_1 > n_2$ 时，在界面上才能产生全反射。光纤的导光特性基于光射线在纤芯和包层界面上发生全反射，使光线限制在纤芯中传输。

二、光的偏振与色散

光属于横波，即光的电磁场振动方向与传播方向垂直。如果光波的振动方向始终不变，只有光波的振幅随相位改变，这样的光称为线偏振光。从普通光源发出的光不是偏振光，而是自然光，它具有一切可能的振动方向，对光的传播方向是对称的。即在垂直于传播方向的平面内，无论哪一个方向的振动都不比其他方向占优势。

光的色散现象是一种常见的物理现象。如日光通过棱镜或水雾时会呈现七色光谱。这是由于棱镜材料或水对不同波长（对应于不同颜色）的光呈现的折射率不同，从而使光的传播速度不同和折射角度不同，最终使不同颜色的光在空间散开。

三、光在光纤中的传播

1. 光在阶跃光纤中的传播

光在阶跃型光纤中是按"之"形的传播轨迹，如图 ZY3200202002-2 所示。设纤芯折射率为 n_1，包层的折射率为 n_2，且 $n_1 > n_2$，空气折射率为 n_0。内光线的入射角大小又取决于从空气中入射的光线进入纤芯中所产生折射角。当光线从空气入射到纤芯端面上的入射角 $\theta_i < \theta_{max}$ 时，进入纤芯的光线将会在纤芯和包层界面产生全反射而向前传播，而入射角 $\theta_i > \theta_{max}$ 的光线将进入包层损失掉。因此，入射角最大值 θ_{max} 确定了光纤的接收锥半角。θ_{max} 是个很重要的参数，它与光纤的折射率有关。

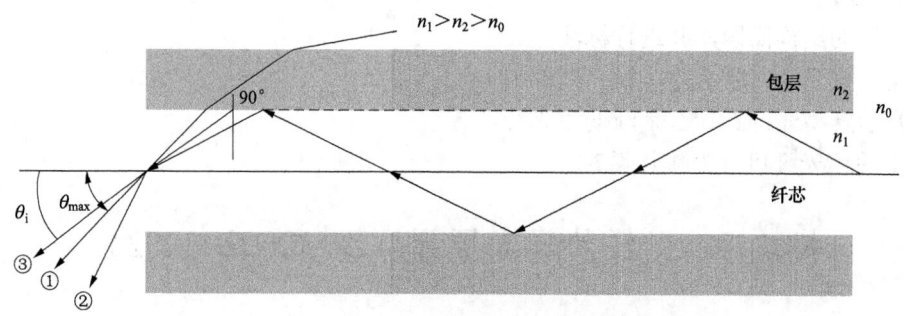

图 ZY3200202002-2　光在阶跃光纤中的传播

根据菲涅耳定律，得

$$n_0\sin\theta_{max}=\sqrt{n_1^2-n_2^2}$$ （ZY3200202002-4）

$n_0\sin\theta_{max}$ 定义为光纤的数值孔径，用 NA 表示。光在空气中的折射率 $n_0 = 1$，因此，对于一根光纤其数值孔径为

$$NA=\sqrt{n_1^2-n_2^2}$$ （ZY3200202002-5）

纤芯和包层的相对折射率差 Δ，定义为

$$\Delta=\frac{n_1^2-n_2^2}{2n_1^2}\approx\frac{n_1-n_2}{n_1}$$ （ZY3200202002-6）

则光纤的数值孔径 NA 可以表示为

$$NA = \sqrt{n_1{}^2 - n_2{}^2} = n_1\sqrt{2\Delta} \qquad\text{（ZY3200202002-7）}$$

　　光纤的数值孔径 NA 是表示光纤特性的重要参数，阶跃光纤数值孔径 NA 的物理意义是能使光在光纤内以全反射形式进行传播的最大接收角 θ_i 的正弦值。数值孔径 NA 仅决定于光纤的折射率，而与光纤的几何尺寸无关。

　　2. 光在渐变光纤中的传播

　　渐变光纤的折射率分布是在光纤的轴心处最大，光纤剖面的折射率随径向增加而连续变化，且遵从抛物线变化规律，那么光在纤芯的传播轨迹就不会呈折线状，而是连续变化形状。如图 ZY3200202002-3 显示了渐变型光纤可以实现自聚焦。

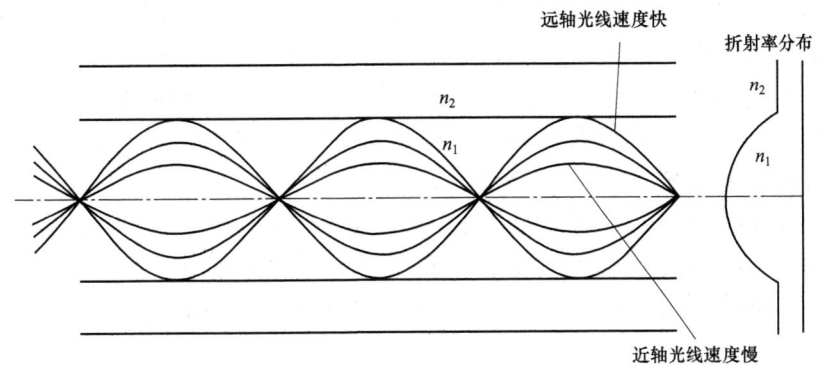

图 ZY3200202002-3　光在渐变光纤中的传播

　　3. 光在单模光纤中的传播

　　光在单模光纤中的传播轨迹，简单地讲是以平行于光纤轴线的形式以直线方式传播，如图 ZY3200202002-4 所示。这是因为在单模光纤中仅以一种模式（基模）进行传播，而高次模全部截止，不存在模式色散。

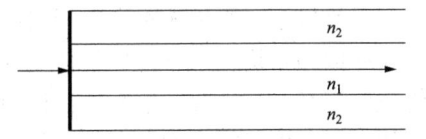

图 ZY3200202002-4　光在单模光纤中的传播轨迹

　　【思考与练习】

　　1. 简述全反射原理的基本内容。

　　2. 什么是阶跃型光纤的数值孔径？如何计算？

模块 3　光纤的特性（ZY3200202003）

　　【模块描述】本模块介绍了光纤的特性，包含光纤的几何特性、光学特性和传输特性。通过损耗组成讲解、波形示意，掌握影响光在光纤中传输的因素。

　　【正文】

　　一、光纤的传输特性

　　1. 光纤的损耗

　　光波在光纤中传输时，随着距离的增加光功率逐渐下降，这就是光纤的传输损耗，该损耗直接关系到光纤通信系统传输距离的长短，是光纤最重要的传输特性之一。目前，1.31μm 光纤的传输损耗值在 0.5dB/km 以下，而 1.55μm 的传输损耗值为 0.2dB/km 以下，这个数量级接近了光纤损耗的理论极限。

　　形成光纤损耗的原因很多，其损耗机理复杂，计算也比较复杂，而且有些是不能计算的。光纤损耗的原因主要由于吸收损耗和散射损耗，以及光纤结构的不完善等。

　　（1）光纤的损耗系数。设 P_i 为输入光纤的功率，P_o 为输出光功率，光纤长度为 L（km），则光在传输中的损耗 α 可定义为

$$\alpha = 10\lg\frac{P_i}{P_o}\quad\text{（dB）} \qquad\text{（ZY3200202003-1）}$$

单位长度传输线的平均损耗系数 α_L 可定义为

$$\alpha_L = \frac{\alpha}{L} = \frac{10}{L} \lg \frac{P_i}{P_o} \text{（dB）}$$　　　　（ZY3200202003-2）

（2）吸收损耗。物质的吸收作用将传输的光能变成热能，从而造成光功率的损失。吸收损耗有三个原因：一是本征吸收，二是杂质吸收，三是原子缺陷吸收。

光纤材料的固有吸收叫做本征吸收，它与电子及分子的谐振有关。由于光纤中含有铁、铜、铬、钴、镍等过渡金属和水的氢氧根离子，这些杂质造成的附加吸收损耗称为杂质吸收。金属离子含量越多，造成的损耗就越大。降低光纤材料中过渡金属的含量可以使其影响减小到最小的程度。图 ZY3200202003-1 给出了某一多模光纤的损耗谱曲线，其上的三个吸收峰就是由氢氧根离子造成的。为了使 $1.39 \mu m$ 波长处的损耗降低到 1dB/km 以下，氢氧根离子的含量应减小到 10^{-8} 以下。在制造光纤过程中用来形成折射率变化所需的 GeO_2、P_2O_5 等掺杂剂也可能导致附加的吸收损耗。

原子缺陷吸收是由于加热或者强烈的辐射造成的，玻璃材料会受激而产生原子的缺陷，吸收光能造成损耗。宇宙射线也会对光纤产生长期影响，但影响很小。

（3）散射损耗。由于光纤材料密度的微观变化以及各成分浓度不均匀，使得光纤中出现折射率分布不均匀的局部区域，从而引起光的散射，将一部分光功率散射到光纤外部，由此引起的损耗称为本征散射损耗。本征散射可以认为是光纤损耗的基本限度，又称瑞利散射。它引起的损耗与 λ^{-4} 成正比。

物质在强大的电场作用下，会呈现非线性，即出现新的频率或输入的频率发生改变。这种由非线性激发的散射有两种：受激喇曼散射和受激布里渊散射。这两种散射的主要区别在于喇曼散射的剩余能量转变为分子振动，而布里渊散射转变为声子。这两种散射都使得入射光能量降低，产生损耗，在功率门限制以下，对传输不产生影响；当入射光功率超过一定阈值后，两种散射的散射光强度都随入射光功率成指数增加，可以导致较大的光损耗。通过选择适当的光纤直径和发射光功率，可以避免非线性散射损耗。在光纤通信系统设计中，可以利用喇曼散射和布里渊散射，尤其是喇曼散射，将特定波长的泵浦光能量转变到信号光中，实现信号光的放大作用。

除了上述两种散射外，还有由于光纤不完善（如弯曲）引起的散射损耗。在模式理论中，这相当于光纤边界条件的变化使部分模式能量被散射到包层中。根据射线光学理解，在正常情况下，导模光线以大于临界角入射到纤芯与包层界面上并发生全反射，但在光纤弯曲处，入射角将减小，甚至小于临界角，这样光线会射出纤芯外而造成损耗。

2. 光纤的色散

光纤中所传信号的不同频率成分或不同模式成分，在传输过程中因群速度不同互相散开，引起传输信号波形失真、脉冲展宽的物理现象称为色散，如图 ZY3200202003-2 所示。群速是指光波能量的传播速度。光波在折射率为 n_1 的纤芯中传播速度为 $v = C/n_1$（C 为光在空气中的传播速度：$3 \times 10^8 m/s$）。光纤色散的存在使传输的信号脉冲畸变，从而限制了光纤的传输容量和传输带宽。从机理上说，光纤色散分为材料色散、波导色散和模式色散。前两种色散是由于信号不是单一频率引起的，后一种色散是由于信号不是单一模式引起的。

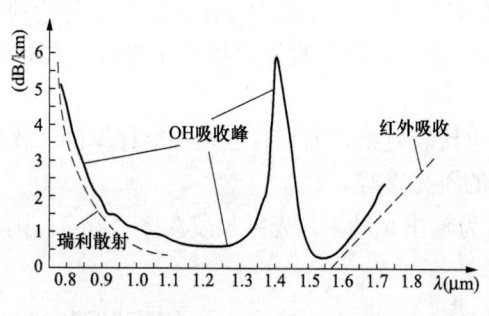

图 ZY3200202003-1　典型光纤的损耗谱

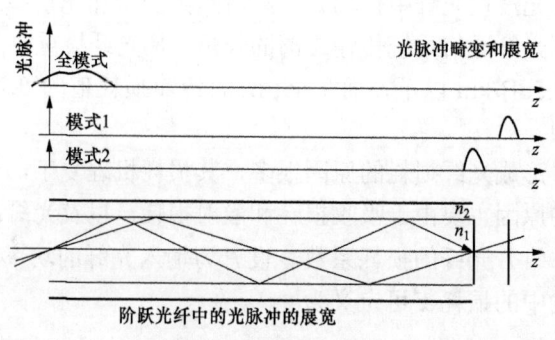

图 ZY3200202003-2　光纤色散

单模光纤中只传输基模，不论是阶跃型还是渐变型的单模光纤，都不会产生模式色散，其总色散由材料色散、波导色散组成，这两种色散都与波长有关，所以单模光纤的总色散也称为波长色散。光纤的波长色散系数是单位光纤长度的波长色散，通常用 D（λ）表示，单位为 ps/（nm·km）。

（1）材料色散。材料色散是指光纤材料的折射率随频率（波长）发生变化时使得信号的各频率（波长）的群速度不同而引起的色散，如图 ZY3200202003-3 所示。

（2）波导色散。波导色散是由于某一传输模的传播常数随光频而变化，从而引起群速变化所引起的色散，如图 ZY3200202003-4 所示。

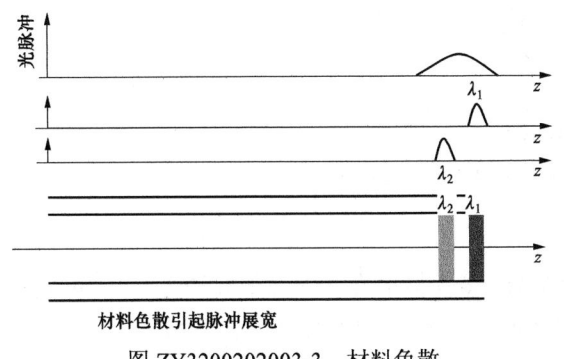

图 ZY3200202003-3　材料色散

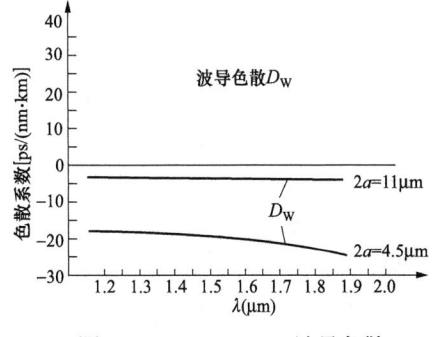

图 ZY3200202003-4　波导色散

在某个特定波长下，材料色散和波导色散相抵消，总色散为零。对普通的单模光纤，总色散为零的波长在 1.31μm，这意味着在这个波长传输的光脉冲不会发生展宽。在波长 1.55μm，虽然损耗最低，但在该波长上的色散较大。

（3）模式色散。模式色散是指多模传输时同一波长分量的各种传导模的相位常数不同，群速度不同，引起到达终端的光脉冲展宽的现象，如图 ZY3200202003-5 所示。

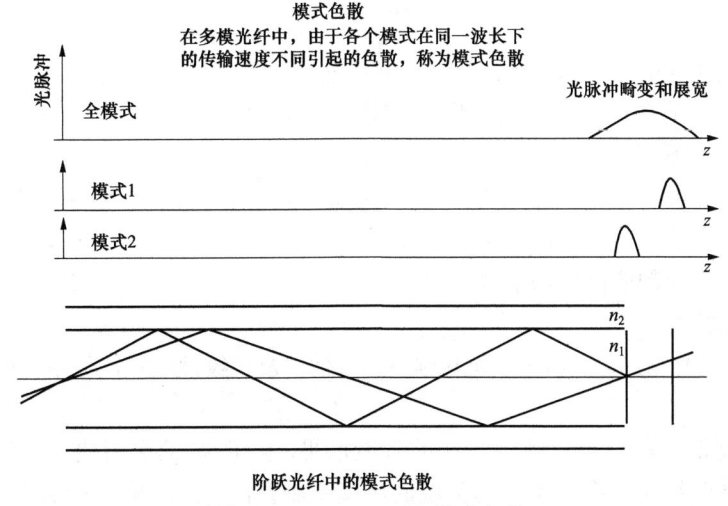

图 ZY3200202003-5　模式色散

对于渐变型光纤，由于离轴心较远的折射率小，因而传输速度快；离轴心较近的折射率大，因而传输速度慢，结果使得不同路程的光线到达终端的时延差近似为零，所以渐变型多模光纤的模式色散较小，如图 ZY3200202003-6 所示。

二、光纤的光学特性

光纤的光学特性有折射率分布、最大理论数值孔径、模场直径及截止波长等。

1. 光纤的折射率分布

依据对光纤色散的不同要求，光纤的折射率分布被设计成各种形式，最常用的折射率分布是抛物线分布，取这种分布的多模光纤具有"自聚焦"特性，其模间色散较小。单模光纤多采用阶跃折射率分布，在 1.3μm 附近具有最低色散。

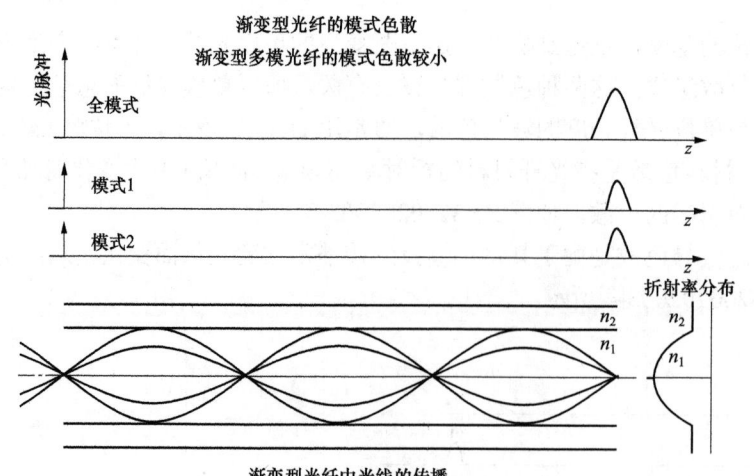

图 ZY3200202003-6　渐变型多模光纤的模式色散

2. 光纤的数值孔径

光纤的数值孔径是衡量光纤接收光功率能力的参数。多模标准光纤的数值孔径为 0.2；单模光纤的数值孔径为 0.1。数值孔径越大，光纤的收光能力就越强，光功率的入纤效率就越高。

3. 模场半径与截止波长

单模光纤的模场半径是描述单模光纤中光能量集中程度的参量。模场直径越小，通过光纤横截面的能量密度就越大。理论上的截止波长是单模光纤中光信号能以单模方式传播的最小波长。截止波长条件可以保证在最短光缆长度上单模传输，并且可以抑制高次模的产生或可以将产生的高次模噪声功率代价减小到完全可以忽略的地步。

三、光纤的几何特性

光纤的几何尺寸参数包括芯径、外径、同心度和椭圆度。

1. 芯径与外径

通信用标准多模光纤的芯径为 50μm，单模光纤芯径为 7~10μm；标准单、多模光纤的外径均可为 125μm，非标准光纤的芯径从几十微米到几百微米不等，塑料光纤的芯径甚至可达数毫米。

2. 光纤的同心度和椭圆度

光纤的同心度是衡量纤芯和包层是否同心的参数。光纤的椭圆度是衡量纤芯及包层截面偏离圆形截面程度的参数。光纤的同心度和椭圆度对于光纤的连接与耦合是很重要的参数。为取得低的连接损耗，要求光纤具有尽量低的非圆度与非同心度。

四、光纤的机械特性

光纤的机械特性主要包括耐侧压力、抗拉强度、弯曲以及扭绞性能等，使用者最关心的是抗拉强度。

1. 抗拉强度

光纤的抗拉强度很大程度上反映了光纤的制造水平。一般要求实用化的光纤的抗拉强度不小于240g 拉力。高质量的光纤必须在具有高清洁度的环境中制备，任何污染物接触了光纤预制棒或裸光纤表面，都会使光纤制成品的抗拉强度大为降低。

2. 抗弯性

抗拉强度好的光纤，其抗弯性也好。高质量的光纤无折断弯曲曲率半径小于 1~2mm。

为了加强光纤的机械特性，在预涂覆之后还要对光纤进行套塑并制成光缆，然后才能够在实际工程中应用。

【思考与练习】

1. 什么是光纤的吸收损耗？引起吸收损耗的原因有哪些？

2. 什么是光纤的散射损耗？

3. 什么是光纤的色散？

4. 什么是材料色散、波导色散和模式色散？

第十一章　无源光器件

模块1　光纤连接器（ZY3200203001）

【模块描述】本模块介绍了光纤连接器，包含光纤连接器的基本构成、性能及部分常见光纤连接器。通过结构讲解、照片示意、公式介绍，掌握光纤连接器的性能和使用方法。

【正文】

光纤（缆）活动连接器是实现光纤（缆）之间活动连接的光无源器件，它还具有将光纤（缆）与其他无源器件、光纤（缆）与系统和仪表进行活动连接的功能。

一、活动连接器

在一些实用的光纤通信系统中，光源与光纤、光纤与光检测器之间的连接均采用活动连接器，又称活接头。目前，大多数的光纤活动连接器是由三个部分组成：两个配合插针体和一个耦合管，如图 ZY3200203001-1 所示。两个插头装进两根光纤尾

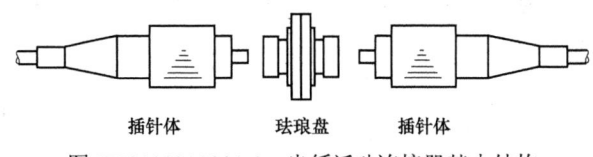

插针体　　　珐琅盘　　　插针体

图 ZY3200203001-1　光纤活动连接器基本结构

端；耦合管起对准套管的作用。另外，耦合管多配有金属或非金属珐琅，便于连接器的安装固定。

光纤连接器基本上是采用某种机械和光学结构，使两根光纤的纤芯对准，保证90%以上的光能够通过，目前有代表性并且正在使用的光纤连接器主要有五种结构。

（1）套管结构。套管结构的连接器由插针和套筒组成。

（2）双锥结构。双锥结构连接器是利用锥面定位。

（3）V形槽结构。V形槽结构的光纤连接器是将两个插针放入V形槽基座中，再用盖板将插针压紧，利用对准原理使纤芯对准。

（4）球面定心结构。球面定心结构由两部分组成：一部分是装有精密钢球的基座，另一部分是装有圆锥面的插针。

（5）透镜耦合结构。透镜耦合又称远场耦合，它分为球透镜耦合和自聚焦透镜耦合两种。

二、常见光纤连接器的种类

按接头外形分类通常分为以下几种类型：

（1）FC型（见图 ZY3200203001-2）。其外部加强方式是采用金属套，紧固方式为螺丝扣。

（2）PC型。是FC型的改进型。相比之下，外部结构没有改变，只是对接面由平面变成拱型凸面，是我国最为通用的规格。

（3）SC型（见图 ZY3200203001-3）。其外壳呈矩形，紧固方式是采用插拔销闩式，不需旋转，具有安装密度高的特点。

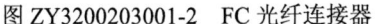
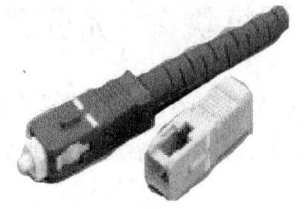

图 ZY3200203001-2　FC光纤连接器　　　　　图 ZY3200203001-3　SC光纤连接器

（4）ST 型（见图 ZY3200203001-4）。双锥型连接器，有一个直通和卡口式锁定机构。

（5）LC 型（见图 ZY3200203001-5）。采用操作方便的模块化插孔闩锁机理制成。其所采用的插针和套筒的尺寸是普通 SC、FC 等所用尺寸的一半，为 1.25mm，提高了光配线架中连接器的密度。目前，在单模光纤方面，LC 类型的连接器实际已经占据了主导地位。

图 ZY3200203001-4　ST 光纤连接器　　　　图 ZY3200203001-5　LC 光纤连接器

三、光纤连接器特性

光纤连接器的主要指标有 4 个，包括插入损耗、回波损耗、重复性和互换性。

1. 插入损耗

插入损耗是指光纤中的光信号通过活动连接器之后，其输出光功率相对输入光功率的比率的分贝数，表达式为

$$A_c = -10 \lg \frac{P_o}{P_i} \quad (\text{dB}) \qquad (\text{ZY3200203001-1})$$

式中　A_c——连接器插入损耗；

　　　P_i——输入端的光功率；

　　　P_o——输出端的光功率。

2. 回波损耗

回波损耗又称为后向反射损耗。它是指光纤连接处，后向反射光对输入光的比率的分贝数，表达式为

$$A_r = -10 \lg \frac{P_R}{P_i} \quad (\text{dB}) \qquad (\text{ZY3200203001-2})$$

式中　A_r——回波损耗；

　　　P_i——输入光功率；

　　　P_R——后向反射光功率。

3. 重复性和互换性

重复性是指光纤（缆）活动连接器多次插拔后插入损耗的变化，用 dB 表示。互换性是指连接器各部件互换时插入损耗的变化，也用 dB 表示。

【思考与练习】

1. 什么是光纤连接器？其基本结构由哪几部分组成？

2. 常见光纤连接器有哪几种类型？各有什么特点？

3. 光纤连接器的主要指标有哪些？

模块 2　光分路耦合器（ZY3200203002）

【模块描述】本模块介绍了光分路耦合器，包含光分路耦合器的功能、类型和主要性能指标。通过概念讲解、图形示意、公式介绍，掌握光分路耦合器的功能和主要性能指标。

【正文】

一、光分路耦合器的基本概念

在光纤通信系统或光纤测试中，经常需要从光纤的主传输信道中取出一部分光信号，作为监测、

控制等使用，有时也需要把两个不同方向来的光信号合起来送入一根光纤中传输。光分路耦合器是实现光信号分路/合路的功能器件。它的功能是把一个输入信号分配给多个输出（分路），或把多个输入光信号组合成一个输出（耦合）。

耦合器一般与波长无关，与波长相关的耦合器被称为波分复用器/解复用器或合波/分波器。光合波器和光分波器是用于波分复用等传输方式中的无源光器件，可将不同波长的多个光信号合并在一起通过一根光纤中传输，或者反过来说，将从一根光纤传输来的不同波长的复合光信号，按不同光波长分开，前者称为合波器，如图 ZY3200203002-1（d）所示，后者称为光分波器。

二、光分路耦合器的类型

光分路耦合器的类型包括 T 形耦合器、星形耦合器、定向耦合器。

（1）T 形耦合器。如图 ZY3200203002-1（a）所示，其功能是把一根光纤输入的光信号按一定的比例分配给两根，或把两根光纤输入的光信号组合在一起输入一根光纤。

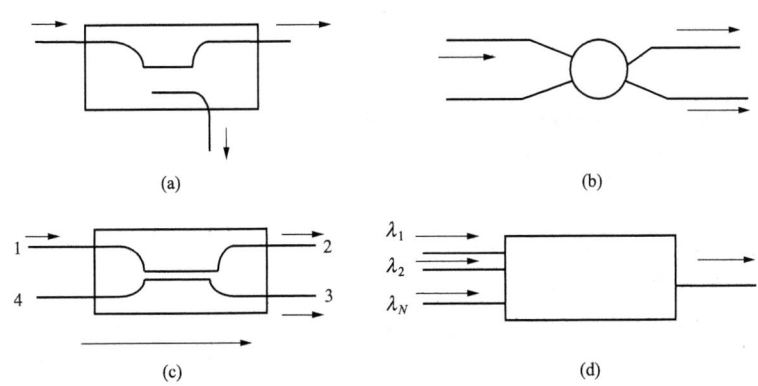

图 ZY3200203002-1　常用光分路耦合器的类型

(a) T 形；(b) 星形；(c) 定向；(d) 波分

（2）星形耦合器。如图 ZY3200203002-1（b）所示，其功能是把 n 根光纤输入的光功率组合在一起，再均匀地分配给 m 根光纤。n 和 m 不一定相等。

（3）定向耦合器。如图 ZY3200203002-1（c）所示，其功能是分别取出光纤中不同方向传输的光信号，光信号从端 1 传输到端 2，一部分由端 3 耦合，端 4 无输出；或者光信号从端 2 传输到端 1，一部分由端 4 耦合，端 3 无输出。

（4）波分合波器/分波器。光合波器的每一个输入端口输入一个预选波长的光信号，输入的不同波长的光波由同一输出端口输出。光分波器的作用与光合波器相反，将多个不同波长的信号分离开来。

三、光纤耦合器的性能指标

光纤耦合器性能指标主要有插入损耗、附加损耗和分光比等。

1. 插入损耗 IL

插入损耗定义为指定输出端口的光功率相对全部输入光功率的减少值。该值通常以分贝（dB）表示，数学表达式为

$$IL = -10\lg\frac{P_{\text{outi}}}{P_{\text{in}}}\ (\text{dB}) \qquad (\text{ZY3200203002-1})$$

式中　　P_{outi}——第 i 路输出端的光功率值；

P_{in}——输入光功率值。

2. 附加损耗 EL

附加损耗定义为所有输出端口的光功率总和相对于全部输入光功率的减小值。该值以分贝（dB）表示的数学表达式为

$$EL = -10\lg\frac{\sum P_{\text{out}}}{P_{\text{in}}}\ (\text{dB}) \qquad (\text{ZY3200203002-2})$$

式中　　$\sum P_{\text{out}}$——所有输出端口的光功率总和；

P_{in}——输入光功率值。

3. 分光比 CR

分光比是光耦合器特有的技术术语,它定义为耦合器各输出端口的输出功率相对输出总功率的百分比,其数学表达式表示为

$$CR = -10\lg\frac{P_{outi}}{\sum P_{out}}\quad(dB)\qquad(ZY3200203002\text{-}3)$$

式中　$\sum P_{out}$——所有输出端口的光功率总和;

P_{outi}——第 i 路输出端的光功率值。

4. 隔离度 I

隔离度是指某一光路对其他光路中的信号的隔离能力。隔离度高,也就意味着线路之间的"串话"小。其数学表达式为

$$I = -10\lg\frac{P_t}{P_{in}}\quad(dB)\qquad(ZY3200203002\text{-}4)$$

式中　P_t——某一光路输出端测到的其他光路信号的功率值;

P_{in}——被检测光信号的输入功率值。

【思考与练习】

1. 什么是光分路耦合器?它有什么用途?

2. 光分路耦合器常见类型有哪些?

3. 光纤耦合器性能指标主要有哪些?各表示什么含义?

模块 3　光隔离器与光环行器（ZY3200203003）

【模块描述】本模块介绍了光隔离器与光环行器,包含光隔离器的功能、光环行器的功能及光隔离器的主要性能指标。通过要点介绍、图形示意,掌握光隔离器与光环行器的功能和性能指标。

【正文】

一、光隔离器

光隔离器是一种只允许单向光通过的无源光器件,保证光波只能正向传输。主要用在激光器或光放大器的后面,以避免线路中由于各种因素而产生的反射光再次返回到该器件致使该器件的性能变化。

二、光隔离器的性能指标

光隔离器的性能指标主要有插入损耗、反向隔离度和回波损耗等。

1. 插入损耗

插入损耗是指在光隔离器通光方向上传输的光信号由于引入光隔离器而产生的附加损耗。如果输入的光信号功率是 P_i,经过光隔离器后的功率为 P_o,则插入损耗 IL 为

$$IL = -10\lg\frac{P_o}{P_i}\quad(dB)$$

显然,其值越小越好。光隔离器的插入损耗来源于构成光隔离器的各部分的插入损耗。通常 $IL\leqslant$ 1.0dB。

2. 反向隔离度

反向隔离度用来表征隔离器对反向传输光的衰减能力。如果反向输入的光信号功率是 P_{Ri},反向经过光隔离器后的功率为 P_{Ro},则反向隔离度 $IL_R = -10\lg\frac{P_{Ro}}{P_{Ri}}$（dB）。通常反向隔离度 $IL_R\geqslant$35dB。

3. 回波损耗

回波损耗是指在隔离器输入端测得的返回光功率与输入光功率的比值。显然,该值越大越好。通常回波损耗≥50dB。

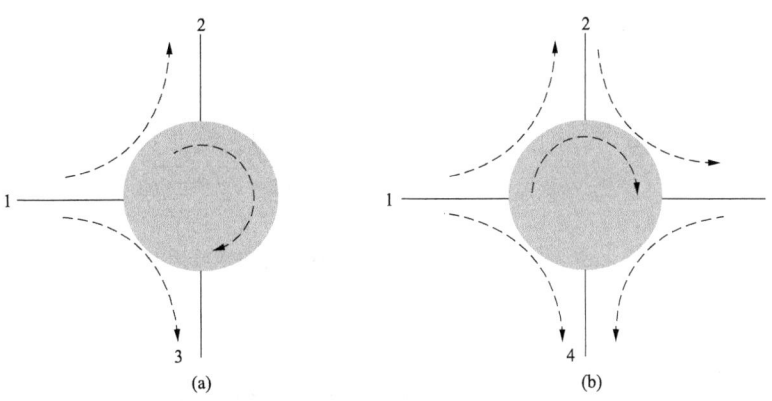

图 ZY3200203003-1　常用光环行器示意图

（a）三端口；（b）四端口

三、光环行器

光环行器与光隔离器的工作原理基本相同，通常光隔离器为两端口的器件，光环行器则为多端口的器件。它的典型结构有 N（$N \geqslant 3$）个端口，如图 ZY3200203003-1 所示。当光由端口 1 输入时，光几乎无损地由端口 2 输出；当光由端口 2 输入时，光几乎无损地由端口 3 输出；以此类推；当光由端口 N 输入时，光几乎无损地由端口 1 输出，这 N 个端口形成了一个连续的通道。

光环行器是双向通信中的重要器件，它可以完成正反向传输光的分离。光环行器用于双向传输系统如图 ZY3200203003-2 所示。

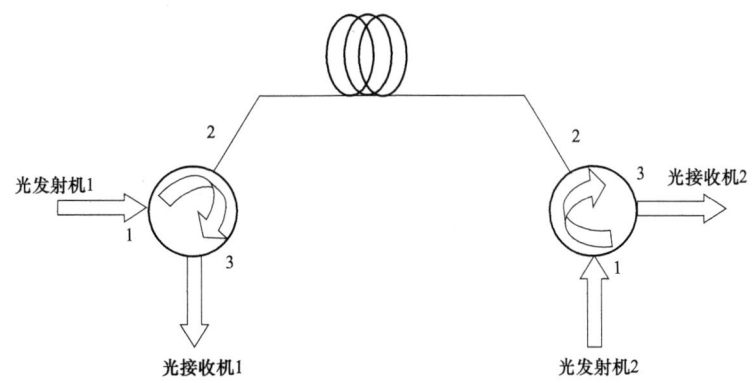

图 ZY3200203003-2　光环行器用于双向传输系统示意图

光环行器的性能指标主要有：插入损耗 0.5～1.5dB；回波损耗 ≥50dB。

【思考与练习】

1. 什么是光隔离器和光环行器？各有什么用途？
2. 光隔离器的主要性能指标有哪些？

模块 4　光衰减器（ZY3200203004）

【模块描述】本模块介绍了光衰减器，包含光衰减器的功能、分类及其主要性能指标。通过原理图形讲解、要点介绍，掌握光衰减器的功能和主要性能指标。

【正文】

一、光衰减器的基本概念

光衰减器是用于对光功率进行衰减的器件，它主要用于光纤通信系统的指标测量、短距离通信系统的信号衰减以及系统试验等场合。

光衰减器的基本原理如图 ZY3200203004-1 所示。在玻璃基片上蒸镀透射系数（或反射系数）变化很小的金属膜，使通过镀膜玻璃片的光功率被膜层材料吸收一部分，光强度受到衰减，光的衰减量通过膜的厚度进行控制。

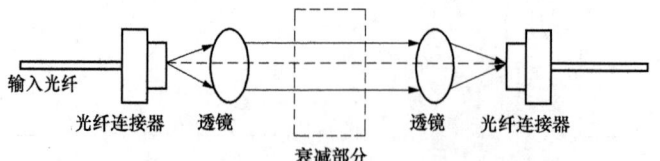

图 ZY3200203004-1　光衰减器的基本原理

二、光衰减器的分类

根据衰减量是否变化，可以分为固定衰减器和可变衰减器。

固定衰减器对光功率衰减量固定不变，主要用于调整光纤传输线路的光损耗。具体规格有 3、6、10、20、30、40dB 等标准衰减量。衰减量误差<10%。

可变衰减器所造成的功率衰减值可在一定范围内调节，用于测量光接收机灵敏度和动态范围。可变衰减器又分为连续可变和分挡可变两种。

三、光衰减器的性能指标

光衰减器的性能指标主要包括固定衰减值、回波损耗、工作波长和衰减范围等。光衰减器的主要要求是重量轻、体积小、精度高、稳定性好、使用方便等。

【思考与练习】

1. 什么是光衰减器？它有什么用途？
2. 光衰减器有哪两种类型？各自适用在哪些场合？

第十二章 光源和光检测器

模块 1 光源概述 （ZY3200204001）

【模块描述】 本模块介绍了光源概述，包含光源的作用、分类、应用。通过要点讲解，掌握光纤通信对半导体发光器件的基本要求和应用。

【正文】

光源的作用是将电信号电流变换为光信号功率，即实现电/光的转换，以便在光纤中传输。目前，光纤通信中经常使用的光源器件可以分为两大类，即发光二极管（LED）和激光二极管（LD）。

光纤通信对光源器件的基本要求是：

1. 发射光波长适中

光源器件发射光波的波长，必须落在光纤呈现低衰耗的 0.85、1.31μm 和 1.55μm 附近。

2. 发射光功率足够大

光源器件一定要能在室温下连续工作，而且其入纤光功率足够大，由于光纤的几何尺寸极小，所以要求光源器件要具有与光纤较高的耦合效率。

3. 温度特性好

光源器件的输出特性如发光波长与发射光功率大小等，通常随温度的变化而变化，尤其是在较高温度下其性能容易劣化，一般需要对半导体激光器加制冷器和自动温控电路。

4. 发光谱宽窄

光源器件发射出来的光的谱线宽度应该越窄越好。如果谱线过宽，会增大光纤的色散，减少了光纤的传输容量与传输距离（色散受限制时）。

5. 工作寿命长

光纤通信要求其光源器件长期连续工作，因此光源器件的工作寿命越长越好。当光源器件的光功率降低到初始值的一半或者其阈值电流增大到其初始值的两倍以上时，认定器件的寿命终结。

6. 体积小，重量轻

光源器件要安装在光发送机或光中继器内，为使这些设备小型化，光源器件必须体积小、重量轻。

【思考与练习】

1. 光纤通信中经常使用的光源器件可以分为哪几类？
2. 光纤通信对光源器件的基本要求有哪些？

模块 2 半导体激光器 （ZY3200204002）

【模块描述】 本模块介绍了半导体激光器，包含半导体激光器的工作机理和特性。通过机理讲解、图形分析，熟悉半导体激光器的工作机理和特性。

【正文】

半导体激光器 LD 是利用在有源区中受激而发射光的光器件。只有在工作电流超过阈值电流的情况下，才会输出激光（相干光），因而它是有阈值的器件。

一、半导体激光器 LD 的发光工作机理

半导体激光器 LD 的结构如图 ZY3200204002-1 所示，通常由 P 层、N 层和形成双异质结构的有源层构成。在有源层的结构中具有使光发生振荡的谐振腔。

半导体激光器 LD 的发光机理是利用 LD 中的谐振腔发生振荡而激发出许许多多的频率相同的光子，从而形成激光。用半导体工艺技术在 PN 结两侧加工出两个相互平行的反射镜面，这两个反射镜面与原来的两个解理面（晶体的天然晶面）构成了谐振腔结构。当在 LD 两端加上正偏置电压时，在 PN 结区域内因电子与空穴的复合而释放光子。而其中的一部分光子沿着和反射镜面相垂直的方向运动时，会受到反射镜面的反射作用在谐振腔内往复运动。只要外加正偏置电流足够大，光子的往复运动会激射出更多的、与之频率相同的光子，即发生振荡现象，从而发出激光。

二、半导体激光器 LD 的 P-I 特性

半导体激光器 LD 的 P-I 特性曲线如图 ZY3200204002-2 所示。随着激光器注入电流的增加，其输出光功率增加，但是不成直线关系，存在一个阈值 I_{th}，只有当注入电流大于阈值电流后，输出光功率才随注入电流增加而增加，发射出激光；当注入电流小于阈值电流，LD 发出的是光谱很宽、相干性很差的自发辐射光。

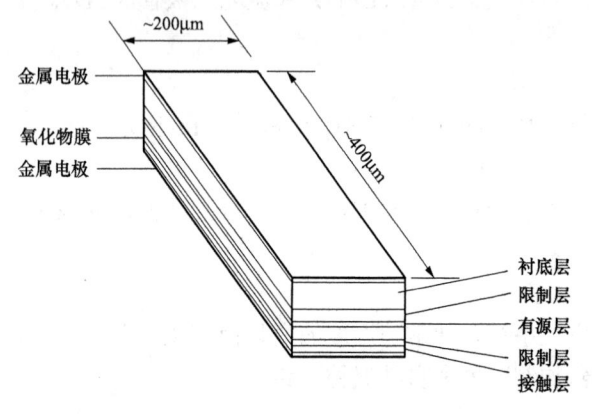

图 ZY3200204002-1　LD 的结构图

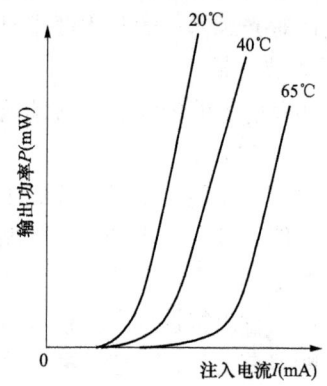

图 ZY3200204002-2　LD 的 P-I 特性曲线

半导体激光器 LD 的 P-I 的特性随器件的工作温度要发生变化，当温度升高时，激光器的特性发生劣化，阈值电流也会升高。

【思考与练习】

1. 简述半导体激光器 LD 的发光机理。
2. 简述半导体激光器 LD 的 P-I 特性。

模块 3　半导体发光二极管（ZY3200204003）

【模块描述】本模块介绍了半导体发光二极管，包含半导体发光二极管的工作原理、工作特性。通过机理讲解、图形分析，熟悉半导体发光二极管的工作机理和特性。

【正文】

一、半导体发光二极管 LED 的发光机理

半导体材料具有能带结构而不是能级结构。半导体材料的能带分为导带、价带与禁带，电子从高能级范围的导带跃迁到低能级范围的价带，会释放光子而发光。

LED 是由 GaAsAl 类的 P 型材料和 N 型材料制成，在两种材料的交界处形成了 PN 结。若在其二端加上正偏置电压，则 N 区中的电子与 P 区中的空穴会流向 PN 结区域并复合。复合时电子从高能级范围的导带跃迁到低能级范围的价带，并释放出光子，即发出莹光。

因为导带与价带本身的能级具有一定范围，所以电子跃迁释放出的光子的频率不是一个单一数值而是有一定的范围，因此 LED 是属于自发辐射发光，且其谱线宽度较宽。

二、半导体发光二极管 LED 的 *P–I* 特性

LED 的输出光功率 *P* 与电流 *I* 的关系，即 *P–I* 特性如图 ZY3200204003-1 所示，它是非阈值器件，发光功率随工作电流增大而增大，并在大电流时逐渐饱和。LED 的工作电流通常为 50～100mA，这时偏置电压为 1.2～1.8V，输出功率约几 mW。

当工作温度升高时，在同样工作电流下 LED 的输出功率要下降。例如当温度从 20℃升高到 70℃时，输出功率下降约一半。

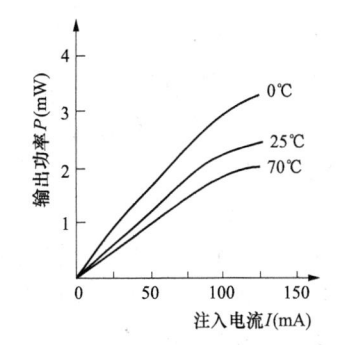

图 ZY3200204003-1　典型 LED 的 *P–I* 特性

【思考与练习】

1. 简述半导体发光二极管 LED 的发光机理。

2. 简述半导体发光二极管 LED 的 *P–I* 特性。

模块 4　半导体光电检测器概述（ZY3200204004）

【模块描述】本模块介绍了半导体光电检测器，包含半导体光电检测器的作用、类型。通过要点讲解，掌握光纤通信对半导体光电检测器的基本要求。

【正文】

一、半导体光电检测器的作用与类型

光检测器是光接收机中极为关键的部件，其作用是检测光信号并将其转换为电信号。它对提高光接收机的灵敏度和延长光纤通信系统的中继距离具有十分重要的作用。

目前用于光纤通信的半导体光检测器主要是 PIN 光电二极管和 APD 雪崩光电二极管。它们均具有响应速度快、体积小、重量轻、价格便宜、使用方便等特点。

二、光纤通信对半导体光电检测器的基本要求

由于光接收机从光纤中接收到的光信号是一微弱的且有失真的信号，因此光检测器应满足如下基本要求：

（1）由于光接收机的灵敏度主要取决于光检测器的灵敏度，因此在光源器件的发射波长范围内，必须有足够高的灵敏度，即具有接收微弱光信号的能力。

（2）对光脉冲的响应速度快，就是要有足够的带宽，以满足大容量光纤通信系统的要求。

（3）器件本身的附加噪声要小。

（4）由于光纤直径小，因此光检测器的体积要小。

（5）使用寿命要长，价格尽量低廉。

【思考与练习】

1. 半导体光电检测器的作用是什么？

2. 光纤通信对半导体光电检测器的基本要求有哪些？

模块 5　半导体光电检测器工作机理（ZY3200204005）

【模块描述】本模块介绍了半导体光电检测器工作机理，包含半导体材料的光电效应、PIN 光电二极管的结构以及雪崩光电二极管的雪崩效应和结构。通过工作机理介绍、图形分析，熟悉半导体光电检测器的结构和工作机理。

【正文】

一、光电二极管工作原理

1. 光电效应

光电二极管用于把光信号转换为电信号。当光照射在半导体的 PN 结上，在 PN 结的附件由于光

照射产生的电子空穴对被空间电场分隔开，电子、空穴的运动形成了漂移电流。在远离 PN 结的地方没有电场，光激发出的电子、空穴只做热运动。大部分的电子、空穴在热运动中相互复合而消失掉，少部分光生电子在电场作用下进入 PN 结形成扩散电流。漂移电流分量和扩散电流分量的总和即为光生电流。光电二极管工作原理如图 ZY3200204005-1（a）所示。当与 P 层和 N 层连接的电路开路时，便在两端产生电动势，这种效应称为光电效应。

2. 光电二极管

当连接的电路闭合时，N 区过剩的电子通过外部电路流向 P 区。同样，P 区的空穴流向 N 区，便形成了光生电流。这种由 PN 结构成，在入射光作用下，由于受激吸收过程产生的电子—空穴对的运动，在闭合电路中形成光生电流的器件，就是简单的光电二极管。

如图 ZY3200204005-1（b）所示，通常光电二极管要施加适当的反向偏压，目的是增加耗尽层的宽度，缩小耗尽层两侧中性区的宽度，从而减小光生电流中的扩散分量。

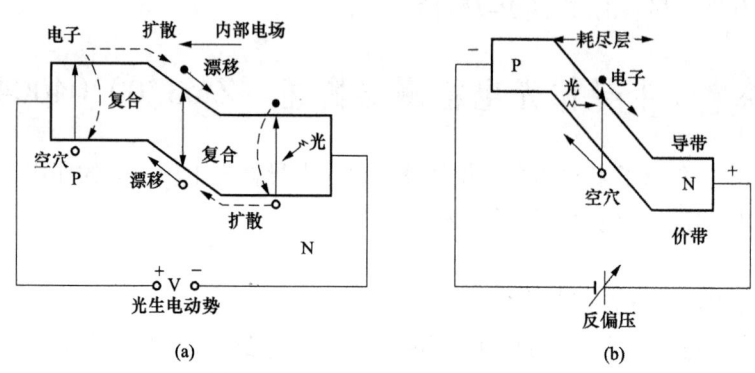

图 ZY3200204005-1　光电二极管工作原理
（a）PN 结中的光电效应；（b）加反向偏压后的能带

由于载流子扩散运动比漂移运动慢得多，所以减小扩散分量的比例便可显著提高响应速度。但是提高反向偏压，加宽耗尽层，又会增加载流子漂移的渡越时间，使响应速度减慢。为了解决这一矛盾，就需要改进 PN 结光电二极管的结构。

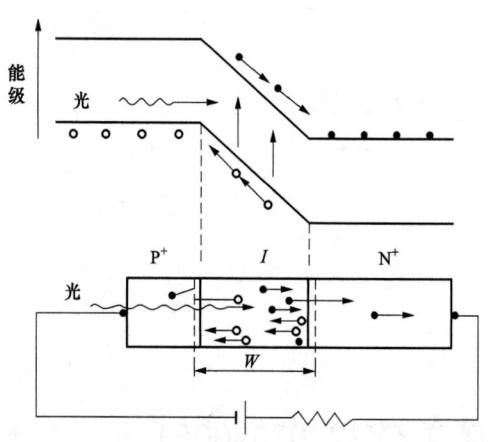

图 ZY3200204005-2　PIN 光电二极管工作原理

二、PIN 光电二极管

为改善器件的特性，在 PN 结中间设置一层掺杂浓度很低的本征半导体（称为 I），这种结构就是常用的 PIN 光电二极管。

PIN 光电二极管的工作原理如图 ZY3200204005-2 所示。中间的 I 层是 N 型掺杂浓度很低的本征半导体，用 II（N）表示；两侧是掺杂浓度很高的 P 型和 N 型半导体，用 P+ 和 N+ 表示。I 层很厚，吸收系数很小，入射光很容易进入材料内部被充分吸收而产生大量电子—空穴对，因而大幅度提高了光电转换效率。两侧 P+ 层和 N+ 层很薄，吸收入射光的比例很小，I 层几乎占据整个耗尽层，因而光生电流中漂移分量占支配地位，从而大大提高了响应速度。另外，可通过控制耗尽层的宽度 w 来改变器件的响应速度。

三、雪崩光电二极管（APD）

光电二极管输出电流 I 和反偏压 U 的关系如图 ZY3200204005-3 所示。随着反向偏压的增加，开始光电流基本保持不变。当反向偏压增加到一定数值时，光电流急剧增加，最后器件被击穿，这个电压称为击穿电压 U_B。雪崩光电二极管（APD）就是根据这种特性设计的器件。

当 PN 结上加上很高的反向偏压时，在 PN 结内形成一个强电场。原始的载流子在高电场区获得足够能量而加速运动。高速运动的载流子和晶体的晶格发生碰撞，结果产生新的电子—空穴对。原始的和新生的电子或空穴在强电场作用下又要碰撞别的原子。如此多次碰撞，产生连锁反应，致使载流子雪崩式倍增，如图 ZY3200204005-4 所示。这种器件称为雪崩光电二极管（APD）。

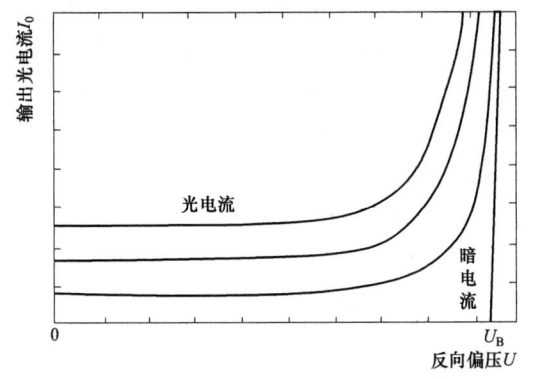

图 ZY3200204005-3　PIN 管 I 和反向偏压 U 的关系　　图 ZY3200204005-4　APD 载流子雪崩式倍增示意图

【思考与练习】

1. 简述光电二极管工作原理。
2. 简述 PIN 光电二极管工作原理。
3. 简述雪崩光电二极管工作原理。

模块 6　半导体光电检测器的特性（ZY3200204006）

【模块描述】本模块介绍了半导体光电检测器的特性，包含 PIN 光电二极管的特性、雪崩光电二极管的特性。通过要点介绍、图形分析，熟悉半导体光电检测器的特性。

【正文】

一、PIN 光电二极管的特性

PIN 光电二极管的特性包括响应度、量子效率、响应时间和暗电流等。

1. 响应度 R

响应度是描述光检测器能量转换效率的一个参量，计算公式为

$$R = \frac{I_p}{P_0} = \frac{\eta\lambda}{1.24} \quad （A/W）$$

式中　P_0——入射到光电二极管上的光功率；

　　　I_p——所产生的光电流。

2. 量子效率

量子效率表示入射光子转换为光电子的效率。它定义为单位时间内产生的光电子数与入射光子数之比，即

$$\eta = \frac{光电转换产生的有效电子-空穴对数}{入射光子数} = R\frac{hf}{e}$$

式中　e——电子电荷，其值为 1.6×10^{-19}J；

　　　hf——一个光子的能量，λ 单位取 μm。

可见，检测器的效率越高，其响应度越高。另外，光电检测器的响应度随波长的增大而增大。为提高量子效率，必须减少入射表面的反射率，使入射光子尽可能多地进入 PN 结；同时减少光子在表面层被吸收的可能性，增加耗尽区的宽度，使光子在耗尽区内被充分吸收。

3. 响应速度

光检测器的脉冲响应如图 ZY3200204006-1 所示，响应速度是指从光电检测器接收到光子时刻起到输出光电流的时间。它反映了半导体光电二极管产生的光电流随入射光信号变化的快慢程度，它对光纤系统的传输速率及码速的提高有很大的影响，特别是高码速工作时，要求响应时间越短越好。

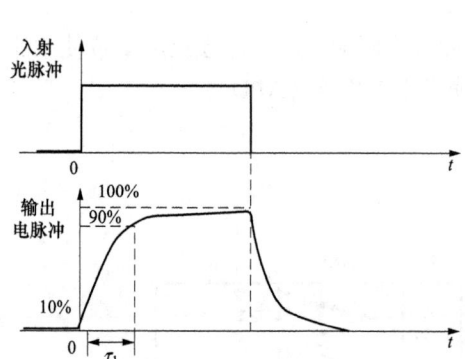

图 ZY3200204006-1   光检测器的脉冲响应

4. 暗电流

在理想条件下，当没有光照射时，光电检测器应该没有电流输出。实际上由于热激励等原因，即使在无光的情况下，光电检测器也会有微弱的电流输出，这种电流称为暗电流。暗电流会引起接收噪声增大，因此，暗电流越小越好。

暗电流与温度有关。温度越高，暗电流越大。当温度变化时，暗电流也随之变化。

二、APD 光电二极管的特性

APD 除了上述的 PIN 具有的特性外，因为 APD 中雪崩倍增效应的存在，还包含雪崩倍增特性、温度特性等。

1. 倍增因子

倍增因子 G 即为电流增益系数。在忽略暗电流影响的条件下，定义为

$$G = \frac{I_0}{I_p}$$

式中 I_0——雪崩倍增时的平均电流；

I_p——无倍增效应时光电流的平均值。

目前，APD 的 G 值在 40～100 之间，PIN 光电二极管因为无雪崩倍增效应，$G=1$。

2. 温度特性

APD 的增益随温度而变化。当温度升高时，倍增增益将下降。为保持稳定的增益，当温度变化时需要进行温度补偿。

3. 噪声特性

PIN 光电二极管的噪声主要是量子噪声和暗电流噪声，APD 管还有倍增噪声。APD 的倍增效应具有随机性，因为在耗尽层内光子入射产生的一次电子—空穴对和它们在电场作用下与原子碰撞产生的二次电子—空穴对都是随机的。这种随机性电流起伏引起了附加噪声，称为倍增噪声。

【思考与练习】

1. PIN 光电二极管和 APD 雪崩光电二极管各包括哪些特性？

2. 什么是 PIN 光电二极管的响应度、量子效率、响应速度和暗电流？

3. 什么是 APD 光电二极管的倍增因子和倍增噪声？

模块 6

ZY3200204006

第十三章 光 端 机

模块 1 光发送机的基本组成 (ZY3200205001)

【模块描述】本模块介绍了光发送机的基本组成、光发送机的主要指标，包含光发送机的基本组成框图。通过框图介绍、要点讲解，掌握光发送机的基本组成，熟悉光纤通信对光发送机的基本要求。

【正文】

光发送机的作用是把从电端机送来的电信号转变成光信号，并送入光纤线路进行传输。

一、光发送机的基本组成

数字光发送机的基本组成如图 ZY3200205001-1 所示，包括均衡放大、码型变换、复用、扰码、时钟提取、光源、光源的调制电路、光源的控制电路（ATC 和 APC）及光源的监测和保护电路等。

各部分的主要功能如下：

（1）均衡放大：补偿由电缆传输所产生的衰减和畸变。

（2）码型变换：将 HDB$_3$ 码或 CMI 码变化为 NRZ 码。

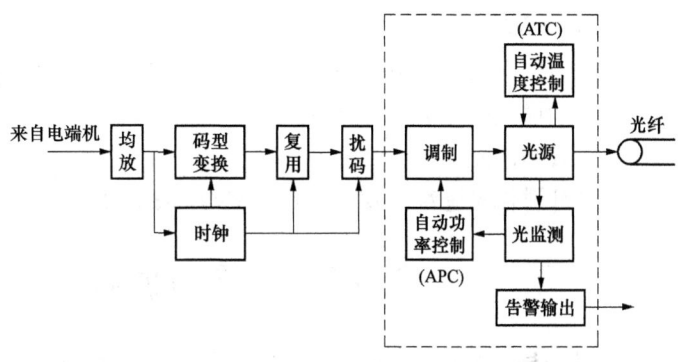

图 ZY3200205001-1 数字光发送机的基本组成

（3）复用：用一个传输信道同时传送多个低速信号的过程。

（4）扰码：将信号中的长连"0"或"1"有规律地进行消除，使信号达到"0"、"1"等概率出现，有利于时钟提取。

（5）时钟提取：提取时钟信号，供给扰码等电路使用。

（6）调制（驱动）电路：用经过编码的数字信号对光源进行调制，完成电/光转换任务。

（7）光源：产生作为光载波的光信号。

（8）温度控制和功率控制：稳定工作温度和输出的平均光功率。

（9）其他保护、监测电路：如光源过流保护电路、无光告警电路、LD 偏流（寿命）告警等。

二、光发送机的指标

光发送机的指标很多，从应用的角度主要包括平均发送光功率、耦合效率和消光比等。

1. 平均发送光功率

平均发送光功率通常是指耦合进光纤的功率，又称为入纤功率。入纤功率越大则通信距离越长，但光功率太大会使系统工作在非线性状态，对通信将产生不良影响。因此，要求光源有合适的发送光功率。

2. 耦合效率

耦合效率用来度量在光源发射的全部光功率中，能耦合进光纤的光功率比例。耦合效率定义为

$$\eta = \frac{P_F}{P_s}$$

式中　P_F ——耦合进光纤的功率；

　　　P_s ——光源发射的功率。

发射效率取决于光源连接的光纤类型和耦合的实现过程。

3. 消光比

消光比定义为全"1"码平均发送光功率与全"0"码平均发送光功率之比。定义式为

$$EXT = 10\lg \frac{P_{11}}{P_{00}} \quad (\text{dB})$$

式中　　P_{11}——全"1"码平均发送光功率；

　　　　P_{00}——全"0"码平均发送光功率。

理想状态下，当进行"0"码调制时应该没有光功率输出，但实际输出的是功率较小的荧光，从而给光纤通信系统引入了噪声，降低了接收机的灵敏度。

三、光发送机的基本要求

（1）有合适的输出光功率。光源应有合适的光功率输出，一般为 0.01～5mW。

（2）有较好的消光比。一般要求 $EXT \geq 10\text{dB}$。

（3）调制特性要好。所谓调制特性好是指光源的 $P-I$ 曲线在使用范围内线性特性好，否则在调制后将产生非线性失真。

（4）电路尽量简单、成本低、稳定性好、光源寿命长等。

【思考与练习】

1. 画出光发送机的组成框图，并简述各组成部分的主要功能。

2. 光发送机的指标主要有哪些？

3. 什么是消光比？

4. 光纤通信系统对光发送机有哪些基本要求？

模块 2　光源的调制（ZY3200205002）

【模块描述】本模块介绍了光源的调制，包含直接调制和间接调制原理。通过要点讲解、图形分析，掌握光源的基本要求和调制特性。

【正文】

一、光源

光源的作用是产生作为光载波的光信号，其性能好坏直接影响通信的质量，所以通信用光源应满足如下基本要求：

（1）光源发光波长必须与光纤的低损耗工作波长相一致；

（2）光源的输出功率必须足够大；

（3）光源应有高度可靠性；

（4）电光转换效率要尽量高；

（5）光源应便于调制；

（6）光源应该体积小、重量轻，便于安装。

二、光源调制

在光纤通信系统中，把随信息变化的电信号加载到光载波上，使光载波按信息的变化而变化，这就是光波的调制。为了便于解调，多采用光的强度调制方式。

从调制信号的形式来分，光调制分为模拟调制和数字调制；根据光源与调制信号的关系，可以将光源的调制方式分为直接（或内部）调制方式和间接（或外部）调制方式。

1. 直接调制

直接调制就是将调制信号（电信号）直接施加在光源上，使其输出的光载波信号的强度随调制信号的变化而变化，又称为内调制。直接调制具有调制简单、损耗小、成本低的特点，但存在波长（频率）抖动的问题。

LED 的数字调制是用单向脉冲电流的"有"、"无"（"1"码和"0"码）控制发光管的发光与否，如图 ZY3200205002-1（a）所示。LD 数字调制原理如图 ZY3200205002-1（b）所示。LD 通常用于高速系统，而且是阈值器件，它的温度稳定性较差，与 LED 相比，其调制问题要复杂的多，偏置电流的选择直接影响激光器的高速调制性质。

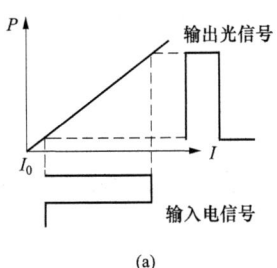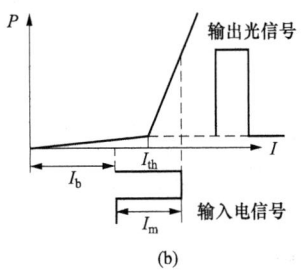

图 ZY3200205002-1　直接光强度数字调制原理

（a）LED 数字调制；（b）LD 数字调制

2. 间接调制

间接调制不直接调制光源，而是对光源发出的光载波再加载调制电压，使经过调制器的光载波得到调制，这种调制方式又称作外调制，如图 ZY3200205002-2 所示。

外调制方式需要调制器，结构复杂，但可获得优良的调制性能，特别适合高速率光通信系统，如≥2.5Gbit/s 的高速大容量传输系统，且传输距离超过 300km 以上。

三、调制特性

1. 电光延迟和张弛振荡现象

半导体激光器在高速脉冲调制下，输出的光脉冲瞬态响应波形如图 ZY3200205002-3 所示。输出光脉冲和注入电流脉冲之间存在一个初始延迟时间，称为电光延迟时间 t_d，其数量级一般为 ns。当电流脉冲注入激光器后，输出光脉冲会出现幅度的振荡，称为张弛振荡。张弛振荡和电光延迟的后果会是限制调制速率。

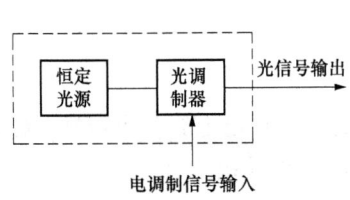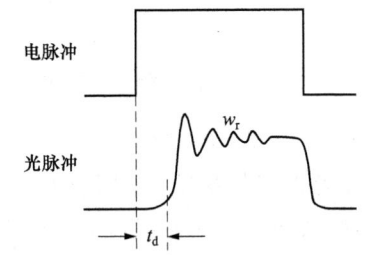

图 ZY3200205002-2　间接调制激光器的结构　　　图 ZY3200205002-3　光脉冲瞬态响应波形

2. 码型效应

电光延迟要产生码型效应。当电光延迟时间 t_d 与数字调制的码元持续时间 $T/2$ 为相同数量级时，会使"0"码过后的第一个"1"码的脉冲宽度变窄，幅度减小，严重时可能使单个"1"码丢失，这种现象称为码型效应，如图 ZY3200205002-4（a）和（b）所示。用适当的"过调制"补偿方法，可以消除码型效应，如图 ZY3200205002-4（c）所示。

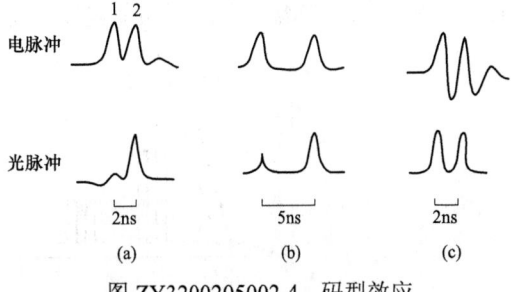

图 ZY3200205002-4　码型效应

（a）码效应波形；（b）码效应波形；（c）改善后波形

【思考与练习】

1. 什么是光波的调制？常采用的调制方式是什么？

2. 什么是直接调制和外调制？各有何特点？

3. 什么是光调制的电光延迟时间和码型效应？

模块 3　功率控制与温度控制（ZY3200205003）

【模块描述】本模块介绍了功率控制与温度控制，包含调制电路自动功率控制及激光器自动温度控制的工作机理。通过机理讲解、图形分析，掌握光源功率控制和激光器的自动温度控制的作用和工作机理。

【正文】

在使用中，LD 结温的变化以及老化都会使 I_{th} 增大，量子效率下降，从而导致输出光脉冲的幅度发生变化。为了保证激光器有稳定的输出光功率，需要有各种辅助电路，例如功率控制电路、温控电路、限流保护电路和各种告警电路等。

一、自动功率控制电路（APC）

因为受到各种因素的影响，激光器的输出功率会产生变化。为了稳定其输出功率，在发送机中应采用自动功率控制电路，简称 APC。实现光功率自动控制有许多方法，最简单的办法是通过直接检测光功率控制偏置电流，用这种办法可收到良好的效果。从 LD 的背向输出光功率，经 PD 检测器检测、运算放大器 A1 放大后送到比较器 A3 的反相输入端，同时，输入信号参考电压和直流参考电压经 A2 比较放大后送到 A3 的同相端，A3 和 V3 组成的直流恒流源调节 LD 的偏置电流 I_b，使 LD 输出光功率稳定。

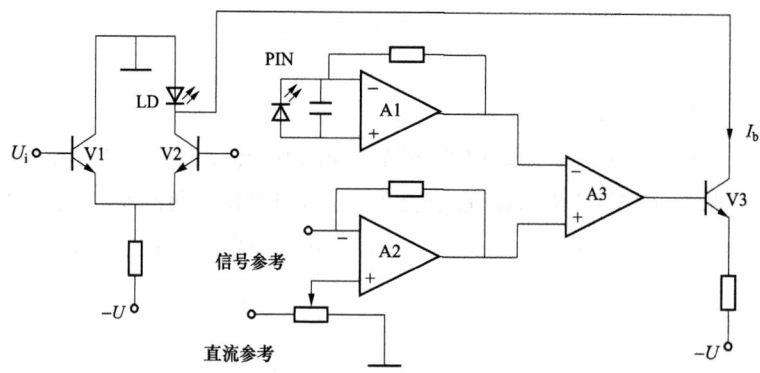

图 ZY3200205003-1　APC 电路的自动偏置控制法原理图

二、自动温度控制电路（ATC）

LD 的输出特性与温度有着密切的关系。为了保证光发送机具有稳定的输出特性，对 LD 的温度进行控制是非常必要的，而且对 LD 的温度控制也是保护 LD 的一项关键措施。

1. 激光器的温度特性

温度对激光器输出光功率的影响主要通过阈值电流 I_{th} 和外微分量子效率 η_d 产生，如图 ZY3200205003-2（a）、（b）所示。当温度升高，阈值电流增加，外微分量子效率减小，输出光脉冲幅度下降。

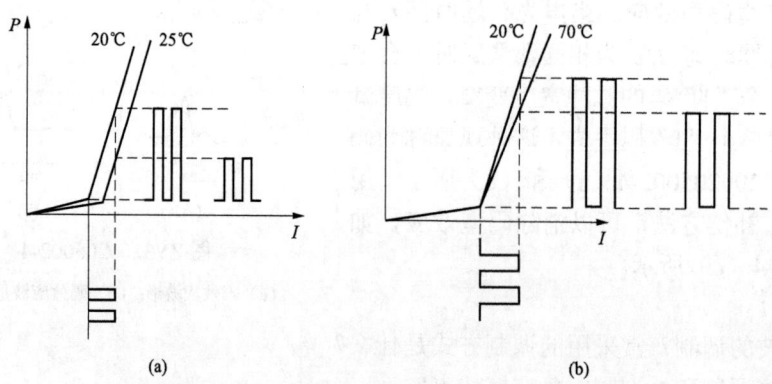

图 ZY3200205003-2　温度引起的光功率输出的变化

（a）阈值电流变化引起的光功率输出的变化；（b）外微分量子效率变化引起的光功率输出的变化

温度对输出光脉冲的另一个影响是"结发热效应"。即使环境温度不变，由于调制电流的作用，引起激光器结区温度的变化，因而使输出光脉冲的形状发生变化，这种效应称为"结发热效应"。如图 ZY3200205003-3 所示，"结发热效应"将引起调制失真。

因此，为保证激光器长期稳定工作，必须采用自动温度控制电路（ATC）使激光器的工作温度始终保持在 20℃ 左右。

2. 光源的自动温度控制

温度控制装置由制冷器、热敏电阻和控制电路组成，如图 ZY3200205003-4 所示。热敏电阻作为传感器，探测激光器结区的温度，并把它传递给控制电路，通过控制电路改变制冷量，使激光器输出特性保持恒定。

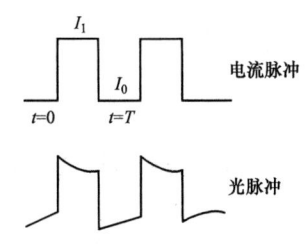 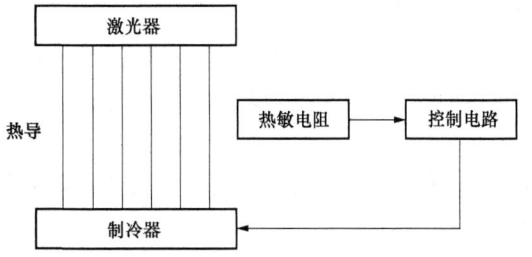

图 ZY3200205003-3　结发热效应　　　　图 ZY3200205003-4　自动温度控制原理方框图

为提高制冷效率和温度控制精度，把制冷器和热敏电阻封装在激光器管壳内，温度控制精度可达 ±0.5℃，从而使激光器输出平均功率和发射波长保持恒定，避免调制失真。

温度控制只能控制温度变化引起的输出光功率的变化，不能控制由于器件老化而产生的输出功率的变化。对于短波长激光器，一般只需加自动功率控制电路即可。对于长波长激光器，由于其阀值电流随温度的漂移较大，因此，一般还需加自动温度控制电路，以使输出光功率达到稳定。

【思考与练习】

1. 激光器为什么需要有自动功率控制电路、自动温度控制电路？
2. 温度对激光器的影响主要有哪几方面？

模块 4　光接收机的基本组成（ZY3200205004）

【模块描述】本模块介绍了光接收机的基本组成，包含接收机的基本组成框图、各组成部分的功能、自动增益控制（AGC）。通过框图讲解，掌握光接收机的基本组成。

【正文】

一、光接收机的作用

光接收机的作用是将光纤传输后的幅度被衰减、波形产生畸变的、微弱的光信号变换为电信号，并对电信号进行放大、整形后，再生成与发送端相同的电信号，输入到电接收端机，并且用自动增益控制电路（AGC）保证稳定的输出。

二、光接收机基本组成

数字光接收机基本组成方框图如图 ZY3200205004-1 所示。主要包括光检测器、前置放大器、主放大器、均衡器、时钟提取电路、取样判决器以及自动增益控制（AGC）电路。

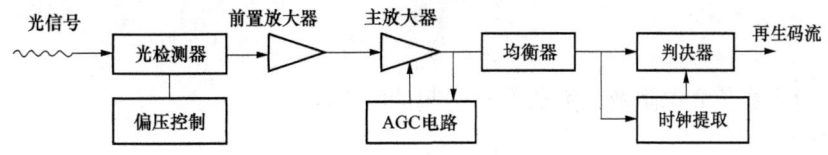

图 ZY3200205004-1　数字光接收机组成框图

1. 光电检测器

光电检测器的作用是把光信号变换为电信号，它是光接收机中的关键器件。

2. 放大器

光接收机的放大器包括前置放大器和主放大器两部分。前置放大器的主要作用是保证电信号不失真地放大。对前置放大器的性能要求是较低的噪声、较宽的带宽和较高的增益。主放大器主要是提供足够高的增益，把来自前置放大器的输出信号放大到判决电路所需的信号电平；并通过它实现自动增益控制（AGC），使得输入的光信号在一定范围内变化时，输出电信号保持恒定输出。主放大器和 AGC 决定着光接收机的动态范围。

3. 自动增益控制（AGC）

AGC 就是用反馈环路来控制主放大器的增益。作用是增加了光接收机的动态范围，使光接收机的输出保持恒定。AGC 用以扩大接收机的动态范围。

4. 均衡器

均衡器的作用是对已经发生畸变（失真）的、存在码间干扰的电信号进行整形和补偿，使之成为有利于判决的码间干扰最小的升余弦波形，减小误码率。

5. 再生电路

再生电路的任务是把放大器输出的升余弦波形恢复成数字信号，由判决器和时钟恢复电路组成。

【思考与练习】

1. 光接收机的作用是什么？
2. 画出数字光接收机的基本组成框图，并简述各组成部分的主要功能。

模块 5 数字光接收机的噪声特性（ZY3200205005）

【模块描述】本模块介绍了数字光接收机的噪声特性，包含接收机的噪声类型及分布情况、各类噪声产生原因。通过要点介绍，熟悉数字光接收机的噪声特性及其产生原因。

【正文】

数字光接收机的噪声来源包括两个方面：

（1）外部电磁干扰，这类噪声的危害可以通过屏蔽或滤波加以消除；

（2）内部产生，这类噪声是在信号检测和放大过程中引入的随机噪声，只能通过器件的选择和电路的设计与制造尽可能减小，一般不可能完全消除。

光接收机内部产生的随机噪声的主要来源于光检测器的噪声和前置放大器的噪声。因为前置级输入的是微弱信号，其噪声对输出信噪比影响很大，而主放大器输入的是经前置级放大的信号，只要前置级增益足够大，主放大器引入的噪声就可以忽略。

光电检测器的噪声包括量子噪声、暗电流噪声、APD 的倍增噪声和热噪声。

1. 量子噪声

光电检测器受到光照产生的光生载流子是随机的，输出的电流必然是随机起伏的，这就是量子噪声。它是影响光接收机灵敏度的主要因素之一，也是检测器的固有噪声。

2. 暗电流噪声

暗电流是无光照射光电检测器中产生的电流，这就产生了噪声，称为暗电流噪声。

3. 雪崩光电二极管的倍增噪声

因为雪崩光电二极管的雪崩倍增作用是随机的，必然引起雪崩管输出信号的浮动，从而引入了噪声。

4. 热噪声

热噪声包括检测器负载电阻及放大器发热引起的噪声。

【思考与练习】

1. 光接收机的噪声包括哪两大部分？
2. 光接收机内部产生的噪声的主要来源是什么？

模块 6　光接收机的主要指标 （ZY3200205006）

【模块描述】本模块介绍了光接收机的主要指标，包含光接收机的灵敏度、光接收机的动态范围的概念与测量和计算方法。通过定义分析，掌握光接收机的灵敏度和动态范围两项主要指标。

【正文】

光接收机的主要指标有光接收机的灵敏度和动态范围。

一、光接收机的灵敏度

灵敏度 P_R 的定义是保证通信质量（限定误码率或信噪比）的条件下光接收机所需的最小平均接收光功率 P_{min}。由定义得到

$$P_R = 10\lg\frac{P_{min}}{1mW}\quad（dBm）\qquad（ZY3200205006\text{-}1）$$

灵敏度表示光接收机能够接收微弱光信号的能力。提高灵敏度意味着能够接收更微弱的光信号。影响光接收机灵敏度的主要因素是噪声，它包括光电检测器的噪声、放大器的噪声等。

二、光接收机的动态范围

动态范围 D_R 的定义是在限定的误码率条件下光接收机所能承受的最大平均接收光功率 P_{max} 和所需的最小平均接收光功率 P_{min} 之差。由定义得到

$$D_R = 10\lg\frac{P_{max}}{P_{min}}\quad（dB）\qquad（ZY3200205006\text{-}2）$$

由于使用条件不同，输入光接收机的光信号大小会发生变化。为了保证系统正常工作，光接收机必须具备适应输入信号在一定范围内变化的能力。输入光信号超过最大平均接收光功率或低于最小平均接收光功率都会产生较大的误码率。对于光接收机来说，应该有较宽的动态范围，表明光接机对输入信号的适应能力，该数值越大越好。数字光接收机的动态范围一般应大于 15dB。

为了保证在入射光强度变化时输出电流基本恒定，通常采用自动增益控制（AGC）。AGC 一般采用直流运算放大器构成的反馈控制电路来实现。对于 APD 光接收机，AGC 控制光检测器的偏压和放大器的输出；对于 PIN 光接收机，AGC 只控制放大器的输出。

【思考与练习】

1. 光接收机的主要指标包括哪两个？
2. 什么是光接收机的灵敏度？
3. 什么是光接收机的动态范围？

模块 7　光中继器 （ZY3200205007）

【模块描述】本模块介绍了光中继器的基本概念，包含光电中继器和全光中继器。通过框图讲解，掌握光中继器的主要功能以及光电中继器和全光中继器的工作机理。

【正文】

光信号在传输过程会出现两个问题：

（1）光纤的损耗特性使光信号的幅度衰减，限制了光信号的传输距离；

（2）光纤的色散特性使光信号波形失真，造成码间干扰，使误码率增加。

以上两点不但限制了光信号的传输距离，也限制了光纤的传输容量。为增加光纤的通信距离和通信容量，必须在光纤线路中每隔一定的距离就设置一个光中继器。光中继器的功能是补偿光能量损耗，对畸变失真的信号波形进行整形，恢复信号脉冲形状。

光中继器主要有两种：一种是光电中继器，另一种是全光中继器。

一、光电中继器

传统的光中继器采用光/电/光转换形式。其工作原理是将接收到的微弱光信号用光电检测器转换成电信号后进行放大、整形和再生后，恢复出原来的数字信号，然后再对光源进行调制，变换成光脉

冲信号后送入光纤。典型的数字光中继器组成如图 ZY3200205007-1 所示。

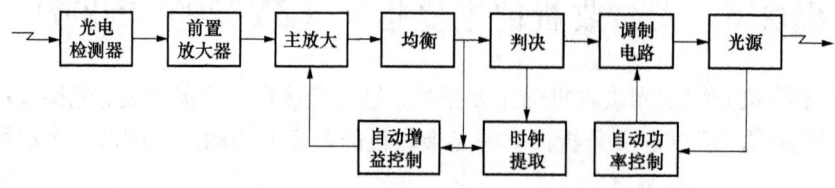

图 ZY3200205007-1　典型的数字光中继器组成框图

二、全光中继器

目前全光放大器主要是掺铒光纤放大器。掺铒光纤放大器是一个直接对光波实现放大的有源器件，其工作原理如图 ZY3200205007-2 所示。用掺铒光纤放大器作中继器具有设备简单、没有光/电/光的转换过程、工作频带宽等优点。但是，用光放大器作中继器时对波形的整形不起作用。

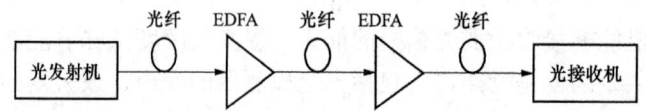

图 ZY3200205007-2　掺铒光纤放大器用作光中继器的原理框图

1. 掺铒光纤放大器（EDFA）的构成

掺铒光纤（EDF）是在石英光纤中掺入了少量的稀土元素铒（Er）离子的光纤，它是掺铒光纤放大器的核心。掺铒光纤放大器是由一段掺铒光纤、泵浦光源、光耦合器以及光隔离器等组成。信号光与泵浦光在掺铒光纤内可以沿同一方向传播（同向泵浦）、相反方向传播（反向泵浦）或者双向同时传播（双向泵浦）。图 ZY3200205007-3 为同向泵浦掺铒光纤放大器构成框图，泵浦光由半导体（LD）提供，与信号光一起通过光耦合器注入掺铒光纤。光隔离器用于隔离反馈光信号，提高稳定性。光滤波器用于滤除放大过程中产生的噪声。

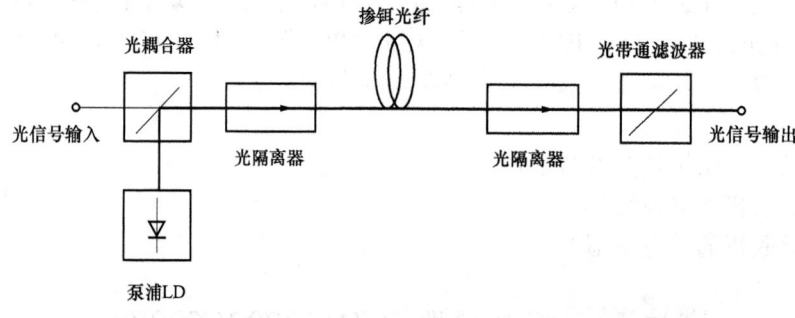

图 ZY3200205007-3　同向泵浦掺铒光纤放大器构成框图

2. 掺铒光纤放大器 EDFA 的工作原理

当信号光与泵浦光同时注入到掺铒光纤中时，铒离子在泵浦光作用下激发到高能级上，并很快衰变到亚稳态能级上，在入射信号光作用下回到基态时发射对应于信号光的光子，从而输出一个与信号光频率、传输模式均相同的较强光，实现光放大。

【思考与练习】

1. 光纤通信系统中为什么需要设置光中继器？
2. 简述光电中继器的工作原理。
3. 画出同向泵浦掺铒光纤放大器构成框图，并简述各部分的功能。
4. 简述掺铒光纤放大器 EDFA 的工作原理。

模块 8　光线路码型（ZY3200205008）

【模块描述】本模块介绍了光线路码型，包含几种常用光线路码型。通过要点介绍、列表样例，掌握几种常用光线路码型的构成及其特点。

【正文】

在光纤通信系统中，从电端机输出的是适合于电缆传输的双极性码。光源不可能发射负光脉冲，因此必须进行码型变换。数字光纤通信系统对线路码型的主要要求是保证传输的透明性，具体要求有：

（1）能限制信号带宽，减小功率谱中的高低频分量。这样就可以减小基线漂移、提高输出功率的稳定性和减小码间干扰，有利于提高光接收机的灵敏度。

（2）能给光接收机提供足够的定时信息。因而应尽可能减少连"1"码和连"0"码的数目，使"1"码和"0"码的分布均匀，保证定时信息丰富。

（3）能提供一定的冗余码，用于平衡码流、误码监测和公务通信。但对高速光纤通信系统，应适当减少冗余码，以免占用过大的带宽。

一、扰码

在光纤通信系统中广泛使用的是加扰的 NRZ 码。在光发送机的调制器前，需要附加一个扰码器，将原始的二进制码序列加以变换，使其接近随机序列。相应地，在光接收机的判决器之后，附加一个解扰器，以恢复原始序列。扰码改变了"1"码与"0"码的分布，从而改善了码流的一些特性。

但是，扰码有下列缺点：① 不能完全控制长串连"1"和长串连"0"序列的出现；② 没有引入冗余，不能进行在线误码监测；③ 信号频谱中接近于直流的分量较大，不能解决基线漂移。

二、mBnB 码

mBnB 码是把输入的二进制原始码流进行分组，每组有 m 个二进制码，记为 mB，称为一个码字，然后把一个码字变换为 n 个二进制码，记为 nB，并在同一个时隙内输出。这种码型称为 mBnB 码，m 和 n 都是正整数，且 $n>m$，一般选取 $n=m+1$。mBnB 码有 1B2B、3B4B、5B6B、8B9B、17B18B 等。我国 3 次群和 4 次群光纤通信系统最常用的线路码型是 5B6B 码。

最简单的 mBnB 码是 1B2B 码，即曼彻斯特码，这就是把原码的"0"变换为"01"，把"1"变换为"10"。因此最大的连"0"和连"1"的数目不会超过两个，例如 1001 和 0110。但是在相同时隙内，传输 1 比特变为传输 2 比特，码速提高了 1 倍。

表 ZY3200205008-1　　　　　　　3B4B 码 表 样 例

信号码（3B）		线路码（4B）			
		模式 1（正组）		模式 2（负组）	
		码字	WDS	码字	WDS
0	000	1011	+2	0100	−2
1	001	1110	+2	0001	−2
2	010	0101	0	0101	0
3	011	0110	0	0110	0
4	100	1001	0	1001	0
5	101	1010	0	1010	0
6	110	0111	+2	1000	−2
7	111	1101	+2	0010	−2

以 3B4B 码为例（见表 ZY3200205008-1），输入的原始码流 3B 码，共有（2^3）8 个码字，变换为 4B 码时，共有（2^4）16 个码字。为保证信息的完整传输，必须从 4B 码的 16 个码字中挑选 8 个码字来代替 3B 码。作为普遍规则，引入"码字数字和（WDS）"来描述码字的均匀性，并以 WDS 的最佳选择来保证线路码的传输特性。在 nB 码的码字中，用"−1"代表"0"码，用"+1"代表"1"码，整个码字的代数和就是码字数字和。

nB 码的选择原则是：尽可能选择|WDS|最小的码字，禁止使用|WDS|最大的码字。以 3B4B 为例，应选择 WDS=0 和 WDS=±2 的码字，禁止使用 WDS=±4 的码字。表 ZY3200205008-1 示出根据这个

模块 8

ZY3200205008

规则编制的一种 3B4B 码表，表中正组和负组交替使用。

mBnB 码是一种分组码，可以根据传输特性的要求确定某种码表。mBnB 码的特点是：① 码流中"0"和"1"码的概率相等，连"0"和连"1"的数目较少，定时信息丰富；② 高低频分量较小，信号频谱特性较好，基线漂移小；③ 在码流中引入一定的冗余码，便于在线误码检测。mBnB 码的缺点是传输辅助信号比较困难。

三、插入码

插入码是把输入二进制原始码流分成每 m 比特（mB）一组，然后在每组 mB 码末尾按一定规律插入一个码，组成 $m+1$ 个码为一组的线路码流。根据插入码的规律，可以分为 mB1C 码、mB1H 码和 mB1P 码。

1. mB1C 码

mB1C 码的编码原理是，把原始码流分成每 m 比特（mB）一组，然后在每组 mB 码的末尾插入 1 比特补码（反码），这个补码称为 C 码，所以称为 mB1C 码。补码插在 mB 码的末尾，使连"0"码和连"1"码的数目最少。

例如：

mB 码为 100 110 001 101……

mB1C 码为 1001 1101 0010 1010……

C 码的作用是引入冗余码，可以进行在线误码率监测；同时改善了"0"码和"1"码的分布，有利于定时提取。

2. mB1H 码

mB1H 码是 mB1C 码演变而成的，即在 mB1C 码中，扣除部分 C 码，并在相应的码位上插入一个混合码（H 码），所以称为 mB1H 码。根据所插入的 H 码的不同用途分为三类：第一类是 C 码，它是第 m 位码的补码，用于在线误码率监测；第二类是 L 码，用于区间通信；第三类是 G 码，用于帧同步、公务、数据、监测等信息的传输。

常用的 mB1H 码有 1B1H 码、4B1H 码和 8B1H 码。以 4B1H 码为例，它的优点是码速提高不大，误码增值小；可以实现在线误码检测、区间通信和辅助信息传输。缺点是码流的频谱特性不如 mBnB 码，但在扰码后再进行 4B1H 变换，可以满足通信系统的要求。

3. mB1P

在 mB1P 码中，P 码称为奇偶校验码，其作用和 C 码相似，但 P 码有以下两种情况：

（1）P 码为奇校验码时，其插入规律是使 $m+1$ 个码内"1"码的个数为奇数，例如：

mB 码为 100 000 001 110……

mB1P 码为 1000 0001 0010 1101……

当检测得 $m+1$ 个码内"1"码为奇数时，则认为无误码。

（2）P 码为偶校验码时，其插入规律是使 $m+1$ 个码内"1"码的个数为偶数，例如：

mB 码为 100 000 001 110……

mB1P 码为 1001 0000 0011 1100……

当检测得 $m+1$ 个码内"1"码为偶数时，则认为无误码。

【思考与练习】

1. 数字光纤通信系统对线路码型的主要要求有哪些？

2. 什么是 mBnB 码？什么是插入码？

3. 插入码分为哪几种类型？

第十四章 密集波分复用概述

模块 1 波分复用技术概述（ZY3200206001）

【模块描述】本模块介绍了波分复用技术概述，包含波分复用和 DWDM、WDM 优势。通过图形讲解、特点分析，掌握波分复用、DWDM 的基本概念和工作原理。

【正文】

一、波分复用的基本概念

波分复用是利用一根光纤可以同时传输多个不同波长的光载波的特点，把光纤可以应用的波长范围划分成若干个波段，每个波段作为一个独立的通道传输一种预定波长的光信号。波分复用原理如图 ZY3200206001-1 所示。波分复用的实质是在光纤上进行光频分复用，只是因为光波通常采用波长而不用频率来描述。随着电光技术的发展，在同一光纤中波长的密度会变得很高，因而使用术语密集波分复用（DWDM），与此对照，还有波长密度较低的波分复用系统，称为稀疏波分复用（CWDM）。

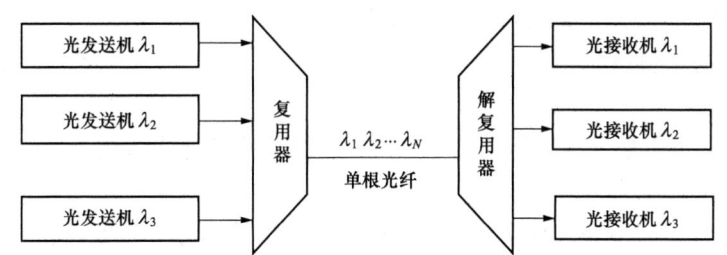

图 ZY3200206001-1　波分复用原理图

现代技术已经能够实现波长间隔为纳米级的复用，甚至可以实现波长间隔为零点几个纳米级的复用。ITU-T G.692 建议，DWDM 系统的绝对参考频率为 193.1THz（对应的波长为 1552.52nm），不同波长的频率间隔应为 100GHz 的整数倍（对应波长间隔约为 0.8nm 的整数倍）。

二、WDM 设备的传输方式

1. 单向 WDM

如图 ZY3200206001-2 所示，单向波分复用系统采用两根光纤，一根光纤只完成一个方向光信号的传输，反向光信号的传输由另一根光纤来完成。

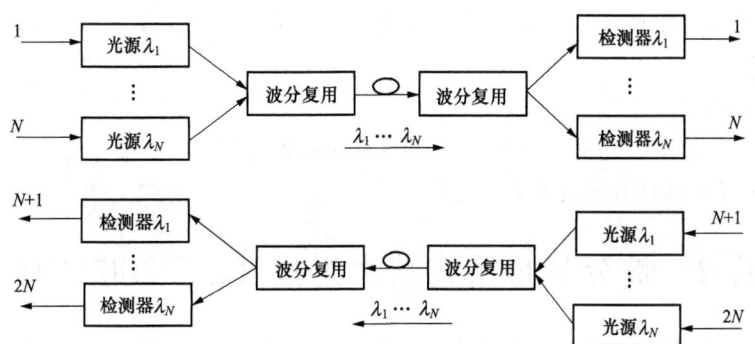

图 ZY3200206001-2　WDM 的单向传输方式

这种 WDM 系统可以充分利用光纤的巨大带宽资源，使一根光纤的传输容量扩大几倍至几十倍。在长途网中，可以根据实际业务量的需要逐步增加波长来实现扩容，十分灵活。

2．双向 WDM

如图 ZY3200206001-3 所示，双向波分复用系统是在一根光纤中实现两个方向光信号的同时传输，两个方向光信号应安排在不同波长上。

单纤双向 WDM 传输方式通常可以比单向传输节约一半的光纤器件，两个方向传输的信号不交互产生 FWM（四波混频）产物，总的 FWM 产物比双纤单向传输少很多。四波混频是指两个或三个不同波长的光波相互作用而导致在其他波长产生混频成分，或在边带上产生新的光波效应。缺点是系统需要采用特殊的措施来对付光反射（包括由于光接头引起的反射和光纤本身的瑞利后向反射），以防止多径干扰；当需要将光信号放大时，必须采用双向光纤放大器以及光环形器等元件，其噪声系数稍差。

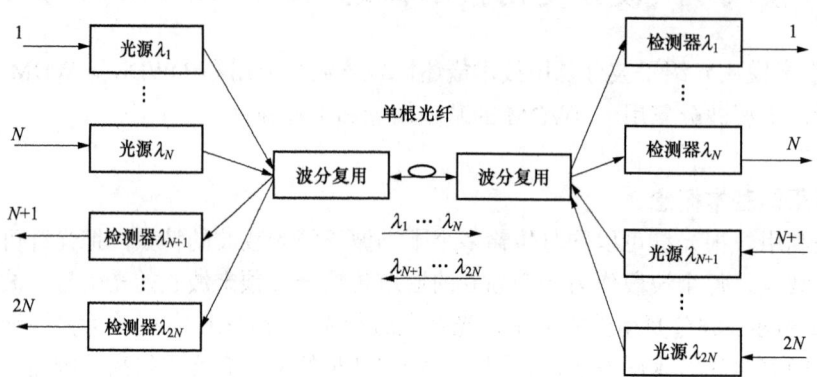

图 ZY3200206001-3　WDM 的双向传输方式

目前实用的 WDM 系统大都采用双纤单向传输方式。

三、WDM 的优势和特点

1．超大容量

使用 DWDM 技术可以使一根光纤的传输容量比单波长传输容量增加几十倍乃至几百倍。

2．对数据的"透明"传输

WDM 系统按光波长的不同进行复用和解复用，而与信号的速率和电调制方式无关，即对数据是"透明"的。

3．系统升级时能最大限度地保护已有投资

在网络扩充和发展中，无需对光缆线路进行改造，只需更换光发射机和光接收机即可实现，是理想的扩容手段，也是引入宽带业务的方便手段。

4．高度的组网灵活性、经济性和可靠性

利用 WDM 技术构成的新型通信网络比用传统的电时分复用技术组成的网络结构要大大简化，而且网络层次分明，各种业务的调度只需调整相应光信号的波长即可实现。

5．可兼容全光交换

在全光网络中，各种业务的上/下、交叉连接等都是在光上通过对光信号波长的改变和调整来实现的。因此，WDM 技术是实现全光网络的关键技术之一，而且 WDM 系统能与全光网络兼容。

【思考与练习】

1．什么是波分复用？

2．DWDM 系统的绝对参考频率多少？不同波长的间隔是多少？

3．简述 WDM 技术具有哪些特点？

模块 2　波分复用系统基本组成（ZY3200206002）

【模块描述】本模块介绍了波分复用系统基本组成，包含 WDM 设备的传输方式及系统组成。通过系统构成图形讲解，掌握 WDM 系统的基本组成及各模块的功能。

【正文】

波分复用系统的构成如图 ZY3200206002-1 所示。

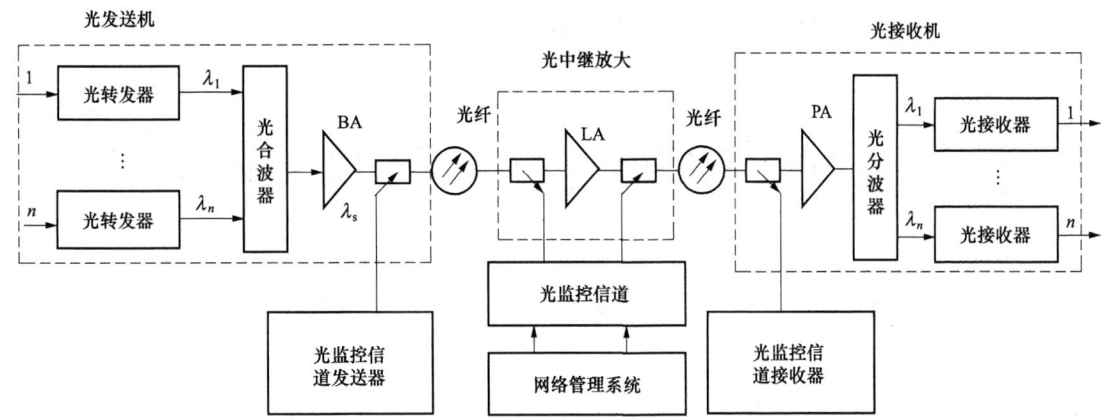

图 ZY3200206002-1　波分复用系统的构成

光发送机：将来自不同终端的多路光信号分别由光转发器转换为各自特定波长的光信号后，经光合波器组合光信号，再经光功率放大器（BA）放大输出至光纤中传输。

光中继放大：实现对不同波长光信号的相同增益放大。

光接收机：先由前置光放大器（PA）放大经传输后衰减的主信道光信号，再用分波器从主信道光信号中分出不同特定波长的光信号。

光监控信道：监控系统内各信道的传输情况。在发送端插入本节点产生的波长为 λ_s 的光监控信号（如帧同步、公务及各种网管开销字节），与业务信道的光信号合波输出；在接收端，将收到的光信号进行分离，输出业务信道光信号和波长为 λ_s 的光监控信号。

网络管理系统：通过光监控信道物理层传送开销字节到其他结点或接收来自其他结点的开销字节对 WDM 进行管理，实现配置、故障、安全、性能管理等功能，并与上级管理系统通信。ITU–T 建议采用 1510nm 波长，容量为 2Mbit/s，必须在光放大器之前下光路，在光放大器之后上光路。

光复用/解复用器分为发端的光合波器和收端的光分波器。光合波器的每一个输入端口输入一个预选波长的光信号，输入的不同波长的光波由同一输出端口输出。光分波器的作用与光合波器相反，将多个不同波长的信号分离开来。

光放大器可以对光信号进行直接放大。根据光放大器在光传输网络中的位置，可以分功率放大器（BA）、线路放大器（LA）、前置放大器（PA）。BA 用来提高发送的光功率，补偿无源光器件的插入损耗。WDM 系统对于 BA 的要求是输出光功率大；PA 用来提高光接收机的接收灵敏度，补偿无源光器件的插入损耗。WDM 系统对于 PA 的要求主要是噪声指数低；LA 用来补偿光缆线路造成的光信号功率衰减，延长传输距离。WDM 系统对于 LA 的要求主要是增益高。

【思考与练习】

1. 画出波分复用系统的构成示意图，并简述系统的工作流程。

2. 波分复用系统中波分复用器的作用是什么？

3. 根据光放大器在光传输网络中的不同位置，可以将光放大器分成哪几类？

4. 波分复用系统中光监控信道上、下光路有什么要求？

国家电网公司
生产技能人员职业能力培训专用教材

第十五章　密集波分复用的关键技术

模块1　DWDM 光源（ZY3200207001）

【模块描述】本模块介绍了 DWDM 光源，包含 LD 和 LED 的比较、DWDM 系统中光源的分类及性能比较。通过原理分析，掌握 DWDM 系统对激光器的要求以及 DWDM 光源的特点。

【正文】

目前应用于光纤通信的光源有半导体激光器 LD 和半导体发光二极管 LED，它们都属于半导体器件，其共同特点是：体积小、重量轻、耗电量小。LD 与 LED 相比，其主要区别在于，前者发出的是激光，后者发出的是荧光，因此，LED 的谱线宽度较宽，调制效率低，与光纤的耦合效率也低；但它的输出特性曲线线性好，使用寿命长，成本低，适用于短距离、小容量的传输系统。而 LD 一般适用于长距离、大容量的传输系统。

高速光纤通信系统中使用的光源分为多纵模（MLM）激光器和单纵模（SLM）激光器两类。从性能上讲，这两类半导体激光器的主要区别在于它们发射频谱的差异。多纵模激光器的发射频谱的线宽较宽，为 nm 量级，而且可以观察到多个谐振峰的存在。单纵模激光器发射频谱的线宽，为 0.1nm 量级，而且只能观察到单个谐振峰。单纵模激光器比多纵模激光器的单色性更好。

DWDM 系统的工作波长较为密集，一般波长间隔为几个纳米到零点几个纳米，这就要求激光器工作在一个标准波长上并且具有很好的稳定性；此外，DWDM 系统的无电再生中继长度从单个 SDH 系统传输 50～60km 增加到 500～600km，在延长传输系统的色散受限距离的同时，为了克服光纤的非线性效应，要求 DWDM 系统的光源使用技术更为先进、性能更为优越的激光器。DWDM 光源的两个突出的特点是：① 比较大的色散容纳值；② 标准而稳定的波长。

在 DWDM 系统中，激光器波长的稳定是一个十分关键的问题，根据 ITU–TG.692 建议的要求，中心波长的偏差不大于光信道间隔的 $\pm\dfrac{1}{5}$，即当光信道间隔为 0.8nm 的系统，中心波长的偏差不能大于 $\pm 20\text{GHz}$。在 DWDM 系统中，由于各个光通路的间隔很小，因而对光源的波长稳定性有严格的要求，例如 0.5nm 的波长变化就足以使一个光通路移到另一个光通路上。在实际系统中通常必须控制在 0.2nm 以内，其具体要求随波长间隔而定，波长间隔越小要求越高，所以激光器需要采用严格的波长稳定技术。

激光器的波长微调通常是通过改变温度和驱动电流来影响波长。对于激光器老化等原因引起的波长长期变化需要直接使用波长敏感元件对光源进行波长反馈控制，其原理如图 ZY3200207001-1 所示。

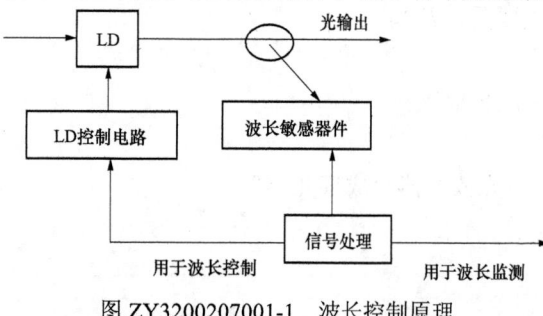

图 ZY3200207001-1　波长控制原理

【思考与练习】

1. DWDM 系统对激光器有哪些要求？
2. DWDM 系统的光源有哪些特点？

模块2　DWDM 光放大器（ZY3200207002）

【模块描述】本模块介绍了 DWDM 光放大器，包含光放大器、掺铒光纤放大器、拉曼光纤放大器。

通过原理讲解、优缺点分析，掌握 DWDM 系统中光放大器的功能以及两种实用化的光纤放大器的特点。

【正文】

一、光放大器概述

光放大器的作用是为了增强光信号，其工作原理如 ZY3200207002-1 所示。它不需要光/电/光转换过程，光放大器支持任何比特率和信号格式，也就是说为光放大器对任何比特率以及信号格式都是透明的；另外，光放大器不仅支持单个信号波长放大，而且支持一定波长范围的光信号放大。

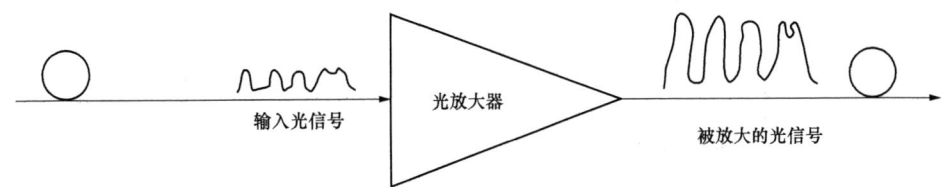

图 ZY3200207002-1　光放大器工作原理

实用化的光纤放大器有掺铒光纤放大器（EDFA）和拉曼光纤放大器。

二、掺铒光纤放大器

（1）掺铒光纤放大器的主要优点：① 工作波长与单模光纤的最小衰减窗口一致。② 耦合效率高。③ 增益高、输出功率大，噪声指数较低、信道间串扰很低。④ 增益特性稳定。

（2）掺铒光纤放大器的主要缺点：① 增益波长范围固定。② 增益带宽不平坦。③ 光浪涌问题，由于 EDFA 的动态增益变化较慢，在输入信号能量跳变的瞬间，将产生光浪涌，即输出光功率出现尖峰，尤其是当 EDFA 级联时，光浪涌现象更为明显。峰值光功率可以达到几瓦，有可能造成 O/E 变换器和光连接器端面的损坏。④ 在长距离组网中，噪声指数较大。

三、拉曼光纤放大器

当光纤结晶晶格中的分子受入射光子震动而相互作用时将产生受激喇曼散射，原子吸收泵浦光后发出一个与激发光脉冲频率相同的光子，这就是拉曼光纤放大器的基本原理。

其主要优点包括：

（1）超宽带放大。拉曼光纤放大器的增益波长出泵浦光波长决定，因此，拉曼光纤放大器可以放大 EDFA 所不能放大的波段，使用多个泵浦源还可得到比 EDFA 宽得多的增益带宽，对于开发光纤的整个低损耗区（1270～1670nm）具有无可替代的作用。

（2）增益介质为传输光纤本身。这使拉曼光纤放大器可以对光信号进行在线放大，实现长距离的无中继传输和远程泵浦，而且因为放大是沿光纤分布而不是集中作用，光纤中各处的信号光功率都比较小，从而可降低非线性效应尤其是四波混频（FWM）效应的干扰。当这些混频产物落在信道内，将会产生信道间串扰，导致信噪比下降，对中间信道的影响一般最大。当混频产物落在信道外时，也会给系统带来噪声。

（3）固有的低噪声指数。与 EDFA 混合使用可大大降低系统的噪声指数，增加传输跨距。

其主要缺点包括：① 泵浦的光子效率较低，需要高功率泵浦；② 强烈的偏振相关增益，采用正交泵浦方式；③ 光器件和光纤承载高光功率；④ 现场光纤的增益特性不一致。

【思考与练习】

1. 简述掺铒光纤放大器的主要优点和缺点。

2. 简述拉曼光纤放大器的主要优点和缺点。

模块 3　光复用器和光解复用器（ZY3200207003）

【模块描述】本模块介绍了光复用器与光解复用器的基本概念，包含相关知识。通过原理介绍、性能比较，掌握 DWDM 系统中光复用器和光解复用器的功能及其要求。

【正文】

一、波分复用器件概述

波分复用系统的核心部件是光复用器和光解复用器，也称为合波器和分波器，如图 Y3200207003-1 和图 Y3200207003-2 所示。其性能好坏在很大程度上决定了整个系统的性能。合波器的主要作用是将多个信号波长合在一根光纤中传输；分波器的主要作用是将在一根光纤中传输的多个波长信号分离。从原理上讲，合波器与分波器是相同的，只需要改变输入、输出的方向。

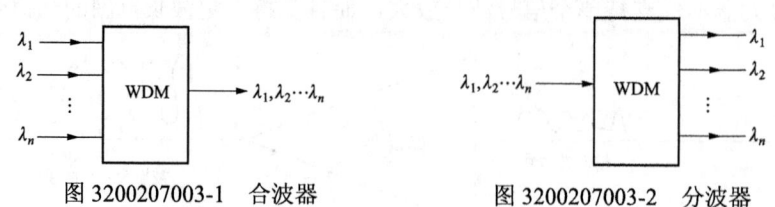

图 3200207003-1　合波器　　　　图 3200207003-2　分波器

二、对光复用/解复用器件的性能要求

为了确保波分复用系统的性能，对波分复用/解复用器件提出了基本要求，主要包括插入损耗小、隔离度大、带内平坦、温度稳定性好、复用通路数多、尺寸小等。

三、光复用/解复用器件的种类及其性能

光波分复用器的种类有很多，常用光复用/解复用器件性能比较见表 3200207003-1。

表 3200207003-1　　　　　　　　　常用光复用/解复用器件性能比较

器件类型	通道间隔（nm）	通道数	串音（dB）	插入损耗（dB）	主要缺点
衍射光栅型	0.5～1.0	131	≤−30	3～6	温度敏感
介质薄膜型	1～100	2～32	≤−25	2～6	通路数较少
熔锥型	10～100	2～6	≤−（10～45）	0.2～1.5	通路数少
集成光波导型	1～5	4～32	≤−25	6～11	插入损耗大

【思考与练习】

1. 光复用器和光解复用器的作用分别是什么？
2. 对光复用/解复用器件的性能要求有哪些？

国家电网公司
生产技能人员职业能力培训专用教材

第十六章 光纤通信系统的工程设计

模块 1 系统部件的选择 (ZY3200208001)

【模块描述】本模块介绍了光纤通信系统中部件的选择，包含光纤通信系统中工作波长、光源、光电检测器以及光纤选择。通过要点讲解，掌握光纤通信系统设计时主要关注的部件及其选用的基本要求。

【正文】

光纤通信系统的工程设计与其他通信系统的设计一样，涉及许多方面的问题，如系统配置、路由选择、光缆确定、端机的选择及供电问题等。在进行系统设计时，首先要根据传输要求，如比特率、误码特性要求、传输距离等来确定工作波长，进行端机的设计选择和光缆的选择。

一、工作波长

目前大多数系统均采用 1.31μm 或者 1.55μm 的长波长系统，并且多是采用单模光纤。在有些场合，如短距离、低速率的传输或模拟信号的传输，0.85μm 的短波长也有其优势，但必须使用多模光纤。

二、光源的选择

光源是光发送机的核心。目前用于光纤的光源有半导体激光器 LD 和半导体发光二极管 LED。LD 常在长距离、高速码的光纤通信系统中使用，而 LED 则常用于距离较短、码速较低的系统中。

三、光电检测器的选择

光电检测器在光接收机中完成光信号到电信号的选择。目前常用的器件是 PIN 光电二极管和 APD 雪崩光电二极管。采用 APD 的系统，可使接收机灵敏度高于采用 PIN 的系统。但在有些方面，如温度稳定性、成本等方面，它不具备优势。

四、光纤的选择

光纤可分为单模光纤和多模光纤两种，单模光纤的色散小、损耗低，适合于长距离、大容量的光纤通信系统。目前的光端机主要是适合于单模系统。但在某些局部应用时，如光局域网某些设备内的短距离传输也可采用多模光纤。多模光纤的光端机价格低，但其光缆价格要比单模光纤高。

【思考与练习】

1. 光纤通信系统设计时主要部件选用的基本要求有哪些？
2. 光纤分为哪几种类型？

模块 2 光纤通信系统的中继距离的估算 (ZY3200208002)

【模块描述】本模块介绍了光纤通信系统的中继距离估算方法，包含损耗限制系统的中继距离估算、色散限制系统的中继距离估算。通过公式介绍、例题讲解，掌握光纤通信系统设计时中继距离的正确估算方法。

【正文】

光纤通信的最大中继距离可能会受光纤衰耗的限制，称为衰耗受限系统；也可能会受到传输色散的限制，称为色散受限系统。实际的通信系统可能是衰耗受限系统，也可能是色散受限系统。在计算中继距离时，基本思路是分别计算衰耗受限和色散受限两种情况的中继距离，然后取其中较小者为最大中继距离。

94

一、衰耗受限系统

所谓衰耗受限系统，是指光纤通信的中继距离受传输衰耗参数的限制，如光发送机的平均发光功率、光缆的衰耗系数、光接收机灵敏度等。

衰耗受限系统中的中继距离计算式为

$$L = \frac{P_t - P_r - 2A_c - M_E - P_P}{a + a_s + m_c} \qquad \text{（ZY3200208002-1）}$$

式中 P_t——光发送机平均发光功率，为设备本身给出的技术指标，dBm。

P_r——光接收机灵敏度，为设备本身给出的技术指标，dBm。

A_c——活动连接器的衰耗。因为在光发送机与光接收机上各有一个活接头，所以式中是 $2A_c$。
一般取 A_c =0.5dB。

M_E——设备富余度。主要考虑光终端设备在长期使用过程中会出现性能老化。一般取 M_E =3dB。

P_P——光通道功率代价。光通道功率代价包括由于反射和色散代价。一般取 P_P =1dB 以下。

a——光纤的衰耗系数，取值由所供应的光缆参数给定，dB/km。其典型值为：1310nm 波长下
为 0.3～0.4dB/km；1550nm 波长下为 0.15～0.25dB/km。

a_s——平均每千米接续衰耗。每个熔接点的衰耗可以保证在 0.05dB 以下。一般来讲，光缆每
盘长度为 2km，所以可取 a_s =0.05/2dB。

m_c——光缆富余度。光缆在长期使用中性能会发生老化，尤其是随环境温度的变化（主要是低
温），其衰耗系数会增加，所以必须留出一定的余量。一般取 m_c =0.1～0.2 dB/km。

根据式（ZY3200208002-1）可以计算出最大中继距离，也可以根据预先设计好的中继距离去计算对某些参数的要求，如对光纤的衰耗系数的要求或对光发送机发光功率、光接收机灵敏度的要求等。

例： 某 140Mb/s 光纤通信系统的参数为：光发送机最大发光功率 P_t =−5dBm；光接收机灵敏度 P_r = −43dBm；光纤衰耗系数 a =0.4dB/km，求其最大中继距离。

除上述参数外，其他参数可做如下取值：设备富余度 M_E =3dB；活接头衰耗 A_c =0.5dB；因码率较低，可以不考虑光通道功率代价，故 P_P =0；每千米接续衰耗 a_s =0.05/2=0.025dB；光缆富余度 m_c =0.1dB/km。

把上述数据代入式（ZY3200208002-1）得

$$L = \frac{-5 - (-43) - 2 \times 0.5 - 3}{0.4 + 0.025 + 0.1} = 65 \text{（km）}$$

二、色散受限系统

所谓色散受限系统，是指由于系统中光纤的色散、光源的谱宽等因素的影响，限制了光纤通信的中继距离。对于色散受限系统的中继距离计算可分两种情况予以考虑。

（1）光源器件为多纵模激光器（MLM）或发光二极管时，其中继距离为

$$L = \frac{\varepsilon}{\delta_\lambda D(\lambda) f_b} \qquad \text{（ZY3200208002-2）}$$

式中 ε——光脉冲的相对展宽值，当光源为多纵模激光器时，ε =0.115；当光源为发光二极管时，ε =
0.306；

δ_λ——光源的根均方谱宽，nm；

$D(\lambda)$——所用光纤的色散系数，ps/（km·nm）；

f_b——系统的码率，bit/s。

（2）当光源器件为单纵模激光器（SLM）时，其中继距离为

$$L = \frac{71\,400}{\alpha D(\lambda) \lambda^2 f_b^2} \qquad \text{（ZY3200208002-3）}$$

式中 α——啁啾声系数。对分布反馈型（DFB）单纵模激光器而言，α =4～6ps/nm；对量子阱激光
器而言，α =2～4ps/nm。

$D(\lambda)$——单模光纤的色散系数，ps/（km·nm）。

λ——系统的工作波长上限，nm。

f_b——系统的速率，Tbit/s。

例：有一个622.080Mb/s的单模光纤通信系统，系统工作波长为1310nm，其光发送机平均发光功率$P_t \geqslant$1dBm，光源采用多纵模激光器，其谱宽$\delta_\lambda =$1.2nm。光纤采用色散系数$D(\lambda) \leqslant$3.0ps/（km·nm），衰耗系数$a \leqslant$0.3dB/km的单模光纤。光接收机采用InGaAsAPD光二极管，其灵敏度为$P_r \leqslant$−30dBm。试求其最大中继距离。

（1）先按衰耗受限求其中继距离。由式（ZY3200208002-1）可求其中继距离

$$L_1 = \frac{P_t - P_r - 2A_c - M_E - P_p}{a + a_s + m_c} = \frac{1-(-30)-2\times 0.5 - 3 - 1}{0.3 + 0.05/2 + 0.1} = 62（km）$$

（2）再按色散受限求其中继距离。因为光源为多纵模激光器，所以取$\varepsilon = 0.115$，于是由式（ZY3200208002-2）得

$$L_2 = \frac{\varepsilon}{\delta_\lambda D(\lambda) f_b} = \frac{0.115}{1.2 \times 3.0 \times 10^{-12} \times 622.08 \times 10^6} = 51（km）$$

两个中继距离值相比较，显然此系统为色散受限系统，其最大中继距离应为51km。

【思考与练习】

1. 光纤通信的最大中继距离的主要制约因素有哪些？

2. 计算光纤通信的中继距离时，基本思路是什么？

3. 什么是衰耗受限系统？如何计算其中继距离？

4. 什么是色散受限系统？如何计算其中继距离？

第三部分

SDH 原理

国家电网公司
生产技能人员职业能力培训专用教材

第十七章　SDH 概　述

模块 1　SDH 的特点（ZY3200301001）

【**模块描述**】本模块介绍了 SDH 产生的背景和 SDH 的优缺点，包含 PDH 体系和 SDH 体系。通过要点讲解、图形分析，了解 SDH 系统的优点及不足，并建立有关 SDH 的整体概念。

【**正文**】

一、SDH 产生的技术背景及其优势

在数字通信发展的初期，为了适应点到点通信的需要，大量的数字传输系统都采用准同步数字体系（PDH）。PDH 在发展应用过程中形成了三个主要的派系：欧洲系列、北美系列和日本系列。由于这三种 PDH 系列的速率标准不相同，无法兼容互联，加上 PDH 本身提取低速信号和运行维护不方便等因素的制约，使得 PDH 传输体制越来越不适应传输网向长距离大容量方面的发展的要求。为了解决 PDH 的互通等诸多问题，1984 年美国贝尔通信研究所首先提出了同步光网络（SONET）的概念。1988 年，国际电信联盟电信标准局（ITU–T）的前身国际电报电话咨询委员会（CCITT）接受了 SONET 概念，并重新命名为同步数字体系（SDH），使其成为不仅适用于光纤传输，也适用于微波和卫星传输的通用技术体制。目前 SDH 已经成为传输网的主流体制，在全球有着大量的应用。本课程主要讲述 SDH 体制在光纤传输网上的应用。

SDH 是一种传输的体制（协议），这种传输体制规范了数字信号的帧结构、复用方式、传输速率等级、接口码型等特性。以下将从接口、复用方式、运行维护、兼容性四个方面对 PDH 和 SDH 做一个简单的分析和对比。

（一）接口方面

1. 电接口方面

PDH 具有多种电接口规范，有欧洲系列、北美系列和日本系列标准，如图 ZY3200301001-1 所示，我国采用的是欧洲系列标准。由于不存在世界性标准，因此无法实现多厂家互连互通。

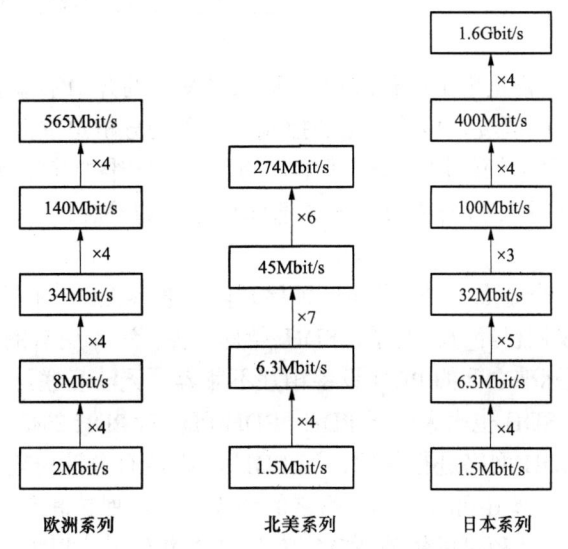

图 ZY3200301001-1　PDH 电接口速率等级图

SDH 体制对电接口作了统一的规范，使得 SDH 设备容易实现多厂家互连互通，兼容性大大增强。

模块
1

ZY3200301001

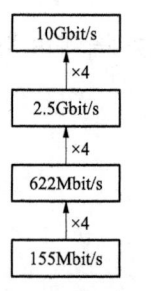

图 ZY3200301001-2　SDH 电接口速率等级图

SDH 基本的信号传输结构等级是同步传输模块——STM-1，相应的速率是 155Mbit/s。高等级的数字信号系列是基础速率的 4 倍关系：622Mbit/s（STM-4）、2.5Gbit/s（STM-16）、10Gbit/s（STM-64）。SDH 电接口速率等级如图 ZY3200301001-2 所示。

2. 光接口方面

和电接口一样，PDH 在光接口方面也没有世界性标准的光接口规范。各厂家在进行线路编码时，为完成不同的线路监控功能，在信息码后加上不同的冗余码，导致不同厂家同一速率等级的光接口码型和速率也不一样，无法实现多厂家互连互通。这样在同一传输路线两端必须采用同一厂家的设备，给组网、管理及网络互通带来困难。

而 SDH 在光接口（线路接口）方面采用世界性统一标准，SDH 信号的线路编码仅对信号进行扰码，不再进行冗余码的插入。这样 SDH 设备就容易实现多厂家互连互通，使得在同一传输路线两端采用不同厂家的设备成为可能，从而大大降低组网、维护的成本。

（二）复用方式

PDH 复用结构复杂，除低速 2Mbit/s 等信号为同步复用外，其他都采用了异步复用方式，导致当低速信号复用到高速信号时，其在高速信号的帧结构中的位置无法具备规律性和固定性，这样从 PDH 的高速信号中也就不能直接地解复用出低速信号。所以 PDH 在信号送出时必须逐级复用，在信号接收时必须逐级解复用。我们以欧洲体系为例，从 140Mbit/s 复用、解复用一个 2Mbit/s 信号过程要分三步才能实现，如图 ZY3200301001-3 所示。

PDH 的这种方式除了使信号处理过程复杂度增加，还会因为信号在复用/解复用过程中产生的损伤加大，导致传输性能劣化，不适合在长距离大容量的传输系统中使用。

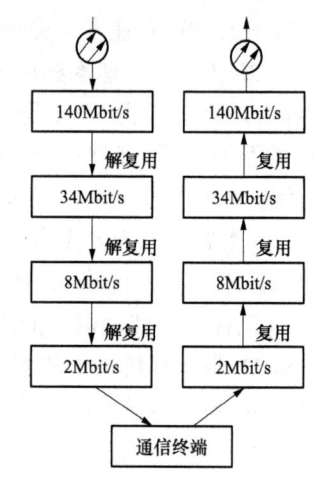

图 ZY3200301001-3　PDH 信号复用、解复用示意图

和 PDH 不同，SDH 采用的是同步复用方式，低速 SDH 信号是以字节间插方式复用进高速 SDH 信号的帧结构中的，这样就使低速 SDH 信号在高速 SDH 信号的帧中的位置是固定的、有规律的。这样就能从高速 SDH 信号中直接解复用出低速 SDH 信号，从而大大简化了信号的复接和分接。比如从一个 10Gbit/s 的信号中解复用出一个 155Mbit/s 信号，只需一步即可，反之亦然。SDH 体制的这种特性，使得 SDH 特别适合在长距离大容量的传输系统中使用。

（三）运行维护方面

PDH 体系中，信号帧结构里用于运行维护工作（OAM）的开销字节不多，因此对完成传输网的管理、性能监控、业务的实时调度、传输带宽的控制、告警的分析定位很不利。

而在 SDH 体系中，信号的帧结构中安排了丰富的用于运行维护（OAM）功能的开销字节，使网络的监控功能大大加强，使得 SDH 体系能更好的适应传输网的发展。

（四）兼容性

体系的兼容性表现在两个方面，一个是同一种体系内的兼容性，一个是两种不同体系间的兼容性。

体系内的兼容性前面我们已经分析过了，SDH 只有一种标准，所有的 SDH 设备之间是兼容的，而 PDH 有 3 种标准，不同标准之间的 PDH 设备相互不兼容，无法互联。

体系间的兼容性方面，SDH 也大大优于 PDH。SDH 可以对 PDH 的信号进行承载传输，比如 PDH 的 2Mbit/s 信号可以利用 SDH 网络进行传输，但 PDH 网络没有办法传输 SDH 的信号。这样在建设 SDH 网络时，原有的 PDH 设备还可以继续在网络的边缘使用，保护和节约投资。另外，目前的 SDH 体系不但可以传输 PDH 信号，还可以传输 ATM 信号、FDDI 信号、以太网信号等其他体制的信号。

从上面的分析中，我们可以看出，SDH 是一种非常适合建设大规模传输网的一种体制，必然会全面代替 PDH，成为传输网的主流体制。这点已经从目前全球传输网的发展和应用情况得到了验证。

二、SDH 体制的缺陷和不足

SDH 虽然有着很多的优点，但这些优点是以牺牲其他方面为代价的，因此也会产生对应的缺陷和不足。

（一）指针调整机理复杂

SDH 从高速信号中直接下低速信号是通过指针机理来完成的。指针的作用就是时刻指示低速信号的位置，以便在"拆包"时能正确地拆分出所需的低速信号，从而保证 SDH 从高速信号中直接下低速信号的功能的实现。但是指针功能的实现增加了系统的复杂性，最重要的是使系统产生 SDH 的一种特有抖动——由指针调整引起的结合抖动。这种抖动多发于网络边界处（SDH/PDH），其频率低、幅度大，会导致低速信号在拆出后性能劣化，而且这种抖动的滤除相当困难。

（二）带宽利用率低

SDH 在信号的帧结构中安排了丰富的 OAM 开销字节，使网络的监控功能大大加强，但这也同时导致带宽利用率降低。在相同容量的情况下，由于大量地加入了开销字节，使得传送有效信息字节相应减少。

（三）软件的大量使用对系统安全性的影响

SDH 利用丰富的 OAM 开销字节，大量地使用软件的方式实现了 OAM 的高度自动化，降低运行维护工作量。但是软件大量使用的同时会增加系统受计算机病毒攻击、人为误操作和非法入侵操作的风险。所以对于 SDH 系统，针对网管的隔离和防护是非常必要的。

【思考与练习】

1. SDH 体制与 PDH 相比有哪些优点？
2. SDH 体制的缺陷是什么？

模块 2　SDH 设备的基本组成（ZY3200301002）

【模块描述】本模块介绍了常见的 SDH 网元类型和 SDH 设备基本逻辑功能块组成，包含 TM、ADM、REG、DXC 功能的描述以及各功能块对信号流处理过程。通过模型介绍、功能讲解，掌握 SDH 设备的基本组成。

【正文】

在 SDH 网络中经常提到的一个概念是网元，网元就是网络单元，一般把能独立完成一种或几种功能的设备都称之为网元。一个设备就可称为一个网元，但也有多个设备组成一个网元的情况。

一、SDH 网络的常见网元

SDH 网的基本网元有终端复用器（TM）、分/插复用器（ADM）、再生中继器（REG）和数字交叉连接设备（DXC）。通过这些不同的网元完成 SDH 网络功能：上/下业务、交叉连接业务、网络故障自愈等，下面讲述这些网元的特点和基本功能。

（一）TM——终端复用器

终端复用器用在网络的终端站点上，例如一条链的两个端点上，它是一个双端口器件，如图 ZY3200301002-1 所示。

它的作用是将支路端口的低速信号复用到线路端口的高速信号 STM–N 中，或从 STM–N 的信号中分出低速支路信号。请注意它的线路端口仅输入/输出一路 STM–N 信号，而支路端口却可以输出/输入多路低速支路信号。在将低速支路信号复用进 STM–N 帧（线路）上时，有一个交叉的功能。

（二）ADM——分/插复用器

分/插复用器用于 SDH 传输网络的转接站点处，例如链的中间结点或环上结点，是 SDH 网上使用最多、最重要的一种网元，它是一个三端口的器件，如图 ZY3200301002-2 所示。

ADM 有两个线路端口和一个支路端口。ADM 的作用是将低速支路信号交叉复用到线路上去，或从线路信号中拆分出低速支路信号。另外，还可将两个线路侧的 STM–N 信号进行交叉连接。

ADM 是 SDH 最重要的一种网元，它也可等效成其他网元，即能完成其他网元的功能，例如：一个 ADM 可等效成两个 TM。

图 ZY3200301002-1　TM 模型

注：M<N。

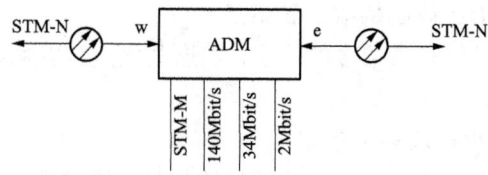

图 ZY3200301002-2　ADM 模型

注：M<N。

（三）REG——再生中继器

光传输网的再生中继器有两种，一种是纯光的再生中继器，主要进行光功率放大以实现长距离光传输的目的；另一种是用于脉冲再生整形的电再生中继器，主要通过光/电转换、抽样、判决、再生整形、电/光转换，这样可以不积累线路噪声，保证线路上传送信号波形的完好性。REG 讲的是后一种再生中继器，它是双端口器件，只有两个线路端口，没有支路端口。REG 模型如图 ZY3200301002-3 所示。

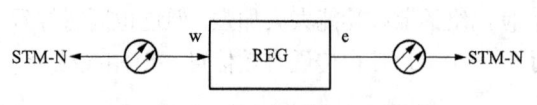

图 ZY3200301002-3　REG 模型

它的作用是将一个线路侧的光信号经光/电转换、抽样、判决、再生整形、电/光转换，在另一个线路侧发出。

（四）DXC——数字交叉连接设备

数字交叉连接设备完成的主要是 STM-N 信号的交叉连接功能，它是一个多端口器件，它实际上相当于一个交叉矩阵，完成各个信号间的交叉连接，如图 ZY3200301002-4 所示。

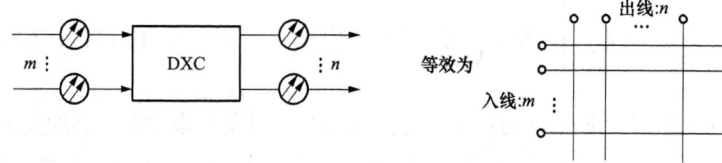

图 ZY3200301002-4　DXC 模型

通常用 DXC m/n 来表示一个 DXC 的配置类型和性能（$m \geq n$），其中 m 表示输入端口速率的最高等级，n 表示参与交叉连接的最低速率等级。m 越大表示 DXC 的承载容量越大；n 越小表示 DXC 的交叉灵活性越大。其中，数字 0 表示 64kbit/s 电路速率；数字 1、2、3、4 分别表示 PDH 的 1～4 次群的速率，其中 4 也代表 SDH 的 STM1 等级；数字 5 和 6 分别代表 SDH 的 STM4 和 STM16 等级。例如，DXC 4/1 表示输入端口的最高速率为 155Mbit/s（对于 SDH）或 140Mbit/s（对于 PDH），而交叉连接的最低速率等级为 2 Mbit/s。目前应用最广泛的是 DXC 1/0、DXC 4/1 和 DXC 4/4。

二、SDH 设备的逻辑功能块

ITU-T 采用功能参考模型的方法对 SDH 设备进行了规范，它将设备所应完成的功能分解为各种基本的标准功能块，功能块的实现与设备的物理实现无关（以哪种方法实现不受限制），不同的设备由这些基本的功能块灵活组合而成，以完成设备不同的功能。通过基本功能块的标准化，来规范了设备的标准化，同时也使规范具有普遍性，叙述清晰简单。

下面以一个 TM 设备的典型功能块组成来讲述各个基本功能块的作用，如图 ZY3200301002-5 所示。对此部分的理解建议同时结合模块 ZY3200302001（SDH 信号的帧结构和复用步骤）和模块 ZY3200302002（开销和指针）。

从上图可以看出，SDH 设备的逻辑功能块可以分为四个大的模块：信号处理模块、开销功能模块、网络管理模块和时钟同步模块。其中比较复杂的是信号处理模块，下面逐一对这些模块进行讨论。

（一）信号处理模块

信号处理模块的主要作用是将各种低速业务（2Mbit/s、34Mbit/s、140Mbit/s）复用到光纤线路，以及从光纤线路上解复用出各种各种低速业务。以 140Mbit/s 为例，复用过程为 M→L→G→F→E→D→C→B→A，解复用的过程为 A→B→C→D→E→F→G→L→M。其中，信号处理模块又可以分为传

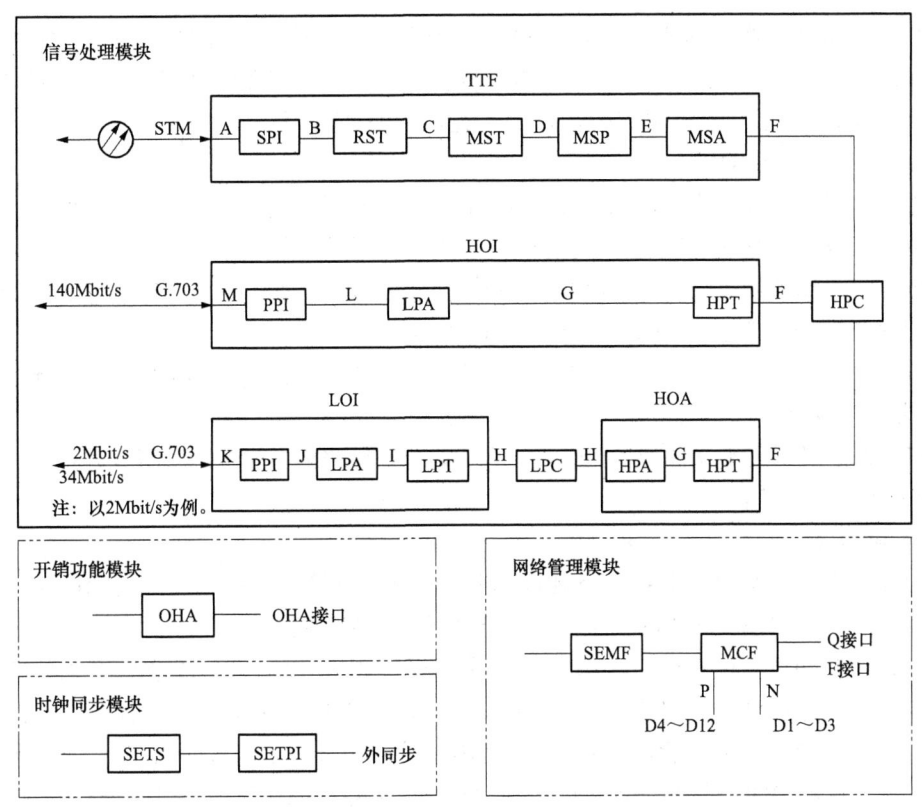

图 ZY3200301002-5　SDH 设备的逻辑功能构成

送终端功能块（TTF）、高阶接口功能块（HOI）、低阶接口功能块（LOI）、高阶组装器（HOA）四个复合功能块，以及高阶通道连接功能块（HPC）、低阶通道连接功能块（LPC）。

1. 传送终端功能块（TTF）

它的作用是在收方向对 STM–N 光线路进行光/电变换（SPI）、处理 RSOH（RST）、处理 MSOH（MST）、对复用段信号进行保护（MSP）、对 AUG 消间插并处理指针 AU–PTR，最后输出 N 个 VC4 信号；发方向与此过程相反，进入 TTF 的是 VC4 信号，从 TTF 输出的是 STM–N 的光信号。它由下列子功能块组成：

（1）SPI：SDH 物理接口功能块。SPI 是设备和光路的接口，主要完成光/电变换、电/光变换，提取线路定时，以及相应告警的检测。

（2）RST：再生段终端功能块。RST 是再生段开销（RSOH）的源和宿，也就是说 RST 功能块在构成 SDH 帧信号的过程中产生 RSOH（发方向），并在相反方向（收方向）处理（终结）RSOH。

（3）MST：复用段终端功能块。MST 是复用段开销（MSOH）的源和宿，在接收方向处理（终结）MSOH，在发方向产生 MSOH。

（4）MSP：复用段保护功能块。MSP 用以在复用段内保护 STM–N 信号，防止随路故障，它通过对 STM–N 信号的监测、系统状态评价，将故障信道的信号切换到保护信道上去（复用段倒换）。

（5）MSA：复用段适配功能块。MSA 的功能是处理和产生管理单元指针（AU–PTR），以及组合/分解整个 STM–N 帧，即将 AUG 组合/分解为 VC4。

2. 高阶接口功能块（HOI）

此复合功能块作用是完成将 140Mbit/s 的 PDH 信号适配进 C 或 VC4 的功能，以及从 C 或 VC4 中提取 140Mbit/s 的 PDH 信号的功能。它由下列子功能块组成：

（1）PPI：PDH 物理接口功能块。PPI 的功能是作为 PDH 设备和携带支路信号的物理传输媒质的接口，主要功能是进行码型变换和支路定时信号的提取。

（2）LPA：低阶通道适配功能块。LPA 的作用是通过映射和去映射将 PDH 信号适配进 C（容器），或把 C 信号去映射成 PDH 信号。

（3）HPT：高阶通道终端功能块。从 HPC 中出来的信号分成了两种路由：一种进 HOI 复合功能块，输出 140Mbit/s 的 PDH 信号；一种进 HOA 复合功能块，再经 LOI 复合功能块最终输出 2Mbit/s 的 PDH 信号。不过，不管走哪一种路由，都要先经过 HPT 功能块。

3. 低阶接口功能块（LOI）

此复合功能块作用是完成将 2Mbit/s 和 34Mbit/s 的 PDH 信号适配进 VC12 的功能，以及从 VC12 中提取 2Mbit/s 和 34Mbit/s 的 PDH 信号的功能。它由下列子功能块组成：

（1）PPI：PDH 物理接口功能块。PPI 的功能是作为 PDH 设备和携带支路信号的物理传输媒质的接口，主要功能是进行码型变换和支路定时信号的提取。

（2）LPA：低阶通道适配功能块。LPA 的作用是通过映射和去映射将 PDH 信号适配进 C（容器），或把 C 信号去映射成 PDH 信号。

（3）LPT：低阶通道终端功能块。LPT 是低阶 POH 的源和宿，对 VC12 而言就是处理和产生 V5、J2、N2、K4 四个 POH 字节。

4. 高阶组装器（HOA）

此复合功能块作用是将 2Mbit/s 和 34Mbit/s 的 POH 信号通过映射、定位、复用，装入 C4 帧中，或从 C4 中拆分出 2Mbit/s 和 34Mbit/s 的信号。它由下列子功能块组成：

（1）HPA：高阶通道适配功能块。HPA 的作用有点类似 MSA，只不过进行的是通道级的处理/产生支路单元指针（TU–PTR），将 C4 这种信息结构拆/分成 TU12（对 2Mbit/s 的信号而言）。

（2）HPT：高阶通道终端功能块。从 HPC 中出来的信号分成了两种路由：一种进 HOI 复合功能块，输出 140Mbit/s 的 PDH 信号；一种进 HOA 复合功能块，再经 LOI 复合功能块最终输出 2Mbit/s 的 PDH 信号。不过，不管走哪一种路由，都要先经过 HPT 功能块。

5. 高阶通道连接功能块（HPC）

HPC 实际上相当于一个高阶交叉矩阵，它完成对高阶通道 VC4 进行交叉连接的功能，除了信号的交叉连接外，信号流在 HPC 中是透明传输的。

6. 低阶通道连接功能块（LPC）

与 HPC 类似，LPC 也是一个交叉连接矩阵，不过它是完成对低阶 VC（VC12/VC3）进行交叉连接的功能，可实现低阶 VC 之间灵活的分配和连接。

（二）开销功能模块

开销功能模块比较简单，它只含一个逻辑功能块－OHA，它的作用是从 RST 和 MST 中提取或写入相应 E1、E2、F1 公务联络字节，进行相应的处理。

（三）网络管理模块

网络管理模块主要完成网元和网管终端间、网元和网元间的 OAM 信息的传递和互通，它由下列功能块组成：

1. SEMF：同步设备管理功能块

它的作用是收集其他功能块的状态信息，进行相应的管理操作。这就包括了向各个功能块下发命令，收集各功能块的告警、性能事件，通过数据通信通路（DCC）向其他网元传送 OAM 信息，向网络管理终端上报设备告警、性能数据以及响应网管终端下发的命令。

2. MCF：消息通信功能块

MCF 功能块实际上是 SEMF 和其他功能块和网管终端的一个通信接口，通过 MCF、SEMF 可以和网管进行消息通信。另外，MCF 通过 N 接口和 P 接口分别与 RST 和 MST 上的 DCC 通道交换 OAM 信息，实现网元和网元间的 OAM 信息的互通。

（四）时钟同步模块

时钟同步模块主要完成 SDH 网元的时钟同步作用，它由下列功能块组成：

1. SETS：同步设备定时源功能块

SETS 功能块的作用就是提供 SDH 网元乃至 SDH 系统的定时时钟信号。

2. SETPI：同步设备定时物理接口

作用 SETS 与外部时钟源的物理接口，SETS 通过它接收外部时钟信号或提供外部时钟信号。

【思考与练习】

1. SDH 常见的网元形式有哪些？

2. DXC4/1 的表示的是不是"四个线路侧端口、一个支路侧端口的 DXC"？

3. TTF 功能块的作用是什么？

4. SDH 设备常用的功能模块有哪些？

国家电网公司
生产技能人员职业能力培训专用教材

第十八章 SDH 复用方式

模块 1 SDH 信号的帧结构和复用步骤（ZY3200302001）

【模块描述】本模块介绍了 SDH 信号的帧结构及信号的复用方式，包含信号帧中各组成部分的介绍以及 2M、34M、140M 信号如何复用进 STM-N 帧。通过概念介绍、图形讲解，熟悉信号帧的结构及各部分的作用，掌握 SDH 信号的复用和解复用的步骤。

【正文】

一、SDH 的帧结构

ITU-T 规定了 SDH 有 STM-1、STM-4、STM-16、STM-64 共 4 个速率等级，同时规定了 SDH 的 STM-N 的帧是以字节（8bit）为单位的矩形块状帧结构（如图 ZY3200302001-1 所示）。每帧的重复周期均为 125μs，即每秒可传 8000 帧。

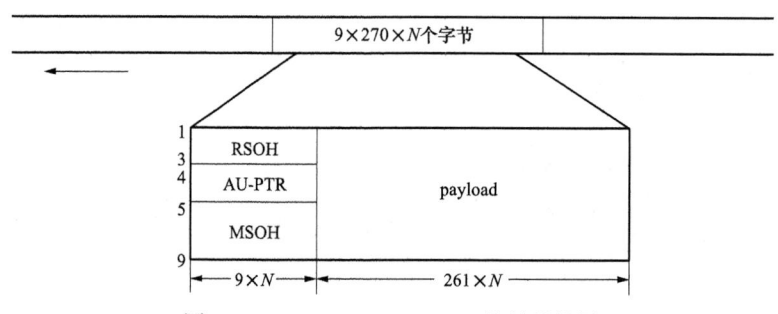

图 ZY3200302001-1 STM-N 的帧结构图

从上图可以看出 STM-N 的信号是 9 行×270×N 列的帧结构，即 STM-N 每帧长度为 9×270×N 个字节。这样可以很容易算出 SDH 的标准速率，比如 STM-1 的速率为：9×270×1×8000×8= 155 520 000bit/s（155Mbit/s），STM-4 的速率为：9×270×4×8000×8=622 080 000bit/s（622Mbit/s）。

需要说明的是，将信号的帧结构等效为块状，仅仅是为了分析的方便，STM-N 信号在线路上传输时也遵循按比特的串行传输方式，即：帧结构中的字节从左到右，从上到下一个字节一个字节地传输，传完一行再传下一行，传完一帧再传下一帧。

STM-N 的帧结构包括三大部分，分别是段开销（SOH）、管理单元指针（AU-PTR）和信息净负荷（payload）。其中，段开销（SOH）又包括再生段开销（RSOH）和复用段开销（MSOH）。

（1）段开销（SOH）是为了保证信息净负荷正常、灵活传送所必须附加的供网络运行、管理和维护（OAM）使用的字节。

在 SDH 分层概念中，将终端设备之间的全部物理实体定义为复用段（MS）；将终端设备与再生器之间、再生器与再生器之间的全部物理实体定义为再生段（RS）。因此，段开销又分为再生段开销和复用段开销。再生段开销监控的是整个 STM-N 的传输性能，可在再生器接入，也可在终端设备接入；复用段开销则监控 STM-N 信号中每个 STM-1 的性能情况，只能在终端设备处终结，在再生器中被透明传送。

（2）管理单元指针（AU-PTR）是用来指示信息净负荷的第一个字节在 STM-N 帧内的准确位置的指示符，以便收端能根据这个指示符的值正确分离信息净负荷。

（3）信息净负荷（payload）是在 STM-N 帧结构中存放将由 STM-N 传送的各种信息码块的地方。

二、映射、定位和复用的概念

各种信号装入 SDH 帧结构的净负荷区都要经过映射、定位和复用三个步骤。

（一）映射

映射是一种在 SDH 网络边界处（例如 SDH/PDH 边界处），将支路信号适配进虚容器的过程。为了适应各种不同的网络应用情况，有异步、比特同步、字节同步三种映射方法，有浮动 VC 和锁定 TU 两种工作模式。

1. 异步映射

异步映射对映射信号的结构无任何限制（信号有无帧结构均可），也无需与网络同步（例如 PDH 信号与 SDH 网不完全同步），利用码速调整将信号适配进 VC 的映射方法。

2. 比特同步映射

此种映射是对支路信号的结构无任何限制，但要求低速支路信号与网同步（例如 E1 信号保证 8000 帧/s），无需通过码速调整即可将低速支路信号打包成相应的 VC 的映射方法。

3. 字节同步映射

字节同步映射是一种要求映射信号具有字节为单位的块状帧结构，并与网同步，无需任何速率调整即可将信息字节装入 VC 内规定位置的映射方式。

4. 浮动 VC 模式

浮动 VC 模式指 VC 净负荷在 TU 内的位置不固定，由 TU-PTR 指示 VC 起点的一种工作方式。

5. 锁定 TU 模式

锁定 TU 模式是一种信息净负荷与网同步并处于 TU 帧内的固定位置，因而无需 TU-PTR 来定位的工作模式。

三种映射方法和两类工作模式共可组合成多种映射方式，现阶段最常见的是异步映射浮动模式。

（二）定位

定位是指通过指针调整，使指针的值时刻指向低阶 VC 帧的起点在 TU 净负荷中或高阶 VC 帧的起点在 AU 净负荷中的具体位置，使收端能据此正确地分离相应的 VC。这部分内容将在模块 ZY3200302002（开销和指针）中做详细的描述。

（三）复用

复用就是通过字节间插方式把 TU 组织进高阶 VC 或把 AU 组织进 STM-N 的过程。由于经过 TU 和 AU 指针处理后的各 VC 支路信号已相位同步，因此该复用过程是同步复用，复用原理与数据的串并变换相类似。

三、SDH 的复用/解复用步骤

这里所说的复用/解复用指的是信号装入 SDH 帧结构和从 SDH 帧结构提取出信号的整个过程，包括映射、定位和复用三个过程。

复用和解复用是一对逆过程，下面主要介绍 SDH 的复用步骤，解复用不再赘述。

SDH 的复用包括两种情况：一种是低阶的 SDH 信号复用成高阶 SDH 信号；另一种是低速支路信号复用成高速的 SDH 信号。

低阶的 SDH 信号复用成高阶 SDH 信号主要是通过字节间插复用方式来完成的，复用的个数是四合一，这就意味着高一级的 STM-N 信号速率是低一级的 STM-N 信号速率的 4 倍。

低速信号复用成高速信号的方法有两种：

1. 比特塞入法（也叫码速调整法）

这种方法利用固定位置的比特塞入指示来显示塞入的比特是否载有信号数据，允许被复用的净负荷有较大的频率差异（异步复用）。但是它不能将支路信号直接接入高速复用信号或从高速信号中分出低速支路信号。

2. 固定位置映射法

这种方法利用低速信号在高速信号中的相对固定的位置来携带低速同步信号，要求低速信号与高速信号帧频一致。它的特点在于可方便地从高速信号中直接上/下低速支路信号，但当高速信号和低速信号间出现频差和相差（不同步）时，要用 125μs（8000 帧/s）缓存器来进行频率校正和相位校准，导致信号较大延时和滑动损伤。

ITU–T 规定了一整套完整的复用结构（也就是复用路线），通过这些路线可将 PDH 的 3 个系列的数字信号以多种方法复用成 STM–N 信号。ITU–T 规定的复用路线如图 ZY3200302001-2 所示。

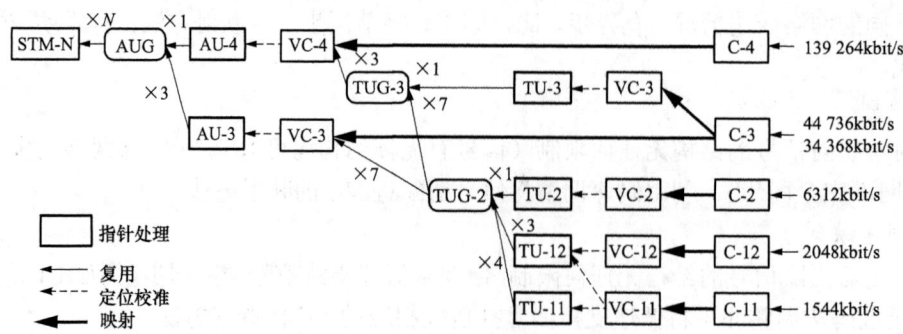

图 ZY3200302001-2 ITU–T 规定的复用路线

从图 ZY3200302001-2 中可以看出，从一个有效负荷到 STM–N 的复用路线不是唯一的，有多条路线，也就是说有多种复用方法。尽管一种信号复用成 SDH 的 STM–N 信号的路线有多种，但是对于一个国家或地区则必须使复用路线唯一化。我国的 SDH 基本复用映射结构如图 ZY3200302001-3 所示。

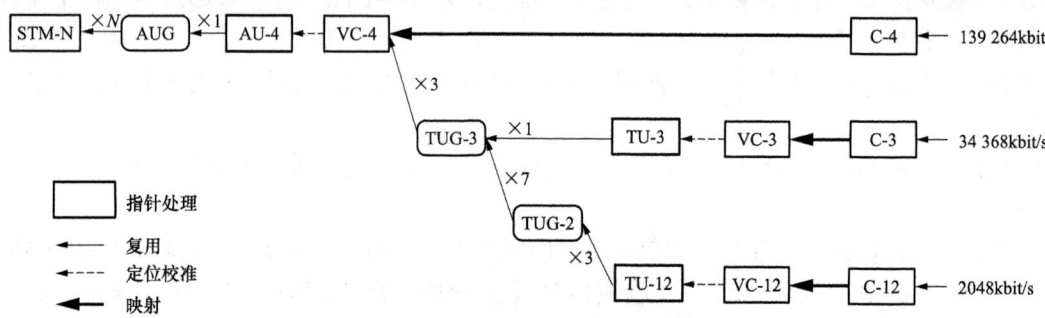

图 ZY3200302001-3 我国的 SDH 基本复用映射结构

从图 ZY3200302001-3 中也可以看出，我国的 SDH 基本复用映射结构规范中，PDH 的 8Mbit/s 和 45Mbit/s 速率是无法复用到 SDH 的 STM–N 里面的。而且，AU4 和 AUG 的结构是相同的，TU3 和 TUG3 是相同的。

名词解释：

1. C：容器

容器是一种用来装载各种速率业务信号的信息机构。参与 SDH 复用的各种速率的业务信号都先通过码速调整等适配技术装入一个合适的标准容器，已装载的标准容器又作为虚容器（VC）的信息净负荷。

2. VC：虚容器

虚容器是用来支持 SDH 的通道层连接的信息机构，由已装载的标准容器和通道开销组成。VC 是 SDH 中可以用来传输、交换、处理的最小信息单元。虚容器分为低阶虚容器和高阶虚容器两类。

3. TU：支路单元，TUG：支路单元组

支路单元是提供低阶通道层和高阶通道层之间适配的信息机构。支路单元由一个相应的低阶虚容器和一个相应的支路单元指针组成。在高阶 VC 净负荷中固定地占有规定位置的一个或多个 TU 的集合成为支路单元组，即 TUG。支路单元组有 TUG–2 和 TUG–3 两种。

4. AU：管理单元，AUG：管理单元组

管理单元是供高阶通道层和复用段层之间适配的信息机构。管理单元由一个相应的高阶虚容器和一个相应的管理单元指针组成。在 STM–N 的净负荷中固定占有规定位置的一个或多个 AU 的集合成为管理单元组，即 AUG。

5. 这些复用单元的下标表示与此复用单元相应的信号级别

（一）140Mbit/s 复用进 STM–N 信号过程

140Mbit/s 复用进 STM–N 信号过程如图 ZY3200302001-4 所示。

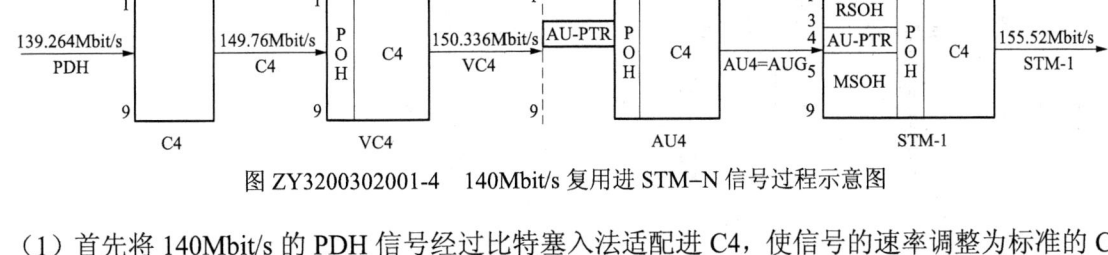

图 ZY3200302001-4　140Mbit/s 复用进 STM-N 信号过程示意图

（1）首先将 140Mbit/s 的 PDH 信号经过比特塞入法适配进 C4，使信号的速率调整为标准的 C4 速率信号（149.76Mbit/s）。

（2）在 C4 的帧结构前加上一列通道开销（POH）字节，此时信号成为 VC4 帧结构。POH 字节共 9 个字节。

（3）在 VC4 的帧结构前加上一个管理单元指针（AU-PTR）来指示有效信息的位置。此时信号由 VC4 变成了管理单元 AU-4 结构。

（4）最后将 AUG 加上相应的 SOH 合成 STM-1 信号，N 个 STM-1 信号通过字节间插复用成 STM-N 信号。

（二）34Mbit/s 复用进 STM-N 信号过程

34Mbit/s 复用进 STM-N 信号和 140Mbit/s 复用进 STM-N 信号的过程主要区别是增加了 34Mbit/s 到 C4 的复用过程。当 34Mbit/s 复用到 C4 后，后面的过程与 140Mbit/s 的复用过程完全相同：C4→VC4→AU4→AUG→STM-N，这里着重分析 34Mbit/s 到 C4 的复用过程，此过程如图 ZY3200302001-5 所示。

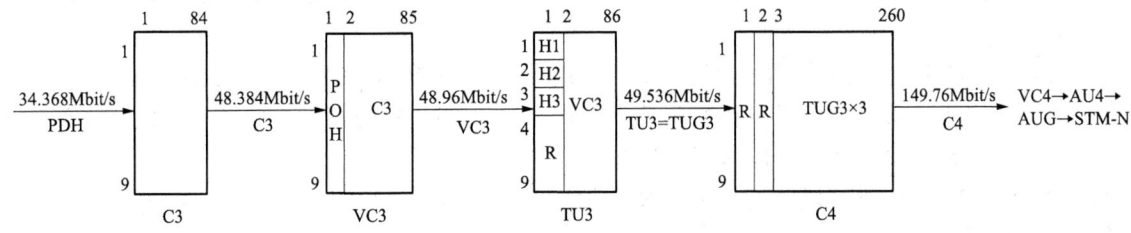

图 ZY3200302001-5　34Mbit/s 复用到 C4 过程示意图

（1）34Mbit/s 的 PDH 信号需要先经过比特塞入法适配到相应的标准容器 C3 中，C3 的速率是 48.384Mbit/s。

（2）将 C3 加上 9 个字节的通道开销（POH），将 C3 打包成 VC3。

（3）在 VC3 的帧上加上 H1、H2、H3 共 3 个字节的支路单元指针（TU-PTR），同时塞入的伪随机信息 R，打包成 TU3。

支路单元指针（TU-PTR）的作用是为了方便收端定位 VC3，以便能将它从高速信号中直接分离出来。

TU-PTR 与 AU-PTR 很类似。AU-PTR 是指示 VC4 起点在 STM 帧中的具体位置。TU-PTR 用以指示低阶 VC 的起点在支路单元 TU 中的具体位置。这里的 TU-PTR 就是用以指示 VC3 的起点在 TU3 中的具体位置。

（4）三个 TUG3 通过字节间插复用方式，再加入两列塞入的伪随机信息 R 就复用成了 C4 信号结构。

（5）后面的过程与 140Mbit/s 的复用过程完全相同。

（三）2Mbit/s 复用进 STM-N 信号过程

将 2Mbit/s 信号复用进 STM-N 信号中是常用到的复用方式，它和 34Mbit/s 复用进 STM-N 信号比较类似。复用过程如图 ZY3200302001-6 所示。

首先要解释一下 2Mbit/s 复用特有的复帧概念。复帧是为了便于速率的适配，即将 4 个 C12 基帧组成一个复帧，这样可以使 2.050～2.046Mbit/s 的 2M 信号都能装入 C12。

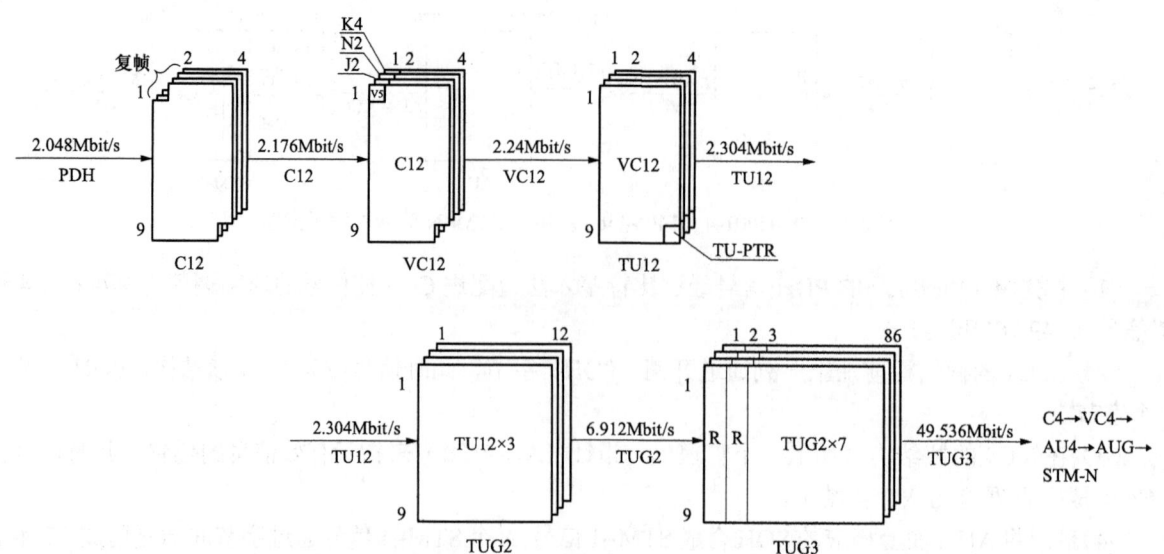

图 ZY3200302001-6　2Mbit/s 复用到 TUG3 的过程示意图

（1）首先，将 2Mbit/s 的 PDH 信号经过码速调整装载到对应的标准容器 C12 中，C12 的速率是 2.176Mbit/s。

（2）C12 加入相应的低阶通道开销（LP-POH），使其成为 VC12 的信息结构。一个 VC12 复帧的低阶通道开销（LP-POH）共 4 个字节：V5、J2、N2、K4。

（3）为了使收端能正确定位 VC12 的帧，在一个 VC12 的复帧中再加上 4 个字节的 TU-PTR，构成 TU12。

（4）由 3 个 TU12 经过字节间插复用合成 TUG-2，此时的帧结构是 9 行×12 列。

（5）由 7 个 TUG-2 经过字节间插复用合成 9 行×84 列的信息结构，然后加入两列固定塞入比特 R，就成了 9 行×86 列的信息结构，构成 TUG3。

（6）从 TUG3 信息结构再复用进 STM-N 中的步骤则与前面所讲的一样，不再赘述。

【思考与练习】

1. 2Mbit/s、34Mbit/s、140Mbit/s 信号复用进 STM-N 帧的大致步骤是什么？

2. 低速信号复用进高速信号时要经过哪三个步骤？

3. STM-1 可复用进多少个 2Mbit/s 信号？多少个 34Mbit/s 信号？多少个 140Mbit/s 信号？

4. SDH 中映射分为哪几种？

模块 2　开销和指针（ZY3200302002）

【模块描述】本模块介绍了 SDH 信号帧结构中开销字节和指针字节的功能说明，包含 A1、A2、B1、B2、J1、V5 等字节功能。通过功能讲解、图形示意，熟悉对 SDH 信号监控的实现方法，掌握通过字节进行告警和性能检测的机理。

【正文】

一、开销

SDH 帧中包含大量的开销，从而实现对 SDH 信号全方位的监控管理。SDH 帧中有两种开销，即段开销 SOH 和通道开销 POH，分别用于段层监控和通道层监控。

（一）段开销

段开销包括再生段开销和复用段开销，再生段开销监控整个 STM-N 的传输性能，复用段开销监控 STM-N 中每个 STM-1 的性能。以 STM-1 为例，STM-1 帧中的（1~3）行×（1~9）列部分属于再生段开销（RSOH），（5~9）行×（1~9）列部分属于复用段开销（MSOH），如图 ZY3200302002-1 所示。

段开销包括如下的开销字节，实现了对段层的监控：

1. 定帧字节 A1 和 A2

定帧字节的作用就是先定位到每个 STM–N 帧的起始位置，然后再在各帧中定位相应的低速信号的位置。

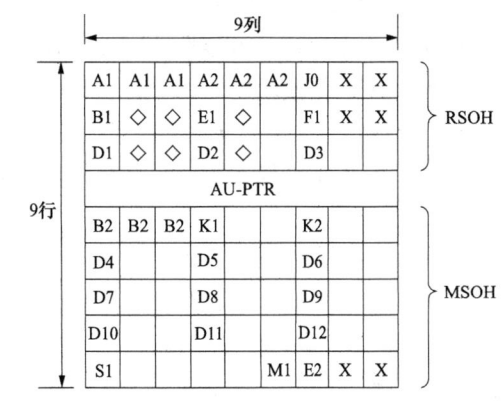

图 ZY3200302002-1　STM–1 帧的段开销字节示意图

A1、A2 的值是固定的，A1：11110110（f6H）；A2：00101000（28H）。收端检测信号流中的各个字节，当发现连续出现 3N 个 f6H，又紧跟着出现 3N 个 28H 字节时（每一个 STM–1 帧中 A1 和 A2 字节各有 3 个，因此 A1 和 A2 字节的出现是 3 的整数倍），就断定现在开始收到一个 STM–N 帧，收端通过定位每个 STM–N 帧的起点，来区分不同的 STM–N 帧，以达到分离不同帧的目的，当 N=1 时，区分的是 STM–1 帧。

2. 再生段踪迹字节：J0

该字节被用来重复地发送段接入点标识符，以便使接收端能据此确认与指定的发送端处于持续连接状态。

3. 数据通信通路（DCC）字节：D1～D12

这些字节是用于 OAM 功能的数据信息，网管下发的命令、查询的告警性能数据等,是通过 STM–N 帧中的 D1～D12 字节传送的。其中，D1～D3 是再生段数据通路字节（DCCR），速率为 3×64kbit/s=192kbit/s，用于再生段终端间传送 OAM 信息；D4～D12 是复用段数据通路字节（DCCM），速率为 9×64kbit/s=576kbit/s，用于在复用段终端间传送 OAM 信息。DCC 通道总速率为 768kbit/s，它为 SDH 网络管理提供了强大的通信基础。

4. 公务联络字节：E1 和 E2

分别提供一个 64kbit/s 的公务联络语音通道，语音信息放在这两个字节中传输。E1 属于 RSOH，用于再生段的公务联络；E2 属于 MSOH，用于终端间直达公务联络。

5. 使用者通路字节：F1

提供速率为 64kbit/s 数据/语音通路，可用于临时公务联络。

6. 比特间插奇偶校验 8 位码 BIP-8：B1

B1 字节监测再生段层的误码（B1 位于再生段开销中）。

B1 字节的工作机理是：发送端对本帧（第 N 帧）加扰后的所有字节进行 BIP-8 偶校验，将结果放在下一帧（第 N+1 帧）中的 B1 字节；接收端将当前帧（第 N 帧）的所有比特进行 BIP-8 校验，所得的结果与下一帧（第 N+1 帧）的 B1 字节的值进行异或比较，若这两个值不一致则异或结果会有 1 出现，有多少个 1，就说明第 N 帧在传输中出现了多少个误码块。

7. 比特间插奇偶校验 N×24 位的（BIP-24）字节：B2

B2 的工作机理与 B1 类似，只不过它检测的是复用段层的误码情况。

8. 自动保护倒换（APS）通路字节：K1、K2（b1～b5）

这两个字节用作传送自动保护倒换（APS）信令，用于保证设备能在故障时自动切换，使网络业务恢复——自愈，用于复用段保护倒换自愈情况。

9. 复用段远端失效指示（MS-RDI）字节：K2（b6～b8）

这是一个对告的信息，由收端（信宿）回送给发端（信源），表示收信端检测到来话故障或正收到复用段告警指示信号。

10. 同步状态字节：S1（b5～b8）

b5～b8 四个不同 bit 数值的排列表示 ITU–T 的不同时钟质量级别，使设备能据此判定接收的时钟信号的质量，以此决定是否切换时钟源，即切换到较高质量的时钟源上。S1（b5～b8）的值越小，表示相应的时钟质量级别越高。

模块 2　ZY3200302002

11. 复用段远端误码块指示（MS-REI）字节：M1

这是个对告信息，由接收端回发给发送端。M1 字节用来传送接收端由 B2 所检出的误块数，以便发送端据此了解接收端的收信误码情况。

12. 与传输媒质有关的字节：◇

◇字节专用于具体传输媒质的特殊功能，例如用单根光纤做双向传输时，可用此字节来实现辨明信号方向的功能。

13. 国内保留使用的字节：×

14. 所有未做标记的字节的用途待由将来的国际标准确定。

（二）通道开销

通道开销负责的是通道层的 OAM 功能。通道开销又分为高阶通道开销和低阶通道开销。而 VC3 中的通道开销按照复用路线选取的不同，可划在高阶或低阶通道开销范畴，其字节结构和作用与 VC4 的通道开销相同，本章节将不对 VC3 的 POH 进行专门的分析，下面的主要分析 VC4 和 VC12 的通道开销。高阶通道开销是对 VC4 级别的通道进行监测；低阶通道开销是对 VC12 级别的通道进行监测。

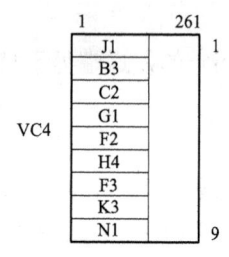

图 ZY3200302002-2 　高阶通道开销的结构图

1. 高阶通道开销：HP-POH

HP-POH 位于 VC4 帧中的第一列，共 9 个字节，如图 ZY3200302002-2 所示。

（1）J1：通道踪迹字节。J1 是 VC4 的起点，也是 AU-PTR 所指向的位置。它作用与 J0 类似：被用来重复发送高阶通道接入点标识符，使该通道接收端能据此确认与指定的发送端处于持续连接状态。

（2）B3。B3 字节负责监测 VC4 在 STM-N 帧中传输的误码性能。监测机理与 B1、B2 相类似，只不过 B3 是对 VC4 帧进行 BIP-8 校验。

（3）C2：信号标记字节。C2 用来指示 VC 帧的复接结构和信息净负荷的性质，例如通道是否已装载、所载业务种类和它们的映射方式。

（4）G1：通道状态字节。G1 用来将通道终端状态和性能情况回送给 VC4 通道源设备，从而允许在通道的任一端或通道中任一点对整个双向通道的状态和性能进行监视。

（5）F2 和 F3。通道使用者通路字节。供通道单元之间进行通信联络，与净负荷有关。

（6）H4：TU 位置指示字节。H4 指示有效负荷的复帧类别和净负荷的位置，例如作为 TU-12 复帧指示字节或 ATM 净负荷进入一个 VC-4 时的信元边界指示器。

（7）K3：空闲字节。留待将来应用，要求接收端忽略该字节的值。

（8）N1：网络运营者字节。用于特定的管理目的。

2. 低阶通道开销：LP-POH

LP-POH 是指 VC12 中的通道开销，它监控的是 VC12 通道级别的传输性能。图 ZY3200302002-3 是一个 VC12 的复帧结构，由 4 个 VC12 基帧组成，LP-POH 就位于每个 VC12 基帧的第一个字节，一组 LP-POH 共有 4 个字节：V5、J2、N2、K4。

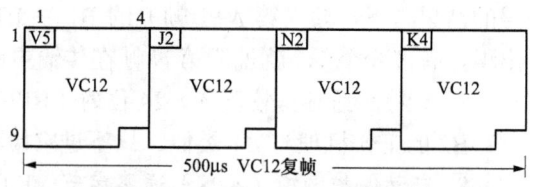

图 ZY3200302002-3 　低阶通道开销结构图

（1）V5：通道状态和信号标记字节。V5 是复帧的第一个字节，具有误码检测，信号标记和 VC12 通道状态表示等功能，具有高阶通道开销 G1 和 C2 两个字节的功能。

（2）J2：VC12 通道踪迹字节。J2 的作用类似于 J0 和 J1，用来重复发送由收发两端商定的低阶通道接入点标识符，使接收端能据此确认与发送端在此通道上处于持续连接状态。

（3）N2：网络运营者字节。用于特定的管理目的。

（4）K4：备用字节。留待将来应用。

二、指针

SDH 的指针是定位，也就是指示 VC 在 SDH 帧中的位置，从而实现从 STM-N 信号中直接下低速支路信号的功能。指针的引入可以为 VC 在 TU 或 AU 帧内的定位提供了一种灵活、动态的方法，从而能够允许 VC 和 SDH 在相位和帧速率上有一定范围内的差别。指针分两种：管理单元指针（AU-PTR）和支路单元指针（TU-PTR），分别实现高阶 VC 和低阶 VC 在 AU 和 TU 中的定位。下面以 VC4 和 VC12 的指针为例分别讲述其工作机理。

（一）管理单元指针（AU-PTR）

AU-PTR 位于 STM-1 帧中第 4 行的 1～9 列，共有 9 个字节，用来指示 VC4 的首字节 J1 在 AU-4 净负荷中的具体位置，以便收端能据此正确分离出 VC4。AU-PTR 在 STM 帧中的位置如图 ZY3200302002-4 所示。

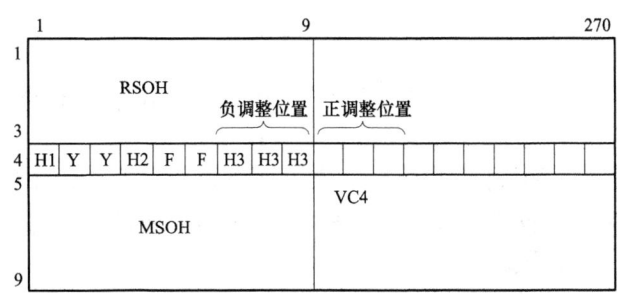

图 ZY3200302002-4　AU-PTR 在 STM 帧中的位置图

（1）当 VC4 的速率（帧频）高于 AU-4 的速率时，相当于装载一个 VC4 所用的时间少于 125μs，由于这时 AU-4 的信息净负荷区已经满了，无法继续装载。此时将 3 个 H3 字节（一个调整单位）的位置用来存放字节，叫做负调整位置。此时，3 个 H3 字节的位置上放的是 VC4 的有效信息，负调整位置在 AU-PTR 上。

（2）当 VC4 的速率低于 AU-4 速率时，相当于在 125μs 之内无法装载完成一个 VC4，这时就要把这个 VC4 中最后的那个 3 字节留下，等待下个 AU-4 来装载。此时，由于 AU-4 未装满 VC4（少一个 3 字节单位），空出一个 3 字节单位，需在 AU-PTR 3 个 H3 字节后面再插入 3 个 H3 字节来填补，这种调整方式叫做正调整，相应的插入 3 个 H3 字节的位置叫做正调整位置。正调整位置在 AU-4 净负荷区。

（3）不管是正调整和负调整都会使 VC4 在 AU-4 的位置发生了改变，也就是说 VC4 第一个字节在 AU-4 的位置发生了改变。这时 AU-PTR 也会作出相应的调整。AU-PTR 值指的就是 VC4 中 J1 字节所在 AU-4 净负荷的某一个位置的值。

当然，在网同步的情况下，指针调整并不经常出现，也就是 AU-PTR 的值大部分时候是固定的。

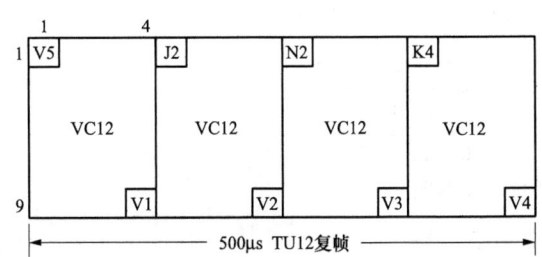

图 ZY3200302002-5　TU-PTR 在 TU12 帧中的位置图

（二）支路单元指针（TU-PTR）

TU-PTR 的作用和原理同 AU-PTR 类似，不同的是 AU-PTR 定位的是 VC4 在 AU4 中的位置，TU-PTR 定位的是 VC12 在 TU12 中的位置。TU-PTR 的值是 VC12 的首字节 V5 在 TU-12 净负荷中的具体位置，以便收端能正确分离出 VC12。TU-PTR 的位置位于 TU-12 复帧的 V1、V2、V3、V4 字节处。其中 V3 字节为负调整字节，其后面的字节为正调整字节。TU-PTR 在 TU12 帧中的位置如图 ZY3200302002-5 所示。

【思考与练习】

1. 开销的作用是什么？开销分为哪几类？

2. 网管信息是什么字节传送的？

3. 哪几个字节完成了层层细化的误码监控？

4. 如果 SDH 没有指针，能否从 STM 里面直接解出 2Mbit/s？为什么？

5. 哪个字节控制复用段保护切换功能？

模块2

ZY3200302002

第十九章　SDH 网络结构和网络保护机理

模块 1　基本的网络拓扑结构（ZY3200303001）

【模块描述】本模块介绍了 SDH 网络基本拓扑和复杂拓扑的结构和特点，包含链形、星形、环形、树形、网孔形及几种拓扑的组合形式。通过拓扑图介绍，掌握不同拓扑结构的特点、容量及适用范围。

【正文】

SDH 网络是由 SDH 设备通过光缆相连组成的，每台网元设备和相连光缆组合就构成了网络的拓扑结构。网络的有效性、可靠性和经济性在很大程度上与其拓扑结构有关。

一、基本的网络拓扑介绍

基本的网络拓扑分为链形、星形、树形、环形和网孔形，如图 ZY3200303001-1 所示。

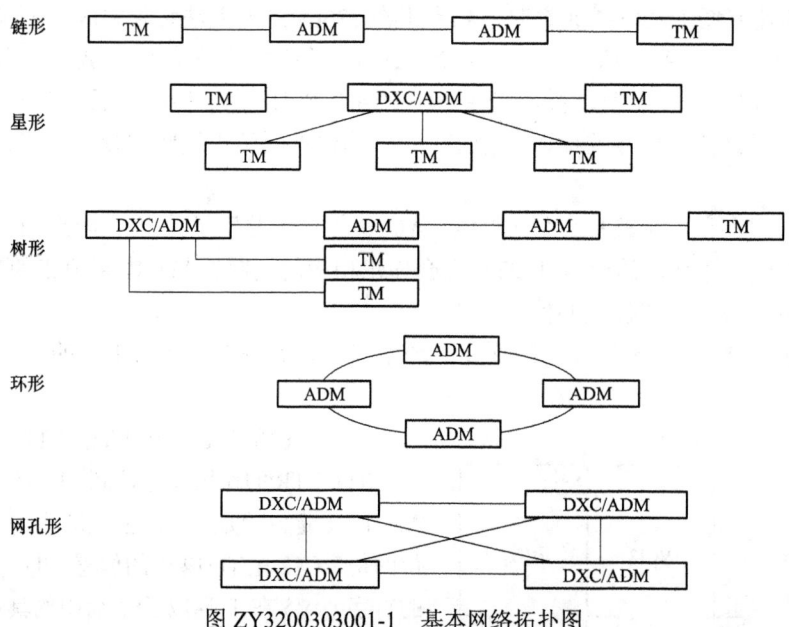

图 ZY3200303001-1　基本网络拓扑图

1. 链形网

链形网是将网络中的所有节点一一串联，而首尾两端开放。这种拓扑的特点是较经济，在 SDH 网的早期用得较多。

2. 星形网

星形网是将网络中的某个网元做为特殊节点与其他节点相连，其他各网元节点互不相连，网元节点的业务都要经过这个特殊节点转发。这种网络拓扑的特点是可通过这个特殊节点来统一管理其他节点，利于分配带宽，节约成本，但存在特殊节点失效导致整个网络瘫痪的隐患以及处理能力的瓶颈问题。

3. 树形网

树形网可看成是链形拓扑和星形拓扑的结合，也存在特殊节点的安全保障和处理能力的潜在瓶颈问题。

4. 环形网

环形网实际上是指将链形拓扑首尾相连的网络拓扑方式，是 SDH 网络中最常用的网络拓扑形式，主要是因为它具有很强的生存性，即自愈功能较强。

5. 网孔形网

将网络中的所有网元两两相连，就形成了网孔形网。网孔形网为两网元之间提供多个传输路由，增强了网络的可靠性，解决了瓶颈问题和失效问题。但是这种拓扑结构对传输协议的性能要求很高，传统 SDH 协议无法支持，可以采用下一代的智能光网络协议支持网孔形网络。

二、复杂网络的拓扑结构及特点

目前常用的 SDH 复杂网络拓扑，是由环形网和链形网组合而成的。下面介绍几个在组网中要经常用到的拓扑结构：

1. 环带链

环带链是由环形网和链形网两种基本拓扑形式组成，典型网络结构如图 ZY3200303001-2 所示。A、B、C、D 四个网元组成环网，E、F 网元组成链，并通过 B 网元连接环网，这样所有的网元业务均能互通。环带链的拓扑结构，业务在链上无保护，在环网上享受环的保护功能。例如，网元 A 和网元 F 的互通业务，如果 B-E 光缆中断，业务

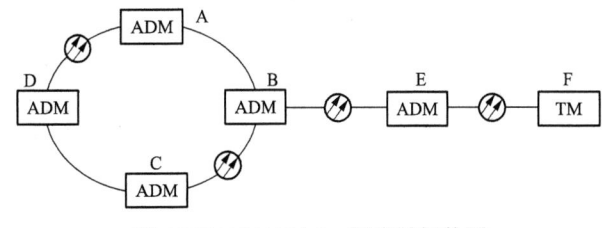

图 ZY3200303001-2　环带链拓扑图

传输中断，但如果 A-B 光缆中断，通过环的保护功能，业务并不会中断。

2. 环形子网的支路跨接

典型的环形子网的网络结构如图 ZY3200303001-3 所示，A、B、C、D 四个网元组成环网，E、F、G、H 四个网元组成另一个环网，同时，这两个环又通过 B、E 两个网元用链进行连接，这样所有的网

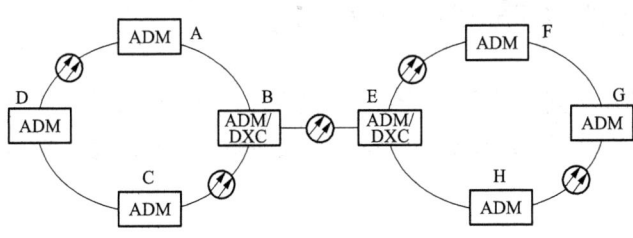

图 ZY3200303001-3　环形子网的支路跨接网络拓扑图

元业务均能互通。这样的网络结构，环上的所有业务都能有效保护，跨环业务则在 B-E 的链路处无法进行保护。这种网络结构存在关键点失效导致的部分业务中断问题，比如 B 网元/E 网元失效，或者 B-E 光缆中断，都能导致跨环业务中断，所以也可以用两条链进行连接（比如增加 A-F 连接链路），提高安全性。

3. 相切环

典型的相切环的网络结构如图 ZY3200303001-4 所示，A、B、C、D 四个网元组成环网，B、E、F、G、H 四个网元组成另一个环网，B 网元作为两个环网的共有节点，起到了连接作用，这样所有的网元业务均能互通。相切环上的所有业务都能有效保护，跨环业务也能进行进行保护。但这种网络结构存在关键点失效导致的部分业务中断问题，这里的关键点在相切点，也就是 B 网元。

4. 相交环

为解决相切环的关键点失效的问题，可将相切环扩展为相交环，如图 ZY3200303001-5 所示。这种网络结构可对所有业务进行完善的保护。

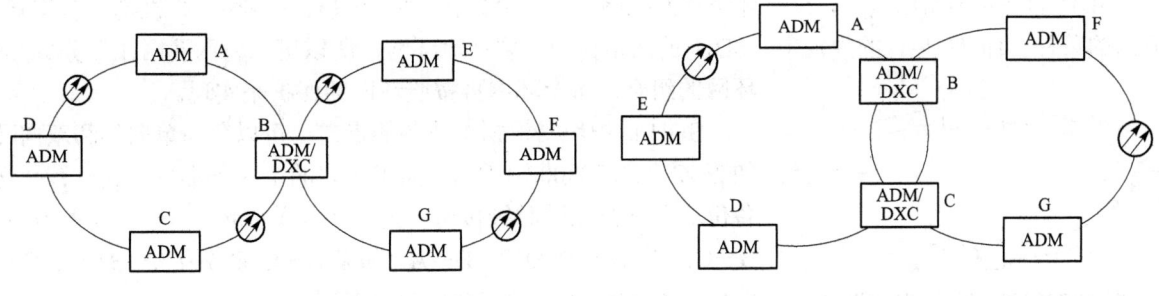

图 ZY3200303001-4　相切环拓扑图　　　　　图 ZY3200303001-5　相交环拓扑图

5. 枢纽网

枢纽网的网络结构如图 ZY3200303001-6 所示。这种结构中网元 A 作为枢纽点，其他网元以链、环等结构接入 A，形成复杂的网络结构。这种结构的环上业务享受环网保护，其他业务没有保护。这种结构也存在关键点失效导致的部分业务中断问题。

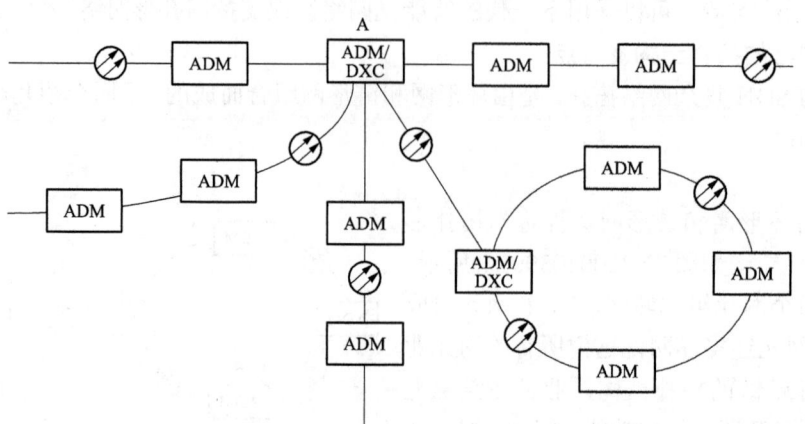

图 ZY3200303001-6　枢纽网拓扑图

【思考与练习】

1. SDH 网络的基本拓扑结构有哪些？

2. 环形网有什么特点？

模块 2　网络保护机理（ZY3200303002）

【模块描述】本模块介绍了自愈的概念、分类及不同保护方式下保护倒换方法，包含两纤单向通道保护环、两纤双向复用段保护环等保护方式及保护机理。通过概念介绍、分类讲解、图形示意，掌握网络自愈原理及不同类型自愈环的特点。

【正文】

一、网络保护的基本概念

网络保护指通过技术手段，保护业务在网络故障时（光板故障、光缆中断、单站失效）不中断或少中断，提高网络的生存性。由于现今社会对通信网络的依赖越来越大，通信网络的自我恢复能力就更显得尤为重要。网络保护一般通过构建自愈网络来实现。所谓自愈是指在网络发生故障时，无需人为干预，网络自动地在极短的时间内，使业务自动从故障中恢复传输。网络要想具有自愈能力，必须有冗余的路由、网元强大的交叉能力以及一定的智能性。自愈网仅涉及重新构建通信通道供业务传送，而不负责具体故障部件的修复处理，这些还需要人工完成。

二、SDH 网络保护的分类

根据 ITU–T 的规范，SDH 网络保护方式分为路径保护和子网连接保护（SNCP）。其中，路径保护分为通道保护和复用段保护。

SDH 的基本网络结构中，只有环网和网孔网具有冗余路由，所以只有这两种网络机构具有构建自愈网的条件。而 ITU–T 的规范中，SDH 的网络保护主要针对环网，所以可以将网孔网在划分成几个环网的组合，每个环网再按照环网的保护来实现。

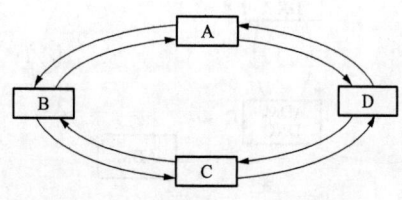

图 ZY3200303002-1　环形网络

SDH 保护环网根据主业务的走向，可以分为单向环和双向环，如图 ZY3200303002-1 所示。如果所有的主业务都按照逆时针传送，备份业务都按照顺时钟传送，则此环为单向环：A→C 业务为 A→B→C；C→A 业务为 C→D→A。如果 A→C 业务为 A→B→C；C→A 业务为 C→B→A，则这个环为双向环。

（一）二纤单向通道保护环

二纤单向通道保护环可以看成是由两根光纤组成的两个环，其中一个为主环 S1，传主用业务；一个为备环 P1，传保护业务，两个环的业务流向相反。通道保护（PP）的原理是并发选收：发端支路板将业务"并发"到 S1、P1 上，收端通过支路板选择接收一路质量较好的业务来实现保护倒换。收端支路板默认选收 S1 方向业务。二纤单向通道保护环如图 ZY3200303002-2 所示。

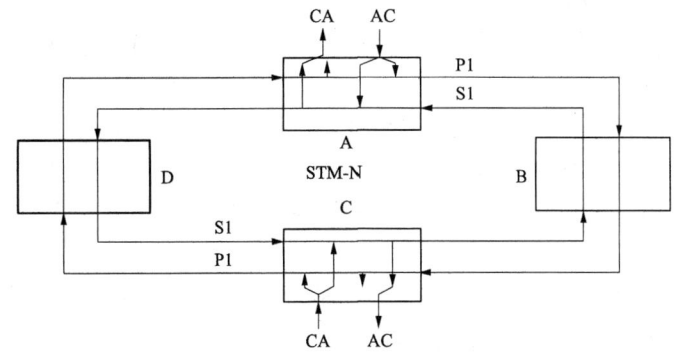

图 ZY3200303002-2　二纤单向通道保护环

下面分析二纤单向通道保护环的保护机理。假如网元 A 和网元 C 互通业务，当 B、C 之间光缆同时被切断，如图 ZY3200303002-3 所示。

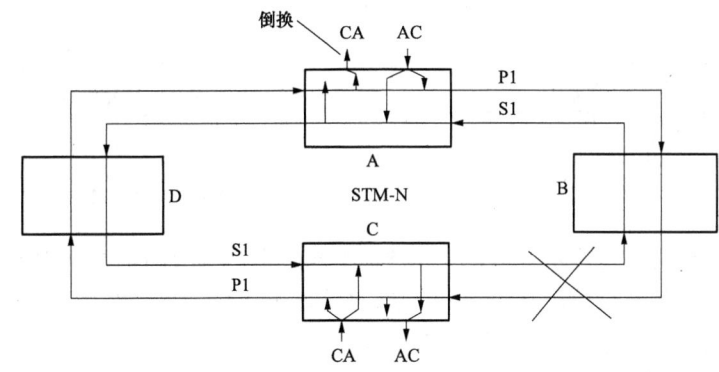

图 ZY3200303002-3　二纤单向通道保护环的倒换

网元 A 到网元 C 的业务由网元 A 的支路板并发到 S1 和 P1 光纤上，其中，S1 业务经光纤由网元 D 穿通传至网元 C，P1 光纤的业务经网元 B 穿通，由于 B、C 间光缆中断，所以光纤 P1 上的业务无法传到网元 C，不过由于网元 C 默认选收主环 S1 上的业务，这时网元 A 到网元 C 的业务并未中断，网元 C 的支路板也不进行保护倒换。

网元 C 到网元 A 的业务由网元 C 的支路板并发到 S1 环和 P1 环上，其中，P1 环上网元 C 到 A 的业务经网元 D 穿通传到网元 A，S1 环上网元 C→A 业务，正常情况要经网元 B 穿通，现在由于 B、C 间光缆中断所以无法传到网元 A，网元 A 默认是选收主环 S1 上的业务，而此时由于 S1 环上 C→A 的业务传不过来，这时网元 A 的支路板就会收到 S1 环上的告警信号。网元 A 的支路板收到 S1 光纤上的告警后，立即切换到选收备环 P1 光纤上的 C→A 的业务，于是 C→A 的业务得以恢复，完成环上业务的通道保护，此时网元 A 的支路板处于通道保护倒换状态——切换到选收备环方式。

二纤单向通道保护环在网络正常状态下，备环 P1 也传送保护业务，无法传送额外业务，是 1+1 的保护。业务为单向，对通业务遍历全环所有工作路径，VC 的时隙将无法复用。比如，A、C 网元间的对通业务是一个 2M，占用 VC12 的编号假定为 VC12-1，则 A→C 业务将占用 A→D 和 D→C 间的 VC12-1，C→A 业务将占用 C→B 和 B→A 间的 VC12-1，整个网络的 VC12-1 将全部被占用，不能被其他业务使用。基于以上两个特点，整个环网只有 STM-N 的带宽，带宽利用率低。但是，二纤单向通道保护环倒换速度快（ITU-T 规范为<50ms），一般厂家设备都能做到 20ms 以下；二纤单向通道保护环不需要额外软件支持，倒换成功率高，支持不同厂家的设备混合组网。基于以上特点，二纤单向

通道保护环使用的较为广泛。

（二）二纤双向通道保护环

二纤双向通道保护环和两纤单向通道保护环基本一样，仅仅是主用业务方向为双向（一个通过 S 光纤，一个通过 P 光纤），保护业务也同时占用 S 光纤和 P 光纤，结构复杂。倒换原理也是双发选收，实际使用的较少，可以参见两纤单向通道保护环进行倒换分析。

（三）二纤单向复用段保护环

和二纤单向通道保护环一样，二纤单向复用段保护环也可以看成是由两根光纤组成的两个环，其中一个为主环 S1，传主用业务，一个为备环 P1，作保护使用，但在网络正常状况下，可以传送额外业务，两个环的业务流向相反。复用段保护（MSP）的原理是利用 K1、K2 字节的 APS（自动保护切换）协议，使故障两侧的网元进行环回，将 S1 和 P1 导通，同时清除 P1 上的额外业务，用 P1 环保护 S1 的业务，保证主用业务的正常传送，达到业务保护的目的。二纤单向复用段保护环如图 ZY3200303002-4 所示。

下面分析二纤单向复用段保护环的业务保护机理。假如网元 A 和网元 C 互通业务，当 B、C 之间光缆同时被切断，如图 ZY3200303002-5 所示。

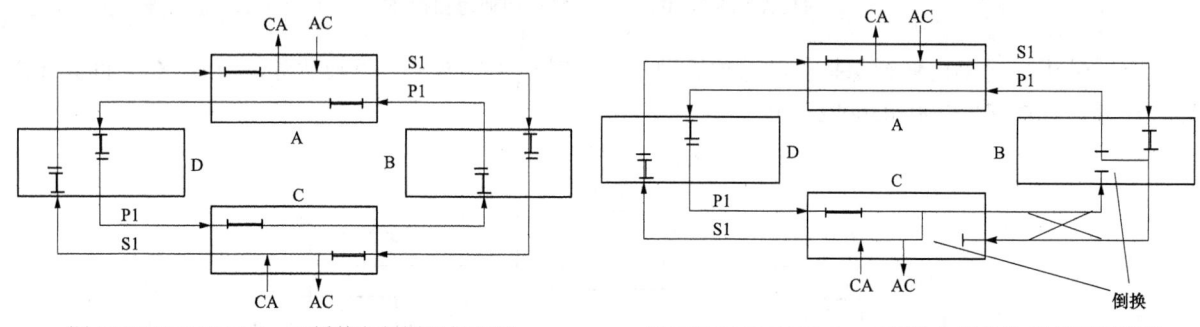

图 ZY3200303002-4 二纤单向复用段保护环   图 ZY3200303002-5 二纤单向复用段保护环的倒换

网元 A 到网元 C 的主用业务先由网元 A 发到 S1 光纤上，到故障端点站 B 处环回到 P1 光纤上，这时 P1 光纤上的额外业务被清掉，改传网元 A 到网元 C 的主用业务，经 A、D 网元穿通，由 P1 光纤传到网元 C，因为 C 是故障端点站，业务在 C 环回到 S1 光纤上，并落地。A→C 的整个业务路径为长路径：A→B→A→D→C。网元 C 到网元 A 的主用业务因为 C→D→A 的主用业务路由未中断，所以 C→A 的主用业务正常传输。

二纤单向复用段保护环在网络正常状态下，备环 P1 可以传送额外业务，是 1:1 的保护方式。正常状态下，整个环网有 2×STM-N 的带宽，故障时只有 1×STM-N 的带宽，带宽利用率稍好。但是，二纤单向复用段保护环的业务为单向，对通业务遍历全环所有工作路径，VC 的时隙无法复用；复用段保护环需要使用 APS 协议软件控制，故障时业务传送路径增长，倒换速度比通道保护慢（ITU-T 规范为<50ms）；由于 APS 协议尚未标准化，所以复用段保护方式并不支持多厂家设备混合组网；由于 K 字节的限制，复用段保护环的非中继节点不能超过 16 个。基于以上特点，二纤单向复用段保护环实际应用的不多。

（四）四纤双向复用段保护环

四纤双向复用段保护环在每个区段节点间需 4 根光纤，工作和保护是在不同的光纤里传送，两根工作业务光纤一发一收和两根保护业务光纤一发一收，其中工作业务光纤 S1 形成一顺时针业务信号环，工作业务光纤 S2 形成一逆时针业务信号环；保护业务光纤 P1 和 P2 分别形成与 S1 和 S2 反方向的两个保护信号环，每根光纤都有一个倒换开关。正常情况下 A→C 的业务沿 S1 光纤传输，而 C→A 的业务沿 S2 光纤传回 A，保护光纤 P1 和 P2 是空闲的，主用业务采用双向传送。四纤双向复用段共享保护环的倒换原理和二纤单向复用段保护环基本相同，也是故障两侧的网元进行环回，将 S1/S2 和 P1/P2 导通，同时清除 P1/P2 上的额外业务，用 P1/P2 环保护 S1/S2 的业务，保证主用业务的正常传送，达到业务保护的目的。四纤双向复用段保护环如图 ZY3200303002-6 所示。

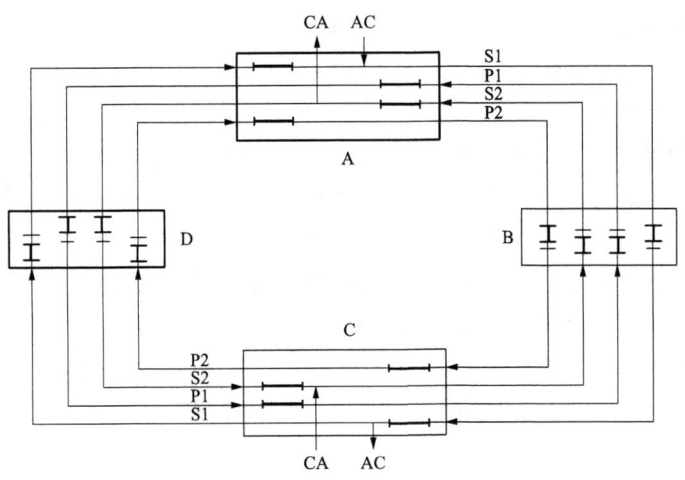

图 ZY3200303002-6 四纤双向复用段保护环

下面分析四纤双向复用段保护环的业务保护机理。假如网元 A 和网元 C 互通业务，当 B、C 之间光缆同时被切断，如图 ZY3200303002-7 所示。

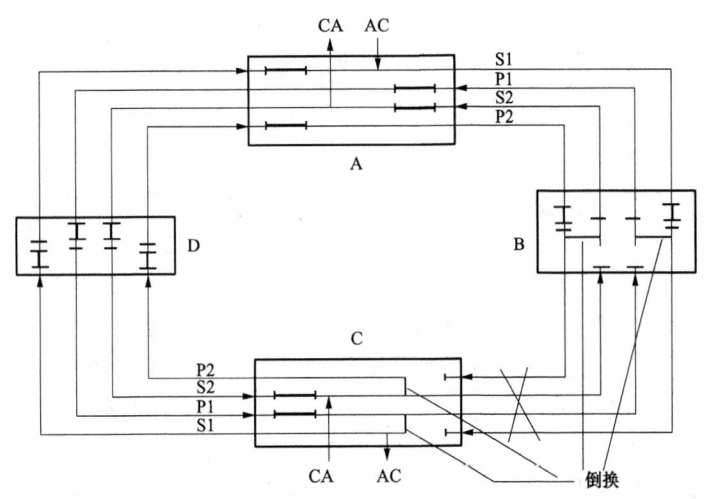

图 ZY3200303002-7 四纤双向复用段保护环的倒换

利用 APS 协议，B 和 C 节点中各有两个倒换开关，执行环回功能，在 B 点光纤 S1 和 P1 沟通，光纤 S2 和 P2 沟通，C 节点也完成类似功能，业务的路由为：A→C 业务从 A（S1）→B（环回，P1）→A（P1）→D（P1）→C（P1，环回）→C（S1）业务落地；C→A 业务从 C（S2，环回）→C（P2）→D（P2）→A（P2）→B（P2，环回）→B（S2）→A（S2）业务落地。

四纤双向复用段保护环主用业务只占用业务网元之间的 VC 时隙，不遍历全环，VC 时隙可以复用，使得带宽利用率大大增加，大大提高了业务的传送能力，而不是简单的两个二纤单向复用段环的容量相加。比如在上面的例子中，如果业务为 2M 业务，占用 VC12–1，则网络正常时，A→C 业务 VC12–1（S1）占用 A→B→C，C→D→A 之间的 S1 上的 VC12–1 还可以使用，C→A 业务 VC12–1（S2）占用 C→B→A，A→D→C 之间的 S2 上的 VC12–1 还可以使用，在倒换时，C→D→A 之间的 S1 上的 VC12–1、A→D→C 之间的 S2 上的 VC12–1 也都没有占用，也可以使用。四纤双向复用段保护环的业务容量有两种极端方式：一种是环上有一业务集中站（比如 A），业务全部为此站与其他各网元间的业务（如 A→B、A→C、A→D），其他网元间无业务往来。这时环上的业务量为最小的 2×STM–N（主用业务）和 4×STM–N（包括额外业务），与两个二纤单向复用段环的容量相加相同。另一种情况是其环网上只存在相邻网元的业务，不存在跨网元业务，这时每个光缆段均为相邻互通业务的网元专用，例如 A→D 光缆只传输 A 与 D 之间的双向业务，D→C 光缆段只传输 D 与 C 之间的双向业务等。相邻网元间的业务不占用其他光缆段的时隙资源，可以时隙复用，这样各个光缆段都最大传送 STM–N（主用）或 2×STM–N（包括备用）的业务（时隙可重复利用），而环上的光缆段的个数等于环上网元的节点数，所以这时网络的业务容量达到最大：M×2×STM–N（主）或 M×4×STM–N（包括额外业务）。这里，M 表示环上的网元数。

四纤双向复用段保护环除了二纤环的环倒换保护，还引入了段倒换保护的概念，大大增强了网络的保护能力，减少了大量业务倒换引起的网络不稳定性。当网元之间的所有光缆全部中断或网元实效时，进行环倒换，所有经过此故障点的主用业务都将从工作通道环回到长路径的保护通路来传送，与二纤环倒换基本相同。当仅仅是工作路径光缆发生故障时，启用段保护，主用业务将由该失效区段的保护光纤来传送，其他业务不受影响，不进行环回倒换，网络稳定性好。通过段保护，四纤双向复用段保护环可以同时允许环上多处工作通道光缆中断。

虽然在带宽利用率方面，四纤双向复用段保护环有了很大提高，但是由于代价较高（双倍光板和光缆等系统资源的占用），四纤双向复用段保护环应用面不是很广。

（五）二纤双向复用段保护环

二纤双向复用段保护环是通过时隙划分虚拟技术简化的四纤双向复用段保护环，继承了四纤双向复用段保护环的高带宽利用率的特性，同时节约了投资。

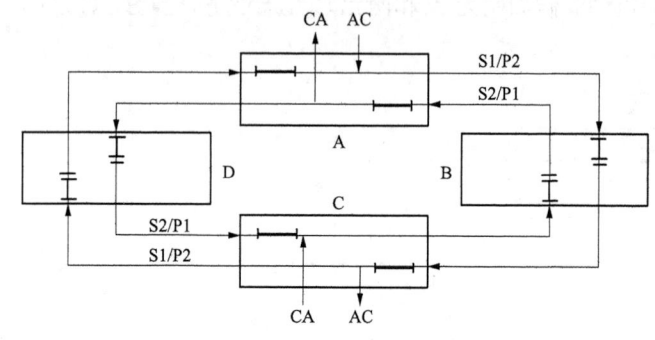

图 ZY3200303002-8 二纤双向复用段保护环

二纤双向复用段保护环利用时隙划分虚拟技术，一条光纤上用一半时隙载送工作通路（S1），另一半时隙载送保护通路（P2）；另一条光纤上也用一半时隙载送工作通路（S2），另一半时隙载送保护通路（P1）。在一条光纤上的工作通路（S1），由沿环的相反方向的另一条光纤上的保护通路（P1）来保护；反之亦然，这就允许工作业务量双向传送。二纤双向复用段保护环如图 ZY3200303002-8 所示。

二纤双向复用段保护坏的倒换和四纤双向复用段保护环类似，这里不作分析。

需要注意的是，由于二纤单向通道保护环的 S 和 P 在一条光缆上，所以 S 和 P 一定会同时中断，所以不存在段倒换的情况发生。另外，由于二纤双向复用段保护环需要通过时隙划分虚拟，而 STM–1 无法再等分 VC4，所以 STM–1 的环网无法支持二纤双向复用段保护环。

二纤双向复用段保护环在目前使用非常广泛，主要适用于分散业务较多的场合。

（六）子网连接保护（SNCP）

子网连接保护可以看成是通道保护的延伸，同样是"1+1"的保护方式，遵循"发端双发，收端选收"的原则，比通道保护强大之处在于：子网连接保护可以适应任何网络拓扑结构，包括复杂的网络结构。只要可以在网络中同时可以找出一条不同路由的保护业务路径，就可以用这条路径业务对工作路径业务进行"1+1"的保护。子网连接保护如图 ZY3200303002-9 所示。

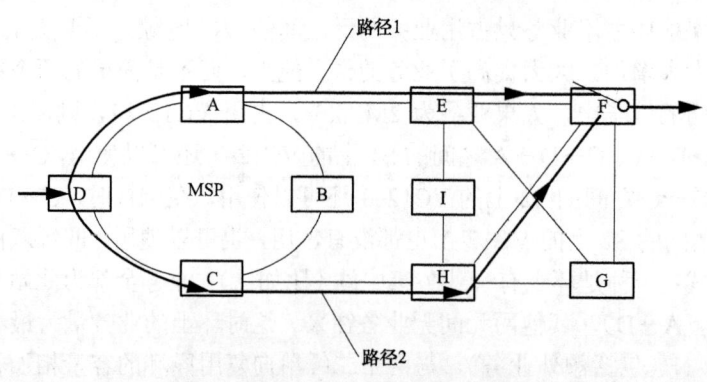

图 ZY3200303002-9 子网连接保护

图 ZY3200303002-9 中，A、B、C、D 组成复用段环，E、F、G、H、I 组成网格网，A、E 通过链连接，C、H 也通过链连接。D→F 是一个单向业务，现在要启用 SNCP 保护。首先找到一条主用业务路径：D→A→E→F 用于网络正常时的业务传送。再找到一条备用业务路径：D→C→H→F 用于主用业务路径故障时的业务保护传送。D→F 业务同时发送到这两条路径进行传送，在 F 进行选收。如图 ZY3200303002-10 所示，当 A→E 光缆故障时，主用业务路径故障，F 网元接到告警后，立即选择接收备用业务路径的 D→C→H→F 业务，完成业务保护。

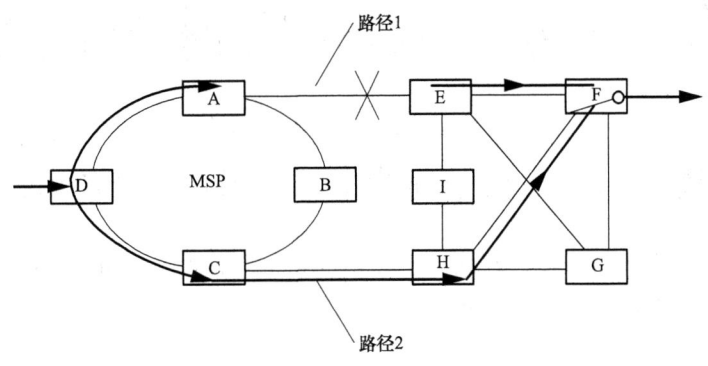

图 ZY3200303002-10　子网连接保护的倒换

子网连接保护在配置方面具有很大的灵活性，特别适用于不断变化、对未来传输需求不能预测的、根据需要可以灵活增加连接的网络。子网连接保护还能支持不同厂家的设备混合组网。但是子网连接保护需要判断整个工作通道的故障与否，对设备的性能要求很高。

三、几种常用的 SDH 网络保护类型特点总结

几种常用的 SDH 网络保护类型特点总结如表 ZY3200303002-1 所示。

表 ZY3200303002-1　　　　　　　　　　常用的 SDH 网络保护类型特点

网络保护类型	适用网络结构	倒换时间	主用业务可用带宽	额外业务可用带宽	倒换过程复杂度	是否支持不同厂家混合组网	应用情况
二纤单向通道保护环	环网	快	STM-N	无	简单	支持	应用较多
二纤双向通道保护环	环网	快	STM-N	无	简单	支持	应用极少
二纤单向复用段保护环	环网	稍慢	STM-N	STM-N	复杂	不支持	应用较少
二纤双向复用段保护环	环网	稍慢	STM-N～M×STM-N	STM-N～M×STM-N	复杂	不支持	应用较多
四纤双向复用段保护环	环网	稍慢	2×STM-N～M×2×STM-N	2×STM-N～M×2×STM-N	复杂	不支持	应用较少
子网连接保护	任意网络结构	较快	—	—	简单	支持	应用较多

另外，所有的复用段保护环上非中继节点不能超过 16 个，四纤双向复用段保护环对系统资源占用较多。

【思考与练习】

1. 两纤单向通道保护环的特点是什么？
2. 两纤双向复用段保护环为什么不支持段保护方式？
3. "1+1" 保护和 "1:1" 保护有什么区别？
4. SNCP 是否可以和二纤双向复用段保护环叠加组网？
5. 哪些复用段保护方式可以抵御多点失效？

国家电网公司
生产技能人员职业能力培训专用教材

第二十章 SDH 定时与同步

模块 1 SDH 网的同步方式 (ZY3200304001)

【模块描述】本模块介绍了同步的概念、SDH 网的同步方式以及 SDH 网的同步设计原则。通过概念介绍、要点分析，掌握 SDH 网同步机理。

【正文】

一、同步的概念

同步指通信双方的定时信号符合特定的频率或相位关系，即两个或两个以上信号在相对应的有效瞬间，其相位差或频率差保持在约定的允许范围之内。同步分为位同步、帧同步和网同步三种模式。位同步指通信双方的定时脉冲信号频率相等且符合一定的相位关系；帧同步指通信双方的帧定时信号的频率相同且保持一定的相位关系；网同步指网络中各个节点的时钟信号的频率相等且符合一定的相位关系，也就是多个节点之间的时钟同步，从而也可以在各个节点实现帧同步。

在固定速率的数字信号传输过程中，同步是保证通信质量的关键因素，其重要特征之一就是失步时业务质量会受损甚至中断。比如 SDH 网络中，当时钟处于正常同步状态时，SDH 网中的网元工作在一个基准时钟下，各网元间的时钟不存在频率差，只存在相位差，只要通过偶尔的指针调整就能解决。若某网元处于失步状态（比如丢失所跟踪的基准时钟，进入保持模式或自由振荡模式），本网元的时钟将与网络上的时钟出现频率差，会导致指针调整过于频繁，从而影响网络性能，造成业务故障。

二、SDH 网同步的方式及其特点

SDH 网的基本同步方式主要有以下几种：

1. 准同步方式（伪同步方式）

网内各节点的时钟信号互相独立，各节点采用高精度时钟，这些时钟的标称频率和频率容差均一致。彼此工作时，只是接近同步状态，也就是准同步（伪同步）。

准同步方式需要每个节点有高精度的时钟源。目前常见的时钟源包括铯钟、铷钟、晶体钟以及 GPS 等。其中，铯钟的基准参考时钟，长期频率偏离<1E−11/年。为了提高可靠性，通常需要采用两套以上独立的铯钟及其响应装置，组成一级节点基准钟时钟源，设置在整个网络的中心位置。铷钟为铷原子振荡器时钟，一般为从节点的时钟源，长期老化率为<2E−10/年，一般可作为二级节点基准钟时钟源，设置在网络的骨干节点。晶体钟为三级节点时钟，在同步网中大量使用。利用晶体谐振特性，产生振荡频率再通过锁相环根据需要输出响应的频率，它设置在网络的一般汇接局和端局。而 GPS 是美国海军天文台设置的一套高精度全球卫星定位系统，提供的时间信号经处理后可作为一级节点时钟的区域基准时钟源（LPR）使用，精度优于 100ns，可用来提供 2.048Mbit/s 的基准时钟信号。

准同步适用于各种规模和结构的网络（特别是网络地理跨度较大的网络），易实现，无稳定问题，各网之间相互平等，其主要缺点是，为了满足正常滑码指标，必须使用成本高的高稳定时钟。

2. 主从同步方式

主从同步方式采用分级结构，每一级时钟都与上一级时钟同步。最高级别的时钟称为基准主时钟（PRC），基准主时钟的定时信号通过同步链路逐级传送，各从时钟与上级时钟同步。

ITU−T 对各级别时钟精度进行规范，时钟质量级别由高到低排列如下：

（1）基准主时钟——满足 G.811 规范；

（2）转接局时钟（中间局转接时钟）——满足 G.812 规范；

（3）端局时钟（本地局时钟）——满足 G.812 规范；

（4）SDH 网络单元时钟（SDH 网元内置时钟）——满足 G.813 规范。

主从同步方式是应用最广泛的同步方式。它的优点主要有对从时钟精度要求低、组网灵活、网络稳定性好、控制简单、组网成本较低。缺点是对基准时钟和同步链路的依赖程度高。因此，需要对基准时钟进行必要的备份，同时还应考虑设立备份同步链路。

3. 互同步方式

互同步方式，是指同步网内不设主时钟，网内各节点接收与它相连的其他节点时钟送来的定时信号，并根据所有收到的定时信号频率的加权平均值来调整自身频率，最后所有网元的定时信号频率都调整到一个稳定、统一的系统频率上，从而实现全网的同步。

互同步的优点是网络系统频率的稳定性比单个时钟的频率稳定性要高，对节点时钟性能要求不高，对同步链路的依赖也不强。但缺点是网络稳态频率不确定，受外界因素的影响较大，网络参数的变化容易影响到整个系统性能的稳定性，一般很少使用。

4. 混合同步方式

混合同步方式是将全网划分为若干个同步区，各同步区内采用主从同步方式，而各同步区内的基准时钟之间采用准同步（伪同步）方式运行，如图 ZY3200304001-1 所示。

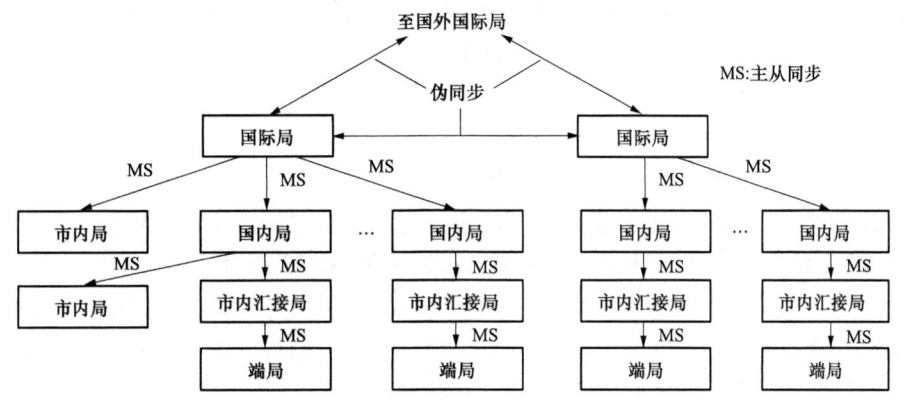

图 ZY3200304001-1 混合同步方式

混合同步方式适用于地域广阔的数字同步网，这种方式可减少时钟级数，使传输链路定时信号传送距离缩短，改善同步网性能，节约投资。

三、SDH 网的同步设计中时钟设置原则

通过上面的分析可以看出，SDH 网同步需要遵守以下原则：

（1）每个网元有且只有一个时钟信号供使用；

（2）全网所有网元的时钟信号之间必须同步；

（3）每个网元的时钟信号精度尽可能高；

（4）为提高安全性，每个网元需要有多个时钟源信号可选；

（5）从投资成本的角度出发，需要根据 SDH 网络的大小选择合适的同步方式，一般以主从同步和混合同步为宜。

根据以上原则，以下几点需要在 SDH 网同步设计中着重考虑：

（1）主从同步时钟传送时不应存在环路。例如图 ZY3200304001-2 所示的网络，若 NE2 跟踪 NE1 的时钟，NE3 跟踪 NE2，NE1 跟踪 NE3 的时钟，这时同步时钟的传送链路组成了一个环路，这时若某一网元时钟劣化，就会使整个环路上网元的同步性能连锁性的劣化，时钟精度严重下降。

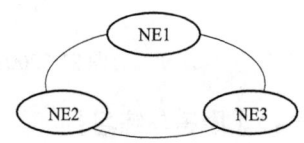

图 ZY3200304001-2 网络图

（2）主从同步中时钟跟踪传递的链路不能过长。时钟信号每经过一个网元性能会劣化，末端的时钟质量无法保证。同时在传递链路过长的情况下，由于链路的中断、网元失效导致的末端站点失去时钟信号可能性增大。根据 ITU-T 的钟链补偿原则，G.812 从时钟数量不超过 10 个，两个 G.812 从时钟之间的 G.813 时钟数量不超过 20 个，G.813 时钟总数不超过 60 个。

（3）主从同步时，网元尽量跟踪高级别时钟。

（4）主、备用时钟基准应从分离路由传递，防止当时钟传递链路中断后，导致时钟基准全部丢失。

四、SDH 网同步的实现

以使用最为普遍的主从同步方式为例，SDH 网要实现同步，整个网络需要有一个网元能够获取高精度的基准时钟，该时钟一般通过以下方式获得：

（1）配置一个独立的高精度时钟发生器，如铷原子时钟；

（2）从卫星 GPS（全球定位系统）采集参考时钟；

（3）从该地区高级别的网络中提取时钟；

（4）使用 SDH 设备自身的自振荡时钟。

网络中其他网元的时钟工作模式如下：

1. 锁定模式

锁定模式下，其他 SDH 网元可以通过跟踪独立同步网传递的基准时钟，或者跟踪上级 SDH 网元传递过来的基准时钟，实现网同步。此时，网络处于主从同步方式。

2. 保持模式

当锁定模式失效时（时钟传递链路故障），SDH 网元内部时钟利用失效前存储的最后的频率信号为基准工作。在保持模式下，当外部参考定时基准信号恢复后，系统将倒换回锁定模式工作，否则仍在保持模式下工作的系统将逐渐趋于自由运行状态，因此需要人工干预尽快修复。

3. 自由振荡模式

自由振荡模式指网元跟踪自身自由振荡时钟。

在网元工作于保持模式或自由振荡模式时，网元所使用的时钟性能，主要取决于产生自身时钟源的性能，目前 SDH 设备自振荡时钟多为晶体钟，可以满足 G.813 规范。

当网元处于保持模式或自由振荡模式时，该网元和其他网元之间就变成了准同步方式，但是由于不是高精度的时钟源，整个网络的同步性能变差，会导致指针频繁调整，影响业务的正常传递。

下面以环网的例子来说明 SDH 网的主从同步实现方式。

如图 ZY3200304001-3 所示，A～G 共 7 个网元组成了一个 SDH 环形网络，网元 A 锁定了外部时钟源，作为整个网络的基准时钟。没有建设专门的时钟同步网，其他网元只能通过 SDH 网络本身进行时钟的跟踪。环网上每个网元有两个方向可以跟踪到基准时钟，根据同步的设计原则，该网络的同步可以这样实现：B 网元跟踪 A 网元的时钟，C 网元跟踪 B 网元的时钟，D 网元跟踪 C 网元的时钟，G 网元跟踪 A 网元的时钟，F 网元跟踪 G 网元的时钟，E 网元跟踪 F 网元的时钟。SDH 环网时钟传递图如图 ZY3200304001-4 所示。

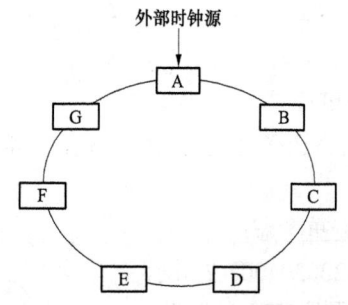

图 ZY3200304001-3　SDH 环网

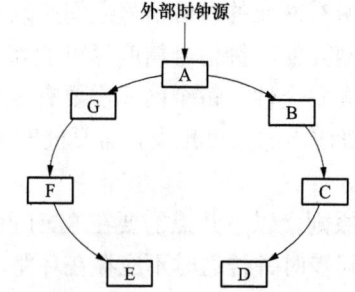

图 ZY3200304001-4　SDH 环网时钟传递图

【思考与练习】

1. SDH 网的基本同步方式有哪几种？各有何特点？

2. SDH 网络中时钟设置的原则有哪些？

3. 图 ZY3200304001-4 中，E 网元为什么不跟踪 D 网元的时钟信号？

4. 时钟链设置为什么不能成环？

模块 2 SDH 网络时钟保护倒换原理（ZY3200304002）

【模块描述】本模块介绍了 S1 字节的工作原理和时钟保护倒换，包含 SDH 网络中同步时钟自动保护倒换过程。通过概念原理介绍、实例分析，掌握 SDH 网络中时钟跟踪原则及时钟劣化后的保护倒换方式。

【正文】

一、SDH 网络时钟保护倒换的概念

SDH 网一般采用主从同步方式，各个网元通过时钟同步路径一级一级地跟踪同一时钟基准源，从而实现整网的同步。通常，每个网元获得同步时钟源的路径并非只有一条。即一个网元同时可能有多个时钟基准源可用。这些时钟基准源可能来自于同一个主时钟源，也可能来自于不同质量的时钟基准源。在同步网中，选择一个合适的时钟基准源，保持各个网元的时钟尽量同步是极其重要的。为避免由于一条时钟同步路径的中断，导致整个 SDH 网的时钟失步，就必须考虑时钟跟踪的自动保护倒换问题。

二、SDH 网络时钟保护倒换原理

SDH 网络时钟保护倒换是通过启用同步状态信息（SSM）来实现的。SSM 值是通过 SDH 的 S1 字节表示的，S1 字节有 4 位，共 16 种信号，表示 16 种同步源质量信息，用于在同步定时链路中传递定时信号等级，使同步网中各网元时钟通过解读 SSM 获取上游网元时钟同步状态信息，根据该信息对本网元的时钟进行相应的操作（跟踪、倒换或保持），并将该网元的时钟同步状态信息传给下游网元。SSM 的工作原理如下：

（1）通过 S1 字节标识各种时钟源的质量等级（SSM 值）。网元优先选择质量等级高的时钟源。

（2）网元设置所有本网元所有时钟源的优先级（QL 值）。当网元有多个相同质量等级时钟源可用时，通过优先级选择时钟源。

（3）网元将本网元选择的时钟源的质量信息传递给下游网元时 SSM 值不变。

（4）若两网元中其中一个网元跟踪的时钟同步源是另一个网元的时钟，则本网元的时钟对于另一个网元来说为不可用同步源，防止时钟互相跟踪（通过将反传 S1 字节设为 1111 实现，而不是本网元使用时钟的 S1 字节值）。

ITU-T 规范的 SSM 数值越小，表示时钟源等级越高，如表 ZY3200304002-1 所示。没有列出的 S1 字节暂时保留，没有定义。

表 ZY3200304002-1　　　　　　　　S1 字节含义

S1（b5~b8）	SDH 同步质量等级描述	时 钟 精 度
0000	质量不可知	不可知
0010	G.811 主时钟，PRC 等级	1E-11
0100	G.812 转接局时钟，SSU-T 等级	1.5E-9
1000	G.812 本地局时钟，SSU-L 等级	3E-8
1011	G.813 网元时钟，SEC 等级	自由振荡模式精度 4.6E-6，保持模式精度 5E-8
1111	DUS，不可用	不可用

三、SDH 网络时钟选取及时钟保护倒换实例分析

如图 ZY3200304002-1 所示的传输网中，NE1 和 NE4 通过外时钟接入口接入 BITS（通信楼综合定时供给系统）时钟信号。两个外接 BITS 时钟互为主备，满足 G.812 本地时钟基准源质量要求。将各网元时钟源优先级设置如表 ZY3200304002-2 所示，则可以最大限度的保证在各种网络状态下的同步性能。

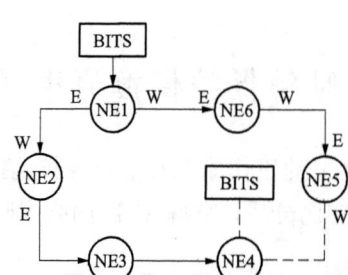

图 ZY3200304002-1   正常状态下的时钟跟踪

表 ZY3200304002-2   各网元时钟源优先级设置

网元	时钟源级别
NE1	外部时钟源、西向时钟源、东向时钟源、内置时钟源
NE2	西向时钟源、东向时钟源、内置时钟源
NE3	西向时钟源、东向时钟源、内置时钟源
NE4	西向时钟源、东向时钟源、外部时钟源、内置时钟源
NE5	东向时钟源、西向时钟源、内置时钟源
NE6	东向时钟源、西向时钟源、内置时钟源

根据时钟的自动保护倒换协议，正常工作的时候，整个传输网的时钟将同步于 NE1 的外接 BITS 时钟基准源，时钟等级为 G.812。

如果 NE2 和 NE3 间的光纤发生中断时，根据时钟的自动保护倒换协议，网络将发生同步时钟的自动保护倒换：

（1）NE2 和 NE3 间的光纤发生中断，NE3 西向时钟源为不可用，S1 字节为 1111；由于原本 NE4 跟踪的是 NE3 的时钟，根据防止时钟互相跟踪协议，NE3 东向时钟源也为时钟源不可用。NE3 内置时钟源的质量 G.813 网元时钟，S1 字节为 1011。根据 SSM 值选择，NE3 将选择内置时钟源作为时钟基准源，并将这一信息传递给 NE4。

（2）NE4 可用的时钟源有 4 个，西向时钟源（S1：1011）、东向时钟源（S1：1000）、内置时钟源（S1：1011）和外接 BITS 时钟源（S1：1000）。根据 SSM 值选择，只有东向时钟源（S1：1000）和外接 BITS 时钟源（S1：1000）可用，两者 SSM 值相同。再根据优先级（QL 值）选择，由于设置 NE4 中配置东向时钟源的级别比外接 BITS 时钟源的级别高，所以 NE4 最终选取东向时钟源作为本站的同步源。

（3）NE4 跟踪的同步源由西向倒换到东向后，防止时钟互相跟踪协议的协议失效，NE3 东向的时钟源变为可用，S1 值变为 1000。根据 SSM 值选择，NE3 将选取东向时钟源作为本站的同步源。

（4）其他网元的同步状态不变。

最终，整个传输网的时钟跟踪情况如图 ZY3200304002-2 所示。

如果是 NE1 的外接 BITS 时钟出现了故障，则依据倒换协议，按照上述的分析方法可知，第一阶段网络中除了 NE4，其他网元的东西向的时钟将均不可用，通过 SSM 值选择网元的自振荡时钟作为时钟源；第二阶段 NE4 通过 SSM 值选择了外接 BITS 时钟源后，其他网元将变为跟踪 NE4 的外接 BITS 时钟源，最终的稳态时钟跟踪情况如图 ZY3200304002-3 所示。

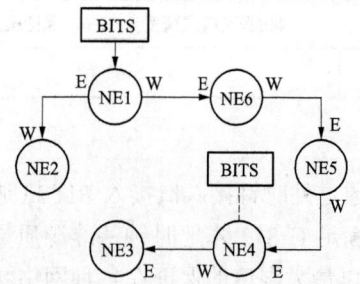

图 ZY3200304002-2   NE2、NE3 间光纤损坏下的时钟跟踪

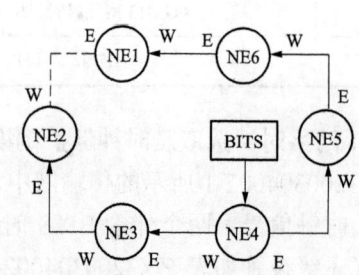

图 ZY3200304002-3   网元 NE1 外接 BITS 失效下的时钟跟踪

若 NE1 和 NE4 的外接 BITS 时钟都依次出现了故障（NE1 的外接 BITS 时钟先故障，NE4 的外接 BITS 时钟后故障），根据上面的分析，NE1 的外接 BITS 时钟故障后，全网将跟踪 NE4 网元的外接 BITS 时钟。NE4 的外接 BITS 时钟故障后，网中各个网元的时钟仍将同步于 NE4 的时钟，如图 ZY3200304002-4 所示。只不过此时，整个传输网的同步源时钟质量由原来的 G.812 本地时钟降为 G.813 网元时钟（NE4 的自振荡晶体时钟），但整个网仍同步于同一个基准时钟源。

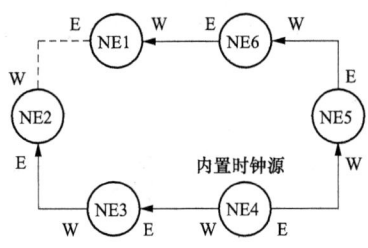

图 ZY3200304002-4　两个外接 BITS 均失效下的时钟跟踪

由此可见，采用了时钟的自动保护倒换协议 SSM 后，通过设置合适的时钟优先级别，可以大大提高同步网的可靠性和同步性能。

【思考与练习】

1. S1 的各种取值代表怎样的时钟精度？

2. 时钟自动保护倒换应遵循怎样的协议？

第二十一章 SDH 网络管理

模块 1 SDH 网管基本概念（ZY3200305001）

【模块描述】本模块介绍了 SDH 网管基本概念和特性，包含 SDH 网管系统的网络定位、系统结构及可靠性设计等。通过概念介绍、结构图形讲解，掌握 SDH 网管的基本概念和特性。

【正文】

一、SDH 网络管理的概念

简单地说，SDH 网络管理就是借助计算机软件技术对 SDH 传输网络进行全方位的管理。网管系统一般包括服务器、客户机/图形用户接口（GUI）、打印机、数据通信设备（如集线器、网卡、路由器、调制解调器等）等设备，软件平台一般应支持开放型操作系统。从前面的章节中可以了解到 SDH 的帧结构中具有丰富的开销字节可用于网络管理、运行和维护，这就使得 SDH 具备很强的网络管理能力。这种管理能力与 SDH 的网络管理系统密切相关，只有具备先进的 SDH 网络管理系统，SDH 才能发挥其强大的优势和优越的性能。

二、SDH 网管的系统结构

（一）SDH 网管在电信管理网络（TMN）中的地位

ITU–T 于 1988 年首先提出了电信管理网络（TMN）的概念，其目的是要从全球电信网的角度出发，提供一种有组织的体系结构和标准化接口，避免不同类型的管理系统之间及管理系统和电信设备之间无法采用一致的方式交换管理信息的情况继续存在。TMN 的出现使得整个电信网络实现统一的、自动化和标准化的综合维护和管理成为可能。TMN 的网管体系结构如图 ZY3200305001-1 所示。

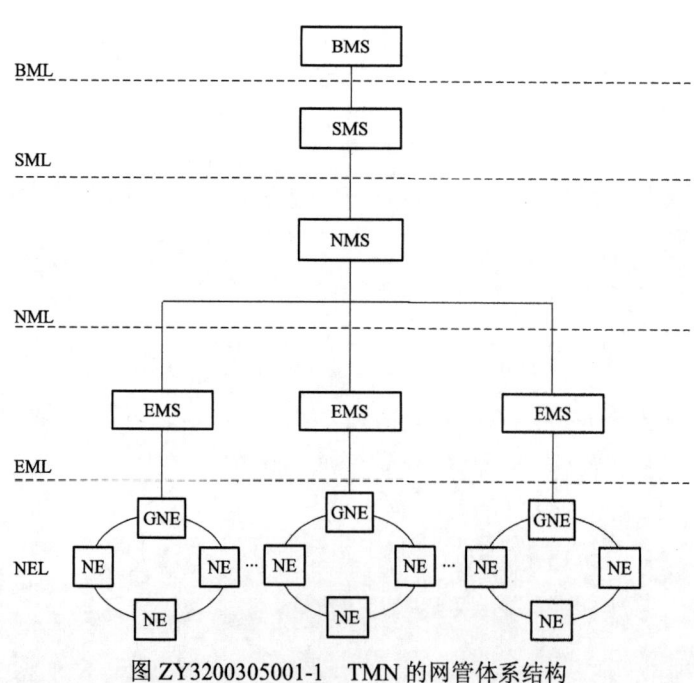

图 ZY3200305001-1　TMN 的网管体系结构

（1）事务管理层 BML：网管的最高层面，重点关注网络盈利模式、员工满意度和考核机制等方面。

（2）业务管理层 SML：重点关注业务管理，包括客户信息、服务质量、专线管理等。

（3）网络管理层 NML：主要实现大规模、网络层管理功能，实现端到端业务管理、告警管理、资源管理。

（4）网元管理层 EML：管理网络设备，实现对单个网元管理，包括告警管理、性能管理、故障管理、配置管理、安全管理。

（5）网元层 NEL：各种网络设备，包括传输、交换、数据等网络设备。

SDH 网管是 TMN 的一个子网，专门负责管 SDH 的网元的管理功能。

（二）SDH 网管的系统结构

根据 TMN 的规范，SDH 网络管理系统结构分为三层，对应的网管系统分别为网络级网管（NMS）、网元级网管（EMS）、网元设备（NE）。其中，网络级网管（NMS）包含子网管理级系统（SMS），SMS 能够完成大部分网络管理级功能；本地维护终端（LCT）一般安装与便携式计算机上，属于网元级网管（EMS），主要用于 SDH 系统设备安装初始化，但作为辅助管理设备，也可对 SDH 设备进行简单的日常维护管理（对 N E 的管理或控制由 EMS/NMS/SMS 授权）。

SDH 网管通过分层、分区域管理，可以实现大范围、大数量的复杂网络的精确管理。

三、SDH 网管的可靠性设计

鉴于 SDH 网管的重要性，其可靠性设计更加重要。针对 SDH 网管的特点，需要从三个方面加强可靠性：硬件系统、软件系统、网管通信链路。

（一）硬件系统的可靠性设计

SDH 网管软件是运行在计算机硬件系统上的，针对计算机硬件系统的风险需要从如下方面进行防范：

（1）使用 UPS 防止计算机掉电；

（2）使用小型机、服务器等高稳定性产品减少硬件故障概率；

（3）使用磁盘镜像防止关键部件损坏。

（二）软件系统的可靠性设计

软件系统分为操作系统软件、数据库软件、网管应用软件。针对软件系统的风险需要从如下方面进行防范：

（1）使用支持本地或异地备份的软件系统，配合使用多台计算机硬件，保证软件系统的高可用性；

（2）采用 S/C 软件架构，将重要数据置于服务器端，加强服务器端软件的安全性；

（3）使用稳定性好的操作系统防止操作系统崩溃，如 UNIX、Windows Server 版本等；

（4）网管软件支持多重的备份恢复机制，如支持网管侧数据的导出备份和导入，支持网元侧单板数据导出备份和导入。

（三）网管通信链路的可靠性设计

SDH 网管的通信链路分为 NMS－EMS－NE 的通信链路、网管的服务器端和客户端之间的通信链路两种（NE－NE 的通信链路在 SDH 网络中设置保护）。这两种通信方式都是借助 IP 协议通信，所以保障通信链路的可靠性就是要保障它们之间的 IP 可达即可。针对网管通信链路的风险需要从如下方面进行防范：

（1）使用冗余的数据通信网（DCN）通道保障 NMS－EMS 之间的通信联络；

（2）使用独立的数据通信网（DCN）连接备用网关网元保障 EMS－NE 的通信联络，防止网关网元故障或连接网关网元的链路故障导致的全网脱管，同时防止由于光缆中断过多引起远处网元的脱管（网管连接的网元叫网关网元）。

（3）使用可靠的通信网络连接网管的服务器端和客户端。

网管通信链路的可靠性设计如图 ZY3200305001-2 所示。

【思考与练习】

1. SDH 网管的系统结构如何？

2. SDH 网管的可靠性可以从哪些方面考虑？

ZY3200305001

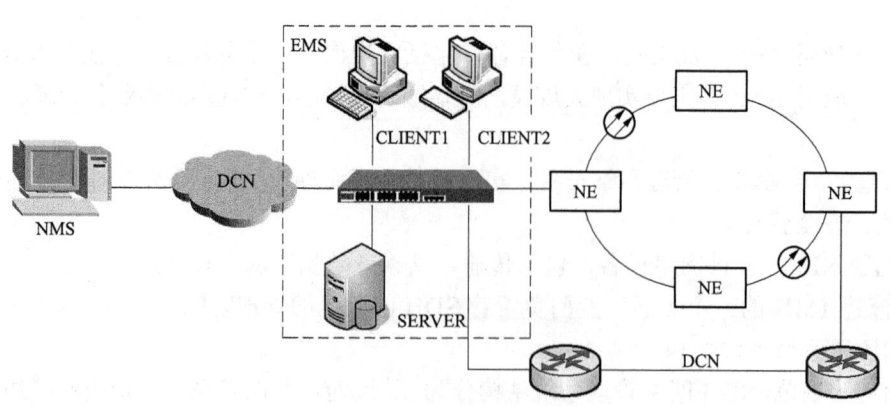

图 ZY3200305001-2 网管通信链路的可靠性设计

模块 2 SDH 网管接口（ZY3200305002）

【模块描述】本模块介绍了 SDH 网管接口在 SDH 网络系统中的应用，包含 SDH 网管内、外部接口的特性及功能。通过图形讲解、功能介绍，掌握 SDH 网管内部通信方式及和外部系统的连接方法。

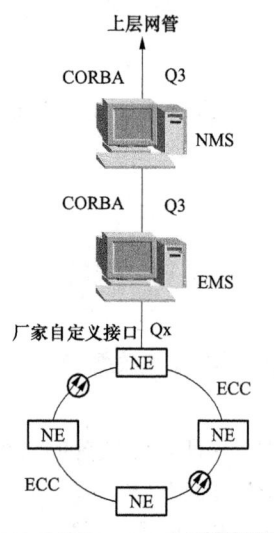

图 ZY3200305002-1 SDH 网管通信接口

【正文】

SDH 网管之间、SDH 网管和网元之间要通信，就必须要提供能互连的通信接口，根据 ITU-T 和我国的相关行业规范，目前一般 SDH 网管通信接口如图 ZY3200305002-1 所示。

从图中可以看出，NMS 向上采用 Q3 或 CORBA 接口，NMS 和 EMS 之间使用 Q3 或 CORBA 接口，EMS 和 NE 之间采用 Qx 接口或厂家自定义接口。SDH 网络单元之间通过 ECC 协议栈通信，在物理层上利用 DCC 通道。

一般的 SDH 网络建设中，EMS 和 NE 设备是由同一个厂家建设，所以 EMS 和 NE 的接口一般可以不做规范，在我国信息产业厅制定的《SDH 光缆通信工程网管系统设计规范》（YD/T5080—2005）中，允许 EMS 和 NE 之间采用厂家自定义的接口。但 BMS、SMS、NMS 和 EMS 一般由不同的厂家承建，为了满足互联和管理的要求，必须要进行规范，目前常见的接口是 Q3 接口和 CORBA 接口。

1. Q3 接口

这是 ITU-T 的 TMN 中规范接口，是基于 OSI 七层模型的建构。它的信息模型规定其所定义的管理对象类在 Q3 接口上的特性必须完整。丰富的描述使其可以支持告警管理、配置管理和性能管理。但也存在明显的不足，因为它通信所使用的 CLNS 协议要求运行平台必须安装第三方软件提供的协议栈，不同产品的互通性及对 DCN 的要求都比较高，给工程增加了不小的难度。而且，第三方产品的 OSI 协议栈是通过付费购买的方式获得的，这和广泛使用的 TCP/IP 协议有很大不同，在一定程度上增加了成本。Q3 接口的建模是基于细粒度的建模，所以建模和开发都比较复杂，设计、开发和测试成本很高；Q3 接口的运行开销较大，对运行平台和网络系统的硬件要求较高。

2. CORBA 接口

CORBA 技术最早是作为计算机分布式应用的技术而被创立的，但是利用该技术的接口在电信管理网中被广泛使用，由于它既能像 Q3 接口一样可靠的支持告警、配置和性能管理，在建模方面又属于粗粒度建模，设计、开发、测试相对于 Q3 都比较简单，对各种底层通信协议完全屏蔽，这样就为其广泛应用打下了坚实的基础，目前国外许多厂商的网管系统的接口都已经广泛采用 CORBA 接口。当然 CORBA 接口也有一定的缺点，如需要购买第三方的 CORBA 软件平台，费用也较高，另外，各个厂商的 CORBA 接口的设计是不同的，同样存在不同系统间互通的困难问题。基于 CORBA 的优越性，ITU-T 已就 CORBA 技术引入 TMN 加快了进程。

【思考与练习】

1. 为什么 EMS 和 NE 之间可以采用厂家自定义的标准？
2. SDH 网管 Q3、CORBA 等接口有什么区别？

模块 3　SDH 网管功能（ZY3200305003）

【模块描述】本模块介绍了 SDH 网管的作用及性能，包含 SDH 网管的功能特性及性能指标。通过要点介绍，掌握 SDH 网管可进行的网络操作。

【正文】

一、SDH 网管的功能与作用

从前面的 SDH 网络管理知识中可以了解到，SDH 网管由于采用多层分布式的管理方法，每一层都有一定的网络管理能力，起到对 SDH 网络的配置、监控等管理作用。SDH 网管中的 NMS 主要针对整个网络，EMS 主要针对具体 NE 设备。

根据我国信息产业厅制定的（YD/T 5080—2005）《SDH 光缆通信工程网管系统设计规范》，EMS 应具有故障管理、配置管理、性能管理、计费管理和安全管理五项最基本的功能。

（一）故障管理

EMS 故障管理功能主要包括告警监测、故障定位、故障隔离、故障修正、路径测试（可选）、报告管理等，故障管理范围应包括复用段、再生段、SDH 设备、SDH 物理接口、SDH 设备的 PDH 物理接口/低阶通道适配、高/低阶虚容器、同步定时源、光纤放大器及其子系统和外部设备告警等内容。

（二）配置管理

（1）指配功能，主要指 NE 初始化，各种接口参数配置、通道配置、交叉连接配置、设备和通道的各种保护配置、同步定时配置等。

（2）NE 管理，主要指 NE 时间管理、NE 配置数据管理、NE 软件下载及 NE 其他数据管理等。

（3）状态监视，主要指 EMS 应能请求 NE 报告 NE 的各种状态参数。

（4）状态控制，主要指 EMS 应能对 NE 的保护倒换进行控制。

（5）NE 安装，主要指 NE 逻辑资源的列表及图形显示、配置数据的拷贝等。

（三）性能管理

（1）性能数据的收集和监视，至少包含 G.826/G.828 参数及光接收功率、光发送功率（可选）。

（2）性能参数的管理和存储。

（3）性能数据输出，主要指显示和打印。

（四）计费管理

计费管理功能包括提供与通道有关的数据，如通道名称、建立和拆除时间、持续间隔、不可用时间、误码超门限告警记录等，应能输出、显示和打印。

（五）安全管理

（1）操作者级别及权限设置。

（2）用户登录管理。

（3）日志管理，主要指用户操作登录记录。

（4）口令管理，主要指对不同用户口令的设置、修改。

（5）管理区域分配。

（6）用户管理，主要指用户登录注销，用户文件管理。

（7）其他管理，指屏幕保护、锁定、数据库备份等。

NMS 和 EMS 一样，也应具备五项最基本的功能，但功能主要面向网络层。除了上述 EMS 的基本功能，还需要增加如下基本功能：

（1）故障管理支持在网络/子网拓扑结构图上对告警进行汇总、显示、确认、报告，通过对上报的各种告警进行相关分析并过滤处理后，将故障定位在受影响的具体通道上。

（2）配置管理支持 EMS 数据上载及 NMS 软件下载功能，支持各种通道的自动/半自动建立，并完成通道测试后投入业务，支持网络的重新配置和路径保护。

（3）性能管理支持网络性能数据相关分析和过滤处理，网络性能数据汇集和趋向分析。

二、SDH 网管的性能指标

SDH 网管是 SDH 网络的重要组成部分，网管的性能指标对网络的性能有着直接的影响。SDH 网管的性能指标可以从以下几个方面考核：

1. 功能特性

SDH 网管必须支持所有的基本功能特性，同时支持其他对网络管理有帮助的增强功能特性。支持的有用功能特性越多，网管的性能越高。

2. 易用性

SDH 网管是工程维护人员和 SDH 网络的桥梁，网管易用会减少工程维护人员的学习时间、工程开局时间、故障判断和解决的时间，从而提高 SDH 网络的可用性。

3. 安全性

SDH 网管必须有完善的安全性设计，针对硬件系统故障、软件系统故障、网管通信链路故障进行完善的防范，尽量提高 SDH 网管本身的生存性。

4. 管理能力

SDH 网管在保证功能特性的基础上，尽可能多地管理网络、网元。

5. 兼容性

SDH 网管应该按照相关规范，提供标准 Q3 或 CORBA 接口连接不同厂家的上级网管。

【思考与练习】

1. EMS 的五个基本功能分别是什么？

2. NMS 网管中配置管理主要包括哪些功能？

3. SDH 网管的性能指标有哪些？

第四部分

交 换 原 理

第二十二章 程控交换机的基本组成及其功能

模块 1 程控交换概述 (ZY3200401001)

【模块描述】 本模块介绍了程控交换概述，包含电话交换网的组成、交换机分类、交换技术发展。通过图形示意、要点讲解，了解程控交换机的作用和电力系统程控交换网的构成。

【正文】

一、电话交换的基本概念

通信的目的是进行人类活动中相关信息的相互交换传递，实现信息交换、传递的设备及设施称为通信系统。

当有多个用户时，任意两个用户之间需要相互实现信息传递和交换，最简单、最有效的方法就是把所有用户之间都两两相连，如图 ZY3200401001-1 所示。

多个用户互连的方式存在每个用户需要多条用户线和多个用户接口的缺陷，用户数量越多，所需的用户线和用户接口就越多，造成线路运行维护量和投资成本的急剧增加。

如果在用户集中的地方，安装一台设备，由该设备与每个用户相连接。当一个用户需要与其他用户通信时，由该设备完成所需要的连接功能，实现两个用户间的信息传递，并能使所连接的全部用户都能实现两两间的相互通信，如图 ZY3200401001-2 所示，该设备被称为交换机。

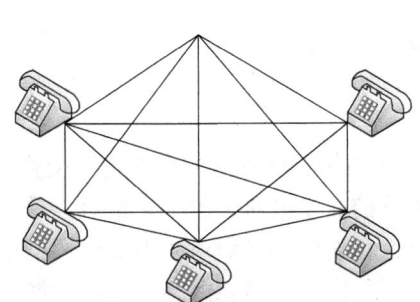

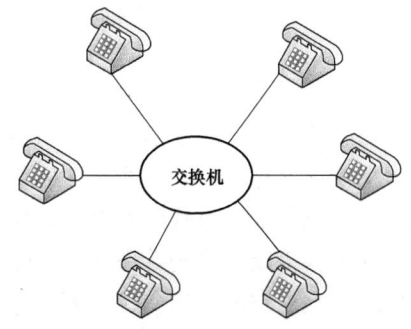

图 ZY3200401001-1 多个用户互连　　　　图 ZY3200401001-2 用户通过交换机实现通信

交换机为用户共享设备，为每个用户配置一个接口，通过一条专线连接到用户终端。用于将用户终端与交换机连接的用户专线称为用户线。通过交换机的连接，大大减少了用户线，降低了线路投资费用和线路维护工作量。

交换机负责监视各个用户的状态，并能在任意两条用户线路间建立和释放通信线路，完成用户间的信息传递和交换。

二、电话交换网的组成

简单的交换网包括一台交换机、多个用户终端和用户线。当用户数量增加到一定数量，且用户分布区域较大、一台交换机难以胜任时，就需要由多台交换机共同完成用户间连接的接续工作，共同组成一个交换网，如图 ZY3200401001-3 所示。

交换网中，直接与用户话机或终端连接的交换机称为本地交换机或端局交换机，而与多个交换机连接的交换机称为汇接交换机，交换机与交换机之间连接的线路称为中继线。

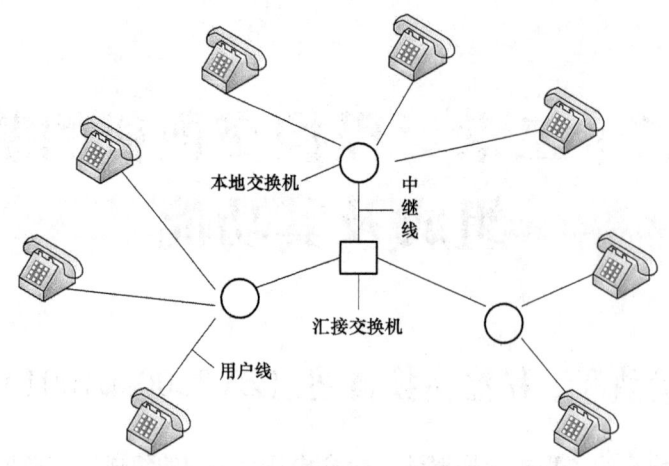

图 ZY3200401001-3　多台交换机组成的交换网

三、交换机的分类

在我国电信交换网中，按使用的范围交换机可分为市内交换机、长途交换机、国际交换机、农村交换机和用户小交换机五种；按所承载的主要业务交换机又可分为局用交换机和用户交换机。程控交换机出现后，打破了交换机的分布格局，一台交换机可以承担多种交换功能，各种交换机可以组合使用。

用户交换机是市话网的重要组成部分，是市话交换机的一种补充设备。因为它为市话网承担了大量的单位内部用户间的话务量，减轻了市话网的话务负荷。电力交换网中的交换机主要承担着用户交换机的功能，用少量的出入中继线接入市话网，起到话务集中的作用。

四、交换技术的发展

自 1876 年美国贝尔发明电话以来，随着社会需求的日益增长和科技水平的不断提高，电话交换机技术处于迅速的变革和发展之中。其发展过程可分为三个阶段：人工交换、机电交换和电子交换。

人工交换机，早在 1878 年就出现了人工交换机，它是由话务员完成话务接续。

机电交换机，经历了两个时期，一是步进制交换机时期，它标志着交换技术从人工时代迈入机电交换时代。二是纵横制交换机时期，纵横制交换机属于"间接控制"方式，用户的拨号脉冲由记发器接收、存储，然后通过标志器驱动接线器，完成用户间接续。

电子交换机，美国贝尔公司于 1965 年生产了世界上第一台商用存储程序控制的电子交换机，这标志着电话交换机从机电时代跃入电子时代。现被广泛使用的程控交换机属于电子交换机，是将用户的信息和交换机的控制、维护管理功能预先编成程序，存储到计算机的存储器内。当交换机工作时，控制部分自动监测用户的状态变化和所拨号码，并根据要求执行程序，从而完成各种交换功能。

五、电力系统程控交换网的构成

电力交换网是由四级交换汇接、五级交换组成的交换网，国家电网公司汇接交换机是第一级汇接，各区域网公司汇接交换机是第二级汇接，各省公司汇接交换机是第三级汇接，各地区供电局（公司）汇接交换机是第四级汇接，各县公司以端局方式接入地、市汇接局。

电力交换网根据其服务对象不同可分为调度交换网和行政交换网，调度交换网主要为电力调度生产提供电话服务，行政交换网主要为电力职工提供办公和生活电话汇接交换机。调度交换网和行政交换网为并列独立运行。

【思考与练习】

1. 什么是用户线？
2. 什么是中继线？
3. 电力交换网由几级汇接组成？
4. 电话交换的基本概念是什么？

模块2　程控交换机的基本组成（ZY3200401002）

【模块描述】本模块介绍了程控交换机的硬件、软件组成，包含话路系统、控制系统、信令设备、程控交换机软件组成。通过图形分析、功能介绍，掌握程控交换机的基本组成及其功能。

【正文】

一、程控交换机的硬件组成

程控交换机实质上是采用计算机进行"存储程序控制"的交换机，它将各种控制功能、方法编成程序，存入存储器，利用对外部设备状态的扫描数据和存储程序来控制、管理整个交换系统的工作。

程控交换机的硬件一般采用分散式模块化结构，可分为话路系统和中央控制系统两大部分，如图ZY3200401002-1 所示。

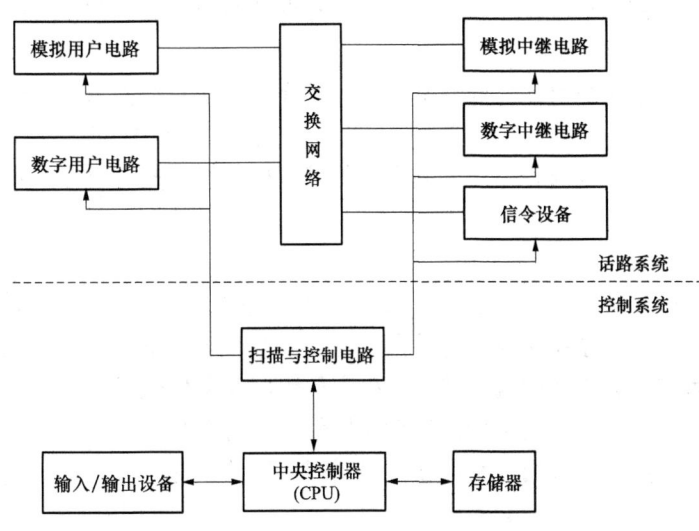

图 ZY3200401002-1　程控交换机硬件组成

1. 控制系统

程控交换机控制系统主要由中央处理器、程序/数据存储器、输入/输出设备等组成。控制部分是程控交换机的核心，其主要任务是根据外部用户与内部维护管理的要求，执行存储程序和各种命令，以控制相应硬件实现交换及管理功能。

（1）中央处理器。控制系统的主体是中央处理器，按其配置与控制工作方式的不同，可分为集中控制和分散控制两类。华为公司的 C&C08 交换机、广州哈里斯公司的 H20-20 交换机属于集中控制，爱立信公司的 MD110 交换机属于分散控制。

（2）程序/数据存储器。用于存储控制交换机运行和管理的系统程序、反映用户状况的用户数据、反映交换机设备状况的局数据。

（3）输入/输出设备。输入设备主要是维护终端，用于对交换机系统的运行维护等管理和交换机局数据、用户数据的维护和管理。输出设备主要有打印机、告警设备，用于交换机系统告警信息、通话信息的输出。

2. 话路系统

程控交换机的话路系统主要由用户接口电路、中继接口电路、交换网络、信令设备等组成。

（1）用户接口电路。用户接口电路是将用户终端设备（如电话机）连接到交换机的接口电路。用户接口分为模拟用户接口和数字用户接口两大类。

（2）中继接口电路。中继接口电路是将交换机与交换机连接的接口电路，分为模拟中继接口和数字中继接口电路。

（3）信令设备。信令设备的作用是收集各个接口设备的信令信号，通知交换机控制系统控制呼叫接续进程和话路的建立和释放，主要有信号音、铃流、多频信号、信令协议处理器等。

138

（4）交换网络。交换网络完成用户与用户、用户与中继电路、中继电路与中继电路之间的通路连接。

二、程控交换机的软件组成

交换机的各种功能是由软件程序控制完成的。交换机软件程序由在线程序、支援程序和数据三部分组成。

1. 在线程序

交换机中运行使用的对交换系统各种业务进行处理的软件总和称为在线程序，它可分成系统程序和应用程序。

（1）呼叫处理程序。呼叫处理程序负责交换机呼叫的建立与释放、交换机各种新服务性能的建立与释放。主要功能包括交换状态管理、交换资源管理、交换业务管理和交换负荷控制。

（2）执行管理程序（操作系统）。执行管理程序负责对交换系统的硬件和软件资源的管理和调度。主要功能包括任务调度、I/O 设备的管理和控制、处理机间通信的控制和管理和系统管理。

（3）维护管理程序。维护管理程序用于维护人员存取和修改有关用户和交换机的各种数据，统计话务量和打印计费清单等各项任务。

（4）系统恢复程序。系统恢复程序亦称故障处理程序，负责对交换系统作经常性的检测，并使系统恢复工作能力。

（5）故障诊断程序。故障诊断程序用于确定硬件故障位置。多数程控交换机可将故障诊断到单块印刷电路板。

2. 支援程序

支援程序按其功能可分为设计子系统、测试子系统、生成子系统和维护子系统。

（1）设计子系统。设计子系统用在设计阶段，作为功能规范和描述语言（SDL）与高级语言间的连接器，各种高级语言与汇编语言的编译器，链接定位程序及文档生成工作。

（2）测试子系统。测试子系统用于检测所设计软件是否符合其规范。

（3）生成子系统。生成子系统用于生成交换局运行所需的软件，它包括局数据文件、用户数据文件和系统文件。

（4）维护子系统。维护子系统用于对交换局程序的现场修改的管理与存档。

3. 数据

交换机数据包括系统数据、局数据和用户数据。系统数据对所有交换机安装环境而言是不变的，而局数据和用户数据对不同交换机安装环境而言是不同的，其中局数据体现本交换机的整体情况，用户数据体现每个用户的情况。

【思考与练习】

1. 简述程控交换机的硬件组成？
2. 信令设备的作用是什么？
3. 交换机软件的基本程序有哪些？
4. 程控交换机由哪几部分组成？

模块 3　用户电路（ZY3200401003）

【模块描述】本模块介绍了模拟用户接口电路和数字用户接口电路，包含模拟用户和数字用户接口电路基本功能。通过要点介绍、图形示意，掌握用户电路的基本功能。

【正文】

程控交换机用户电路的作用是实现用户终端设备与交换机之间的连接。程控交换机的用户电路主要包括：① 与模拟话机连接的模拟用户电路；② 与数字话机、话务台、调度台、数据终端（或终端适配器）连接的数字用户电路。

一、模拟用户电路

模拟用户电路是为了适应模拟用户环境而配置的接口电路，其主要功能归纳为 BORSCHT 七大功能，其中：

B——馈电（Battery feed），交换机通过用户线向电话机馈送直流电源。

O——过压保护（Overvoltage Protection），防止用户线上的电压冲击或过压而损坏交换设备。

R——振铃（Ringing），向被叫用户话机馈送铃流。

S——监视（Supervision），通过扫描器监测用户线直流环路上有无直流电流来监视用户线状态，以检测话机的摘机、挂机、拨号脉冲等用户线信号，并传送给控制器，反映用户的忙闲状态和接续要求。

C——编解码（Codec），利用编码器和解码器，完成话音信号的模数与数模交换。编码器将用户话机送来的模拟信号转换成数字信号传送给数字交换网络；解码器将数字交换网络发送的数字信号转换成模拟信号送给用户话机。

H——混合电路（Hybrid），进行用户线的二/四线转换，以满足编解码与数字交换网络对四线传输的要求。

T——测试（Test），提供测试端口，进行用户电路的测试。

二、数字用户电路

数字用户电路是为适应数字用户环境而设置的接口电路，数字用户电路与各种数据终端设备（DTE）的相连主要通过线路适配器或数字话机来实现。

1. 数字用户电路类型

数字用户接口电路有 B+D、2B+D、30B+D 等类型。其中，2B+D、30B+D 为标准数字用户接口；B+D 为非标准数字用户接口，各生产厂家有专用的数字话机、话务台等终端设备。

2B+D 为基本速率接口，B 为话音通道，D 为信令通道，传输速率为 144kbit/s。接口分为 U 接口和 S/T 接口两种。

30B+D 为一次群速率接口，称为 V5 接口。

2. 数字用户接口的功能

数字用户接口的过压保护、馈电和测试功能的作用与模拟用户接口类似。数字用户接口采用数字用户信令协议（DSS1）在 D 信道上传送。数字用户接口功能结构如图 ZY3200401003-1 所示。数字用户接口具有线路监视功能，当数字终端或用户线路发生故障时，交换机均会产生相应的告警信息。

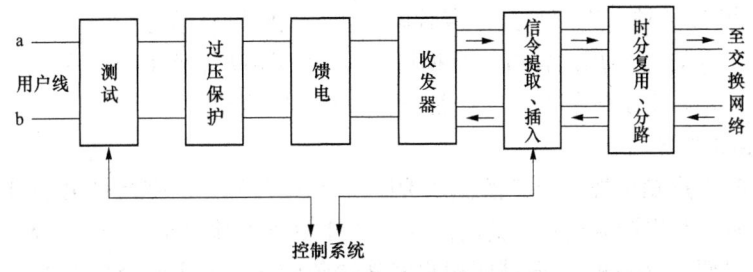

图 ZY3200401003-1 数字用户接口功能结构

【思考与练习】

1. 模拟用户电路的基本功能是什么？
2. 数字用户电路有哪些类型？

模块 4 中继电路（ZY3200401004）

【模块描述】本模块介绍了中继电路，包含模拟中继接口电路和数字中继接口电路功能及其工作原理。通过原理介绍、图形示意、流程讲解，掌握模拟中继电路和数字中继电路的功能及工作原理。

【正文】

一、中继电路的功能

中继电路是中继线与交换网络的接口电路，作用是实现交换机与交换机之间的连接，完成交换机间的呼叫接续信令和话音的传送。中继电路分为模拟中继接口电路和数字中继接口电路。

二、模拟中继接口电路

1. 基本功能

模拟中继接口电路的作用是实现模拟中继线与交换网络的接口，电力行政交换网中模拟中继电路通常采用二线环路中继和EM中继两种类型。其基本功能包括：

（1）发送与接收表示中继线状态（如示闲，占用，应答，释放等）的线路信号。

（2）转发与接收代表被叫号码的记发器信号。

（3）供给通话电源和信号音。

（4）向控制设备提供所接收的线路信号。

2. 二线环路接口电路

交换机环路中继连接如图 ZY3200401004-1 所示。二线环路中继电路线路信令采用直流环路启动方式，记发器信号采用双音多频（DTMF）信号。环路中继分为出中继和入中继两种。

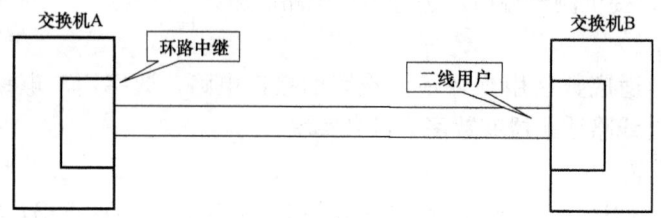

图 ZY3200401004-1　环路中继连接图

（1）出中继电路接续流程。

1）用户摘机听拨号音。交换机 A 的用户摘机，拨环路中继出局号码，占用出中继电路，出中继电路形成直流环路，相当于用户摘机，启动交换机 B 的相应的用户电路，交换机 B 向二线用户送拨号音，交换机 A 的用户听拨号音。

2）发送选择信号、接续。交换机 A 的用户，听到拨号音后，拨交换机 B 的被叫用户号码，交换机 B 的信号音接收电路接收被叫号码，分析号码、测试被叫用户状态，并向被叫用户发送铃流信号，向主叫发送回铃音。

3）通话。交换机 B 的被叫用户听到铃声后摘机，与主叫用户通话。

4）拆线。通话完毕，主叫用户挂机，交换机 B 向被叫用户送催挂音，催被叫用户挂机；通话完毕，被叫用户挂机，交换机 B 向主叫用户送催挂音，催主叫用户挂机。

（2）入中继电路接续流程。

交换机 B 的主叫用户摘机拨被叫交换机 A 的入中继电路号码，交换机 B 向主叫送回铃音，向被叫交换机 A 的入中继电路送铃流信号，交换机 A 将入中继电路接至话务台，话务员摘机应答，并拨交换机 A 的被叫用户号码，交换机 A 向被叫用户发送铃流信号，向主叫交换机 B 发送回铃音，被叫摘机双方通话。

3. E/M 中继接口电路

（1）4 线 E/M 中继连接方式。E/M 中继接口电路有 2 线 E/M 和 4 线 E/M 两种方式，主要区别是 4 线 E/M 中继电路的话音发信占两线、收信占两线，而 2 线 E/M 中继电路的话音发信和收信经混合电路后转换成二线输出。电力交换网中使用的 E/M 中继接口电路一般为 4 线 E/M 中继方式。交换机 4 线 E/M 中继连接如图 ZY3200401004-2 所示。

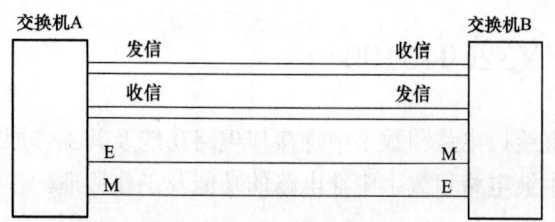

图 ZY3200401004-2　交换机 4 线 E/M 中继连接图

（2）EM 中继电路接续流程。

1）交换机 A 的用户摘机拨 E/M 中继电路局向码，占用中继电路，M 线由−48V 变为 0V，发送占用信号。

2）被叫交换机 B 的 E/M 中继电路接收到占用信号后，中继电路示忙，M 线由−48V 变为 0V，向主叫侧交换机发送占用证实信号。

3）主叫用户发送被叫选择信号，交换机 A 的 M 线发送选择信号（脉冲方式选择信号在 M 线上发送，DTMF 和 MFC 方式选择信号在发信支路发送）。

4）交换机 B 接收到被叫选择信号后，测试被叫用户状态。用户空闲，则向被叫用户振铃，并向主叫交换机发送回铃音。若被叫用户忙，则向主叫交换机发送忙音。

5）被叫摘机，双方通话。

6）通话结束，主叫用户挂机，M 线由 0V 变为–48V，释放中继电路。被叫交换机 E 线由 0V 变为–48V，释放中继电路，并向被叫用户送忙音，被叫用户挂机，通话结束。

4 线 E/M 中继电路接续原理图如图 ZY3200401004-3 所示。

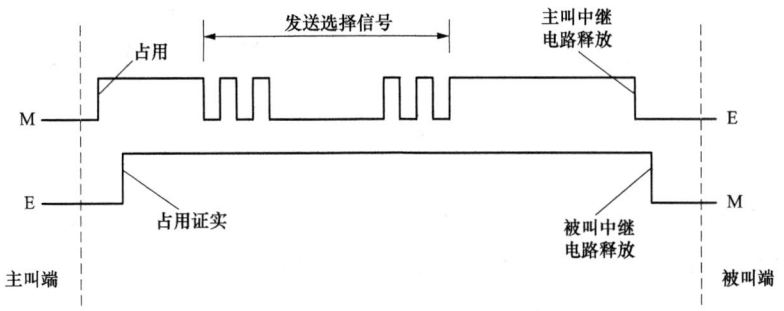

图 ZY3200401004-3　4 线 E/M 中继电路接续原理图

三、数字中继接口电路

数字中继接口电路的作用是实现数字中继线与数字交换网络之间的接口，它通过 PCM 有关时隙传送中继线信令，完成类似于模拟中继器所应承担的基本功能。

数字中继接口电路的基本功能包括帧与复帧同步码产生，帧调整，连零抑制，码型变换，告警处理，时钟恢复，帧同步搜索及局间信令插入与提取等。

1. 码型变换

交换机内部 PCM 信号采用单极性不归零码（NRZ）传送，该码型存在直流分量，不宜在线路中传送，需要进行码型变换，即在发信侧交换机内部将 NRZ 码型变换成适合在线路中传送的高密度伪三进码（HDB3）或交替反转传输码（AMI）输送到线路中。在收信侧交换机将从线路中接收到的 HDB3 码或 AMI 码变换成 NRZ 码。

2. 时钟提取

时钟提取是为采用主从同步方式的交换网中的较低一级的交换机提供同步时钟。数字中继接收电路从接收到的 PCM 码流中提取时钟信号，一方面为接收端能够准确地接收信号，另一方面作为本地交换机的基准时钟。

3. 帧同步和复帧同步

帧同步就是数字中继电路在接收到的 PCM 码流的 TS0 时隙中正确检测到帧定位信号，并获得帧同步。

复帧同步就是数字中继电路在接收到的 PCM 码流中用"00001A11"复帧同步信号与 TS16 中的数据进行匹配比较，确定第"0"帧，A 为复帧失步告警，"0"表示正常，"1"表示失步。

4. 告警检测

当数字中继电路发生帧失步、传输电路中断等故障时，告警检测模块将控制进入同步搜索和再同步状态，并产生告警信息发送给交换机控制系统。

5. 信令提取和插入

当数字中继电路采用随路信令时，用复帧中的 TS16 传送 30 个话路的记发器信令。信令提取就是从接收到的 PCM 码流中将 TS16 上的 30 个话路的线路信令提取，并转发给交换机的控制系统。信令插入是将 30 个话路的线路信令按照话路序号进行组合，插入到相应的 TS16 中。

数字中继接口电路与信令协议处理板配合工作，可组成中国 1 号中继电路、No.7 信令中继电路和 Q 信令中继电路。

【思考与练习】

1. 模拟中继电路的基本功能有哪些？
2. 数字中继电路的基本功能是什么？
3. E/M 中继电路的呼叫流程是什么？
4. 中继电路有几种类型？

模块 5 数字交换网络 （ZY3200401005）

【模块描述】 本模块介绍了时隙交换的概念、T 型接线器和 S 型接线器，包含 T 型接线器和 S 型接线器的组成、工作原理。通过原理介绍、图形示意、举例讲解，掌握数字交换网络的结构和工作原理。

【正文】

一、交换的概念

为了实现用户之间的信息交换，在信源和信宿之间通过公共的中转节点来实现相互之间的信息交互，以节约信号传送通道的投资费用，从而引出了交换的概念。最基本的数字交换方法包括时隙交换和空分交换两种。

（1）时隙交换——输入复用线上任一时隙内容可以在输出复用线上任一时隙输出。

（2）空分交换——任一输入复用线上的某一时隙的内容可以在任一输出复用线上的同一时隙输出。

二、数字交换网络的基本结构和工作原理

交换网络的基本功能是根据用户的呼叫要求，通过控制部分的接续命令，建立主叫与被叫用户间的连接通路。数字交换网络由数字接线器组成。数字接线器有时间（T）接线器和空间（S）接线器两种。时间接线器实现时隙交换，空间接线器完成空间交换。数字交换系统交换过程如图 ZY3200401005-1 所示。

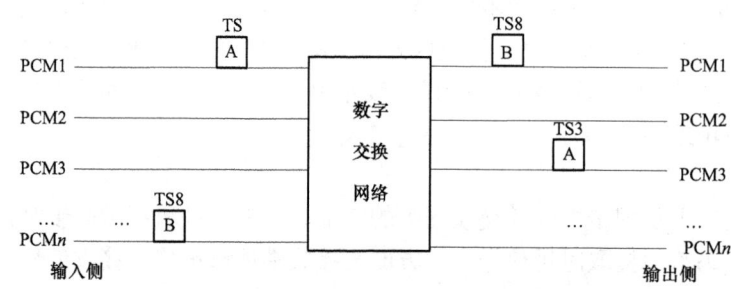

图 ZY3200401005-1　数字交换系统交换过程

1. 时间（T）接线器

时间（T）接线器有话音存储器（SM）和控制存储器（CM）两部分组成。控制方式指 CM 对 SM 的控制，有输出控制方式和输入控制方式两种。

（1）输出控制方式。输出控制方式即为顺序写入，控制输出。向话音存储器写入话音信号不受 CPU 控制，而是按时隙顺序写入，输出话音信号时，受 CPU 控制的控制存储器的控制，即控制话音信号的输出。

例如：将 TS2 的内容 a 交换到 TS30，如图 ZY3200401005-2 所示。

写：将 TS2 的 a 写入话音存储器 SM 的第 2 单元。

将 2（00010）写入控制存储器 CM 的第 30 单元。

读：在读 TS30 时，控制存储器 CM 送出 2，读话音存储器 SM 第 2 单元的 a。

（2）输入控制方式。输入控制方式即为控制写入，顺序读出。向话音存储器写入话音信号受 CPU 控制，输出话音信号时，按顺序输出。

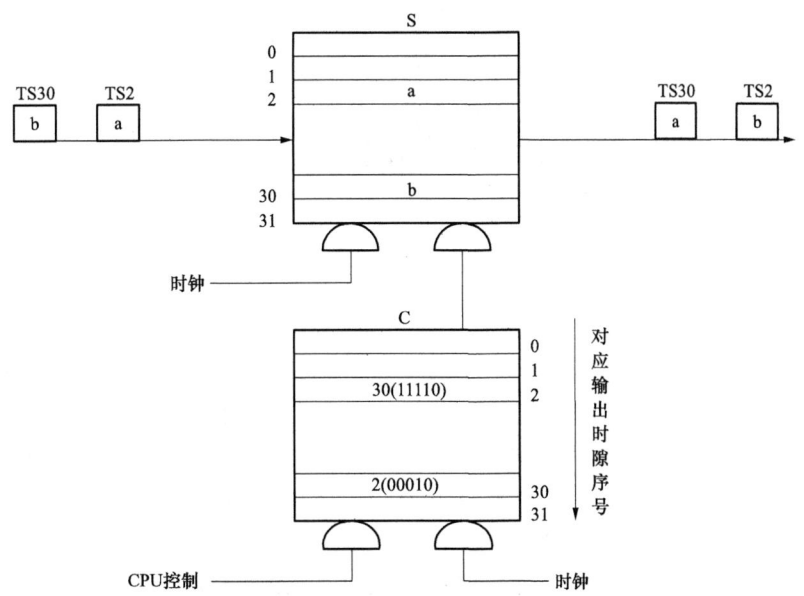

图 ZY3200401005-2　时间接线器输出控制方式交换过程

SM：暂存数字语音信息，每单元 8bit，单元数（容量）等于输入复用线上的时隙数，由写时钟控制，顺序写入。

CM：存储器的容量与 SM 的容量相等，CM 存储的数据为 SM 的读出地址，由 CPU 控制写入，读时钟控制顺序读出。

例如：将 TS2 的内容 a 交换到 TS30，如图 ZY3200401005-3 所示。

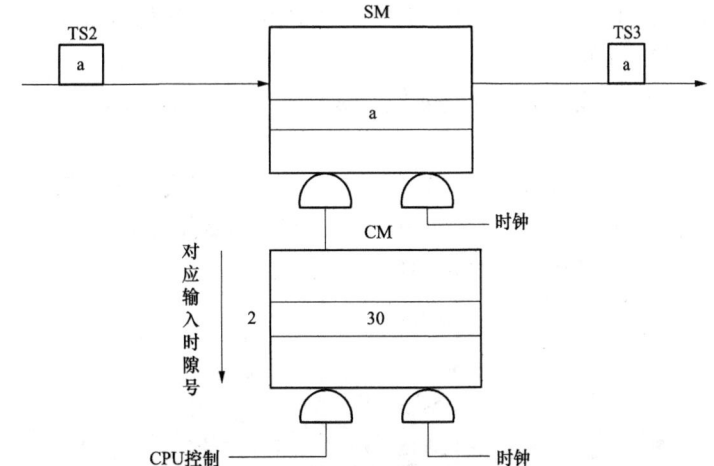

图 ZY3200401005-3　时间接线器输入控制方式交换过程

写：将 TS2 的 a 写入话音存储器 SM 的第 30 单元。

将 2（00010）写入控制存储器 CM 的第 30 单元。

读：在读 TS30 时，控制存储器 CM 送出 2，读话音存储器 SM 第 2 单元的 a。

2．空间（S）接线器

（1）构成及工作原理。主要由交叉点矩阵和控制存储器（CM）组成，用于不同 PCM 复用线的相同时隙的交换。

1）每条输出线对应一个 CM，如 CM1 对应输出线 PCM1；CM2 对应输出线 PCM2……

2）CM 中的数据为输入线号码，决定该输入线在相应 TS 期间的输出。

例如：在 CM1 的第 7 单元中写入 2，则在 TS7 该数据被读出，使输入线 PCM2 与输出线 PCM1 接通（交叉点 21 闭合）；其他 TS，则交叉点 21 断开。空间接线器结构如图 ZY3200401005-4 所示。

3）在帧周期内，CM 的各单元数据依次读出，完成交换。

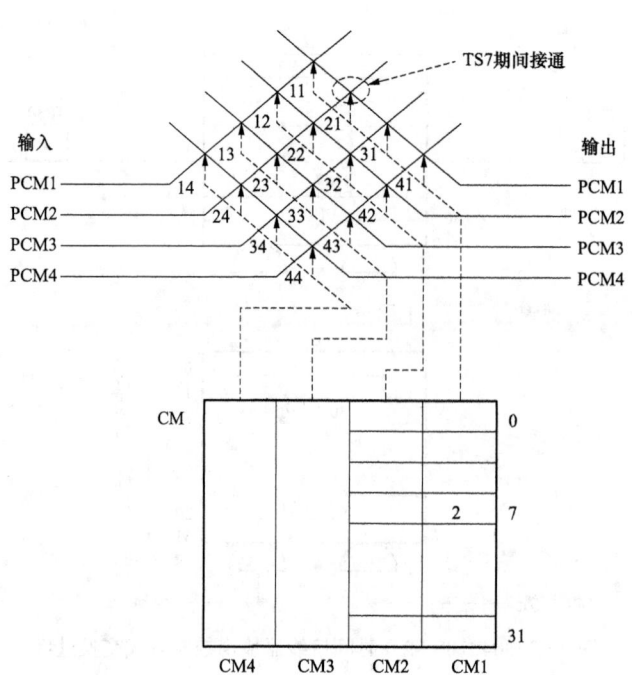

图 ZY3200401005-4　空间接线器结构示意图

可见：S 接线器不进行时隙交换，而进行同一时隙的空间交换。

（2）控制方式。

1）输出控制方式。按输出线配置 CM，优点是某输入线上的某一时隙的内容可以同时在几条输出线上输出。

例：若在 CM1、CM2、CM3、CM4 的第 7 单元中都写入 2，则输入线 PCM2 的 TS7 时隙的内容就会从输出线 PCM1～PCM4 同时输出。

2）输入控制方式。按输入线配置 CM 每条输入线对应一个 CM，如 CM1 对应输入线 HW1；CM2 对应输入线 HW2……

CM 中的数据为输出线号码，决定该输出线在相应 TS 期间接收输入线的输出。

例如：向 CM1 的第 7 单元中写入 2，则在 TS7 期间，该数据被读出，使输出线 HW2 与输入线 HW1 接通（交叉点 12 闭合），如图 ZY3200401005-5 所示。

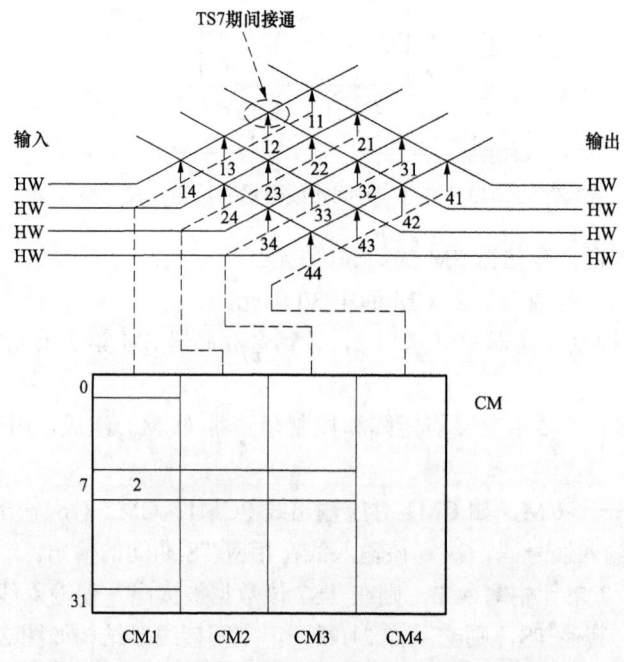

图 ZY3200401005-5　空间接线器输入控制方式交换过程

对大容量交换网络，只靠一级接线器不行，因为目前一级 T 接线器最多只能实现 64 端脉码交换，而 S 接线器又不能单独使用，要采用多级交换网络，如 TS，ST，TST，STS，TSST，SSTSS，TSSST，TTT 等。

【思考与练习】

1. 时间接线器的工作原理是什么？
2. 空分接线器的工作原理是什么？

模块 6　呼叫处理的基本流程（ZY3200401006）

【模块描述】 本模块介绍了电话交换呼叫处理的基本流程，包含电话局内呼叫处理过程和局间呼叫处理过程。通过理论概述、要点讲解，掌握电话交换呼叫处理的基本流程。

【正文】

一、概述

根据进出交换机的呼叫流向及发起呼叫的起源，可以将呼叫分为局内呼叫和局间呼叫。将交换机理解为一个交换局，本局一个用户发起的呼叫，被叫用户是本局中的另一个用户时，即为局内呼叫。被叫用户不是本局的用户，交换机需要将呼叫接续到其他的交换机时，即形成出局呼叫。相应地，从其他交换机发来的来话，呼叫本局的一个用户时，生成入局呼叫；出局呼叫和入局呼叫构成一个完整的局间呼叫。

两个用户间的每一次成功的接续包括以下 3 个阶段：呼叫建立阶段→通话阶段→话终释放阶段。

二、局内电话交换的呼叫处理过程

1. 呼叫建立

（1）主叫用户摘机呼叫。

1）主叫摘机，交换机检测到用户摘机状态，登记；

2）查明主叫类别，包括用户线类别、话机类型、服务类别（长途权、国际权、新服务等）不同类别的呼叫将产生不同的呼叫处理。

（2）送拨号音，准备收号。交换机控制系统选择一个空闲收号器以及与主叫用户之间的空闲路由；选择一个空闲的信号音源间和主叫用户间的路由，向主叫发送拨号音；监视收号器的输入信号，准备收号。

（3）收号。收号器收号；收到第 1 位号后，停发拨号音；对收到的号码按位存储；对"应收位"、"已收位"进行计数；将号码送向分析程序进行分析。

（4）号码分析。对收到的号码进行分析，以决定呼叫类（本局、出局、长途、特服等），并决定该收几位号；检查这个呼叫是否允许接通（是否限制权限等）；检查被叫用户是否空闲，若空闲则将其示忙。

（5）接至被叫用户。测试并预占空闲路由，包括向主叫用户送回铃音路由；向被叫用户送振铃信号回路。

（6）向被叫用户振铃。包括向被叫用户振铃，向主叫用户送回铃音，监视主、被叫用户状态。

2. 被叫应答通话

被叫摘机应答，停送振铃信号和回铃音；建立 AB 用户间通话路由，开始通话；启动计费设备，开始计费；监视主、被叫用户状态。

3. 话终释放

（1）话终，主叫先挂机：路由复原；停止计费；向被叫用户送忙音。

（2）话终，被叫先挂机：路由复原；停止计费；向主叫用户送忙音。

三、局间电话呼叫的处理过程

局间呼叫包括出局呼叫和入局呼叫两个阶段。

1. 出局呼叫

（1）主叫用户摘机呼叫。

1）主叫摘机，交换机 A 检测到主叫用户摘机状态，进行登记；

2）查明主叫类别，包括用户线类别、话机类型、服务类别（长途权、国际权、新服务等）不同类别将进行不同的处理。

（2）发送拨号音，准备收号。交换机控制系统选择一个空闲收号器以及与主叫用户之间的空闲路由；选择一个空闲的信号音源间和主叫用户间的路由，向主叫发送拨号音；监视收号器的输入信号，准备收号。

（3）收号。收号器收号；收到第 1 位号码后，停送拨号音；对收到的号码按位存储；对"应收位"、"已收位"进行计数；将号码送向分析程序进行分析。

（4）号码分析。在预译处理中分析号首，以决定呼叫类（本局、出局、长途、特服等），并决定该收几位号；检查这个呼叫是否允许接通（是否限制权限等）；检查出局中继电路是否空闲，若空闲则将其示忙。

（5）占用出局中继电路。测试并预占空闲出局中继电路，向交换机 B 入中继电路发送占用信号。

2. 入局呼叫

（1）占用入中继电路，准备收号。接收交换机 A 发送的占用信号，占用入中继电路，选择一个空闲收号器及与入中继电路间的空闲路由，监视收号器的输入信号，准备收号。

（2）收号。收号器收号，对收到的号码按位存储；对"应收位"、"已收位"进行计数；将号码送向分析程序进行分析。

（3）号码分析。对收到的号码进行分析，以决定被叫类型，并决定该收几位号；检查这个呼叫是否允许接通（是否限制权限等）；测试被叫用户是否空闲，若空闲则将其示忙。

（4）接至被叫用户。测试并预占空闲路由，包括向入中继电路送回铃音路由；向被叫用户送振铃信号回路。

（5）向被叫用户振铃。向被叫用户 B 振铃；向入中继电路送回铃音；监视入中继电路、被叫用户状态；主叫用户听回铃音。

（6）被叫应答通话。被叫摘机应答，停振铃音和回铃音；建立被叫用户与入中继电路间通话路由，双方通话；监视入中继电路、被叫用户状态。

（7）话终释放。

1）话终，主叫先挂机：主叫用户电路、出中继电路复原；停止计费；入中继电路复原，交换机 B 向被叫用户送忙音。

2）话终，被叫先挂机：被叫电路复原、入中继电路复原；出中继电路复原，停止计费；交换机 A 向主叫用户送忙音。

【思考与练习】

1. 电话呼叫分为哪几种？

2. 一个电话呼叫接续包括哪三个阶段？

3. 局内呼叫和局间呼叫的区别是什么？

模块 7　程控交换机的性能指标（ZY3200401007）

【模块描述】本模块介绍了程控交换机话务量和呼叫处理能力的基本概念，包含忙时、忙时呼叫、忙时话务量、呼损率和呼叫处理能力等概念。通过概念定义、单位介绍，熟悉程控交换机常用的性能指标。

【正文】

性能指标是评价程控交换机系统呼叫处理能力和交换接续能力的指标，反映了程控交换机系统所具备的技术水平。性能指标主要包括话务负荷能力、呼叫处理能力、交换机最大用户线和中继线数量。

一、话务负荷能力

话务负荷能力是指在一定的呼损率下，交换机在系统忙时可以承担的话务量。

1. 话务量（traffic）

定义：单位时间内平均发生的呼叫次数 C 与每次呼叫平均占用时间 t 的乘积，即话务量

$$A = Ct$$

单位：

当 C 与 t 的时间单位一样（h/min/s），则 A 的单位为爱尔兰（Erlang，Erl）；

当 C 以 h 作单位，t 以 min 为单位，则 A 为分钟呼（Cm）；

当 C 以 h 作单位，t 以百秒为单位，则 A 为百秒呼（CCS）。

2. 呼损率

定义一：由于没有空闲通路而不能建立的呼叫次数与呼叫总次数之比，亦称呼叫拥塞率。

定义二：服务器全被占用的时间与总考察时间之比，亦称时间拥塞率。

原发话务量是指加入到交换网络的输入线上的话务量，完成话务量是指在输出端送出的话务量，则

$$损失话务量 = 原发话务量 - 完成话务量$$

二、呼叫处理能力

1. 计算 BHCA 的基本模型

系统开销：在充分长的统计时间内，处理机用于运行处理软件的时间和统计时长之比，即时间资源的占用率。

固有开销：与呼叫处理次数无关的系统开销。

非固有开销：与呼叫处理次数有关的开销。

单位时间内处理机用于呼叫处理的时间开销为

$$t = a + bN$$

式中　a——与呼叫处理次数无关的固有开销；

　　　b——处理一次呼叫的平均开销；

　　N——单位时间内所处理的呼叫总数，即 BHCA。

2. 影响程控交换机呼叫处理能力的因素

（1）系统容量；

（2）系统结构；

（3）处理机能力；

（4）软件设计水平。

3. 提高呼叫处理能力的方式

（1）提高系统结构的合理性；

（2）提高处理机本身处理能力；

（3）设计高效率的操作系统；

（4）提高软件设计水平；

（5）精心设计数据结构；

（6）合理选用编程语言。

三、交换机最大用户线和中继线数量

交换机最大用户线和中继线数量主要受交换机处理器的处理能力和数字交换网络控制。

【思考与练习】

1. 程控交换机主要性能指标有哪些？

2. 什么是话务量？

3. 影响程控交换机呼叫处理能力的因素有哪些？

模块 7

ZY3200401007

国家电网公司
生产技能人员职业能力培训专用教材

第二十三章 信 令 系 统

模块 1 信令的基本概念（ZY3200402001）

【模块描述】本模块介绍了程控交换机信令的概念和信令的分类，包含信令的功能、信令分类、信令方式和呼叫过程基本知识。通过流程介绍、要点讲解、图形示意，掌握信令的基本功能和信令的分类。

【正文】

一、信令的概念

在交换机内各部分之间或者交换机与用户、交换机与交换机间，除传送话音、数据等业务信息外，还必须传送各种专用的附加控制信号，以保证交换机协调动作，完成用户呼叫的处理、接续、控制和维护管理功能。因此，信令就是指导通信设备完成呼叫接续和维持其自身及整个网络正常运行所需的控制信号。

信令系统的主要功能是在指定的通信终端设备间建立和拆除所需的通信连接，引导终端设备、交换系统和传输系统协调运行，主要包括监视功能、选择功能和管理功能。

电话呼叫的基本信令流程如图 ZY3200402001-1 所示。

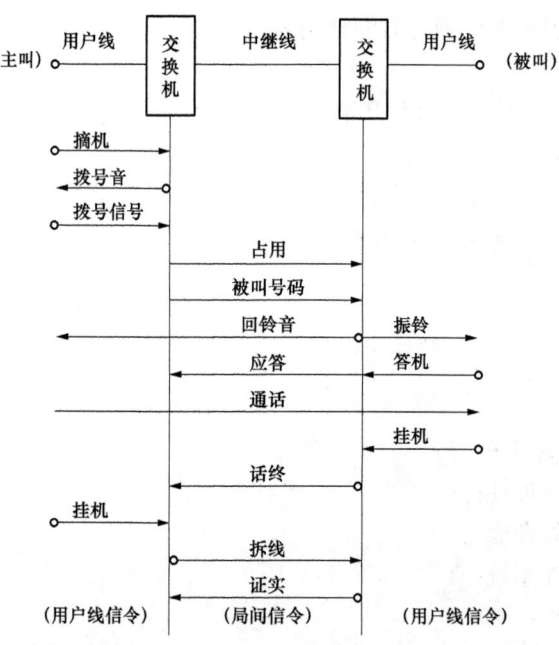

图 ZY3200402001-1 电话呼叫的基本信令流程

二、信令的分类

（1）按信令的工作区域划分，可分为用户线信令与局间信令，分别在用户线上和局间中继线上传送。

1）用户线信令。用户线信令是在用户与交换机之间的用户线上传送的信令。

2）局间信令。局间信令是在交换机或交换局之间中继线上传送的信号，用以控制呼叫的接续。

（2）按信令的功能划分，可分为监视信令和选择信令。

1）监视信令。监视信令反映直流用户环路通断的各种用户状态信号，如主叫用户摘机、主叫用户挂机及被叫用户摘机、被叫用户挂机。交换机检测到这些信号时便会执行相应的软件，产生有关的动作，如交换机向主叫用户发拨号音或忙音、回铃音等，或向被叫用户馈送振铃信号等。

2）选择信令。选择信令为主叫用户发送的被叫号码，交换机识别后控制交换网络进行接续。

（a）直流脉冲信号。模拟电话机发送直流脉冲信号，通过话机拨号控制用户线环路断续而产生直流脉冲串。

（b）双音多频信号。按键话机所发送的拨号信号，用同时发送的两个音频信号表示一个数字。

（3）按信令信道与话音通道的关系划分，可将局间信令分为随路信令和共路信令。

1）随路信令。随路信令是将话路所需要的控制信号由该话路本身或与之有固定联系的一条信令通道来传送，即用同一通路传送话音信息和与其相应的信令。中国 1 号信令属于随路信令。

2）共路信令。将一组话路所需的各种控制信号集中到一条与话音通路分开的公共信号数据链路上进行传送。共路信令系统由于将信令和话音通路分开，可采用高速数据链路传送信令，因而具有传送速度快、呼叫建立时间短、信号容量大、更改与扩容灵活及设备利用率高等特点。No.7 信令和 Q 信令属于共路信令。

（4）按信令的传输方向划分，可分为前向信令和后向信令。

1）前向信号。前向信号是由主叫用户一侧的交换机记发器或出中继电路发送和由被叫用户一侧的交换机记发器或入中继电路接受的信号。

2）后向信号。后向信号是由被叫用户一侧的交换机记发器或入中继电路发送和由主叫用户一侧的交换机记发器或出中继电路接受的信号。

三、信令方式

信令方式就是通信设备之间传递的信令遵循的规则和约定，它包括编码方式、传送方式和控制方式。

1. 编码方式

信令的编码方式包括脉冲方式和编码方式两种。脉冲方式可按脉冲数量、脉冲幅度、脉冲持续时间进行区分。编码方式包括下列三种：

（1）模拟编码方式。有起止式单频编码、双频二进制编码和多频编码方式。

（2）二进制编码方式。数字线路信令采用二进制编码表示线路的状态信息。

（3）信令单元方式。采用不定长分组、经二进制编码的若干字节构成的信令单元。共路信令系统采用此方式进行信令编码。

2. 传送方式

信令在多段链路上的传送主要有以下两种：

（1）端到端方式。发端局只向每个转接局发收端局号，供选择路由用，直至呼叫至收端局，才将用户号码发至接收端局，如图 ZY3200402001-2 所示。

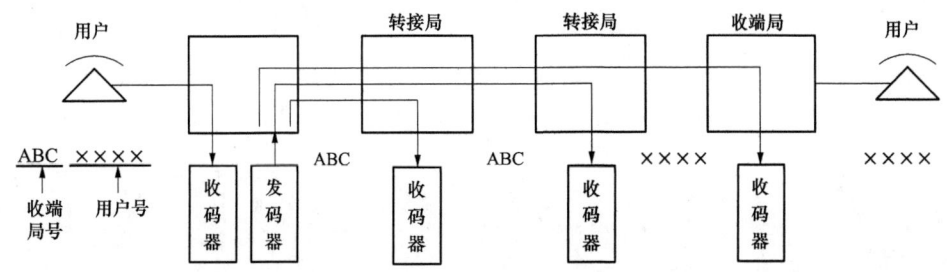

图 ZY3200402001-2　端到端方式

优点：中间局的信令设备较简单，传送速度快。

缺点：适应性较差。要求全程采用相同的信令系统，发端信令设备占用时间长。

（2）逐段转发方式。信令进行逐段接收和转发，每个转接局收到选择信号后，进行识别并校正后再转发至下一个交换局。转发完毕后，发端局与转接中间局的信道释放，如图 ZY3200402001-3 所示。

优点：适应性较好，信号传输只对一段电路，各局之间的依赖性较少。

缺点：由于设备复杂，传送速度慢。

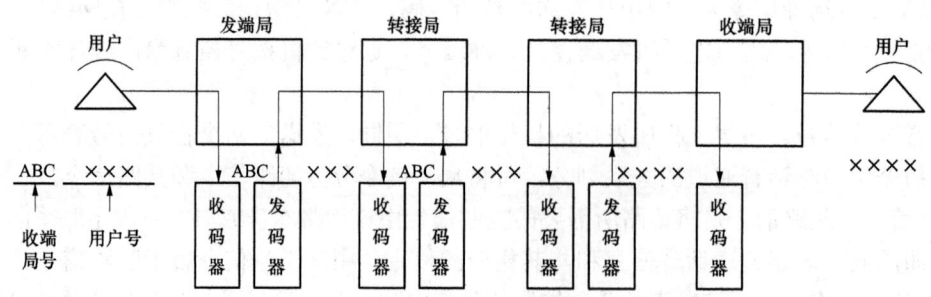

图 ZY3200402001-3　逐段转发方式

3. 控制方式

控制方式是指信令发送过程中交换机之间发送与接收的控制方式，有非互控方式、半互控方式和全互控方式三种。

（1）非互控方式是发端连续向对端交换机发送信令，不接收收端交换机的证实信号。其优点是控制方式简单，发码速度快；缺点是线路适应性差，易发生接续错误。

（2）半互控方式是发端信令的发送受收端的控制，即发端发送一个或一组信令后，等到接收到收端的证实信号后，才发送下一个或下一组信令。

（3）全互控方式是发送一个或一组信号经过四拍，即发端发送一个前向信号，收端接收到前向信号后向发端发送后向证实信号，发端收到后向证实信号后停发前向信号并向收端发送停发前向信号，收端收到停发前向信号后，停发证实信号。其优点是接续可靠；缺点是控制方式复杂，接续速度慢。

【思考与练习】

1. 信令的概念是什么？

2. 信令的分类有哪些？

3. 信令的控制方式有哪些？特点是什么？

国家电网公司
生产技能人员职业能力培训专用教材

第二十四章 中国 1 号信令

模块 1 线路信令（ZY3200403001）

【模块描述】本模块介绍了线路信令的基本概念，包含模拟线路信令和数字线路信令。通过概念定义、表格列举，掌握线路信令的基本概念和中国 1 号信令的线路信令。

【正文】

中国 1 号信令属于随路信令，是在 CCITT R2 信令的基础上演变来的，由线路信令和记发器信令两部分组成。本章分两个模块分别介绍中国 1 号信令的线路信令和记发器信令。本模块介绍中国 1 号信令的线路信令。

一、线路信令

（1）定义：在线路设备间传送的信令叫作线路信令。

（2）用途：用于监视中继线上的呼叫状态，控制接续的进展。

（3）传送：在交换局的话路设备的中继线接口设备之间的传送。

（4）传送方式：逐段转发或端到端方式。

二、线路信令的分类

线路信令分为模拟线路信令和数字线路信令。模拟线路信令利用通过中继线的电流或某一单音频（有 2600Hz 或 2400Hz 两种）脉冲信号表示；数字线路信令通过数字编码表示。

线路信令主要用来监视中继线的占用、释放和闭塞状态，有前向和后向之分，主要有以下几种类型：

（1）占用。前向信令，请求被叫端接收后续信令。通常会使被叫端由空闲状态变为忙状态。

（2）占用确认。后向信令，是对占用信令的响应，表示被叫端已由空闲态变为忙态。

（3）应答。后向信令，表示被叫话机或终端已经应答。

（4）前向释放。前向信令，用于结束呼叫占用的所有交换和传输设备。

（5）后向释放。后向信令，表示被叫终端已经终止通信，释放了通信网络链路。

（6）释放保护。后向信令，是对前向释放信令的响应，表示被叫端的线路及交换设备已经完全恢复到空闲态。在被叫端尚未结束释放保护过程之前，系统将保护该线路不被再次占用。

（7）闭塞。后向信令，通知主叫端将该线路置于闭塞状态，禁止此后主叫端出局呼叫占用该线路。

（8）示闲。前向（后向）信令，表示主叫端（被叫端）已处于空闲状态，可供新生的呼叫使用。

1. 模拟线路信令

主要采用直流或交流两种方式。

（1）直流线路信令（又称 a、b 线信令）。主要用于局间中继线为实线（a、b 两线）的情况。直流线路信令是用直流极性标志的不同，代表不同的信令含义，如断开环路、闭合环路、单线接电源正极或接负极或悬空、环路高阻和低阻的变化、电源反极性等。

（2）交流线路信号。用于频分多路复用设备的市话网和长话网。

信令频率：

1）带内（In-Band Signalling），例：2400Hz，2600Hz。

2）带外（Out-Of-Band Signalling），例：3825Hz，3850Hz。

信令形式：单频长信号，单频短信号，连续信号，长短结合等。

2. 数字线路信令

当局间传输设备采用 PCM 时，局间的线路信令必须采用数字信令。

我国采用 PCM30/32 传输系统，线路信令由 TS16 按复帧传送。每帧的 TS16 可传 2 话路的线路信令，需用 15 帧传送 30 路。因此必须以 16 帧构成一个复帧。第一帧的 TS16 的前四位发送 TS1 的信令，后四位发送 TS17 的信令。第二帧的 TS16 的前四位发送 TS2 的信令，后四位发送 TS18 的信令。以此类推，第十五帧的 TS16 的前四位发送 TS15 的信令，后四位发送 TS31 的信令。

数字线路信令分为前向信令码和后向信令码。前向信令码为 a_f、b_f、c_f；后向信令码为 a_b、b_b、c_b。其中：

a_f 码表示发话交换局状态：$a_f=0$，主叫摘机（占用）状态；$a_f=1$，主叫挂机状态（拆线）。

b_f 码表示故障状态（向来话交换设备指示故障状态）：$b_f=0$，正常状态；$b_f=1$，故障状态。

c_f 码表示话务员再振铃或强拆（全自动时不用）：$c_f=0$，再振铃或强拆操作；$c_f=1$，未进行再振铃或强拆操作。

a_b 码表示被叫用户摘挂机状态：$a_b=0$，被叫摘机（应答）状态；$a_b=1$，被叫挂机（拆线）状态。

b_b 码表示受话局状态：$a_b=0$，表示空闲；$b_b=1$，占用或闭塞。

c_b 码表示话务员回振铃：$c_b=0$，话务员进行回振铃操作；$c_b=1$，话务员未进行回振铃操作。

三、中国 1 号信令的线路信令

1. 模拟线路信号

中国 1 号信令的模拟线路信号采用带内单频 2600Hz，各种含义如表 ZY3200403001-1 所示。

表 ZY3200403001-1　　　　模拟线路信号信令结构表

信 令 种 类	传 送 方 向		信 令 结 构
	前　向	后　向	
占　用			2600Hz，单脉冲 150ms
拆线（主叫挂机）			2600Hz，单脉冲 600ms
重复拆线			
应　答			2600Hz，单脉冲 150ms
挂机（被叫挂机）			2600Hz，单脉冲 600ms
拆线证实（释放监护）			2600Hz，单脉冲 600ms
闭　塞			2600Hz，连续

2. 数字线路信号

数字线路信号编码表见表 ZY3200403001-2。

表 ZY3200403001-2　　　　数字线路信号编码表

接 续 状 态			编　码			
			前　向		后　向	
			a_f	b_f	a_b	b_b
示　闲			1	0	1	
占　用			0	0	1	0
占用证实			0	0	1	1
被叫应答			0	0	0	1
复原	主叫控制	被叫先挂机	0	0	1	1
		主叫后挂机	1	0	1	1
					1	0
		主叫先挂机	1	0	0	1
					1	1
					1	0

续表

接续状态			编码			
			前向		后向	
			a_f	b_f	a_b	b_b
复原	互不控制	被叫先挂机	0	0	1	1
			1	0	1	0
		主叫先挂机	1	0	0	1
					1	1
					1	0
	被叫控制	被叫先挂机	0	0	1	1
			1	0	1	0
		主叫先挂机	1	0	0	1
		被叫后挂机	1	0	1	1
					1	0
闭塞			1	0	1	1

【思考与练习】

1. 线路信令分为哪几类？

2. 我国 PCM30/32 传输系统，线路信令是怎样发送的？

3. 中国 1 号信令属于共路信令还是随路信令？

模块 2　记发器信令（ZY3200403002）

【模块描述】本模块介绍了记发器信令，包含记发器信令信号编码和互控传送方式。通过概念讲解、图形示意，掌握中国 1 号信令的记发器信令。

【正文】

一、记发器信令

记发器信令属于选择信号，主要完成主、被叫号码的发送和请求，主叫用户类别、被叫用户状态及呼叫业务类别的传送。中国 1 号信令的记发器信令采用 MFC（多频互控）信号方式。

MFC 信令分前向和后向两种，前向信令采用 1380、1500、1620、1740、1860Hz 和 1980Hz 高频群，按六中取二编码，最多可组成 15 种信令；后向信令采用 780、900、1020Hz 和 1140Hz 低频群，按四中取二编码，最多可组成 6 种信令。前向信号又分 I、II 两组，后向信号分 A、B 两组。

（1）前向 I 组信号由接续控制信号和数字信号组成。

1）KA 信号。KA 信号是发端市话局向发端长途局或发端国际局前向发送的主叫用户类别信号，KA 信号提供本次接续的计费种类（定期、立即、免费）和用户等级（普通、优先）。这两种信号的相关组合用一位 KA 编码表示，因此，KA 信号为组合类别信号。KA 信号中有关用户等级和通信业务类别信息由发端长途局译成相应的 KC 信号。优先用户是指在网络拥塞或过负荷情况下保证优先呼叫的用户。

2）KC 信号。KC 信号是长话局间前向发送的接续控制信号，具有保证优先用户通话，控制卫星电路段数、完成指定呼叫及其他指定接续（如测试呼叫）等功能。

3）KE 信号。KE 信号是终端长话局向终端市话局以及市话局间前向传送的接续控制信号。

4）数字信号。数字信号"0～9"用来表示主、被叫用户号码。此外，数字"15"信号表示主叫用户号码已发完。

（2）后向 A 组信号是前向 I 组信号的互控信号，起控制和证实前向 I 组信号的作用。

1）A1、A2、A6 信号。这 3 种信号统称发码位次控制信号，控制前向数字信号的发码位次。A1 信号的含义是发下一位，即接着往下发号。A2 的含义是由第一位发起，就是说重发前面已经发过的信号。A6 的含义是发 KA 和主叫用户号码，即要求对端下面发送主叫用户类别 KA 和主叫用户号码。

2）A3 信号。A3 信号是转换控制信号。记发器信号规定，在一开始前向信号发 I 组信号，后向信号发 A 组信号，只有当后向信号为 A3 时整个信号就改变了，即前向信号改为 II 组信号，后向信号改为 B 组信号。这个转换一般发生在发端局发够号码时，这时 A3 信号一方面时转换控制信号，另一方面则是代表被叫号码收够，要求发端局发送业务类别的控制信号。

3）A4 信号。A4 信号的含义是机键拥塞。即在接续尚未到达被叫用户之前遇到设备忙（如记发器忙或中继线忙）时不能完成接续，致使呼叫失败时发出的信号。

4）A5 信号。当接续尚未到达被叫用户之前，发现所发局号或区号为空号，这时就发 A5 信号。

（3）前向 II 组信号（KD）是发端业务类别信号。这里要根据不同业务性质来决定可以强拆或被强拆，是否可以插入或被插入。程控市话局不接受长话呼叫的强拆，但能接受长途半自动话务员的插入。这仅限于市内电话接续，其他如市内传真或数据通信不允许插入。

（4）后向 B 组信号（KB）是表示被叫用户状态的信号，起证实 KD 信号和控制接续的作用。

二、记发器信令的传输

中国 1 号信令的记发器信令为数字线路信令，通过 PCM 系统的第 16 时隙传输。中国 1 号信令记发器信令的传输采用互控方式（MFC）进行传输，一个互控周期分四个节拍，传输控制过程如图 ZY3200403002-1 所示。

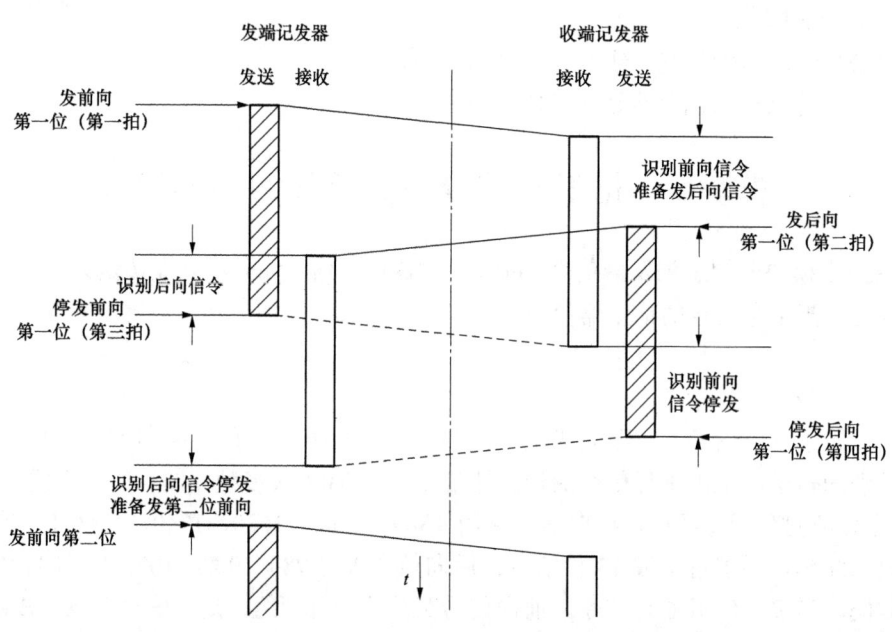

图 ZY3200403002-1　MFC 传输控制过程

第一拍：主叫端发送前向信号；

第二拍：被叫端收到前向信号，回送后向信号；

第三拍：为主叫端收到后向信号，停发前向信号；

第四拍：为被叫端检测到前向信号停发，停发后向信号。

当主叫端识别后向信号停发后，根据收到的后向信号要求，发送下一位前向信号，开始下一个互控过程。

记发器信号为带内信号（频率在话音频带内），因此既可通过模拟信道直接传输，也可经 PCM 编码后，由数字信道传输。正因为记发器信号是在话音信道内传输，所以一号信令是一种随路信令。

【思考与练习】

1. 中国 1 号信令的记发器信令传输互控方式是怎样控制的？

2. 中国 1 号信令的记发器信令前向信号有哪些？

3. 中国 1 号信令的记发器信令后向信号有哪些？

国家电网公司
生产技能人员职业能力培训专用教材

第二十五章　No.7　信　令

模块 1　No.7 信令方式的总体结构（ZY3200404001）

【模块描述】本模块介绍了 No.7 信令系统的总体结构，包含 No.7 信令系统的特点、功能结构和 No.7 信令的功能结构。通过特点分析、结构图形讲解，掌握 No.7 信令系统四级功能结构。

【正文】

一、No.7 信令系统

No.7 信令系统是一种目前最先进，应用最广泛的国际标准化共路信令系统。由于它将信令和话音通路分开，可采用高速数据链路传送信令，由于其先进的组网方式，在世界范围内得到了广泛应用。

1. No.7 信令系统的特点

No.7 信令系统与随路信令相比具有如下特点：

（1）信令容量大，几十至几百种，能适应各种新业务的要求，可提供各种新的网络管理信号、集中计费信号和维护信号等。

（2）信令传送速度快，使交换机建立呼叫的接续时间大为缩短，不仅提高了服务质量，也提高了传输设备和交换设备的使用效率。

（3）通话期间仍可传送信令。

（4）信令设备投资经济合理，可把几百条、几千条话路的各种业务信号汇集起来共用一条高速数据链路，并采用高速率时分传送信令，使一套信令设备能为很多条话路服务，节省了信令系统的总投资。

（5）更改与扩容灵活，不受话路系统的约束。

No.7 信令系统由两部分组成：用户部分（UP）和消息传递部分（MTP）。其整个系统的功能结构如图 ZY3200404001-1 所示。

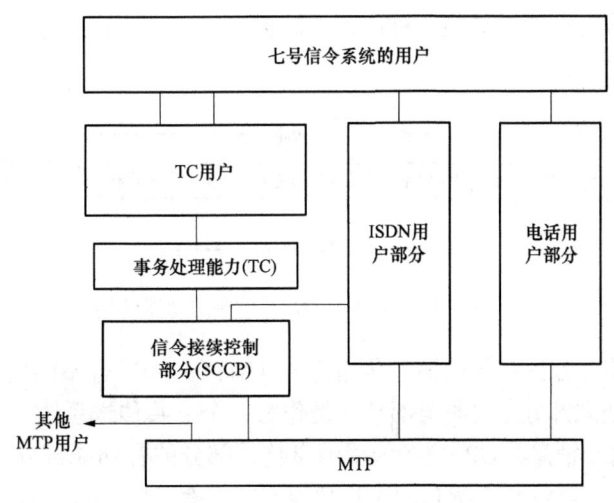

图 ZY3200404001-1　No.7 信令系统的功能结构

2. No.7 信令系统的功能结构

No.7 信令系统功能分为消息传递部分的三个功能级和用户部分（第四功能级），如图 ZY3200404001-2 所示。

模块

1

ZY3200404001

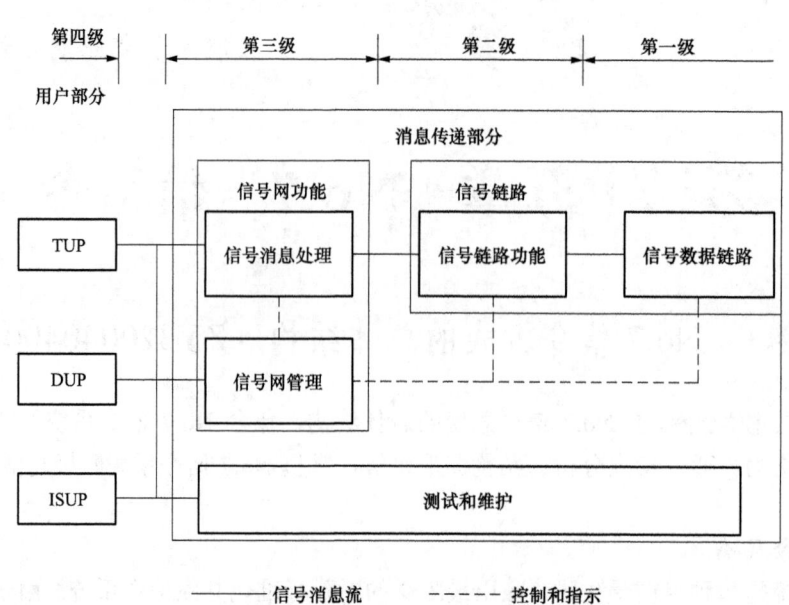

图 ZY3200404001-2 No.7 信令系统的功能结构

（1）信令数据链路功能级（第 1 级）。该级定义信令数据链路的物理、电气和功能特性以及与数据链路连接的方法。在数字环境中，数据链路多采用 64kbps 的数字通路，也可使用具有调制解调器（MODEM）的模拟通路，速率为 4.8kbps。

（2）信令链路功能级（第 2 级）。该级定义在一条信令链路上信令消息的传递及与传递有关的功能和过程。它与第 1 级一起，为在两信令点间进行信令消息的可靠传递提供信令链路。

（3）信令网功能级（第 3 级）。该级定义信令点间消息传递的功能和过程。这些功能和过程对每条信令链路都是公共的。在消息的实际传递中，将信息传至适当的信令链路或用户部分；当遇到故障时，完成信令网的重新组合，当遇到拥塞时，完成控制信令流量的功能及程序，以保证信令消息仍然能够可靠传送。

（4）用户部分功能（第 4 级）。该级定义各类用户（或业务）所需的信令及其编码，规定各用户部分与消息传递部分之间的信号传输关系。而 No.7 信令的用户级是指它作为消息传递部分（MTP）的一个用户，如电话用户部分（TUP），它不是终端，而是在交换局内的 No.7 信令设备的一部分。

二、No.7 信令的功能结构

No.7 信令系统的总体目标就是提供一种国际性的标准化公共信道信号（CCS）系统，其基本功能结构如图 ZY3200404001-3 所示。

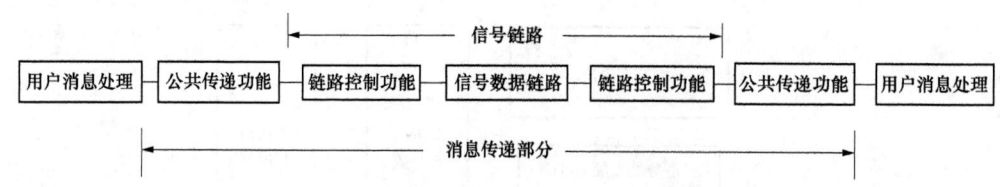

图 ZY3200404001-3 No.7 信令的功能结构

No.7 号信令系统将功能分为共同的消息传递部分（MTP）和适合不同用户的、独立的用户部分。MTP 是各种用户的公共处理部分，它的全部功能是作为一个公共传送系统，为了在通信的用户功能位置之间提供可靠的传递信号消息。UP 是指使用消息传递部分的各功能部分，如电话用户部分，数据用户部分等。每个用户部分都包含它特有的用户功能或与其有关的功能。如电话呼叫处理，数据呼叫处理、网络管理、网络维护及呼叫计费等功能。

【思考与练习】

1. No.7 信令系统的功能结构是什么？
2. No.7 信令系统的特点是什么？

3. 7号信令是共路信令吗？

模块 2　信令网的基本概念（ZY3200404002）

【模块描述】本模块介绍了信令网的基本概念，包含信令网组成和工作方式及 No.7 信令网结构。通过要点讲解、图形示意，掌握 No.7 信令网的组成。

【正文】

No.7 信令网是 ITU-T 在 20 世纪 80 年代初为数字电话网设计的一种局间公共信道信令方式，通过多年的研究和完善 No.7 信令网成为了适合面向连接的数字交换和传输网络的国际标准化公共信道信令系统。

一、信令网的组成

No.7 信令网由信令点（SP）、信令转接点（STP）和信令链路（LINK）三个基本部分组成。

1. 信令点（SP）

信令网中既发出又接收信令消息的信令网节点称为信令点，它是信令消息的起源点和目的地点。把信令链路直接连接的两个信令点称为相邻信令点；同理，将非直接连接的两个信令点称为非邻近信令点。

在信令网中，交换局、运营管理和维护中心、服务控制点和业务交换点均可作为信令点。

2. 信令转接点（STP）

STP 是具有信令转发功能的节点，它可以将信令消息从一条信令链路转发到另一条信令链路。

在信令网中，STP 有两种，一种是专用信令转接点，它只具有信令消息的转接功能，也称为独立型 STP；另一种是综合型 STP，它与交换局合并在一起，是具有用户部分功能的转接点。

3. 信令链路（LINK）

连接两个信令点（或信令转接点）的信令数据链路及其传送控制功能组成的传输电路称为信令链路。电力交换网中信令链路的传输速率主要是 64kbps。

直接连接两个信号点的一束信号链路构成一个信号链路组，一个链路组通常包括所有并行的信号链路，但也可能在两个信号之间设几个相互平行的链路组。链路组内特性（如数据链路速率）相同的一群链路称为链路群（Link group）。

二、信令网的工作方式

No.7 信令网按照与话音通路之间的关系，其工作方式可分为 3 类：直连工作方式、准直连工作方式和全分离工作方式。

1. 直连工作方式

直连工作方式是指相邻两个信令点既是两点之间双向交换的消息的起源点，也是目的地点。其中，起源点指产生消息的信令点，目的地点指消息到达的信令点。该相邻信令点之间传送信令的信道链路与传送话路的信道链路相同，连接如图 ZY3200404002-1 所示。

2. 准直连工作方式

准直连工作方式是指两相邻交换局间的信令消息通过两段或两段以上串联信令链路来传送，并通过预定的路由和 STP 转接，STP（信令转接点）将消息从一条信令链路转到另一条信令链路的信令点，连接如图 ZY3200404002-2 所示。

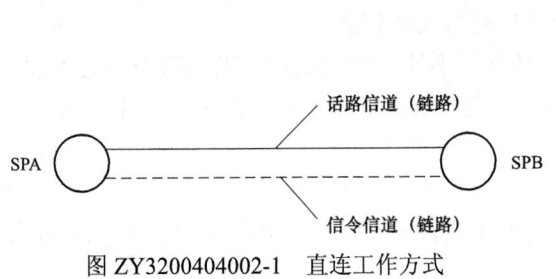

图 ZY3200404002-1　直连工作方式

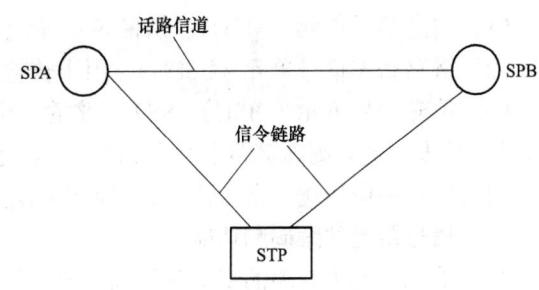

图 ZY3200404002-2　准直连工作方式

三、No.7 信令网的结构

No.7 信令网采用三级结构。第一级是信令网的最高级，称高级信令转接点（HSTP），第二级是低级信令转接点（LSTP），第三级为信令点，信令点由各种交换局和特种服务中心（业务控制点、网管中心等）组成。

（1）第一级 HSTP 负责转接它所汇接的第二级 LSTP 和第三级 SP 的信令消息。HSTP 采用独立（stand alone）型信令转接点设备，目前它应满足 No.7 信令方式中消息传递（MTP）规定的全部功能。

（2）第二级 LSTP 负责转接它所汇接的第三级 SP 的信令消息，LSTP 可以采用独立信令转点设备时，也可采用与交换局（SP）合设在一起的综合式的信令转接设备，采用独立信令转接点设备时，应满足 MTP 规定的全部功能，采用综合式信令转接设备时，它除了必须满足独立式转接点的功能外，SP 部分应满足 No.7 信令方式中电话用户部分的全部功能。

（3）第三级 SP 是信令网传送各种信令消息的源点或目的地点，应满足 MTP 和 TUP 的功能。

四、信令点编码

信令点编码是为了识别信令网中各信令点（含信令转接点），供信令消息在信令网中选择路由使用。由于信令网与话路网是相对独立的网络，因此信令点的编码与电话网中的电话号簿号码没有直接联系。

为了便于信令网的管理，CCITT 在研究和提出 No.7 信令方式建议时，在 Q.705 建议中明确地规定国际信令网和各国的国内信令网彼此相互独立设置，因此信令点编码也是独立的。在 Q.708 建议中明确地规定了国际信令点编码计划，并指出各国的国内信令点编码可以由各自的主管部门，依据本国的具体情况来确定。

我国 No.7 信令网的信令点采用统一的 24 位编码方案，将编码在结构上分为三级，即三个信令区：主信令区编码+分信令区编码+信令点编码。这种编码结构以我国省、直辖市为单位（个别大城市也列入其内），划分成若干主信令区，每个主信令区再找分成若干信令区，每个分信令区含有若干个信令点。每个信令点（信令转接点）的编码由三个部分组成。第一个 8bit 用来识别主信令区；第二个 8bit 用来识别分信令区；最后一个 8bit 用来识别各分信令区的信令点。

【思考与练习】

1. No.7 信令网由哪几部分组成？
2. 我国信令网是怎样构成的？

模块 3 信令单元的基本类型、格式和编码（ZY3200404003）

【模块描述】本模块介绍了信令单元的基本类型、格式和编码，包含信令单元。通过图形释义，掌握 No.7 信令系统信令消息的编码方式。

【正文】

一、信令单元基本类型及格式

No.7 信令系统中，信令消息是以可变长度的信令单元的形式在信令网中交换和传送的。No.7 信令协议定义了 3 种信令单元类型，即消息信号单元（MSU）、链路状态信号单元（LLSU）和填充信号单元（FISU），信号单元格式见图 ZY3200404003-1。

（1）消息信号单元（MSU）：携带 No.7 信令消息的包。

（2）链路状态信号单元（LSSU）：用于传输和链路自身有关的信息。

（3）填充信号单元（FISU）：SS7 链路的一个特点是永远不处于空闲状态，当链路中没有 MSU 或 LSSU 需要发送时，则向链路中发送 FISU 来填充链路。如果检测到链路中某个时刻处于空闲状态，即没有消息在链路中传送，会被认为是链路出错。

二、信号单元的编码和功能

每个消息单元由有序的字节流组成，消息与消息之间由间隔符分隔开。不同类型的消息有各自不同的组成域。

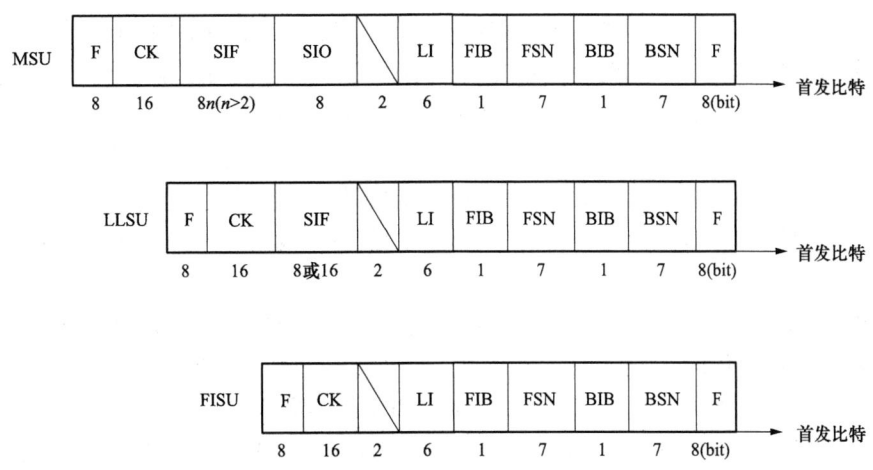

图 ZY3200404003-1　No.7 信令信号单元格式

1. F

F 是标志码，是信号单元的定界标志，编码为 01111110。信令单元的第一段是开始标志，最后一段是结束标志。

2. BSN

BSN 是后向顺序号，占 7 个比特，表示已正常接收到对端发送的信令单元的序号。

3. BIB

BIB 是后向指示比特，占 1 个比特，当其翻转时（0→1，1→0），表示要求对端重发。

4. FSN

FSN 是前向顺序号，占 7 个比特，表示正在发送前向信令单元的序号。

5. FIB

FIB 是前向指示比特，占 1 个比特，当其翻转时（0→1，1→0），表示正在开始重发。

6. LI

LI 是长度指示码，占 6 个比特，表示 LI 与 CK 之间的字段的 8bit 字节数。

7. SIO

SIO 是业务类型指示码，占 8 个比特，用来表示 MSU 的类型。SIO 分为两部分，低 4 位为业务指示码，高 4 位为子业务字段。

8. SIF

SIF 是信令消息字段，包含用户需要传送的信令消息。信令消息字段带有一个由信令点编码、源信令点编码和链路选择码组成的路由标记。

9. CK

CK 是检验比特，长度为 16 个字节，用来检测信令单元在传输中是否发生错误。当检测发现信令单元传输发生错误，则要求重发该信令单元。

【思考与练习】

1. No.7 信令单元由哪些类型？

2. 各信令消息单元的功能是什么？

模块 4　消息传递部分概述（ZY3200404004）

【模块描述】本模块介绍了消息传递部分，包含信令数据链路的功能。通过要点概述，熟悉消息传递部分的概念和功能。

【正文】

一、概述

No.7 信令是一个协议族，由一系列的协议组成。所有的上层应用都依赖于一个通用的传输层，就是消息传递部分 MTP 层。消息传递部分 MTP 是所有信令接点的公共控制部分，负责完成 No.7 信令系统的通信子网功能，它将信号单元所携带的目的地址通过信令网传送到目的地。在信令网中信令点必须配置消息传递部分 MTP，而用户部分可根据业务的需要选择配置相应的用户部分。

消息传递部分 MTP 的主要功能是在信令网中提供可靠的信令消息传递以及管理 No.7 信令的链路，将源信令点用户发送的信令单元准确地传递到目的信令点的指定用户，在信令网发生故障时采取措施，以恢复信令消息的准确传递。

消息传递部分 MTP 分为三级：信令数据链路功能级、信令链路功能级和信令网功能级。

二、信令数据链路功能级

信令数据链路功能级处于 No.7 信令系统功能结构的第 1 级。

信令数据链路提供传送信令消息的物理通道，负责将信令点接入网络介质，并将信令消息转化成电信号，这与 ISDN 的第一层非常类似。

信令数据链路传送通道的传输速率为 64kbps 和 2048kbps 高速信令链路。

三、信令链路功能级

信令链路功能级处于 No.7 信令系统功能结构的第 2 级，它与信令数据链路配合，在信令点之间提供一条传输通道。

信令链路功能级包括信令单元定界和定位、起始定位、信令链路差错监视、差错检测和差错校正，所有这些功能均有链路状态控制过程协调工作。

1. 信令单元定界和定位

信令单元定界的主要功能是将在信令数据链路上传送的比特流划分为信令单元。信令单元的开始和结束是由标志码（F）来标识，标识码（F）为"01111110"。在定界过程中收到了不允许出现的比特码型（6 个连 1），或信号单元超过了某一最大长度时，就认为失去定位。

信令单元定位的主要功能是检测定位及失去定位后的处理。在定界过程中收到了不允许出现的比特码型（6 个连 1），或信号单元超过了某一最大长度时，就认为失去定位。失去定位将转入信令链路差错监视状态。

2. 起始定位

起始定位过程用于首次启动和链路发生故障后进行恢复时的定位。只有当信令链路起始定位成功后，才传送信令消息单元。

起始定位过程是两个信令点之间交换信令链路状态的握手信号，并检测链路的传输质量，只有当链路传送差错率低于规定值，才认为握手成功，进入工作状态。

3. 信令链路差错率监视

信令链路差错率监视有两种信令链路差错监视过程，一个是定位差错率监视过程，用于在信令链路起始定位过程的差错监视，另一个是信令单元差错率监视过程，用于信令链路工作状态下信令单元传送差错的监视。

4. 差错检测

差错检测功能由每个信令单元结尾提供的 16 位比特校验码来完成。在发端将信令单元检验码之前的比特按特定的算法进行计算产生校验码。在收端，用对应于发端的特定算法规则，对收到的校验比特进行计算。收到的校验比特与收到的信令单元校验码之前的比特不一致，就认为有差错，该信令单元将被舍弃。

5. 差错校正

差错校正有两种差错校正方法：基本差错校正和预防循环重发校正。

基本差错校正适合于单向传输时延小于 15ms 的信令链路，预防循环重发校正适用于单向传输时延大于 15ms 的信令链路，主要用于卫星信令链路。

　　基本差错校正方法是一种非强制、肯定/否定证实和重发差错校正系统。在收到肯定证实前，已发送的信令单元仍保存在发信令链路中，如果收到否定证实信号，就停止发送新的信令单元，从否定证实所指定的信令单元开始重发已发送但未证实的信令单元。

　　预防循环重发校正方法是一种非强制、肯定证实、循环重发前向纠错系统。在收到肯定证实前，已发送的信令单元仍保存在发信令链路的缓存器中。在无新的信令单元发送期间，循环重发未被肯定证实的全部已发信令单元。但未被证实的已发信令单元达到一定数量时，停发新的信令单元。

四、信令网功能级

　　信令网功能级处于 No.7 信令系统功能结构的第 3 级。它完成信令单元在信令网中传送时的消息处理功能和信令网的管理功能。

1. 信令网的消息处理功能

　　信令网的消息处理功能包括消息识别、消息分配和消息选路 3 个子功能，是确保源信令点发送的信令单元准确发送到目的信令点的指定用户。

　　（1）消息识别功能。消息识别功能用于确定接收的消息是否是以本信令节点为目的信令点，通过对接收到的 MSU 中的目的信令点编码于本信令节点的编码进行比较来确定。如果目的信令点是本节点，则将信令信息单元传送给消息分配功能；如果不是，则将信令信息单元传送给消息选路功能。

　　（2）消息分配功能。在每个信令点将收到的信令消息传送到相关的用户部分。

　　（3）消息选路功能。在每个信令点确定待发送的信令消息传送到其目的信令点的出局信令链路，是根据 MSU 路由标记中的目的信令点编码、链路选择码和业务类型指示码，来选择合适的信令链路传送信令消息。

2. 信令网的管理功能

　　信令网管理的目的是在信令链路或信令点发生故障时，完成信令网的重新组合，以维持和恢复正常的信令业务。信令网管理的功能是监视每一条信令链路和信令点的工作状态，在信令链路和信令点发生故障时，选择替代的信令链路和路由，确保信令消息的正常传送。在故障的信令链路和信令点恢复正常运行后，恢复正常信令消息的传送路由。

【思考与练习】

　　1. 消息传递部分 MTP 分为几级？

　　2. 信令网的管理功能是什么？

模块 5　信令连接控制部分（ZY3200404005）

　　【模块描述】本模块介绍了信令连接控制部分，包含信令连接控制部分消息格式、基本功能和所提供服务。通过要点介绍、图形示意，掌握 No.7 信令系统信令连接控制部分的基本功能。

　　【正文】

　　信令连接控制部分（SCCP）是为了满足新的用户（如 ISUP）对消息传送的要求，来弥补在网络级功能的不足。SCCP 提供了增强的电路信令及非电路信令传送功能。

一、基本功能

1. 附加的寻址功能

　　MTP 的寻址是根据目的点编码（DPC）将消息传送到指定的信令点，在依据业务指示信息将消息传送到指定的用户。SCCP 是在 DPC 的基础上增加了附加的寻址信息 SSN，可在同一个信令点内识别更多的用户。

2. 地址翻译功能

　　SCCP 的地址是一个全局码，包含目的信令点编码地址。SCCP 将全局码址翻译成 DPC+SSN 地址，供 MTP 传送消息。翻译功能可在每个节点进行，也可在网络中的翻译中心进行。

3. 提供不同的业务类型

　　SCCP 为了适应各种用户部分的不同需求，定义了四种业务类型：

（1）0 级——基本的无连接型业务。这类业务在数据的传输前不需要事先建立连接，每个消息带有地址和路由消息。SCCP 采用负荷分担的方式提供路由选择码（SLS），消息不需要按顺序传送。

（2）1 级——有序的无连接型业务。这类业务在数据的传输前不需要事先建立连接，但要求 MTP 将消息在相同的路由上传送到目的信令点，使消息按顺序到达。SCCP 对这类业务的消息序列分配相同的路由选择码（SLS）。

（3）2 级——基本的面向连接类。此类业务通过信令连接实现 SCCP 用户间的双向数据通信，同一信令连接的消息包含相同的路由选择码（SLS），消息按顺序传送。

（4）3 级——流量控制面向连接类。此类业务除具有 2 级的特性外，还具有流量控制、加速数据传送、检测消息丢失和序号错误的功能。

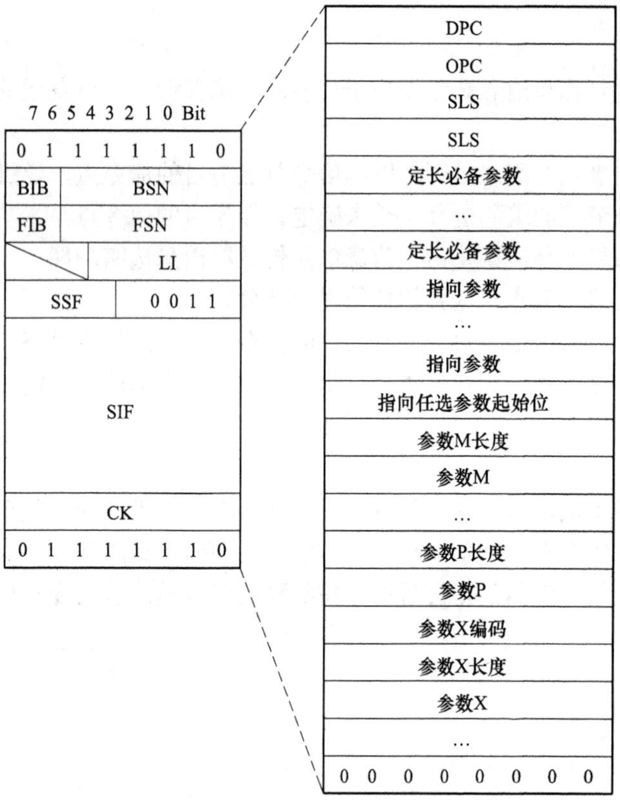

二、消息格式

SCCP 消息是在信息信令单元的 SIF 字段中传送，业务表示语（SI）的编码为 0011。SCCP 的消息由五部分组成：路由标记、消息类型、定长必备参数、变长必备参数和任选参数。SCCP 消息格式如图 ZY3200404005-1 所示。

（1）路由标记。路由标记由目的信令点编码（DPC）、源信令点编码（OPC）、信令链路选择码（SLS）组成。国标规定 DPC 和 OPC 用 24bit 编码，SLS 用 4bit 编码。

（2）消息类型。由 8bit 字节表示不同的消息类型。

（3）定长必备参数。指消息参数的名称、长度和出现的次序都是固定的。

（4）变长必备参数。指消息参数的名称和次序可以事先确定，但长度可变。

（5）任选参数。任选参数包括参数名和参数内容，其长度即可以是固定的也可以是可变的。参数是否出现及出现的顺序与应用的业务有关。

图 ZY3200404005-1　SCCP 消息格式

【思考与练习】

1. SCCP 消息格式的组成部分是什么？
2. SCCP 的基本功能包括什么？

模块 6　电话用户部分概述（ZY3200404006）

【模块描述】本模块介绍了电话用户部分的概念，包含电话用户部分消息格式、双向电路的同抢处理、正常呼叫处理的信令过程等知识。通过图形示意，掌握 No.7 信令系统的电话用户部分的概念。

【正文】

电话用户部分属于 No.7 信令系统的第四功能级，它定义了控制电话呼叫接续的各类局间信令消息和协议，这些信令通过消息传递部分 MTP 传送。

一、消息格式

电话用户部分的消息格式如图 ZY3200404006-1 所示，电话用户的信令消息内容在 MSU 的信令消息字段（SIF）中传送，其由标记、标题码和信令消息组成。

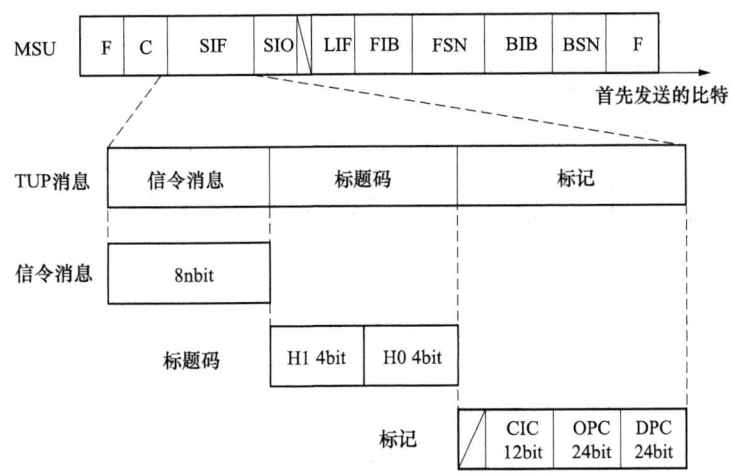

图 ZY3200404006-1　电话用户部分的消息格式

二、双向电路的同抢处理

No.7 信令电路采用双向工作模式，即联网交换机之间任何一方都可以主动请求占用任一话路时隙。这种工作模式的优点是提高了联网中继电路的利用率，但在局间话务比较繁忙时将出现同抢现象，即两个交换机同时试图占用同一条电路的现象。

如果电路发生同抢现象，应遵循以下原则处理：非主控局让位给主控局，即主控局忽略收到的 IAM/IAI 消息，继续后续的呼叫处理，而非主控局则放弃刚占用的电路，自动重选路由。根据 ITU-T 的规定，信令点编码大的交换局主控偶数电路，信令点编码小的交换局主控奇数电路。

三、正常呼叫的信令过程

所谓信令过程，指交换局间各类呼叫接续信令的传送顺序。一个正常呼叫处理的信令过程，一般包括三个阶段：呼叫建立阶段、通话阶段和话终释放阶段。正常呼叫的信令过程如图 ZY3200404006-2 所示。

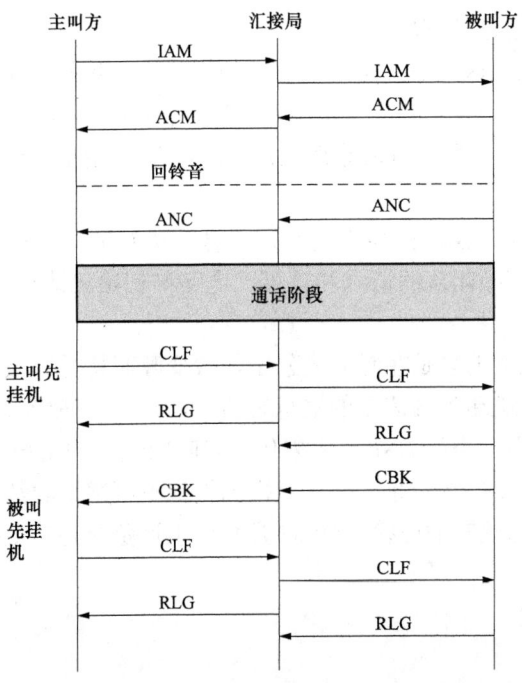

图 ZY3200404006-2　正常呼叫的信令过程

IAM—初始地址消息；IAI—带有附加信息的初始地址消息；SAM—后续地址消息；ACB—接入拒绝信号；COT—导通信号；RAN—再应答信号；RLG—释放监护信号；RSC—电路复原信号；ACC—自动拥塞控制信息消息；ACM—地址全消息；ADI—地址不全信号；ANC—应答信号、计费；ANN—应答信号、免费；BLA—闭塞证实信号；BLO—闭塞信号；BSM—后向建立消息；CBK—挂机信号；CCL—主叫用户挂机信号；CCM—电路监视消息；CFL—呼叫故障信号；CLF—拆线信号；FAM—前向地址消息；FOT—前向转移信号；FSM—前向建立消息；GRA—电路群复原证实消息；GRM—电路群监视消息；GRQ—一般请求消息；GRS—电路群复原消息；GSM—一般前向建立信息消息；MAL—恶意呼叫识别信号；SAO—带有一信号的后续地址消息；SBM—后向建立成功信息消息；UBM—后向建立不成功消息

【思考与练习】

1. 电话用户部分的组成是什么？
2. 发生同抢的原因是什么？

模块 7　综合业务数字网用户部分概述（ZY3200404007）

【模块描述】本模块介绍了综合业务数字网用户部分的概念，包含综合业务数字网用户部分消息格式和编码、正常呼叫处理的信令过程、信令间配合。通过概念介绍、图形示意，掌握 No.7 信令系统的综合业务数字网用户部分的概念。

【正文】

综合业务数字网用户部分 ISUP（ISDN User Part）是 No.7 信令系统的 ISDN 业务的第四功能级。它支持话音业务和非话音业务的基本承载业务以及各种补充业务所需的信令功能。ISUP 即包括 TUP（电话部分）和 DUP（数据部分）的全部信令，也具有 ISDN 基本业务和补充业务所需的信令功能。它的主要功能是在两个程控交换机（ISDN 交换机）之间为主叫用户和被叫用户建立话音通路（呼叫建立）、话音通路的释放（呼叫释放）、线路监视、补充业务处理等。这些信号通过消息传递部分 MTP 传送。

一、ISUP 消息格式和编码

ISUP 的信令全部以消息的形式出现。ISUP 依靠发送、接收和处理消息完成它的功能。ISUP 消息被当作用户信息在消息信令单元 MSU 中发送。

消息格式：ISUP 消息信号单元中的信号消息字段（SIF）组成的消息内容，由下列部分组成：

（1）路由标记。ISUP 的路由标记由 DPC、OPC、SLS 三部分组成，与 TUP 相同，由 8 位码组成。

（2）电路识别码（CIC）。电路识别码由两个 8 位组，第一个 8 位为最低有效位，第二个 8 位的前 4 位为最高有效位，后 4 位备用。

（3）消息类型。ISUP 消息分为六类：

1）呼叫建立和监视消息。这类消息用来控制呼叫的建立，包括初始呼叫请求 IAM、后续地址消息 SAM、地址接收完毕 ACM、被叫应答 ANM 和计费信息 CRG 等消息。

2）电路监视消息。这类消息主要用来监视已建立的电路，包括释放电路、挂起电路和闭锁电路三项功能。

3）电路群监视消息。该类消息功能与电路监视消息的功能相同，区别是将一群电路作为一个整体来控制。包括电路群闭塞和解除闭塞的请求和认可，电路群初始化请求和认可，对电路群状态的询问和应答等消息。

4）呼叫中变更消息。这类消息是在呼叫进程中，改变呼叫特性或改换附加业务性能。

5）端到端信令消息。传送端到端信令的消息有两个，一个是 PAM，利用两个端局之间已建立的物理连接传送端到端信令；另一个是 USR，用来传送和呼叫无关的用户到用户信令。

6）维护消息。维护消息有三个，CFN 是当交换机收到不可辨识的消息时给出的应答；UCIC 是当交换机收到不存在的电路标志码时的应答；OLM 是交换机过负荷是对 IAM 的应答，目的是暂时闭塞中继电路，拒绝一般呼叫。

二、ISUP 呼叫控制过程

1. 正常呼叫建立过程

正常情况下 ISUP 的呼叫建立过程如图 ZY3200404007-1 所示。呼叫由主叫用户发送 Setup 消息开始。发端交换机收到用户送来的 Setup 消息后，经分析判断为出局呼叫，则将主、被叫地址和相关信息组装成 IAM 消息发送给对端交换机。如果用户发送的 Setup 消息包含全部的被叫地址，则 IAM 中包含全部被叫地址，如果主叫用户采用重叠方式发送被叫地址，则在 IAM 之后将跟随多个 SAM 消息，直到被叫地址收全。被叫交换机收到 IAM 之后，用 INR 消息向发端交换机要求附加信息，发端交换机发送 INF 消息。被叫交换机收到所需要消息后，向被叫用户送 Setup，向发端交换机送 ACM（地址收全）消息。被叫交换机收到被叫用户发送的 Alerting（呼叫被接收）时，被叫交换机向主叫交换机发送 CPG 消息（被叫振铃），主叫交换机收到 CPG 消息后向主叫用户发送 Alerting。当被叫送来 Connect 消息后，被叫交换机向主叫交换机发送 ANM 消息。主叫交换机收到 ANM 消息后，向主叫用户发送 Connect 消息。主、被叫之间的通路建立，进入通信阶段。

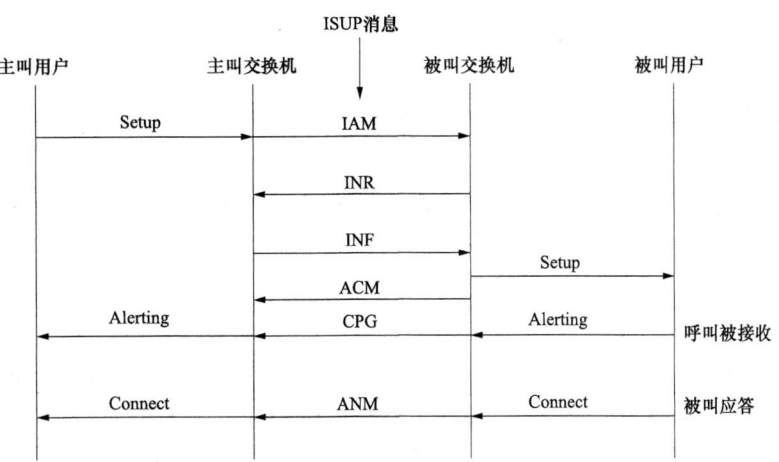

图 ZY3200404007-1　ISUP 呼叫建立过程

2. 正常呼叫释放过程

正常呼叫释放过程如图 ZY3200404007-2 所示。主叫用户拆线，主叫交换机收到用户的 Disconnect 消息后，释放通信通路，向被叫交换机发送 REL，向主叫用户回送 Release 消息。被叫交换机收到 REL 消息后，释放通路，并向被叫用户送 Disconnect 消息，向主叫交换机回送 RLC 消息。

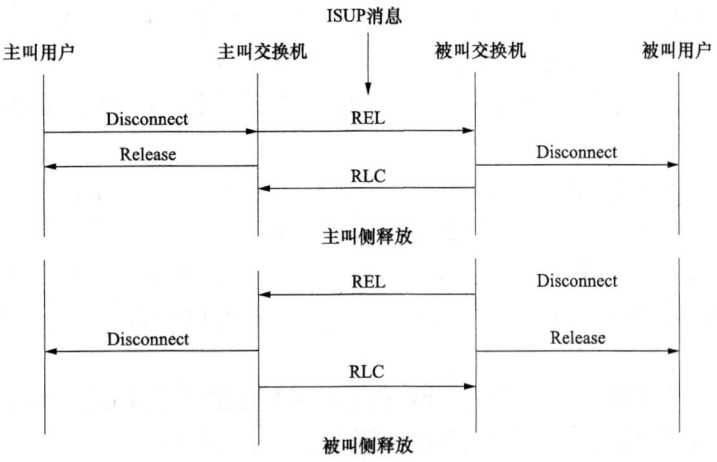

图 ZY3200404007-2　正常呼叫释放过程

【思考与练习】

1. ISUP 消息有哪些类型？
2. ISUP 正常呼叫是怎样建立的？

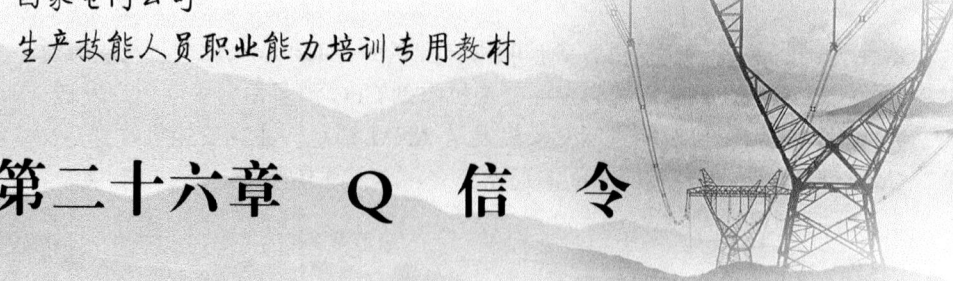
第二十六章 Q 信 令

模块 1 Q 信令系统的基本概念（ZY3200405001）

【模块描述】本模块介绍了 Q 信令的基本概念，包含 Q 信令系统及其特点。通过概念介绍、流程分析，掌握 Q 信令的基本知识。

【正文】

一、概述

Q 信令系统是一种与 No.7 信令一样，用于数字传输、数字交换通信网络的公共通道共路信令系统（CCS）。ISDN 具有三种不同的信令协议：用户—网络信令协议、网络内部信令协议和用户—用户信令协议。用户—网络信令协议是用户终端设备与网络之间的控制信令；网络内部信令协议是交换机之间的控制信令。用户—用户信令协议是用户终端之间的控制信号，在用户之间传送。Q 信令系统采用 ISDN 的用户—网络信令协议。

Q 信令系统具有接续速度快，可靠性高，网络路由编号，主叫号码、被叫号码同时传送，信道承载能力可控制，信道可捆绑，中继汇接，呼叫路由预测，分组呼叫处理，帧中继连接，与 IP 广域网路由器连接等多种先进的功能。该系统广泛应用于电力行政交换网和电力调度交换网。

二、Q 信令的物理接口

Q 信令的物理接口为基群速率接口（PRA）。基群速率接口有两种标准：23B+D 和 30B+D。我国采用 30B+D 的标准，即一个接口提供 30 个 B 通道和 1 个 D 通道。

B 信道是 ISDN 线路中逻辑数据"管道"，提供 64K 的透明通路，用于数据传输。B 信道典型应用于电路交换，可以传输任何 2 层或高层协议。

D 信道主要用于传输呼叫控制信令和维护管理信令，传输 OSI 模型中的二、三层协议。Q.931 是呼叫控制协议的第三层（网络层）协议，Q.921 为第二层数据链路层协议。

PRA 接口主要用于连接接入服务器、路由器或 PBX 等。其信令交换过程和 BRA 接口基本相同。略有不同的是，PRA 接口物理上是 E1 或 T1 接口，接口两侧一旦实现信号同步，将一直维持，因此 PRA 接口是常激活的。

因 PRA 是一种用户—网络接口，用户侧和网络侧的 PRA 对接才形成此接口。用户侧的 PRA 通常是路由器、用户交换机等用户设备，网络侧的 PRA 通常是局用交换机。

三、Q 信令的基本呼叫流程

1. 信令链路建立过程

通常包括下述 4 个过程：

（1）物理通道的建立。

（2）终端设备标识（TEI）的申请与分配。

（3）二层链路建立。在二层链路上传递 DSS1 信令消息（第三层消息）于 PRA 接口的呼叫，因为 E1 接口在开通后在物理层是常活的，而且 PRA 接口两侧的对接设备的链路层一般使用固定 TEI=0，而且在设备安装对接时自动完成逻辑链路的建立后，该链路一直维持。

（4）第三层的协议处理——呼叫控制。电路交换呼叫控制程序是第三层协议完成电路方式呼叫建立、保持和释放的处理程序。第三层的基本呼叫控制程序是由多个状态的迁移来完成的。在呼叫控制过程中，第三层完成某一事件，例如，一个消息的发送或接收，就进行一次状态的迁移。用户侧的状态和网络侧的状态应该是相对应的。

2. 正常的基本呼叫

主叫终端向交换机发送呼叫请求消息，有两种发码方式。一种是整体方式，用户终端通过呼叫建立（Setup）消息将被叫用户的全部地址一次发出，送给网络侧；另一种是重叠方式，用户终端发出 Setup 消息后，在 Infomation 消息中将被叫用户地址送出。

交换机收到 SETUP 消息后，进行相应的兼容性检查并向主叫用户发送呼叫进行（Call Proceeding）消息，开始进行呼叫建立的处理。主叫交换机通过被叫交换机向被叫用户传递 Setup 消息。被叫用户应答后向交换机发送 Connect 消息。

呼叫建立后，主叫用户和被叫用户都有可能首先结束呼叫。Q 信令系统的呼叫释放采用互不控制的方式。即呼叫的双方只要有一方挂机，则开始清除呼叫的连接。在正常的呼叫清除程序中，需要三个消息来完成呼叫清除的功能，即 Disconnect、Release 和 Release Complete。呼叫消息流程如图 ZY3200405001-1 所示。

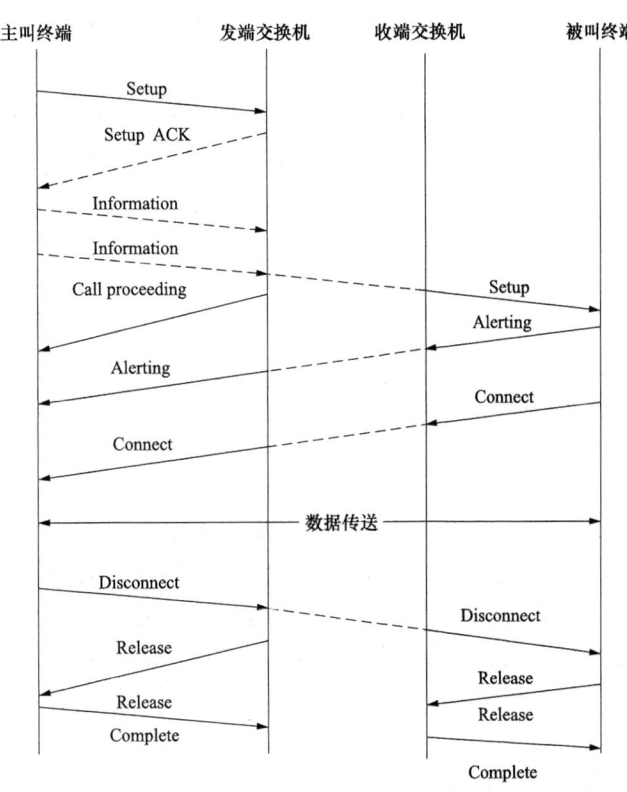

图 ZY3200405001-1 呼叫消息流程

【思考与练习】

1. Q 信令的信令链路建立过程是什么？
2. Q 信令系统有哪些优点？
3. Q 信令属于共路信令还是随路信令？

模块 2 Q 信令分层结构和协议（ZY3200405002）

【模块描述】本模块介绍了 Q 信令分层结构和协议，包含用户—网络接口、物理层、数据链路层和呼叫控制协议。通过要点介绍，掌握 Q 信令系统分层结构及 Q 信令各层的协议。

【正文】

一、Q 信令系统分层结构

Q 信令系统分为三层结构：

第一层为物理层，包括传输媒体和物理层接口两个子层。传输媒体可以是铜缆（双绞电缆、同轴电缆）或者光缆。物理接口则为 ISDN 30B+D 的主速率接口 PRI（Pravet Rate Interface）。

168

第二层为数据链路层，遵循 HDLC 的 LAPD 协议。即在 ISDN "D" 信道上传输数据的控制协议。ITU-T 协议编号为 Q.921（I.441）。

第三层为网络协议层，协议和 D 信道上传送的信息有关，呼叫控制协议是 Q.931（I.451）。

二、Q 信令系统协议

Q 信令系统协议包括 ITU-T 定义在数据链路层上的 Q.921 协议和网络层上的 Q.931 协议，以及与之相关联的区域性、行业性协议。

1. 物理层协议

I.430/I.431 协议是 S/T 参考点的物理层协议。I.430 是基本接口（2B+D）的物理层协议，I.431 是基群速率的接口协议。本节介绍基群速率的接口协议。

基群速率的接口协议 I.431 是建立在 PCM 的 Q.703 建议的基础上。I.431 包括两个速率：2048kbit/s 和 1544kbit/s，对应用 PCM 的两种制式。我国采用 2048kbit/s 接口。

2048kbit/s 接口电气特性：速率为 2048kbit/s±50ppm，传输码型为 HDB3 码，传输媒质是同轴电缆（75Ω）和对称线对（120Ω）。

Q 信令的 2048kbit/s 接口有 B 信道和 D 信道两种信道，即 30B+D，TS0 作为同步时隙，TS16 时隙为 D 信道，其他时隙为 B 信道。B 信道和 D 信道的速率均为 64kbit/s。

2. 数据链路层协议

数据链路层协议 LAP-D（Link Access Protocol D channel）是 D 信道的数据链路层协议，即 Q.920/Q.921（I.441/I.441）。数据链路层利用 Q.920/Q.921 规定的数据链路所提供的功能和服务包括：

（1）数据链路连接的建立；

（2）数据的防差错传输；

（3）数据链路连接的重新建立；

（4）流量控制。

3. 呼叫控制协议

ISDN 用户—网络接口网络层（第三层）利用链路层的信息传递功能，在用户和网络之间发送、接收各种控制信息，并根据用户要求对于信息通路的建立、保持和释放进行控制。

CCITT I.450/I.451 建议（或 Q.930/Q.931 建议）对第三层的呼叫控制进行了定义。建议规定了 B 信道上的连接建立的呼叫控制过程及 D 信道上提供用户—用户信令业务的过程，包括应具有的各种状态、消息类型、消息构成及编码和基本电路交换的呼叫控制程序及分组交换的程序。呼叫控制协议执行的功能主要包括以下各项：

（1）处理与数据链路层通信的原语。第三层与第二层之间的通信是以原语的形式进行的。

（2）建立的证实信息。产生和解释用于同层通信的第三层消息。第三层协议的通信是以消息（message）的形式进行的，因此需要产生并发送相应的呼叫控制消息，并能够接收和分析相关的消息。

（3）对呼叫控制程序中使用的必需的资源管理。

（4）提供用户所需的基本业务和补充业务性能。

【思考与练习】

1. Q 信令系统的三层结构是什么？

2. Q 信令系统的协议有哪些？

3. Q 信令系统的协议类型有哪些？

第五部分

计算机网络设备

第二十七章 以太网交换机

模块 1 以太网交换机的工作原理和功能 (ZY3200501001)

【**模块描述**】本模块介绍了以太网交换机的工作原理，包含交换机的 MAC 地址、数据转发。通过原理介绍、功能讲解、优点分析，掌握交换机的工作原理和主要功能，了解交换式以太网的优点。

【**正文**】

交换机和路由器是组成计算机网络的基础设备。交换机将计算机、服务器及其他网络设备连接在一起组成局域网，而路由器则用来将多个局域网连接起来构成广域网。目前常用的交换机都遵循以太网协议，称之为以太网交换机。提到交换机，在没有特别说明的情况下，通常指的是以太网交换机。由以太网交换机组成的局域网称为交换式以太网，交换式以太网已经取代了早期的共享式以太网。

一、交换机的工作原理

交换机工作于 OSI 网络参考模型的第二层（即链路层），是一种基于 MAC（Media Access Control，介质访问控制）地址识别、完成以太网数据帧转发的网络设备。

交换机上用于连接计算机或其他设备的插口称作端口。计算机借助网卡通过网线连接到交换机的端口上。网卡、交换机和路由器的每个端口都具有一个 MAC 地址，由设备生产厂商固化在设备的 EPROM 中。MAC 地址由 IEEE 负责分配，每个 MAC 地址都是全球唯一的。MAC 地址是长度为 48 位的二进制码，前 24 位为设备生产厂商标识符，后 24 位为厂商自行分配的序号。

交换机在端口上接收计算机发送过来的数据帧，根据帧头中的目的 MAC 地址查找 MAC 地址表，然后将该数据帧从对应的端口上转发出去，从而实现数据的交换。

交换机的工作过程可以概括为"学习、记忆、接收、查表、转发"等几个方面：通过 "学习"可以了解到每个端口上所连接设备的 MAC 地址；将 MAC 地址与端口编号的对应关系"记忆"在内存中，生成 MAC 地址表；从各端口"接收"到数据帧后，在 MAC 地址表中"查找"与帧头中目的 MAC 地址相对应的端口编号，然后，将数据帧从查到的端口上"转发"出去。

1. 建立 MAC 地址表

每台交换机都会生成并维护一个 MAC 地址表。刚开机或重新启动时，交换机的 MAC 地址表是空的。每个以太数据帧的帧头中都包含了该数据帧的目的 MAC 地址和源 MAC 地址。当从某端口上接收到数据帧时，交换机通过读取帧头中的源 MAC 地址，就学习到了连接在该端口上的设备的 MAC 地址。然后，交换机将该 MAC 地址和端口的编号对应起来，添加到 MAC 地址表中。按照这种方式，交换机在开机运行很短的一段时间内即可以学习到大部分端口所对应的 MAC 地址。

2. 转发以太数据帧

交换机从某个端口上接收到数据帧时，通过解析数据帧头得到目的 MAC 地址，然后在 MAC 地址表中查找目的 MAC 地址所对应的端口编号，找到后将数据帧从该端口上发送出去。如果在 MAC 地址表中没有相匹配的条目，交换机则将数据帧发送到除接收端口以外的所有端口。一般情况下，目的主机接收到数据帧后会应答源主机，交换机在转发回传数据帧时会学习到目的主机所连接的端口并添加到 MAC 地址表中。

3. MAC 地址表的维护和更新

交换机每当接收到数据帧时都会检查源 MAC 地址是否存在于 MAC 地址表中，如果没有则把它添加到进来。随着时间的增加，MAC 地址表中的条目就会越来越多。由于交换机的内存是有限的，不能记忆无限多的条目，为此设计了一个自动老化定时（Auto-aging Time）机制：如果某个 MAC 地址在一定时间之内（默认值一般为 300s）不再出现，那么，交换机将把该 MAC 地址对应的条目从地址表中删除。删除之后，如果该 MAC 地址再次出现，交换机会把它当作新的条目重新记录到 MAC 地址表中。

由于地址表保存在交换机的内存中，因此，当交换机断电或重新启动事，地址表中的内容将全部丢失，交换机会重新开始学习。

二、交换机的功能

交换机是构建交换式局域网必不可少的关键设备，其主要功能有以下两个方面：

1. 连接设备

交换机最主要的功能就是连接计算机、服务器、网络打印机、网络摄像头、IP 电话等终端设备，并实现与其他交换机、无线接入点、路由器等网络设备的互联，从而构建局域网，实现所有设备之间的通信。交换机与终端设备及其他网络设备的连接如图 ZY3200501001-1 所示。

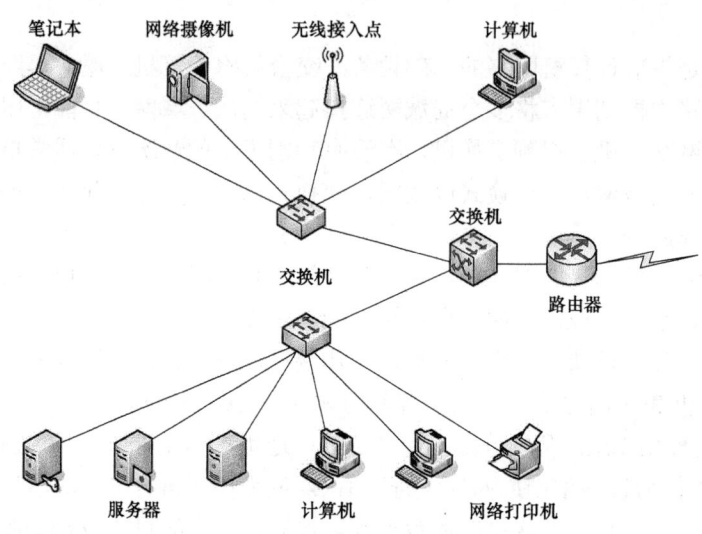

图 ZY3200501001-1　交换机与终端设备及其他网络设备的连接

作为局域网的核心与枢纽，交换机的性能决定着网络的性能，交换机的带宽决定着网络的带宽。

2. 隔离广播

在由集线器（HUB）组成的共享式以太网中，数据帧是以广播方式发送的。在整个网段中，同一时刻只能允许一台计算机发送数据，其他计算机同时接收，然后检查接收到的数据帧中的目的 MAC 地址，如果是发给自己的则继续处理，如果不是发给自己的则予以丢弃。当两台计算机同时发送数据时就会产生"碰撞"，发送失败，只能稍后再试，不断地进行碰撞检测浪费了时间。因此共享式以太网是一个低效率的网络。

在由交换机组成的交换是以太网中，交换机只把数据帧转发到目的主机所在的端口，而不是将数据帧发送到交换机上的所有端口，因此，其他端口不受影响，可独立地进行各自的通信。

交换机在对数据帧进行转发的同时实现了对数据帧的过滤，可以有效地隔离广播风暴、减少错帧的出现、避免共享冲突。与共享式以太网相比，可以理解为交换机将碰撞有效地隔离在一个端口上，每一个端口就是一个独立的"碰撞"域。

三、交换式以太网的优点

与传统的共享式以太网相比，交换式以太网的数据转发效率很高。

（1）在交换式以太网中，多台计算机等终端设备之间的通信可以同时进行，彼此之间不受影响和干扰，并且每个通信都可以"独享"带宽，即拥有端口所提供的标称速率。

（2）交换式网络的工作模式通常为"全双工"，即两台终端设备之间可以同时发送和接收数据，数据流是双向的。

【思考与练习】

1. 以太网交换机与 HUB 的区别是什么？

2. 以太网交换机的工作原理是什么？

3. 简述交换机数据转发的工作过程。

4. 与传统的共享式以太网相比，交换式以太网有哪些优点？

模块 2　以太网交换机的分类与应用（ZY3200501002）

【模块描述】本模块介绍了以太网交换机的分类，包含交换机按外形尺寸、传输速率、网络位置、结构类型、协议层次以及可否被管理等标准进行分类。通过分类讲解、照片展示，掌握各类交换机的性能特点及其应用范围。

【正文】

交换机种类繁多，性能差别很大，可根据其性能参数、功能以及用途等为标准进行分类，以便于根据实际情况合理选用。

一、以外形尺寸划分

按照外形尺寸和安装方式，可将交换机划分为机架式交换机和桌面式交换机。

1. 机架式交换机

机架式交换机是指几何尺寸符合 19 英寸的工业规范，可以安装在 19 英寸机柜内的交换机。该类交换机以 16 口、24 口和 48 口的设备为主流，适合于大中型网络。由于交换机统一安装在机柜内，因此，既便于交换机之间的连接或堆叠，又便于对交换机的管理。图 ZY3200501002-1 为 Cisco Catalyst 机架式交换机。

图 ZY3200501002-1　Cisco Catalyst 机架式交换机

2. 桌面式交换机

桌面式交换机是指几何尺寸不符合 19 英寸工业规范，不能安装在 19 英寸机柜内，而只能直接放置于桌面的交换机。该类交换机大多数为 8～16 口，也有部分 4～5 口的，仅适用于小型网络。当不得不配备多个交换机时，由于尺寸和形状不同而很难统一放置和管理。图 ZY3200501002-2 为 Cisco Catalyst 2940 桌面交换机。

二、以端口速率划分

以交换机端口的传输速率为标准，可以将交换机划分为快速以太网交换机、千兆以太网交换机和万兆以太网交换机。

图 ZY3200501002-2　Cisco Catalyst 2940 桌面交换机

图 ZY3200501002-3　Cisco Catalyst 2950
快速以太网交换机

1. 快速以太网交换机

快速以太网交换机的端口的速率全部为 100Mbit/s，大多数为固定配置交换机，通常用于接入层。为了避免网络瓶颈，实现与汇聚层交换机高速连接，有些快速以太网交换机会配有少量（1~4 个）1000Mbit/s 端口。快速以太网交换机接口类型有 100Base-TX 双绞线端口和 100Base-FX 光纤端口。图 ZY3200501002-3 为 Cisco Catalyst 2950 快速以太网交换机。

2. 千兆以太网交换机

千兆以太网交换机的端口和插槽全部为 1000Mbit/s，通常用于汇聚层或核心层。千兆以太网交换机的接口类型主要包括：① 1000Base-T 双绞线端口；② 1000Base-SX 光纤端口；③ 1000Base-LX 光纤端口；④ 1000Mbit/s GBIC 插槽；⑤ 1000Mbit/s SFP 插槽。

为了增加应用的灵活性，千兆交换机上一般会配有 GBIC（Giga Bitrates Interface Converter）或 SFP（Small Form Pluggable）插槽，通过插入不同类型的 GBIC 或 SFP 模块（如 1000Base-SX、1000Base-LX 或 1000Base-T 等），可以适应多种类型的传输介质。图 ZY3200501002-4 为 Cisco Catalyst 3750 系列千兆以太网交换机。

3. 万兆以太网交换机

万兆以太网交换机是指交换机拥有 10Gbit/s 以太网端口或插槽，通常用于汇聚层或核心层。万兆接口主要以 10Gbit/s 插槽方式提供，图 ZY3200501002-5 为 Cisco Catalyst 6500 系列交换机的 10Gbit/s 接口模块。

图 ZY3200501002-4　Cisco Catalyst 3750
系列千兆以太网交换机

三、以结构类型划分

以交换机的结构为标准，可以划分为固定配置交换机和模块化交换机。

图 ZY3200501002-5　Cisco Catalyst 6500 系列交换机 10Gbit/s 接口模块

1. 固定配置交换机

固定配置交换机的端口数量和类型都是固定的，不能更换和扩容。固定配置交换机价格便宜。图 ZY3200501002-6 为 Cisco Catalyst 3560 系列固定端口交换机。

2. 模块化交换机

模块化交换机上提供多个插槽，可根据实际需要插入各种接口和功能模块，以适应不断发展变化的网络需求，具有很大的灵活性和扩展性。模块化交换机大都有较高的性能（背板带宽、转发速率和传输速率等）和容错能力，支持交换模块和电源的冗余备份，可靠性较高，通常用作核心交换机或骨干交换机。交换引擎是模块化交换机的核心部件，交换机的 CPU、存储器及其控制功能都包含在该模块上。图 ZY3200501002-7 为 Cisco Catalyst 4503 模块化交换机，交换引擎位于最上边的模块，下面的两个模块为业务板（也叫作线卡）。

模块
2

ZY3200501002

图 ZY3200501002-6　Cisco Catalyst 3560 系列固定端口交换机　　图 ZY3200501002-7　Cisco Catalyst 4503 模块化交换机

四、以所处的网络位置划分

根据在网络中所处的位置和担当的角色，可以将交换机划分为接入层交换机、汇聚层交换机和核心层交换机（见图 ZY3200501002-8）。

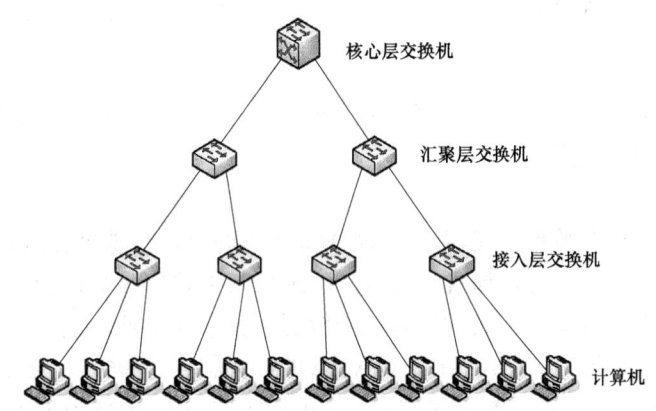

图 ZY3200501002-8　网络层次及交换机

1. 接入层交换机

接入层交换机（也称为工作组交换机）拥有 24～48 口的 100Base–TX 端口，用于实现计算机等设备的接入。接入层交换机通常为固定配置。接入层交换机往往配有 2～4 个 1000Mbit/s 端口或插槽，用于与汇聚层交换机的连接。图 ZY3200501002-9 为 Cisco Catalyst 2960 系列接入层交换机。

2. 汇聚层交换机

汇聚层交换机（也称为骨干交换机或部门交换机）是面向楼宇或部门的交换机，用于连接接入层交换机，并实现与核心交换机的连接。汇聚层交换机可以是固定配置，也可以是模块化交换机，一般配有光纤接口。图 ZY3200501002-10 为 Cisco Catalyst 4900 系列汇聚层交换机。

图 ZY3200501002-9　Cisco Catalyst 2960 系列交换机　　图 ZY3200501002-10　Cisco Catalyst 4900 系列汇聚层交换机

3. 核心层交换机

核心层交换机（也称为中心交换机或高端交换机），全部采用模块化的结构，可作为网络骨干构建高速局域网。核心层交换机不仅具有很高的性能，而且具有硬件冗余和软件可伸缩性等特点。图 ZY3200501002-11 为 Cisco Catalyst 6500 系列核心层交换机。

图 ZY3200501002-11　Cisco Catalyst 6500 系列核心层交换机

五、以协议层次划分

根据能够处理的网络协议所处的 ISO 网络参考模型的最高层次，可以将交换机划分为第二层交换机、第三层交换机和第四层交换机。

1. 第二层交换机

第二层交换机只能工作在数据链路层，根据数据链路层的 MAC 地址完成端口到端口的数据交换，它只需识别数据帧中的 MAC 地址，通过查找 MAC 地址表来转发该数据帧。第二层交换虽然也能划分子网、限制广播、建立 VLAN，但它的控制能力较弱、灵活性不够，也无法控制流量，缺乏路由功能，因此只能充当接入层交换机。Cisco 的 Catalyst 2960、Catalyst 2950、Catalyst 2970 和 Catalyst 500 Express 系列，以及安装 SMI 版本 IOS 系统的 Catalyst 3550、Catalyst 3560 和 Catalyst 3750 系列，都是第二层交换机。

2. 第三层交换机

第三层交换机除具有数据链路层功能外，还具有第三层路由功能。当网络规模足够大，以至于不得不划分 VLAN 以减小广播所造成的影响时。VLAN 之间无法直接通信，可以借助第三层交换机的路由功能，实现 VLAN 间数据包的转发。在大中型网络中，核心层交换机通常都由第三层交换机充当，某些网络应用较为复杂的汇聚层交换机也可以选用第三层交换机。第三层交换机拥有较高的处理性能和可扩展性，决定着整个网络的传输效率。Cisco 的 Catalyst 6500、Catalyst 4500、Catalyst 4900 和 Catalyst 4000 系列交换机，以及安装 EM-版本 IOS 系统的 Catalyst3550、Catalyst 3560 和 Catalyst 3750 系列，都是第三层交换机。

3. 第四层交换机

第四层交换机除具有第三层交换机的功能外，还能根据第四层 TCP/UDP 协议中的端口号来区分数据包的应用类型，实现各类应用数据流量的分配和均衡。第四层交换机一般部署在应用服务器群的前面，将不同应用的访问请求直接转发到相应的服务器所在的端口，从而实现对网络应用的高速访问，优化网络应用性能。Cisco Catalyst 4500 系列、4900 系列和 6500 系列交换机都具有第四层交换机的特性，图 ZY3200501002-12 为 Cisco Catalyst 4500 系列交换机。

六、以可否被管理划分

以可否被管理为标准，可以将交换机划分为智能交换机与傻瓜交换机。

1. 智能交换机

拥有独立的网络操作系统，可以对其进行人工配置和管理的交换机称为智能交换机。智能交换机上有一个"CONSOLE"端口，位于机箱的前面板或背面。大多数交换机 Console 端口采用 RJ-45 连接。

智能交换机的管理接口如图 ZY3200501002-13 所示。

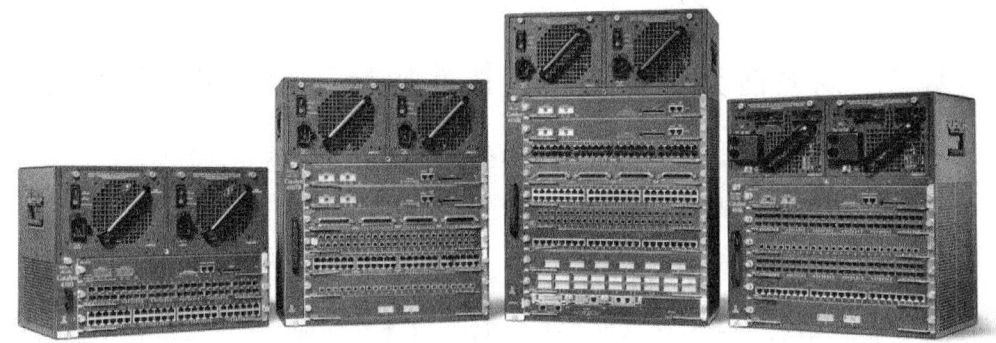

图 ZY3200501002-12　Cisco Catalyst 4500 系列交换机

2. 傻瓜交换机

不能进行人工配置和管理的交换机，称为傻瓜交换机。由于傻瓜交换机价格非常便宜，因此，被广泛应用于低端网络（如学生机房、网吧等）的接入层，用于提供大量的网络接口。

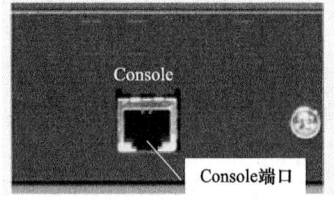

图 ZY3200501002-13　智能交换机的管理接口

七、交换机的选用

一般来说，核心层交换机应考虑其扩充性、兼容性和可靠性，因此，应当选用模块化交换机，而汇聚层交换机和接入层交换机则由于任务较为单一，故可采用固定端口交换机。

1. 核心交换机的选择

核心交换机是整个局域的中心，时时刻刻承受着巨大的流量压力，其性能将决定着整个网络的传输效率。选择核心层交换机时应重点考虑其综合性能、可扩充性和可靠性。

（1）采用模块化交换机，具备足够的插槽数量，在网络扩展或应用需求发生变化时，只需增加或更换相应的模块即可满足新的需求。

（2）拥有较高的背板带宽和转发速率，以保证数据的无阻塞转发。

（3）交换机应具备关键部件冗余配置的能力。

2. 汇聚层交换机的选择

汇聚层交换机用于连接同一座楼宇内的工作组交换机，或者用于连接服务器，端口数量通常不需要太多。但对端口速率、背板带宽、网络功能等方面要求较高。

（1）对于需要划分多个 VLAN 的应用环境，为了减轻核心交换机的负担，汇聚层交换机最好选用第三层交换机。

（2）为了避免网络瓶颈，汇聚层交换机向上级联核心层交换机要采用千兆或万兆端口，也可采用链路汇聚技术，链路汇聚还有利于避免由于端口或链路故障而导致的网络中断。

（3）汇聚层交换机连接若干个接入层交换机，所以要拥有足够的千兆端口。

3. 接入层交换机的选择

接入层交换机用于连接计算机或其他网络终端，需要具备大量的 RJ-45 端口。如果网络对传输性能和网络安全要求较高，应当采用可网管交换机，从而实现对每个交换机和端口的集中管理。

4. 傻瓜交换机的选择

傻瓜交换机的最大优点是价格便宜，非常适合搭建廉价网络。傻瓜交换机选购时并不用太多考虑参数，只需根据端口数量和网络速度选用即可。

【思考与练习】

1. 为使位于不同 VLAN 的主机之间实现相互通信，应该选用哪类交换机？

2. 第四层交换机与第三层交换机的区别是什么？

3. 什么样的交换机可以用于汇聚层？

4. 选用核心交换机时需要考虑哪些因素？

模块 3 以太网交换机的主要性能指标（ZY3200501003）

【模块描述】本模块介绍了以太网交换机的主要性能和指标，包含各项性能和指标的分析。通过要点介绍，了解交换机的性能和指标。

【正文】

一、交换机的组成

交换机通常由控制系统、交换矩阵和网络接口电路三大部分组成。网络接口电路通过内部总线挂接到交换矩阵上，控制系统根据数据帧中的目的 MAC 地址，将从一个接口上接收到的数据通过交换矩阵转发到另一个接口上。

交换机的控制系统包括中央处理器（CPU）、存储器和软件。软件主要包括自举引导程序、操作系统和配置数据文件等。

交换机中采用了以下几种不同类型的存储器：

（1）ROM（只读存储器）。ROM 在交换机中的功能与计算机中的 ROM 相似，主要用于系统初始化，包含以下程序：系统加电自检代码（POST），用于检测交换机中各硬件部分是否完好；系统自举程序，用于加载交换机操作系统。

（2）Flash Memory（闪存）。Flash 是可读可写的存储器，在系统重新启动或关机之后数据不会丢失，用于保存交换机的操作系统软件（Cisco 称之为 IOS）。

（3）NVRAM（非易失性随机存储器）。NVRAM 也是可读可写的 RAM 存储器，与 RAM 所不同的是，NVRAM 在系统重新启动或关机之后数据不会丢失，用来保存启动配置文件（Startup-config）。

（4）RAM（随机存取存储器）。RAM 和计算机中内存的作用是一样的，RAM 是可读可写的存储器，用于在运行期间暂时存放操作系统和数据，RAM 存储的内容在系统重启或关机后将会丢失。

二、交换机的主要性能指标

1. 包转发速率

包转发速率（也称吞吐量）是指在不丢包的情况下，单位时间内转发的数据包的数量。包转发速率体现了交换机的数据转发性能。中高端交换机数据转发速度能够接近端口的标称速率，实现线速交换。

包转发线速的衡量是以单位时间内发送 64byte 的数据包（最小包）的个数作为计算基准的，考虑 8byte 的帧头和 12byte 的帧间间隙的固定开销，当交换机达到线速交换时，千兆端口的包转发速率为

$$1\ 000\ 000\ 000\text{bit/s} \div 8\text{bit} \div (64+8+12)\text{byte} = 1\ 488\ 095\text{pps}$$

即 1.488Mpps，同理可以计算，万兆端口的线速包转发速率为 14.88Mpps，而百兆端口的线速包转发速率为 0.148 8Mpps。

对于一台千兆交换机而言，若欲实现网络的无阻塞传输，则整机要达到以下吞吐量

$$吞吐量（\text{Mpps}）= 万兆端口数量 \times 14.88\text{Mpps} + 千兆端口数量 \times$$
$$1.488\text{Mpps} + 百兆端口数量 \times 0.148\ 8\text{Mpps}$$

如果交换机标称的吞吐量不小于该计算值，那么该交换机就可以实现无阻塞的包交换。

当同一型号的交换机采用不同的交换引擎时，其整机吞吐量会有所不同。以可以担当中型网络核心交换机的 Cisco Catalyst 4500 系列为例，采用不同的交换引擎，其包转发速率可分别为 48、75Mpps 和 102Mpps。可以担当大中型网络核心交换机的 Cisco Catalyst 6500 系列，依据所采用的超级引擎不同，其最大包转发速率可分别达到 15、210Mpps 和 400Mpps。交换引擎的选用要经过计算来确定，以 Cisco 6509 为例，当要支持 26 个 10Gbps 端口或者 268 个 1000Mbps 端口的线速转发时，要采用性能最好的超级引擎 Supervisor Engine 720，该引擎的包转发速率为 400Mpps。

2. 背板带宽

交换机所有端口间的通信都要通过背板完成，背板带宽决定着交换机的数据交换能力，背板带宽越高，数据交换速度越快。背板带宽决定了交换机能否实现二层交换的线速转发，一台交换机若要实现全双工无阻塞交换，其背板带宽要达到所有端口速率之和的 2 倍。

Cisco Catalyst 6500 系列交换机依据插槽数量的不同，其背板带宽分别为 32、256Gbit/s 和 720Gbit/s。当背板带宽为 256Gbit/s 时，能够满足 128 个 1000Mbit/s 端口的无阻塞并发传输。对于 Cisco Catalyst 4506 系列交换机，其背板带宽为 64Gbit/s，能够满足 32 个 1000Mbit/s 端口的无阻塞并发传输。

3. 数据转发延时

数据转发延时是指从交换机接收到数据包到开始向目的端口复制数据包之间的时间间隔。延时越小越好。交换机的数据处理能力及所采用的数据转发方式等因素都会对影响延时的大小。

交换机转发数据的方式有三种：直通转发、无碎片转发和存储转发。直通转发是指交换机接收数据帧时，只要识别出了目的 MAC 地址就开始数据转发，而不必等到接收完整个数据帧。直通转发的优点是延时小，缺点是无法检查数据帧的完整性，不能过滤掉存在错误的数据帧。

存储转发是指交换机把接收到的数据先放在缓存中，等整个数据帧接收完毕并进行了完整性检查后再转发。存储转发的优点是可以过滤掉存在错误的数据帧，缺点是延时大。

无碎片转发是指交换机要等到接收到 64 字节后再开始转发。因为碎包的长度小于 64 字节，无碎片转发可以过滤掉大多数碎包。无碎片转发的延时性能介于直通转发和存储转发之间。

4. MAC 地址表容量

由于内存容量的限制，每个交换机 MAC 地址表中所能够容纳的 MAC 地址的数量是有限的。不同交换机所能够支持的 MAC 地址数量是不同的。如果 MAC 地址表的容量太小，交换机就不能记住所有的目的 MAC 地址，那么，采用广播方式转发数据帧的几率就会增加，交换机转发数据的效率就会降低。对于接入交换机而言，至少可以支持 2048 个 MAC 地址。

5. 支持 VLAN 的数量

能够划分 VLAN 的数量是交换机的一个重要的指标。将局域网划分为 VLAN 可以减少不必要的数据广播，提高网络传输效率。可以将处在不同位置但属于同一个工作组的计算机划分到一个 VLAN 中，突破网线传输距离和物理位置的限制，增加网络的灵活性。通过划分 VLAN 可以控制用户对某个敏感数据的访问，增强网络的安全性。

6. 端口扩容方式

交换机扩展端口容量的方式有堆叠和级联两种方式。堆叠方式是通过专用电缆将交换机上的堆叠端口连接起来，叠堆交换机之间可以实现高速无阻塞连接，并可实现统一配置与管理，接入层交换机通常采用堆叠方式可为大量的计算机提供接入。级联方式是采用通用的网线或光缆将交换机之间通过级联端口连接起来，如果级联端口的速率不高，级联交换机之间的链路有可能成为网络瓶颈。千兆级联通常采用 SFP 和 GBIC 模块，只要交换机拥有相应的插槽，即可实现彼此之间的互连。Cisco Catalyst 2950/2960 系列和 Catalyst 3550/3560 系列交换机，都具备既支持级联又支持堆叠的功能。

7. 端口汇聚功能

交换机是否具有端口汇聚功能。使用链路聚合协议可以将多个端口绑定在一起，在增加连接带宽的同时，还可以实现链路备份。链路汇聚技术经常用在接入层交换机与汇聚层交换机之间，提高向上级联带宽和网络的可用性。

8. 可扩展性

核心层或汇聚层交换机需要适应各种复杂的网络环境，其可扩展性时非常重要的。可扩展性主要体现在插槽数量和模块类型两个方面。

插槽用于安装各种功能模块和接口模块，每个功能模块（如超级引擎模块、IP 语音模块、扩展服务模块、网络监控模块、安全服务模块等）都需要占用插槽。插槽的多少决定了交换机所能容纳的端口数量和功能的扩展。

交换机支持的模块类型（如 LAN 接口模块、WAN 接口模块、ATM 接口模块、扩展功能模块等）

越多，交换机的可扩展性越强。

9. 系统冗余

网络核心或骨干交换机要支持电源模块、超级引擎等重要部件的冗余配置，从而保证所提供应用和服务的连续性，减少服务的中断。图 ZY3200501003-1 为 Cisco Catalyst 6507R 交换机，该交换机就提供了电源模块和超级引擎的冗余。

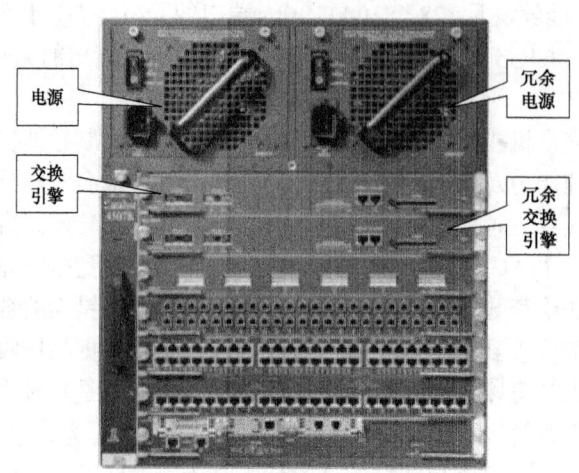

电源

冗余电源

交换引擎

冗余交换引擎

图 ZY3200501003-1　Cisco Catalyst 6507R 交换机

10. 管理功能

网络管理员对交换机的配置和管理可以在本地通过 Console 端口进行，或者远程通过网络进行。远程管理又可分为三种方式：Telnet 远程登录方式、Web 浏览器方式以及基于 SNMP 协议的网络管理系统。不同厂家、不同型号的交换机提供的管理功能是不一样的。中高端交换机都能支持 SNMP 协议，除了能被原厂商网管系统管理外，还可以接受第三方网管系统的管理。

【思考与练习】

1. 对于模块化交换机，如何根据端口的种类和数量来选用合适的交换引擎？

2. 当公司某部门的网络端口不足时，可采取哪些办法来解决？

3. 交换机哪些性能指标影响数据转发时延？

模块 3

ZY3200501003

第二十八章 路 由 器

模块 1 路由器的工作原理和功能（ZY3200502001）

【模块描述】 本模块介绍了 IP 路由的基础概念、路由器的主要功能和工作原理，包含路由的概念以及路由选择和数据转发等工作过程。通过要点讲解、图形分析，掌握网络互联中有关路由的基础知识，掌握路由器的工作原理。

【正文】

一、路由器及其基本功能

路由器（Router）是网络之间互联的设备。如果说交换机的作用是实现计算机、服务器等设备之间的互联，从而构建局域网络的话，那么路由器的作用则是实现网络与网络之间的互联，从而组成更大规模的网络。

路由器工作在 TCP/IP 网络模型的网络层，对应于 OSI 七层网络参考模型的第三层，因此，路由器也常称为网络层互连设备。路由器的主要作用和功能如下：

1. 连接网络

大型企业处在不同地域的局域网之间通过路由器连接在一起可以构建企业广域网。企业局域网内的计算机用户要访问 Internet（因特网），可以使用路由器将局域网连接到 ISP（Internet Service Provider）网络，实现与全球 Internet 的连接和共享接入。实际上 Internet 本身就是由数以万计的路由器互相连接而构成的超大规模的全球性公共信息网。

2. 隔离以太广播

交换机会将广播包发送到每一个端口，大量的广播会严重影响网络的传输效率。当由于网卡等设备发生硬件损坏或计算机遭受病毒攻击时，网络内广播包的数量将会剧增，从而导致广播风暴，使网络传输阻塞或陷于瘫痪。

路由器可以隔离广播。路由器的每个端口均可视为一个独立的网络，它会将广播包限定在该端口所连接的网络之内，而不会扩散到其他端口所连接的网络，如图 ZY3200502001-1 所示。

3. 路由选择和数据转发

"路由（Routing）"功能是路由器最重要的功能。所谓路由，就是把要传送的数据包从一个网络经过优选的传输路径最终传送到目的网络。传输路径可以是一条链路，也可以是由一系列路由器及其级联链路组成。

路由器是智能很高的一类设备，它能根据管理员的设置和运用路由协议，自动生成一个到各个目的网络的路由表，当网络状态发生变化时，路由器还能动态地修改、更新路由表。当路由器收到数据包时，路由器根据数据包中的目的 IP

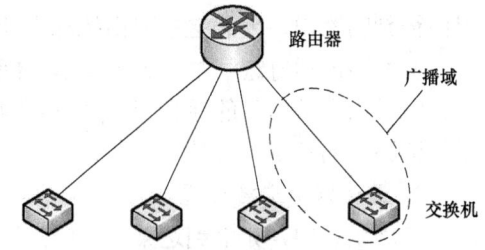

图 ZY3200502001-1 路由器隔离广播

地址查找路由表，从所有路由条目中选出一条最佳路由，作为数据包转发的出口，将该数据包进行第二层封装后再发送出去。

网络中的每个路由器都维护着一张路由表，如果每一个路由表都是正确的话，那么，IP 数据包就会一跳一跳地经过一系列路由器，最终到达目的主机，这就是 IP 网（也是整个 Internet）运作的基础。

二、路由器的工作原理

路由器的主要工作包括三个方面：① 生成和动态维护路由表；② 根据收到的数据包中的 IP 地址

信息查找路由表,确定数据转发的最佳路由;③ 数据转发。

1. 生成和动态维护路由表

每台路由器上都存储着一张关于路由信息的表格,这个表格称之为路由表。路由表中记录了从路由器到达所有目的网络的路径,即目的网络号(网络前缀)与本路由器数据转发接口之间的对应关系。路由表中有很多路由条目,每一个条目就是一条到达某个目的网络的路由。

(1)路由表的组成。路由器的路由表中有许多条目,每个条目就是一条路由。每个路由条目至少要包含以下内容:路由条目的来源、目的网络地址及其子网掩码、下一跳(Next Hop)地址或数据包转发接口,如图 ZY3200502001-2 所示。

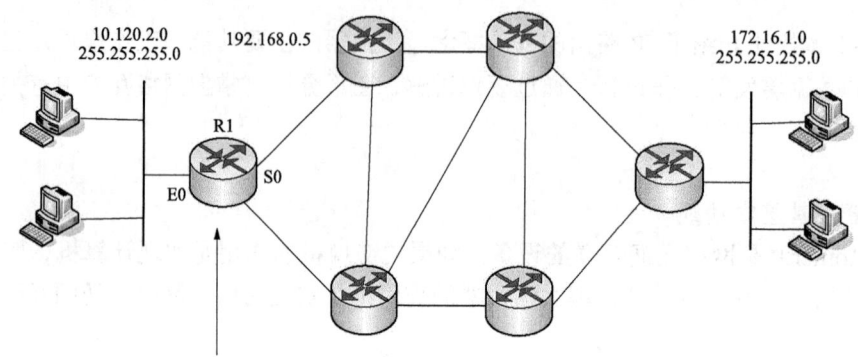

路由器R1的路由表

来源	目的网络	子网掩码	下一跳地址	转发接口
直连	10.120.2.0	255.255.255.0		E0
学习获得	172.16.1.0	255.255.255.0	192.168.0.5	S0

图 ZY3200502001-2　路由表的组成示意图

在路由器 R1 的路由表中,第 1 项表示凡是到网络 10.120.2.0 的 IP 数据包,都要从 E0 接口转发出去;第 2 项表示凡是到网络 172.16.1.0 的数据包,都要从 S0 接口转发到下一跳路由器,也可用路由器接口的 IP 地址(192.168.0.5)表示。

(2)路由器生成和更新路由表的工作过程。路由器启动后能够自动发现直接相连的网络,它会把这些网络的 IP 地址、子网掩码、接口信息记录在路由表中,并将该条目的来源标记为“直连”。

路由器会把网络管理员人工设定的路由直接添加到路由表中,并标记为“静态路由”。

路由器运行路由协议,与相邻的路由器之间相互路由信息,根据收集到的信息了解网络的结构,发现目的网络,按照特定的路由算法进行计算,生成到达目的网络的路由条目,添加到路由表中,并将该条目的来源标记为生成它所使用的路由协议。路由器会根据网络状态的变化随时更新这些通过学习而得到的路由,因此这些路由统称为动态路由。

在网络的运行过程中,各路由器之间周期性地交换路由信息。当网络或链路状态变化时,路由器会及时发出有关信息的通告,其他路由器收到通告信息后会重新进行路由计算并更新相应的路由条目,以保证路由的正确、有效。

2. 最佳路由选择过程

在路由表中,如果到达某一目的网络存在多个路由条目时,路由器则会选择子网掩码最长的条目为数据转发的路由。

下面,我们通过一个具体的例子来说明路由器选择数据包转发路由的过程。表 ZY3200502001-1 是一个简化的路由表,路由器要转发一个目的 IP 地址为 10.1.1.1 的数据包。

表 ZY3200502001-1　　　　　　　　　某 路 由 器 的 路 由 表

目的网络	子网掩码	下一跳地址	转发接口
192.168.1.0	255.255.255.0	2.0.0.1	S0/0
10.0.0.0	255.0.0.0	3.0.0.1	E0/0

续表

目的网络	子网掩码	下一跳地址	转发接口
10.1.1.0	255.255.255.0	4.0.0.1	S0/1
0.0.0.0	0.0.0.0	5.0.0.1	E0/1

路由器的路由选择过程如下：

（1）找出所有匹配的路由条目。将目的 IP 地址与路由表中所有条目中的子网掩码分别进行与运算，如果结果与本条目中的目的网络号（网络前缀）相同，则认为是匹配。

1）第一个路由条目：10.1.1.1 同 255.255.255.0 进行与运算后的结果为 10.1.1.0，与目的网络号 192.168.1.0 不同，不匹配；

2）第二个路由条目：10.1.1.1 同 255.0.0.0 进行与运算后的结果为 10.0.0.0，与目的网络号 10.0.0.0 相同，匹配；

3）第三个路由条目：10.1.1.1 同 255.255.255.0 进行与运算后的结果为 10.1.1.0，与目的网络号 10.1.1.0 相同，匹配；

4）第四个路由条目：目的网络号和子网掩码均为 0.0.0.0，这一条目和任一 IP 地址都匹配，是一条默认路由。

（2）选择最佳路由。通过上述计算找到了三条配位的路由条目，这三条路由的子网掩码的长度分别是 8 位、24 位和 0 位，根据最长掩码匹配的原则，选择子网掩码长度为 24 位的路由条目，即表中的第三个路由条目，作为最佳路由，将该数据包从 S0/1 接口转发出去。

3．数据包转发的工作过程

路由器采用下一跳选路的基本思想，路由表中仅指定数据包从该路由器到最终到达目的网络的整条路径上一系列路由器中的第一个路由器的路径。路由器根据接收到的 IP 数据包头中的目的 IP 地址查找路由表，决定下一跳路由，从相应的接口上将数据包转发出去，具体转发过程如下。

（1）路由器从网路接口上接收数据帧。路由器上具有多个业务接口，它们分别连接至不同的网络，用于连接局域网的称之为局域网接口，连接广域网的称之为广域网接口。对于不同的信号传输介质，路由器具有相应的物理接口，如对应于以太网，路由器有各类以太网接口；对应于异步通信电路，路由器有串行接口。

（2）对数据帧进行链路层处理。路由器根据网络物理接口的类型，调用相应的链路层协议，以处理数据帧中的链路层报头，并对数据进行完整性验证，如 CRC 校验、帧长度检查等。

（3）网络层数据处理。路由器除去数据帧的帧头、帧尾，得到 IP 数据包，读取包头中的目的 IP 地址。

（4）选择数据包转发的最佳路由。路由器按照上一节所述过程，查找路由表，根据匹配情况决定最佳转发路由。

1）如果有多个匹配条目，则选择子网掩码网络位数最长的条目为下一跳路由；

2）如果只有一个匹配条目（包括默认路由），则选择该条目为下一跳路由；

3）如果没有找到匹配的路由条目，则宣告路由错误，向数据包的源端主机发送一条 Unreachable（路由不可达）ICMP 报文，丢弃该数据包。

（5）转发数据包。路由器将 IP 数据包头中的 TTL（Time To Live）数值减 1，并重新计算数据包的校验（Checksum），然后交给数据链路层进行二层封装成帧，最后从路由指定的转发接口上将数据帧发送出去。

如果转发接口是以太口，路由器将在本机的 MAC 地址缓存表中查找对端以太端口的 MAC 地址，如果找不到则通过 ARP 协议进行查询，然后对 IP 包封装上相应的以太网数据帧帧头，将该数据帧从以太接口上发送出去。在数据的逐级转发过程中，IP 包头中的源 IP 地址和目的 IP 地址用于三层端到端寻址，始终是不变的；而以太帧头中的源 MAC 地址和目的 MAC 地址用于二层单跳寻址，每次转发时都要更换为本跳链路两端接口的 MAC 地址。

184

如果转发接口是其他类型的物理接口，路由器则会将 IP 包封装成与之相应类型的数据帧进行转发。

三、路由器的集成功能

除了路由选择和数据转发等基本的功能外，很多路由器上还集成了一些网络安全等方面的功能，如网络地址转换（NAT）、访问控制列表（ACL）等。

1. 网络地址转换

由于合法 IP 地址紧缺、申请困难，一般情况下企业网络内部使用私有 IP 地址。当内部计算机需要与外部网络通信时，路由器提供网络地址转换，将私有 IP 地址转换为合法 IP 地址，实现与 Internet 的连接。使用 NAT 还有一个好处是隐藏了内部网络的结构，可以有效避免来自外网的恶意攻击。

2. 访问控制列表

借助于 ACL，在路由器上可以设置多种访问控制策略，规定哪些用户、哪段时间、哪种网络协议和哪种网络服务是被允许外出和进入的。这不仅可以避免网络的滥用，提高网络传输性能和带宽利用效率，也可以有效地避免蠕虫病毒、黑客工具对内部网络的侵害。

【思考与练习】
1. 路由表中每个条目必须包含哪些基本内容？
2. 简述路由器在网络中的作用。
3. 简述路由器的数据包转发过程。
4. 路由器是如何隔离广播风暴的？

模块 2　路由器的分类与应用（ZY3200502002）

【模块描述】本模块介绍了路由器的分类、实际应用选用路由器的常识，包含路由器按不同的分类标准进行分类。通过分类讲解、产品介绍、图片展示，熟悉各类路由器的特点和适用范围；了解根据实际情况合理选用路由器的基本知识。

【正文】

一、路由器的分类

路由器产品的种类较多，无论是产品性能还是价格等方面都存在着很大的差异。路由器分类标准也不是唯一的，根据不同的标准，可以对路由器作不同的分类。

1. 按性能划分

从路由性能上，路由器可分为高端路由器和中低端路由器。低端路由器主要适用于小型网络的 Internet 接入或企业网络远程接入，其包处理能力、端口类型和数量都非常有限。中端路由器适用于较大规模的网络，拥有较高的包处理能力，具有较丰富的网络接口，适应较为复杂的网络结构。高端路由器主要作为核心路由器应用于大型网络，拥有非常高的包处理性能，并且端口密度高、端口类型多，能够适应复杂的网络环境。

通常情况下，将背板交换能力大于 40Gbit/s 的路由器称为高端路由器，25～40Gbit/s 之间的路由器称为中端路由器，低于 25Gbit/s 的路由器为低端路由器。

2. 按结构划分

从结构上，路由器可分为模块化结构与非模块化结构。通常情况下，中高端路由器均为模块化结构，可以使用各种类型的模块灵活配置路由器，如增加端口的数量、提供丰富的端口类型，以适应企业不断变化的业务需求。低端路由器则多为非模块化结构，端口的类型和数量都是固定的，通常称之为固定配置路由器。

3. 按网络位置划分

从所处的网络位置上，路由器可分为核心路由器、分发路由器和接入路由器。

核心路由器位于网络中心，通常使用性能稳定的高端模块化路由器，一般被电信级超大规模企业选用。要求具备快速的包交换能力与高速的网络接口，核心路由器一般是模块化结构。

分发路由器则主要适用于大中型企业和 Internet 服务提供商，或者分级网络中的中级网络。主要目标是以尽量便宜的方法实现尽可能多的端点互连，并可以支持不同等级的服务质量设置，这类路由器的主要特点就是端口数量多、价格便宜、应用简单。

接入路由器一般位于网络边缘，所以，也可以称为边缘路由器，通常使用中、低端产品。接入路由器是目前应用最广的一类路由器，主要应用于中小型企业或大型企业的分支机构中，要求相对低速的端口以及较强的接入控制能力。例如宽带路由器就是一种接入路由器，无论是在企业还是在家庭，应用都十分广泛。

4. 按功能划分

从路由器的功能方面划分，路由器可分为通用路由器与专用路由器。一般所说的路由器是指通用路由器。专用路由器通常为实现某种特定功能对其接口、硬件及功能等作专门优化。如网吧专用路由器适合大量用户同时进行在线网络游戏、视频聊天、网上电影等应用；接入服务器用作接入拨号用户，增强 PSTN 接口以及信令能力；VPN 路由器增强隧道处理能力以及硬件加密；宽带接入路由器强调宽带接口数量及种类。

5. 按数据转发性能划分

从数据转发性能上，路由器可分为线速路由器和非线速路由器。通常线速路由器是高端路由器，能以端口速率转发数据包；非线速路由器是低端路由器。不过，一些新的接入路由器也可有线速转发能力。

6. 宽带路由器

宽带路由器主要用于家庭或小型办公室，用来实现与 Internet 的连接。采用宽带路由器共享接入 Internet，是目前应用最广，也最为方便、实用的一种 Internet 接入方案。宽带路由器具有地址转换功能，借助单一 IP 地址可以实现整个小型局域网的 Internet 连接共享。

宽带路由器通常拥有一个广域网（WAN）端口和 4 个局域网（LAN）端口，广域网端口用于连接 ADSL Modem 或 Cable 的以太网口，集成的 4 个局域网端口可代替交换机，用于连接计算机。

绝大多数宽带路由器都提供 Web 配置界面，配置和管理都非常简单，客户端和应用程序均不需要做任何设置。

二、Cisco 路由器产品系列简介

美国 Cisco 公司是全球著名的网络设备公司，其路由器产品具有较强的代表性，通过对其产品线的了解，可以对各类路由器的性能差别及适用场合建立起较为清晰的概念。

从 20 世纪 80 年代到现在（2009 年），Cisco 路由器产品已经历了数次更新换代。早期的路由器基本上都是单一路由功能的产品，而现在 Cisco 的主要路由产品大多是集成了网络安全、话音通信和无线接入等多种功能的路由器，叫作集成多业务路由器（Integrated Services Router，ISR），特别是接入层路由器和汇聚层路由器。

Cisco 路由器产品线，按照性能从弱到强的顺序，目前主流的是：850/870 系列、1800 系列、2800 系列、3800 系列、7600 系列和 12000 系列。Cisco 1800/2800/3800 系列属低端路由器，Cisco 7600 系列属中端路由器，Cisco 12000 系列属高端路由器。

1. Cisco 850/870 系列集成多业务路由器

Cisco 850/870 系列路由器是固定配置桌面式产品（见图 ZY3200502002-1），适用于家庭、小型办公接入 Internet，或小型远程办公机构接入企业总部，属于宽带路由器，可取代原 SOHO 系列。该系列路由器有多个型号，不同型号拥有的功能和支持的接口类型是不同的。这两个系列路由器集成了防火墙、VPN 等安全特性，可进行远程管理，支持无线连接。

2. Cisco 1800 系列集成多业务路由器

Cisco 1800 系列路由器是机架式路由器（见图 ZY3200502002-2），主要面对中小型企业、大型企业的分支机构。该系列中 1801、1802、1803、1811 和 1812 为固定配置，而 1841 为模块化结构。Cisco 1800 系列可以取代原有的 1700 系列中的低端型号以及更早的 1600 系列。

Cisco 1800 系列路由器固定配置路由器通过 ADSL、SHDSL 和 100M 接口提供广域网宽带接入，提供支持 VLAN 和以太网供电（可选）的 8 端口 100M 局域网接口，还可以利用多个天线提供 802.11 a/b/g 无线接入。该系列路由器可提供的安全功能有状态化检测防火墙、IPSec VPN、入侵防护系统（IPS）等。该系列路由器具备远程管理功能。

图 ZY3200502002-1　Cisco 850/870 系列路由器　　　图 ZY3200502002-2　Cisco 1800 系列路由器

3. Cisco 2800 系列集成多业务路由器

Cisco 2800 系列路由器是机架式、模块化路由器，主要面对联网 PC 数量为 150 台以下的中小型企业和大型企业的分支机构。Cisco 2800 系列可以取代原有的 2600 系列、1700 系列中的高端型号以及更早的 2500 系列。Cisco 2800 系列在路由器基本功能的基础上，通过硬件模块和软件集成了网络安全、IP 电话和无线 AP 等功能，以线速支持多种服务。图 ZY3200502002-3 为 Cisco 2800 系列路由器。

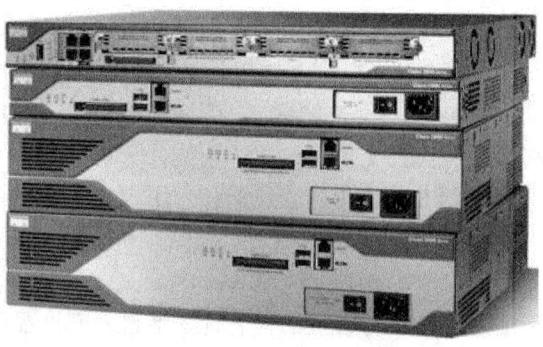

Cisco 2800 系列路由器为模块化设备，可以利用 Cisco1800 系列、2600 系列、3700 系列和 3800 系列路由器 90 多种模块中的大多数接口模块，在网络升级时可节省投资。除各类接口模块以外，Cisco 2800 系列路由器模块插槽中可以根据需要插入网络分析模块、语音留言模块、入侵检测模块和内容引擎等功能模块，这些模块拥有内嵌处理器和硬盘，可独立于路由器运行，并能从单一管理界面进行管理。

图 ZY3200502002-3　Cisco 2800 系列路由器

Cisco 2800 系列路由器具有较强的 VPN 接入、防火墙保护、入侵检测等网络安全功能。在主板上集成了基于硬件的加密加速，与基于软件的解决方案相比，实现了以较少的 CPU 开支提供更高的 IPSec 吞吐量。通过基于 Cisco IOS 软件的防火墙、网络访问控制、内容引擎网络模块和入侵保护网络模块的集成，可以为分支机构提供较强的网络安全解决方案。

Cisco 2800 系列使用内嵌于 Cisco IOS 系统软件的 Call Manager Express（CME）分布式 IP 电话呼叫处理软件以及话音硬件接口模块，可以安装 72 部 IP 电话。该系统最多可支持 12 条 E1 中继线路、52 个远端分机（FXS）接口或 36 个二线环路中继线（FXO）接口。

4. Cisco 3800 系列集成多业务路由器

Cisco 3800 系列路由器是机架式、模块化路由器，主要面对联网 PC 数量为 150～250 台的中型企业和大型企业的分支机构。Cisco 3800 系列可以取代原有的 3700 系列以及更早的 3600 系列。图 ZY3200502002-4 为 Cisco 3800 系列模块化路由器。

Cisco 3800 系列路由器支持多协议标签交换

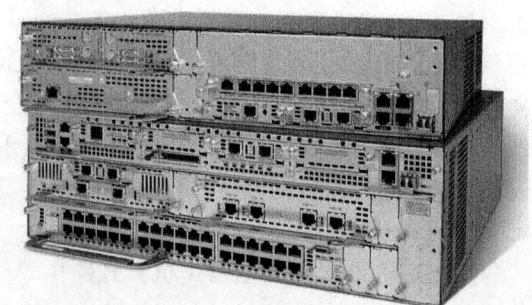

图 ZY3200502002-4　Cisco 3800 系列模块化路由器

（MPLS）、状态防火墙保护、动态入侵防御系统（IPS）和 URL 过滤支持。为简化管理和配置，3800 系列也采用了基于 Web 的路由器和安全设备管理器（SDM）。

Cisco 3800 系列路由器除了使用内嵌于 Cisco IOS 系统软件的 Call Manager Express（CME）分布式 IP 电话呼叫处理软件之外，为满足较大容量的 IP 电话需求，还可以部署一个对立的 Cisco Call Manager 服务器专门用作 IP 电话的呼叫处理。Cisco 3800 系列路由器拥有多种话音网关接口，支持多达 24 条 E1 中继和 88 个二线环路中继线（FXS）接口。

5. Cisco 7600 系列中端路由器

Cisco 7200/7600 系列中端路由器是一款高度可扩展的多用途系统，能够为企业总部提供可靠的第二层和第三层服务。图 ZY3200502002-5 为 Cisco7600 系列中端路由器。

图 ZY3200502002-5　Cisco7600 系列中端路由器

6. Cisco 12000 系列高端路由器

Cisco 10000/12000 系列属高端路由器，可以提供 40Gbit/s 的交换容量，并支持集中式和分布式分组转发，大大提升了数据转发速度，达到了 800Gbit/s 和 1.2Tbit/s 交换能力，用于构建超大规模的路由器分布式结构网络。图 ZY3200502002-6 为 Cisco 12800 系列高端路由器。

三、路由器在网络中的应用

1. 网络远程连接

对于在不同地域设有多个分支机构的大型企事业单位，总部及各分支机构都设有局域网。利用路由器可以实现总部局域网与各分支机构局域网之间的远程连接。图 ZY3200502002-7 为 3 个局域网借助路由器通过通信链路实现远程联网。

图 ZY3200502002-6　Cisco 12800 系列高端路由器

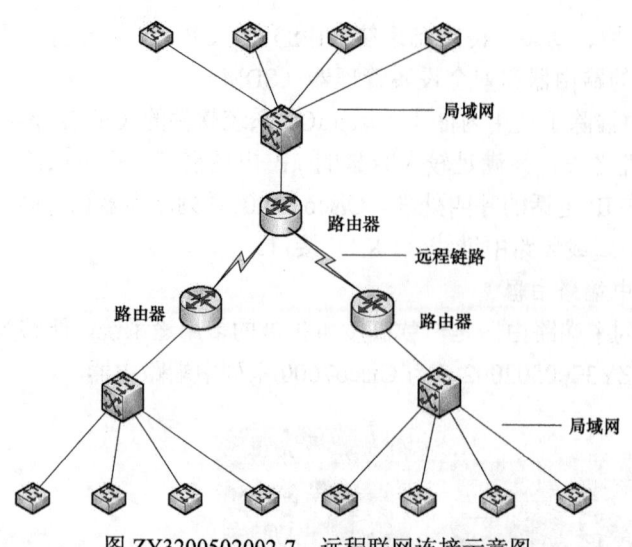

图 ZY3200502002-7　远程联网连接示意图

2. 远程网络访问

当员工在外地出差需要访问公司局域网络内的计算机，或者从公司网络服务器中调取数据时，就需要借助公用链路远程接入公司网络。图 ZY3200502002-8 为普通客户端远程接入公司内部网络示意图。

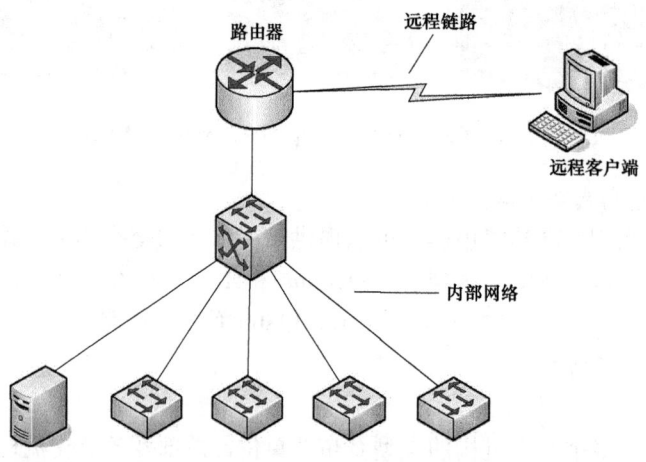

图 ZY3200502002-8　普通客户端远程接入公司内部网络示意图

3. Internet 连接共享

路由器是局域网接入 Internet 所必需的网络设备。与此同时，路由器借助 NAT 技术，只需拥有一个合法的 IP 地址，即可实现局域网的 Internet 连接共享，并实现内部服务器的发布。Internet 连接共享示意图如图 ZY3200502002-9 所示。

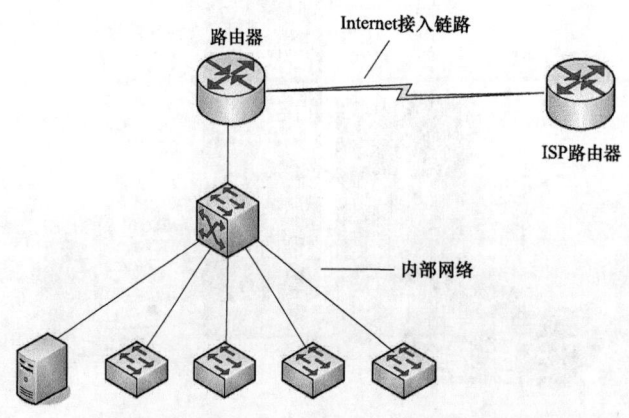

图 ZY3200502002-9　Internet 连接共享示意图

四、路由器的选择

在选择路由器时，首先要根据网络结构确定路由器所处的地位，是接入级、核心级，还是分发路由器，然后再根据实际需求确定基本性能要求。在选择路由器时，应重点考虑下列因素：

（1）选择符合国家标准的产品。对于尚未发布国家标准的设备，应遵从国内行业标准或响应的国际标准。

（2）考虑网络规模和网络应用的实际需要，不盲目追求高性能、高稳定性。在满足需求的基础上，选择简单实用产品，略有性能储备即可。

（3）充分考虑到近期内可能的网络升级，留有一定的扩展余地。

（4）选择对温度、湿度等环境因素及供电电源波动适应能力强的设备。

（5）设备关键部件冗余配置，故障时能够自动切换，具有较高的可靠性。

（6）同等情况下应选择信誉好、售后服务有保障的知名品牌。

【思考与练习】

1. 根据在网络中的位置和所起的作用，路由器可分为哪几类？
2. 路由器在组成 IP 网络中的作用是什么？
3. 简述当前 Cisco 公司路由器主流产品的分类。

模块 3　路由器的主要性能指标（ZY3200502003）

【模块描述】本模块介绍了路由器的主要性能和指标，包含各项性能和指标的分析。通过要点讲解、图片展示，了解路由器的性能和指标。

【正文】

一、路由器的组成

路由器由硬件和软件两大部分组成。硬件部分主要包括中央处理器、存储器和各种接口，软件部分主要包括自举引导程序、路由器操作系统、启动配置文件和路由器管理程序等。下面以 Cisco 路由器为例，简单介绍一下路由器的组成。

（一）路由器的硬件

路由器从本质上说就是一台计算机，其主要工作是进行路由计算和数据转发。在这样的一个多接口的计算机内，其基本部件包括 CPU、存储器和各类接口。与普通计算机所不同的是，路由器中没有硬盘，所以要有另外两类存储器：Flash 和 NVRAM，它们都是非易失性存储器。Flash 的容量相对较大，用于存放操作系统软件；NVRAM 的容量相对较小，用于存放配置数据。路由器上具有多种接口，用于连接局域网、广域网以及对路由器的配置和管理。

1. CPU

路由器的 CPU 负责路由器的配置管理和数据包的转发工作，如维护路由器所需的各种表格以及路由运算等。

2. 存储器

路由器中采用了以下几种不同类型的存储器：

（1）ROM（只读存储器）。ROM 在路由器中的功能与计算机中的 ROM 相似，主要用于系统初始化，包含以下程序：系统加电自检代码（POST），用于检测路由器中各硬件部分是否完好；系统自举程序，用于加载路由器操作系统。

ROM 是只读存储器，如果要进行升级，则要更换 ROM 芯片。

（2）Flash Memory（闪存）。Flash 是可读可写的存储器，在系统重新启动或关机之后数据不会丢失。Flash 用于保存路由器的操作系统软件（Cisco 称之为 IOS），其作用相当于计算机的硬盘。如果 Flash 容量足够大的话，则可以存放多个版本的 IOS，这在操作系统升级时十分有用。当不知道新版 IOS 是否稳定时，可在升级后仍保留旧版 IOS，当出现问题时可迅速退回到旧版 IOS，从而避免长时间的网路故障。

（3）NVRAM（非易失性随机存储器）。NVRAM 也是可读可写的 RAM 存储器，与 RAM 所不同的是，NVRAM 在系统重新启动或关机之后数据不会丢失，故用来保存启动配置文件（Startup-config）。NVRAM 的成本比较高，一般情况下配置的容量较小。

（4）RAM（随机存取存储器）。RAM 和计算机中内存的作用是一样的，RAM 是可读可写的存储器，存取速度优于前面所提到的 3 种存储器，用于在运行期间暂时存放操作系统和数据，让 CPU 能够快速访问这些信息。RAM 中存储的项目包括路由表、ARP 缓存、日志和队列中排队等待发送的数据包，除此之外，还包括运行配置文件（Running-config）、正在执行的代码、IOS 操作系统程序和一些临时数据信息。RAM 存储的内容在系统重启或关机后将会丢失。

3. 管理接口

路由器的管理接口包括控制台接口（Console）和辅助接口（AUX）。通过管理接口可以对路由器进行配置和运行管理。

（1）Console 接口。所有具有管理功能的路由器都带有 Console 口，它是一个 RS-232 异步串行接口，管理员利用 PC 与路由器进行通信，完成路由器配置，特别是首次配置时，必须通过 Console 口进行。路由器的型号不同，与控制台进行连接的具体接口方式也不同，一般采用 RJ-45 连接器。

（2）AUX 接口。除了 Console 口外，多数路由器还配备了一个 AUX 接口，它也是 RS-232 异步串行接口，通常用于连接 Modem，对路由器进行远程管理。

4. 网络接口及编号规则

为了进行网络互联，路由器上有各种各样的网络接口，它们分别连接至局域网和广域网接口。网络接口的类型及形式较多，目前常用的局域网口为 100Mbit/s、1000Mbit/s 以太接口；常用的广域网口除了 100Mbit/s、1000Mbit/s 以太接口以外，还有串行接口（Serial）、POS 接口（Packet Over SDH）。POS 接口通过 SDH 光通信网提供的 TDM 通道直接传送 IP 数据包。

（1）网络接口的位置及分布。不同种类的路由器提供接口的方式是不同的，Cisco 路由器提供网络接口的方式有以下 3 种：

1）固定接口。对于固定配置的低端路由器，接口的种类和数量都是固定的。大多数中低端的模块化路由器上也会有一些规定的网络接口。

2）WAN 接口卡（WAN Interface Card，WIC）。在中低端模块化结构的路由器上会有若干个 WIC 卡的插槽，可以根据实际需要插入不同类型的 WIC 来提供所需的接口，一块 WIC 卡上可能有数个接口。

3）插在网络模块（Network Module，NM）的 WIC 接口卡。在高中端模块化结构的路由器上会有若干个模块插槽，在插槽中可以插入各种网络模块或功能模块。NM 上具有专用的处理器和内存，有很强的三层功能，不但可以根据内置的路由表进行数据包的转发，而且还可以很强的数据处理和控制功能。NM 上一般备有数个 WIC 插槽，通过插入各种 WIC 可以灵活提供所需要的接口。图 ZY3200502003-1 为带有 NM 模块和 WIC 接口卡的 Cisco 路由器。

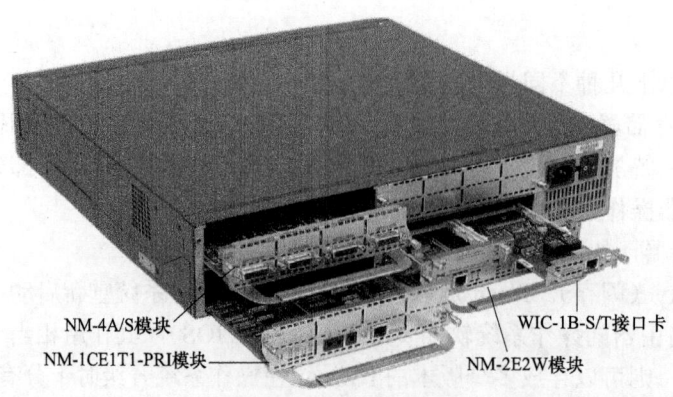

NM-4A/S模块
NM-1CE1T1-PRI模块
WIC-1B-S/T接口卡
NM-2E2W模块

图 ZY3200502003-1 带有 NM 模块和 WIC 接口卡的 Cisco 路由器

　　（2）网络接口的编号规则。为了对接口进行配置和管理，路由器上的每一个接口都要有一个特定的编号。接口的编号格式为"接口类型+数字序号"，接口类型用接口的英文名称表示，如 Ethernet（以太网）、Serial（串行口）；序号为阿拉伯数字，从 0 开始，这一点与交换机上接口的编号规则是不同的。在做配置的时候，接口类型与数字序号之间可以插入一个空格，也可以没有。不同类别的路由器的数字序号的表示方法是不同的，以 Cisco 路由器为例，概括起来有以下几种情况：

　　1）对于固定接口的低端路由器（如早期的 Cisco 2500 系列），接口的数字序号根据它们在路由器上的排列顺序用一位数字表示，如 Ethernet 0（可以简写为 e0）表示第 1 个以太接口；Serial 1（可以简写为 s1）表示第 2 个串行接口。

　　2）对于模块化结构的中低端路由器，接口的数字序号用两个数字表示，中间用"/"分开。第 1 个数字代表插槽号，第 2 个数字代表接口卡上的端口号。如 Cisco 3600 路由器中，Serial 2/0（可以简写为 s2/0）代表位于 3 号插槽上的第 1 个串行口。

　　3）对于支持网络模块的高中端路由器，接口的数字序号用 3 个数字表示为"模块插槽号/WIC 插槽号/WIC 端口号"，如 Cisco 7500 系列路由器中，Ethernet 4/0/1（可以简写为 e4/0/1）是第 5 个插槽上第 1 块 WIC 卡上的第 2 个以太接口。

　　4）对于 Cisco 2800 系列、3800 系列集成多业务路由器，位于机箱上的固定接口，其序号用"0/端口号"表示；WIC 直接插在 WIC 插槽上提供的接口，其序号用"WIC 插槽号/端口号"表示；WIC 插在 NM 模块上提供的接口，其序号用"模块插槽号/WIC 插槽号/端口号"表示。

　　（二）路由器的软件

　　与所有的计算机一样，没有软件路由器是无法正常工作的。路由器的软件主要包括自举程序、路由器操作系统、配置文件和实用管理程序。

　　1. 自举程序

　　Cisco 路由器的系统自举程序称之为 BootStrap，它被固化在路由器的 ROM 残存储器中。在系统通过加电自检后，BootStrap 载入操作系统并完成路由器的初始化工作。

　　2. 路由器操作系统

　　路由器的操作系统用来调度路由器各部分的运行。路由器厂商对路由器操作系统的称谓各不相同，Cisco 叫作网络互联操作系统（Internetworking Operating System，IOS），IOS 提供了命令行接口（Command Line Interface，CLI），借助于 CLI 可以对路由器进行配置和运行维护管理。不同型号路由器、不同版本的 IOS 的大部分 CLI 命令格式基本上是相同的。另外，Cisco 交换机、防火墙等网络设备的操作系统也叫作 IOS，其 CLI 界面和使用方式基本上是一致的。使用命令行方式进行配置的优点主要是灵活，必要时还可以使用文本编辑工具进行批量处理，这些是图形界面所不具有的。由于 Cisco 在网络设备市场上的地位，其 CLI 命令体系大多被其他厂商所效仿。

　　3. 配置文件

　　对路由器进行配置后，所有的参数都保留以文件的形式驻留在路由器的内存中，称为运行配置文件，也称为活动的配置文件。当路由器关机或重新启动后，运行配置文件将会丢失。

　　通过 CLI 命令，可以将内存中的运行配置文件备份在 NVRAM 中，称为启动配置文件，也称为备份配置文件。路由器断电后启动配置文件不会丢失，下次启动时，路由器会将启动配置文件自动加载到内存中，生成运行配置文件，而不必重新进行设置。

　　特别要注意的是，在对路由器配置修改后，一定要使用 CLI 命令将它们保存到启动配置文件中。

　　4. 实用管理程序

　　厂家随系统提供的实用管理程序，可以方便对路由器进行配置和管理。如 Cisco 提供的可以嵌入 Cisco 路由器内部的图形化设备管理软件（SDM）、对话式初始设置程序（SET）等。

　　二、路由器的性能指标

　　1. 吞吐量

　　吞吐量是指单位时间内转发的数据包的数量，通常以 pps（包每秒）为单位。吞吐量代表的数据包转发能力，路由器的吞吐量可分为整机吞吐量和端口吞吐量两类。高速路由器的整机吞吐量至少应达到 20Mpps 以上。吞吐量数值的大小决定于设备的数据转发处理能力，还与路由器端口数量、端口速率、测试数据包的长度以及测试方法有关。

2. 路由表能力

路由表能力是指路由表内所能容纳路由条目的最大数量。高端路由器面对非常庞大的网络，应该能够支持至少 25 万条路由。中低端路由器所应用的网络结构相对简单，一般对路由表能力没有太高的要求。

3. 背板带宽

背板是端口之间数据转发的物理通路，路由器背板容量或者总线带宽对于保证数据的快速转发是非常重要的。传统路由器通常共享背板，受限于共享总线的最高速率，而现有高速路由器通过采用交换式背板，背板能力得到了很大提升。

4. 丢包率

丢包率通常用作衡量路由器在超负荷工作时路由器的性能，是指路由器在持续稳定的负荷下，由于缺少资源而不能转发的数据包占全部应转发数据包的比例。

5. 转发时延

时延是指数据包第一个比特进入路由器到最后一个比特从路由器输出的时间间隔。时延与数据包长度和链路速率都有关。作为高速路由器，对长度为 1518 字节及以下的数据包的转发时延都必须小于 1ms。转发时延较大时，不仅会影响网络传输效率，而且会对视频会议、IP 电话等实时通信的质量产生严重影响。

6. 时延抖动

时延抖动是指转发时延的变化。虽然数据业务对时延抖动不敏感，但时延抖动对语音、视频等实时通信业务影响较大。

7. 路由协议支持

开放的协议是不同厂商设备实现互连的前提，路由器应当支持开放的路由协议。

8. 网络管理能力

设备所支持的网管程度体现设备的可管理性与可维护性，通常使用 SNMPv2 协议进行管理。

9. 可靠性

可靠性是指路由器的可用性、负载承受能力、平均无故障工作时间和故障恢复时间等指标。

【思考与练习】

1. 在对路由器配置修改后，为什么一定要使用 CLI 命令将它们保存到启动配置文件中？
2. 路由器上网络接口编号 Ethernet 4/0/1 代表什么意思？
3. 路由器的主要性能指标有哪些？

国家电网公司
生产技能人员职业能力培训专用教材

第二十九章 路 由 协 议

模块 1 静态路由协议（ZY3200503001）

【**模块描述**】本模块介绍了静态路由及其应用。通过概念定义、要点分析，掌握静态路由的概念和应用。

【**正文**】

一、什么是静态路由

路由器的路由表中有许多条目，每个条目就是一条路由。按照其来源，路由表中的所有条目可以分为直连网络、静态路由和动态路由 3 类。

直连网络是路由器启动后自动添加的条目，它指向和自己直接连接的网络。动态路由是路由器根据收集到的信息按照一定的算法计算而得到的路由，当网络状态变化时，路由器会重新进行计算并随时更新，因此叫作动态路由。

作静态路由是由网络管理员人工设定的路由，设置完成后该路由条目不会自动发生改变，因此叫作静态路由。

二、静态路由的特点

静态路由设置简单，适用于小型网络，常用在网络的边界上，也经常用于设置缺省路由。静态路由的特点如下：

（1）静态路由具有设置简单、传输效率高、性能可靠等优点。静态路由是由了解网络拓扑结构的网络管理员人工设定的，路由器认为它是最佳路由，与所有动态路由相比，它的优先级是最高的，当静态路由协议与动态路由发生冲突时，路由器会优选静态路由。静态路由不用计算，所以不会占用路由器太多的 CPU 和 RAM 资源。静态路由信息在缺省情况下是私有的，即它不会传递给其他路由器，路由器之间不用频繁交换静态路由信息，可以节省传输线路的带宽资源。当然，也可以通过对路由器进行设置使之成为共享的。

（2）静态路由的缺点是不能动态反映网络拓扑。静态路由不会自动更新，当网络拓扑发生变化时，管理员就必须手工重新设置，同样，当网络故障发生后，静态路由也不会自动发生改变，必须有管理员的介入。因此，在较复杂的网络环境中，往往不宜采用静态路由，一方面，因为网络管理员难以全面地了解整个网络的拓扑结构；另一方面，当网络的拓扑结构和链路状态发生变化时，需要大范围地调整路由器中的静态路由信息，这一工作的难度和复杂程度是可想而知的。

三、缺省路由

缺省路由也叫作默认路由，它是一种特殊的静态路由，是为路由器在路由表中找不到指向目的网络的具体路由时所采用的路由。缺省路由通常用在只有一个出口的网络，即末梢网络（stub network）上。路由器通过缺省路由将该数据包发送给默认网关，由担任"缺省网关"的路由器进行处理。

缺省路由与静态路由的配置方法相同，以到网络 0.0.0.0（掩码为 0.0.0.0）的路由形式表示。某些动态路由协议（如 OSPF 和 IS–IS）也可以生成默认路由。

四、静态路由的应用

在一个小而简单的网络中，到达某一网络只有一条路经时，适宜采用静态路由，因为配置静态路由会更为简捷。例如，在图 ZY3200503001-1 所示的网络拓扑图中，假设局域网内的用户要通过路由器 B 访问其他网络，则可以在路由器 A 上手工设置一条指向路由器 B 的静态路由。

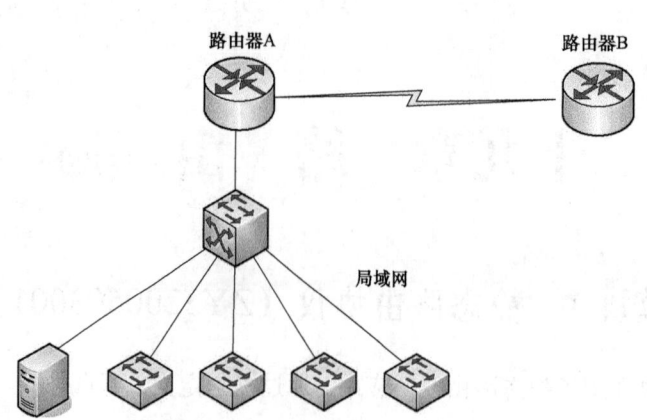

图 ZY3200503001-1　网络拓扑

这样做的好处在于不必使用动态路由协议,可以减少路由器 A 和路由器 B 之间链路上的数据传输量,因为使用静态路由后,路由器 A 和路由器 B 之间没有必要再进行路由信息的交换。

【思考与练习】

1. 路由器的路由表中的路由条目可分为几类?它们是如何产生的?

2. 什么是静态路由?它有什么特点?

模块 2　动态路由协议（ZY3200503002）

【模块描述】 本模块介绍了路由协议基本概念及常见的动态路由协议。通过术语定义、分类讲解,掌握动态路由协议基本概念,熟悉常见的动态路由协议。

【正文】

一、路由协议基础知识

协议（Protocol）是一个非常重要的概念,它是两台设备之间相互通信的规则。当两台设备互通信息时,需要有明确的规则来确定一系列的问题,如该由哪一个设备先发送信息,它们如何识别对方,通信中断时如何处理;还有,如果一方设备未能成功接收对方传输过来的信息,会发生什么情况等。设备之间通信是一个全自动的过程,所有的规则都必须精确地定义,并且这些规则必须覆盖所有可能发生的（正常或异常的）情形。所有这些约定和规则称为协议。

路由协议（Routing Protocol）是为路由器相互之间进行信息交换制定的通信规则。网络中的路由器按照路由协议的规则相互之间交换路由、链路状态的变化等信息,根据这些信息生成或更新相应的路由条目,对路由表进行动态的维护和更新,使之能够及时、准确地反映网络拓扑结构及网络运行状态的变化,有效地完成路由选择和数据转发任务。

在网络拓扑结构复杂且经常变化的网络中,采用静态路由设置工作量很大,很难做到最优化,也不能及时适应网络拓扑结构的变化,这时,最好的办法是使用路由协议。路由协议使路由器能够自动地建立路由条目,并且能够根据情况的变化自动修改、增加或删除路由条目。因此,路由协议也形象地被称为动态路由协议。

路由协议允许路由器同相邻的路由器交换路由信息,当某一路由器感知到网络布局发生变化,它就向相邻的路由器广播这个信息。路由器也定期将自己的路由信息广播到其他路由器。

二、动态路由协议常用的术语

在介绍动态路由协议之前,让我们先了解几个非常重要的概念:

1. 自治域（Autonomous System,AS）

自治域也叫作自治系统,是指由单一机构管理的、具有统一路由策略的网络。自治域采用 16 位二进制编号,公有编号由互联网地址授权委员会（Internet Assigned Numbers Authority,IANA）分配,私有编号可以在内部网络中自主使用,私有编号的范围是 64512~65535。

2. 收敛（Convergence）

从网络事件发生到最终所有路由器都找到最佳路径的过程称为收敛。当某个网络事件引起路由不可用（或由不可用变为可用）时，相关路由器就发出更新信息，路由更新信息将会转发到整个网络，引发各路由器分别重新计算最佳路径。直接或间接交换路由信息的一组路由器在网络的拓扑结构方面或者说在网络的路由信息方面达成一致。路由协议必须通过某种算法使各路由器尽快达到收敛状态。要实现收敛，还必须解决路由器之间的路由环路（Routing Loops）问题。

3. 路由算法

路由算法在路由协议中起着至关重要的作用，它根据收集到的信息进行计算来确定到达目的网络的最佳路由。网络中的每个路由器动态地更新它所保持的路由表，以便保持有效的路由信息。每一种路由算法都有其衡量"最佳"的一套原则。

常用的路由算法主要是距离向量算法和链路状态算法。

（1）距离向量算法。距离向量算法以路径所要经过的路由器数量即跳数（hop）的多少为依据来确定最佳路径。

（2）链路状态算法。链路状态算法也称最短路径算法或接口状态算法，它根据路由器接口状态，确定最佳路径。

4. 管理距离（Administrative Distance，AD）

当路由器上启用了多种路由协议时，去往同一目的网络在路由表中可能会有多个路由条目，对于不同来源的路由条目的可信度，用管理距离加以表示，数值越小，可信程度越高。管理距离也可以看作是路由选择的优先级别，数值越小越优先选用。

Cisco 路由条目管理距离的取值范围为 0~255，各种路由协议获得路由条目的默认管理距离如表 ZY3200503002-1 所示。

表 ZY3200503002-1　　　　　　　路由条目默认管理距离

路 由 来 源	默认管理距离	路 由 来 源	默认管理距离
直连接口	0	IS–IS	115
静态路由	1	RIP	120
EIGRP 汇总路由	5	EGP	140
eBGP	20	外部 EIGRP	170
内部 EIGRP	90	iBGP	200
IGRP	100	未知	255
OSPF	110		

从表 ZY3200503002-1 中可以看出，静态路由的管理距离为 1，这说明手工设置的路由优先于通过路由协议动态获得的路由。

5. 度量值（Metrics）

路由选择算法会为到达目的网络的每一条路径计算出一个数值，用来表示该路径的优劣，这个数值称为度量值。度量值没有单位，度量值越小，表示路径越佳，拥有最小度量值的路径就是最佳路由。如果两条或多条路由的度量值相同，则这两条或多条路由称为等价路由。

各种路由选择协议定义度量值的方法是不一样的，因此计算出的最佳路由的度量值也是不一样的。度量值可以根据路径的某一特性进行计算，也可以综合多个特性进行计算。常用的特征有：① 跳数（Hop Count），即到达目的网络要经过的路由器的数量；② 链路的带宽；③ 传输时延；④ 链路的负载量；⑤ 链路的传输错误率；⑥ 链路所允许的最大传输单元（Maximum Transmission Unit），即最大的数据包的长度。

当路由表中有多个路由可以到达同一目的网络时，路由器会先比较路由条目的管理距离，数值小的会被优先采用；如果管理距离相等则再比较度量值，数值小的会被优先采用；如果管理距离和度量值都相同，那么，路由器会轮流使用各条路由进行数据包的转发，使流量均衡地分布在各条路由上。

三、路由协议的分类

（一）按自治域分类

根据应用范围与自治域的关系，路由协议可分为内部网关协议（Internal Gateway Protocol，IGP）和外部网关协议（External Gateway Protocol，EGP）两大类。

1. 内部网关协议

内部网关协议的运作范围仅限于一个自治域内部，用于自治域内各路由器之间交换路由信息。常见的内部网关协议有：

（1）路由信息协议（Routing Information Protocol，RIP）；

（2）开放式最短路径优先协议（Open Shortest Path First，OSPF）；

（3）内部网关路由协议（Interior Gateway Routing Protocol，IGRP）；

（4）增强内部网关路由协议（Enhanced Interior Gateway Routing Protocol，EIGRP）；

（5）中间系统到中间系统路由协议（Intermediate System to Intermediate System，IS–IS）。

2. 外部网关协议

外部网关协议用于多个自治域之间网络路由信息的交换和路由的选择，如企业网边界路由器与 ISP 接入路由器之间、不同企业网络的边界路由器之间互联都要采用外部网关协议。常见的外部网关协议有：

（1）边界网关协议（Border Gateway Protocol，BGP）；

（2）外部网关协议（Exterior Gateway Protocol，EGP）；

（3）域间路由协议（Internal Domain Routing Protocol，IDRP）。

（二）按路由选择算法分类

路由协议规定了路由选择的算法和路由器之间交换路由信息的通信规则。根据所采用的路由选择算法，路由协议可分为距离向量（Distance Vector）路由协议和链路状态（Link State）路由协议两类。

1. 距离向量路由协议

距离向量路由协议也叫作距离矢量路由协议，它采用贝尔曼–福特（Bellman-Ford）路由选择算法来计算最佳路径。

距离向量算法将一条路由看作是一个由目标和距离（度量值）组成的向量，路由器从与其邻接的路由器获得路由信息后，在每一条路由信息上叠加从自己到这个邻接路由器的距离向量，形成自己的路由信息。例如，在图 ZY3200503002-1 所示的网路中，网络 N 为目的网络，路由器 A 从路由器 B 获得到达网络 N 的路由信息 (N, M_2)，其中 M_2 为表示距离长短的度量值。路由器 A 在这条向量数据上叠加从 A 到 B 的距离向量 (B, M_1)，形成从 A 到目的网络 N 的路由信息 (N, M)，其中 $M = M_1 + M_2$。

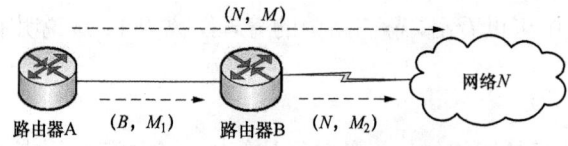

图 ZY3200503002-1　距离向量路由

这个过程发生在路由器的各个邻接方向上，通过这种方法路由器可以获得到达所有目标网络的途径和距离，从中选择出最佳路径生成自己的路由表。

距离向量算法规定每个路由器都要把自己的路由表发送给与它直接连接的路由器。路由器收到路由更新信息后，会与自己的路由表进行比较：如果是一条新的路由，则将它添加到路由表中；如果是一条比现有路由距离（度量值）更小的路由，则更新该路由条目。

距离向量算法周期性地将路由表的全部或某些部分发送给其邻接路由器，即使网络和自己的路由表没有发生变化，也要定期发送路由信息。

距离向量路由算法的优点是开销较小，实现起来比较简单。距离向量路由算法的缺点是收敛速度慢。此外，网络中的每个路由器都不可能获知整个网络的拓扑结构，其路由表中的路由条目全部来自邻接路由器的"二手"信息，当路由更新信息交换发生延迟或差错时，容易造成路由环路问题。

常见的距离向量路由协议有 RIP 协议、IGRP 协议、EIGRP 协议和 BGP 协议。其中，BGP 协议是距离向量协议的变种，它是一种路径向量协议。

2. 链路状态路由协议

链接状态路由协议克服了距离向量路由协议的局限性，它采用 Dijkstra 算法，根据链路状态数据库中的内容进行计算，得出以路由器自身为根的、到达目的网络的多条完整路径，然后根据最短路径优先（Shortest Path First，SPF）的原则选择出最佳路径，作为到达目的网络的路由。

路由器启动后，会将所有与自己相联的链路状态以链路状态通告（Link State Advertisement，LSA）数据包的形式发送给其他路由器，同时收集其他路由器发送的路由通告，生成自己的链路状态数据库（Link State Database，LSDB）。当路由器收集到足够的链路状态通告信息后，就会对区域中的网络拓扑结构有一个完整的了解，通过路由算法得出到达任一个目的网络的路由。

在运行过程中，当路由器检测到直接连接的链路状态发生了改变时，会发出 LSA 信息。邻接的路由器收到 LSA 后，更新自己的 LSDB，然后再将 LSA 转发给其他与自己连接的路由器。通过逐级转发，最终区域中的所有路由器都会收到该 LSA。

链路状态协议只有在链路状态发生变化时才发送路由更新信息，并且能以较长的时间间隔发送周期性路由更新信息，因此能对网络的变化作出快速反应，收敛速度快，可以很好地避免路由环路问题。

链路状态协议的缺点是开销较大，在生成链路状态数据库、SPF 路径树时需要占用较多的 CPU 和内存资源。

常见的链路状态协议有 OSPF 协议和 IS–IS 协议。

（三）按是否支持 CIDR 和 VLSM 进行分类

根据是否支持 CIDR（无类域间路由）和 VLSM（变长子网掩码），可将路由协议分为有类路由协议（Classful Routing Protocol）和无类路由协议（Classless Routing Protocol）两类。

1. 有类路由协议

有类路由协议在路由更新信息中不发送子网信息，只能适用于采用传统 IP 地址类别的网络，网络中所有的 IP 地址都使用相同的子网掩码。常见的有类路由协议有 RIPv1 协议、IGRP 协议和 BGPv3 协议。

2. 无类路由协议

无类路由协议支持 CIDR 和 VLSM，可以忽略 IP 地址的类别，在路由更新信息中发送子网掩码，网络中的 IP 地址可以使用不同的子网掩码。常见的无类路由协议有 RIPv2 协议、OSPF 协议、IS–IS 协议、EIGRP 协议和 BGPv4 协议。

四、常见的路由协议介绍

（一）RIP 协议

RIP 协议是一种较为简单的内部网关协议，主要用于规模较小的网络中。RIP 最初由 Xerox（施乐）公司在 20 世纪 70 年代开发，后来成为通用标准，定义在 RFC1058 中。RIP 是 IP 网所使用的第一个路由协议，也是 UNIX 系统到路由器的必备路由协议。

RIP 是一种基于距离向量算法的路由协议，它使用跳数作为路由选择度量标准，如果到达目的网络有多条路径，它会选择跳数最少的路径。路由器认为直接相连网络的跳数为 0，通过一个路由器可达的网络的跳数为 1，其余依此类推。为限制收敛时间，RIP 规定跳数取值为 0~15，大于或等于 16 的跳数被定义为无穷大，表示目的网络不可达。

RIP 通过 UDP（端口 520）报文进行路由信息的交换，周期性地向邻接路由器发送自己的路由信息。路由器收到路由信息报文后，将报文中路由条目的度量值加 1 得出新的度量值，与本地路由表路由条目度量值进行比较：

（1）对本路由表中已有的路由条目，当发送报文的路由器相同时，不论度量值增大还是减少，都更新该路由条目（度量值相同时只将其时效定时器清零）；

（2）对本路由表中已有的路由条目，当发送报文的网关不同时，只在度量值减少时更新该路由条目；

（3）对本路由表中当前不存在的路由条目，在度量值小于 16 时，在路由表中增加该条目。

RIP 协议有两个版本。1993 年，在 RIPv1 的基础上对 RIP 定义进行完善扩充产生了 RIPv2（定义在 RFC1388 中）。RIPv1 属于有类路由协议，而 RIPv2 则属于无类路由协议。RIPv1 和 RIPv2 的区别如表 ZY3200503002-2 所示。

表 ZY3200503002-2　　　　　　　　　　RIPv1 和 RIPv2 的区别一览表

RIPv1	RIPv2	RIPv1	RIPv2
路由更新报文中不携带子网信息	路由更新报文中携带子网信息	不支持 VLSM 和 CIDR	支持 VLSM 和 CIDR
不提供认证	提供明文认证和 MD5 认证	采用广播更新	用组播（224.0.0.9）更新

由于收敛较慢，RIP 协议有可能出现路由环路。所谓路由环路就是两个路由器之间互为下一条地址，被转发的数据包在这两个路由器之间来回传递，直到数据包中的 TTL 值减为 0 被丢弃为止。

为了避免路由环路，RIP 采用了定义最大跳数、水平分割（Split Horizon）、路由中毒、毒性逆转、触发更新和路由保持等机制来避免路由环路。RIP 路由信息每交换一次其度量值会加 1，当增加到最大值 16 时，该路由条目就会变为不可用。水平分割是指从某接口获得的路由不能再从该接口发送出去。路由中毒是当某个路由失效后，不是简单地将该条路由从路由表中删除，而是将其标记为不可达并保持一段时间，使得不可达信息尽可能地扩散所有路由器，在保持时间内不对这条路由作任何修改。毒性逆转是指从某接口获得路由后，立即从该接口回传一条路由更新消息，表明该条路由不可达，以清除对方路由表中的无用信息。触发更新是指当路由器检测到路由条目失效后，立即发出路由更新信息，而不管是否到更新周期。

RIP 协议的缺点是：

（1）以跳数作为选择路径的唯一度量标准，忽略了传输速度、吞吐量、可靠性、实际距离、通信延迟等因素，导致所选的路径可能不是最快的路由；

（2）每隔 30s 一次的路由信息广播会占用较多的网络资源；

（3）路由器不知道网络整体情况，当网络拓扑结构发生变化时，如果路由更新不及时，各个路由器上的路由不能反映网络的真实结构，将会导致网络收敛较慢。

（二）OSPF 协议

OSPF 协议是 Internet 工程任务组（IETF）于 1988 年推出的基于链路状态算法的路由协议。最初的 OSPF 规范由 RFC1131 定义，称为 OSPFv1，不久就被有重大改进的版本 2——OSPFv2 所代替，OSPFv2 体现在 RFC1247 文档中，后来又有许多更新文档，如 RFC1583 和 RFC2328，版本 2 的最新版体现在 RFC2328 中，是当前使用的主要版本。另外，针对 IPV6 的版本 OSPFv3，其基本标准定义在 RFC2470 中。OSPF 属于内部网关协议，其性能远优于 RIP 协议，在大中型网络中得到了普遍应用。

1. OSPF 协议的区域划分

为了适用于大型网络，OSPF 协议允许将一个自治域划分为多个区域，分别用不同的区域号（Area ID）来标识。当划分了多个区域时，必须有一个区域作为骨干区域。骨干区域自身必须是连通的，并且要保证其他区域与骨干区域直接相连或逻辑上相连，通常将骨干区域的 ID 设为 0。

划分区域后，所有接口都在同一个区域内的路由器称为内部路由器（Interior Router，IR）；连接其他区域的路由器称为区域边界路由器（Area Border Router，ABR）；连接其他自治域的路由器称为自治系统边界路由器（Autonomous System Border Router，ASBR）。

自治域划分为多个区域的好处是：

（1）路由器仅与区域内的路由器交换路由信息，区域间传送的是聚合后的路由信息，大大减少了网络开销；

（2）当一个区内发生路由故障时不影响其他区域，增加了网络的稳定性，也给网络的管理、维护带来方便；

（3）划分区域能够在一定程度上弥补 OSPF 协议占用 CPU 和内存资源较大这一不足。

2．OSPF 协议的特点

（1）OSPF 协议直接使用 IP 数据包封装协议报文，在 IP 包头中的协议号是 89。

（2）OSPF 协议适用 Hello 报文来发现邻居路由器，并用来建立和维持邻居关系。

（3）OSPF 协议能够快速收敛。当网络拓扑发生变化时，OSPF 能够立即发送更新报文，使这一变化在自治域中很快得到同步。在网络拓扑结构没有变化的情况下，OSPF 协议一般每 30min 交换一次链路状态信息，节省了网络带宽资源。

（4）OSPF 协议能够避免路由环路。OSPF 路由选择算法根据链路状态生成最短路径树，从根本上保证了不会产生路由环路。

（5）OSPF 协议使用组播方式发送和接收协议报文，减少了对不参与 OSPF 的路由器的负担。使用的组播地址为 224.0.0.5 和 224.0.0.6。

（6）支持基于接口的报文验证，以保证路由信息的安全性。

（7）路由器之间的点对点链路不需要每端都有一个 IP 地址，可以节省 IP 地址资源。

（三）IGRP 协议

IGRP 协议是 Cisco 公司 1986 年为解决 RIP 协议的不足而开发的距离向量路由协议。IGRP 协议在 IP 包头的协议（Protocol）字段的代码为 9。IGRP 协议的最大跳数为 255，可用于较大规模的网络。IGRP 使用网络带宽和延迟作为路由选择度量标准，性能优于 RIP 协议。

IGRP 是 Cisco 公司开发的私有协议，其他厂家一般不支持。IGRP 被 Cisco 后来开发的增强版本——EIGRP 协议所取代。

（四）EIGRP 协议

Cisco 公司 1994 年发布的 EIGRP 协议是 IGRP 协议的高级版本。EIGRP 采用散播更新算法（Diffusing Update Algorithm，DUAL），是一个高级的距离向量路由协议，同时采用了链路状态算法的一些功能。因此，从路由选择算法的角度来说，EIGRP 也被称为混合路由协议。EIGRP 支持的最大跳数为 224。EIGRP 在 IP 包头的协议字段取值为 88。EIGRP 路由器寻找它们的邻接路由器并交换"hello"数据包。

EIGRP 协议的优点是：

（1）迅速广播链路状态的变化。当本地路由器的链路状态发生变化，在新信息基础上它将重新计算拓扑结构表。相比之下，OSPF 协议此时将立即向网络中的每个路由器广播链路状态的变化，而 EIGRP 协议将仅仅涉及被这些变化直接影响的路由器。这使带宽和 CPU 资源的利用效率更高。同时，由于 EIGRP 协议使用了不到 50%的带宽，使得在低带宽 WAN 链路上具有很大优势。

（2）链路状态度量更完善。EIGRP 度量值是一个 32 位数，使用链路的带宽、延迟、可靠性、存放、跳数和最大传输单元（Maximum Transmission Unit，MTU）共 6 种不同特征以及可配置的 K 值来计算，提供有弹性较大的路由选择。

EIGRP 协议的缺点是：① 是 Cisco 的专利协议；② 收敛较慢。

（五）中间系统到中间系统路由交换协议（IS-IS 协议）

IS-IS 协议是国际标准化组织 ISO 制定的标准内部网关协议，是一个分级的链接状态路由协议。IS-IS 协议把网络进行分级管理，把任何没有路由功能的网络节点称为终端系统（ES）；而把路由器定义为中间系统（IS）。ES 和 IS 之间采用 ES-IS（ISO 9542）协议，允许 ES 和 IS 之间相互发现。IS 和 IS 之间采用 IS-IS 协议，IS-IS 提供 IS 之间的路由。结合起来形成 OSI 协议的基础。由中间系统（路由器）连接起来的一系列终端系统叫区域，它处于最低一级。将多个区域互联起来称为路由域。每个路由域是一个独立的管理区域，与 AS 类似。IS-IS 协议把路由分为两级：区域内的站点路由（第一级）和区域间的区域路由（第二级），第一级路由器形成第一级区域，而第二级路由器在第一级区域之间形成一个路由域内部的路由骨干。第一级路由器只需要具有如何到达最近的第二级路由器的信息，就可以进行区域间的通信。

IS-IS 协议的优点是：① ES-IS 可以支持 3 种不同类型的子网：点到点子网（如 HDLC）、广播子

模块 2

ZY3200503002

网（如以太网）和普通拓扑结构子网（如 X.25）；② IS–IS 可以在不同的子网上操作，包括广播型的 LAN、WAN 和点到点链路；③ 路径度量较完善。

IS–IS 协议的缺点是：① IS–IS 使用度量值长度仅为 6bit，限制了能与它进行转换的信息；② 链接状态长度仅为 6bit，路由器通告的记录限制为 256 个；③ IS–IS 受 OSI 管理，发展比较缓慢。

（六）EGP 协议

EGP 协议外部网关协议（EGP）是专门为 ARPANET（Advanced Research Project Agency Network）开发的协议，是第一个外部网关协议（EGP），应用在 Internet 上。

EGP 协议设计十分简单。它没有使用度量值，无法进行智能化的路由选择。随着 Internet 的发展，EGP 已经被淘汰，取而代之的是边界网关协议（BGP）和域间路由协议（IDRP）。

（七）BGP 协议

BGP 协议于 1987 年取代了 EGP 协议，用于在多个自治域之间交换网络可达信息。大多数 ISP 使用 BGP 协议作为路由通告协议。当前主流版本为 BGPv4，支持无类域间路由和路由聚合。BGP 协议可分为在对等的自治域之间交换路由信息的 eBGP（external BGP，外部边界网关协议）和在同一个自治域内的对等体之间交换路由信息的 iBGP（internal BGP，内部边界网关协议）。BGP 协议不使用跳数、带宽这样的度量标准，而是以路由规划或规则为基础，使用基于策略的路由选择。BGP 路由更新信息使用 TCP 传输协议，端口号是 179。

BGP 一般运行在相对核心的地位，如果出现错误，可能造成很大的损失。网络管理员需要对用户需求、网络现状和 BGP 协议非常熟悉，还需要非常谨慎小心。

【思考与练习】

1. 常见的动态路由器协议有哪些？
2. 什么是度量值，它的作用是什么？
3. 简述 OSPF 协议的工作原理。
4. RIP 协议与 OSPF 协议有何区别？

第六部分

网络安全管理及设备

国家电网公司
生产技能人员职业能力培训专用教材

第三十章　网络安全基础

模块1　网络安全的概念 (ZY3200601001)

【模块描述】本模块介绍了网络安全的基本概念，包含网络安全的定义、影响网络安全的因素及保障网络安全的措施。通过概念定义、要点分析，熟悉网络安全基本知识，了解网络安全防护的重要意义。

【正文】

随着信息应用系统的快速发展，企业的生产、经营和管理都逐渐转移到了信息网络之上，信息网络的安全稳定运行是企业正常运营的基础，网络出现安全问题会给企业带来重大损失。而对于政府机关以及像电力这样事关国计民生的大型企业来讲，信息网络安全不仅仅影响其部门和企业自身，而且还关系到国家的安全和社会的稳定，网络的安全是信息化建设的核心问题之一。

一、网络安全的定义

网络安全就是通过采用各种技术措施和管理措施，使网络信息系统连续可靠地正常运行，网络服务不中断，从而确保网络数据的可用性、完整性和保密性。目前国际上公认的对信息网络安全的定义中包括五个基本要素：机密性、完整性、可用性、可控性与可审查性。通过对这5个要素进行检查，如果能得到肯定的答案，那么可以初步判断该网络是安全的。

1. 机密性

信息不暴露给非授权用户、实体或进程。保密数据的泄密将直接影响导致数据拥有者和相关机构（或人员）的经济利益。网络安全系统必须保证这些机密信息在传输时的保密性。

2. 完整性

信息在存储或传输过程中保持不被修改、不被破坏和丢失；未经授权不能对数据进行修改；能够判别出数据是否已被篡改。

3. 可用性

得到授权的实体在需要时可访问数据，即攻击者不能占用所有的资源而阻碍被授权者的工作。网络信息系统的可用性，主要体现在以下两个方面：

（1）网络的可用性。网络是业务的载体，网络中断对于业务系统来说就意味着业务的中断，必须防止对关键网络设施的入侵和攻击、防止通过消耗带宽等方式破坏网络的可用性，保证网络持续有效的运行。

（2）业务系统的可用性。运行业务系统的各主机、数据库、应用服务器系统的安全运行同样十分关键，网络安全体系必须保证这些系统不会遭受来自网络的非法访问、恶意入侵和破坏。

4. 可控性

可以控制授权范围内的信息流向及行为方式。对关键网络、系统和数据的访问必须得到有效的控制，这要求系统能够可靠确认访问者的身份，谨慎授权，并对任何访问进行跟踪记录。

5. 可审查性

对出现的安全问题能提供调查的依据和手段。

二、网络安全工作的主要任务

网络安全工作的主要任务包括以下几个方面：

1. 保证网络实体运行安全

加强网络设备的运行维护和安全管理，保证网络及传输设备的安全和正常运行。采取密码和访问

模块
1

ZY3200601001

控制等措施，阻止对网络设备的非法访问。根据职责划分，为所有管理员分配相应的设备配置和管理命令级别权限，禁止越级、越权操作。采取加密、验证等措施，保证网络设备所提供的 SNMP、HTTP等服务的安全，同时关闭所有不必要的服务。充分利用网络设备自动生成的日志文件，分析查找运行过程中的异常情况，及时消除安全隐患，同时要保证各类运行日志文件的安全，防止被非法利用。

2. 保证系统及信息的安全

通过用户口令鉴别、用户存取权限控制、数据存取权限和方式控制、安全审计、安全漏洞管理、计算机病毒防治以及数据加密等手段，来保护网络系统不被非法侵入、数据不被非法存取、软件和数据不被非法篡改、系统不受病毒侵害，确保信息的完整性、一致性、机密性等。

3. 保证信息传播的安全

对信息的传播后果进行控制，包括信息过滤等，对非法、有害的信息传播后造成的后果能进行防止和控制，避免大量信息在公用网络上自由传输造成失控。

三、造成网络安全问题的主要根源

网络的安全风险主要是因为网络存在安全漏洞、网络的安全管理不到位，安全技术装备不足也会给网络安全带来隐患。

（一）安全漏洞

漏洞是指计算机网络在硬件、软件、协议的具体实现或系统安全策略上存在缺陷，从而可以使攻击者能够在未授权的情况下访问或破坏系统。对于网络系统来讲，主要存在 3 个方面的漏洞，即技术方面的漏洞、配置上的漏洞和策略方面的漏洞。

1. 技术漏洞

计算机网络系统本身在各个方面存在着不同程度的安全漏洞和脆弱性，无意之中为怀着各种动机的攻击者提供了可乘之机。

（1）TCP/IP 网络协议的缺陷。TCP/IP 在设计时基本上未考虑安全问题，不能提供通信所需的安全性和保密性。虽然 TCP/IP 协议经历了多次升级和补充，但由于协议本身的先天不足，未能彻底解决其自身的安全问题，主要体现在以下方面：

1）缺乏用户身份鉴别机制。TCP/IP 使用 IP 地址作为网络节点的唯一标识，但没有建立对 IP 包中源地址的真实性进行鉴别的机制，使得 IP 包中的 IP 地址很容易被伪造和更改。网上任何一台主机都可以假冒另一主机进行地址进行欺骗，使得网上传输数据的真实性不能得到完全保证。

2）缺乏路由协议鉴别机制。TCP/IP 在 IP 层上缺乏对路由协议的安全认证和数据加密机制，对路由信息缺乏鉴别和保护。因此，可以利用路由信息修改网络传输路径，误导 IP 数据包传输。

3）TCP/UDP 的缺陷。TCP/UDP 是基于 IP 上的传输协议，TCP 分段和 UDP 数据包是封装成 IP包进行传输的，除可能面临 IP 层所遇到的安全威胁外，还存在 TCP/UDP 实现中的安全隐患。比如，攻击者可以利用 TCP 连接建立所需要的"三次握手"，使 TCP 连接处于"半打开状态"，实现拒绝服务攻击。UDP 是个无连接协议，极易受到 IP 源路由和拒绝服务攻击。

（2）操作系统及软件方面的漏洞。除了 Microsoft 的大量的漏洞外，Cisco 路由器、Oracle 数据库、Linux 操作系统以及很多特定的应用系统均存在大量的漏洞。软件系统的安全隐患主要表现在操作系统、数据库系统和应用软件上，软件设计中的疏忽可能留下安全漏洞。系统漏洞从发现到被利用的时间差越来越短，2003 年 8 月出现的"冲击波"病毒，利用的是仅公布了 26 天的操作系统漏洞实施攻击。通过打补丁等手段及时消除系统中的漏洞已成为必须考虑的重要问题。

（3）软件后门。"后门"是软件开发人员为了自己的方便，在软件开发时故意为自己设置的，这在一般情况下没有什么问题，但是一旦该开发人员想要恶意利用该"后门"，那么后果就严重了，或者一旦"后门"洞开和泄露，其造成的后果将更不堪设想。

2. 配置漏洞

网络管理员安全配置不当会造成安全漏洞，如用户权限及账号的设置不当；系统管理密码设置的太简单，或采用缺省密码，容易被猜出。网络服务，特别是与外网有关的服务设置不当，留下可乘之机；采用缺省配置，不需要的服务和功能没有关闭，留下漏洞；网络设备配置不正确；不需要的协议端口没有及时关闭等，都会对网络安全带来威胁。

3．策略漏洞

在网络安全策略的规划、方案的实施等方面的问题：没有制定书面的、明确的安全策略；策略不连贯，策略执行不平滑；没有很好地执行访问控制逻辑；监视、审计等安全管理松懈；不遵守安全策略，随意增加、变更网络软、硬件；没有灾难备份和恢复方案。

（二）网络安全管理问题

企业内网"网络安全行为管理"不到位，内部用户使用不当也是一个很大的安全隐患。例如：员工擅自将处于内部联网状态的计算机拨号接入 Internet，就有可能把黑客引入到内部网络；不加限制的准许用户上网，一旦用户访问恶意的网站，可能导致该计算机被植入木马或恶意代码，导致泄密和入侵等种种安全问题；有意避开系统访问控制机制，对网络设备及资源进行非正常使用，擅自扩大权限，越权访问信息等都属于非授权访问等。

（三）网络安全技术和设备的不足

随着计算机及网络技术的发展，各种安全技术和设备不断涌现，更新替换的速度也比较快，为维护网络的安全运行，要根据单位的实际情况适时地进行技术和设备的补充或更新，特别是用于网络安全方面的技术。

四、网络安全策略的制定和实施

网络安全不仅仅是技术问题，更是一个管理问题。从表面上看，存在着许多种解决网络安全问题的技术和设备，关键是如何针对网络本身可能存在的安全问题进行选择，并把他们应用到网络中去，从而实现整个网络范围内统一的安全策略，这是网络安全工作面临的挑战性工作。

信息网络的安全依赖于全网统一的安全策略。网络安全策略非常重要，公司要制定一个文本化的、权威性的安全策略并严格加以实施。有效的安全策略能确保公司的网络设备不受蓄意破坏或不合适的访问。所有的网络安全特性都应该配置得与公司的安全策略相一致。所有安全策略，都是在用户效率和安全措施（可能有局限性而且耗时）之间进行折衷。任何安全设计的目标都是在保证用户访问和对效率影响最小的情况下提供最大的安全性。网络安全策略应该根据单位需要来确定，策略的制定和实施包括制定、实施、监控、测试和改进 5 个环节，如图 ZY3200601001-1 所示。

网络安全策略定义了公司内部对网络的安全防护、网络操作和访问控制等方面的基本原则，安全策略是网络设备配置的依据。实施就是把策略变成具体的网络配置，通过安装防火墙、采取鉴权和加密手段、对系统和软件打补丁（Patch）等，实现网络安全解决方案，防止非法访问。

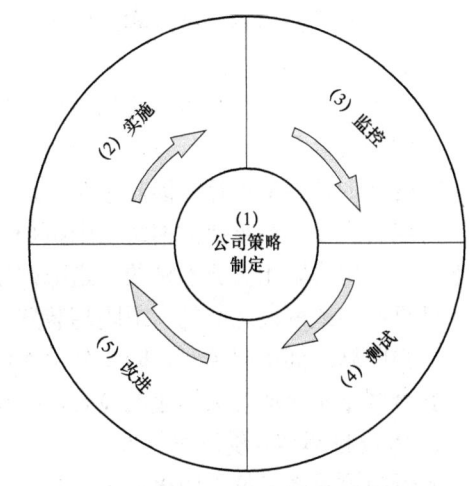

网络安全策略实施后要进行监控，即检查安全策略是否得到 100% 的执行，有无违法策略的装置和设定，检查入侵情况，进行系统的审计。

对策略的实施效果要进行测试，进行模拟攻击，判定策略制定和执行是否全面、有效。还要利用前几步得到的信息采取改进措施，并对安全策略进行补充和修改，使其适应安全形势的发展、能更好地满足网络安全的需要。

图 ZY3200601001-1　网络安全策略的制定和实施

策略修改后要再次进行实施、监控、测试和改进。通过这 5 个环节的循环往复，使安全策略得到不断改进、逐渐完善。

五、网络安全能力建设和预防措施

一个企业要保障网络安全，就必须加强网络安全能力的建设，制定完善的预防措施。

1．网络安全能力建设

网络安全能力主要体现在安全保护能力、隐患发现能力、应急反应能力这三个方面。

（1）安全保护能力。能够及时采取积极的防御措施，保护网络免受攻击和损害，具有容侵能力，使得网络在即使遭受入侵的情况下也能够提供安全、稳定、可靠的服务。

（2）隐患发现能力。能够及时、准确、自动地发现各种安全隐患，特别是系统漏洞，并及时予以消除。

（3）应急反应能力。当出现网络崩溃或其他安全问题时，能够以最短的时间、最小的代价恢复系统，同时使信息资产得到最大程度的保护。

2. 网络安全的预防措施

要确保网络安全，需要有一些预防措施，以保证当系统出现故障时，能以最快的速度恢复正常，将损失程度降到最低。常用的预防措施有：

（1）对运行中可能出现的紧急情况，要制定相应的突发安全事件应急处理预案。重要设备要有备份，发生运行故障时，能快速抢修恢复。

（2）将所有的操作系统 CD 盘的副本妥善存放在安全的地方，减少原版 CD 丢失（损坏）所造成的损失。

（3）在网络管理员或系统管理员岗位调动后，立即修改所有系统的管理员口令。

（4）建立一份程序文档来详细说明启动服务器的顺序。

（5）坚持数据的日常备份制度，系统配置每次修改以后及时备份，对于邮件服务器等时刻更新的服务器应坚持每日多次备份。

（6）坚持日志审计，对系统日志、防火墙日志、操作日志和入侵监测的日志等进行检查和分析。清除系统日志、防火墙日志前应进行备份，以便在网络被攻击后有历史的数据可查，找出系统的漏洞和攻击者的地址。通过对各类日志的审计还可以了解用户使用网络的情况。

六、网络安全防护的技术手段

随着网络技术的迅速发展，针对目前存在的网络安全威胁，市场上有很多的网络安全产品。这些产品主要包括防火墙（Firewall）、抗攻击网关（Anti-DDoS）、入侵检测（IDS）、入侵防御（IPS）、身份认证（AAA）、虚拟专用网（VPN）、防病毒、网络隔离、安全审计和安全管理等。从网络安全的 5 个要素来说，防火墙属于可控性产品，VPN 则是加密类产品，入侵检测（IDS）是可审查性产品，防病毒和身份认证都部分地实现并确保完整性，审计当然是可审查类产品。能同时满足安全的 5 个要素要求的，是利用网络隔离技术实现的网闸。

1. 防火墙技术

安全策略有多个执行点，比如主机的安全、网络的安全。防火墙是网络安全策略的实施点之一，是整个安全策略的一个执行点，它处在网络（网段）之间，只进行网络（网段）之间的安全防护，通常是在网络的边界上进行，因此也叫作边界安全。

网络防火墙是最重要的网络安全防护设备之一。防火墙的英文名称为"Fire Wall"，其本意是指发生火灾时，用来防止火势蔓延的一道障碍物，一般都修筑在建筑物之间。而网络防防火墙则是指设置在计算机网络或网段之间的一道隔离装置，就像是矗立在内部网络和外部网络之间的一道安全屏障，用来加强网络之间访问控制，防止外部网络用户非法访问内部网络资源。外部网络用户的访问必须先经过安全网络防火墙对数据包的检查，拦截不符合安全策略的数据包，拒绝明显可疑的网络流量。

2. 入侵检测和入侵防护技术

入侵检测系统是位于防火墙之后的第二道安全闸门，它监视网络或系统资源，从网络内部的若干关键点收集信息并对其进行分析，寻找违反安全策略的行为或攻击迹象，一旦发现外部攻击、内部攻击或非法的网络行为，则立即发出报警。

入侵防护系统位于边界防火墙之后、内部网络设备之前的主动型安全设备，它对流入的数据包进行深度检测，确定数据包的真正用途，然后决定是否允许该数据包进入网络。如果检测到攻击，IPS 会在攻击扩散到网络之前阻止这个恶意的通信。相比之下，IDS 注重的是网络安全状况的监管，它并接在网络之中只能起到报警作用，而 IPS 关注的是对入侵行为的控制，在网络前面起到防御作用。

3. 网络安全隔离技术

网络的安全威胁和风险主要存在于三个方面：物理层、协议层和应用层。网络线路被恶意切断或过高电压导致通信中断，属于物理层的威胁；网络地址伪装、Teardrop 碎片攻击、SYN Flood 等则属于协议层的威胁；非法 URL 提交、网页恶意代码、邮件病毒等均属于应用层的攻击。从安全风险来看，基于物理层的攻击较少，基于网络层的攻击较多，而基于应用层的攻击最多，并且复杂多样，难以防范。

面对新型网络攻击手段的不断出现和高安全网络的特殊需求，安全隔离技术应运而生。它的目标是，在确保把有害攻击隔离在可信网络之外，并保证可信网络内部信息不外泄的前提下，完成网间信息的安全交换。

4. 防病毒技术

计算机病毒是一组计算机指令或者程序代码，它通常在计算机用户不知情的情况下自动地插入并隐藏到计算机的文件或存储介质中，并且能够自动运行、自我复制以及自发地传播到其他计算机上。计算机病毒发作时会严重影响计算机系统正常运行，造成计算机和网络系统瘫痪、数据或文件丢失，邮件服务器繁忙或网络流量增加。计算机病毒主要是通过移动存储器和网络进行传播。在计算机网络中，防治计算机病毒的最基本的手段就是选用专门针对网络病毒传播特点开发的网络防病毒软件，制定系统的防病毒策略，建立安全高效的网络防病毒系统。

5. 身份认证

内部的计算机用户之间的攻击和滥用网络是一个非常普遍的现象，尤其是中小规模企业，据统计，80%的攻击发生在内部，而不是外部。对外部网络的访问控制基本上就是禁止或放行，是一种粗颗粒的访问控制。而对网络内部的管理和访问控制，相对外部的隔离来讲要复杂得多。内部的网络管理也需要通过身份鉴别、授权和管理（AAA）系统来建立身份认证机制，针对每一个用户来进行设置：你是谁、怎么确认你是谁、你属于什么组、该组的访问权限是什么等。

6. 加密通信和虚拟专用网（VPN）

加密通信和 VPN 包含几个要素：加密算法、密钥管理、加密方式和路由。一般情况下，VPN 用于以下场合：企业员工外出、移动办公时通过 Internet 接入到企业内网；总部与分支机构之间通过 Internet 联网；企业与合作伙伴之间通过 Internet 联网。对于 VPN 的类型，一般移动用户与固定站点之间采用 PPTP 协议或者 SSL VPN，而对于固定站点与固定站点之间通常使用 IPSec VPN。随着 MPLS 的成熟，第二层 VPN 也逐步获得应用。

7. 统一威胁管理设备

2004 年 9 月，IDC 提出"统一威胁管理（United Threat Management，UTM）"的概念，将能够同时提供防病毒、入侵检测和防火墙功能的安全设备命名为统一威胁管理设备。UTM 设备将多种安全特性集成于一台设备中，构成一个标准的统一管理平台，体现了对安全体系的整体认识和深刻理解。

【思考与练习】
1. 什么样的网络才能被认为是安全的？
2. 造成网络不安全的原因有哪些？
3. 为加强网络的安全，应采取哪些措施？

模块 2　常见的安全威胁和攻击（ZY3200601002）

【模块描述】本模块介绍了常见的网络安全威胁和攻击，包含网络攻击、计算机病毒等原因给网络安全造成危害。通过分类讲解，熟悉常见的网络安全问题。

【正文】

网络安全的主要威胁来自于网络攻击和计算机网络病毒。黑客攻击早在主机/终端时代就已经出现了，随着 Internet 的发展，现代黑客从以系统为主的攻击转为以网络为主的攻击。攻击者对网络进行攻击有着各种各样的目的，有的是为了窃取信息，有的是对网站和信息进行恶意篡改，有的是为了自我表现，有的是好奇、感觉好玩和试验等。早期的攻击对攻击者的技能要求较高，需要精通程序语言和编程技巧，因此攻击者的数量较少。随着 Internet 的普及，熟悉 TCP/IP 技术的人越来越多，网络上又有大量现成的攻击软件可以利用，攻击者不再需要很高的技能就可以发起攻击。因此，网络攻击的现象越来越普遍，攻击手段不断更新，造成的危害也日益扩大。

网络攻击，从 20 世纪 80 年代单纯使用密码猜测，发展到现在的拒绝服务攻击、网络钓鱼、溢出漏洞及利用社会工程学等技术进行攻击。今天用户面对的安全威胁更复杂，经常是由多种善变的威胁组成"混合型威胁"，包括病毒、蠕虫、间谍软件、木马程序以及 DDoS 攻击。与前些年安全威胁大多来自病毒和蠕虫等的大规模猛烈爆发不同，近年来各种各样的"间谍软件"或恶意代码开始在网上肆虐，其疯狂程度已超过了传统的病毒威胁。间谍软件的毒性更强，中毒后还不易被察觉。由于利益驱动，"间谍软件"大都采用巧妙的形式潜伏于用户的电脑中，通过窃取个人资料来非法获利。

下面简单介绍目前常见的网络攻击。

一、拒绝服务攻击

拒绝服务（Denial of Service，DoS）攻击，DoS 攻击的目的不是使被攻击对象死机，而是通过耗尽被攻击对象的资源，使其不能对合法用户提供正常的服务。更为严重的是分布式拒绝服务（Distributed Denial of Service，DDoS）。DDoS 攻击的方法是用大量的主机来访问网络中的某一台机器，影响其正常的服务。DDoS 是一种简单的攻击工具，当该主机被攻破后，DDoS 会将其作为攻击源，对其他主机发起攻击。对于 DDoS 攻击，如何找出源地址，也是一个非常困难的事情。由于 DDoS 非常容易实施，并且成功几率非常高，所以在安全事件中，这类攻击发生的数量增长非常迅猛，在过去几年较为重大的几起安全事件中，几乎都是由 DDoS 攻击引起的。

DoS 攻击利用 TCP/IP 协议的缺陷，消耗网络带宽或者消耗网络设备的 CPU 和内存。常见的 DoS 攻击有 TCP SYN 泛洪（Flooding）攻击、Ping of Death 攻击、MAC 泛洪攻击等几种。

1. TCP SYN 泛洪（Flooding）攻击

TCP SYN 泛洪攻击利用了 TCP 协议通过 3 次握手建立连接的原理，使用大量伪造的连接请求消息攻击网络服务所在的端口（如 80 端口），造成服务器的资源耗尽，系统停止响应甚至崩溃。TCP SYN 泛洪攻击的具体过程是：攻击端向被攻击端发出 SYN 数据包，被攻击端返回 SYN-ACK 进行响应并等待对方确认；但是攻击端故意不再送回 SYN-ACK 进行确认，使得被攻击端对本次连接一直保持开放状态；此后被攻击端会定期重发 SYN-ACK，在连接拆除之前最多重试 4 次。攻击端连续不断地向被攻击端发出大量的 SYN 数据包，使被攻击端的端口和资源被耗尽。

2. Ping of Death 攻击

Ping of Death 攻击利用一些较小的数据包攻击一些机器，然后使它们产生较大的数据包，通过这样的放大行为，产生大量的流量，最终使得被攻击的主机处于繁忙状态。这样的攻击方式有可以称为增幅攻击。例如一个假冒的广播 Ping 到达回环网络后，该网络的每台主机都向受害者发送不同的 Ping 包。当假冒的 Ping 包流量大小为 500kbit/s 时，如果局域网内有 200 台主机，则攻击流量将上升到 100Mbit/s，这样大的流量将很快导致一台服务器处于瘫痪状态。当然，可以通过对交换机进行配置，并通过设置流控策略来避免这样的攻击。

3. MAC 泛洪攻击

MAC 泛洪攻击则是另一种非常巧妙的形式。每个交换机中都有一个 CAM 表，用于记录端口和相应的 MAC 地址，当这个表满了以后，则采用广播的形式发送。MAC 泛洪就是基于这样一个思路，通过大量的 ARP 报文虚报 MAC，导致交换机 CAM 表溢出，从而通过监听广播包获取别人的消息。

二、重定向攻击

重定向攻击利用重定向后更改后续信息进行攻击，也是比较常见的一种攻击行为。重定向攻击包括 ARP 病毒攻击、STP 重定向攻击、传输重定向攻击及 IP 重定向攻击等。

1. ARP 病毒攻击

ARP 病毒采用虚拟 ARP 报文，让一个网段内的所有主机都误认为它就是网关，从而截获所有的报文。由于截获报文后，中毒主机并不转发到真实的网关，这样就导致了整个局域网内同网段主机全部断网。起初它用于"传奇"等网络游戏的账号截取，ARP 病毒先让其他电脑全部下线，然后当其他电脑试图再次连接服务器时，截获密码。

2. STP 重定向攻击

STP 重定向攻击利用虚假消息冒充自己的一个接口为 STP 的根桥，从而让交换机进行 STP 重算，则可以将原有的上行接口阻塞，向欺骗接口转发所有的数据。

3. 传输重定向攻击

传输重定向攻击攻陷一台防火墙后端的机器时，采取传输重定向的方法，让这台被攻陷的机器成为访问内网的代理服务器。

三、病毒型攻击

计算机病毒是一段附着在其他程序上的可以实现自我繁殖的程序代码，它可以在未经用户许可，甚至在用户不知道的情况下改变计算机的运行方式。通过网络传播计算机病毒，其破坏性非常高，而且用户很难防范。如众所周知的 CIH 病毒、爱虫病毒、红色代码、尼姆达病毒、求职信、欢乐时光病毒等都具有极大的破坏性，严重的可使整个网络陷入瘫痪。目前的病毒早已不再是传统的病毒，而是集黑客攻击和病毒特征于一体的网络攻击行为。

木马病毒或蠕虫病毒带来的混合型攻击是威胁最大的一种攻击，如木马病毒类程序利用 Rootkit 技术进行的攻击。蠕虫病毒攻击也已成为一种新的攻击手段，在"红色代码（Red-Code）"爆发 24h 后，就有上万台主机受到了感染。冲击波等各种新型蠕虫病毒也带来了巨大的威胁，"熊猫烧香"病毒也属于此类。这些病毒具有非常好的隐蔽性，用户稍有疏忽就会对整个网络带来极大的危害。

Rootkit 是一个功能强大的软件工具集，它能够让网络管理员访问一台计算机或者一个网络。攻击者利用 Rootkit 把自己隐藏起来，在用户计算机上安装间谍软件和其他监视敲击键盘以及修改记录文件的软件。攻击者为了对付功能越来越强大的网络安全产品，2006 年开始应用 Rootkit 技术，2007 年使用该技术的黑客更加普遍，而且有不断增长的趋势。

四、欺骗型攻击

欺骗型攻击通过提供虚假信息和虚假服务进行攻击。在欺骗攻击中除了常见的网络钓鱼攻击和身份欺骗攻击外，还有基于 OSI 模型第二层的 STP 欺骗、VTP 以及 MAC 欺骗地址攻击等。

网络钓鱼，英文为 Phishing（因为它首先被黑客使用在电话线路上，所以用 Phone 的前两个字母代替了 Fishing 中的 F）。钓鱼攻击通常采用大量发送垃圾电子邮件的形式，诱骗收到邮件的用户发送自己相关的金融账号和密码，以及身份证号等其他号码，继而盗取现金。

蒙骗方法通常很简单，例如注册 www.1cbc.com 来模仿 www.icbc.com，粗心的用户会忽视这样的拼写错误而上当。

五、系统非法闯入

对系统最常见的攻击就是非法闯入。黑客入侵计算机系统或网络后，可以使用该计算机或网络资源，甚至完全掌控计算机或网络。黑客以非法手段窃取对数据的使用权后，删除、修改、插入或重发某些重要信息，以取得有益于攻击者的响应。或有的黑客会恶意添加、修改数据，以干扰合法用户的正常使用。黑客非法闯入的办法可分为两类：一是通过非法获取密码；二是利用系统的漏洞和缺陷。

1. 非法获取密码

从猜测用户的密码，到冒充内部人员诈骗管理员，要求立即修改他声称的那个用户的密码，甚至采用黑客软件来获取密码，如利用监听工具来收集密码，或利用字典攻击法来自动强制破解系统的密码等。

2. 利用漏洞或缺陷

黑客一般是通过侦查和扫描等手段来发现系统的漏洞或缺陷，然后利用漏洞或缺陷进入系统。黑客首先需要寻找攻击目标拥有的地址段，搞清楚在这些地址段中哪些是 Web 服务器、哪些是数据库服务器、哪些 DNS 服务器等。黑客收集这些信息常用的手段有：使用 Whois 可以查询到相应的地址空间；通过 Nslookup 可以查询特定的服务器；通过访问 Google 能够获取详尽的地址段；使用 Wireshark 网络协议分析仪进行网络侦听等。

收集到必要的信息后，攻击者会采用 Nmap 工具对关键服务器进行端口扫描，先扫描某个地址段中活跃的主机情况，然后扫描已经打开的端口和系统类型，为下一步闯入获取非常重要的信息。

【思考与练习】

1. 常见的网络攻击有哪些？
2. 简要描述 SYN Flooding 攻击的机理。

模块 3 电力二次系统安全防护 （ZY3200601003）

【模块描述】本模块介绍了电力二次系统安全防护的有关要求、原则、技术措施及安全管理，包含电监会等管理部门有关规定条文。通过条文简介、词条定义，熟悉电力二次系统安全防护规定及相关知识。

【正文】

一、《电力二次系统安全防护规定》简介

为防范黑客及恶意代码等对电力生产控制及管理系统的攻击和侵害，建立起完善的电力二次系统网络安全防护体系，2004 年 12 月 20 日国家电力监管委员会第 5 号令颁布了《电力二次系统安全防护规定》（简称《规定》）。电力工业是国民经济的基础产业，《规定》的颁布对保障安全可靠的电力供应，促进国家经济发展、社会稳定有着十分重要的意义。

近年来，随着计算机及网络技术在电力生产控制及管理系统中越来越广泛的应用，国家有关部门高度重视电力二次系统的安全防护问题。2002 年 5 月，原国家经贸委 [2002] 第 30 号令发布了《电网和电厂计算机监控系统及调度数据网络安全防护的规定》（2008 年 1 月被电监会 26 号令废止）。为贯彻 5 号令的要求，电监会于 2006 年 11 月又印发了 6 份配套技术文件：《电力二次系统安全防护总体方案》《省级以上调度中心二次系统安全防护方案》《地、县级调度中心二次系统安全防护方案》《变电站二次系统安全防护方案》《发电厂二次系统安全防护方案》《配电二次系统安全防护方案》，对各级发供电单位的二次系统安全防护给出了指导性技术方案。

《规定》的主要内容分为四章，共十五条，对二次系统安全防护应遵循的原则、应采取的技术措施以及管理职责划分等方面提出了明确要求。

二、电力二次系统的定义

在电力行业内，通常把继电保护、安全自动装置、调度自动化系统和电力通信等统称为二次系统。而《规定》中所说的二次系统，主要是指电力监控系统、电力调度数据网络等，具体是指：

1. 电力监控系统

电力监控系统是指用于监视和控制电网及电厂生产运行过程的、基于计算机及网络技术的业务处理系统及智能设备等，包括电力数据采集与监控系统、能量管理系统、变电站自动化系统、换流站计算机监控系统、发电厂计算机监控系统、配电自动化系统、微机继电保护和安全自动装置、广域相量测量系统、负荷控制系统、水调自动化系统和水电梯级调度自动化系统、电能量计量计费系统、实时电力市场的辅助控制系统等。

2. 电力调度数据网络

电力调度数据网络是指各级电力调度专用广域数据网络、电力生产专用拨号网络等。

三、电力二次系统安全防护原则和技术措施

电力二次系统安全防护工作坚持安全分区、网络专用、横向隔离、纵向认证的原则，应采取的技术措施如图 ZY3200601003-1 所示。

1. 安全分区

为便于安全管理和采取安全技术措施，规定中对二次系统中基于计算机和网络技术的业务应用系统从计算机网络安全的角度进行分区，先将所有应用系统划分为生产控制和管理信息两个大区，进而再将每个大区再分别划分为两个区域。生产控制大区划分为控制区（安全区 I）和非控制区（安全区 II）。管理信息大区划分为生产管理区（安全区 III）和管理信息区（安全区 IV）。安全区 I 的安全等级最高，安全区 II 次之，其余依此类推。安全区边界应当采取必要的安全防护措施，禁止任何穿越生产控制大区和管理信息大区之间边界的通用网络服务。生产控制大区中的业务系统应当具有高安全性和高可靠性，禁止采用安全风险高的通用网络服务功能。

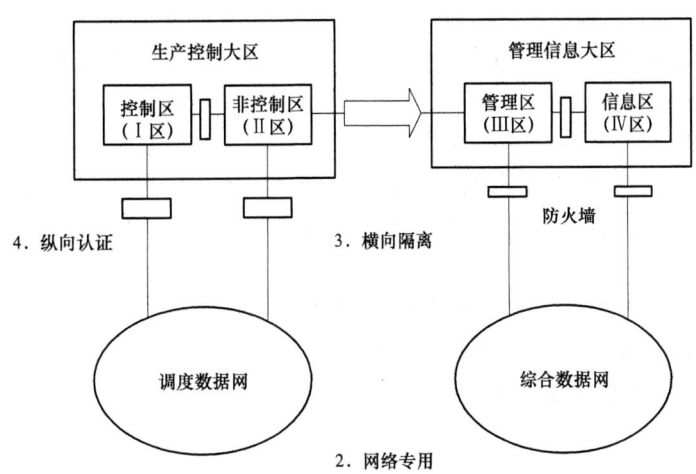

图 ZY3200601003-1　电力二次系统安全防护技术措施

（1）安全区Ⅰ。具有电网实时监控功能、利用电力调度数据网或专用通道实现纵向联接的实时业务应用系统划分在安全区Ⅰ内。

安全区Ⅰ中的系统主要包括：① 能量管理系统（Energy Management System，EMS），包括数据采集与监控（Supervisor Control And Data Acquisition，SCADA）、自动发电控制（Automatic Generation Control，AGC）、自动电压控制（Automatic Voltage Control，AVC）等子系统，能量管理系统也称作调度自动化系统；② 电网实时动态监测系统（WAMS），系统保护（安全自动装置）系统；③ 变电站自动化系统等。

（2）安全区Ⅱ。在生产控制范围内在线运行但不直接参与控制、利用电力调度数据网或专用通道实现纵向联接的非实时业务应用系统划分在安全区Ⅱ内。

安全区Ⅱ中的系统包括：① 电能量计量系统（Tele-Meter and Billing System，TMS），电能量考核与结算系统；② 继电保护故障信息管理系统；③ 电力市场运营系统（MOS）；④ 调度员培训模拟系统（DTS）等。

（3）安全区Ⅲ。安全区Ⅲ为生产管理区，安全区Ⅲ中的系统包括：① 电网运行管理系统（OMS）；② 雷电监测系统；③ 气象信息系统等。

（4）安全区Ⅳ。安全区Ⅳ为管理类信息区，安全区Ⅳ中的系统包括：① 管理信息系统；② 办公自动化系统等。

2. 网络专用

电力调度数据网应当在专用通道上使用独立的网络设备组网，在物理层面上实现与电力企业其他数据网及外部公共信息网的安全隔离。

电力调度数据网应划分为逻辑隔离的实时子网和非实时子网，分别用于连接安全Ⅰ区和安全Ⅱ区。

3. 横向隔离

在生产控制大区与管理信息大区之间必须设置经国家指定部门检测认证的电力专用横向单向安全隔离装置。

生产控制大区内部的安全Ⅰ区和安全Ⅱ区之间应当采用具有访问控制功能的网络设备、防火墙或者相当功能的设施，实现逻辑隔离。

4. 纵向认证

在生产控制大区与广域网的纵向交接处应设置经过国家指定部门检测认证的电力专用纵向加密认证装置或者加密认证网关及相应设施。依照电力调度管理体制建立基于公钥技术的分布式电力调度数字证书系统，生产控制大区中的重要业务系统应当采用认证加密机制。

四、电力二次系统安全防护的安全管理

国家电力监管委员会负责电力二次系统安全防护的监管，制定电力二次系统安全防护技术规范并监督实施。

全国各发、供电企业应当按照"谁主管谁负责，谁运营谁负责"的原则，建立健全电力二次系统安全管理制度，落实分级负责的责任制，在电力二次系统的规划设计、项目审查、工程实施、系统改造、运行管理等各个环节中，都必须按照电监会二次系统安全防护规定的要求严格执行。

电力调度机构负责直接调度范围内的下一级电力调度机构、变电站、发电厂输变电部分的二次系统安全防护的技术监督，发电厂内其他二次系统可由其上级主管单位实施技术监督。

【思考与练习】

1. 举例说明安全区Ⅰ～Ⅳ中分别包含哪些业务应用系统。

2. 电力二次系统安全防护应采取的主要措施有哪些？

3. 电力 OMS 系统属于哪个安全分区？

第三十一章　计算机病毒

模块 1　计算机病毒概述（ZY3200602001）

【模块描述】 本模块介绍了计算机病毒概述，包含计算机病毒的定义、分类及危害。通过概念讲解、要点分析，掌握计算机病毒的概念，了解计算机病毒的危害。

【正文】

在计算机所有的安全威胁中，计算机病毒是最为严重的，它发生的频率高、损害大、潜伏性强、覆盖面广。随着 Internet 的普及和企业 IP 网的广泛应用，病毒通过网络传播更为迅速，能在很短时间内传遍网络上的机器，防病毒的任务更加艰巨。

一、计算机病毒的定义

计算机病毒（Computer Virus）是一组计算机指令或者程序代码，它通常在计算机用户不知情的情况下自动地插入并隐藏到计算机中文件或存储介质中，并且能够自动运行、自我复制以及自动地传播到其他计算机上。计算机病毒发作时会影响计算机系统正常运行，严重时会造成计算机和网络系统瘫痪、数据或文件丢失，邮件服务器繁忙或网络流量增加。各类计算机病毒也统称为"恶意代码"。

计算机病毒主要是通过移动存储器和网络进行传播。病毒进入目标系统后进行自我复制，通过修改系统设置实现随系统启动而自动运行。病毒代码运行后，将激活其预定的功能，如打开后门等待连接、发起网络攻击、进行键盘记录等。

计算机病毒是人为故意编写的，制作和传播计算机病毒是高技术犯罪。起初一些天才的程序员出于对现状的不满，或为了好奇，或为了报复，或为了祝贺和求爱，或为了得到控制口令，或因为拿不到报酬等原因，为了表现自己和证明自己的能力，编写了病毒程序，这是恶作剧和报复心态在计算机应用领域的表现。当然也有因政治、军事、宗教、民族、专利等方面的需求而专门编写的，其中也包括一些病毒研究机构和黑客的测试病毒。

二、计算机病毒的特性

计算机病毒具有以下几个特性：

1. 寄生性

计算机病毒寄生在其他程序之中，当执行这个程序时，病毒就起破坏作用，而在未启动这个程序之前，它是不易被人发觉的。

2. 传染性

计算机病毒不但本身具有破坏性，更有害的是具有传染性，一旦病毒被复制或产生变种，其速度之快令人难以预防。计算机病毒一旦进入计算机并得以执行，它就会搜寻其他符合其传染条件的程序或存储介质，确定目标后再将自身代码插入其中，达到自我繁殖的目的。只要一台计算机染毒，如不及时处理，那么病毒会在这台机子上迅速扩散，大量文件（一般是可执行文件）会被感染。而被感染的文件又成了新的传染源，再与其他机器进行数据交换或通过网络访问，病毒会继续进行传播。病毒能使自身的代码强行传染到一切符合其传染条件的未受到传染的程序之上。

3. 潜伏性

有些病毒像定时炸弹一样，让它什么时间发作是预先设计好的。比如黑色星期五病毒，不到预定时间一点都觉察不出来，等到条件具备的时候一下子就爆发开来，对系统进行破坏。一个编制精巧的计算机病毒程序，进入系统之后一般不会马上发作，可以在几周或者几个月内甚至几年内隐藏在合法文件中，对其他系统进行传染，而不被人发现，潜伏性愈好，其在系统中的存在时间就会愈长，病毒的传染范围就会愈大。潜伏性的第一种表现是指，病毒程序不用专用检测程序是检查不出来的，因此病毒可以静静地躲在磁盘里待上几天，甚至几年，一旦时机成熟，得到运行机会，就又要四处扩散、繁殖。潜伏性的第二种表现是指，计算机病毒本身往往有一种触发机制，不满足触发条件时，计算机病毒除了传染外不做什么破坏。触发条件一旦得到满足，有的在屏幕上显示信息、图形或特殊标识，有的则执行破坏系统的操作，如格式化磁盘、删除磁盘文件、对数据文件做加密、封锁键盘以及使系统死锁等。

4. 隐蔽性

计算机病毒具有很强的隐蔽性，有的可以通过病毒软件检查出来，有的根本就查不出来，有的时隐时现、变化无常，这类病毒处理起来通常很困难。

5. 破坏性

计算机中毒后，会导致正常程序无法运行，计算机内的程序和文件被删除或造成不同程度的损坏，系统内存区和操作系统中重要的信息被清除。有些病毒还会引起无法预料的灾难性的后果。

6. 可触发性

病毒因某个事件或数值的出现，诱使病毒实施感染或进行攻击的特性称为可触发性。为了隐蔽自己，病毒必须潜伏，少做动作。如果完全不动，一直潜伏的话，病毒既不能感染也不能进行破坏，便失去了杀伤力。病毒既要隐蔽又要维持杀伤力，它必须具有可触发性。病毒的触发机制就是用来控制感染和破坏动作频率的。病毒具有预定的触发条件，这些条件可能是时间、日期、文件类型或某些特定数据等。病毒运行时，触发机制检查预定条件是否满足，如果满足，启动感染或破坏动作，使病毒进行感染或攻击；如果不满足，使病毒继续潜伏。

7. 诱惑性和欺骗性

很多病毒利用人们的好奇心理，往往具有很强的诱惑性和欺骗性，使得它更容易传染，如"库尔尼科娃"病毒即是利用网坛美女库尔尼科娃的魅力。

三、计算机病毒的分类

随着个人计算机的普及，从1987年磁盘操作系统（DOS）下的引导型病毒的出现，到目前网络型病毒的泛滥，计算机病毒的发展大致可分为DOS病毒和Windows网络病毒两个阶段，各阶段出现的病毒的种类归纳介绍如下。

（一）DOS操作系统下病毒的分类

1. 引导型病毒

早期的个人计算机硬件通过软磁盘来启动，引导型病毒修改系统启动扇区，在计算机启动时首先取得控制权，通过占用系统内存、修改磁盘读写中断等手段来影响系统正常工作，并在系统存取磁盘时进行病毒的传播。具有代表性的引导型病毒是1987年出现的"小球"病毒和"石头"病毒。

2. 文件型病毒

文件型病毒利用DOS系统运行可执行文件时取得控制权，将自己附加在可执行文件中，使可执行文件的长度增加，在系统调用时进行传染。具有代表性的文件型病毒是1989年出现的"耶路撒冷"病毒和"星期天"病毒。

3. 伴随型病毒

伴随型病毒在感染后缀为EXE的可执行文件时，生成一个和EXE文件同名但扩展名为COM的伴随文件，如感染XCOPY.EXE文件时，病毒不改变XCOPY.EXE文件，而是生成伴随体文件XCOPY.COM并将自身写入COM文件。当用户执行XCOPY.EXE文件时，带有病毒的伴随体优先被执行。具有代表性的伴随型病毒是1992年出现的"金蝉"病毒。

4. 幽灵病毒

随着汇编语言的发展，实现同一功能可以用不同的方式完成，这些方式的组合可使一段看似随机的代码能够得出相同的运算结果。幽灵病毒利用这个特点，每感染一次就会自动生成不同内容和长度的代码，它们一般是由一段混有无关指令的解码算法和变化过的病毒体组成。如1994年出现的"一半"

病毒，它可以生成一段有上亿种代码的解码运算程序，病毒体被隐藏在解码前的数据中，要查杀这类病毒就必须对这段数据进行解码，加大了查毒的难度。

5. 生成器型病毒

在汇编语言中，一些数据的运算放在不同的通用寄存器中，可运算出同样的结果，随机的插入一些空操作和无关指令，也不影响运算的结果，这样，一段解码算法就可以由生成器生成。当生成器的生成结果为病毒时，就产生了复杂的"病毒生成器"。典型代表是 1995 年出现的"病毒制造机"病毒，它可以在瞬间制造出成千上万种不同的病毒，查杀时就不能使用传统的特征识别法，需要在宏观上分析指令，解码后查解病毒。

（二）Windows 操作系统和网络环境下病毒的分类

Windows 操作系统和网络环境下的病毒的种类主要包括系统病毒、宏病毒、脚本病毒、蠕虫病毒、木马病毒等，在模块 ZY3200602002 "计算机病毒的检测和防范"中再进行详细的介绍。

四、计算机病毒传播的途径

计算机病毒主要是通过光盘、移动硬盘、U 盘、MP3 等移动存储器和网络进行传播。随着计算机网络的普及，病毒利用网络进行传播带来的危害更大。利用网络传播病毒的方式主要有：

1. 通过电子邮件传播

病毒隐藏在电子邮件的附件中，当用户不小心打开了邮件附件时，病毒便会发作。

病毒制作者还利用社会工程学（一种通过对受害者心理弱点、本能反应、好奇心、信任、贪婪等心理陷阱进行诸如欺骗、伤害等危害手段，达到取得自身利益的手法）进行伪装来增加病毒传播机会。例如，一个名为"网络天下"的病毒的变种 WORM_NETSKY.Q，其主要通过 e-mail 电子邮件传播。该病毒使用了伪装退信这一社会工程学手法，使用的文件名称为一个经过伪装的以 scr 为扩展名的文件，该文件不仅使用了电子邮件文件的图标进行伪装，在文件名上也是煞费苦心。其程序文件名称通常为 message.em1%大量空格%.scr 的形式，从而很容易使收件人忽视该文件的真正类型而错认为是一个邮件文件而打开，达到病毒感染系统的目的。

有的病毒会利用受感染的计算机通讯录中储存的电子邮件地址自动发送含有病毒的邮件。当成千上万封这种病毒邮件在网上传输时，会造成互联网通信堵塞。例如，2003 年爆发的"大无极"病毒，在最初一个星期内，有数百万台计算机和超过 3 亿封电子邮件被感染。

2. 利用网络共享进行传播

病毒会搜索本地网络中存在的共享，如 ADMIN$，IPC$，E$，D$，C$等。然后，通过空口令、弱口令或自带口令猜测列表进行猜测，获得完全访问权限，将自身复制到网络共享文件夹中，通常以游戏、CDKEY 等相关名字命名，利用社会工程学进行伪装，诱使用户执行并感染，如 WORM_SDBOT 等病毒。

3. 通过 P2P 共享软件下载进行传播

病毒将自身复制到 P2P 共享文件夹，通常以游戏、CDKEY 等相关名字命名。通过 P2P 软件共享给网络用户，利用社会工程学进行伪装，诱使用户下载，如 WORM_PEERCOPY.A 等病毒。

五、计算机病毒的危害

1. 病毒激发对计算机数据信息的直接破坏作用

大部分病毒在激发的时候直接破坏计算机的重要信息数据，所利用的手段有格式化磁盘、改写文件分配表和目录区、删除重要文件或者用无意义的"垃圾"数据改写文件、破坏 CMOS 设置等。

2. 占用磁盘空间和对信息的破坏

寄生在磁盘上的病毒总要非法占用一部分磁盘空间。引导型病毒的一般侵占方式是由病毒本身占据磁盘引导扇区，而把原来的引导区转移到其他扇区，也就是引导型病毒要覆盖一个磁盘扇区。被覆盖的扇区数据永久性丢失，无法恢复。文件型病毒利用一些 DOS 功能进行传染，这些 DOS 功能能够检测出磁盘的未用空间，把病毒的传染部分写到磁盘的未用区域去。所以在传染过程中一般不破坏磁盘上的原有数据，但非法侵占了磁盘空间。一些文件型病毒传染速度很快，在短时间内感染大量文件，每个文件都不同程度地加长了，就造成磁盘空间的严重浪费。

3. 大量消耗系统与网络资源

计算机感染了某些等病毒后，病毒会不断遍历磁盘、分配内存，导致系统资源很快被消耗殆尽，最终使得计算机速度越来越慢或网络阻塞，典型代表如 REDCODE 病毒。大多数病毒在动态下都是常驻内存的，这就必然抢占一部分系统资源。病毒所占用的基本内存长度大致与病毒本身长度相当。病毒抢占内存，导致内存减少，一部分软件不能运行。除占用内存外，病毒还抢占中断，干扰系统运行。

4. 影响计算机运行速度

病毒进驻内存后不但干扰系统运行，还影响计算机速度，主要表现在：

（1）病毒为了判断传染激发条件，总要对计算机的工作状态进行监视，这相对于计算机的正常运行状态既多余又有害。

（2）有些病毒为了保护自己，不但对磁盘上的静态病毒加密，而且进驻内存后的动态病毒也处在加密状态，CPU 每次寻址到病毒处时要运行一段解密程序把加密的病毒解密成合法的 CPU 指令再执行；而病毒运行结束时再用一段程序对病毒重新加密。这样 CPU 额外执行数千条以至上万条指令。

（3）病毒在进行传染时同样要插入非法的额外操作，特别是传染软盘时不但计算机速度明显变慢，而且软盘正常的读写顺序被打乱，发出刺耳的噪声。

5. 计算机病毒错误与不可预见的危害

计算机病毒与其他计算机软件的一大差别是病毒的无责任性。编制一个完善的计算机软件需要耗费大量的人力、物力，经过长时间调试完善，软件才能推出。但在病毒编制者看来既没有必要这样做，也不可能这样做。很多计算机病毒都是个别人匆匆编制调试后就向外抛出。反病毒专家在分析大量病毒后发现绝大部分病毒都存在不同程度的错误。

6. 计算机病毒的兼容性对系统运行的影响

兼容性是计算机软件的一项重要指标，兼容性好的软件可以在各种计算机环境下运行，反之兼容性差的软件则对运行条件"挑肥拣瘦"，要求机型和操作系统版本等。病毒的编制者一般不会在各种计算机环境下对病毒进行测试，因此病毒的兼容性较差，常常导致死机。

7. 计算机病毒给用户造成严重的心理压力

据有关计算机销售部门统计，计算机售后用户怀疑"计算机有病毒"而提出咨询约占售后服务工作量的 60%以上。经检测确实存在病毒的约占 70%，另有 30%情况只是用户怀疑，而实际上计算机并没有病毒。那么用户怀疑病毒的理由是什么呢？多半是出现诸如计算机死机、软件运行异常等现象。这些现象确实很有可能是计算机病毒造成的。但又不全是，实际上在计算机工作"异常"的时候很难要求一位普通用户去准确判断是否是病毒所为。计算机病毒像"幽灵"一样笼罩在广大计算机用户心头，给人们造成巨大的心理压力。

六、计算机病毒的发展趋势

目前新爆发的计算机病毒大都具有混合型特征，它们集文件传染、蠕虫、木马、黑客程序的特点于一身，破坏性更强。新的病毒更加充分利用网络进行传播，由于扩散速度极快，因此不再追求隐藏性，而更加注重欺骗性。利用系统漏洞成为病毒传播的有力方式。病毒的发展呈现以下趋势：

1. 扩散速度快

很多病毒与 Internet 紧密结合，通过系统漏洞、局域网、网页、邮件等方式进行传播，扩散速度极快。在操作系统或应用软件漏洞发布的当天就编写出病毒代码，针对漏洞进行攻击。黑客在 2006 年伊始就发布了利用 IE 处理 WMF 文档方式缺陷的零日攻击代码。此后又出现了大量针对 Office 缺陷的攻击代码。

2. 网络钓鱼层出不穷

利用钓鱼网站等形式诈骗用户资产，该类病毒约占病毒总数的 5.45%。诈骗者通常利用伪装的电子邮件和欺骗性网址，专门骗取用户财务数据。据分析，网络钓鱼今后将成为困扰个人用户的安全问题一大热点。目前网络钓鱼出现了一种新的伎俩，他们使用一种动态的 JavaScript 代码，而不仅是过去所用的静态假地址栏图像。攻击者通过 JAVA 程序更改地址栏，修改中毒用户的浏览器，从而可将其诱骗到显示为银行官方站点的假网站，欺骗用户登录达到盗取账号的目的。

3. 恶意软件与病毒相互捆绑

病毒与其他技术相融合，某些病毒集普通病毒、蠕虫、木马和黑客等技术于一身，许多病毒、木马与恶意软件相互捆绑，前者利用后者无孔不入地侵入用户的系统，后者则借助前者极强的传播性在更大地范围内扩散。恶意软件虽然不具有像病毒一样自动传播和恶意破坏的行为，但它通常通过网页下载、软件捆绑安装等方式悄悄的侵入用户系统，并且具有自动升级、高度隐藏、难以卸载等特点。恶意软件越来越多地利用底层驱动保护等技术来对抗防病毒软件地查杀。

4. 病毒出现频度高，病毒生成工具多

早期的计算机病毒都是编程高手制作的，编写病毒是为了显示自己的技术，但库尔尼科娃病毒的设计者只是修改了下载的 VBS 蠕虫孵化器便生成了该病毒。这种工具在网络上很容易就可以获得，因此新病毒的出现频度超出以往的任何时候。

【思考与练习】

1. 什么是计算机病毒？
2. 计算机病毒有哪些特性？
3. 计算机病毒的危害有哪些？
4. 计算机病毒的传播途径是什么？

模块 2　计算机病毒的检测和防范（ZY3200602002）

【模块描述】本模块介绍了常见的计算机病毒及常用防范方法，包含常见病毒的分类描述及常用防范方法。通过要点讲解、界面窗口示例，熟悉各类病毒的基本特征，掌握计算机病毒检测和防范的常用方法。

【正文】

计算机病毒的防治要贯彻预防为主的原则，建设完善的计算机病毒防护体系和快速反应机制。在计算机网络中，防治计算机病毒的最基本的手段就是选用专门针对网络病毒传播特点开发的网络防病毒软件，制定系统的防病毒策略，建立安全高效的网络防病毒系统。

一、网络防病毒系统的组成和功能

目前，著名厂商提供的主流网络防病毒系统不但可以防范和查杀病毒，而且还可以防范蠕虫、木马、间谍软件及其他恶意软件对计算机和服务器的威胁，在一定程度上还能对零时差攻击、变种的间谍软件等未知的威胁提供防护。

网络防病毒系统由服务器、管理控制台和客户端等部分组成。

1. 服务器

服务器上安装防病毒系统管理软件，在服务器上可以设置统一的安全策略，部署客户端防病毒软件，为客户端提供病毒库及杀毒引擎的更新服务，对网络内所有服务器和计算机防病毒实行统一管理。

2. 管理控制台

管理控制台是运行在防病毒服务器上的管理工具，用于对防病毒服务器进行配置并实现对所有客户端的集中管理。通过控制台可以安装和配置客户端软件、强制执行安全策略，显示客户端的防病毒状态，实时了解掌握当前网络内发生的病毒事件，及时采取有效措施，防止病毒的危害。管理控制台程序可以从防病毒服务器上直接登录，也可以使用 Web 浏览器远程登录。

3. 客户端

客户端软件安装在联网的计算机和服务器上，提供防病毒、防间谍软件以及主动型威胁扫描等功能。

病毒查杀：对内存和文件进行扫描，病毒代码库文件中包含抑制病毒的特征病毒码，在扫描时将扫描对象与特征代码库比较，如有吻合则判断为染上病毒。

病毒实时自动监控：包括文件实时监控、内存实时监控、脚本实时监控、邮件实时监控、注册表实时监控，一旦有病毒传染或发作时就会发出报警。

二、计算机病毒的检测

建立起网络防病毒系统后，应在所有服务器和计算机上要安装防病毒客户端软件，并对所有计算机用户提供全面的防病毒知识和系统使用培训，增强用户的病毒防范意识。

1. 计算机用户对病毒的检测设置和操作

在个人计算机上开启实时保护和病毒库自动升级功能，定期定时进行病毒扫描。

用户在使用计算机时要保持高度的警惕性，留意系统一些可疑状况，如系统速度突然变慢、网速变慢、硬盘频繁读盘等情况时，或者发现了可疑的自启动程序、病毒邮件时，或者防病毒实时保护功能发出警告时，首先应该想到该计算机很可能感染了病毒，此时用户要启动全面扫描功能，进行病毒查杀。

如果问题仍然存在，用户要及时向网络管理员报告。

2. 网络管理员对病毒的检测设置和操作

网络管理员对感染了病毒的计算机进行处理时，应优先使用相关病毒的"专杀工具"进行查杀，或者按照防病毒软件厂商官方提供的病毒资料进行手工查杀。如果操作系统厂家已发布了相关的补丁程序，要先安装操作系统关键补丁后再进行查杀病毒。查杀病毒最好在 Windows 安全模式下进行。查杀病毒前要关闭 Windows XP 的系统还原功能。

对于尚没有专杀工具的疑难病毒，网络管理员可采用以下方法进行检测：

（1）检查系统文件和启动项。检查启动目录：

C:\Documents and Settings\All Users\「开始」菜单\程序\启动

C:\Documents and Settings\Administrator\「开始」菜单\程序\启动

C:\ Documents and Settings\其他用户\「开始」菜单\程序\启动

C:\Documents and Settings\Default User\「开始」菜单\程序\启动

检查配置文件：

Win.ini ［windows］下面，"run=程序名"、"load=程序名"

System.ini 文件中，在［boot］下面，"shell=文件名"，正确的文件名应该是 "explorer.exe"

查看 C:\、C:\windows、C:\windows\system、 C:\windows\system32 等位置有没有可疑文件。

（2）查看注册表特定位置有没有可疑的信息。检查注册表启动项：

HKLM\SOFTWARE\Microsoft\Windows\CurrentVersion\Run

HKLM\SOFTWARE\Microsoft\Windows\CurrentVersion\Runonce

检查 Explorer 启动项：

HKLM\SOFTWARE\Microsoft\WindowsNT\CurrentVersion\Winlogon\Shell（默认是 explorer.exe）

检查 GINA 调用：

HKEY_LOCAL_MACHINE\SOFTWARE\Microsoft\Windows NT\CurrentVersion\Winlogon

检查用户登录项：

HKCU\Software\Microsoft\Windows NT\CurrentVersion\Windows

HKEY_USER\用户的 SID 号\Software\Microsoft\WindowsNT\CurrentVersion\Windows

检查 load 是否调用异常文件。

（3）收集网络共享、已注册的系统服务、当前进程列表等系统信息进行系统的诊断。

（4）使用工具（如 netstat、TCPView 等）查看是否有可疑的连接。

使用 TCPView 可对网络连接情况进行检查和分析。TCPView 能查看系统的网络连接信息（远程地址、协议、端口号），查看系统的网络连接状况（发起连接、已连接、已断开），查看进程打开的端口。TCPView 可以动态刷新检查列表，使用非常方便，多用于查看蠕虫、后门、间谍等恶意程序。用 TCPView 检查网络连接情况如图 ZY3200602002-1 所示。

三、计算机病毒的防范措施

由于各种新计算机病毒产生的速度越来越快、技术越来越复杂，新病毒产生在前，查杀新病毒的手段相对滞后，因此，采取全面、有效的防范措施是非常重要的。

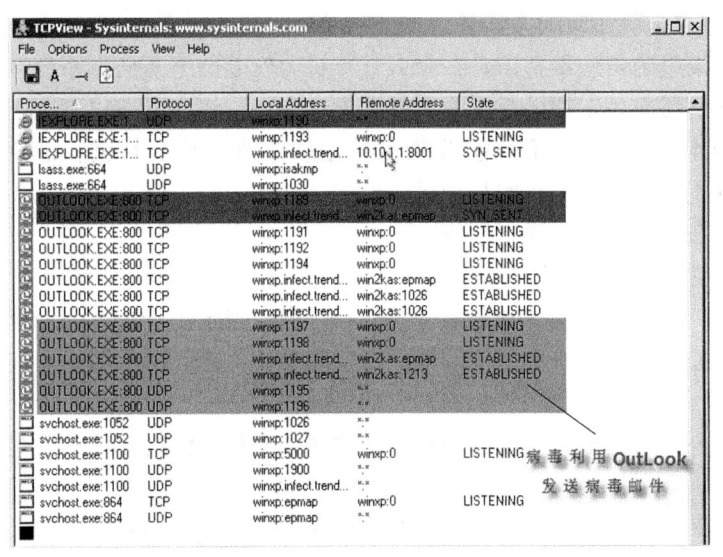

图 ZY3200602002-1　用 TCPView 检查网络连接情况

（一）网络管理员应采取的防范措施

网络管理员应从整个网络的角度考虑，加强防范病毒的措施，防止病毒的入侵和在网络内的蔓延。

（1）加强防治计算机病毒的管理。建立病毒防治的规章制度，严格管理，加大执行力度，将具体责任落实到人。

（2）建立计算机病毒的快速响应管理机制，制定快速响应流程。增强病毒快速定位能力、快速分析能力、快速清除能力。

（3）控制内网上病毒的扩散途径。从病毒的扩散途径来看，病毒主要是通过邮件服务器、Web 服务器和文件服务器进行扩散的。要有效防治病毒，非常重要的是要控制内网上病毒的扩散途径。对邮件服务器进行监控，防止带毒邮件进行传播，利用邮件过滤产品阻挡电子邮件中的带病毒可执行文件。

（4）加强网络服务和共享的管理，关闭不需要的网络服务和不必要的网络共享，阻断病毒通过共享途径传播。

（5）强化密码设置的安全策略，将系统管理员账户密码设置复杂一些，增强密码强度。

（6）正确配置系统。系统管理员在安装网络服务器时，应保证安装环境和网络操作系统本身没有感染计算机病毒；应将文件系统划分成多个分区，至少应划分成操作系统分区、共享的应用程序分区和网络用户可以独占的用户数据分区。

（7）确保网络防病毒系统自身的安全性。防病毒服务器、客户端通信要通过数字证书验证，确保系统内部通信安全。对防病毒软件自身设置防篡改保护。可设定自动启动防护功能的时间，防止关闭实时防护而导致的病毒侵害。有些防毒软件的控制中心建立在 MS 的 IIS 上，IIS 本身有许多漏洞，而且容易被攻击会造成不安全的因素。

（8）检查补丁安装情况。建立局域网内部的升级系统，包括各种操作系统的补丁升级，各种常用的应用软件升级，各种杀毒软件病毒库的升级。

及时更新 Windows 系统补丁，修补漏洞，阻断病毒通过漏洞传播途径。定期从软件供应商下载系统及应用软件安全补丁程序，堵塞系统安全漏洞。保持操作系统的更新，减少漏洞，及时打补丁能有效防止大多数病毒爆发。对用户进行安全培训，形成使用 Windows Update 功能定期更新系统的习惯。对重要系统实行手动更新，更新前做好备份和记录工作。Windows 系统尽量开启自动定时更新，以减少网络管理人员的工作量。在需要打补丁的系统数量多的情况下，使用补丁管理系统，实现补丁的扫描、分发和安装。

（9）做好病毒和安全问题的及时预警。系统管理员要留意计算机病毒信息发布，如防病毒网站上的病毒信息、国家计算机病毒应急处理中心病毒监测周报等。在发现网络和系统异常时，要及时采取有效的杀毒措施。

（二）计算机用户应采取的防病毒措施

所有员工都要有高度的防病毒意识，在个人计算机上安装网络防病毒系统客户端程序，打开实时监控功能，及时更新病毒库，定期进行全面查杀病毒。此外，还应采取以下预防措施：

（1）及时安装操作系统关键补丁（包括 IE 等应用软件的补丁），以防止恶意软件、木马和病毒的攻击。在修复系统漏洞以后，要进行木马查杀。

（2）设置较为复杂的开机密码并定期修改。

（3）注意共享文件夹的可写权限。

（4）可采用受到广泛好评的免费安全软件（如 360 安全卫士、金山清理专家等）作为补充，利用其木马查杀、恶意（流氓）软件清理、漏洞检测、实时保护、个人防火墙等功能，增强个人计算机的安全防护性能。

（5）不打开来历不明的文件。读取移动存储介质（如光盘、U 盘、移动硬盘等）内的文件前，应先对其进行病毒查杀。

（6）不轻易打开来历不明的邮件及附件，不随意点击打开 QQ、MSN 等聊天工具上发来的地址链接或是其他数据信息，更不要随意打开或运行陌生、可疑的文件和程序。

（7）养成良好的网络使用习惯，不随便登录不明网站，下载软件尽量到可信的知名网站进行下载。

四、常见计算机病毒的识别

防病毒客户端软件查杀病毒时，在给出的报告中列出所查处的病毒名称，病毒名称由一连串英文和阿拉伯数字组成，如 Backdoor.RmtBomb.12、Trojan.Win32.SendIP.15 等。病毒的名称多种多样，但都遵循一定的命名规则。只要掌握了命名规则，我们就能通过杀毒软件在报告中出现的病毒名来判断该病毒的特性和大致的危害了。

（一）计算机病毒的命名规则

计算机病毒名称的格式为：<病毒前缀>.<病毒名>.<病毒后缀>。

命名规则如下：

（1）病毒前缀。病毒前缀是指一个病毒的种类，用来区别病毒的种族分类的。不同的种类的病毒，其前缀也是不同的。比如我们常见的木马病毒的前缀 Trojan，蠕虫病毒的前缀是 Worm 等。

（2）病毒名。病毒名是指一个病毒的家族特征，是用来区别和标识病毒家族的，如以前著名的 CIH 病毒的家族名都是统一的"CIH"，震荡波蠕虫病毒的家族名是"Sasser"。

（3）病毒后缀。病毒后缀是指一个病毒的变种特征，是用来区别具体某个家族病毒的某个变种的。一般都采用英文中的 26 个字母来表示，如 Worm.Sasser.b 就是指震荡波蠕虫病毒的变种 B，因此一般称为震荡波 B 变种或者震荡波变种 B。如果该病毒变种非常多，可以采用数字与字母混合表示变种标识。

（二）目前常见的计算机病毒

目前计算机网络中，计算机和服务器所采用的操作系统大部分为各种版本的 Windows 系统。对 Windows 环境下常见的病毒分类介绍如下：

1. 系统病毒

系统病毒名称的前缀为 Win32、PE、Win95、W32、W95 等，它们利用保护模式和 API 调用接口工作，并通过这些被感染的文件进行传播。如 1999 年的 CIH 病毒在全球范围大规模爆发，造成近 6000 万台电脑瘫痪。

2. 宏病毒

宏病毒名称的前缀是：Macro。宏病毒是用宏语言编制的病毒，它利用宏命令的强大系统调用功能，实现某些涉及系统底层操作的破坏。宏病毒仅向 Word、Excel、Access、PowerPoint 和 Project 等办公自动化程序编制的文档进行传染，而不会传染给可执行文件。1996 年首次出现了针对微软公司 Office 的宏病毒。

3. 蠕虫病毒

蠕虫病毒名称的前缀为 Worm。它们利用网络和系统漏洞进行传播。蠕虫病毒驻留在内存中，

一般不占用其他资源，也不修改磁盘文件，它搜索网络地址，将自身复制并通过网络向下一个地址发送进行传播，从一台机器的内存传播到其他机器的内存，它通过大量消耗系统资源，最后导致系统瘫痪，在短时间内造成大面积网络阻塞。电子邮件蠕虫是用户点击附件后才会被感染或者传播蠕虫。

2003 年的"2003 蠕虫王"病毒在亚洲、美洲、澳大利亚等地迅速传播，造成了全球性的网络灾害。2004 年是蠕虫泛滥的一年，"震荡波"（Sasser）这个臭名昭著的蠕虫，利用了微软 Windows 的网络漏洞，命令被感染系统下载并执行病毒代码。大规模流行的病毒有网络天空（Worm.Netsky）、高波（Worm.Agobot）、爱情后门（Worm.Lovgate）、SCO 炸弹（Worm.Novarg）、冲击波（Worm.Blaster）、恶鹰（Worm.Bbeagle）、小邮差（Worm.Mimail）、求职信（Worm.Klez）、大无极（Worm.SoBig）等。

4. 脚本病毒

脚本病毒的前缀是 Script、VBS、JS 等，它们是用脚本语言（如 VBScript、JavaScript 等）编写的恶意代码，一般带有广告性质，会修改用户的 IE 首页、注册表等信息。这类病毒通过网页、htm 文档、e-mail 附件等方式传播，可以在很短时间内传遍世界各地。用户使用浏览器来浏览含有这些病毒的网页，病毒就会感染该计算机。

VBS 脚本病毒是用功能强大脚本语言 VB Script 编写而成，它利用 Windows 系统的开放性特点，通过调用一些现成的 Windows 对象、组件，可以直接对文件系统、注册表等进行控制，破坏力很大。

脚本病毒的欺骗性很强，为了得到运行的机会，它往往会采用各种让用户不大注意的手段，譬如，邮件的附件名采用双后缀，如.jpg.vbs，由于系统默认不显示后缀，这样，用户看到这个文件的时候，就会认为它是一个 jpg 图片文件。典型的脚本病毒，如红色代码（Script.Redlof）、欢乐时光（VBS.Happytime）、十四日（Js.Fortnight.c.s）等。

5. 木马病毒及黑客病毒

木马病毒其前缀是 Trojan，黑客病毒前缀名一般为 Hack。木马病毒是具有远程控制功能的网络客户端/服务器程序，它通过网络或者系统漏洞进入用户的系统并隐藏，然后向外界泄露用户的信息，而黑客病毒则能对用户的电脑进行远程控制。木马病毒和黑客病毒往往是成对出现的，即木马病毒负责侵入用户的电脑，而黑客病毒则会通过该木马病毒来进行控制。黑客通过网络远程操纵木马程序，从感染了木马的计算机中窃取资料或账户密码、恶意控制该计算机。有些木马具有捕获用户屏幕和击键事件的能力，可以监控用户行为，从而获取用户的重要资料。木马可以打开被感染计算机上的摄像头、麦克风，并将得到的图像、声音传给木马控制者（如 2004 年发现的蜜蜂大盗）。有些木马能够冒充计算机合法用户、操控计算机本身资源，如冒充合法用户发送邮件、修改文档，甚至进行银行转账操作。有些木马带有 IP 包嗅探器，能够捕获和分析流经网卡的数据包。木马主要是通过网络进行传播，非常隐蔽，非专业人员很难发现其踪迹，难以清除。

QQ 消息尾巴木马（如 Trojan.QQ3344）能够骗取更多人访问恶意网站，下载木马。针对网络游戏的木马病毒（如 Trojan.LMir.PSW.60）能够盗取用户账号，通过盗取的账号和密码非法牟利。病毒名中有 PSW 或者什么 PWD 之类的一般都表示这个病毒有盗取密码的功能。

木马病毒会给被感染的计算机用户带来巨大损失，下面列举几个曾经爆发的木马病毒的例子：

（1）"闪盘窃密者（Trojan.UdiskThief）"，该病毒会判定电脑上移动设备的类型，自动把 U 盘里所有的资料都复制到电脑 C 盘的"test"文件夹下，这样可能造成某些公用电脑用户的资料丢失。

（2）"证券大盗（Trojan/PSW.Soufan）"，该病毒可盗取包括南方证券、国泰君安在内多家证券交易系统的交易账户和密码，被盗号的股民账户存在被人恶意操纵的可能。

（3）"外挂陷阱"（Troj.Lineage.hp），该病毒可以盗取多个网络游戏的用户信息，如果用户通过登录某个网站，下载安装所需外挂后，便会发现外挂实际上是经过伪装的病毒，这个时候病毒便会自动安装到用户电脑中。

（4）"我的照片（Trojan.PSW.MyPhoto）"，该病毒试图窃取热血江湖、传奇、天堂Ⅱ、工商银行、中国农业银行等数十种网络游戏及网络银行的账号和密码，该病毒发作时，会显示一张照片使用户对其放松警惕。

6. 后门病毒

后门病毒名称的前缀是 Backdoor，该类病毒的共有特性是通过网络传播，在用户不知道也不允许的情况下给系统开后门，可以对被感染的系统进行远程控制，而且用户无法通过正常的方法禁止其运行，给用户电脑带来安全隐患。"后门"其实是木马的一种特例，它们之间的区别在于"后门"可以对被感染的系统进行远程控制（如文件管理、进程控制等）。

7. 释放病毒的程序

这类病毒的共有特性是运行时会释放出一个或几个新的病毒到系统目录下并将它们运行，由释放出来的新病毒产生破坏，如冰河播种者（Dropper.BingHe2.2C）、MSN 射手（Dropper.Worm.Smibag）等。

8. 破坏性程序病毒

破坏性程序病毒的前缀是 Harm。这类病毒的共有特性是本身具有好看的图标来诱惑用户点击，当用户点击这类病毒时，病毒便会直接对用户计算机产生破坏，如格式化 C 盘（Harm.formatC.f）、杀手命令（Harm.Command.Killer）等。

9. 玩笑病毒

玩笑病毒的前缀是 Joke，也称恶作剧病毒。这类病毒的共有特性是本身具有好看的图标来诱惑用户点击，当用户点击这类病毒时，病毒会做出各种破坏操作来吓唬用户，其实病毒并没有对用户电脑进行任何破坏，如女鬼（Joke.Girl ghost）病毒。

10. 捆绑机病毒

捆绑机病毒的前缀是 Binder。这类病毒的共有特性是病毒作者会使用特定的捆绑程序将病毒与一些应用程序如 QQ、IE 捆绑起来，表面上看是一个正常的文件，当用户运行这些捆绑病毒时，会表面上运行这些应用程序，然后隐藏运行捆绑在一起的病毒，从而给用户造成危害,如捆绑 QQ（Binder.QQPass.QQBin）、系统杀手（Binder.killsys）等。

11. 拒绝服务攻击病毒

病毒名称的前缀是 DoS。这类病毒会针对某台主机或者服务器进行 DoS 攻击。

12. 溢出病毒

病毒名称的前缀是 Exploit。这类病毒会自动通过溢出对方或者自己的系统漏洞来传播自身，或者他本身就是一个用于 Hacking 的溢出工具。

13. 黑客工具病毒

病毒名称的前缀是 HackTool。黑客工具也许本身并不破坏你的计算机，但是会被别人加以利用来以你的名义去破坏别人的计算机。

【思考与练习】

1. 网络防病毒系统包含哪些组成部分？各部分的主要功能是什么？

2. 计算机用户应采取哪些措施来有效防范计算机病毒？

3. 常见的计算机病毒有哪些？它们分别有哪些破坏作用？

第三十二章　网络设备安全管理

模块 1　登录密码安全（ZY3200603001）

【模块描述】本模块介绍了网络设备维护人员权限的分级管理和设备登录密码的安全管理。通过方法介绍、操作示例，掌握对网络设备登录密码进行安全管理的方法。

【正文】

交换机、路由器等网络设备自身的安全是整个网络安全的基础。网络设备，特别是暴露在外网中的路由器，常常面临着众多的非法访问和恶意攻击。网络设备一旦遭到入侵破坏，网络安全和正常运行也就无从谈起了。

一、对登录网络设备进行控制的方法

1. 对网络设备的登录采用密码进行控制

对网络设备的登录进行控制的最基本的方法就是设置登录密码。网络管理员登录时，网络设备对用户名和密码进行识别和验证，如果用户名和密码不对就不允许登录。在有多位管理员的情况下，最好为每个人都分别设置不同的用户名和密码，这样，网络设备会在日志中记录是谁做了哪些操作。

需要特别注意的是，所有的网络设备都有缺省的用户名和密码，当设备安装调试完毕后，一定要对其进行修改，以防止非法访问。

2. 对于设备配置操作权限设置密码控制

设定或修改网络设备的参数配置是非常关键的，配置不当会严重影响设备及整个网络的正常运行。因此，需要对设备配置操作的权限设置密码进行严格的控制。

3. 对密码进行加密

在用明文传送密码的情况下，黑客通过网络侦听就能很容易地猜测到密码。为了防止密码泄露，最要对密码的数据传送进行加密设置。

二、密码设置和管理示例

Cisco 路由器、交换机等网络设备的配置方法和命令的格式基本上是相同的，下面我们以 Cisco 路由器为例，来讲解各类密码的设置方法。

Cisco 设置密码的命令有两个，即 password 和 secret，后者在设置密码的同时对密码进行了加密，安全性较高，而前者则未经过加密，安全性较低，因此，从安全的角度考虑，应当使用 secret。另外，secret 命令比 Password 命令的优先级高，如果先用 password 命令设置了密码，后来又用 secret 命令设置了加密的密码后，那么，登录时就必须输入加密的密码。为了叙述和理解上的方便，在本模块的事例中使用 password 命令，在实际应用中尽量使用 secret 命令。Cisco 路由器从操作系统 IOS 的 12.2（8）T 版本开始，可以对登录密码做 MD5 加密。

Cisco 设备对密码选取的要求是：密码取值可包括 1～25 个大写和（或）小写字母，也可以包括数字，但密码的第 1 个字符不能是数字，密码长度应大于 6 个字符，不能使用问号和空格。注意：要区分大、小写，大写字母与小写字母是两种不同的符号，必须牢记。

1. 配置路由器登录密码

管理员登录路由器通常采用两种方式：一是在设备现场通过控制台（Console）接口进行本地登录，设备初始配置时必须采用这种方式；二是采用虚拟终端（Telnet）通过网络进行远程登录，当为路由器设置了管理 IP 地址后，就可以采用这种方式了。为保证路由器的安全，两种登录方式都要设置密码保护。

（1）本地 Console 方式登录密码设置。默认情况下，Cisco 路由器不进行 Console 登录方式下的用户名和密码的检查，在设置了用户名和密码后，必须使用 login 命令启用登录密码检查功能，否则，即使设置了用户名和密码也不会发生作用。

Cisco 路由器本地 Console 方式登录密码配置步骤如下：

第 1 步，进入全局配置模式

```
Router#configure terminal
```

第 2 步，进入 Console 接口配置模式键入

```
Router（config）#line console 0        //0 为 console 端口的编号。
```

第 3 步，设置用户名和密码

```
Router（config-line）#username username password password
```

第 4 步，启用登录密码检查功能

```
Router（config-line）#login
```

第 5 步，返回特权模式

```
Router（config-line）#end
```

第 6 步，检查当前设置

```
Router（config）#show running-config
```

第 7 步，保存修改后的配置

```
Router#copy running-config startup-config
```

（2）Cisco 路由器 Telnet 方式登录密码设置。Cisco 路由器最多可以允许 16 个管理员通过 Telnet 同时登录到同一台路由器上，每一个 Telnet 连接为一个进程，进程编号为 0~15。默认情况下，Cisco 路由器 Telnet 方式登录下 login 命令时打开的，登录时会提示输入用户名和密码。

Cisco 路由器 Telnet 方式登录密码配置步骤如下：

第 1 步，进入全局配置模式

```
Router#configure terminal
```

第 2 步，进入虚拟终端接口配置模式

```
Router（config）#line vty 0 15；//0 和 15 表示从进程 0 到进程 15，所有的 16 个进程。
```

第 3 步，设置 Telnet 密码

```
Router（config-line）#username username password password
```

第 4 步，返回特权模式

```
Router（config-line）#end
```

第 5 步，检查当前设置

```
Router（config）#show running-config
```

第 6 步，保存修改后的配置

```
Router#copy running-config startup-config
```

2. 配置进入特权模式的密码

网络管理员使用用户名和密码登录 Cisco 路由器后，会自动进入到用户模式，再次模式下只能查看信息，而无权进行设备配置。要进行设备配置就必须使用 Enable 命令，进入到特权模式下。为了防止配置参数的非授权修改，需要设置 Enable 密码，只有知道 Enable 密码的用户，才能对设备进行配置。

默认状态下 Cisco 路由器的 Enable 密码为空，所以，在进行初始配置时，必须为其设置 Enable 密码。Enable 密码配置步骤如下：

第 1 步，进入全局配置模式

```
Router#configure terminal
```

第 2 步，设置 Enable 密码

```
Router（config）#enable password password
```

第 3 步，检查当前设置

```
Router (config)#show running-config
```

第 4 步，返回特权模式

```
Router (config)#end
```

第 5 步，保存修改后的配置

```
Router#copy running-config startup-config
```

【思考与练习】

1. 对登录到网络设备进行控制的意义是什么？

2. Cisco 路由器对密码字符长度的规定是什么？

3. 什么是 Enable 密码？

模块 2　配置命令级别安全（ZY3200603002）

【模块描述】本模块介绍了网络设备配置命令级别管理，包含网络设备配置命令进行分级、设置多个用户级别的操作过程。通过操作示例，掌握为不同级别的管理员指定允许其使用的配置命令的方法。

【正文】

一、配置命令的分级管理

网络设备的配置命令有很多条，可以把所有命令按照其重要程度和对管理员水平的要求划分为若干个级别，低级别命令仅能查看相关信息，高级别的命令可以对网络设备进行配置和参数修改。当有多个网络管理员时，可以根据其担负的不同职责而赋予相应的权限，实现网络设备的分级管理。

在实行分级管理的情况下，设置每个管理员特定的用户名和密码的同时，可以同时指定其可以使用的配置命令的级别，这样，每个管理员只能使用属于该级别及较低级别的命令，而无权使用较高级别的命令。如果要让更多的授权级别使用某一条命令，则可以将该命令的划分到较低的级别，而如果想让该命令的使用范围更小一些，则可以将该命令划分到较高的级别。

对配置命令实行分级授权使用，能够防止初级管理员使用影响全局的重要命令，促进网络的安全管理。

二、配置命令的分级管理示例

Cisco 路由器、交换机等网络设备配置命令的分级管理方法基本上是相同的，下面我们以 Cisco 路由器为例，来讲解配置命令的分级管理。

在缺省情况下，Cisco 路由器支持 16 种特权等级，所有命令分别归属于 0、1 和 15 三个特权等级下。在特权等级 0 下，只能使用 disable、 enable、exit、help 和 logout 命令；在特权等级 1 下不能对配置进行修改；特权等级 15 就是 enable 的特权等级，拥有最高权限，可以使用所有命令；默认的级别是等级 1。

根据网络管理的实际情况，可以通过 privilege 命令进行细分，将配置命令划分到更多的级别中去，以增加管理的灵活性。

1. 将配置命令划分到不同的等级

第 1 步，进入全局配置模式

```
Router#configure terminal
```

第 2 步，设置命令的级别划分

```
Router (config)#privilege mode level level command
```

对上述命令中字段的说明：① mode 用于指定命令所属的模式，configure 表示全局配置模式，exec 表示特权命令模式，interface 表示接口配置模式，line 表示 Console 和 Telnet 端口配置模式；② level 表示级别，取值范围为 0~15；③ command 代表要划分级别的命令。

第 3 步，检查当前设置

```
Router (config)#show running-config
```

226

第4步，保存修改后的配置

```
Router#copy running-config startup-config
```

2. 设置管理员密码和授权命令级别

第1步，进入全局配置模式

```
Router#configure terminal
```

第2步，设置管理员用户名、密码和命令级别

```
Router（config）#username name privilege level password password
```

第3步，检查当前设置

```
Router（config）#show running-config
```

第4步，保存修改后的配置

```
Router#copy running-config startup-config
```

【思考与练习】

1. 为什么要对网络设备配置命令的使用实行分级授权？

2. 对配置命令进行分级管理的工作内容主要有哪些？

模块3 终端访问安全（ZY3200603003）

【模块描述】 本模块介绍了如何限制对交换机、路由器等网络设备的访问，包含控制虚拟终端访问和会话超时操作。通过问题分析、方法介绍、设置示例，掌握阻止未授权用户修改网络配置从而保护网络安全的方法。

【正文】

一、网络设备的终端访问及安全问题

管理员要对路由器、交换机和防火墙等网络设备进行配置、维护和管理，就要使用终端（如 Windows 系统中的超级终端程序）登录到网络设备上。如果不在设备现场，可以使用 Telnet（虚拟终端）通过网络来访问路由器、交换机和防火墙等网络设备，进行远程配置和维护管理。网络管理员最常用的远程登录方式就是 Telnet，它已成为远程登录事实上的标准。

然而，网络中的每台计算机理论上都具有使用 Telnet 访问网络设备的可能性，给网络设备的安全带来隐患。因此，必须设法限制对网络设备的非法访问，阻止未授权用户查看或修改设备配置，避免对网络设备的恶意攻击，来保护网络设备的安全运行。

二、保证网络设备终端访问安全的方法

对网络设备的访问进行控制，从而保证网络设备安全可以采取的方法有如下几种：

1. 将网络设备用于远程登录的 Vty 虚拟终端连接类型由 Telnet 转换为 SSH

由于 Telnet 的所有消息都是以明文进行传递的，会给黑客造成可乘之机。为了防止会话过程中用户名和密码等敏感信息的泄露，可使用安全外壳 SSH（Secure Shell）作为远程登录工具。SSH 是一种在不安全的网络上提供安全远程登录及其他安全网络服务的协议，它在连接的两端为主机和客户机都使用认证密码，数据也经过加密后传输。

2. 利用访问控制列表阻止 Telnet 非法访问

借助于标准 IP 访问控制列表，可以设定只允许特定 IP 地址的用户访问网络设备，建立 Telnet 会话。当非指定 IP 地址的用户访问该设备时，将会提示"不能打开到主机的连接"，从而阻止其通过 Telnet 对该设备的访问。网络设备上可建立多个 Telnet 会话，即允许多个用户同时进行 Telnet 访问。每一个 Telnet 会话占用一条逻辑上的线路，如 Cisco 网络设备允许建立 5 个 Telnet 会话，可以认为设备上有 5 条虚拟终端线路 Line，它们分别用 Vty0~Vty4 表示。

创建标准 IP 访问控制列表使用"Access-list"命令，然后使用"Access-class"命令将访问列表应用到 VTY 虚拟线路上。关于访问控制列表详见模块 ZY3202202003"利用访问列表进行访问控制"。

3. 减少会话超时门限值

当网络管理员 Telnet 登录到网络设备后，如果暂时离开，在本次 Telnet 会话超时之前，其他人员就有可能利用该主机对设备配置进行查看和修改。如 Cisco 超时默认值为 10min，可以缩短该时间，若在设定的时间内没有数据流量，网络设备将自动断开该连接，以此减少非法使用的可能性。

三、终端访问安全控制设置示例

1. 将网络设备 Vty 虚拟终端连接类型由 Telnet 转换为 SSH

以 Cisco 路由器为例：

第 1 步，进入全局配置模式

`Router#configure terminal`

第 2 步，进入虚拟终端端口配置模式

`Router (config) #line vty 0 4`

第 3 步，将虚拟终端口连接类型由 Telnet 转换为 SSH

`Router (config-line) #transport input telnet ssh`

第 4 步，返回特权模式

`Router (config) #end`

第 5 步，保存修改后的配置

`Router#copy running-config startup-config`

2. 利用访问控制列表阻止 Telnet 非法访问

假设有一台 Cisco 路由器，只允许 IP 地址为 10.158.58.1 和 10.158.58.3 的主机进行访问，并将试图非法访问该路由器的主机的 IP 地址记录到路由器的运行日志中，配置步骤如下：

第 1 步，进入全局配置模式

`Router#configure terminal`

第 2 步，创建标准 IP 访问控制列表

`Router (config) #access-list 1 permit host 10.158.58.1` //"1" 表示访问控制列表号。

`Router (config) #access-list 1 permit host 10.158.58.3`

`Router (config) #access-list 1 deny any log` //记录非法访问 IP 地址。

第 3 步，进入虚拟终端线路配置模式

`Router (config) #line vty 0 4`

第 4 步，在全部 5 条虚拟终端线路 Vty 0～Vty4 上应用访问控制列表

`Router (config-line) #access-class 1 in`

第 5 步，返回特权模式

`Router (config) #end`

第 6 步，保存修改后的配置

`Router#copy running-config startup-config`

3. 控制会话超时

若将 Cisco 路由器 Telnet 会话超时时间修改为 3 分 20 秒，配置步骤如下：

第 1 步，进入全局配置模式

`Cisco#configure terminal`

第 2 步，进入 Line 配置模式

`Cisco (config) #line vty 0 4`

第 3 步，设置超时时间

`Switch (config-line) #exec-timeout 3 20`

第 4 步，返回特权模式

`Cisco (config) #end`

第 5 步，保存修改后的配置

模块 3

ZY3200603003

```
Cisco#copy ruining-config startup-config
```

4. Cisco PIX 防火墙 telnet 访问控制配置

Cisco PIX 防火墙的以太端口在默认情况下是不允许 Telnet 的，这一点是与 Cisco 路由器有区别。要在一台连在内网的计算机上使用 Telnet 访问 PIX，事先就必须在 PIX 上指定该计算机的 IP 地址。在 PIX 的配置模式下进行设置，过程如下：

第 1 步，进入全局配置模式

```
pixfirewall#config terminal
```

第 2 步，设置被授权的计算机的 IP 地址

```
pixfirewall (config) #telnet ip_address〔if_name〕
```

其中，*ip_address*〔*netmask*〕表示被授权能通过 Telnet 访问到 PIX 的本地计算机的 IP 地址和子网掩码。

〔*if_name*〕表示 PIX 上的以太接口，默认是内部接口。

第 3 步，返回特权模式

```
pixfirewall (config) #exit
```

第 4 步，校验当前设置

```
pixfirewall#show telnet
```

第 5 步，保存当前配置

```
pixfirewall#write memory
```

【思考与练习】

1. 通过 Telnet 虚拟终端访问网络设备时，可能会存在哪些安全问题？
2. 如何才能保证网络设备的远程访问安全？

模块 4   SNMP 安全（ZY3200603004）

【模块描述】本模块介绍了对网络设备 SNMP 信息的访问控制，包含 SNMP 协议机理、存在的安全隐患及安全管理措施。通过要点讲解、配置示例，掌握保护 SNMP 网管信息安全的方法。

【正文】

一、网络管理信息的交换

计算机网络由许多交换机、路由器、防火墙等网络设备组成，为了对所有网络设备进行及时、高效的管理，需要建立网络管理系统。网管系统的核心是一台安装了网络管理软件的服务器，能够提供对被管设备的可视化图形界面，使管理员可以方便的进行管理。

网管服务器与被管网络设备之间进行实时信息交换：① 网管服务器收集网络设备的信息，监视网络设备及整个网络的运行；② 网管服务器根据管理员的指令向网络设备发送配置数据及管理命令；③ 网络设备主动向网管服务器报告异常情况。

为了实行网管服务器与被管网络设备之间的信息交换，网络管理系统中必须采用统一的网络管理协议，用来定义信息的格式和传送的规则。网络管理协议有多种，其中应用最广泛的是简单网络管理协议（Simple Network Management Protocol，SNMP）。

二、SNMP 协议简介

SNMP 是 IETF 制定的开放的国际标准，由于其设计简单、扩展灵活、易于使用，是最常见的网络管理协议。SNMP 的发展经历了 3 个主版本：

（1）SNMPv1 是第一个正式协议版本，其设计思想重点放在保证协议的简单性、灵活性和可扩展性上。出于业界对网络管理协议标准化的迫切要求的驱动，IETF 于 1990 发布了该版本的正式 RFC 文档。

（2）SNMPv2 又分为若干个子版本，其中 SNMPv2c 应用最为广泛，SNMPv2c 被称为基于团体名的 SNMPv2，使用基于团体名的安全机制和 SNMPv2p 做出的协议操作方面的扩充。

（3）SNMPv3 采用基于用户的安全机制，其安全机制是在 SNMPv2u 和 SNMPv2*基础上进行大量

的评议以后进行了更新，对协议的逻辑功能模块进行了划分，保证良好的可扩充性。

在服务器上运行 SNMP 管理进程，负责与网络设备进行通信；在每个网络设备上都要启动一个称为 SNMP 设备代理（agent）的进程，来响应管理进程的请求。管理进程通过定时向各个设备的设备代理进程发送查询请求消息（轮询方式）来跟踪各个设备的状态。当设备发生重大或异常事件（如认证失败、重启动、连接状态、拓扑改变等）时，设备代理进程主动向管理进程发送陷阱（Trap）消息，汇报出现的异常事件。网络设备将包含设备参数和网络数据信息等方面的各种管理信息都存放在管理信息库（Management Information Base，MIB）中，管理进程通过代理进程能够详细地读取 MIB 中的信息，从而获得设备的运行状态。

SNMP 协议中定义了三类基本操作，分别为 Get、Set 和 Trap。管理进程使用 Get 操作来读取网络设备上的管理信息、使用 Set 操作用来设置网络设备的参数，代理进程使用 Trap 操作来汇报设备上发生的重要事件。

SNMP 是一种无连接协议，它占用 UDP 协议的 161/162 端口，通过 UDP 请求报文和响应报文传送信息。161 端口被设备代理进程用于监听，等待管理进程的查询请求；162 端口被管理进程用于监听，等待设备代理进程发送的异常事件报告消息。

三、SNMP 协议的安全机制

SNMPv1 和 SNMPv2c 采用了一种简单的基于团体名的安全机制。在大型网络中通常会包括大量不同种类的网络设备，为了便于管理，可以把所有网络设备划分为若干个单元，每个单元叫作一个团体（Community）。为了保证网管信息的安全，同一团体内所有成员都设置了统一的团体字符串（Community String），交换信息的两端都使用团体字符串进行认证。消息发送者在发送的消息中的填入对应于接收者的团体字符串，然后以明文方式在网络上发送消息（对于信息没有加密），接收方接收到消息以后，通过团体字符串匹配来确定该消息是否合法。

基于团体字符串的身份验证模型被认为是很不牢靠的，存在一个严重的安全问题。主要原因是 SNMP 并不提供加密功能，也不保证在 SNMP 数据包交换过程中不从网络中直接传递团体字符串信息。只需使用一个数据包捕获工具就可把 SNMP 数据包解密，这样团体字符串就暴露无遗了。正是因为这个原因，大多数站点禁止管理代理设备的设置操作。但这样做有一个副作用，这样一来只能监控数据对象的值而不能改动它们，限制了 SNMP 的可用性。

SNMPv3 的安全机制有了很大的增强，它支持 MD5/SHA 认证方式，对于信息支持 DES 加密。

四、SNMP 协议及安全措施的配置

网管服务器与各个网络设备之间的通信是建立在 SNMP 协议基础之上的，保证网络 SNMP 通信和管理信息的安全，对整个网络的安全有着十分重要的意义。

1. SNMP 团体字符串的配置

SNMP 字符串的作用类似于密码，管理进程与代理进程之间只有通过了团体字符串的认证才能进行通信。因此，对 SNMP 团体字符串的保护，应当像对待计算机操作系统的开机密码一样严密。对应于每个团体字符串都设定一个访问控制权限，设定为只读时，可防止对网络设备参数的修改。

2. 设置访问控制列表

为了更加安全地使用 SNMP，在网络设备上可以使用 IP 访问控制列表，只允许特定 IP 地址的管理者同网络设备上的代理通信。

五、SNMP 协议及安全措施配置示例

以 Cisco 路由器为例，配置 SNMP 字符串及其安全措施的步骤如下：

第 1 步，进入全局配置模式

```
Router#configure terminal
```

第 2 步，设置 SNMP 字符串及其安全措施

```
Router(config)#snmp-server community string [ro|rw] [access-list-number]
```

其中：string 用于定义字符串，应当使用较长的、没有意义的、不容易被猜到的字符；ro、rw 表示读写权限，ro 为只读，rw 为可读写；access-list-number 用于指定 IP 标准访问列表号，关于访问控

ZY3200603004

模块 4

制列表的配置详见模块 ZY3202202003（利用访问列表进行访问控制）。

第3步，设置 IP 访问列表

Router(config)#access-list *access-list-number* {deny|permit} *source* [*source-wildcard*]

第4步，返回特权模式

Router（config）#end

第5步，保存修改后的配置

Router#copy running-config startup-config

【思考与练习】

1. SNMP 团体字符串的作用是什么？
2. 保证 SNMP 管理信息安全的措施有哪些？
3. SNMPv3 的安全机制有了哪些增强？

模块 5 HTTP 服务安全（ZY3200603005）

【模块描述】本模块介绍了在交换机、路由器允许以 Web 浏览器方式进行管理情况下的安全控制，包含网络设备提供的 HTTP 服务存在的安全隐患及解决办法。通过要点讲解、配置示例，掌握解决网络设备 HTTP 服务带来的安全问题的方法。

【正文】

一、网络设备提供的网络服务基本概念

为了便于设备配置、运行维护管理和支持第二层～第七层的网络协议，在网络设备中都启用了多个网络服务。以 Cisco 路由器为例，HTTP 服务允许以 Web 浏览器方式配置管理网络设备；BOOTP 服务用于通过网络来获取 IOS 进行启动（如果直接从 Flash 中获取 IOS，可以将该服务关闭）；CDP 用于发现与之直接相邻的设备；NTP 服务通过网络进行时间同步等。

为了保证网络设备的安全，必须对网络设备提供的网络服务进行安全方面的管理，同时可以关闭不必要的服务。

二、对网络设备 HTTP 服务的安全管理

对网络设备提供的 HTTP 服务进行安全管理的主要工作是：

（1）可以将网络设备提供的 HTTP 服务设置为安全的 HTTPS 服务，让网络设备充当认证服务器，从而提高 Web 方式管理方式下的安全性；

（2）在网络设备上设置 IP 访问控制，如设定准许访问的计算机 IP 地址；

（3）关闭网络设备的 HTTP 服务。

三、配置网络设备的 HTTPS 服务

下面以 Cisco 路由器为例，来讲解 HTTPS 服务的配置和管理。默认状态下，Cisco 路由器的 HTTPS 服务是启用的。

1. 配置 Cisco 路由器的 HTTPS 服务

第1步，查看 HTTPS 服务状态

Router#show ip http server status　　//如果网络设备支持安全 HTTP 服务，将显示信息"Http secure server capability: present"，否则显示"http secure server capability: Not present."

第2步，进入全局配置模式

Router#configure terminal

第3步，启用安全 HTTPS 服务

Router（config）#ip http secure-server

第4步，（可选）指定 HTTPS 服务的端口号

Router(config)#ip http secure-port *port-number*　　//默认端口号为 443,有效取值范围为 1025～65535。

第5步，（可选）为 HTTPS 连接指定 CipherSuites 加密算法

Router（config）#ip http secure-ciphersuite {[3des-ede-cbc-sha] [rc4-128-md5] [rc4-128-sha] [des-cbc-sha]} //如果不指定加密算法，HTTPS 服务器与客户端将协商所采用的算法，默认为不指定加密算法。

第 6 步，（可选）在连接处理期间，配置 HTTP 服务从客户端请求 X.509v3 证书

Router（config）#ip http secure-client-auth　　//默认情况下，客户端将从服务器请求证书，但是服务器不会尝试从客户端获取证书。

第 7 步，指定 CA 信任点（Trustpoint）使用得到的 X.509v3 证书认证客户端连接

Router（config）#ip http secure-trustpoint *name*

第 8 步，（可选）为 HTTP 服务指定主目录

Router（config）#ip http path *path-name*　　//该路径通常位于网络设备本地的 Flash 闪存中。

第 9 步，（可选）指定一个允许访问 HTTP 服务的访问列表

Router（config）#ip http access-class *access-list-number*

第 10 步，（可选）设置访问 HTTP 服务的最大并发数

Router（config）#ip http max-connections *value*　　//其中：value 取值范围为 1～16，默认值为 5。如果网络中只有一个网络管理员，那么，该值不妨设置为 1。

第 11 步，（可选）指定在几种情况下，能够与 HTTP 服务保持多长时间的连接

Router（config）#ip http timeout-policy idle *seconds* life *seconds* requests *value*　//其中：idle 用于指定在没有数据发送和接收时所允许连接的最长时间，取值范围为 1～600s，默认值为 180s；life 用于指定所允许的连接持续的最长时间，取值范围为 1～86 400s，默认值为 180s；requests 用于指定在一个连接上所允许的最大请求处理数，最大值为 86 400，默认值为 1。从安全的角度考虑，idle 取值应当在 120～180s，life 取值应当在 180～300s，requests 取值为 1。

第 12 步，返回特权模式

Router（config）#end

第 13 步，保存修改后的配置

Router#copy running-config startup-config

2. 配置安全 HTTP 客户端

如果没有配置 CA 信任点，那么当远程 HTTPS 服务器请求客户端认证时，到该 HTTP 客户端的连接将失败，因此，必须配置安全 HTTP 客户端。

第 1 步，进入全局配置模式

Router#configure terminal

第 2 步，（可选）指定远程 HTTP 服务器请求客户端认证时使用的 CA 信任点

Router（config）#ip http client secure-trustpoint *name*　　//使用该命令的前提是已经配置了 CA 信任点。当然，如果客户端无需认证，或者根信任点已经存在，那么可以不使用该命令。

第 3 步，（可选）为 HTTPS 连接指定 CipherSuites 加密算法

Router（config）#ip http secure-ciphersuite {[3des-ede-cbc-sha] [rc4-128-md5] [rc4-128-sha] [des-cbc-sha]} //如果不指定加密算法，HTTPS 服务器与客户端将协商所采用的算法，默认为不指定加密算法。

第 4 步，返回特权模式

Router（config）#end

第 5 步，保存修改后的配置

Router#copy running-config startup-config

四、关闭和启用 HTTP 服务

以 Cisco 路由器为例，关闭或启用 HTTP 服务的配置步骤如下：

1. 关闭 HTTP 服务

第 1 步，进入全局配置模式

```
Router#configure terminal
```
第 2 步，关闭 HTTP 服务
```
Router（config）#no ip http server
```
第 3 步，返回特权模式
```
Router（config）#end
```
第 4 步，保存修改后的配置
```
Router#copy running-config startup-config
```
2．启用 HTTP 服务

第 1 步，进入全局配置模式
```
Router#configure terminal
```
第 2 步，关闭 HTTP 服务
```
Router（config）#ip http server
```
第 3 步，返回特权模式
```
Router（config）#end
```
第 4 步，保存修改后的配置
```
Router#copy running-config startup-config
```

五、配置 HTTP 访问控制

下面以 Cisco PIX 防火墙为例，介绍设置网络设备 HTTP 访问控制的方法。PIX 内置的设备管理器（PDM）是一个界面友好的 GUI 工具，对管理维护用计算机提供 HTTP 服务，用来对 PIX 防火墙自身进行配置和管理。在 PIX 上设定准许使用 HTTP 服务的计算机的 IP 地址后，可以限制拥有其他 IP 地址的计算机的访问。

设置准许使用 HTTP 服务的计算机 IP 地址的步骤如下：

第 1 步，进入全局配置模式
```
Pixfirewall#config terminal
```
第 2 步，设置被授权的计算机的 IP 地址
```
Pixfirewall（config）#http ip_address ［netmask］ ［if_name］      //其中，ip_address
```
［netmask］表示被授权准许 HTTP 服务的计算机的 IP 地址和子网掩码。［if_name］表示 PIX 上的以太接口，默认是内部接口。

第 3 步，返回特权模式
```
Pixfirewall（config）#exit
```
第 4 步，保存当前配置
```
Pixfirewall#write memory
```

【思考与练习】

1．为什么要对网络设备的 HTTP 服务进行安全方面的管理？

2．网络设备 HTTP 服务安全管理的方法有哪些？

模块 6　设备运行日志（ZY3200603006）

【模块描述】本模块介绍了设备运行日志及日志信息的安全管理，包含设备运行日志内容及日志管理的相关操作。通过要点讲解、配置示例，掌握保护日志信息安全的方法和利用日志内容分析设备安全事件的方法。

【正文】

一、设备运行日志在保证网络安全方面的作用

网络设备会将运行过程中发生的重要事件（如系统错误、系统配置、状态变化、状态定期报告、系统退出等）或用户设定的所需信息自动记录到设备的运行日志中。网管人员通过查看设备的运行日

志，可以迅速了解设备运行的大量信息，发现非法的访问企图。通过及早发现问题，及时采取防范措施和排除隐患，可以有利于网络安全稳定运行。

二、设备运行日志的配置管理

为了能够充分利用设备运行日志来加强网络安全的管理，同时妥善保存运行日志，是要对网络设备进行适当的配置和管理，主要的项目有：

1. 日志功能配置

当系统日志信息被关闭后，需要时必须使用相应的命令来重新启用。在默认情况下网络设备会将所有级别的运行日志信息只发送到 Console 口。要将运行日志信息发送到其他设备或进行存储，就要使用相应的命令进行配置。

日志功能配置主要包括启用日志功能、缓存区大小、指定实时信息输出的设备。

2. 日志信息的使用

日志信息的使用是指在终端上通过命令调用查看日志。

3. 日志文件的存储管理

默认情况下运行日志信息保存在网络设备的内存中，当系统重新启动时，日志信息将会丢失。为了便于网络异常情况的分析和安全事件的追溯，可以将网络设备产生的日志自动发送到一台专用的日志服务器上进行保存，通过日志服务器可以快速了解到大量的信息。

接收并存储网络设备日志信息的服务器通常为一台 Syslog 主机。Syslog 是一个运行在 UNIX 服务器上的进程或者守护进程，用于收集、储存多个应用系统、网络服务和网络设备的日志文件。

在没有日志服务器的情况下，将系统日志保存在网络设备的闪存中也是一个较好的做法。

三、设备运行日志的配置示例

下面以 Cisco 路由器为例，来讲解运行日志的配置和使用。

1. 设备日志功能的配置

第 1 步，进入全局配置模式

```
Router#configure terminal
```

第 2 步，启用系统日志信息

```
Router（config）#logging on
```

第 3 步，将日志信息显示在 Console 终端上

```
Router（config）#logging console
```

第 4 步，如果需要可将日志信息发送到 Telnet 虚拟终端上

```
Router（config）#logging monitor
```

或使用等效命令：

```
Router（config）#terminal monitor
```

第 5 步，返回特权模式

```
Router（config）#end
```

第 6 步，验证所做配置

```
Router#show running-config
Router#show logging
```

第 7 步，保存配置

```
Router#copy running-config startup-config
```

2. 采用终端方式查看或清除日志信息

网络设备运行中发生的重要事件和异常情况都会自动记录在运行日志中，日志以事件记录的形式出现，记录中包含事件的描述和重要程度级别标识。要查看日志信息，使用 show logging 命令。

运行日志中单条记录的格式为：seq no : timestamp : %facility-severity-MNEMONIC : description，其中各字段的含义如下：

seq no：事件顺序号，只有在执行了"service sequence-numbers"命令后才显示。

timestamp：事件发生的时间，只有在执行了"service timestamps log"命令后才显示。

facility：该条记录相关的软、硬件名称。

severity：重要程度级别，取值范围为 0～7，详见下面的解释。

MNEMONIC：日志信息的类型。

Description：日志信息的详细描述。

例如，在 Catalyst 4000 交换机的运行日志中经常出现这样一条记录：3d18h:12/15 10:28:30:% SYS-4-P2_WARN:1/Invalid traffic from multicast source address 81:00:01:00:00:00 on port 2/1。通过查阅 Cisco 在线文档，或者利用"错误信息解码器工具"分析就可知道该记录的含义：2/1 端口上收到以组播 MAC 地址作为源 MAC 的数据帧，该数据帧无效。

每条日志记录都被赋予了一个级别，用来表示该信息的严重程度。级别的范围从 0（最高）到 7（最低），数值越小情况越严重，各级代表的含义是：

0：emergencies——紧急情况，系统不稳定；

1：alerts——告警，需要立即进行处理；

2：critical——关键性问题；

3：errors——出错信息；

4：warnings——警示性信息；

5：notifications——提示性信息；

6：informational——普通信息；

7：debugging——调试信息。

要清除日志信息，使用 clear logging 命令。

3. 将运行日志保存到日志服务器的配置

要将路由器的运行日志保存到日志服务器上，不但需要对服务器进行配置，而且还要对路由器的日志信息的输出作相应的配置。假定日志服务器的 IP 地址为 10.0.0.2，配置步骤如下：

（1）配置日志服务器。

1）修改日志服务器/etc/sysconfig/syslog 文件，将其中的字段：

SYSLOGD OPTIONS="-m 0"修改为：SYSLOGD OPTIONS="-r -m 0"

2）Syslog 的配置文件是/etc/syslog.conf，在该配置文件中加入如下语句：

```
local7. debugging /usr/adm/logs/cisco.log

local7 .notice /usr/adm/logs/cisco.log
```

（2）配置路由器日志信息服务

第 1 步，进入全局配置模式

```
Router#configure terminal
```

第 2 步，设置内存中日志缓冲区大小

```
Router（config）#logging buffered 16384
```

缓冲区默认为 4096 字节，取值范围为 4096～2 147 483 647 字节。使用"show memory"命令可以查看空闲的内存大小，设定值一定要小于最大可用值。因为路由器的其他工作也需要使用内存，因此不要将缓存区设的太大，一般可设为 16 384 字节。

第 3 步，设置 Syslog 服务器的 IP 地址，以便路由器将日志发送给该服务器

```
Router（config）#logging 10.0.0.2
```

第 4 步，日志信息中包含顺序号

```
Router（config）#service sequence-numbers
```

第 5 步，日志信息中包含时间戳

```
Router（config）#service timestamps log datetime [msec] [localtime] [show-timezone]

Router（config）#service timestamps log uptime
```

第 6 步，与日志服务相应的配置

```
Router（config）#logging trap debugging
Router（config）#logging facility local 7
Router（config）#logging source-interface loopback 0
```

第 7 步，返回特权模式

```
Router（config）#end
```

第 8 步，校验配置

```
Router#show running-config
```

第 9 步，保存配置

```
Router#copy running-config startup-config
```

4. 将日志信息保存在闪存中

要将 Cisco 路由器日志信息保存在路由器闪存中，使用命令：

Router（config）#logging file *flash:filename* [*max-file-size* [*min-file-size*]] [*severity-level-number* | *type*]。
其中：max-file-size 用于指定日志文件的最大尺寸，取值范围为 4096～2 147 483 647，默认值为 4096
字节；

min-file-size 用于指定日志文件的最小尺寸，取值范围为 1024～2 147 483 647，默认值为 2048 字
节；

severity-level-number | type 用于指定日志信息的严重级别，取值范围为 0～7。

【思考与练习】

1. 网络设备运行日志在保证网络安全方面有什么用途？
2. 网络设备运行日志配置和管理工作有哪些？
3. 保证日志信息不丢失的方法有哪些？

国家电网公司
生产技能人员职业能力培训专用教材

第三十三章 防 火 墙

模块 1 防火墙的工作原理和功能 (ZY3200604001)

【模块描述】本模块介绍了网络防火墙的工作原理和功能。通过图形示意、原理讲解，掌握防火墙的基本知识。

【正文】

一、防火墙及其作用

防火墙是一种形象的说法，它是由硬件和软件组成的专用的计算机系统，用于在网络之间建立起一个安全屏障，保护内部网络免受非法用户的侵入。防火墙在网络边界连接处建立一个安全控制点，通过事先设定的一系列过滤规则来决定允许或拒绝数据包通过，从而实现对网络访问的控制和审计。网络防火墙要起到网络安全防护的作用，需要满足以下基本条件：

1. 网络之间的所有网络数据包都必须经过防火墙

网络防火墙必须是内、外网之间数据包传输的必经之路，这是实现数据包过滤的前提。防火墙在网络的位置通常如图 ZY3200604001-1 所示，从图中可以看出只有当防火墙是网络之间数据传输的唯一通道时，才可能对所有的数据包进行筛选，以拒绝非法用户的入侵。

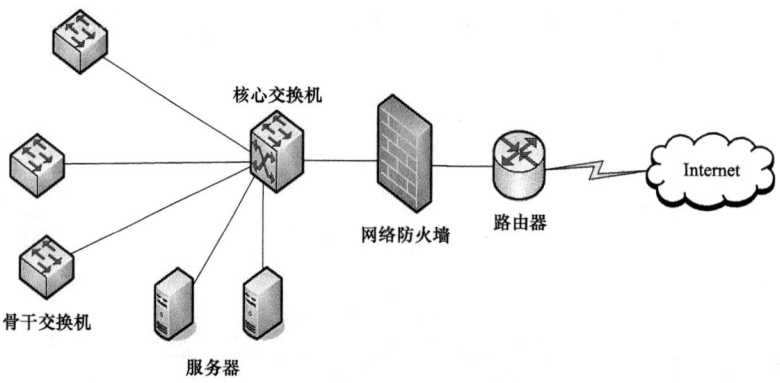

图 ZY3200604001-1 防火墙在网络的位置

2. 在防火墙必须设置全面准确的安全策略和数据包过滤规则

防火墙工作的基本特性是：只有符合安全策略要求和满足过滤规则的数据包才准许通过防火墙。如果设置的安全策略和数据包过滤规则有问题，防火墙将起不到应有的安全防护作用。

3. 防火墙自身应具有非常强的抗攻击能力和免疫力

防火墙处于网络的边缘，就像站岗放哨的战士一样，每时每刻都可能面对非法入侵和网络攻击。因此，具有非常强的抗攻击能力和免疫力是防火墙担当网络安全防护重任的先决条件。

二、防火墙的工作原理

根据对数据包处理和过滤的方式，可将防火墙划分为包过滤防火墙、代理防火墙和传输层状态检测防火墙，各类防火墙的工作原理如下：

1. 包过滤防火墙工作原理

包过滤防火墙是防火墙的初级产品，它检查 IP 数据包包头中的源 IP 地址、目标 IP 地址、TCP/UDP 源端口和目标端口、协议类型和协议选项等信息，根据事先设定的策略进行判断，决定对数据包是转发还是丢弃。包过滤防火墙采用访问控制列表（Access Control List，ACL）来实现数据包的转发策略，

模块 1

ZY3200604001

系统管理员可以根据实际情况灵活制定判断规则。关于访问控制列表技术，详见模块 ZY3202202003（利用访问列表进行访问控制）。

包过滤技术的优点是简单实用，实现成本较低，在应用环境比较简单的情况下，能够以低成本在一定程度上保证系统的安全。由于只检查 TCP/UDP 数据包头中的信息，数据包过滤对用户透明，便于添加新的协议和应用。在某些情况下，包过滤防火墙可以用于对网络攻击的应急处理，以及某些应用的过滤。

包过滤技术的缺陷也是比较明显的，它只根据数据包的来源、目标和端口等信息进行判断，无法识别基于应用层的恶意侵入，如恶意的 Java 小程序以及电子邮件中附带的病毒。有经验的黑客可以伪造 IP 地址，骗过包过滤型防火墙。包过滤防火墙的鉴权、授权能力较弱，对用户的会话（Session）也没有审计能力。

除了专用的防火墙设备以外，包过滤防火墙功能还可以在路由器、交换机等网络设备上实现。由于路由器是快速转发设备，而且包过滤防火墙检查的内容又比较简单，因此，在路由器上部署包过滤防火墙功能对整个网络的传输效率没有太大影响。

包过滤防火墙的代表性产品有以色列的 Checkpoint 防火墙和美国 Cisco 公司的 PIX 防火墙等。

2. 代理防火墙的工作原理

代理防火墙也可以被称为代理服务器，它的安全性要高于包过滤防火墙。代理防火墙是用一台代理服务器去检查内外网之间传输的信息，实现防火墙的功能。代理型防火墙的优势是完全基于会话状态的，而且是面向连接的。另外，由于使用了代理的方式，内部网络中的 IP 地址被完全屏蔽，外部是看不到的，从而达到了隐藏内部网结构的作用。

代理可以是传输层的代理，也可以是应用层的代理。应用代理服务器位于客户机与服务器之间，完全阻挡了二者间的数据交流。从客户机来看，代理服务器相当于一台真正的服务器；而从服务器来看，代理服务器又是一台真正的客户机。应用层代理防火墙的工作过程是：当外部客户机需要使用服务器上的数据时，首先将数据请求发给代理服务器，由代理服务器根据这一请求向服务器请求数据，然后再由代理服务器将返回的数据转发给客户机。由于外部系统与内部服务器之间没有直接的数据通道，外部的攻击就难以进入到企业内部网。同样，当内部网络需要访问外部网络时，同样需要先向代理服务器发送请求，代理服务器根据收到的请求来访问外部网络，并将接收到的数据转发到内部网络用户。HTTP 代理、FTP 代理都属于应用层代理。应用层的代理还可以对信息的具体内容进行详细检查。

代理型防火墙的优点是安全性较高，可以针对应用层进行侦测和扫描，对付基于应用层的侵入和病毒都十分有效。其缺点是代理防火墙往往是实现在一台主机上，对系统的整体性能有较大的影响，在实现同等性能级别的情况下，成本较为昂贵；而且代理防火墙的管理也较复杂，还需要进行客户端设置。应用层代理防火墙的每一种应用都需要相应的软件支持，转发效率也比较低。

3. 状态检测防火墙工作原理

状态检测防火墙是传输层基于连接状态的防火墙。状态检测防火墙保持了包过滤防火墙的优点，对应用是透明的，但安全防护性能有了大幅提升。TCP/IP 是面向连接的协议，每一个会话（Session）是由前后相关的一系列数据包来实现。状态检测防火墙克服了包过滤防火墙仅仅检查进出网络的数据包，而不关心会话连接状态的缺点，考虑到在从属于同一个会话的数据流中前后数据包之间的安全关联，在会话过程中实现完善的审计。状态检测防火墙能基于会话做出合法性的判断，判断当前数据包是否合法，再决定是转发还是丢弃。对新的会话连接，路由器首先检查预先设置的安全规则，允许符合规则的数据包通过，记录该连接的相关信息，生成连接状态表。对该连接的后续数据包，路由器根据状态表中的源 IP 地址、目的 IP 地址、源端口号和目的端口号进行检查，并跟踪 TCP 的序列号和会话状态，还要跟踪 TCP/IP 数据包中其他的标志和字段，只要符合要求就可以通过。这种方式的好处在于：由于不需要对每个数据包进行规则检查，而是一个连接的后续数据包（通常是大量的数据包）通过散列算法，直接进行状态检查，从而使得性能得到了较大提高；而且，由于状态表是动态的，因而可以有选择地、动态地开通 1024 号以上的端口，使得安全性得到进一步地提高。

当然，基于会话、面向连接是 TCP 协议的典型特点，而 UDP 是典型的无连接的协议。为了能够对 UDP 数据流进行状态的管理，在防火墙中人为地为 UDP 数据流建立一种状态管理机制，去跟踪整个 UDP 的数据包，依据超时机制判断 UDP 的连接是否仍然保持着。所以，对于 TCP 数据包，基于连接状态的防火墙能够追踪 TCP 的状态；对于 UDP 数据包，则能为 UDP 数据流设置状态，并进行跟踪。

总之，传输层基于连接状态的防火墙在安全保证方面做得更加智能一些，它依据会话维持状态进行面向连接的安全管理，具有完善的会话审计。

三、防火墙的主要功能

防火墙的基本功能通过数据包过滤对网络的访问进行控制，除此之外，防火墙可提供网络地址转换等功能，通过防火墙还可以对数据流量进行分析、对网络的安全情况进行审计等。

1. 对进出网络的数据包进行分析、过滤和控制

防火墙在网络的边界创建一个阻塞点，对所有流入和流出的数据包进行分析、过滤和控制，不让非法用户入侵到内部网络，同时阻止内部信息的外泄。

防火墙上设有三类网络接口，他们分别是外部接口、内部接口和 DMZ 接口。每一类接口都设有规定的安全等级，外部接口的安全等级最低，内部接口安全等级最高，DMZ 接口的安全等级介于前两者之间。防火墙保证网络安全最基本的原则是：如果没有规则许可，任何通信都不得从低安全等级的接口流向高安全等级接口。对于从高安全等级接口到低安全等级接口之间的数据流，路由器则根据预先设定的安全规则进行过滤，仅放行符合安全规则的数据包。

2. 审计和报警机制

审计是一种重要的安全措施，用以检查安全漏洞和错误配置。报警机制是在通信违反相关策略以后，以多种方式（如声音、邮件、电话、手机短信息等）及时报告给管理人员。如果通过防火墙的数据违反了安全策略，报警机制就予以记录并发出告警报告。防火墙的审计和报警机制在防火墙体系中有着很重要的作用，有了审计和报警，管理人员才能及时地了解到网络是否受到了攻击。

3. 网络地址转换

网络地址转换（Network Address Translation，NAT）功能把内网私有 IP 地址转换成合法 IP 地址，允许具有私有 IP 地址的内部网络访问因特网。在内网用户访问外部网络时，防火墙将源地址和源端口映射为一个伪装的地址（合法 IP 地址）和端口，让这个伪装的地址和端口与外部网络连接，这样对外就隐藏了内部网络的真实地址和内部网络的结构，使得对内部的攻击更加困难。NAT 的过程对于网络用户来说是透明的，不需要用户进行设置，用户只要进行常规操作即可。

4. 流量控制和统计分析

流量控制可以分为基于 IP 地址的控制和基于用户的控制。基于 IP 地址的控制是对通过防火墙各个网络接口的流量进行控制，基于用户的控制是通过用户登录来控制每个用户的流量，从而防止某些应用或用户占用过多的资源。通过流量控制也可以保证重要用户和重要接口的连接。流量统计是建立在流量控制基础之上的，一般防火墙通过对基于 IP、服务、时间和协议等进行统计，并可以与管理界面实现挂接，实时或者以统计报表的形式输出结果。

5. 远程管理

管理界面一般完成对防火墙的配置、管理和监控。管理界面设计直接关系到防火墙的易用性和安全性。目前防火墙主要有两种远程管理界面：Web 界面和 GUI 界面。对于硬件防火墙，一般还有串口配置模块或控制台界面。GUI 界面可以设计得比较美观和方便，并且可以自定义协议，为多数厂商使用。

6. MAC 与 IP 地址的绑定

将 MAC 与 IP 地址绑定起来，主要用于防止受控（不可访问外网）的内部用户通过更换 IP 地址去访问外网。绝大多数防火墙都提供了该功能。

7. 强化网络安全策略

通过以防火墙为中心的安全方案配置，能将所有安全软件（如密码、加密、身份证、审计等）设置在防火墙上。这比将网络安全分散到每个主机上，管理更集中而且更经济。各种安全措施的有机结合，更能有效地对网络安全性能起到加强作用。

模块 1

ZY3200604001

8. 其他功能

防火墙可以限制同时上网人数，限制使用时间，设定特定使用者才能发送 e-mail，限制 FTP 只能下载文件而不能上传文件，阻塞 Java、ActiveX 控件等。这些功能都是为方便网络的管理而开发的。

四、防火墙的局限性

防火墙是网络安全最基础、最常用的防护手段，在保障网络安全方面发挥着重要的、不可替代的作用。但是，由于网络安全的复杂性，仅仅依赖防火墙还是不够的。防火墙在网络安全防护方面的不足之处有：

（1）防火墙不能防范不经过防火墙而进行的攻击，如内部员工对服务器的攻击，防火墙只能防止从外部经过防火墙进入到内部的攻击。

（2）防火墙没有透视功能，如木马等大多数病毒都可以透过防火墙传到内网，因为防火墙并不检视数据的内容。大多数的隧道也不能被防火墙检查，由于防火墙是隧道承载协议的连接设备，所以它不能检查隧道被承载协议的内容。

（3）防火墙的有效性在很大程度上依赖于安全策略，策略是非常重要的，策略有效，才能使防火墙的配置有效，才能有效地堵住漏洞、防止攻击。

防火墙只是保护网络安全的设备之一，其他像漏洞扫描程序、入侵防护设备、网络隔离设备等，在网络安全的不同方面都有着十分重要的作用。在实际应用中应当把各种安全技术和设备结合起来使用，使其互相补充，才能更有效地保障网络的安全。

【思考与练习】

1. 什么是防火墙，它在网络安全中的作用有哪些？
2. 防火墙要起到网络安全防护的作用，需要满足哪些基本条件？
3. 简述状态检测型防火墙的工作原理。
4. 防火墙的局限性表现在哪些方面？

模块 2 防火墙的分类与应用（ZY3200604002）

【模块描述】本模块介绍了防火墙的分类、主要性能参数及其典型应用。通过分类讲解、图片示意、图形分析，掌握各类防火墙的主要性能，熟悉各类防火墙的适用环境。

【正文】

一、防火墙的分类

目前市场上防火墙多种多样，分类标准也比较多，可以根据实现方式、硬件平台、工作原理、设备集成及在网络中所处的位置等标准，对防火墙进行分类。

1. 根据实现方式划分

按照防火墙的实现方式，可以将防火墙划分为软件防火墙和硬件防火墙两类。

硬件防火墙是一台独立的设备，由专用的硬件和软件组成，性能较好，价格也高。软件防火墙是安装在通用计算机上的软件产品，它通过软件的方式来实现防火墙功能，其优点是价格便宜。

软件防火墙的性能依赖于计算机的硬件配置和操作系统的安全性，处理能力有限，容易造成网络带宽瓶颈。软件防火墙有用户数量限制，需要按用户数购买，性价比较低。软件防火墙主要有微软公司 Windows XP 中的个人防火墙和用于较大规模网络的 ISA2004/2006 系列防火墙（见图 ZY3200604002-1）、Symantec 公司的个人防火墙以及 Linux 中的 Iptables 等。

2. 根据防火墙硬件平台划分

对于硬件防火墙来说，按照其采用的硬件平台，可以划分为 X86 架构防火墙、ASIC 架构防火墙和 NP 架构防火墙三类。X86 架构灵活性最高，新功能、新模块扩展容易，但性能满足不了千兆需要。ASIC 架构性能最高，千兆、万兆吞吐速率均可实现，但灵活性最低，定型后再扩展十分困难。NP 架构则介于两者之间，性能可满足千兆需要，同时也具有一定的灵活性。

（1）X86 架构防火墙。X86 架构防火墙采用通用 CPU 和 PCI 总线接口，具有很高的灵活性和可扩展性，过去一直是防火墙开发的主要平台。其防护功能主要由软件实现，可以根据用户的实际需要而相应地调整，增加或减少功能模块，产品比较灵活，功能十分丰富。

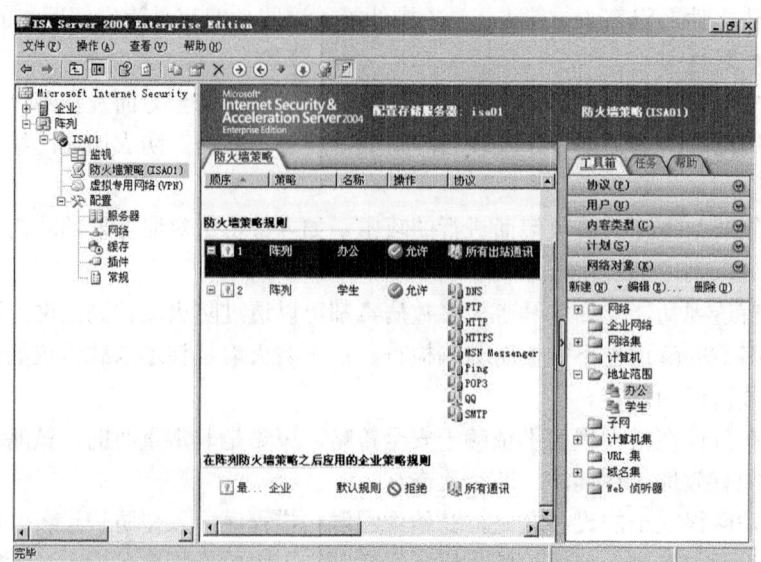

图 ZY3200604002-1　Microsoft ISA 软件防火墙

作为通用的计算平台，X86 架构的结构层次较多，不易优化，且往往会受到 PCI 总线的带宽限制，吞吐量不高，容易形成网络带宽瓶颈，只能满足中低带宽要求。对于千兆防火墙，虽然 PCI 总线接口理论上能达到接近 2Gbit/s 的吞吐量，但是通用 CPU 的处理能力有限，尽管防火墙软件部分可以尽可能地优化，但仍很难达到千兆速率。同时很多 X86 架构的防火墙是基于定制的通用操作系统，可能会存在安全漏洞，对防火墙的安全性有一定的影响。基于 X86 架构防火墙的典型代表是 Cisco PIX/ASA 系列防火墙，图 ZY3200604002-2 为 Cisco PIX 535 防火墙。

图 ZY3200604002-2　Cisco PIX 535 防火墙

（2）ASIC 架构防火墙。ASIC 架构防火墙通过专门设计的 ASIC 芯片对数据包进行处理，数据吞吐量高，可实现真正的线速防火墙。ASIC 通过把指令或计算逻辑固化到芯片中，获得了很高的处理能力，因而明显提升了防火墙的性能。新一代的可编程 ASIC 采用了更灵活的设计，能够通过软件改变应用逻辑，具有更广泛的适应能力。ASIC 架构防火墙对数据包的处理交给 ASIC 硬件电路承担，防火墙的 CPU 只承担管理任务。ASIC 架构防火墙采用专门的操作系统，从而避免了通用操作系统可能存在的安全性漏洞。

ASIC 的缺点是其灵活性和扩展性不够，开发费用高，开发周期太长。虽然研发成本较高，灵活性受限制，无法支持太多的功能，但 ASIC 架构防火墙具有的先天优势，非常适合应用于模式简单、对吞吐量和时延指标要求较高的电信级大流量的处理。ASIC 架构防火墙以 Juniper 公司的 NetScreen 产品为代表。

（3）NP 架构防火墙。NP 架构可以说是介于 X86 架构与 ASIC 架构之间的技术，NP 是专门为网络设备处理网络流量设计的处理器，其体系结构和指令集对于防火墙常用的包过滤、转发等算法和操作都进行了专门的优化，可以高效地完成 TCP/IP 协议的常用操作，并能对网络流量进行快速的并发处理。硬件结构设计也大多采用高速的接口技术和总线规范，具有较高的 I/O 能力。它可以构建一种硬件加速的完全可编程的架构，这种架构的软硬件都易于升级，软件可以支持新的标准和协议，硬件设计支持更高的网络速度，从而使产品的生命周期延长。由于防火墙处理的就是网络数据包，所以基于 NP 架构的防火墙与 X86 架构的防火墙相比，性能得到了很大的提高。

NP 架构通过专门的指令集和配套的软件开发系统，提供强大的编程能力，因而便于开发应用，支持可扩展的服务，而且研制周期短、成本较低。但是，与 X86 架构相比，由于应用开发、功能扩展受到 NP 架构的配套软件的限制，基于 NP 技术的防火墙的灵活性要差一些。由于依赖软件环境，所以在性能方面 NP 不如 ASIC。NP 架构开发的难度和灵活性都介于 ASIC 架构和 X86 构架之间，应该说，NP 是 X86 架构和 ASIC 架构的一个折中。

NP 架构主要出现在很多国内厂商的防火墙设备上，例如东软 NetEye 防火墙。

3. 根据防火墙工作原理划分

按照防火墙工作原理，可以将防火墙划分为包过滤防火墙、代理型防火墙和状态检测型防火墙三大类，代理防火墙又可分为传输层代理防火墙和应用层代理防火墙，参见模块 ZY3200604001"防火墙的工作原理和功能"。

4. 按照设备集成情况划分

根据设备集成情况来划分，可以将防火墙分为独立式防火墙和集成式防火墙两大类。独立式防火墙是一台独立的设备，仅具备防火墙功能。集成式防火墙是在其他种类的网络设备上实现防火墙功能。集成式防火墙既可以在路由器上实现，也可以在多功能的安全设备（如 UTM 设备）中实现。

在路由器上实现防火墙功能有两种方式：一是在软件中实现，如 Cisco 路由器中的 IOS 防火墙；二是，在路由器的插槽中插入防火墙功能硬件模块。

独立式防火墙的优点是可以达到很高的性能，部署起来比较灵活。而集成式防火墙将多种功能集中在一台设备中实现，功能之间配合、协调性能较好，由于减少了设备之间的连接，减少了故障点，网络运行的可靠性增加，设备配置和运行管理也相对容易一些。

5. 按照在网络中的位置划分

按照在网络中所处的位置，可以把防火墙划分为边界防火墙和个人防火墙两大类。边界防火墙安装在内、外网的连接处，用于对整个内网的保护。个人防火墙主要是指运行在计算机或服务器上的软件防火墙，仅能对本计算机或服务器起到保护作用。

二、网络防火墙的主要性能及参数

防火墙种类繁多，所具备的安全功能及性能参数等各方面都有着很大的差别。防火墙的硬件配置，如处理器芯片类型、主频、内存容量等方面，配置越高，防火墙的性能越好。在选择防火墙时，要关注下列参数和功能：

1. 并发连接数

并发连接数是指防火墙能够同时处理的点对点连接的最大数目，是衡量防火墙性能的一个重要指标。并发连接数反映了防火墙设备对多个连接的访问控制能力和连接状态跟踪能力，这个参数的大小直接影响到防火墙所能支持的最大信息点数。低端防火墙的并发连接数一般在 1000 个左右，而高端设备则可以处理数万甚至数十万个并发连接。

2. 吞吐量

吞吐量是指在不丢包的情况下，单位时间内通过防火墙的数据包数量，是衡量防火墙性能的重要指标。防火墙作为内外网之间的唯一数据通道，如果吞吐量太小，就会成为网络瓶颈。有些防火墙号称是 100Mbit/s 防火墙，由于其算法依靠软件实现，实际吞吐量也只有 10～20Mbit/s。纯硬件防火墙采用硬件进行运算，100Mbit/s 接口上的吞吐量可以达到 90～95Mbit/s，才能称得上真正的 100Mbit/s 防火墙。

3. 用户数量的限制

防火墙的用户数限制分为固定限制用户数和无用户数限制两种。前者（如 SOHO 型防火墙）一般支持几十到几百个用户，而无用户数限制大多用于大的部门或公司。这里的用户数量和前面介绍的并发连接数并不相同，并发连接数是指防火墙的最大会话数（或进程），而每个用户可以在一个时间里产生多个连接。

三、防火墙的应用

防火墙在内部网络和外部网络之间建立了一个检查点，可以监视、过滤和检查所有接受到和发送出去的流量，网络安全产业称这些检查点为"阻塞点"。通过强制所有进出流量都通过这些检查点，网络管理员可以集中在较少的地方来实现安全目的。

1. 保护内部网络不受来自 Internet 的攻击

将防火墙部署在内部网络与 Internet 联网的边界处，在保护内部网络不受来自 Internet 攻击的前提下，允许内网用户访问 Internet，也能够对外提供信息服务。

在这类应用中，防火墙的三类业务端口，即 LAN 端口、WAN 端口和 DMZ 端口，分别用于连接内部网络、Internet 以及企业设置的对外提供服务的服务器群组，如图 ZY3200604002-3 所示。

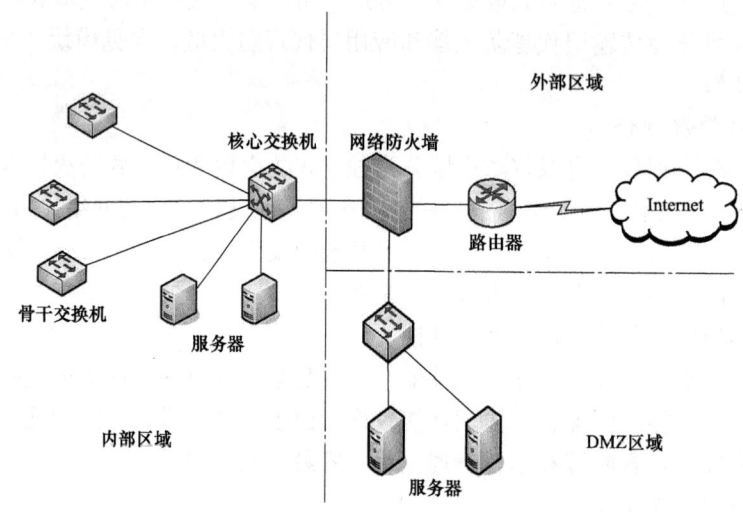

图 ZY3200604002-3　防火墙端口的连接

（1）内部区域（内网）。内部区域通常就是指企业内部网络，内部的文件服务器、数据库服务器等关键应用都放置在内部网络中，从而使它们受到防火墙良好的保护。

（2）外部区域（外网）。外部区域通常指 Internet 或者非企业内部网络。它是网络中不被信任的区域，当外部区域想要访问内部区域的主机和服务，通过防火墙，就可以实现有限制的访问。

（3）非军事化区（Demilitarized Zone，DMZ）。非军事化区是一个隔离的网络，或几个网络。位于非军事化区中的主机或服务器被称为堡垒主机。一般将企业用于通过互联网向公众提供服务的服务器，如 Web 服务器、邮件服务器、FTP 服务器、外部 DNS 服务器等集中放置在该区域内。非军事化对于外部用户通常是可以访问的，这种方式让外部用户可以访问企业的公开信息，但却不允许他们访问企业内部网络。

2. 保护内部网络不受来自第三方网络的攻击

这种应用主要是针对一些规模比较大的企业，企业内部网络通常要与分支机构、合作伙伴或供应商的局域网进行连接，防火墙用来限制第三方网络对内部网络的非授权访问，如图 ZY3200604002-4 所示。在这种网络环境中通常是将安全性要求较低的服务器直接连接在防火墙的 LAN 端口上，通过防火墙对这些服务器做一些简单的配置，提供第三方网络所需的功能。

3. 实现内部网络中不同部门之间的安全防护

在企业内部网络中，通过防火墙可以对一些安全性要求较高的敏感部门（如人事、财务等）的信息系统进行保护，防止非法访问。这些部门主机中的数据对于企业来说非常重要，它的工作不能完全离开企业网络，但其中的数据又不能让网络用户随便访问。这时有几种解决方案，可以采用 VLAN 配置，但这种方式需要配置三层以上交换机。采用防火墙进行隔离，在防火墙上进行相关的配置与划分VLAN 相比要简单许多。通过防火墙隔离后，尽管同属于一个内部局域网，但其他用户的访问都需要经过防火墙的过滤，符合条件的用户才能访问。这类防火墙通常不仅通过包过滤来筛选数据包，而且还要对用户身份的合法性（在防火墙中可以设置允许哪些用户访问）进行识别。通常采用自适应代理服务型防火墙，这种防火墙还可以有日志记录功能，对网络管理员了解网络安全现状及改进非常重要。在如图 ZY3200604002-5 所示的网络中，将需要受到保护的重要部门或服务器通过防火墙连接至网络。

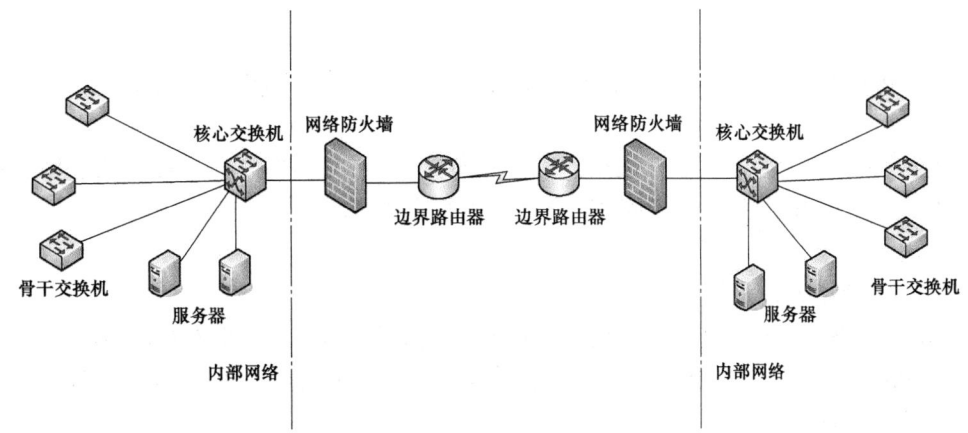

图 ZY3200604002-4　连接内部网络与第三方网络

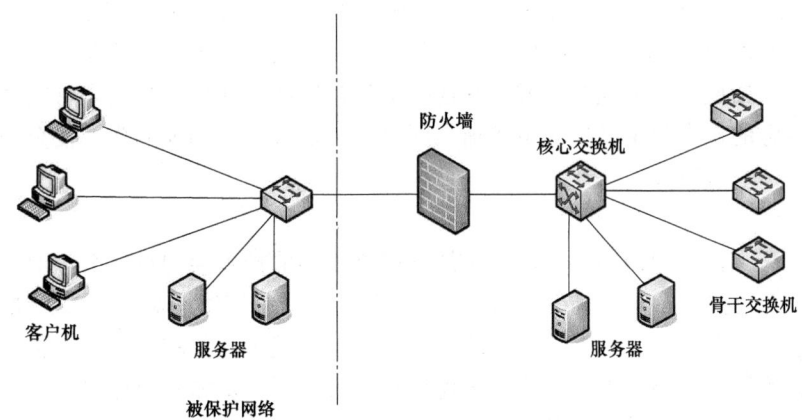

图 ZY3200604002-5　内部网络中不同部门之间的安全隔离

四、Cisco PIX/ASA 防火墙简介

PIX 系列防火墙是 Cisco 公司的独立式防火墙产品，性能较好，应用广泛。Cisco PIX 系列防火墙有 5 种型号：506E 型、515 型、520 型、525 型和 535 型，分别适用于小型网络、中型网络、大型园区或者企业网络。PIX 535 是 PIX 500 系列中最新，功能最强大的一款。它可以提供运营商级别的处理能力，适用于大型的 ISP 等服务提供商。

2005 年 5 月，Cisco 推出了一个新的产品—适应性安全产品（Adaptive Security Appliance，ASA）。ASA 中包括防火墙、IPS、Anti-X（反恶意软件）和 VPN 四种功能，可以对多种攻击提供安全保护。

【思考与练习】

1. 可以按照哪些标准对防火墙分类？如何分类？

2. 防火墙的重要性能指标有哪些？

3. 简述防火墙的主要应用。

国家电网公司
生产技能人员职业能力培训专用教材

第三十四章 隔 离 装 置

模块 1 网络隔离技术及分类（ZY3200605001）

【模块描述】本模块介绍了网络隔离技术的起源和发展、网络隔离技术的分类和适用环境。通过背景介绍、概念定义、应用分类，掌握网络隔离技术的基本知识。

【正文】

一、网络隔离技术的起源和发展

20 世纪 80 年代随着 Internet 的商业化和快速发展，大量的机构开始接入互联网。随后美国军方发现了大量的对联网的计算机的攻击，经分析发现这些攻击大多来自学校和公司的网络，于是提出了要对网络隔离技术进行研究。

我国国家保密局 1998 年发布的《涉及国家秘密的通信、办公自动化和计算机信息系统审批暂行办法》中明确规定：涉密系统不得直接或间接连接国际互联网，必须实行物理隔离。2000 年 1 月 1 日起正式实施的《计算机信息系统国际联网保密管理规定》中又明确规定：凡涉及国家秘密的计算机信息系统，不得直接或间接地与国际互联网或者其他公共信息网络相连接，必须实行物理隔离。

网络隔离从概念的提出到定义的逐步清晰、明确，先后经历了物理隔离、安全隔离直到最后又回归到网络隔离这三个发展阶段。

1. 物理隔离

提出网络隔离这一概念的初期，人们并不知道网络隔离的技术架构是什么，但对信息和网络安全的要求是明确的，就是要消除一切潜在的网络安全威胁，因此把网络隔离表述为"物理隔离"，意思是不准进行网络连接。随后，在"物理隔离"的技术定义上出现了一些歧义。有一种观点认为：任何有物理接触的物体都不能算是物理隔离。后来发现这种理解不行，例如两台计算机放在同一张桌子上，在物理意义上两台计算机是通过桌面发生连接的，而从网络连接的角度来看这两台计算机之间显然是断开的。网络隔离卡在本质上是用于网络之间进行物理隔离的，若按照上述观点来看，隔离卡的两个网口是在同一块电路板上的，也不能算是物理隔离的。反过来看，没有物理连接也不一定就是物理隔离的，例如无线网络，电波可以在真空中传播，而网络却是连接一起的。因此，要给出"物理隔离"在技术名词上的定义是很困难的。

2. 安全隔离

安全隔离是对网络隔离的另外一种提法。这种观点主张，从物理隔离走向安全隔离，主张以安全隔离来代替物理隔离。这样一来网络隔离的概念的内涵就放宽了，随后出现了大量的产品。安全隔离的实现一般是采用协议转换的方式，通过协议转换增加了一些安全性，但网络之间还是要连接的，这与不准联网的规定是有矛盾的。安全隔离只能在一定的场合下使用，在要求很高的情况下是不准使用的。

3. 网络隔离

用网络隔离来代替物理隔离和安全隔离等名词逐渐得到了业界的认可。首先，隔离的概念是基于网络互联来谈隔离的，没有联网就没有隔离的必要，离开网络互联来谈隔离是没有意义的。其次，隔离的本质是在需要交换信息甚至是共享资源的情况下才出现，没有信息交换或资源共享的概念也谈不上隔离，因为如果两个网络之间，一不需要信息交换，二不需要共享资源，那么这两个网络就不需要联网，也就无所谓网络隔离了。最后，物理隔离和安全隔离无法给出一个技术上的精确定义，而网络隔离可以给出一个完整准确的技术定义。

网络隔离是指在需要信息交换网络之间，在确保可信网络内部信息不外泄的前提下，完成网络间数据的安全交换，从而实现网络隔离。

二、网络隔离技术的分类和应用

在网络隔离方面的技术和产品比较多，从总体上来看，大致可以分为简单隔离技术和网闸技术两大类。

1. 简单隔离

隔离技术又可分为终端级和网络级两个层次。终端级是通过存储器的隔离实现的，通过使用特制的隔离卡，使安全区和非安全区的控制逻辑具有排它性，以达到信息隔离的效果。网络级的隔离通过在终端上使用特制的网络隔离卡，与安全集线器相配合，通过网络隔离卡上电信号的高低选择相应的网络进行连接，做到不能同时连接安全和非安全网络，与终端存储器的隔离相配合达到信息隔离的目的。

（1）敷设两套网线，建设两个独立的网络，一个是内部网络，用于存储、处理、传输涉密信息；另一个是外部网络，与 Internet 相连。每个工作人员采用两台计算机，一台在内网上，另一台在外网上。两个网络之间如果有数据交换需要，则采用人工操作（如通过 U 盘、磁带等）的方式。该方案的缺点是重复建设投资较大，占用较多的办公空间，用户使用不方便。

（2）采用安全隔离计算机（终端级解决方案），用户使用同一台客户端设备联接内部网络和外部网络。主要类型可分为：

1）双主板、双硬盘型。在一个机箱内设置两套计算机设备，相当于两台计算机共用一台显示器，通过客户端开关分别选择两套计算机系统。

2）单主板、双硬盘型。客户端通过增加一块隔离卡、一块硬盘，将硬盘接口通过添加的隔离卡转接到主板，网卡也通过该卡引出两个网络接口。而在选择不同的硬盘时，同时选择了该卡上不同的网络接口，连接到不同的网络，达到物理隔离的效果。这种隔离产品仍然需要网络布线为双网线结构。另外一种方案是在主板 BIOS 等更底层的技术方面进行设计，做到不同的网络选择不同的硬盘，达到网络物理隔离的目的。

3）单主板、单硬盘型。客户端需要增加一块隔离卡，但不需要额外增加硬盘，将存储器通过隔离卡连接到主板，网卡也通过隔离卡引出两个网络接口，在原有硬盘上划分安全区和非安全区，通过该卡控制客户端存储设备分时使用安全区和非安全区，同时选择相应的网络接口，达到网络物理隔离的效果。

（3）采用安全隔离集线器（集线器解决方案），主要解决房间和楼层单网布线的问题。这种集线器需要和专用的安全隔离计算机相配合，只采用一个网络接口，通过网线将不同的网络选择信号传递到网络选择器，根据不同的选择信号，选择不同的网络连接。

2. 网闸技术

网闸（GAP）是新一代的高安全性的隔离技术产品。网闸是处于内网和外网之间的网络隔离装置，网闸中包含了两个主机和一个存储介质。网闸中的外部主机连接外部网络，内部主机连接内部网络，外部主机和内部主机之间分时地使用公用的存储介质进行数据交换，从而达到网络隔离与数据交换的目的。存储介质在与内网连接之前会先断开与外网的连接，相反在与外网连接之前则会先断开与内网的连接。在数据交换过程中，网闸会把协议给剥离掉，直接还原成最原始的数据，在异构介质上重组所有的数据，同时还可以进行防病毒、防恶意代码等信息过滤，以保证信息的安全。

网闸是完全意义上的网络隔离装置，有着很高的安全性能，是网络隔离主流技术发展的方向。

目前，网闸实现网络隔离的缺点是：对应用层协议不透明，每一种应用都要有一套对应的实现。

【思考与练习】

1. 网络隔离的概念经历了哪些发展阶段？

2. 常见的网络隔离的方法有哪些？

模块 2　网闸的工作原理与应用（ZY3200605002）

【模块描述】本模块介绍了网闸的工作原理、产品功能特性与应用。通过要点讲解，熟悉网闸装置

模块 2　ZY3200605002

的工作原理和技术特征。

【正文】

一、网闸的组成及其功能特征

网闸是一种网络隔离技术，它采用有三个模块组成的架构，能够在网络隔离的基础上安全地实现数据交换。从 OSI 网络七层模型的角度来看，网闸实现了全部层面上的彻底隔离：在物理层上进行了隔离；清除了数据链路层的通信协议；剥离了网络层的 TCP/IP 协议和高层的应用协议，并在数据交换后重新进行协议的恢复和重建。

1. 网闸的组成

网闸由两个单边计算机主机和一个基于独立控制电路控制的固态存储系统组成，我们通常称之为"2+1"三模块架构。

所谓单边计算机主机，是相对于传统的防火墙和网络设备而言的。传统的防火墙或其他网络设备至少具备两个网卡，网络数据从一边流入，经过 OSI 模型的某层或多层处理后，从另一边流出。而单边计算机主机，相当于撤销了一个网卡，来自网络上的数据包只能到达应用层，还原为文件数据，网络上的任何行为，无论是正常的，还是非正常的，都到此为止。

2. 物理层断开技术

外部主机与固态存储介质之间设有一个开关电路，内部主机与固态存储介质之间也设有一个开关电路。网闸必须保证这两个开关电路不会同时闭合，使得网闸的外部主机和内部主机在任何时候都是完全断开的，从而实现在物理层上的断开机制。

3. 链路层断开技术

要在链路层断开，就必须消除所有的通信链路协议。任何基于通信协议的数据交换技术，都无法消除数据链路的连接，因此都不是完全的网络隔离技术。

4. TCP/IP 协议剥离和重建技术

为了消除 TCP/IP 协议（OSI 的第三层和第四层）的漏洞，必须剥离 TCP/IP 协议。经过网闸之后，必须再代理重建 TCP/IP 协议。

5. 应用协议的剥离和重建技术

为了消除应用协议（OSI 的第五层～第七层）的漏洞，必须剥离应用协议。剥离应用协议后的原始数据，在经过网闸之后，必须代理重建应用协议。应用协议的剥离和重建技术也称为单边代理技术，所谓的单边代理技术是相对双边而言的。双边代理技术，是指一台计算机有两个网卡，并且执行代理功能，数据包从一个网卡进，从另外一个网卡出。单边代理技术，只有一个网卡，这种情况下，应用协议必须还原成为原始数据，而不能是数据包，因此是一个完整的应用协议剥离和重建技术。

二、网闸的工作原理

外网是安全性不高的互联网，内网是安全性很高的内部专用网络。正常情况下网络隔离设备的外部主机和外网相连，隔离设备的内部主机和内网相连，外网和内网是完全断开的。

当外网有数据需要送达内网的时候，以电子邮件为例，网络隔离的外部主机先接收数据，并发起对网络隔离的固态存储介质的非 TCP/IP 协议的数据连接，网络隔离的外部主机将所有的协议剥离，将原始的数据写入固态存储介质。根据不同的应用，可能有必要对数据进行完整性和安全性检查，如防病毒和恶意代码等。

一旦数据全部写入网络隔离的存储介质，网络隔离的固态存储介质立即中断与网络隔离的外部主机的连接。网络隔离的固态存储介质转而发起对网络隔离的内部主机的非 TCP/IP 协议的数据连接。固态存储介质将数据发送给内部主机。内部主机收到数据后，立即进行 TCP/IP 的封装和应用协议的封装，并发送给内网。这个时候内网电子邮件系统就收到了外网的电子邮件系统通过网络隔离设备转发的电子邮件。

在收到完成数据交换任务的信号之后，网络隔离的固态存储介质立即切断与内部主机的直接连接。恢复到网络断开的初始状态。

反之，如果内网有电子邮件要发出，网络隔离的内部主机先接受内部的数据后建立与固态存储介

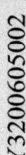

质之间的非 TCP/IP 协议的数据连接。网络隔离的内部主机剥离所有的 TCP/IP 协议和应用协议，得到原始的数据，将数据写入网络隔离的固态存储介质。对其进行防病毒处理和防恶意代码检查，然后中断与网络隔离的内部主机的直接连接。

一旦数据全部写入网络隔离的固态存储介质，网络隔离的固态存储介质立即中断与网络隔离的内部主机的连接。转而发起对网络隔离的外部主机的非 TCP/IP 协议的数据连接。网络隔离将存储介质内的数据发送给网络隔离的外部主机。网络隔离的外部主机收到数据后，立即进行 TCP/IP 的封装和应用协议的封装并发送给外网。收到处理完毕的信息后，立即中断隔离设备与外网的连接，恢复到完全隔离状态。

每一次数据交换，隔离设备经历了数据的接收、存储和转发三个过程。其数据传输机制是存储和转发。

三、网闸安全机制的特点

网闸主要是用以解决内外网之间的数据交换问题，因此具有以下特点：

（1）为防止内部网络有意或无意地向外部网络泄露信息，采用了内容过滤、命令过滤、基于 URL 的路径和文件名控制、文件类型控制和文件格式深度检查等较高要求的信息保密检查技术。

（2）防范外部网络向内部网络的黑客攻击和计算机病毒侵扰，其中包括对未知的攻击与病毒的防范。

（3）能够解决外部网络和内部网络之间的大流量数据交换问题。利用 SCSI 可以达到 320Mbit/s 的速度，利用实时交换可以达到 1000Mbit/s 的速度。

四、网闸能够支持的应用

网闸技术可以支持 Web 访问和服务、FTP 访问和服务、电子邮件服务、DNS 服务、数据库访问、数据库同步以及其他一些定制访问和服务。

1．Web 访问和服务

在企业内网网络采用网闸与外部网络进行了安全隔离的情况下，由网闸提供内外网之间数据实时交换，内网用户可以访问外网 Web 网站，外部用户也可以访问企业内网对外提供服务的 Web 服务器。

2．FTP 访问和服务

网闸在网络隔离的情况下，实现了 FTP 协议。内网用户可以访问外网 FTP 服务器。对一些高安全性的内网，是禁止外部的用户直接连接内部服务器的，但又不愿意把 FTP 服务器放在外网上。在这种情况下，可以通过网闸来保证外部网络与内部网络在网络隔离时情况下，通过实时交换服务，准许内部的 FTP 服务器安全地向外提供服务。

3．电子邮件服务

网闸实现了内部的用户在网络隔离的情况下，使用外部的 SMTP 服务器和 POP3 服务器。

4．数据库访问及同步服务

网闸实现了外部用户在网络隔离的情况下可以查询内部数据库，以及外部的数据库在网络隔离的情况下与内部数据库的同步。

5．DNS 服务

网闸可以实现内部网用户在网络隔离的情况下，使用外部的 DNS 服务器。

6．定制服务

网闸可以实现某些特定协议的 TCP 或 UDP 的固定端口的服务和访问。

【思考与练习】

1．网闸设备中采用的主要技术有哪些？

2．简述网闸的工作原理。

3．网闸的安全机制有哪些特点？

4．网闸能够支持哪些应用？

第三十五章　入侵检测系统

模块 1　入侵检测系统的原理和功能（ZY3200606001）

【模块描述】本模块介绍了入侵检测的概念与检测原理、入侵检测系统的构成与功能。通过要点讲解，掌握入侵检测系统的基本概念。

【正文】

一、入侵检测系统的功能

入侵检测系统（Intrusion Detection Systems，IDS）是一种网络安全监测设备，是位于防火墙之后的第二道安全闸门，它监视网络或系统资源，从网络内部的若干关键点收集信息并对其进行分析，寻找违反安全策略的行为或攻击迹象，一旦发现外部攻击、内部攻击或非法的网络行为，则立即并发出报警。

IDS 与防火墙之间的关系可以打一个比喻：假如防火墙是一座大楼的门卫，那么 IDS 就是这座大楼内部的监视系统，一旦小偷进入了大楼内部，或内部人员有违规行为，只有实时监视系统才能发现情况并发出警告。防火墙位于网络的边界，对进出的数据依照预先设定的规则进行检查，符合规则的予以放行，起到访问控制的作用，防火墙只能对进出网络的数据进行分析，对网络内部的问题无法控制。而 IDS 则可以对越过防火墙的攻击行为以及来自网络内部的违规操作进行监测和响应，不但可以发现来自网络外部的攻击，而且也能发现内部的恶意行为。

IDS 可以记录、报告各种形式的网络访问，可以监视某一台主机的网络流量，确定事件发生的位置。通过分析记录下来的攻击过程，追踪攻击来源，可以更多的了解攻击者，有助于采取针对性的防范措施。

借助于 IDS 可以了解网络的安全状况，通过对全网安全信息的分析，制定更加有效的整体安全策略。

二、IDS 的工作原理

IDS 是一个典型的"嗅探设备"，它在网络上被动地、无声息地收集它所关心的报文和信息。IDS 对数据的分析和处理过程可以划分为数据收集阶段、数据处理及过滤阶段、入侵分析及检测阶段、报告及响应阶段四个阶段。

1. 数据收集阶段

在计算机网络系统中的若干个不同的关键点收集信息，内容主要包括：① 从监测点抓取的网络上的数据包；② 系统日志和网络日志文件；③ 文件目录的变动；④ 文件的改变；⑤ 程序执行中的异常情况。

2. 数据处理及过滤阶段

对采集到的数据进行筛选和预处理，转换为入侵分析及检测阶段所需要的格式。

3. 入侵分析及检测阶段

这一阶段是整个入侵检测系统的核心阶段，在这一阶段中对上一阶段提供的数据进行分析，判断是否有入侵发生。IDS 分析及检测入侵所采用的方法通常有三种：特征库匹配法、统计分析法和完整性分析法。前两种方法用于对入侵的实时检测，而完整性分析则用于事后分析。

（1）特征库匹配方法。特征库匹配分析方法是建立在"所有入侵行为和手段（及其变种）都能够表达为一种模式或特征，所有已知的入侵方法都可以用特征匹配的方法发现"这一假定之上的。特征库匹配法首先对已知的攻击或入侵作出确定性的描述，形成相应的事件模式，建立入侵事件特征库。在进行入侵分析及检测时，采用与计算机病毒的检测类似的方式，将收集到的信息与特征库中的事件模式进行比较，如果找到了相匹配的项目，则判定为入侵事件。

一般来讲，一种进攻模式可以用一个过程（如执行一条指令）或一个输出（如获得权限）来表示。特征库匹配过程可以很简单（如通过字符串匹配以寻找一个简单的条目或指令），也可以很复杂（如利用正规的数学表达式来表示安全状态的变化）。

特征库匹配分析方法的优点是只需收集相关的数据集合，系统负担小，检测准确率和效率都相当高。该技术已相当成熟，被 90%以上的 IDS 采用，应用较为广泛。特征库匹配分析方法的不足之处是它只能发现已知的攻击，对未知的攻击无能为力。

（2）统计分析法。统计分析法是建立在"所有入侵行为都是与网络的正常行为不同的"这一假定之上的。统计分析法首先给各类对象（如用户、连接、文件、目录和设备等）创建一个统计描述，统计正常使用时的一些测量属性（如访问次数、操作失败次数和延时等），测量属性的平均值将被用来作为基准。然后，将要分析的观察值与基准值进行比较，如果偏差超过设定的门限，就认为有入侵发生。

例如，通过流量统计分析可以将某一特定时间的异常网络流量视为疑似，如果发现一个在 22:00～次日 6:00 之间通常不会登录的账户却在凌晨 3:00 试图登录，或者发现针对某一特定站点的流量异常增大等情况，IDS 会将这些事件进行记录。

统计分析法的优点是可检测到未知的入侵和更为复杂的入侵。但由于并非所有的入侵都表现为异常，而且基准的选定很难跟上情况的变化，因此，统计分析法的误报、漏报率较高，且不适应用户正常行为的突然改变。

（3）完整性分析法。完整性分析主要关注某个文件或对象是否被更改，这经常包括文件和目录的内容及属性，它在发现被更改的、被木马化的应用程序方面特别有效。完整性分析利用强有力的加密机制，称为消息摘要函数（如 MD5），它能识别哪怕是微小的变化。其优点是不管模式匹配方法和统计分析方法能否发现入侵，只要是成功的攻击导致了文件或其他对象的任何改变，它都能够发现。缺点是一般以批处理方式实现，不用于实时响应。尽管如此，完整性检测方法还应该是网络安全产品的必要手段之一。例如，可以在每一天的某个特定时间内开启完整性分析模块，对网络系统进行全面地扫描检查。

4. 报告及响应阶段

报告及响应阶段针对上一个阶段中进行的判断作出响应。如果被判断为发生入侵，系统将对其采取相应的响应措施，或者通知管理人员发生入侵，以便于采取措施。

三、入侵检测系统的组成

入侵检测系统的实现方式有两种，一种是基于主机的入侵检测系统，另一种是基于网络的入侵检测系统。

基于主机的入侵检测系统是在需要保护的计算机、服务器上安装入侵检测软件，用来检测本机的安全状态。

基于网络的入侵检测系统类似其他网络设备，一般为独立的设备，通过以太网接口连接到交换机上，检测所在网段的入侵状况。

【思考与练习】

1. IDS 的作用与防火墙有什么不同？
2. IDS 对收集和过滤后的信息进行分析和检测以判定是否有入侵发生，常用的方法有哪些？

模块 2　入侵检测系统的分类和应用（ZY3200606002）

【模块描述】本模块介绍了入侵检测系统的分类和应用，包含入侵检测分类、产品选择和部署原则。通过要点介绍、图片示意，了解入侵检测系统的分类和应用。

【正文】

一、入侵检测系统的分类

根据所保护的对象划分，入侵检测系统可以分为基于主机的 IDS 和基于网络的 IDS。

1. 基于主机的 IDS

基于主机的 IDS（Host IDS，HIDS）主要用于保护关键应用的服务器，实时监视可疑的连接、系统日志、非法访问等，并且提供对典型应用（如 Web 服务）的监视。HIDS 通过检查系统文件的异常变化、将事件特征与特征库进行比较等方法来判断保护对象是否被入侵或者被攻击。

HIDS 可以精确地判断入侵事件，还可针对不同操作系统的特点判断应用层的入侵事件。HIDS 的缺点是必须为不同平台开发不同的程序，还会占用主机宝贵的资源。

2. 基于网络的 IDS

基于网络的 IDS（Network IDS，NIDS）一般被放置在比较重要的网段内，担负着保护整个网段的任务。NIDS 利用交换机的端口镜像映射功能来收集数据报文，进行实时监视和进行攻击特征分析，一旦被检测到攻击，响应模块按照预先配置的策略对攻击作出反应。

NIDS 的优点主要是简便，一个网段上只需安装一个或几个这样的系统，便可以监测整个网段的情况。NIDS 为独立的设备，不会增加运行关键业务主机的负载。NIDS 的不足之处在于只能监视本网段，精确度也较差。

二、入侵检测系统的部署

IDS 部署在网络内部，监控范围可以覆盖整个网络内的各个网段，包括来自外部的数据以及内部主机之间传输的数据。HIDS 安装在运行重要业务的服务器或主机上，NIDS 一般部署在尽可能靠近攻击源的地方或者需要保护的重点部位上。

NIDS 通常位于 Internet 接入路由器之后的第一台交换机上，或者是企业内部重要服务器所在的网段上（见图 ZY3200606002-1）。

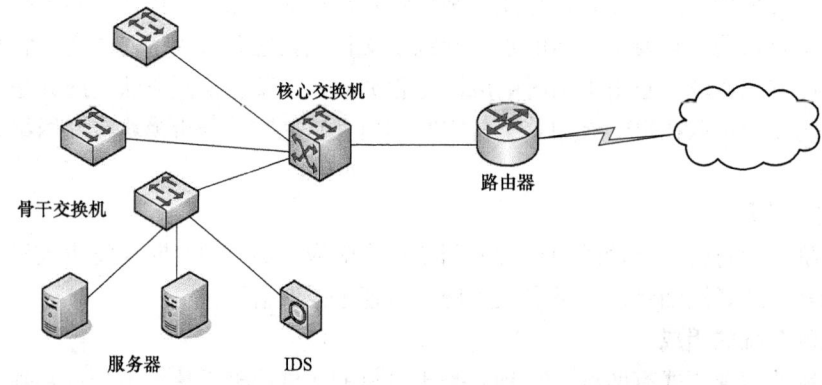

图 ZY3200606002-1　IDS 布置在重要服务器网段上

NIDS 的监听接口连接到交换机的镜像端口上，以便对所关心的数据包进行收集。由于对数据包的侦听不能跨越网段，如果网络中有多个网段，那么，在需要保护的每个网段上都需要安装一台 NIDS。

三、入侵检测产品的选用

国外的网络安全公司与大型的网络设备厂商都推出了各种各样的入侵检测设备。

Cisco 公司在其路由器操作系统 IOS 平台上添加了 IDS 功能，同时还生产独立的 IDS 设备以及交换机上的硬件 IDS 模块，图 ZY3200606002-2 为 Cisco 4200 系列 IDS。

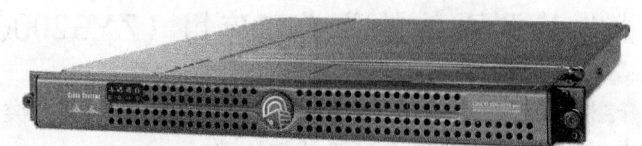

图 ZY3200606002-2　Cisco 4200 系列 IDS

Symantec Intruder Alert 是赛门铁克公司的企业安全产品，它可以在网络边界和网络内部检测所有未经授权的、恶意的活动，保证系统、应用程序及数据的安全。

北京中科网威信息技术公司推出的天眼入侵检测系统 NPIDS，提供了安全审计、监视、攻击识别、防蠕虫和反攻击等多项功能，对内部攻击、外部攻击和误操作进行实时监控，是其他安全设备的必要补充。

东软公司的 Net Eye 入侵检测系统针对网络蠕虫病毒泛滥、内部人员对网络的违规使用、网络的长期健康运行无法有效保障等情况提供检测和保护。

KILL 公司入侵检测系统（KILL IDS）也是一款高性能的网络入侵检测系统，它采用网络侦听方式收集流经该子网的所有数据包，实时检测网络入侵攻击和网络异常活动，对传输内容进行扫描、分析、显示、报告、记录和报警，帮助管理员及时发现网络威胁。

Session Wall 3 是 Computer Associates 公司设计的一款可以完全自动地识别网络使用模式、特殊网络应用，并能够识别各种基于网络的各种入侵、攻击和滥用活动的 IDS，可以在确保网络的连接性能的前提下，大大提高网络的安全性。

面对功能各异的众多的入侵检测产品，对于网络安全管理人员而言，入侵检测系统的选择是非常重要的。首先必须从技术上、物理结构和策略上综合考虑，网络中存在哪些应用和设备，已经部署了哪些安全设备，从而明确哪类入侵检测系统适合自身的网络环境。其次确定入侵检测的范围，是主要关注来自企业外部的入侵事件，还是来自内部人员的入侵，是否使用 IDS 用于管理控制其他应用，如站点访问、带宽控制。

【思考与练习】

1. IDS 通常分为哪两类？
2. 部署基于网络的 IDS 要考虑的要点有哪些？

模块 3　入侵防护技术（ZY3200606003）

【模块描述】本模块介绍了入侵防护技术、分类及应用。通过要点讲解、图形示意，了解入侵防护技术的基本概念。

【正文】

一、入侵防护系统的作用

随着网络攻击技术的不断提高和网络安全漏洞的不断被发现，仅仅采用防火墙和 IDS 已经无法应对越来越泛滥的安全威胁，在这种情况下，入侵防护系统（Intrusion Prevention System，IPS）应运而生。

IPS 位于边界防火墙之后、内部网络设备之前（见图 ZY3200606003-1），对流入的数据包进行深度检测，确定数据包的真正用途，然后决定是否允许该数据包进入网络。如果检测到攻击，IPS 会在攻击扩散到网络之前阻止这个恶意的通信。相比之下，IDS 注重的是网络安全状况的监管，它并接在网络之中只能起到报警作用，而 IPS 关注的是对入侵行为的控制，在网络前面起到防御作用。IPS 可以在应用层检测出攻击并予以阻断，利用 IPS 可以实施深层防御安全策略。

二、入侵防护系统的工作原理

IPS 根据预先设定的安全策略，对流经的每个报文进行深度检测，如协议分析跟踪、特征匹配、流量统计分析、事件关联分析等。如果发现网络攻击隐藏于其中，则根据该攻击的威胁级别立即采取抵御措施，如向管理中心告警、丢弃该报文、切断此次应用会话、切断此次 TCP 连接等。

IPS 可以做到逐一字节地检查数据包，能够从数据流中检查出第 2 层～第 7 层中隐藏的攻击并加以阻止。

所有流进 IPS 的数据包都先被分类，分类的依据是数

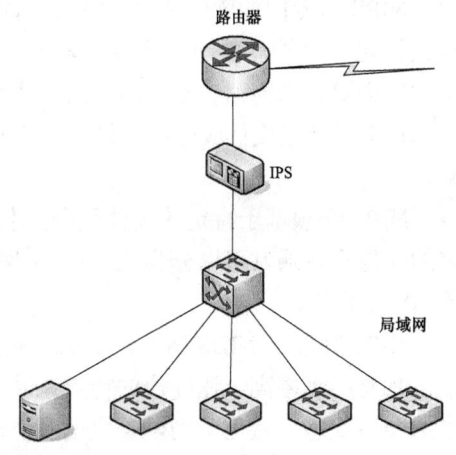

图 ZY3200606003-1　IPS 在网络中所处的位置

据包中的报头信息，如源 IP 地址和目的 IP 地址、端口号或应用层协议。分类后的数据包再经过过滤器进行处理。

IPS 中拥有数目众多的过滤器，对不同类型的数据包，IPS 使用不同的过滤器进行分析。通过过滤器分析的数据包被放行，包含恶意内容的数据包则会被丢弃，被怀疑的数据包需要接受进一步的检查。

每种过滤器都设有相应的过滤规则，为了确保准确性，这些规则的定义非常广泛。当新的攻击手段被发现之后，IPS 就会创建一个新的过滤器。

在高性能的 IPS 设备中，过滤器引擎采用了大规模并行处理硬件，可以确保数据包能够快速通过系统，不会对速度造成明显影响。

三、入侵防护系统的分类

1. 基于主机的入侵防护（HIPS）

HIPS 通过在需要保护的主机（服务器）上安装入侵防护软件构成 IPS，用来防止对本机操作系统和应用程序的攻击。HIPS 采用独特的服务器保护途径，利用由包过滤、状态包检测和实时入侵检测组成分层防护体系。这种体系能够在提供合理吞吐率的前提下，最大限度地保护服务器上的敏感内容，既可以以软件形式嵌入到应用程序对操作系统的调用当中，通过拦截针对操作系统的可疑调用，提供对主机的安全防护，也可以以更改操作系统内核程序的方式，提供比操作系统更加严谨的安全控制机制。

HIPS 根据自定义的安全策略以及分析学习机制，利用特征和行为规则检测来阻断对主机发起的恶意入侵。HIPS 可以阻断缓冲区溢出、改变登录口令、改写动态链接库以及其他试图从操作系统夺取控制权的入侵行为。HIPS 还能够防范未知攻击，防止针对 Web 页面、应用和资源的未授权的非法访问。常见的 HIPS 产品有 Cisco 公司的 Okena、NAI 公司的 McAfee Entercept、冠群金辰的龙渊服务器核心防护等。

HIPS 具有下列特点：

（1）软件直接安装在目标系统上，不但防护攻击行为，而且还能够阻止攻击目的的实现，如阻止程序写文件，阻止用户权限提升等。

（2）安装在可移动的主机上，可以保护该系统在离开带防护功能的网络时受到攻击。

（3）防范本地攻击。本地攻击通常通过物理访问某个系统，通过移动存储介质执行恶意程序，这些攻击通常都集中在提升用户权限，进而危害网络上的其他系统。

（4）提供最后的基本防护。

（5）防范同网段内的攻击或者误操作造成的损害。NIPS 防范跨网段之间的攻击，同网段内部的攻击只能由 HIPS 来处理。

（6）防范加密攻击。加密数据在主机系统解密后，HIPS 会进行数据和操作行为的检查。

2. 基于网络的入侵防护（NIPS）

NIPS 为专门的软件或硬件系统，直接串联接入要保护的网络（或网段）前端，通过检测流经的所有数据包，保护后面的网络免受攻击。由于它采用在线连接方式，所以一旦辨识出入侵行为，NIPS 就可以去除整个网络会话。同样由于实时在线，NIPS 需要具备很高的性能，以免成为网络的瓶颈，因此 NIPS 通常被设计成能够提供线速吞吐速率，使得合法的数据流经 IPS 设备时，不会被延迟或被丢弃。

NIPS 必须基于特定的硬件平台，才能实现千兆级网络流量的深度数据包检测和阻断功能。这种特定的硬件平台通常可以分为三类：① 网络处理器（网络芯片）；② 专用的 FPGA 编程芯片；③ 专用的 ASIC 芯片。

NIPS 吸取了 NIDS 所采用的成熟技术，包括特征匹配和协议分析等。特征匹配是最广泛应用的技术，具有准确率高、速度快的特点。基于状态的特征匹配不但检测攻击行为的特征，还要检查当前网络的会话状态，避免受到欺骗攻击。协议分析是一种较新的入侵检测技术，它充分利用网络协议的高度有序性，并结合高速数据包捕捉和协议分析，来快速检测某种攻击特征。

NIPS 具有下列特点：

（1）单个 NIPS 就能够保护整个网络（网段）内的所有设备，与 HIPS 相比更易于部署，允许企业能够根据网络体系结构的变化，提供灵活、快速扩展的安全解决方案。

（2）由于 NIPS 工作于网络层，与 HIPS 相比，监控威胁环境的视野相对广阔。

（3）能够对网络中所有类型的设备提供防护，包括各类主机、路由器、防火墙、VPN 集中器等。

（4）能够有效防护对于网络的 DOS、SYNC 等攻击。

3．应用入侵防护（AIP）

应用入侵防护（Application Intrusion Prevention，AIP）是将基于主机的入侵防护扩展成为位于应用服务器之前的网络信息安全设备，也可以看作是 NIPS 产品的一个特例。AIP 被设计成一种高性能的设备，配置在应用数据经过的网络链路上，以确保用户遵守设定好的安全策略，保护主机的安全。NIPS 工作在网络上，直接对数据包进行检测和阻断，与主机的操作系统平台无关。

四、入侵防护系统的应用

为了实现对入侵活动和攻击性网络流量进行拦截，需将 IPS 设备直接嵌入到网络流量经过的路径中，使所有来自外部的数据包都必须通过 IPS 设备。IPS 设备的一个网络端口接收来自外部系统的流量，经过检查确认其中不包含异常活动或可疑内容后，再通过另外一个端口将它传送到内部系统中。这样一来，有问题的数据包，以及所有这一数据流的后续数据包，都能在 IPS 设备中被清除掉。

在实际应用中可根据 IPS 和 IDS 技术的特点来综合考虑，制定出符合本企业网络安全目标要求的方案：

（1）作为完整的安全解决方案，应同时选择和部署 IPS 和 IDS 两类产品，在网络内部部署 IDS，在网络靠近边界的位置部署 IPS。

（2）若计划分步实施安全解决方案，可以考虑先部署 IDS 进行网络安全状况监测，后期再部署 IPS。

（3）若仅仅关注网络安全状况的监测，则可在网络中仅部署 IDS 即可。

五、常见的 IPS 产品简介

1．Cisco IPS/IDS 产品

Cisco 公司提供了较全面的 IPS/IDS 解决方案，在 Cisco 的网络设备操作系统 IOS 软件平台上，Cisco 提供了简单的 IPS 功能，用于基本的入侵过滤，并且 IPS 特性不会导致路由器性能下降。Cisco 还提供网络型 IPS/IDS 平台，如 Cisco IPS 4200 系列产品。在 Cisco PIX/ASA 系列防火墙中也可以配置 IPS/IDS 功能。

Cisco 在 IOS12.3（11）T 版本中的 IPS 支持 118 个攻击特征码，同时用户可以通过更新路由器上的 Flash 存储器中的文件来增加新的特征。

Cisco IDS 模块 IDSM-2（第二代）可以安装在 Catalyst 系列设备上，其 IDS 检测能力达到 500Mbit/s。

2．Symantec 端点保护软件中的 IPS

Symantec（赛门铁克）公司是全球著名的安全软件厂商，其最新版的网络防病毒软件的名称为 Symantec Endpoint Protection（简称 SEP），软件版本为 11.0。SEP11.0 提供了很强的威胁防护功能，可保护网络端点（笔记本电脑、台式计算机和服务器）不受已知威胁和未知威胁的攻击。SEP 不仅能防范和查杀计算机病毒、防范恶意软件（如木马、间谍软件和广告软件等），而且能为计算机（客户端）提供 IPS 功能。

IPS 根据攻击特征库对所有数据包进行分析检查，如果发现匹配项，则会自动舍弃数据包并中止相关的会话（连接），禁止恶意通信以及外部用户攻击计算机的企图。入侵防护引擎可以防范攻击者对本机的端口扫描和拒绝服务攻击，并可阻挡缓冲区溢出攻击。入侵检测引擎支持深度数据包检查，允许用户创建自定义特征。入侵防护还监控出站通信、防止蠕虫传播。入侵防护系统将检测到的攻击记录在安全日志中。

由于新的网络攻击模式会不断出现，安全软件厂商会不断提供 IPS 特征库，用户要随时更新特征库，才能有效防范新的攻击，更好地确保计算机的安全。

【思考与练习】

1. IPS 与 IDS 的功能有何不同？
2. IPS 通常分为哪几类？
3. Symantec 端点保护软件中的 IPS 功能的用途是什么？

第七部分

光缆基础

国家电网公司
生产技能人员职业能力培训专用教材

第三十六章　光　缆　概　述

模块 1　光缆的结构与材料 （ZY3200701001）

【模块描述】 本模块介绍了光缆结构的基本知识，包含光缆的典型结构和材料。通过要点介绍、图形示意，掌握光缆的典型结构及其特点。

【正文】

光缆是光纤通信系统的重要组成部分，是光信号传输的媒质，也是光纤通信网络传输性能稳定、可靠的基本保证。

一、光缆的构成及材料

光缆的结构类型决定光缆对外界机械和环境作用的适应程度。光缆一般由缆芯、加强件、护层和填充物等共同构成。

1. 缆芯

为了提高光纤的强度，一般将带有涂覆层的单根或多根光纤再上一层塑料管（称为套塑），套塑后光纤称为光纤纤芯线。将套塑后并满足一定机械强度要求的光纤芯线与不同形式的加强件和填充物组合在一起称为缆芯。

2. 加强件

加强件用于提高光缆在施工中的抗拉能力。光缆中的加强件一般采用镀锌钢丝、多股钢丝绳、带有紧套聚乙烯垫层的镀锌钢丝、芳纶丝和玻璃增强塑料等。

加强件在光缆中的位置有中心式、分布式和铠装式 3 种。一般位于光缆中心的，就称为中心式加强；处于缆芯外面并绕包一层塑料，以保证与光纤接触的表面光滑的，就称为分布式加强；位于缆芯绕包一周的，就称为铠装式加强。

3. 护层

护层是用来保护缆芯，使缆芯有效抵御一切外来的机械、物理、化学的作用，并能适应各种敷设方式和应用环境，保证光缆有足够的使用寿命。光缆护层分为外护层和护套。外护层从结构上看是一层由塑料或金属构成的外壳，位于光缆的最外面，故称之为外护层，起增强光缆保护作用。护套用来防止金属加强件与缆芯直接接触而造成损伤。护层材料主要有不同密度的聚乙烯护层材料、阻燃护层材料和复合材料 3 类。

4. 填充物

在光缆缆芯的空隙中注满填充物，其作用是保护光纤免受潮气和减少光纤的相互摩擦。用于填充的复合物应在 60℃ 以下不从光缆中流出，在光缆允许的低温下不使光缆弯曲特性恶化。填充物主要有填充油膏、热熔胶、聚酯带、阻水带和芳纶带等。

二、光缆的几种典型结构和特点

目前常用的光缆结构主要有四种形式（按光缆缆芯结构特点分类），即中心管式、层绞式、骨架式和叠带状式，如图 ZY3200701001-1 所示。

1. 中心管式光缆

光纤无扭绞地直放在光缆的中心位置，对光纤的保护来说，中心管式结构光缆最合理。加强构件可以是平行于中心管放置在外护套黑色聚乙烯中的两行高碳钢丝，或是螺旋绞绕在中心管上的多根低碳钢丝。这种结构的加强件同时起着护套的部分作用，有利于减轻光缆的重量。

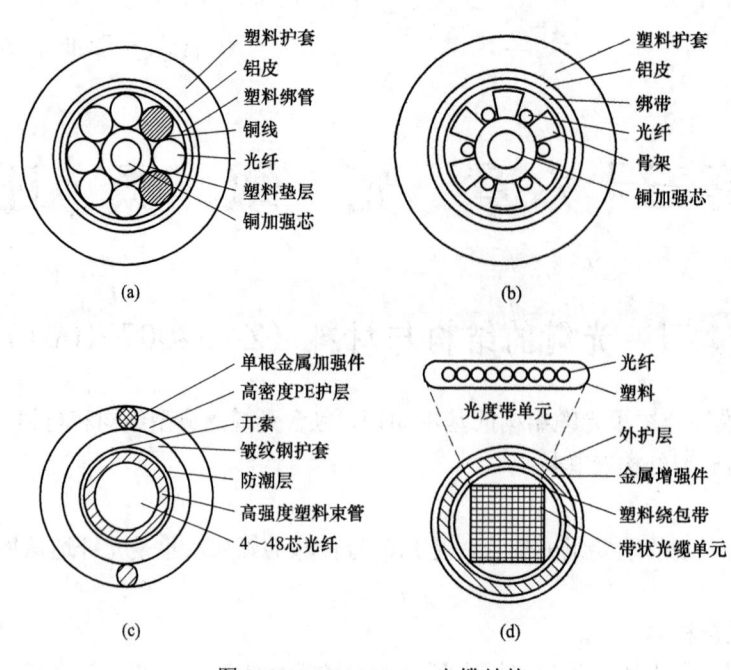

图 ZY3200701001-1　光缆结构

（a）层绞式；（b）骨架式；（c）中心管式；（d）叠带状式

2. 层绞式光缆

光纤螺旋绞合（以 S 绞合或以 Z 绞合）在中心加强构件上。这种结构的缆芯制造设备简单，工艺相当成熟，得到广泛应用。采用松套光纤的缆芯可以增强抗拉强度，改善温度特性。层绞式光缆与中心管式光缆相比，纤芯数多，缆中光纤余长易控制。

3. 骨架式光缆

把一次涂覆光纤或二次被覆紧套光纤放入骨架槽中构成的光缆称为骨架式光缆。骨架材料用低密度聚乙烯，加强芯采用多股细钢丝或增强型塑料，这种结构的缆芯抗侧压力性能好，有利于对光纤的保护。骨架式光缆的纤芯数最多为 12 芯。

4. 叠带状式光缆

光纤带是黏合线性排列组合的光纤，一般每个光纤带可由 2、4、6、8、10、12 根或 24 根光纤组成。带状式缆芯有利于制造容纳几百根光纤的高密度光缆，这种光缆已广泛应用于接入网。

光缆的种类很多，除了以上介绍的几种典型结构外，还有很多因特殊场合、环境下使用的特殊结构的光缆。特种光缆常见的有：电力系统使用的光纤复合架空地线复合（OPGW）光缆，全介质自承式（ADSS）光缆，光纤复合相线（OPPC）光缆，跨越海洋的海底光缆，易燃易爆环境使用的阻燃光缆以及各种不同条件下使用的军用光缆等。

三、电力光缆简介

电力光缆是指用于高压电力通信系统的光缆以及铁路通信网络的光电综合光缆。光纤对电磁干扰不敏感，使得架空光缆成为电力系统和铁路通信、控制和测量信号的一种理想的传输介质。电力光缆常用的有 ADSS 光缆和 OPGW 光缆。

1. 全介质自承式（ADSS）光缆

ADSS 光缆采用全介质结构，减小了安装时的危险，而且防止了在与相线接触情况下的短路。

典型的 ADSS 光缆的横截面如图 ZY3200701001-2 所示。其结构可分为中心管束式或层绞式两种。光纤以特定的大余长插入管内。因此，如果光缆受到额定拉力负载作用，光纤不会受到任何应力作用。为防止水渗透和迁移，管内注入阻水纤油膏。绕缆芯缠绕的芳纶纱提供给光缆所需的抗拉强度。

ADSS 光缆敷设在工作电压为大于等于 12kV 的高压电力输电线上时，光缆外护层应选用一种耐电痕和自熄灭的特殊聚乙烯护套料组成。芳纶纱应用中性离子生成的液体去吸收电容性电流和消除来自外护层的任何应力。ADSS 光缆敷设在工作电压低于 12kV 电力线上的情况下，护层材料可以是普通聚乙烯护套料。

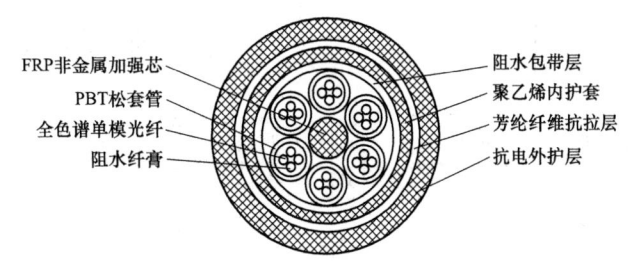

FRP非金属加强芯
PBT松套管
全色谱单模光纤
阻水纤膏

阻水包带层
聚乙烯内护套
芳纶纤维抗拉层
抗电外护层

图 ZY3200701001-2 ADSS 光缆截面图

2. 光纤复合地线（OPGW）光缆

OPGW 光缆替代传统的架空地线和通信光缆，即它集地线和通信两个功能于一体。

OPGW 光缆分两种基本结构：光纤即可置于中心管束内，也可放入绞合的多纤金属管内。成束的光纤放入中心管内，铠装既可由双层铝合金线或铝包钢线构成，也可由单层组合金属线构成。光纤是在绞合的多纤金属管时，这些金属可取代内层的一根或多跟铠装线如图 ZY3200701001-3 所示。

典型的双铠装层光缆缆芯是由一根塑料管或一根金属（优质钢）多纤管组成。铠装的内层通常是由镀锌钢丝或铝包钢线（AW–铝包，铝焊）组成。铝合金线（AY）通常构成铠装的外层。铝合金是铝、镁、硅组成的高纯合金，他的抗拉强度是纯铝的两倍。

根据光纤数的多少，塑料管的直径变化范围为 3.5～8mm，而金属管直径可达 6mm。

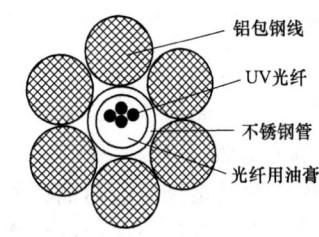

铝包钢线
UV光纤
不锈钢管
光纤用油膏

图 ZY3200701001-3 OPGW 光缆结构示意图

OPGW 光缆的基本设计准则是防止光线受到任何残余应变。因此，铠装线的横截面、质量和两种类型铝合金线的横截面关系由抗拉强度和载流性能确定。即使是在狂风和冰凌的条件下，以螺旋形式排列的光纤也不应受到任何应力作用。典型的光纤余长为 0.5%。

为消除短路情况下的负荷，所有的结构部件都应兼容。因此，外铠装层主要有优良的导体铝合金线构成。按这种方式组合可确保内铠装层的温度尽可能的低，以使得中心管的塑料物质（管材料、阻水纤用油膏、聚合物缓冲层）免遭破坏。

【思考与练习】

1. 光缆一般由哪几部分组成？

2. 护层的作用是什么？

3. 电力光缆有哪些种类？各有什么特点？

模块 2 光缆的主要特性（ZY3200701002）

【模块描述】本模块介绍了光缆的特性知识，包含光缆的损耗特性、机械特性、环境特性。通过图表分析、特性讲解，掌握光缆的主要性能。

【正文】

光缆的主要特性有传输特性（主要是损耗特性）、机械特性和环境特性。光缆的传输特性主要由光纤决定，环境特性对光纤的传输也产生一定的影响，机械特性和环境特性决定光缆的使用寿命。下面对光缆的主要特性逐个进行介绍。

一、光缆的损耗特性

影响光纤损耗特性的主要原因有以下几方面：温度变化对损耗的影响；成缆过程中以及光缆敷设时，侧压力对损耗的影响；成缆过程中、光缆敷设后及光缆接续时光纤余长盘放弯曲对损耗的影响；

成缆过程中及光缆敷设后，光纤应变对损耗和寿命的影响。引起光缆损耗增加的主要原因如图 ZY3200701002-1 所示。

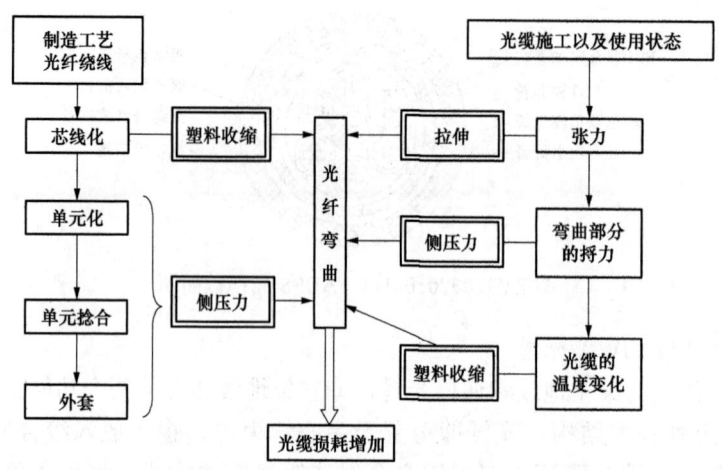

图 ZY3200701002-1　引起光缆损耗增加的主要原因

二、光缆的机械特性

光缆在制造、运输、施工、使用、运行过程中可能会受到各种外机械力的作用，光缆在外机械力作用下，可能会使传输性能发生变化，使用寿命缩短，严重时甚至发生断纤的情况。因此，光缆的机械特性是光缆产品质量的重要技术指标。

1. 抗弯曲性

抗弯曲性是指光缆的弯曲特性。抗弯曲性一般包括光缆的弯曲、反复弯曲和扭转。当光缆在施工和运行过程中，受外力作用产生弯曲时，缆内光纤的传输损耗要发生变化。光纤的弯曲损耗是光纤整体损耗的重要组成部分，在一定范围内的光缆弯曲不会影响到缆内光纤的损耗；当光缆弯曲特性较差时，光缆弯曲就会使光纤损耗增加，严重时可能损伤缆内光纤。

2. 抗拉力

抗拉力是指光缆纵向所能承受的拉力。在光缆的施工过程中，为布放光缆，要在光缆端头施加一纵向拉力，当拉力在规定范围内时，光缆传输特性不受影响；当超出规定值时，光缆可能会出现断裂（护层和加强件），损伤内部的光纤。

3. 抗压性

抗压性是指光缆能够承受的侧压力。在规定范围时，光缆承受的侧压力不会使光纤的传输性能发生变化；当侧压力超过规定值时，可导致光缆内的光纤损耗增加，传输性能变差，甚至通信中断。

4. 抗冲击性

抗冲击性一般包括抗冲击、枪击和瞬间负荷增加。抗冲击和瞬间负荷增加是指光缆在极短时间内受一定载荷的冲击后，光缆护套和缆内光纤损耗的变化情况；抗枪击是指光缆在一定距离内承受铅弹射击的性能，因此光缆护套应能为光纤提够足够的保护以保证光纤的传输性能。

5. 耐磨性

耐磨特性主要是指光缆护套和标识的耐磨损性。在光缆的施工过程中，可能会出现护套磨损，当磨损超出一定范围后，光缆护层就不能起到保护作用。

光缆的机械特性及检验方法如表 ZY3200701002-1 所示。

表 ZY3200701002-1　　　　　　　　光缆机械特性及检验方法

适用特性		检验方法	测试项目	光缆现象
抗弯曲性	抗弯曲	弯曲		外护套是否弯曲、光纤是否断裂
	反复弯曲	反复弯曲	衰减变化	外护套是否开裂
	抗扭转	扭转	衰减变化	外护套是否开裂

续表

适用特性		检验方法	测试项目	光缆现象
抗拉力	抗拉	拉伸	衰减、强度变化	外护套是否开裂
抗压性	抗压	压扁	衰减变化	外护套是否开裂
抗冲击性	抗冲击	冲击	衰减变化	外护套是否开裂
	抗枪击	枪击		外护套弹着点数
	瞬间负荷	钩挂	衰减变化	外护套是否开裂
耐磨性	耐磨	磨损		外护套、标识是否磨损

三、光缆的环境特性

光缆的环境特性包括光缆的温度特性、阻燃特性、阻水性和护层完整性。

1. 温度特性

光缆的温度特性包括光纤的温度特性和缆内其他材料的温度特性两部分，其中光纤的温度特性是决定光缆传输质量的主要因素。

光纤的温度特性主要由光纤材料决定的。目前所用光纤多用石英系光纤，而涂覆层多采用塑料（或有机树脂），当温度变化1℃时，石英光纤和塑料涂层的长度变化量相差将近千倍。温度变化时因为两者收缩系数不同，光纤受力弯曲就会产生弯曲损耗，当损耗值达到一定值时，通信系统将因此中断。光缆损耗增量与温度变化的关系曲线如图 ZY3200701002-2 所示。

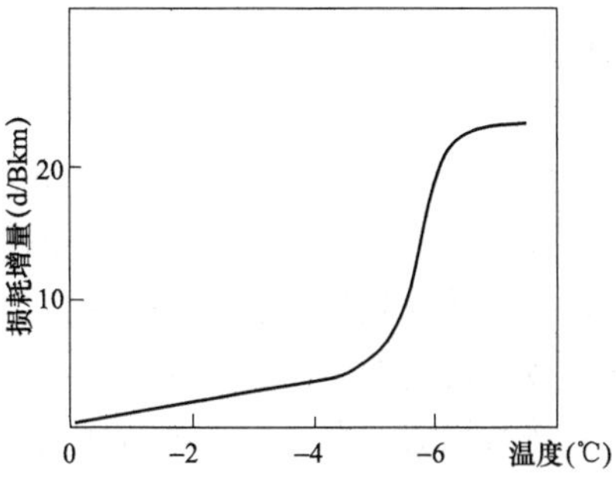

缆内其他材料的温度特性主要是指光缆护层、金属加强件、松套管、光缆内护层和缆内油膏的温度特性，这些材料在温度变化时会产生特性变化，从而影响对光纤的保护功能，增大光纤传输损耗，降低通信质量。

图 ZY3200701002-2　光缆损耗增量与温度变化的关系

2. 阻燃特性

阻燃特性是指光缆在遭受火焰燃烧时，残焰自行熄灭的时间和光缆在火焰中燃烧一定时间内仍能正常保证通信的时间性能。可从垂直燃烧、水平燃烧、倾斜燃烧和成束燃烧4个方面对光缆的阻燃特性进行检验。

3. 阻水性

阻水性是指光缆内部填充的石油膏阻止外部水分进入光缆的性能。阻水性又分为光缆的渗水性和滴流性两个特性。

渗水性是指开放的光缆端头（填充型）纵向阻水渗漏性能。光缆内填充石油膏的目的是防止水的侵入，如果不能阻止水的侵入，石油膏就失去了它应有的性能。

滴流性是指光缆内填充的石油膏随温度变化而滴流的特性。光缆内填充的石油膏在规定温度下应为凝固状，不能滴流，只有这样才能防止水的侵入。反之，如果光缆内石油膏在规定温度下产生滴流时，将不能阻止水的侵入，也起不到防水的作用。

4. 护层完整性

光缆护层完整性是指光缆外护套有无小孔和连接不密封现象。如光缆护层有沙眼或密封不严，外界水分就会浸入光缆内部，使光纤传输损耗增大，通信质量降低直至通信中断。检验光缆护层完整性可采用充气法和电火花击穿法。

光缆环境特性及检验方法见表 ZY3200701002-2。

表 ZY3200701002-2　　　　　　　　光缆环境特性及检验方法

适用特性		检验方法	测试项目	光缆现象
温度特性	温度特性	温度循环	衰减变化	衰减是否超标
阻燃特性	阻燃特性	火焰燃烧	烧损长度	试样碳化长度

续表

适 用 特 性		检 验 方 法	测 试 项 目	光 缆 现 象
阻水性	渗水性	阻水	渗水	是否渗水
	滴流性	油膏耐温	油膏	是否滴流
护层完整性	护层完整性	护套完整	加压、电击等	是否泄露和击穿

【思考与练习】

1. 光缆主要有哪些特性？
2. 引起光缆损耗增加的主要原因是什么？

模块 3　光缆的分类与选用（ZY3200701003）

【模块描述】 本模块介绍了光缆的分类和选用知识，包含光缆的分类方法、多种型号规格和光缆选择要点。通过要点介绍、代号释义，掌握正确识别和选择光缆的基本知识。

【正文】

一、光缆的分类

光缆的种类很多，一般可根据光缆结构、敷设方式、特殊使用环境等方法进行划分。以下介绍常见的几种分类：

（1）按光纤传输模式分：分为单模光缆、多模光缆（阶跃型多模光缆、渐变型光纤多模光缆）。

（2）按缆芯结构分：分为层绞式光缆、骨架式光缆、中心束管式光缆和叠带状光缆。

（3）按光纤芯数分：分为单芯光缆和多芯光缆。

（4）按外护套结构分：分为无铠装光缆、钢带铠装光缆和钢丝铠装光缆。

（5）按光缆材料有无金属分：分为有金属光缆和无金属光缆。

（6）按敷设方式分：分为架空光缆、管道光缆、直埋光缆和水底光缆。

（7）按使用环境分：分为室外光缆、室内光缆和特种光缆。

二、光缆的型号与规格

光缆种类较多，具体型号与规格也多，根据 YD/T 98—2000《光缆型号命名方法》的规定，光缆型号由光缆的型式代号和光纤的规格代号两部分组成。

（一）光缆的型式代号

光缆的型式代号由五个部分构成，如图 ZY3200701003-1 所示。

分类	加强构件	派生特性（形状特性）	护层	外护层

图 ZY3200701003-1　光缆的型式代号构成

1. 分类代号及其意义

（1）GY——通信用野外光缆；
（2）GJ——通信用局内用光缆；
（3）GS——通信用设备内用光缆；
（4）GR——通信用软光缆；
（5）GW——通信用无金属光缆；
（6）GM——通信用移动式光缆；
（7）GH——通信用海底光缆；
（8）GT——通信用特殊光缆。

2. 加强构件代号及其意义

（1）无符号——金属加强构件；
（2）F——非金属加强构件；
（3）G——金属重型加强构件；
（4）H——非金属重型加强构件。

3. 派生特征的代号及意义

（1）B——扁平式结构；
（2）C——自承式结构；
（3）D——带状结构；
（4）G——骨架槽结构；
（5）T——填充式结构；
（6）X——中心束管结构；
（7）Z——阻燃结构。

注：兼有不同派生时，应都写上，但按字母顺序并列。

4. 护层代号及其意义

（1）Y——聚乙烯护层；　　　　　　　　　（5）G——钢护套；

（2）V——聚氯乙烯护层；　　　　　　　　（6）Q——铅护套；

（3）U——聚氨酯护层；　　　　　　　　　（7）L——铝护套；

（4）A——铅—聚乙烯粘接护层；　　　　　（8）S——钢—铝聚乙烯综合护套。

5. 外护层代号及其意义

外护层是指铠装层及外边的外被层，外护层的代号及其意义如表 ZY3200701003-1 所示。

表 ZY3200701003-1　　　　　　　　　　外护层的代号及其意义

代　号	铠装层（方式）	代　号	外被层（材料）
0	无	0	无
1	—	1	纤维层
2	双钢带	2	聚氯乙烯套
3	细圆钢丝	3	聚乙烯
4	粗圆钢丝	4	聚乙烯套加覆尼龙套
5	单钢带皱纹纵包	5	聚乙烯保护管
33	双细圆钢丝	—	—
44	双粗圆钢丝	—	—

（二）光纤的规格代号构成

光纤规格由纤数、类别、尺寸、工作波长、衰减常数、带宽、适应温度几部分构成，均用相应代码表示。相邻各部分的代号都是数字时，用乘号把它隔开，按图 ZY3200701003-2 所示的顺序排列。

纤数	类别	尺寸	工作波长	衰减常数α	带宽	适应温度

IV

图 ZY3200701003-2　光纤的规格代号构成

1. 纤数

用光缆中同一类别光纤的实际芯数字表示。

2. 类别

光纤类别代号及意义如下：

（1）J——SiO_2 系列多模 GI 光纤；　　　（4）D——SiO_2 系列单模光纤；

（2）T——SiO_2 系列多模 SI 光纤；　　　（5）X——SiO_2 纤芯、塑料包层光纤；

（3）Z——SiO_2 系列多模准突变型光纤；　（6）S——全塑光纤。

3. 尺寸

（1）对于多模光纤用数字表示纤芯/包层的直径，如 50/125，单位为 μm；

（2）单模光纤的尺寸用模场直径或包层直径的 μm 数表示。

4. 传输特性代号

由工作波长、衰减常数 α、带宽三部分组成，分别用 a、bb 及 cc 三组数字表示。数字外用圆括号同其他代号分开。其含义及用法如下所述。

（1）α 代表工作波长，用数字表示。

$\alpha=1$ 时，表示使用波长在 $0.85\mu m$ 区域；

$\alpha=2$ 时，表示使用波长在 $1.3\mu m$ 区域；

$\alpha=3$ 时，表示使用波长在 $1.55\mu m$ 区域。

（2）bb 代表衰减常数α，用 2 位数字顺序表示α的个位及小数后第一位数值，如α=3.0（dB/km）用 30 表示；α=0.5（dB/km），用 05 表示；α=0.4（dB/km），用 04 表示等。

（3）cc 代表模式带宽，用数字顺序表示，单位为（MHz·km）。单模光纤无此项。

注：对双窗口光纤，同时列出各个波长的衰减常数及带宽值，两串数字间用符号"/"隔开。

5. 适用温度代号

用英文字母表示：

A 表示适用用范围为–40～40（℃）；

B 表示适用用范围为–30～50（℃）；

C 表示适用用范围为–20～60（℃）；

D 表示适用用范围为–5～60（℃）。

三、光缆的选择要点

在光缆线路设计和施工中可从以下几点考虑选择适用的光缆：

（1）在建设光缆线路时应充分考虑沿途多方面的通信需要，结合近期效益和长远规划、扩容的可能性，综合考虑选择光缆芯数，在光缆投资因芯数影响不大时，可适当多配置余量。

（2）根据目前电力系统使用光缆的情况，在新建的 220kV 及以上输电线路上应优先选用 OPGW 光缆；在 220kV 及以下线路上承挂光缆时，可采用抗电腐蚀的 ADSS 光缆；35kV 及以下线路因地制宜地使用 OPPC、普通光缆、ADSS 等光缆，城区光缆可采用地埋（管道）普通非金属光缆。

【思考与练习】

1. 光缆有哪些分类？

2. 光缆的型式代号中派生特征的代号及意义是什么？

3. 光纤的规格代号是如何构成的？

4. 在光缆线路设计和施工中应如何选择光缆？

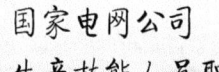
第三十七章　光缆线路的防护

模块 1　光缆线路的防强电（ZY3200702001）

【模块描述】 本模块介绍了光缆线路强电的影响和防护，包含强电对光缆线路的影响分析和具体防护措施。通过要点介绍，掌握光缆线路的防强电的基本知识和防护办法。

【正文】

光缆中的光纤是非金属材料，不受强电影响，而有金属护套、金属加强芯的光缆必须要考虑强电防护问题。

一、强电对光缆线路的影响

1. 强电对于有金属构件的光缆线路的影响

（1）强电线路发生接地短路故障时，在光缆金属构件上产生纵电动势，击穿光缆绝缘介质而发生的瞬间危险影响。

（2）在正常工作情况下，不对称运行的强电线路在光缆金属构件上产生的纵电动势，超过人身安全电压的允许值而发生的经常性危险影响。

（3）在工作状态下，不对称运行的强电线路在光缆中的铜芯线上产生的纵电动势或感应电流，对铜线回路（主要是远供回路）产生的干扰超过规定值，即是强电的干扰影响。

2. 强电危险影响的允许值

（1）对于无金属芯的光缆线路，主要由光缆最外层金属护套对地绝缘强度决定。光缆外护套（PE）的厚度一般不小于 2mm，其工频绝缘强度一般不小于 20 000V，光缆中继段 PE 层的直流试验电压，亦为此值。按 CCITT 规定，光缆金属护套上的瞬间危险影响纵电动势允许值，应不超过直流试验电压的 60%，即 12 000V。光缆金属构件上的经常危险影响纵电动势允许值，不得超过人身安全电压。

（2）对于有金属芯的光缆线路，其金属芯上经常性危险的纵电动势允许值为 60V。瞬间危险影响的纵电动势允许值，为金属芯之间、金属芯与外护套之间直流试验电压的 60%。

二、防护措施

光缆线路对强电影响的防护，主要是看光缆内有无金属构件，更重要的是要看有无铜线。目前，电力系统常用的为无铜线光缆，无铜线光缆的防护措施如下：

（1）光缆的金属护层和金属加强芯在接头处相邻光缆间不做电气连通以减小强电影响的积累段长度。

（2）在接近交流电气化铁路的地段，当进行光缆施工或检修时，应将光缆的金属护套与加强芯作临时接地处理，以保证人身安全。

（3）通过地电位升高区域（如电厂、变电站地网）时，光缆的金属护套与加强芯等金属构件不做接地处理，防止高电位引入光缆。

（4）增加光缆 PE 外层厚度，以提高光缆护套的绝缘和耐压强度。

（5）在目前电力系统光缆线路设计中，光缆设计选型时大多考虑选用非金属无铜线光缆，这样可大大减低强电对光缆的影响。

【思考与练习】

1. 强电对光缆线路有哪些影响？
2. 无铜线光缆应采取什么防护措施？

模块 2　光缆线路的防雷 （ZY3200702002）

【模块描述】 本模块介绍了光缆线路的防雷，包含不同情况条件下雷电对光缆线路的影响分析和具体防护措施。通过要点讲解、图形示意，掌握光缆线路防雷的基本知识和防护办法。

【正文】

光缆良好的防护性能使它的防雷工作不像同轴电缆和明线电路那样明显，因而在光缆线路迅速发展的过程中，安全接地往往被误解，甚至被遗忘。随着光缆的大量采用，近几年光缆线路遭雷击的情况时有发生，其中最易受雷击的是直埋线路。下面就雷电对光缆线路的影响及防护措施进行介绍。

一、雷电对光缆线路的影响

雷击大地时产生的电弧，会将位于电弧内的光缆烧坏，引起结构变形、光纤碎断以及损坏光缆内的铜线。落雷地点产生的"喇叭口"状地电位升高区，会使光缆的塑料外护套发生针孔击穿，土壤中的潮气和水将通过该针孔侵袭光缆的金属护套或铠装，从而产生腐蚀，使光缆的寿命缩短。此外，入地的雷电流还会通过雷击针孔或光缆的接地，流过光缆的金属护套或铠装，可能导致光缆内铜线绝缘的击穿。有铜线光缆通信线路受雷电的危害，与具有塑料外护套的电缆通信线路相似；无铜线光缆通信线路受雷电的危害，除直接雷击外，则主要是雷击针孔影响。雷击针孔虽不至于立即阻断光缆通信，但对光缆通信线路所造成的潜在危害仍不容忽视。

二、光缆易受雷击的地段

1. 土壤电阻率与雷电的关系

在土壤电阻率突变地区，光缆易遭雷击，即光缆从土壤电阻率普遍比较大的地区进入土壤电阻率小的地区时易遭雷击；当大地遭雷击后，在土壤电阻率大的地方光缆也易发生雷击故障。

（1）一般在土壤电阻率相差较大，大地表层 2m 深的土壤电阻率比下层 10m 深的小 5 倍以上时，应采取防雷措施。

（2）在土壤电阻率普遍大的地区（$\rho > 500\Omega \cdot m$），如有个别地段土壤电阻率较小时（$\rho > 100\Omega \cdot m$），则该电阻率小的地段要采取防雷措施。

2. 光缆与高耸物的关系

光缆与单棵大树、弱电线路、3kV 以下电力线路电杆（或它们拉线）及高耸建筑物（或它们的保护地线）隔离不够时易遭雷击，应采取防雷措施。不同土壤电阻率时光缆与有关高耸物的隔距要求如表 ZY3200702002-1 所示。

表 ZY3200702002-1　　　不同土壤电阻率时光缆与有关高耸物的隔距要求

土壤电阻率ρ（$\Omega \cdot m$）	光缆与单棵大树隔距（m）	光缆与弱电、3kV 以下电力线路及高建筑物隔距（m）	土壤电阻率ρ（$\Omega \cdot m$）	光缆与单棵大树隔距（m）	光缆与弱电、3kV 以下电力线路及高建筑物隔距（m）
100 及以下	15	10	500 以上	25	20
101～500	20	15			

三、光缆线路的防雷

（一）防雷措施

光缆的防雷措施一般有两种：一种是在光缆线路上采取外加防雷措施；另一种是选择有防雷措施的光缆。

1. 敷放排流线防雷

目前我国大都采用 7×2.2mm 镀锌钢绞线或 ϕ6mm 镀锌钢线作防雷线。对于土壤电阻率大于 100Ω·m 的地段应敷设单条排流线；电阻率小于 100Ω·m 或有铜导线光缆的地段应敷设双条排流线。敷设方法如图 ZY3200702002-1 所示。

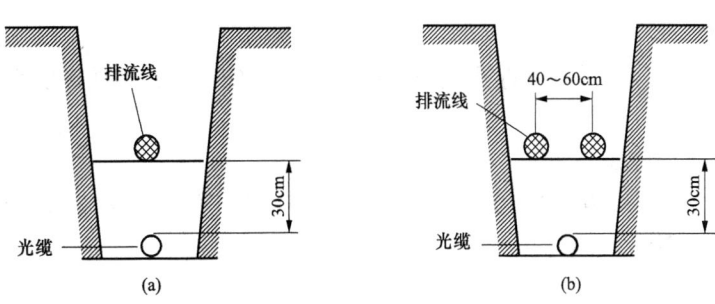

图 ZY3200702002-1　排流线敷设示意图

（a）单条排流线敷设；（b）双条排流线敷设

敷设方法同前，单条排流线的两端及中间每隔 200m 装设接地装置，将排流线通过接地装置入地，并要求接地装置离开光缆 15m 以上。其接地电阻要求如表 ZY3200702002-2 所示。

表 ZY3200702002-2　　　　　　　　　防雷排流线接地电阻要求

土壤电阻率（Ω·m）	中间接地电阻（Ω）	两端接地电阻（Ω）	土壤电阻率（Ω·m）	中间接地电阻（Ω）	两端接地电阻（Ω）
100 以上	不大于 10	不大于 5	100 及以下	不大于 20	不大于 10

2. 消弧线

当直埋光缆与单棵大树、电杆、高耸建筑物、矿泉、地下水出口处的隔距不满足表 ZY3200702002-1 要求时，可采取消弧线方法保护光缆。方法是：在防雷目标与光缆之间用两根金属线做成半圆弧形，围上光缆目标。其中一根金属线埋深与光缆相同，另一根为光缆埋深的一半。两根金属线均需焊接在接地装置上。接地装置应远离光缆 15m 以上，接地电阻一般要求为 5Ω，当土壤电阻率大于 100Ω·m 时，接地电阻要求为 10Ω。当消弧线与光缆的隔距不足 5m 时，消弧线起不到保护作用，光缆应绕道敷设。

3. 系统接地或对地电位悬浮式接续

对于有金属护套、金属芯线的光缆，为了防雷需要，在直埋光缆接头处可用三种连接方法：

（1）在光缆接头处两端及光缆的终端，金属护套及金属加强芯在电气上都连接起来，并作系统接地，这样有利于光缆中的感应雷电流迅速入地。这方法使用接地装置多，维护工作量大。

（2）光缆接头处两端的金属护套及金属加强芯，在电气上互不连接，但在接头的一端（A 端或 B 端），金属护套与金属加强芯在电气上互相连接并做接地处理，可避免雷电流感应在光缆中积累，也可将感应雷电流迅速入地。但这样做仍需较多接地装置。

（3）光缆接头处两端及光缆终端，金属护套和金属加强芯在电气上互相绝缘，且不接地，对地均呈绝缘状态，可避免光缆中感应雷电流的积累，也可避免由于防雷排流线和光缆金属构件对地回路阻抗差异而导致地中雷电流由接地装置引入光缆。在强电流危险影响地段，还可避免磁感应纵电动势在光缆中长距离积累及地电流所构成的危险影响。这种方法更适用于无金属芯的金属护套光缆。

上述（1）、（2）两种方法都是通过接地装置入地连接，接地装置应离开光缆 15m 以上。光缆与接地装置用 16mm² 的绝缘铜绞线连接，各连接部位都应焊接牢固，接地装置的接地电阻应符合要求。方法（3）可减少接地装置、工程费用和维护工作量。

4. 架空防雷地线

埋式光缆线路在雷击严重地区可采取架空防雷地线。具体做法是：在距光缆 3～5m 用木杆平行设两条 φ4.0 镀锌铁线，在中间每隔 150～200m 接地，并且两端均接地，接地装置应离光缆 15m 以上。接地装置接地电阻要求：当土壤电阻率在 100Ω·m 及以下时，中间接地装置的接地电阻为 20Ω，两端接地装置的接地电阻为 10Ω；当土壤电阻率在 100Ω·m 以上时，中间接地电阻为 40Ω，两端接地电阻为 20Ω。

另外，在个别雷击重点区，可采取避雷针装置进行防雷。

5. 光缆结构选型上防雷

在光缆选型时，应尽量采用无金属光缆或无金属芯光缆，或采用加厚 PE 层的光缆。

6. 架空光缆防雷

架空光缆线路的防雷除了采取直埋式光缆线路的防雷措施（不包括敷设防雷排流线）外，还可以采用下列防护措施：

（1）将光缆吊线间隔接地。

（2）对雷害特别严重或屡遭雷击地段的架空光缆杆路上装设架空地线。架空地线采用 4.0mm 镀锌铁线架设在高出电杆端 30～60cm 的位置上。

（二）光缆防雷测试、维护

1. 光缆防雷测试

光缆防雷测试、维护，可与整个光缆线路运行维护紧密结合起来，要引起足够的重视。

（1）对光缆发生雷击故障及附近曾有落雷的地区，应分别测试光缆线路上 2m 和 10m 深的土壤电阻率。

（2）接地装置的接地电阻，每年至少测试一次，一般在雨季前进行测试，应符合要求，否则应予以改善。

2. 防雷设施的维护

（1）防雷设施的维护应根据土壤腐蚀情况，定期挖开检查光缆腐蚀程度，进行修复或更换。光缆监测标识内有接地线的，应检查接地是否良好。在检查防雷设施的同时测试接地装置接地电阻，应达到要求。

（2）为了掌握雷击光缆的规律，应做好资料收集工作。一方面要了解光缆敷放地区雷电分布情况；另一方面要对雷击故障作明细记录。雷击故障记录应记明故障时间、地点、光缆破坏情况、防雷装置情况、周围地形地物情况、天气情况等。根据具体分析作出防范措施，防止重复雷击故障产生。

【思考与练习】

1. 雷电对光缆线路有什么影响？
2. 光缆线路防雷措施有哪些？

模块 3　光缆线路的防电化学腐蚀（ZY3200702003）

【模块描述】本模块介绍了光缆线路的防电化学腐蚀。通过原因分析、措施介绍，掌握光缆线路防电化学腐蚀的基本知识和防护办法。

【正文】

光缆线路的电化学腐蚀是指因外界化学、电化学等的作用使光缆护层的金属遭到损坏的现象。

本模块着重介绍电力系统常用的全介质自承式光缆（ADSS 光缆）线路的防电化学腐蚀的基本知识。

近年来，随着我国电力网建设的迅猛发展，ADSS 光缆在电力通信系统中得到了广泛的应用。ADSS 光缆与输电线路同塔并架，处于输电线路的强电场中，常常引起光缆护套的电腐蚀，影响 ADSS 光缆的安全性。

一、ADSS 光缆电化学腐蚀原因分析

ADSS 光缆虽然为全介质结构，但是由于 ADSS 光缆处于高压导线附近，周围空间存在强大电场，在光缆护套表面形成感应电压。当光缆表面受污染且又遇潮湿时，光缆表面形成一电阻层，在感应电压的作用下，通过光缆表面电阻向金具、铁塔产生接地电流，在该电流的作用下，光缆表面局部受热造成水分蒸发，到一定程度形成干燥带，阻碍了电流继续流动。当干燥带处的感应电场足够强，电流击穿周围的空气形成对地端的放电电弧，这样反复放电，放电电弧产生的热量使护套材料老化、烧焦形成炭化通道，出现腐蚀电痕。护套材料在电化学腐蚀的作用下，表面开始变得粗糙，失去憎水性，以后由于电化学腐蚀作用的加强，接着护套出现树状电痕，更严重时，材料机械物理性能遭到破坏或熔化成洞状，显露出光缆缆芯，在机械应力的作用下最终会导致光缆发生断裂。一般电化学腐蚀现象发生在线路场强分布变化最迅速处的光缆表面，即光缆铁塔挂设点附近。

电化学腐蚀的现象主要包括腐蚀、电痕和击穿三种基本模式。根据电化学腐蚀故障现象统计和分析，220kV 和 110kV 的单、双回线路，电场强度高的悬挂点，沿海盐碱严重地段，污秽等级较高地区采用普通 PVC 防振鞭防振的线路比较容易出现电化学腐蚀现象。

二、ADSS 光缆防电化学腐蚀措施

1. 采用防电晕环

在预绞丝末端安装防电晕环，可使金具末端场强分布均匀，消除在预绞丝和螺旋防振器末端因电晕放电引起的光缆电化学腐蚀。

2. 采用防振锤

采用防振锤不存在自身被腐蚀而导致光缆烧断的现象，也不存在光缆与防振锤之间的"内耗"现象，可解决螺旋防振器诱导光缆腐蚀的问题。

3. 采用防电化学腐蚀的涂料

防电化学腐蚀涂料是专门用于易发生或已发生电化学腐蚀光缆部位涂覆或金具末端防护涂覆与处理，是最实用和最经济的方法。在 ADSS 光缆预绞丝、螺旋防振器附近的外表喷涂防电化学腐蚀涂料，提高光缆的憎水性，增强光缆护套防电化学腐蚀的能力。

4. 降低光缆挂点

在保证 ADSS 光缆安全距离的情况下，最大限度地降低光缆挂点，也是防止电化学腐蚀现象是重要的安全措施之一。

另外，在 ADSS 光缆施工过程中应特别注意光缆不应在地面、铁塔等处拖曳摩擦。如光缆产生磨损，会使光缆表面因磨损变得粗糙，失去了憎水性。

【思考与练习】

1. 为什么 ADSS 光缆会产生电化学腐蚀？

2. ADSS 光缆主要有哪些防电化学腐蚀措施？

国家电网公司
生产技能人员职业能力培训专用教材

第三十八章 光缆线路施工与工程验收

模块 1 光缆线路施工特点和路由复测 （ZY3200703001）

【模块描述】本模块介绍了竣工技术文件的编制要求和内容，包含文件编制方法。通过要点介绍，掌握竣工技术文件编制和审查的基本知识。

【正文】

光缆线路的施工是保证光纤通信系统质量的重要环节。

一、光缆线路施工特点

1. 光缆的单盘长度较长

一般光缆的标准制造长度为 2km，有时光缆单盘长度可达 4km 甚至更长。大盘长可以减少接头数目，从而减少线路接续的工作量，节省接续材料；可以减少因光纤连接产生的附加衰减，延长系统的传输距离，提高光纤通信系统的可靠性。因此在实际工作中，应尽可能采用大长度的光缆盘长，施工时不要随意切断光缆，以免增加光缆接头。由于光缆制造长度较长，在敷设时应该考虑光缆的抗拉强度，并采用相应的牵引方法，特别是在地形复杂的情况下，其施工的难度较电缆线路大得多。

2. 光缆内的光纤抗张能力较小

光缆的芯线是非导体，弹性变形较小，当光纤承受的拉力超过它的抗拉极限时，就会断裂。为此在光缆的结构中增加了加强元件，光缆所需的抗张强度主要由加强构件来承担。在施工过程中，牵引力不能超过光缆允许的额定值，使光纤尽量不产生拉伸应变而致损伤。

3. 光缆直径较小，重量较轻

与电缆相比，光缆直径较小，重量更轻。由于其直径较小，故在地下管道的一个管孔中，通过预设子管可以同时敷设多条光缆；同时由于光缆重量较轻，在运输和施工中将比较省力，减小了施工的难度。

4. 光纤的连接技术要求较高，接续较复杂

光纤的接续需要在高温下将光纤端面熔融黏合在一起并保证实现较小的连接损耗，因而在连接时需用的机具就较为复杂和精密，而且接续的操作技术要求也较高。

二、光缆线路的路由复测基本原则和任务

（1）路由复测的基本原则是光缆线路的路由复测必须是以经过审批的施工图设计为依据。复测就是由施工单位核定并最后确定光缆线路路由的具体位置。

（2）路由复测的主要任务是：

1）按设计要求核对光缆路由走向、敷设方式、环境条件以及中继站址；

2）测量核定中继段间的地面距离等；

3）核定穿越铁路、公路、河流、水渠以及其他障碍物的技术措施及地段，并核定设计中各具体措施实施的可能性；

4）核定"三防"地段的长度、措施及实施可能性；

5）核定关于青苗、园林等赔补地段、范围以及对困难地段"绕行"的可能性；

6）初步确定光缆接头位置的环境距离；

7）核定、修改施工图设计；

8）为光缆配盘、光缆分屯及敷设提供必要的数据资料。

（3）路由等变更要求。在复测时，一般不得改变施工图纸设计文件所规定的路由走向、中继站址和光放大站位置等。当现场已发生了变化或其他原因，必须变更原选定的路由方案。需要进行较大范围变动时，应及时向工程主管部门反映，并由原设计部门核实后，编发设计变更通知书，对原设计进行修改。对于局部方案变动不大、不增加光缆长度和投资费用，也不涉及与其他部门的原则协议等情况下，可以适当变动，但必须是以使光缆路由位置更合理、安全，并便于光缆线路施工或有利于线路的维护为前提。施工单位必须做好变更登记，绘制新的图纸，作为竣工资料的依据。

在路由复测及路由变更时，为了保证光缆及其他设施的安全，要求光缆布放位置与其他设施、树木及建筑物等有一定的间隔距离。间隔距离应满足光缆线路设计、验收规范的规定。

三、路由复测的组织与作业方法

路由复测是线路施工单位的一项基本工作，也是线路施工的主要依据。因此，施工单位必须认真组织，依据设计资料，精心测量，为施工积累第一手资料。路由复测与工程设计中的路由查勘测量的方法相似。路由距离的测量应按地形起伏丈量（直线段三个标杆成一线；拐弯段先测角深再换算成角度）。

1. 路由复测的组织

通常路由复测由施工单位组织实施。复测小组成员包括施工、维护和建设单位的人员。复测工作应在配盘前进行。当配盘在设计阶段已经进行时，由于光缆生产厂家已按进货要求生产，因此路由复测时应重点考察接头地点的合理性。

路由复测小组人员安排和需要的工具见表 ZY3200703001-1 和表 ZY3200703001-2。

表 ZY3200703001-1　　　　　　路由复测小组人员安排

工作内容	技术人员（人）	普工（人）	工作内容	技术人员（人）	普工（人）
插大旗	1	2	绘图	1	1
看标	1		划线	2	1
打标桩	1	1	组织、配合	3	2
传送标杆、拉地链		2	合计	9	9

表 ZY3200703001-2　　　　　　路由复测小组所需基本工具

工具名称	单位	数量	工具名称	单位	数量
大标旗	面	3	接地电阻测试仪	套	1
标杆（2m、3m）	根	各3~4	口哨	只	2
地链（100m）	条	2	斧子	把	2
皮尺（50m）	盘	1~2	手锯	把	1
望远镜	架	1	手锤	把	1
经纬仪	架	1	铁铲	把	1
绘图板	块	1	红漆	瓶	若干
多用绘图尺	把	1~2	白石灰	公斤	若干
测远仪	架	1	木（竹）桩	片	若干
对讲机	部	3			

2. 路由复测的一般方法

（1）定向。根据工程施工图设计，在起始点、拐角点或设计路由明显标识位置插大标旗，以示出光缆路由的走向。在直线段大标旗之间的距离以测量人员能目测到为宜。此时，在大标旗中间应立几

模块 1

ZY3200703001

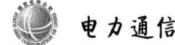

根标杆，执标杆人员应听从看标人员的指挥，移动标杆，通过调整各标杆使之与大标旗均在一直线上。

（2）测距。测距是路由复测中的关键性内容，一般采用 100m 或 50m 的皮尺或地链，与三根标杆配合进行。当 A、B 两杆间测完第一个 100m 后，B 杆不动，C 杆向前 100m 在测，原有 A 杆为第三个 100m 的末杆，以此类推。这样，执标杆人员可同时完成测距任务。如果条件许可，划线工作可同时进行。

（3）打标桩。光缆路由确定后，应在测量路由上打标桩，以便划线、挖沟和敷设光缆。一般每 100m 打一个记数桩，每 1km 打一个重点桩；穿越障碍物、拐角点亦打上标记桩。标桩上应标有长度标记。当复测的是架空敷设方式的杆路时，标桩直接打在杆位处，一般不再划线。为了便于复查和光缆敷设核对长度，标桩上应标有长度标记，如从中继站至某一标桩的距离为 9.547km，标桩上应写为"9+547"。标桩上标数字的一面应朝向公路一侧或前进方向的背面。

（4）划线。划线，即是用白灰粉或石灰顺地链（或绳索）在前后桩间拉紧化成直线。一般当路由复测确定后即可划线。划线工作一般可与路由复测同时进行。地形情况较简单时采用单线；复杂地形采用双线，双线间隔为 60cm。拐角点应化成弧线，弧线半径要求大于光缆的允许弯曲半径。

（5）绘图。核定复测的路由、中继站位置等与施工图有无变动。对于变动不大的，可利用施工图做部分修改；当变动较大时，应重新绘图。要求绘出光缆路由 50m 内的基本地形、地物和主要建筑物、道路及其他设施，绘出"三防"设施位置、保护措施、具体长度等；对于水底光缆，应标明光缆位置、长度、埋深、两岸登陆点、S 弯预留点、岸滩固定、保护方法、水线标志牌等，同时，还应标明河水流向、河床端面和土质。

（6）记录。路由复测时，现场应做好记录工作，以备配盘、施工和整理竣工资料时使用。需要记录的主要内容包括沿路由各测定点累计长度、中继站位置、沿线土质、河流、渠塘、公路、铁路、树林、经济作物范围、通信设施和沟坎加固等范围、长度和累计数量等。

这些记录资料是工作量统计、材料筹供、青苗赔偿等施工中重要环节的依据，因此应认真核对，以确保统计数据的正确性。

【思考与练习】
1. 光缆线路施工有哪些主要特点？
2. 光缆线路施工中路由复测的主要任务是什么？
3. 光缆线路路由复测的一般方法有哪些步骤？

模块 2　光缆线路工程随工验收（ZY3200703002）

【模块描述】本模块介绍了光缆线路施工的特点和路由复测的要求和方法。通过特点分析、原则任务介绍、组织和作业方法列举，了解光缆线路路由复测的重要性、必要性，并掌握其方法。

【正文】

在工程中有些施工项目在完成之后具有隐蔽的特征，对于这些隐蔽项目，习惯称为隐蔽工程。隐蔽工程必须随工验收。随工验收又称随工检验，光缆线路工程的随工验收项目及主要内容见表 ZY3200703002-1。

表 ZY3200703002-1　　　　光缆线路工程的随工验收项目及主要内容

序号	项目	主要内容
1	管道光缆	塑料子管规格；占用管孔位置；子管在人孔内留长及标志；子管敷设质量；子管堵头及子管口盖（塞子）的安装；光缆规格；光缆管孔位置；管口堵塞情况；光缆敷设质量；人孔内光缆走向、安装、托板的衬垫；预留光缆长度及盘放；光缆接续质量及接头安装、保护；人孔内光缆的保护措施等
2	埋式光缆	光缆规格；埋深及沟底处理；光缆接头坑的位置及规格；光缆敷设位置；敷设质量；预留长度及盘放质量；光缆接续及接头安装质量；保护设施的规格、质量；保护设施的安装质量；光缆与其他地下设施的间距；引上管、引上光缆设施质量；回土夯实质量；长途光缆保护层对地绝缘测试等
3	架空光缆	光缆的规格、程式；挂钩卡接的距离；光缆布防的质量；光缆接续的质量；光缆接头安装质量及保护；光缆引上规格、质量（包括地下部分）；预留光缆盘放质量及弯曲半径；光缆垂度；与其他设施的间隔及防护措施等

续表

序 号	项 目	主 要 内 容
4	OPGW	OPGW 光缆规格；光缆的放线、收线、安装质量；线路金具的规格及安装质量；垂度是否符合要求；是否安装接地引下线；接续箱安装及光缆盘放质量等
5	架空吊线	吊线规格；架设位置；装设规格；吊线终结及接续质量；吊线附属的辅助装置质量；吊线垂度
6	主杆	电杆的位置及洞深；电杆的垂直度；角杆的位置；杆根装置的规格、质量；杆洞的回土夯实；杆号等
7	拉线与撑杆	拉线程式、规格、质量；拉线方位与缠扎或夹固规格；地锚质量（埋深与制作）；地锚出土及位移；拉线坑回土；拉线、撑杆距、高比；撑杆规格、质量；撑杆与电杆结合部位规格、质量；电杆是否进根；撑杆洞回土等

在工程施工过程中，由建设单位委派工地代表随工检验，对质量检验合格的隐蔽工程，应签署《隐蔽工程检验合格证》。发现工程中的质量问题要随时提出，工程施工单位及时处理，以便再检验。隐蔽工程项目经检验合格并且签署《隐蔽工程检验合格证》后，在以后的验收中不再复验。

前面的内容主要对光缆随工验收的基本知识进行了简要的阐述。对于电力光缆线路的验收，还应依据 DL/T 5344—2006《电力光纤通信工程验收规范》中的相关内容执行。

【思考与练习】

1. 架空光缆随工验收有哪些主要内容？

模块 3 光缆线路工程初步验收（ZY3200703003）

【模块描述】本模块介绍了光缆线路工程的随工验收，包含不同光缆种类随工验收的项目和内容。通过列表介绍，掌握光缆线路工程随工验收的基本知识。

【正文】

初步验收，简称初验。一般大型工程将光纤通信工程分为线路和设备两个单项。光缆线路初步验收是对承建单位的线路部分施工质量进行全面系统的检查和评价，包括对工程设计质量的检查。对施工单位来说，初验合格就表明工程正式竣工。

一、光缆线路初验条件

光缆线路初验应具备的前提条件是：

（1）施工图设计中的工程量全部完成；

（2）隐蔽工程项目全部合格；

（3）中继段光电特性符合设计指标要求；

（4）竣工技术资料齐全；

（5）符合档案要求，并最迟于初验前一周送建设单位审验。

初验应在原定计划建设工期内进行，时间一般在完工后 3 个月内进行。

二、光缆工程初步验收的一般程序和内容

光缆工程初步验收由建设单位组织，工厂、设计、施工、维护、档案等单位参加。初验一般采取会议形式，其一般程序和内容是：

（1）成立工程验收领导小组，负责召开验收会议并完成验收工作；

（2）成立三个检验组：工艺组、测试组和档案组（又称资料组）；

（3）分组检查，并给出书面检查结果，分别就安装工艺项目、光缆传输性能、导线电特性、施工单位提供的竣工技术文件进行全面检查、测试、审查、评价，并提出书面意见；

（4）会议讨论：对各组检查情况进行讨论；

（5）审议通过初步验收报告。

初验报告的主要内容：① 初验工作的组织情况；② 初验时间、范围、方法和主要过程；③ 初验检查的质量指标与评定意见；④ 对实际的建设规模、生产能力、投资和建设工期的检查意见；⑤ 对工程竣工技术文件的检查意见；⑥ 存在问题的落实解决办法；⑦ 下一步安排运转、竣工验收意见。

工程通过初验合格，标志着施工阶段正式结束。

【思考与练习】

1. 光缆线路初步验收应具备哪些条件？

2. 初步验收报告主要有哪些内容？

模块4 光缆线路工程竣工验收（ZY3200703004）

【模块描述】本模块介绍了光缆线路工程的初步验收，包含初步验收条件、一般程序和内容。通过要点介绍，掌握光缆线路工程初步验收的基本知识。

【正文】

竣工验收是检验工程设计和施工质量以及工程建设管理的重要环节，也是工程建设的最后一个程序。

一、竣工验收应具备的条件

（1）光缆线路工程初验后，经规定时间的试运行（一般为2~6个月），各项技术性能符合规范、设计要求；

（2）生产、辅助生产、生活用建设等设施按设计要求已完成；

（3）技术文件、技术档案、竣工资料齐全、完整；

（4）维护主要仪表、工具、车辆和维护备件，已按设计要求配齐；

（5）生产、维护、管理人员数量和素质能适应投产初期的需要；

（6）引进项目满足合同书有关规定；

（7）工程竣工决算和工程决算的编制等资料准备就绪。

二、竣工验收的一般程序

1. 文件准备

根据工程性质、规模，报告人拟好会议上所需的报告，送验收组织部门审查打印；准备好所需的工程决算、竣工技术文件等资料。

2. 成立临时验收机构

成立验收委员会，下设工程技术组，技术组还可下设系统测试组、线路测试组和档案组。

3. 大会审议、现场检查

审查和讨论竣工材料、初步决算、初验报告以及工程技术组的测试技术报告；沿线检查线路安装工艺、路面质量等重要项目。

4. 讨论通过验收结论和竣工报告

竣工报告的内容主要有：

（1）建设依据；

（2）工程概况；

（3）初验与试运转情况；

（4）竣工决算概况；

（5）工程技术档案整理情况；

（6）经济技术分析；

（7）投产准备工作情况；

（8）收尾工作处理意见；

（9）对工程投产的初步意见；

（10）工程建设的经验教训、对今后工作的建议。

5. 颁发验收证书

给参加工程建设的主管部门、设计、施工、维护等各个单位或部门颁发验收证书。验收证书主要内容包括：

（1）对竣工报告的审查意见（重点说明实际的建设工期、生产能力及投资是否符合计划要求）；

（2）工程质量的评价；

（3）工程技术档案、竣工资料抽查结果的意见；

（4）初步决算审查的意见；

（5）关于工程投产准备的意见；

（6）工程总评价及投产意见。

三、光缆线路工程竣工验收的主要内容

1. 安装工艺

（1）管道光缆抽查的人孔数应不小于人孔数的 10%，检查光缆及接头的安装质量、保护措施、预留光缆的盘放以及管口堵塞、光缆及子管标志；

（2）架空光缆的抽查长度不小于 10%，沿线检查杆路与其他设施的间距（含垂直于水平）、光缆及接头的安装质量、预留光缆的盘放、与其他线路交越、靠近低端的防护措施；

（3）埋式光缆应全部沿线检查其路由及标石的位置、规格、数量、埋深以及面向；

（4）水底光缆应全部检查其路由，标志牌的规格、位置、数量、埋深、面向以及加固保护措施；

（5）局内光缆应全部检查光缆与进线室、传输室的路由，光缆的预留长度、盘放安置、保护措施及成端质量。

2. 光缆主要传输特性

（1）中继段光纤线路衰耗，竣工时应每根光纤都进行测试，验收时抽测应不少于光纤纤数的 25%；

（2）中继段光纤背向散射信号曲线，竣工时应每根光纤都检查，验收时抽测应不小于光纤纤数的 25%；

（3）多模光缆的带宽及单模光缆的色散验收测试应按工程要求确定；

（4）接头损耗的核实，应根据测试结果结合光纤衰减检验。

3. 铜导线电特性

（1）竣工时应对每对铜导线都进行直流电阻、不平衡电阻、绝缘电阻测试，验收时测试对数应不小于铜导线对数的 50%；

（2）竣工时，应测每对铜导线的绝缘强度，验收时根据具体情况抽测。

4. 护层对地绝缘

直埋光缆竣工及验收时应测试并记录。

5. 接地电阻

竣工时每对都应测试，验收时抽测数应不小于 25%。

【思考与练习】

1. 光缆线路竣工验收应具备哪些条件？

2. 光缆线路工程竣工验收包含哪些程序？

3. 光缆线路竣工验收的主要内容包括几方面内容？

模块 5 光缆线路工程竣工技术文件（ZY3200703005）

【模块描述】本模块介绍了光缆线路工程的竣工验收，包含竣工验收条件、一般程序和内容。通过要点介绍，掌握光缆线路工程竣工验收的基本知识。

【正文】

光缆线路工程竣工技术文件主要包括：① 总册部分文件；② 竣工测试记录部分文件；③ 竣工路由图纸部分文件。

一、工程竣工文件编制要求和内容

1. 编制要求

（1）竣工技术文件应由编制人、技术负责人及主管领导签字，封面加盖单位印章（红色）；利用原设计施工图纸改的竣工图纸，每页均加盖"竣工图纸"等字样的印章。

（2）竣工技术文件应做到文字、图表齐全完整、字迹清楚、图样清晰、数据正确。

（3）竣工技术文件不得用易褪色的材料书写、绘制，一般书写用黑色或蓝色墨水，不得用铅笔、圆珠笔或复写纸等。

（4）竣工路由图纸应采用统一符号绘制。对于变更不大的地段，可按实际情况在原施工图上用红笔加以修改，变更大的地段应绘新图。

（5）竣工技术文件可按统一格式装订成册。

（6）需存储的电子文件应使用不可擦除型光盘。

2．编制内容

竣工技术文件内容较多，一般应按下列要求装订成三个部分，若干册。

（1）总册部分。一般以单项工程，建设单位（合同单位）管辖段为编制单元，内容包括：① 工程说明；② 建筑安装工程量总表；③ 工程变更单；④ 开工报告；⑤ 完工报告；⑥ 随工检查记录；⑦ 竣工测试记录（按数字段或中继段独立分册）；⑧ 竣工路由图纸（按数字段或中继段独立分册）；⑨ 验收证书。

（2）竣工测试记录部分。主要内容包括：① 光缆敷设总长度（光缆连接后的实际单盘长度）；② 中继段光缆配盘图；③ 光纤衰减（经单盘检验确认的出厂数据）；④ 中继段光纤连接单项测试记录；⑤ 中继段光纤接头损耗测试记录；⑥ 中继段光纤线路衰减测试记录；⑦ 中继段光纤（多模）传输带宽测试记录；⑧ 中继段光纤后向色散信号曲线检测记录。

（3）竣工路由图纸部分。主要内容包括（原则同施工图纸内容）：① 光缆线路路由示意图；② 局内光缆路由图；③ 市区光缆路由图；④ 郊区光缆路由图；⑤ 郊外光缆路由图；⑥ 光缆穿越铁路、公路、断面图（亦可直接画于上述路由图中）；⑦ 光缆穿越河流的平面图、断面图。

二、竣工技术文件编制方法要点

1．总册部分

（1）工程说明应包括下列几个方面的内容：

1）工程概况。叙述工程名称、总长度、光缆、光纤的类别特点，工程的建设单位、施工单位以及其他主要参与单位。

2）光缆敷设、接续和安装情况。叙述主要部位施工特点、方法和达到的质量情况，隐蔽工程质量签证情况，工程中遇到的主要困难、进展情况、重大措施以及遗留问题（如存在的话）。

3）光电特性情况。叙述中继段光纤线路光传输特性的主要指标完成情况，铜导线电特性的主要指标完成情况。

4）工程进展情况。叙述工程筹备时间、正式开工日期、完工日期以及施工天数。

5）落款。工程说明最后应写工程说明编制日期，并加盖施工主管部门的印章。

（2）建筑工程安装工程量总表内容包括：根据完成施工图实际工程量的项目、数量。对于施工以外增加的工程量，应有主管单位签证。

（3）开工报告及完工报告应齐全。

（4）随工检查记录应齐全。

（5）验收证书。

1）施工单位填写部分，应在竣工时填好。

2）验收小组填写部分，在光缆线路初验后，由建设单位将验收会对工程质量的评议和验收意见填入并盖章、签字。

2．竣工测试记录部分

中继段光纤损耗统计表主要内容：

（1）敷设（实际）长度。指光缆连接后实际单盘长度（纤长），而不是开始的配盘长度或敷设后的长度。

（2）光纤损耗。一般是指经单盘检验确认了的出厂损耗数据。

（3）中继段光纤连接单向测试记录。

1）为 A～B、B～A 两个方向的单方向 OTDR 仪测值。

2）表中距离（km），按 A～B 方向和 B～A 方向由局内至各接头点的光纤长度。

（4）中继段光纤接头损耗记录。按 A～B、B～A 两个方向光纤连接单方向测量值按双向平均计算结果填入。

（5）中继段光纤线路损耗测试记录。按要求填入插入法测量中继段光纤线路损耗记录值。

（6）中继段光纤后向散射信号曲线图片。应将曲线图片按芯序整齐的贴于记录上，然后复印 3～5 份，分别装订于竣工测试记录最后。注意，不要将图片单独复印后再剪贴。

3. 竣工路由图纸部分

（1）光缆线路路由示意图。途中应标明光缆及经过的城镇、村庄和其他重要设施的位置；标明光缆与铁路、公路、河流的交越点等。

此图在施工图中以往竣工资料不包括这部分图。目前的长途干线工程一般应有 1:50 000 路由示意图，原则上从施工图设计上复制。对于变动较大的路由，可在 1:50 000 的地图上绘制完成。

（2）局内光缆路由图。由局前人孔至局内光端机房的具体路由走向及详细距离尺寸。

（3）市区光缆路由图。按施工图纸的比例（个别城市有特殊要求时，按当地规定比例）绘制。埋式路由应每隔 50m 左右标出光缆与固定建筑物的距离；标出光缆与其他管线交叉地点，并绘出断面图。市区管道路由竣工图，应标出光缆占用人孔、管孔、人孔间距及周围概貌。

（4）郊区郊外光缆路由图。

1）格式。原则上同施工路由图纸部分；要求有封面、目录及前述内容。装订顺序应按 A～B 方向由 A 局至 B 局，按路由顺序排列。每册第一页上应按设计文件要求，在右下角填写工程名称、段落以及有关责任人签名等。

2）光缆的具体位置、转角、接头、监测点、标识等位置。

3）光缆特殊预留地点及长度。

4）排流线、地线以及其他保护、防护措施地段。

5）光缆线路与附近建筑物或其他固定标识的距离。

【思考与练习】

1. 光缆线路工程竣工技术文件主要包括几部分？

2. 竣工测试记录部分有哪些主要内容？

第八部分

设备安装

国家电网公司
生产技能人员职业能力培训专用教材

第三十九章　传　输　设　备

模块 1　SDH 光传输设备安装（ZY3200801001）

【模块描述】 本模块介绍了 SDH 光传输设备安装流程中各项工作的基本要求。通过安装流程要点介绍，掌握 SDH 光传输设备安装的规范要求。

【正文】

一、安装准备

为保证整个设备安装的顺利进行，需要准备以下相关技术资料及工具：

（1）施工技术资料包括：① 合同协议书、设备配置表；② 机房设计书、施工详图；③ 安装手册。

（2）除常用工具和仪表外，还需准备好 2M 误码仪、光连接器、卡线钳、防静电手腕、光功率计、光衰减器、专用拔纤器等。仪表必须经过严格校验，证明合格后方能使用。

二、施工条件的检查

1. 机房建筑条件检查

按照传输机房建筑要求，对机房的面积、高度、承重、门窗、墙面、沟槽布置等有关项目进行检查。如果有不符合要求的地方，建议用户进行工程改造，以免给工程安装和日后的运行维护工作留下隐患。

2. 环境条件检查

（1）机房的照明条件包括日常照明、备用照明和事故照明，三套照明系统要达到满足设备维护的要求。

（2）空调通风系统足以保证机房环境满足设备温、湿度要求。

（3）有效的防静电、防干扰、防雷措施和良好的接地系统。

（4）机房应配备足够的消防设备。

（5）机房设计达到规定的抗震等级。机房地面应坚固，确保机柜的紧固安装。

3. 机房供电条件检查

（1）交流电供电设施齐全，满足通信电源的交流电压及其波动范围要求和传输设备功率要求。除了市电引入线外，应提供备用电源。

（2）直流配电设备满足要求，供电电压满足设备直流电源电压指标。

（3）有足够容量的蓄电池，保证在供电事故发生时，传输设备能继续运行。

4. 配套设备、其他设施检查

（1）应检查与其对接的交换设备和其他设备（如附属的数字配线架 DDF、光配线架 ODF）是否正常连接。

（2）施工现场需配备必要的交流电源及引伸插座。

三、机架安装

（1）机架的安装应端正牢固，垂直偏差不应大于机架高度的 1‰。

（2）列内机架应相互靠拢，机架间隙不得大于 3mm，列内机面平齐，无明显参差不齐现象。

（3）机架应采用膨胀螺栓（或木螺栓）对地加固，机架顶应采用夹板与列槽道（列走道）上梁加固。

（4）所有紧固件必须拧紧，同一类螺丝露出螺帽的长度宜一致。

（5）光纤分配架（ODF）、数字配线架（DDF）端子板的位置、安装排列及各种标志应符合设计要求。ODF 架上法兰盘的安装位置应正确、牢固，方向一致。

（6）设备的抗震加固应符合通信设备安装抗震加固要求，加固方式应符合施工图的设计要求。

四、子架安装

（1）子架安装应牢固、排列整齐、插接件接触良好。

（2）网管设备的安装应符合施工图的设计要求。

五、单板安装

1. 插入单板

插入单板时，按以下步骤进行：

（1）如果子架相应槽位上装有假拉手条，先用螺丝刀松开该拉手条的松不脱螺钉，将假拉手条从插框中拆除。

（2）双手向外翻动单板拉手条上的扳手，沿着插槽导轨平稳滑动插入单板，当该单板的拉手条上的扳手与子架接触时停止向前滑动。

（3）双手向内翻动单板拉手条上的扳手，靠扳手与子架定位孔的作用力，将单板插入子架，直到拉手条的扳手内侧贴住拉手条面板。

（4）用螺丝刀拧紧松不脱螺钉，固定单板。

2. 拔出单板

拔出单板时，按以下步骤进行：

（1）首先要松开拉手条上的松不脱螺钉；

（2）双手抓住拉手条上的扳手，然后朝外拉扳手，使单板和背板上的接插件分离，缓慢拉出单板；

（3）拔出单板后，把拉扳手向内翻，固定单板上的拉扳手；

（4）如果需要，要把假拉手条装上。

3. 注意事项

（1）拔插单板时不可过快，要缓缓推入或拔出。

（2）插入单板时注意对准上下的导轨，沿着导轨推入才能与背板准确对接。

（3）单板插入槽位后，要拧紧单板拉手条上的两颗松不脱螺钉，保证单板拉手条与插框的可靠接触。

（4）插拔单板时要佩戴防静电手腕，或者戴上防静电手套。

（5）在未插单板的槽位处，需安装假拉手条，以保证良好的电磁兼容性及防尘要求。

六、线缆安装布放

参见模块 ZY3201302001"布线"。

七、安装完成后检查

（1）采取防静电措施后，对业务盘上的拨码开关、跳针等进行设置。

（2）核查设备外观、连线、位置等，测量直流电源屏相应分路电压、极性是否符合要求。

（3）按照机柜、子架、机盘的先后顺序，对设备逐级加电。通电后，检查设备的指示灯、告警灯、风扇装置等是否工作正常。

【思考与练习】

1. SDH 光传输设备安装时应准备好哪些专用工具和仪表？

2. 安装机柜有哪些基本要求？

3. 简述 SDH 单板插拔的步骤及注意事项。

4. SDH 设备通电时，应按照什么顺序对设备加电？

国家电网公司
生产技能人员职业能力培训专用教材

第四十章 接 入 设 备

模块 1 PCM 设备安装（ZY3200802001）

【模块描述】本模块介绍了 PCM 设备安装流程中各项工作的基本要求。通过安装流程要点介绍，掌握 PCM 设备安装的规范要求。

【正文】

一、工程准备

（1）为保证整个设备安装的顺利进行，需要准备施工技术资料及工具。

（2）熟悉待安装设备的硬件总体结构及技术参数，熟悉设备安装的必备条件，准备安装工具。

二、施工条件的检查

参见模块 ZY3200801001"SDH 光传输设备安装"中的"施工条件的检查"。

三、机柜安装

划线打孔并安装支架系统，根据工程设计文件依次安装各个机柜并完成机柜的连接。参见模块 ZY3200801001"SDH 光传输设备安装"中的"机柜安装"。

四、单板安装

参见模块 ZY3200801001"SDH 光传输设备安装"中的"单板安装"。

五、走线架安装

如果有必要，根据工程设计文件，结合机房具体情况，安装为设备配套的走线架和防震系统。

六、电源线、地线安装

在设备机柜安装完毕后，首先安装地线、电源线，保证设备良好接地，以防止后续工作中静电对设备的影响。电源线安装完毕后不能直接供电。

七、线缆安装

PCM 设备的内部线缆是用来连接机柜内部的设备，这类电缆配置、数量都比较固定。外部线缆包括外部光纤、中继电缆、用户电缆。参见模块 ZY3201302001"布线"。

八、硬件安装检查

在硬件安装完成、准备开始软件安装的时候，需要对设备硬件安装情况进行检查，不合格之处必须进行整改，直至完全符合标准。

【思考与练习】

1. 简述 PCM 设备的安装流程。

第四十一章 程控交换设备

模块 1 程控交换设备安装 （ZY3200803001）

【模块描述】 本模块包含程控交换设备安装流程中各项工作的基本要求。通过安装流程要点介绍，掌握程控交换设备安装的规范要求。

【正文】

一、程控交换设备安装

（1）交换机机柜定位时，按照正确顺序将各机柜排列好，按列取平对直，并对每个机架调直量平，用地脚螺丝固定。

（2）将机柜外壳与机房接地线可靠连接，接地电阻应满足技术要求。

（3）连接交换机机柜内部及各机柜之间的连线，要求走线整齐美观。

（4）从交换机机柜到配线架布放设备电缆，布放电缆必须排列整齐。电缆转弯处最小曲率应大于60mm。做好标记，防止混乱。

（5）安装维护终端、数据设备、计费系统等外围设备，进行相关布线，并与交换机连接。

（6）从交换机各机柜到直流配电屏布放直流电源线，并进行接线。导线的规格、材料的绝缘强度及直流配电屏相应分路的熔丝容量要满足交换机的需要。

（7）布放交流电源线，并与各外围设备连接。

（8）采取防静电措施后，将电路板插放到交换机相应的槽位，设备的各种选择开关置于指定位置上。

（9）检查各机柜外观、连线、板件插放位置，测量直流电源屏相应分路电压，确定正常后，按照厂家提供的顺序，对硬件设备逐级加电。通电后，检查设备的指示灯、告警灯、风扇装置等是否工作正常。

二、走线架、槽道的安装

（1）水平走线架、槽道安装位置高度符合施工图规定，左右偏差≤±50mm，水平偏差≤2mm/m，每列槽道或走线架应成一条直线，偏差不大于 30mm，垂直走道、槽道位置应与上下楼孔或走线路由相适应，穿墙走道位置与墙洞相适应，垂直偏差≤3mm。

（2）列槽道端正牢固并与大列保持垂直，列间槽道应成一直线，偏差不大于 3mm，列槽道拼接处水平度偏差不超过 2mm。

（3）槽道的盖板侧板、底板安装应完整、缝隙均匀，零件齐全。立柱安装位置符合设计要求，稳固、与地面垂直，允许偏差垂直度为 0.1%，同一侧立柱应在同一直线上。

三、线缆的布放与连接

（1）各类线缆的型号应符合设计要求，外观完好无破损，中间没有接头。

（2）电源线缆与信号线缆布放路由应尽可能远离，如有交叉，信号线缆应布放在上方。

（3）线缆的排列应该整齐、无扭绞、交叉。拐角圆滑，线缆弯曲半径应大于 20mm。绑扎间隔均匀，松紧适度，同一路由的一组线缆布放完毕后一次完成绑扎。

（4）线缆的两端应有相同或相对应的标示牌。

四、配线架安装

（1）配线架底座位置应与成端电缆上线槽或上线孔相对应。

（2）配线架滑梯安装应牢固可靠，滑梯轨道拼接平整。

（3）各配线架的各直列上下两端垂直误差应不大于 3mm，底座水平误差不大于 2mm/m。

（4）配线架跳线环安装位置应平直整齐。

（5）配线架各种标志完整齐全。

（6）配线架保护地、防雷地等地线连接牢固，线径符合设计要求。

五、电源线的布放与连接

（1）机房直流电源线的安装路由、路数及布放位置应符合施工图的规定。电源线的规格、熔丝的容量均应符合设计要求。

（2）电源线必须采用整段线料，中间无接头。

（3）系统用的交流电源线必须有接地保护线。

（4）直流电源线的成端接续连接牢靠，接触良好，电压降指标及对地电位符合设计要求。

（5）采用胶皮绝缘线作直流馈电线时，每对馈电线应保持平行，正负线两端应有统一红蓝标志。安装好的电源线末端必须有胶带等绝缘物封头，电缆剖头处必须用胶带和护套封扎。

六、通电测试前的检查

（1）程控交换设备的标称直流工作电压为−48V，电压允许变化范围为−57～−40V。交换机通电前，应在机房主电源输入端子上测量电源电压，确定正常后，方可进行通电测试。

（2）各种电路板数量、规格及安装位置与施工文件相符。

（3）设备标志齐全正确。

（4）设备的各种选择开关应置于指定位置；设备的各级熔丝规格符合要求。

（5）列架、机架及各种配线架接地良好；设备内部的电源布线无接地现象。

七、硬件检查测试

（1）各级硬件设备按厂家提供的操作程序逐级加上电源。

（2）设备通电后，检查所有变换器的输出电压均应符合规定。

（3）各种外围终端应设备齐全，自测正常。设备内风扇装置应运转良好。

（4）检查交换机、配线架等各级可闻、可见告警信号装置应工作正常、告警准确。

（5）装入测试程序，通过人机命令或自检，对设备进行测试检查，确认硬件系统无故障。

【思考与练习】

1. 简述安装程控交换设备的基本方法。

2. 简述电源线布放的基本要求。

模块
1

ZY3200803001

第四十二章　数据网络设备

模块 1　数据网络设备安装（ZY3200804001）

【模块描述】本模块介绍了数据网络设备安装流程中各项工作的基本要求。通过安装流程要点介绍，掌握数据网络设备安装的规范要求。

【正文】

一、安装前的准备

1. 安全注意事项

为避免使用不当造成设备损坏以及对人身的伤害，应注意以下事项：

（1）在清洁网络设备前，应先将网络设备的电源插头拔出，不得用湿润的布料擦拭网络设备，也不得用液体清洗网络设备。

（2）不得将网络设备放在水边或潮湿的地方，并防止水或湿气进入网络设备机壳。

（3）确认工作电压同网络设备所标示的电压相符。

（4）为减少受电击的危险，在网络设备工作时不得打开外壳；即使在不带电的情况下，也不得随意打开网络设备机壳。

2. 检查安装场所

（1）确认网络设备的入风口及通风口处留有空间，以利于网络设备机箱的散热。

（2）确认机柜和工作台自身有良好的通风散热系统。

（3）确认机柜及工作台足够牢固，能够支撑网络设备及其安装附件的重量。

（4）确认机柜及工作台的良好接地。

（5）为保证网络设备正常工作和使用寿命，机房内需维持一定的温度和湿度，并满足洁净度要求。

（6）满足网络设备抗干扰要求。应注意：对供电系统采取有效的防电网干扰措施；网络设备工作地最好不要与电力设备的接地装置或防雷接地装置合用，并尽可能相距远一些；远离强功率无线电发射台、雷达发射台、高频大电流设备；必要时采取电磁屏蔽的方法。

3. 安装工具和设备准备

（1）工具包括一字螺丝刀、十字螺丝刀、防静电手腕等。

（2）连接用电缆包括电源线、配置口 Console 电缆、接地线等。

（3）配置终端，可以是 PC。

二、设备安装

1. 机械安装

（1）第 1 步：检查机柜的接地与稳定性，用螺钉将固定角铁固定在网络设备前面板两侧。

（2）第 2 步：将网络设备放置到机柜内，并沿机柜导槽移动网络设备至合适位置。

（3）第 3 步：用螺钉将固定角铁固定在机柜两端的固定导槽上。

2. 电源线及地线连接

（1）交流电源线。

1）检查交流电源输入范围是否满足网络设备的要求。

2）建议使用有中性点接头的单相三线电源插座或多功能微机电源插座。电源的中性点在建筑物中要可靠接地，用户需要确认本楼电源是否已经接地。

（2）交流电源线连接。

1）第 1 步：将网络设备随机附带的机壳接地线一端接到网络设备后面板的接地柱上，另一端就近良好接地。

2）第 2 步：将网络设备的电源线一端插到网络设备的电源插座上，另一端插到外部的供电交流电源插座上。

3）第 3 步：检查网络设备的电源指示灯是否变亮。灯亮则表示电源连接正确。

（3）直流电源及电源线。连接方法和要求与交流电源线类似，常用–48V 直流电源给网络设备供电。

（4）地线。

1）用接地电缆将网络设备的机壳接地点与大地连接起来，接地电阻满足要求。

2）安装网络设备的机柜同样要接地。

3. 安装、拆卸可选接口模块

（1）可选接口模块安装。

1）第 1 步：佩戴防静电手腕，将网络设备断电。

2）第 2 步：拆下模块插槽上的假拉手条。

3）第 3 步：将需要安装的模块接口板远端边角与网络设备插槽上的开口边缘对齐，将接口板向网络设备内部推进，直到接口板与网络设备后面板紧密接触为止。

4）第 4 步：用模块接口板的紧固螺钉将接口板固定在网络设备上。

（2）可选接口模块的拆卸。

1）第 1 步：佩戴防静电手腕，将交换机断电。

2）第 2 步：拧开可选接口模块两侧的紧固螺钉。

3）第 3 步：将接口板向操作者身前方向拖动，直到接口板完全脱离模块插槽。

（3）安装、拆卸可选接口模块注意事项。

1）拆卸/安装模块时，不要用力过猛，也不要用手直接触摸模块表面元件。

2）若模块拆卸完成后无须安装新的模块，要及时安装好假拉手条，以防止灰尘进入，保证交换机的正常通风。

三、线缆安装布放

参见模块 ZY3201302001"布线"。

四、安装完成后检查

（1）检查选用电源与交换机的标识电源是否一致。

（2）检查地线是否连接。

（3）检查配置口电缆、电源输入电缆连接关系是否正确。

【思考与练习】

1. 为满足网络设备抗干扰要求，通常采取哪些措施和方法？

2. 网络设备接地有哪些基本要求？

3. 简述安装、拆卸网络设备可选接口模块的步骤及注意事项。

第九部分

通信机房安全与防护技术

国家电网公司
生产技能人员职业能力培训专用教材

第四十三章 防 火 措 施

模块 1 机房防火措施（ZY3200901001）

【模块描述】本模块介绍了机房火灾的原因及防火措施。通过要点介绍，掌握机房防火的常用措施。

【正文】

一、机房火灾的原因

（1）电气故障或超负荷运行，局部升温起火。

（2）接地系统不良，雷击起火。

（3）相邻建筑或设备火灾殃及。

（4）维护时用火不当或使用易燃的清洗剂，如酒精、汽油等。

（5）大量使用可燃的装修材料。

（6）管理不善，杂乱堆放易燃物品。

二、机房防火措施

（1）由于机房的用电设备始终处于 24h 工作状态，防火措施必须在机房设计时充分考虑：

1）电气线路应满足电气安全和远期负荷发展的要求，如导线截面的选择、导线的敷设方式、用电量不断增加的可能性。

2）完善机房内、外部防雷电侵入系统。在出入设备的信号线和通信线接口、电源线等端口处加装相应的避雷器，以限制感应雷击产生的高电压，从而保护设备的安全。注意选用质量可靠、性能优良的避雷器，并由专业人员安装。

3）降低接地电阻。主要措施包括采用接地体的最佳埋设深度、不等长接地体及化学降阻剂等。

4）机房应设置自动报警和惰性气体自动灭火装置。自动报警装置宜采用具有感烟或感温两种功能的探测器，同时，在适当的部位还要增设手动报警装置，以做到火灾的早期发现；自动灭火装置以选用二氧化碳灭火系统为宜。

5）机房装修时注意使用不燃或难燃的装修材料，尤其是活动地板和天花板的选材更应注意其防火等级特性。

（2）机房内严禁使用易燃易爆的清洗剂，严禁进行动火维修作业。

（3）规范机房管理和巡视制度。

【思考与练习】

1. 机房火灾的产生原因有哪些？

2. 简述机房的防火措施。

模块
1

ZY3200901001

第四十四章 静 电 防 护

模块 1 静电的产生及防护措施（ZY3200902001）

【**模块描述**】本模块介绍了静电的产生和危害以及静电危害的防护措施。通过要点介绍，掌握静电危害的防护措施。

【**正文**】

一、静电的产生及危害

由于物体之间的摩擦或从紧密接触电到分离的过程中，往往导致部分电子脱离原来的原子，失去电子的物体呈正电，得到电子的物体呈负电。当得到或失去电子的物体是绝缘物体或者没有中和或泄放通道时，就产生了电荷的积累现象，从而产生静电。此外，感应也是静电产生的主要原因。

静电放电的特点主要是电流小、电压高，积累的静电还可以相邻与地绝缘的导体感应出数量相当而极性相反的电荷。

机房设备都大量使用了各种微电子器件。静电放电的微小电流足以造成微电子器件的即时故障或隐性故障。静电造成的机房设备故障的特点有：

（1）静电故障通常产生在湿度较低的环境。

（2）静电故障通常在人体触摸或靠近电路板、绝缘体时发生。

（3）静电故障的产生具有随机性，并且故障通常为隐性。

二、静电危害的防护措施

（1）接地。接地是最基本的防静电措施，要求应有一套合理的接地系统。接地是防止外界电磁干扰和设备间干扰、提高设备工作可靠性的必要措施。

（2）机房地板。机房的地板是静电产生的主要来源，对于各种类型的机房地板，都要保证从地板表面到接地系统的电阻在 $10^5 \sim 10^8 \Omega$ 之间，下限值是为了保证人身防触电的电阻值，上限值则是为了防止因电阻值过大而产生静电。

（3）工作人员的着装要采用不易产生静电的衣料。工作时需配戴防静电手腕。

（4）合理控制机房温度和湿度。克服高温、潮湿、低温、干燥等带来的危害。

【**思考与练习**】

1. 静电是如何产生的？

2. 静电造成的机房设备故障有哪些特点？

3. 为了防静电，对机房地板有何要求？

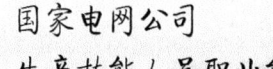

国家电网公司
生产技能人员职业能力培训专用教材

第四十五章 雷 电 防 护

模块 1　雷电的产生及防护措施（ZY3200903001）

【模块描述】本模块介绍了雷电的产生和危害以及雷电危害的防护措施。通过要点介绍，掌握雷电危害的防护措施。

【正文】

一、雷电的产生

雷电是自然界中一种常见的放电现象，是发生在大气层中的声、光、电物理现象。常见的雷电现象是一部分带电云层与另一部分带异种电荷的云层与大地之间的迅猛的放电过程。

由于冰晶的摩擦、雨滴的破碎、水滴的冻结、云体的碰撞等均可使云粒子起电。一般云的顶部带正电，底部带负电，两种极性不同的电荷会使云的内部或云与地之间形成强电场，瞬间剧烈放电爆发出强大的电火花，这就是闪电。在闪电通道中，电流极强，温度可骤升至 20 000℃，气压突增，空气剧烈膨胀，形成爆炸似的声波振荡，这就是雷声。

二、雷电的危害

雷电灾害是最严重的自然灾害之一。雷电造成的损失已经上升到自然灾害的前列。雷电灾害所涉及的范围几乎遍布各行各业。雷击造成的危害主要有四种：

（1）直击雷。带电的云层对大地上的某一点发生猛烈的放电现象，称为直击雷。它的破坏力十分巨大，若不能迅速将其泻放入大地，将导致放电通道内的物体、设施等遭受严重的破坏或损害，甚至危及人畜的生命安全。

（2）雷电波侵入。雷电不直接放电在建筑和设备本身，而是对布放在建筑物外部的线缆放电。线缆上的雷电波或过电压几乎以光速沿着电缆线路扩散，侵入并危及室内电子设备等各个系统。

（3）感应过电压。雷击在设备设施或线路的附近发生，或闪电不直接对地放电，只在云层与云层之间发生放电现象。闪电释放电荷，并在电源和数据传输线路及金属管道金属支架上感应生成过电压。

三、机房雷害的预防措施

（1）机房的供电系统应有一个符合要求的接地系统。机房内部的接地系统应直接引至大楼供电公共接地系统干线，并尽量靠近系统干线的入地端。

（2）机房应按规范接地，并认真进行定期的测试和检查维护。机房设备接地宜采用等电位接地措施。

（3）检查机房内的防雷设计是否符合要求，如配线架是否设置专门的防雷设施，电源或周边设备是否配备适当的防雷器件等。

【思考与练习】

1. 简述雷电产生的原因及其危害。
2. 简述机房雷害的预防措施。

模块 2　通信系统接地（ZY3200903002）

【模块描述】本模块介绍了通信系统接地的基本概念，包含通信系统接地的概念、分类以及影响接地电阻的因素和接地电阻的测量。通过要点介绍，掌握通信系统接地的基本知识和测量方法。

模块 2　ZY3200903002

【正文】

一、接地的概念、分类及作用

将电气设备、杆塔或过电压保护装置用接地线与接地体连接，称为接地。

（一）接地按其目的分类

（1）在电力系统中，运行需要的接地，如中性点接地等，称为工作接地。

（2）电气设备的金属外壳，钢筋混凝土杆和金属杆塔等，由于绝缘损坏有可能带电，为了防止这种电压危及人身安全而设的接地，称为保护接地。保护接地是中性点不接地的低压配电系统和电力高压系统中电气设备和电气线路最常采用的一种保安措施。

（3）接地电压保护装置，如避雷针、避雷器和保间隙等，为了消除过电压危险而设的接地，称为过电压保护接地。

（4）易燃油、天然气储罐和管道等，为了防止静电危险影响而设的接地，称为防静电接地。

随着通信业务发展，种类增多，分散接地方式已不能满足要求。我们把通信设备的工作接地、保护接地（包括接地和建筑防雷接地）共同合用一组接地体的方式称为联合接地。

（二）接地的作用

（1）防止电磁耦合干扰，如数字设备接地、射频电缆布线屏蔽层接地等。

（2）防止强电和雷击通信设备，如通信设备机壳接地，防止设备、仪表、人身伤害。

（3）通信系统工作需要，如在直流远距离供电回路中，利用大地完成导线—大地供电回路。

二、接地电阻

（一）接地电阻的基本概念

接地电阻是指电流经过接地体进入大地并向周围扩散时所遇到的电阻。大地具有一定的电阻率，如果有电流流过时，大地各处就具有不同的电位。电流经接地体注入大地后，它以电流场的形式向四处扩散，离接地点愈远，半球形的散流面积愈大，地中的电流密度就愈小，因此可认为在较远处（15～20m以外），单位扩散距离的电阻及地中电流密度已接近零，该处电位已为零电位。

（二）接地电阻的影响因素

接地电阻包括接地体的对地电阻和接地线电阻两部分，而接地线电阻在正常条件下相对于整体接地电阻可以忽略，接地体的对地电阻决定了整体接地电阻。而接地体的对地电阻主要影响因素包括：

1. 接地体的几何形状和埋设方式

接地体的几何形状决定了接地体本身的电阻和接地体与周边填充土壤的接触面积，接地体本身的电阻一般可以忽略不计，但它和周边填充土壤的接触面积却决定了泄流能力。当填充土壤的电阻率一定时，泄流能力与接触面积成正比，接地电阻随接触面积的增加而降低。另一方面，接地体的埋设方式也对接地电阻有显著的影响，以棒形独立接地体为例，垂直埋设时的接地电阻远低于水平埋设时，接地体埋设得越深，接地电阻越小。

2. 土壤电阻率

土壤电阻率是影响接地电阻的决定性因素。接地体附近土壤电阻率越高，接地电阻越大。即使是一个固定位置的土壤电阻率也不是恒定的，它要受到土壤湿度和温度的影响，一般随湿度和温度的升高而降低。此外，土壤中导电离子的含量等因素也影响着土壤电阻率。

3. 接地体和填充土壤的接触紧密度

接地体与填充土壤的接触紧密程度决定了接地体和土壤间的接触电阻。

（三）接地电阻的测量

接地系统的接地电阻每年应定期测量，始终保持接地电阻符合指标要求。常用的测量仪器是手摇式地阻表和钳形地阻表。

1. 手摇式地阻表

手摇式地阻表是一种较为传统的测量仪表，它的基本原理是采用三点式电压落差法。其测量手段是在被测地线接地桩（称为 X）一侧地上打入两根辅助测试桩，要求这两根测试桩位于被测地桩的同一侧，三者基本在一条直线上，距被测地桩较近的一根辅助测试桩（称为 Y）距离被测地桩 20m 左右，距被测地桩较远的一根辅助测试桩（称为 Z）距离被测地桩 40m 左右。测试时，按要求的转速转动摇把，测试仪通过内部磁电机产生电能，在被测地桩 X 和较远的辅助测试桩 Z 之间"灌入"电流，此时在被测地桩 X 和辅助地桩 Y 之间可获得一电压，仪表通过测量该电流和电压值，即可计算出被测接地桩的地阻。

2. 钳形地阻表

钳形地阻表是一种新颖的测量工具，它方便、快捷，外形酷似钳形电流表，测试时不需辅助测试桩，只需往被测地线上一夹，几秒钟即可获得测量结果，极大地方便了地阻测量工作。钳形地阻表另一个优点是可以对在用设备的地阻进行在线测量，而不需切断设备电源或断开地线。

钳形地阻表通过其前端卡环这一特殊的电磁变换器送入线缆的是 1.7kHz 的交流恒定电压，在电流检测电路中，经过滤波、放大、A/D 转换，只有 1.7kHz 的电压所产生的电流被检测出来。实际上，该表测出的是整个回路的阻抗，而不是电阻，但它们相差极小。

【思考与练习】

1. 什么是接地电阻？影响接地电阻的主要因素有哪些？

2. 常用的测量接地电阻的仪表有哪些？简述其基本工作原理。

模块 2

ZY3200903002

第十部分

规程、规范及标准

国家电网公司
生产技能人员职业能力培训专用教材

第四十六章　电力通信相关规程

模块 1 《电力系统光纤通信运行管理规程》（ZY3201001001）

【模块描述】 本模块介绍了电力系统光纤通信运行管理规程。通过规程条文讲解，掌握规程条文的内容及相关要求。

【正文】

光纤通信是目前电力系统通信的主要方式，随着电网建设的飞速发展，电力通信网络特别是其中的光纤通信网络与一次电网的结合也更加紧密，通信网成为电网运行不可分割的有机组成部分。《电力系统光纤通信运行管理规程》规定了电力系统光纤通信的运行、维护和管理的要求，明确了各级通信机构所负责的运行维护工作、运行和安全管理的具体内容、统计项目和报表类型等，适用于电力系统光纤通信的运行维护和管理。

一、电力光纤通信网的概念

电力光纤通信网是以光波作为信息载体，以光导纤维作为传输媒介的通信方式，满足电力生产调度、运行管理和经营，为电力系统服务的专用光纤通信网络，是电力通信网的主要组成部分。电力系统光纤通信网是电力系统通信网的主要组成部分，应予统一管理。

二、专业管理

建设电力系统光纤通信网应符合电力系统通信网的规划；光纤通信网的主干网络应采用数字同步体系；光纤电路的建设应充分利用输电线路的特有资源，优先采用光纤复合架空地线（OPGW）光缆和全介质自承式（ADSS）光缆等电力特种光缆；在同一输电线路上有多个业主方需建设电力系统的特种光缆时，应采用共建缆路、合理分配纤芯的方式，以保护有限的杆路资源和节约工程投资。同时，还应满足以下技术要求：

（1）光纤通信网应能满足继电保护、安全稳定控制装置、调度自动化及调度电话等信息通信的要求。

（2）采用电力特种光缆应符合输电线路的安全要求和技术要求。

（3）同一条输电线只有一条光缆时，两套以上继电保护或安全自动装置的信号应安排在不同纤芯传送。

（4）光纤通信设备与其他通信设备安装在同一通信站内时，应采用统一设置的通信专用电源系统。

（5）当同一输电线路采用两套通信设备传输继电保护信号时，对通信设备应配置不同的电源。

（6）通信站内只有光纤通信设备时，应设置专用的电源系统，该电源系统应由两路输入电源、整流器和蓄电池组成，蓄电池的配置容量不应低于设计规定值，并符合以下规定：

1）采用高频开关组合电源。

a）设在发电厂、变电站内具有可靠交流供电的通信站的蓄电池持续供电时间应不少于 8h。

b）独立通信站的蓄电池持续供电时间应不少于 24h。

2）采用太阳能供电组合电源。

a）太阳能供电组合电源有交流供电时，光伏电池在满负载状态下的持续供电时间应不少于 48h。

b）太阳能供电组合电源没有交流供电时，蓄电池的配置容量，在满负载状态下的持续供电时间应不少于 84h。

3）在供电薄弱或重要通信站中可配备柴油发电机，其持续供电时间应满足以上要求。

4）不宜采用以厂站的直流电源加以逆变的方式为通信设备供电。

模块
1

ZY3201001001

三、运行维护

各级通信机构负责调度管辖范围内光纤通信设备和光纤通信电路的运行维护工作。

如光纤通信电路跨越两个以上区域，相关通信机构各自负责自己调度管辖区域内设备、电路的运行维护工作。

1. 接口界面划分

（1）连接至发电厂、变电站的 OPGW、ADSS 等电力特种光缆的分界点，在发电厂、变电站为门型构架的光缆终端接续箱，见图 ZY3201001001-1。在水电厂一般为第一基杆塔，特殊情况另行商定。分界点的线路侧由送电线路部门负责，通信机房侧由通信机构负责。

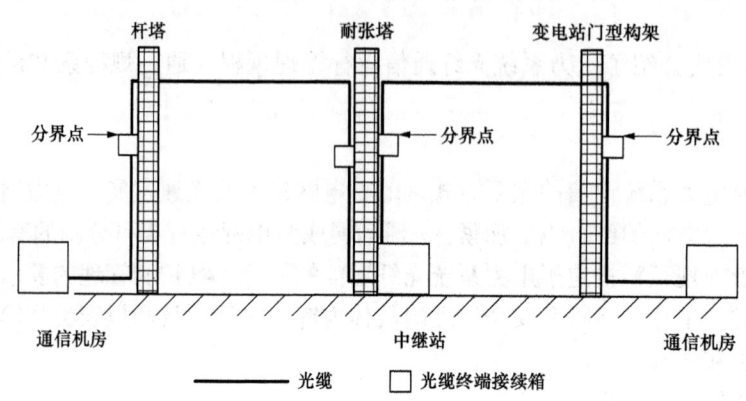

图 ZY3201001001-1　电力特种光缆维护界面

（2）中继站的电力特种光缆的分界点为引下塔的光缆终端接续箱，见图 ZY3201001001-1。分界点的线路侧由送电线路部门负责，光缆终端接续箱本身及引入机房的光缆由通信机构负责。

（3）与二次系统其他专业的界面划分。通信机构与二次系统其他相关专业的维护分界点见图 ZY3201001001-2。通过通信机房音频配线架连接的业务电路，分界点为音频配线架；通过通信机房数字配线架连接的业务电路，分界点为数字配线架；通过通信机房光纤配线架连接的业务电路，分界点为光纤配线架；不通过通信机房配线架而通过通信设备连接至二次系统的其他专业设备的分界点为通信设备的输入输出端口。

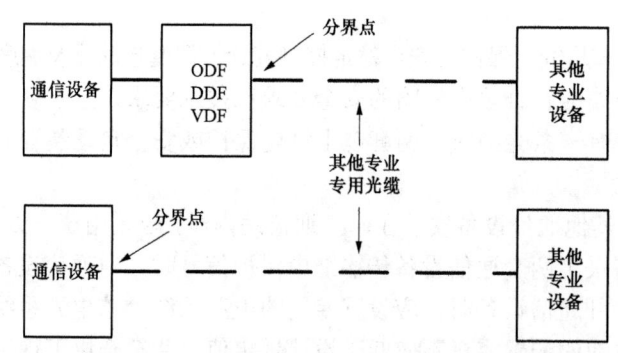

图 ZY3201001001-2　通信机构与二次系统其他专业的维护界面

2. 电力特种光缆的运行维护

光纤复合架空地线和全介质自承式光缆（包括线路、预绞丝、耐张线夹、悬垂线夹、防振锤等线路金具，线路中的光缆接续箱）的巡视、维护、检修工作，由线路运行维护部门负责。通信机构负责进行纤芯接续、光纤性能检测等工作。

进行春检、秋检时应重点检查电力特种光缆线路。必要时，应对安装光缆接续箱的杆塔及可能发生光缆磨损的杆塔登塔检查。

光缆线路巡视工作的主要内容：

（1）OPGW 的外护层、ADSS 的金具预绞丝是否有断股或松股，加绑光缆的捆绑金属丝是否已断开；

（2）光缆的垂度是否超过正常范围；

（3）线路金具是否完整；

（4）光缆接续箱及预留光缆盘所放位置是否有变化；

（5）每年春检、秋检时，应重点检查在施工中磨损处的光缆磨损部位。

如在光缆线路巡视中发现异常，应查明原因及时处理。遇汛期、较大覆冰天气等特殊情况，应加强光缆线路巡视检查。

3．光缆测试

光缆中的空闲纤芯应进行定期测试，每年不应少于 1 次。光缆主要测试项目为每个中继段间每根光纤的衰减值。每次测试的结果应与工程竣工验收测试及上次测试结果比较。如发现异常，应分析查找原因。主干光缆光纤的测试由光缆管理部门安排计划，提出测试要求和完成时间，各维护部门按要求负责本单位所辖光缆光纤的测试工作，测试结果应报光缆管理部门备案。

4．电路管理

光纤通信系统的各项技术性能和指标应符合国家有关标准及电力系统通信网组网要求。共用光纤电路的传输速率分配由各级通信机构协商确定，并明确各级通信机构对电路的使用权。光纤通信电路的组织应满足重要业务传输的可靠性要求。网络拓扑应以网形网和环形网或网形网与环形网构成的混合网为主。在链路情况下，可将电路设置为"1+1"或"1:N"保护方式。传输继电保护信息的电路不宜采用单向光纤自愈环方式。各级通信机构需使用上级主干光纤电路时，应先报请上级通信机构批准。各级通信调度有权在其调度管辖范围内按通信调度规程调用光纤通信电路。

四、运行管理

1．运行条件

光纤通信机房的环境条件应符合 DL/T 5391《电力系统通信设计技术规定》要求。无人值守的光纤通信站应符合以下要求：

（1）光纤通信电路运行稳定，有冗余配置，能可靠地自动切换；

（2）供电电源可靠，设置有不停电电源系统；

（3）有可靠的迂回电路，不会因本站发生故障而影响信息的传输；

（4）配置有监控系统和公务信道，能将本站故障信息及时传送到有人值守的通信站。

2．仪器仪表

各级通信机构应配置必要的仪器、仪表，按规定进行计量检定，保证必要的计量精度。仪器、仪表应设专人保管，注意防潮、防振。常用仪器、仪表应具有专用箱、柜。一般仪器、仪表的借出和归还，应办理相关手续并按规定交验，专用仪器、仪表一般不应外借。仪器、仪表在使用前应熟悉其性能和操作规程，使用高级精密仪器时应有人监护。

五、安全管理

各级通信人员应树立"预防为主，安全第一"的思想，严格执行电力安全工作规程及有关规章制度，切实做好通信站的防雷、防火、防洪、防虫鼠、防振、防盗等工作，确保人身和设备的安全。

与电力线路同杆架挂的特种光缆的巡视、检修，应符合架空送电线的有关规定。在酒后及雷雨、大风等恶劣环境条件下，严禁在架挂特种光缆的线路上作业。如光缆与电力线同杆架挂，在线路带电情况下，严禁光缆人员独自上杆作业。

光纤通信站的过电压保护应符合 DL/T 548《电力系统通信站防雷运行管理规程》的要求。电力特种光缆应具有良好的防雷接地措施，接地电阻应符合有关规定。每年雷雨季节前应进行一次全面检查，发现问题及时处理。

在鼠害、白蚁活动频繁地区敷设的光缆，应考虑防鼠、防白蚁措施，并定期检查，确保光缆不致损坏。

严禁在通信机房内存放易燃、易爆和腐蚀性物品，应配备适用于电气设备的消防器材，专人负责，定期检查，保持在完好状态。

通信人员应接受消防知识的培训，熟悉有关消防器材的使用和操作。

六、统计分析

1. 运行统计

光纤通信系统的运行统计包括电路运行率、设备运行率、线路运行率和可用率等项目。

（1）电路运行率的计算公式

$$电路运行率 = \left\{ 1 - \frac{\sum[中断电路数（路）\times 电路故障时间（min）]}{实用电路数（路）\times 全月日历时间（min）} \right\} \times 100\%$$

（2）设备运行率的计算公式

$$设备运行率 = \left\{ 1 - \frac{\sum[中断电路数（路）\times 设备故障时间（min）]}{配置电路数（路）\times 全月日历时间（min）} \right\} \times 100\%$$

（3）线路运行率的计算公式

$$线路运行率 = \left\{ 1 - \frac{\sum[光纤故障芯数（芯）\times 故障时间（min）]}{实用光纤芯数（芯）\times 全月日历时间（min）} \right\} \times 100\%$$

（4）可用率的计算公式

$$可用率 = \left\{ 1 - \frac{\sum[业务中断路数（路）\times 故障时间（min）]}{实用路数（芯）\times 全月日历时间（min）} \right\} \times 100\%$$

2. 故障分类

通信电路或设备的故障分为事故和障碍两类。凡发生下列情况之一者，计为事故 1 次：

（1）因通信电路和设备故障而造成电力系统事故延长或扩大；

（2）因通信电路和设备故障引起保护或安全稳定控制装置不正确动作而造成电力系统事故；

（3）因操作违反规程而造成人身伤亡事故或直接经济损失达 10 万元以上。

凡发生下列情况之一者，计为障碍 1 次：

（1）因通信电路或设备故障，影响发电、供电或变电设备的运行操作和电力调度，或造成继电保护、安全稳定控制装置不正确动作，但未酿成电力系统事故；

（2）因光缆故障而使通信电路运行指标劣化，影响发电、供电或变电设备的运行操作和电力调度，或造成继电保护、安全稳定控制装置不正确动作，但未酿成电力系统事故；

（3）多路通信设备中的 1 条（模拟电路 4kHz 算 1 条，数字电路 64kbit/s 算 1 条）或设备连续停运时间超过 4h；

（4）通信设备供电电源全部中断。

3. 故障分析

通信电路或设备发生故障的原因有以下几种：

（1）设备、元器件本身缺陷；

（2）维护不良、设备失修或调整不当；

（3）误操作或操作违反规程规定；

（4）大风、雨雪、洪水、冰雹或地震等自然灾害影响；

（5）设计不合理、施工不良或配套设施不全；

（6）其他因素的影响。

通信电路或设备的故障责任分属以下方面：

（1）运行维护人员的责任，如误操作、设备维护不良、处理方法不当、未执行规章制度等；

（2）运行管理部门的责任，如规章制度不健全、调度指挥不当，仪表、工具、备品、配件不齐全等；

（3）直接领导的责任，如领导失职，对反应的问题没能及时采取措施，致使故障扩大等；

（4）设计、施工及设备研制部门的责任，如设计不合理、施工质量不良、设备元器件质量低劣等；

（5）其他方面的原因，如外力破坏、不可抗拒的自然灾害等。

七、报表制度

1. 年报

年报以统计资料为主，其范围为各级通信机构本部及所属通信机构的上报资料，内容包括报表目录、表格、填表说明、有关建议、年终小结及下一年度工作要点等。

年报应按各级通信机构调度管辖范围内的通信网或线路的范围填写，分别由各级通信机构负责，逐级汇总上报，防止报表重复或遗漏。

年报统计应由专人负责，做到准确、及时、统一，符合规定要求。

年报统计的截止日期为每年 12 月 31 日。各级通信机构年报上报时限如下：

（1）地区级公司于次年 1 月底以前上报；

（2）省公司于次年 2 月底以前上报；

（3）区域网公司或直属省公司于次年 3 月底以前上报。

2. 月报

月报以运行分析资料为主，其范围为各级通信机构本部及所属通信机构的运行情况，内容包括光纤通信电路和设备的运行率、故障分析等。

月报应按各通信机构调度管辖范围内的光纤通信电路和设备填写，分别由各级通信机构负责，逐级汇总上报，防止报表重复或遗漏。

【思考与练习】

1. 电力光纤通信网的定义是什么？

2. 现阶段常用的电力特种光缆有哪两种？

3. 无人值守的光纤通信站应符合哪些要求？

4. 光缆线路巡视工作的主要内容是什么？

5. 光纤通信系统的运行统计包括哪些项目？

模块 2　《电力系统通信站防雷运行管理规程》（ZY3201001003）

【模块描述】 本模块介绍了电力系统通信站防雷运行管理规程。通过规程条文讲解，掌握规程条文的内容及相关要求。

【正文】

雷电过电压严重影响通信系统的安全，甚至会带来灾难性的损坏。加强过电压保护，是防止和减少过电压对通信站的危害，确保人身和设备安全的重要技术手段，也是保障通信线路、通信设备及通信设施安全运行不可缺少的、极为重要的技术环节。严格按照规程的要求，完善过电压防护技术措施，加强运行管理，对保证电力通信系统安全稳定运行有着十分重要的意义。

一、相关规程简介

为加强电力系统通信站防雷措施和运行管理，减少雷电过电压及电磁干扰对通信系统的危害，保证电力通信系统安全稳定运行，1994 年电力工业部根据当时的需要和具体情况，制定并颁布了 DL/T 548—1994《电力系统通信站防雷运行管理规程》。

与其他行业的通信站所不同的是，电力系统通信站不仅要考虑雷电过电压保护，还要考虑电力系统暂态过电压、操作过电压的保护问题，而 DL/T 548—1994 中缺少这方面的相关规定。另外，自 DL/T 548—1994 发布以来，过电压保护技术也有了很大发展，并在电力系统通信站得到了应用。鉴于以上原因，2009 年国家电网公司组织对 DL/T 548—1994 进行了修订。

在新修订的规程中，不仅包括雷电过电压的保护，而且考虑到了电力系统引起的过电压保护问题，因此更名为《电力系统通信站过电压保护规程》。考虑到使用习惯，新规程中仍将采用"防雷保护"、"防雷接地"等用词，广义等同于"过电压保护"。

《电力系统通信站过电压保护规程》将会成为"中华人民共和国电力行业标准"，在编写本模块的时候还没有正式颁布。考虑到新规程将要取代 DL/T 548—1994，本模块是根据新规程的征求意见稿来编写的。

二、《电力系统通信站过电压保护规程》的主要内容

《电力系统通信站过电压保护规程》（简称为《过电压保护规程》）条文包括五章和一个附录。

1. 范围

概括说明了《过电压保护规程》的主要内容和适用范围。主要内容包括两大方面：一是规定了电力系统通信站过电压保护所必须采取的技术措施；二是对电力系统通信站过电压保护的运行管理提出了要求。

该规程适用于电力系统通信站过电压保护系统的建设、施工、验收和运行管理。电力系统通信站的过电压保护设计也可参照本标准执行。

2. 规范性引用文件

以下列出了《过电压保护规程》中所引用的标准和规范清单。对于被引用的条款，在应用本规程时也必须遵照执行。引用的标准和规范有：

GB 50057　建筑物防雷设计规范

GB 50343　建筑物电子信息系统防雷技术要求

DL/T 475　接地装置特性参数测量导则

DL/T 620　交流电气装置的过电压保护和绝缘配合

DL/T 621　交流电气装置的接地

YD 5098　通信局（站）防雷与接地工程设计规范

YD/T 1235.1　通信局（站）低压配电系统用电涌保护器技术要求

YD/T 1235.2　通信局（站）低压配电系统用电涌保护器测试方法

3. 术语和定义

本章对规范中用到的术语给出了准确的定义，主要术语和定义如下：

（1）电力系统通信站。安装有为电力系统服务的各类通信设备（光纤、微波、载波、交换及网络等）及其辅助设备（供电电源、环境监控等）的建筑物和构筑物的统称，简称通信站。通信站可以是一座独立的建筑物（或构筑物），如设置在电厂内的通信楼；或仅拥有部分面积和空间用于通信机房的建筑物（或构筑物），如电力调度通信综合楼及设在变电站控制楼内的通信机房等。

（2）接地线。各种通信设备及不带电金属体与环形接地母线（或接地汇流排）之间的连接导线。

（3）环形接地母线。围绕机房（或墙内）敷设的闭合接地汇流排。

（4）均压网。利用建筑物各层房梁或地板内的主钢筋焊接成的周边为闭合的网格体。

（5）接地网。由垂直和水平接地体组成，供通信站使用的兼有泄流和均压作用的网状接地装置。

（6）接地体。埋入土壤中或混凝土基础中作散流用的导体。

（7）接地系统。通信站的接地线、环形接地母线、均压网、接地网以及接地体的总称。

（8）环形接地体（网）。围绕通信站按规定深度埋设在地下的闭合形接地体（含垂直接地体）。

（9）接地装置。接地极与接地线的总称。

（10）浪涌保护器。至少包含一个非线性电压限制元件，用于限制暂态过电压和分流浪涌电流的装置。按其使用功能，又分为电源浪涌保护器、天馈线浪涌保护器和信号浪涌保护器。

（11）电源防雷器。当遭受雷电磁波冲击时能够迅速将其导入接地体，使得残压降低到被保护电源设备允许承受的安全水平内的元器件。

4. 过电压保护技术要求

本章对过电压保护应采取的技术措施和应具备的技术参数进行了规定，包括通用规定、通信站的接地与均压、独立微波站的防雷接地、光中继站的防雷接地、屏蔽和隔离、限幅等方面。本章为强制性条文，必须严格执行。

鉴于本模块的重点在于讲解过电压防护（防雷）的运行管理，关于过电压保护应采取的技术措施和技术参数可参考本教材的模块 ZY3200903001"雷电的产生及防护措施"以及模块 ZY3200903002"通信系统接地"。

5. 运行管理

本章对过电压保护的运行管理提出了要求，包括管理原则、各级防雷主管部门职责、竣工验收、运行维护、雷害分析与统计等方面，具体内容在下一节进行详细介绍。

6. 附录 A

附录 A 介绍了接地电阻的测量方法，为资料性附录。关于接地电阻的测量，还可以参考本教材模块 ZY3200903002 "通信系统接地"，以及通用模块 TYBZ01107003 "接地电阻测量仪的工作原理" 和 TYBZ01107004 "接地电阻测量仪使用"。

三、防雷运行管理

1. 管理原则及组织机构

电力系统通信站防雷工作采用分级管理的原则。各级通信主管部门为所辖范围内通信站防雷的主管部门，负有所辖通信站防雷的运行管理。各级通信主管部门要设防雷安全负责人和专责人。负责人一般应由主管通信的领导担任，专责人必须经过防雷技术培训，具有必备的防雷专业知识。

2. 管理职责

各级防雷主管部门职责的主要职责是：

（1）贯彻执行上级颁发的通信防雷规程、规范及有关技术措施要求，结合实际情况制定相应的通信防雷规定及措施。

（2）负责编制通信防雷工作计划，经相应的主管部门审批后，组织实施。

（3）负责或参加所辖范围新建、改建、扩建通信站的防雷设计审查，防雷工程施工检查及竣工验收。

（4）指导和协调所辖通信站的防雷工作，下达工作任务，监督检查各通信站防雷工作情况。

（5）负责所辖通信站的防雷运行统计，雷害调查分析，逐级上报统计报表。

（6）组织、参加防雷技术培训、经验交流及技术攻关，采用和推广先进实用的新技术。

3. 防雷工程竣工的验收

防雷工程施工单位应按照设计精心施工，工程建设管理部门应有专人负责监督，对于隐蔽工程应进行随工验收，重要部位应拍照并做专项记录。

工程竣工时，应由通信工程建设管理部门组织验收，通信防雷主管部门和防雷专责人参加。对于通信站防雷系统未达到设计要求或防雷系统资料、记录不齐全的，不予验收。

设计资料和施工记录应由相应的防雷主管部门妥善存档备查，通信站应备有本站防雷设计资料。

4. 防雷运行维护工作

通信站应建立专门的防雷接地档案，包括通信站防雷系统接地线、接地网、接地电阻及防雷装置安装的原始记录及日常防雷检查记录。

每年雷雨季节前应对通信站接地系统进行检查和维护，主要检查连接处是否紧固、接触是否良好、接地引下线是否锈蚀、接地体附近地面有无异常，必要时应挖开地面抽查地下隐蔽部分的锈蚀情况，发现问题及时处理。

每年雷雨季节前应对运行中的防雷装置进行一次检测，雷雨季节中要加强外观巡视，发现异常及时处理。

接地网接地电阻的测量每五年不得少于一次，独立通信站要每年测量一次。每年进行一次接地装置的完整性测试，测试方法见 DL/T 475。

5. 雷害分析与措施改进

设备遭受雷击后，应根据实际情况及时组织有关专家对损坏情况进行调查分析，写出调查分析报告，制订改进措施。

雷害现场调查的主要内容包括：

（1）设施损毁及损失情况；

（2）各种电气绝缘部分有无击穿闪络的痕迹，有无烧焦痕迹，设备元件损坏部位，设备的电气参数变化情况；

（3）各种防雷元件损坏情况，参数变化情况；

（4）安装了雷电测量装置的，应记录测量数据，计算出雷电流幅值；

（5）了解雷害事故地点附近的情况，分析附近地质、地形和周围环境特点及当时的气象情况；

（6）保留雷击损坏部件，必要时对现场进行拍照或录像，做好各种记录。

6. 雷害统计与上报

各级通信主管部门要对雷害进行统计，建立本地区的雷电活动档案，以便了解雷电活动规律、强度、雷击概率，掌握设备损坏情况及雷电入侵途径等，积累必要的资料。

通信站发生雷害后应及时将初步情况逐级上报上级通信主管部门。各级通信部门应在次年一月底前，将本年度通信站雷害统计汇总报表上报上一级通信主管部门。

【思考与练习】

1. 产生过电压的原因有哪些？过电压对通信安全运行会造成什么危害？

2. 严格执行过电压保护规程，对保证电力通信系统安全稳定运行有哪些重要意义？

3. 防雷运行管理的主要工作有哪些？

4. 简述把好防雷工程竣工验收关的重要意义。

模块 3　《电力系统通信管理规程》（ZY3201001005）

【模块描述】本模块介绍了电力系统光纤通信运行管理规程。通过规程条文讲解，掌握规程条文的内容及相关要求。

【正文】

一、通信管理规程编制的意义

电力通信网是经国家批准的、依法建设的专用通信网络，是电网调度、生产、经营管理的基础支撑平台。电力通信管理实行统一领导、分级管理、下级服从上级、局部服从整体、支线服从干线、属地化运行维护的基本原则。公司通信网由三级组成，即国家电网公司总部至各网公司、至其直调发电厂和变电站（换流站）、各网公司之间、公司至南方电网为一级通信网；网公司至所属省公司、至其直调发电厂和变电站（换流站）、各省公司之间为二级通信网；省公司至所属地（市）公司、至其直调发电厂和变电站（换流站）、各地（市）公司之间为三级通信网。一、二级通信网为公司骨干通信网［除二级通信网中连接直调发电厂和变电站（换流站）的通信网部分］。目前，在国际上没有相关的标准化组织进行过有关电力通信管理的标准制定。1994 年，电力行业组织制订了行业标准《电力系统通信管理规程》并一直沿用多年。随着电力行业体制的改革，厂网分开，南北电网分开，公司电力通信管理的模式及内容都与之前相比有了较大变化。按照国家电网公司集团化、集约化、精细化管理的要求，需要从公司层面统一制定电力通信管理的有关标准，明确各级单位职责、分工，实现公司电力通信管理的规范化。同时，进一步理顺公司各级通信机构之间的上下级关系，明确各自的职责与分工，建立规范、高效的工作流程，加强公司通信专业和通信网的科学化、规范化管理，充分发挥电力通信网的基础支撑作用，确保电网安全、可靠、经济运行。

通信管理规程对电力通信网、通信机构、通信资源、通信调度、通信调度管辖范围、通信电路等术语进行了明确定义。《电力系统通信管理规程》的编写阐述了电力系统通信的作用、服务范畴，电力系统专用通信网的发展目标及发展电力系统通信的技术政策要点，明确各级通信机构的职责，采用专业技术手段实施科学管理，不断提高通信质量和服务水平。

二、通信管理规程管理体系及通信机构职责

公司通信管理体系由公司总部、公司相关直属单位、网公司、省公司及其相关直属单位、地（市）公司、县公司的通信机构组成，下级通信机构接受上级通信机构管理。

国家电力调度通信中心（简称国调中心）是公司通信管理归口部门，国网信息通信有限公司（简称国网信通公司）是公司直属信息通信企业，受公司委托承担相关通信运行管理、维护及工程建设等工作；公司相关直属单位（包括电网运行维护单位、科研单位）、网公司、省公司、地（市）公司及其相关直属单位（包括电网运行维护、科研单位）均应按照公司的有关规定和要求，设立通信机构，并

设置通信管理、运行岗位和人员；县公司及并网发电企业可根据实际需要，设置通信机构或通信专责。
各级通信机构的主要职责如下：

1. 国调中心
（1）贯彻公司颁发的各项管理制度和工作规定，负责指导、监督、检查各级通信机构工作。
（2）负责组织公司通信发展规划制定和网、省公司通信发展规划审核。
（3）负责组织公司通信管理制度、通信标准计划制订，通信标准修编和评审。
（4）负责组织通信发展技术政策制定，公司系统重大通信基建、技改工程和科技项目指导和审核。
（5）负责组织召开公司通信专业管理（工作）会议，组织公司通信专业调考、竞赛和培训工作。
（6）负责通信网运行安全管理、技术监督和重大事故调查工作。
（7）负责组织公司系统通信管理工作和通信网运行情况的统计、分析和评价。
（8）负责管理、指导和协调公司无线电和电力线载波频率管理工作。
（9）负责公司与南方电网公司、并网发电企业之间的通信工作联系。

2. 国网信通公司
（1）贯彻公司颁发的通信管理制度和标准，开展公司委托的相关通信工作。
（2）负责公司骨干通信网的运行、维护和管理。
（3）负责公司骨干通信网基建、技改通信工程项目建设工作。
（4）协助组织编制公司通信发展规划，制定技术政策和通信标准。
（5）负责组织骨干通信网技术培训，参与公司科技项目研究和技术监督工作。
（6）负责组织骨干通信网反事故预案编制，通信反事故演习，组织和参与通信事故调查。
（7）负责开展公司系统通信网运行情况的统计、分析和评价。

3. 网、省公司
（1）贯彻公司颁发的管理规定和标准，执行公司各项通信工作要求。
（2）负责本级通信管理工作，指导、监督、检查下级通信机构工作。
（3）依据公司通信发展规划和技术政策，负责组织编制本级通信发展规划。
（4）依据公司通信标准和管理要求，制定相应的通信管理细则和规定。
（5）负责本级通信网基建、技改工程建设和项目评审工作。
（6）参与公司总部和本级通信科技项目研究，参与下级通信科技项目评审。
（7）负责组织本级通信专业管理（工作）会议，组织本级通信网技术培训工作。
（8）负责本级通信网运行、维护管理工作。
（9）负责本级通信网技术监督和安全监督、检查工作，编制反事故预案，开展反事故演习，组织和参与通信事故调查。
（10）负责组织、开展本级通信网通信管理工作和通信网运行情况的统计、分析和评价。
（11）负责本级通信网无线电频率和电力线载波频率管理和协调。

4. 地（市）、县公司
（1）贯彻上级颁发的管理规定和标准，执行上级各项通信工作要求，负责本级通信管理工作。
（2）配合上级通信机构编制通信规划，负责本级通信网基建、技改通信工程建设。
（3）负责所属通信站运行、维护工作，参与反事故演习和通信事故调查。
（4）协助上级通信机构开展通信管理工作和通信网运行情况的统计、分析。

5. 电网运行维护单位
（1）贯彻公司颁发的管理规定和标准，执行公司各项通信工作要求。
（2）依据公司通信标准和管理要求，制定相应的通信管理细则和规定。
（3）负责所辖范围内通信设备的运行、维护管理工作。
（4）负责所辖范围内通信设备的安全检查，编制反事故预案，参与通信反事故演习和事故调查。
（5）负责所辖范围内通信管理工作和通信设备运行情况的统计、分析。

模块3

ZY3201001005

6. 科研单位

（1）贯彻公司颁发的管理规定和标准，执行公司各项通信工作要求。

（2）负责开展公司通信技术服务工作，协助通信技术培训工作。

（3）协助制定公司通信网发展规划、技术政策和通信标准。

（4）开展通信新技术研究和试验工作，参与公司科技项目研究。

7. 并网发电企业

（1）遵守公司颁发的管理规定和标准，接受所并网的通信机构指导和考核。

（2）按照并网协议的有关通信要求，负责并网通信设备的运行维护、技改、大修等工作。

（3）服从所并网的通信机构下达的通信运行方式和通信调度指令。

（4）协助所并网的通信机构开展并网通信设备运行情况统计、分析，协助反事故演习和事故调查。

三、通信管理规程的主要内容

1. 总则

包括电力通信网的定义、管理基本原则及通信网的组成等。

2. 管理体系与职责

包括管理体系的组成、各级通信机构的职责及岗位设置要求。

3. 通信规划

包括通信规划编制遵循原则、编制、审查及滚动修订周期等。根据电网需求和特点，通信规划是一个整体，各级通信规划在规划原则、技术政策、总体目标、专业管理工作、网络建设等方面必须协调一致。通信发展规划的编制和滚动修订周期应与公司电网发展规划一致，与电网规划同步开展。通信规划以 5 年为一个编制周期，一般 2～3 年滚动修订 1 次。规定了通信规划应包括前期规划总结、现状及存在问题、规划目标、需求分析、技术政策、通信网（包括传送网、业务网、支撑网等）规划方案、专业管理、专项研究、投资估算、规划成效、远景目标展望等内容。

4. 通信标准

规定了公司系统通信标准体系和通信标准应遵循唯一性原则，避免标准不统一或重复制定。公司通信标准体系建设、标准计划、标准编制、评审工作由公司统一组织实施和审批。公司通信标准体系包括技术标准、管理标准和工作标准。通用技术标准应优先选择适用的国际标准、国家标准和行业标准。同时规定了公司通信标准体系及现行标准复审周期等。

5. 科技项目

规定了通信科技项目管理应符合《国家电网公司科技项目管理办法》等有关要求。通信科技项目研究应以同期通信规划制定的技术政策和总体目标为指导，关注通信技术的发展动态和趋势，研究适合于电网通信的新技术。通信科技项目应采取先试点、后总结、再推广的原则。通信科技项目管理工作采取逐级上报、逐级审查、合同管理的方式等。

6. 通信工程

规定了通信工程项目的种类、通信工程建设应遵循有关工程建设程序及规定。规定了通信工程各阶段实施流程以及通信工程竣工验收的主要内容。重大通信工程投产后的通信工程后评估要求原则上应在 1～3 年内进行后评估，并规定了后评估工作所应包括的内容等。

7. 频率管理

电力通信频率管理分为两类，分别为无线电频率管理和电力线载波频率管理，规定了各级通信机构无线电管理工作应严格执行《中华人民共和国无线电管理条例》等国家无线电管理的要求以及有关报备手续；规定了各级通信机构应设置专职或兼职岗位，负责本级通信网无线电和电力线载波频率的管理工作，并制定相关管理细则；规定了电力线载波频率资源使用、审批、报备手续等。

8. 技术监督

规定了技术监督工作应严格执行的有关规定、贯彻的方针、原则和全过程管理要求；明确各级通信机构应建立通信技术监督机制，会同归口管理机构定期进行技术监督专项检查，实行监督报告、签字验收和责任处理制度及技术监督档案制度，规定了通信技术监督工作应以档案形式进行备案等。

9. 安全管理

规定了各级通信机构应严格执行各项安全管理制度；规定了公司总部、网、省通信机构应建立通信安全分析会制度以及会议应包括的主要内容，要求配合电网和通信网进行反事故演习和事故调查工作，建立健全电力应急通信机制；规定了网、省通信机构应按年度将通信安全工作情况报送国调中心，各级通信机构应针对所辖通信网的薄弱环节，组织编制应急预案和反事故演习方案，并报上一级通信机构审核、备案；规定了应急预案应包括的内容等。

10. 岗位与培训

规定了各级通信机构在满足和适应各项通信业务的开展应设置通信基本岗位。各级通信机构的专业设置和专业技术人员的配备应保持人员结构合理及相对稳定，运行人员均须经考核后方可上岗。公司系统各单位应根据通信技术发展状况和通信网建设、运行的要求，每年编制培训及人才培养计划并组织实施，培训内容应包括通信网规划、通信标准、运行设备、通信应急和反事故、通信新技术、职业技能、现场作业、专业交叉培训等。

11. 汇报制度

规定了各级通信机构应建立健全通信工作汇报制度。将本单位通信工作情况（包括通信专业重大工作活动、重要会议等），人事或机构变动，通信故障情况（影响电网运行的通信故障、重大通信故障等）逐级上报，并对汇报内容的要求和时限进行规范。

12. 通信资源

规定了通信资源使用要求，明确通信资源采取分级管理方式。通信资源统计应按照公司统一要求采用电子化方式进行管理。各级通信机构是所属管辖范围内通信固定资产的管理和使用部门，应严格按照《国家电网公司固定资产管理办法》的要求做好通信固定资产的管理工作等。

13. 运行方式

规定了编制本级通信调度管辖范围内的通信网年度运行方式和日常运行方式的原则、编制电力通信网运行方式优化调整需要考虑的因素以及年度运行方式编制包括的主要内容等。

14. 通信调度

规定了通信调度职责范围，明确下级通信调度必须服从上级通信调度的指挥，严格执行通信调度指令。承担通信光缆线路运行维护的单位，不论行政隶属关系，必须接受同级和上级通信运行管理机构的业务指导和运行管理，服从通信调度指挥。规定了地（市）级及以上通信机构应设置通信调度机构，并实行 24h 有人值班。各级通信调度人员应具备较强的责任心和判断、指挥能力，能够掌握所管辖的通信网状况、运行方式和设备原理，同时要求上岗前应经本单位通信机构培训和考核。

15. 通信站

规定了通信站分类及要求、通信站机房设置原则、机房通信电源、空调、防火、防雷、设备监测、动力环境监视系统等基础设施要求以及测试仪表、工器和备品件配置要求；规定了通信站应具备基本的运行维护资料，包括上级颁发的有关规程、规定、岗位责任制、值班制度、设备运行记录、设备操作手册、设备接线图等。

16. 通信检修

规定了通信检修的管理原则，要求必须严格按照电力通信设备检修工作有关规程、规定执行，涉及通信业务的电网检修工作应纳入通信检修管理范围。通信检修工作分级管理、逐级审批的规定。各级通信机构应按照要求编制检修计划，涉及承载上级部门通信业务的检修计划，应报上级通信机构部门批准。各级通信机构和运行维护单位应严格按照检修计划开展工作。

17. 故障处理

规定了各级通信调度是通信网故障处理的指挥和协调中心，运行维护单位应在本级和上级通信调度的统一指挥下开展故障修复工作；规定了通信调度故障处理流程、上报机制、故障经验总结、应急预案编制等。

18. 维护界面

规定了通信设备运行维护界面的种类，明确了一次系统和二次系统具体运行维护界面和运行维护原则。

19. 设备并网

规定了接入电力通信网的并网发电企业的通信设备技术指标和运行条件必须符合电力通信网运行要求，并网发电企业通信设备一经接入电力通信网，即纳入所属通信机构的管理范围，必须服从通信机构的统一调度和管理。并网发电企业的接入电力通信网的通信方案应经所属通信机构审核，其通信站应符合标准通信站的有关要求等。

20. 统计分析

规定了各级通信机构应组织开展通信统计和分析工作，以及通信统计和分析工作体系由公司总部、网、省、地（市）通信机构组成，各级通信机构应设置专职岗位，负责通信统计和分析工作；规定了通信统计和分析工作主要分类、周期等；规定了各通信机构应统计分析职责、应包括内容、通信统计和分析工作填报数据的要求、各类统计和分析报告（月报）的报送方式等。

【思考与练习】

1. 网、省公司通信机构的主要职责是什么？

2. 通信规划编制周期及滚动修订周期是多少？

3. 通信站需要具备哪些运行维护资料？

第十一部分

通信电源及其维护

第四十七章　通信电源系统概述

模块 1　通信电源系统的组成（ZY3201101001）

【模块描述】本模块介绍了通信电源系统的组成分类，包含交流输入形式、直流输出、高频开关整流器、蓄电池。通过框图讲解、系统图形示意，掌握通信电源的基本组成及其相互之间的关系。

【正文】

在电力系统各供电公司（分公司）、下属变电站中主要的电源设备及设施包括：交流市电供电线路、站内高低压变电站设备、不间断电源设备（通信电源/UPS）、蓄电池组、交流配电系统、直流配电系统、集中监控系统等。在通信设备内部通常根据内部板卡电路工作需要配有电源转换系统，即直流/直流变换（DC/DC）、直流/交流逆变（DC/AC）等。

通信电源是指对通信设备供电的电源设备。通信电源是电力系统通信部门电源的主要组成部分。在电力系统通信部门电源系统中，包括以下部分：对通信设备供电的、不允许间断的电源，最重要用电负荷；对允许短时间中断用电设备供电的电源（如电梯、营业用电、机房空调等建筑负荷），重要用电负荷；对允许中断的一般用电设备供电的电源（如办公室空调、生活用电等建筑负荷），一般用电负荷。

图 ZY3201101001-1 是一个较完整的电力系统通信部门电源组成方框图。

一、交流市电的接入

如图 ZY3201101001-1 中 A 框所示。电力系统通信部门的电源一般都由高压电网供给，为了提高供电可靠性，重要的通信枢纽局一般都由两个变电站专线引入两路高压电源，一路主用，另一路备用。电力系统通信站内都设有变电设备，室内安装有高、低压配电屏和降压变压器。使用这些变电、配电设备，将高压电源变为低压电源（三相 380V），最终供给通信电源系统和其他设备。

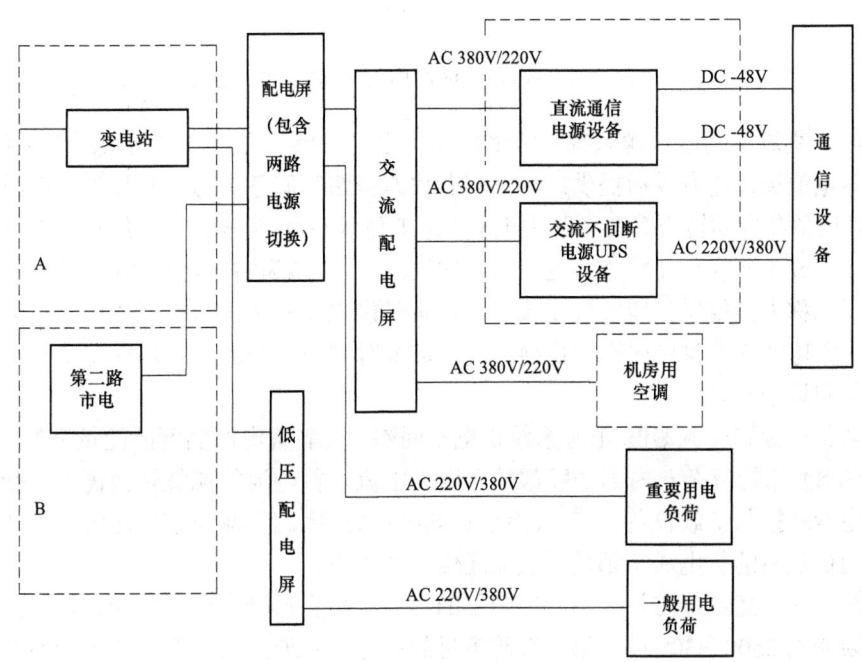

图 ZY3201101001-1　电力系统通信电源系统组成方框图

314

二、不间断电源

通信电源系统必须不间断地为通信设备提供电源，而交流市电无法实现。如图 ZY3201101001-1 所示，我们要将可能中断的交流市电转换为不间断的电源对通信设备供电。有的通信设备使用直流电源，如交换机、SDH、微波设备、PCM 等通信设备。有的通信设备使用交流电源供电，如计算机服务器等设备。

（一）直流不间断电源系统

直流不间断电源系统示意图如图 ZY3201101001-2 所示。

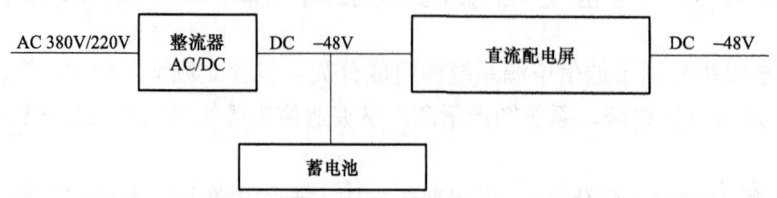

图 ZY3201101001-2　直流不间断电源系统示意图

设备正常工作时，使用交流市电提供能源。整流器的作用是将交流电转换为–48V 直流电，直流电输出一方面由直流配电屏分配给通信设备，另一方面给蓄电池组浮充充电，必要时可转换为均衡充电，确保蓄电池处于充满电的状态。

当交流市电停电、整流器故障时，将由蓄电池组直接提供电源，确保通信设备供电正常。

（二）交流不间断电源系统（UPS）

交流不间断电源系统示意图如图 ZY3201101001-3 所示。

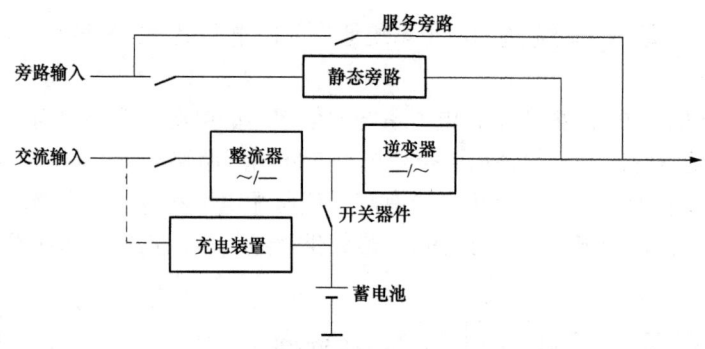

图 ZY3201101001-3　交流不间断电源系统示意图

市电正常时，交流不间断电源系统交流输出由市电经过整流和逆变供给（逆变工作状态）。当市电停电时，由蓄电池经过逆变以后提供；另外它有静态旁路和服务旁路，当设备过载或外部负载设备有瞬间短路时，设备会自动转为静态旁路供电（旁路工作状态）；服务旁路一般只有在专业工程师维护时用到。通常，UPS 工作在逆变状态（也称为在线模式），在转为蓄电池供电时，切换时间为 0；UPS 旁路工作状态（也称为离线模式或经济模式）时，负载供电实际上由市电直接供给，因此效率高，但在市电停电转为蓄电池逆变供电时存在切换时间，切换时间小于 5ms，只有负载设备允许有 5ms 的切换时间时才能使用这个模式。

实现直流通信电源和交流 UPS 电源系统供电不间断，要靠蓄电池储蓄的能量来保证。交流不间断电源系统（UPS）结构复杂，内部一般都是高压大电流，蓄电池的能量转换需要复杂的电路；直流通信电源的蓄电池直接与负载设备连接，没有任何转换电路，因此直流通信电源的可靠性要比交流 UPS 电源系统高。通信设备的供电通常都是以直流通信电源为主。

在通信电源中应注意三级防护。第一级防雷的目的：防止浪涌电压直接导入，将数万伏至数十万伏的浪涌电压限制到 2500～3000V。第二级防雷目的：进一步通过第一级防雷器的残余浪涌电压限制到 1500～2000V。第三级防雷的目的：最终保护设备的手段，将残余浪涌电压的值降低到 1500V 以内，使浪涌的能量不至损坏设备。是否必须要进行三级防雷，应该根据被保护设备的耐压等级而定，假如两级防雷就可以做到限制电压低于设备的耐压水平，就只需做两级保护，假如设备耐压水平较低，可能要四级甚至更多级的保护。三级防雷是因为能量需要逐级泄放，对于拥有通信系统的建筑物，三级防雷是一种成本较低、保护较为充分的选择。

【思考与练习】

1. 电力系统通信部门的电源由哪几部分组成？

2. 通信电源和电力系统通信部门的电源有什么区别？画出电力系统通信部门的电源系统图。

模块 2　通信电源的分级（ZY3201101002）

【模块描述】本模块介绍了通信电源的分级描述，包含第一、二、三级电源分级。通过框图示意，掌握各级电源的主要作用和特点。

【正文】

在通信电源系统中，根据功能和转换关系，可将电源系统分为三个部分：

（1）第一级电源：交流市电或柴油发电机组。第一级电源为整个电源系统提供能源，但有可能中断。

（2）第二级电源：不间断电源，包括交流不间断电源系统（UPS）和直流不间断电源系统（−48V直流通信电源），用于确保电源不中断。不间断电源从交流市电或柴油发电机组获得能源，并连接蓄电池组，在交流电中断后，由蓄电池组提供能源，确保向通信设备提供不间断的交流或直流电源。

（3）第三级电源：通信设备内部电源。通信设备内部根据板卡电路需要，将输入的不间断电源（交流或直流）再转换为可直接供给电路的电源。转换形式主要有三种：

1）是直流/直流（DC/DC）变换；

2）是交流/直流（AC/DC）变换，将交流电整流、稳压后供给内部电路；

3）是 DC/AC 逆变器，将直流电逆变成所需的交流电。

通信电源分级示意图如图 ZY3201101002-1 所示。

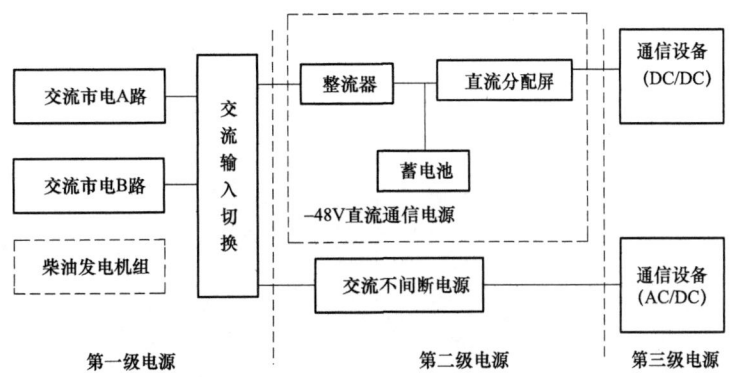

图 ZY3201101002-1　通信电源分级示意图

【思考与练习】

1. 从功能和转换层次来看，对电源是如何分级的？其作用是什么？画出分级示意图。

模块 3　通信设备对通信电源系统的要求（ZY3201101003）

【模块描述】本模块介绍了通信设备对通信电源的基本要求，包含可靠性、稳定性、小型智能化和高效率要求。通过要点介绍，了解通信设备对通信电源基本要求。

【正文】

一、可靠性要求

通信电源可靠性是指在任何情况下都不允许输出有任何中断或停电的故障发生。现今通信设备已

模块
3

ZY3201101003

经非常先进，数据传输速率也非常高，任何因通信电源输出中断而引起的通信传输中断，都会带来巨大的经济损失，所以在任何情况下必须保证通信设备不发生故障停电或瞬间中断。可靠性要求是通信设备对通信电源最基本的要求。

二、稳定性要求

因为通信设备的高精度、高数据传输率，所以对通信电源提供的输出电压质量要求非常高，输出质量用稳压精度、纹波系数、杂音电压等一系列参数来表示。这些指标都应低于允许值，否则轻则影响通信设备的正常数据传输，重则导致通信中断或损毁通信设备。

三、小型智能化要求

随着大功率电子器件、微电脑控制技术的发展，通信电源由早期的相控电源发展到目前的高频开关电源，并具有大功率小体积、智能化程度高，便于运行管理和故障维护等特点。

四、高效率要求

早期相控电源的效率仅为70%，大量的能耗都转化了热量，即浪费了能源，又造成设备的故障率较高。现如今，通信设备的高频开关技术、零电压及零电流切换技术等都降低了整流模块自身的损耗，提高了转换效率（可达到90%以上）。效率的提高不仅可以节省能源，更重要的是效率的提高意味着故障率的降低。

【思考与练习】

1. 通信设备要求通信电源最主要的基本要求是什么？
2. 通信电源设备的输出指标主要有哪些？

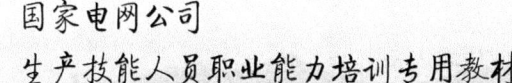
国家电网公司
生产技能人员职业能力培训专用教材

第四十八章　整流与变换设备

模块 1　通信高频开关整流器的组成（ZY3201102001）

【模块描述】本模块介绍了通信高频开关整流器组成、原理和分类。通过框图解析、要点讲解，掌握高频开关电源主要组成电路。

【正文】

一、通信高频开关整流器的组成

通信用高频开关电源，通常由交流配电单元、直流配电单元、监控器、整流模块和蓄电池组等组成。其中，整流模块使用的是高频开关电源技术，因此有时也称整流模块为高频开关整流器或高频开关整流模块。

高频开关整流器的原理方框图如图 ZY3201102001-1 所示。

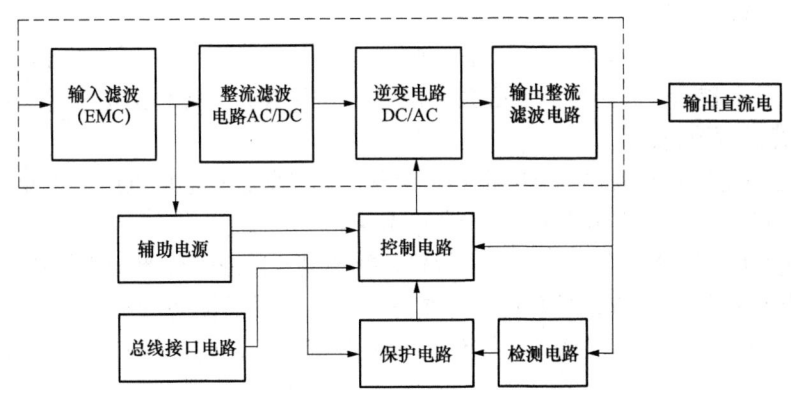

图 ZY3201102001-1　高频开关整流器的原理方框图

（一）主电路

主电路（见图 ZY3201102001-1 虚框部分）的功能是实现交流市电输入转换到直流稳压输出的全过程，是高频开关整流器的主要部分，包括：

（1）交流输入滤波（EMC）。其作用是将交流电网存在的杂波等电磁干扰过滤，同时也阻止整流模块产生的电磁干扰反馈到交流电网。

（2）整流滤波电路。将电网交流电源整流成为较平滑的直流电，以供下一级电路使用。

（3）逆变电路。将整流后的直流电转变为高频交流电，这是高频开关整流器的核心电路。在一定范围内，频率越高，同样的输出功率，逆变电路的体积、重量越小。当然，频率也不能无限制提高，还牵涉到电子技术、元器件、成本、电磁干扰、功耗等各种因素。

（4）输出整流滤波。将高频交流电整流滤波为稳定可靠的直流电源。

（二）控制电路

为了实现输出电压稳定，控制电路首先要从输出端取样，并与设定基准进行比较，反馈控制逆变电路，改变逆变振荡频率或脉冲宽度，达到输出电压稳定；第二是根据检测电路提供的数据，经过保护电路鉴别，对整机进行各种保护措施（过电压、欠电压、过电流、过热等）；第三是与总线接口电路连接，与监控器交换数据，处理监控器的指令。

（三）检测电路

检测内部电路的数据参数，提供给保护电路；电压、电流、设定值等数据提供给各种显示仪表，方便使用人员观察、记录。

（四）辅助电源

提供开关整流器内部电路正常工作的各种交直流电源。

（五）总线接口电路

总线接口电路主要是为了高频开关整流器的并机、监控而设计，它和监控单元进行通信，接受监控单元的监控管理，实现模块的电压调整、均流调整等功能。

二、高频变换减小变压器体积的原理

高频开关电源开关频率一般控制在 50~100kHz 范围内以实现高效率和小型化。通过高频开关整流器方框图可以看出，高频开关整流器将 50Hz 交流电首先整流成直流电，再将直流经过逆变电路转换为高频交流电，这时，开关变压器的工作频率大大提高，从而缩小了转换变压器的体积。使用高频变换技术以减小变压器体积是高频开关整流器的关键技术。我们用下面的方程式来说明变压器电压与其他参数之间的关系。

$$E=4.44fNB_MS$$

式中　E ——变压器电压；

　　　f ——通过铁心电路的电源频率；

　　　N ——铁心电路线圈匝数；

　　　B_M ——铁心的磁感应强度；

　　　S ——铁心线圈截面积。

从方程式可以看出，在变压器电压和磁感应强度（与电流有关）一定的情况下，即变压器功率一定的情况下，工作频率越高，变压器的铁心截面积可以做得越小，绕组匝数也可以越少。

三、高频开关整流器分类

DC/AC 逆变电路是高频开关整流器的主要组成部分。根据逆变电路电压调整原理的不同，高频开关整流器可分为 PWM 型（脉宽调制型）和谐振型两类。

PWM 型高频开关整流器具有体积小、重量轻、效率高、适应性强等特点，整流器中的功率开关器件工作在强制截止和强制饱和导通方式下，在开关截止和导通期间会产生一定的开关损耗，这种开关损耗会随着开关频率的提高而增加，降低了转换效率，因此限制了整流器开关工作频率的进一步提高。

谐振型高频开关整流器可以使开关整流器工作在更高的频率下而开关损耗相对较小，通常可分为串联谐振型、并联谐振型和准谐振型 3 种，目前应用较为常见的是准谐振型高频开关整流器。

【思考与练习】

1. 请画出高频开关整流器的方框图，并简要说明主电路各部分的作用。

2. 为什么高频开关整流器的变压器可以做得比较小？

模块 2　开关电源系统（ZY3201102002）

【模块描述】本模块介绍了开关电源系统组成单元。包含交流配电、整流模块、直流配电和监控单元。通过要点讲解、原理图形示例，掌握开关电源系统的组成及各组成单元的主要作用。

【正文】

通信开关电源系统由交流配电单元、直流配电单元、整流模块、监控模块、蓄电池组成。图 ZY3201102002-1 是一个开关电源系统电气原理图，它包括上述几个部分。

一、交流配电单元

通常由双路市电切换装置、防雷器、控制开关等组成，负责将一路或两路三相交流电供给多个整流模块。交流输入采用三相五线制，即 A、B、C 三根相线和一根零线 N、一根地线 E（FG）。交流输入首先经过双电源切换装置（只有一路市电时无需切换电路）转换成一路交流电。切换后的交流电再接上防雷器（也称避雷器），保护后面的电路免受高电压的冲击。整流模块的供电接有模块总开关进行

控制，总开关应采用 3 个独立开关，每个开关各控制一相交流电。另外，切换后的交流电有的也接有分配开关，提供给其他允许交流电短时间中断的设备使用。

二、整流模块

将交流电转换成–48V 直流电。通信开关电源系统一般有多个整流模块并机组成，并机整流模块工作必须具备以下并机特性：多个整流模块均分负载（即均流功能）；当其中一个整流模块故障时能自动退出系统而不影响其他模块的工作；共同接受监控单元的管理等。整流模块的输出接至汇流排，直接供给直流分配单元，另外，也要给蓄电池组进行充电（浮充或均充）。

三、蓄电池组

通信开关电源系统根据情况配有一组或两组蓄电池，接入到系统直流输出的汇流排，如图 ZY3201102002-1 所示。汇流排和蓄电池组之间一般串有电池分流器和相应规格的保护熔丝。电池分流器的作用是采集电池的充放电电流，并根据此数值进行充电限流。根据用户需要，有的开关电源系统还选配电池欠压保护装置，也称为蓄电池组的低压脱离装置（Low Voltage Disconnectted，LVD）。

电池欠压保护装置的作用：当系统输出电压在正常范围内时，该欠压保护装置的接点是闭合的，蓄电池组是正常并入开关电源系统的；当整流模块停机（市电停电）时，由蓄电池对外部负载放电，随着放电时间的延长，电池电压会逐渐下降到欠压保护值，欠压保护装置的接点断开，蓄电池组与系统脱离，此时系统停止供电。电池欠压保护装置主要保护蓄电池防止应过度放电而影响蓄电池寿命。通信电源停止供电将造成重大的通信事故，因此我们应加强日常巡检与维护工作，避免蓄电池组长时间放电，电池放电后要及时进行充电等。

四、直流配电单元

将汇流排上的直流电，分成多路分配给各种容量的直流通信负载。分配装置主要是熔丝和开关，对于大功率负载一般使用熔丝分配，小功率负载使用开关分配。在整流模块输出和汇流排之间一般接有分流器，以检测整流输出总电流和负载电流。

五、监控单元

是整个开关电源系统智能化的关键部分，它监测并控制整个开关电源系统，采集电源系统中的各种运行参数，如交流电压、直流电压、输出电流等；控制整流模块的输出电压、均浮充转换等；与监控主机进行信息传输等。监控单元主电路采用以 CPU、PLC 等为核心的计算机技术，与模块的连接采用接口总线技术，早期产品多使用模拟总线技术，现已逐渐被数字总线技术所取代，如 I^2C BUS、SATBUS、ADBUS 及 CAN BUS 总线等。

根据监控对象的不同，监控单元可分为交流配电监控、整流模块监控、蓄电池组监控、直流配电监控、自诊断和通信接口 6 个功能部分。下面简单分析各部分监控分别完成哪些具体功能。

1. 交流配电监控

监测三相交流市电的电压、频率值和防雷器状态等情况，并与系统内部设定的范围值进行比对，以判断是否正常，当判断异常时，可以发出声光告警。可以通过显示屏或数字表进行显示。

2. 整流模块监控

监测整流模块的输出电压、输出电流，控制整流模块工作状态（浮充或均充状态）的转换，控制整流模块的开关机。

通信电源有两种工作状态：浮充充电和均充充电。平时整个通信电源系统工作于浮充充电模式，当浮充时间较长（3 个月以上）或蓄电池放电后，则需要转换为均充，保证电池电量充足。

3. 蓄电池组监控

监测蓄电池组总电压、电池电流（充电电流或放电电流），记录放电开始时间、结束时间和放电容量、电池温度等。

控制蓄电池组 LVD（欠压保护）脱离保护和正常恢复（欠压保护脱离电压和恢复电压可以设定）；蓄电池组均充时间、均充周期的控制，蓄电池充放电温度补偿控制等。

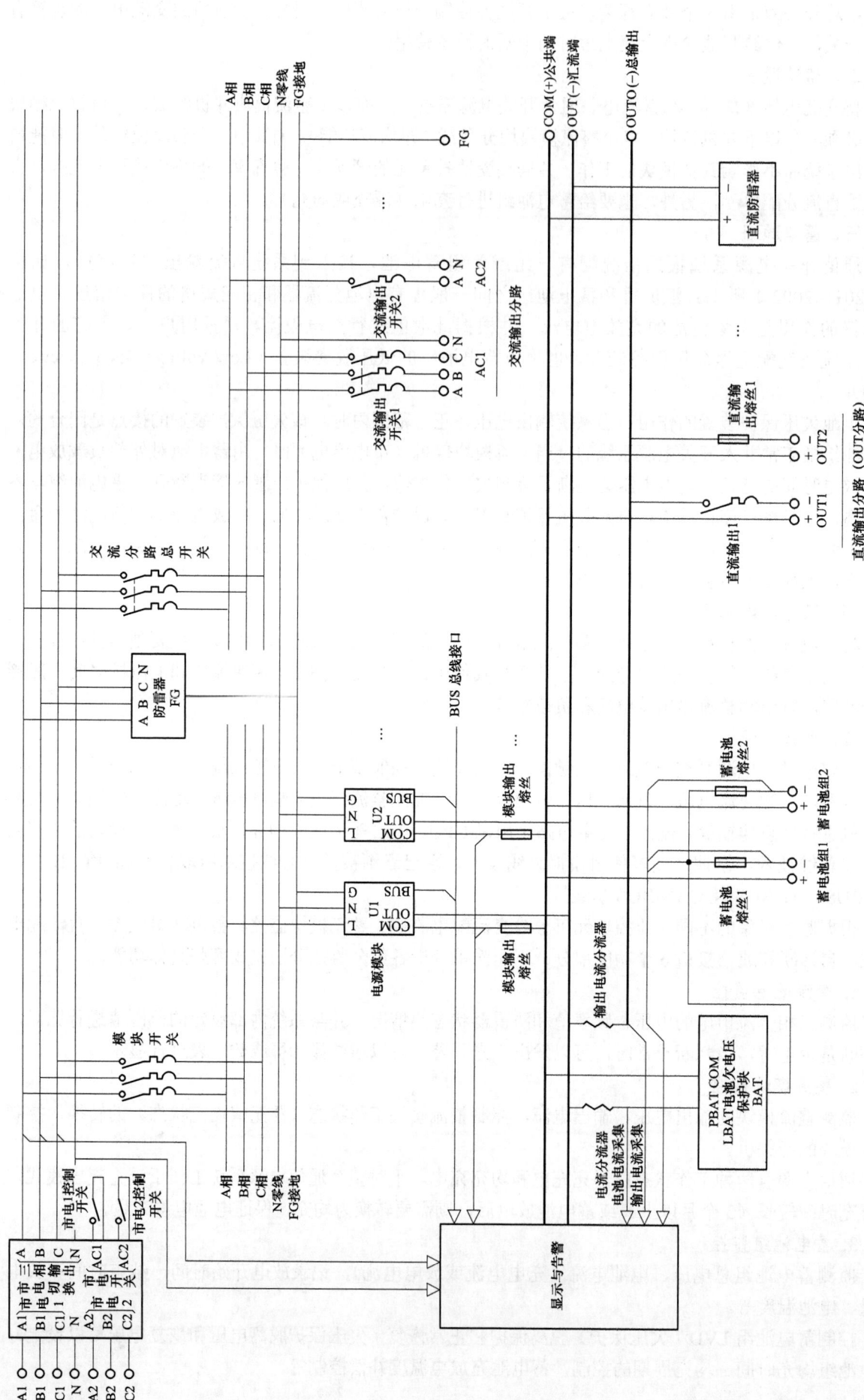

图 ZY3201102002-1　通信开关电源系统电气原理图

说明：

（1）蓄电池组均充周期：根据蓄电池厂家的建议，一般在浮充运行 3 个月之后，要进行一次均充。

（2）蓄电池温度补偿是指给蓄电池充电的最佳电压会随着电池与环境温度的变化而改变，监控单元可以根据检测到的电池环境温度的变化，按照设定的补偿参数对模块的输出电压进行调整。

4. 直流配电监控

监测通信电源系统输出总电压、输出总电流以及各负荷熔丝、开关情况。

5. 自诊断

监控单元自检功能，监测监控器内部各部件情况。

6. 通信接口

实现与监控后台或远端计算机的通信连接，通信接口通常为 RS-232，网络口。可以设置串口通信参数或网络地址等参数。

【思考与练习】

1. 开关电源系统由哪几种模块单元组成？简述其功能。

2. 描述电池欠电压保护装置的作用。

模块 3　开关电源系统的故障处理与维护（ZY3201102003）

【模块描述】本模块介绍了开关电源系统的故障处理与维护，包含开关电源故障检修的基本步骤、故障现象分类以及根据故障现象绘制流程图。通过步骤介绍、举例讲解，掌握开关电源系统的故障处理与维护的基本步骤和方法。

【正文】

一、开关电源的故障处理与维护

由于开关电源系统工作于高温高压下，并受外界环境（如温度，湿度，电磁干扰等）因素的影响，通信电源设备发生故障难以避免。故在设备发生故障后，能对故障点进行检修，使之迅速恢复正常运行，减少故障所造成的损失是开关电源故障处理和维护的基本任务。目前，通信电源系统都具有监控单元，且具有一定的智能化。监控单元一方面可以通过智能接口跟计算机相连，而且当系统发生故障时，系统监控单元能够显示故障发生的具体部位、故障时间等，运行维护人员根据这些信息可以进行一些初步的判断。但因通信电源监控系统还没有完全达到真正能代替人的所谓"人工智能"的程度，所以很多故障发生后的判断处理仍然需要有经验的电源维护人员，根据故障现象，进行缜密分析，做出正确的检查、判断及处理。

当设备发生故障后，需进行维修。系统检查维修的基本步骤如下：

（1）首先查看系统有无声光告警指示。由于电源整流模块和监控器均有相应的告警提示，如市电输入故障后监控单元相应的市电输入告警指示灯点亮，同时系统发出蜂鸣声告警。

（2）检查系统输出电压，再看具体故障现象和告警信息提示。量测系统输出电压，可以判断整个通信电源设备给负荷的供电情况，例如市电停电时，通过量测系统输出电压和负荷电流，可以初步判断系统还能维持多长时间，如有必要则需要采取应急处理。

（3）根据故障现象或告警信息，根据故障流程图，对本开关电源做出正确的分析及形成处理故障的检修方法，即可完成故障检修。

二、告警分类及故障处理（以德国北宁 BLT600 电源系统为例）

1. 告警分类

（1）紧急告警。这一类故障发生时，会出现紧急告警故障灯亮、告警声响等现象，需要采取必要的措施，避免故障范围扩大，如两路市电全部故障，所有模块全部故障等。

（2）非紧急告警。这一类故障发生时，会出现非紧急告警故障灯亮、告警声响等现象，如单个整流模块故障、单路交流输入电源故障等。

图 ZY3201102003-1　整流模块
前面板示意图

模块3

ZY3201102003

2. 故障处理

在实际检修过程中，可以根据故障现象归入下列故障现象：

（1）市电一/二故障。此故障在交流输入一过压（大于 265V）/欠压（低于 185V）及缺相时发生，可以使用万用表检查市电输入确定故障原因并及时修复，以免蓄电池长时间过放电。

（2）整流器故障。整流器 PDE1300 前面板有两个指示灯，绿色运行指示灯和红色故障指示灯。当模块红色故障指示灯亮起时（见图 ZY3201102003-1），监控器同时出现此告警。出现此告警时，可以检查整流模块上的指示灯，重启或更换指示异常的模块。

（3）蓄电池熔丝告警。使用万用表直流电压挡量测蓄电池熔丝两端电压，正常为 0，如显示值大于 0.1V，则蓄电池熔丝熔断；在确保市电供应正常的情况下可以拔出蓄电池熔丝进一步检测。确定蓄电池熔丝熔断后，应立即予以更换。

（4）交流防雷器故障告警。检查防雷器模块是否松动或窗口颜色变为红色。如防雷器防雷模块有松动情况，重新按压即可；如窗口有变红的情况，需要立即更换防雷模块。

三、绘制故障检修流程图

德国北宁电源的故障类型一般在 MCU2500 监控器上均已列出，发生实际告警时按照相应的告警故障处理方法均可很快处理好故障，恢复正常工作。但由于 MCU2500 监控器还没有达到完全的人工智能，有些故障还需要进行实际的情况分析判断解决，绘制告警检修流程图是一种很好的办法，以防雷器告警检修为例，绘制检修流程图如图 ZY3201102003-2 所示。

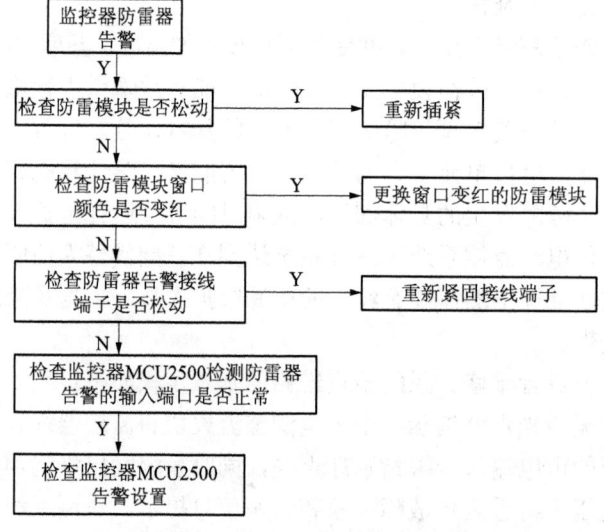

图 ZY3201102003-2　防雷器告警检修流程图

【思考与练习】

1. 对开关电源系统进行检修的基本步骤是什么？

2. 常见的开关电源系统故障有哪些？如何处理？

第四十九章 蓄 电 池

模块 1 通信蓄电池的构成与分类 (ZY3201103001)

【模块描述】本模块介绍了通信蓄电池的构成与分类，包含密封阀控式铅酸蓄电池的基本结构和蓄电池分类。通过结构图形介绍、型号示例，掌握密封阀控式铅酸蓄电池的基本组成结构和分类。

【正文】

一、密封阀控式铅酸蓄电池的基本结构

密封阀控式铅酸蓄电池的结构如图 ZY3201103001-1 所示。

密封阀控式铅酸蓄电池主要由正极板（正极为二氧化铅）、负极板（铅）、隔板、电解液（硫酸）、安全阀及外壳、端子等组成。

二、蓄电池的分类

蓄电池的种类很多，通常按照使用用途、极板结构、电解液种类的不同进行划分。

（1）根据用途和结构划分，有固定型（用于场所固定不变的场合，如通信厂站、设备机房等）和移动型（主要用于电力机车牵引、船用等场合）两种。

（2）根据极板结构分类，有形成式、涂膏式和管式电池蓄电池。

（3）根据蓄电池盖和结构分类，有开口式、排气式、防酸隔爆式和密封阀控式电池。

（4）根据电解液的 pH 值种类划分，可以分为酸性蓄电池和碱性蓄电池。

（5）根据电解液的数量来划分，有贫液式和富液式。

（6）根据电解液的流动性能来划分，有普通铅酸蓄电池（采用普通硫酸电解液）和胶体蓄电池（采用凝胶状硫酸电解液）。

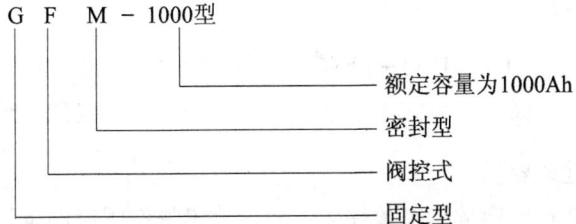

图 ZY3201103001-1 密封阀控式
铅酸蓄电池结构图

通信用蓄电池通常为密封阀控式铅酸蓄电池，密封阀控式铅酸蓄电池的型号示例如下：

```
G  F  M  -  1000型
                    └── 额定容量为1000Ah
            └────────── 密封型
      └──────────────── 阀控式
   └───────────────────── 固定型
```

【思考与练习】

1. 密封阀控式铅酸蓄电池由哪些部分构成？
2. 胶体蓄电池属于铅酸蓄电池吗？
3. 蓄电池有哪些种类？
4. 密封阀控式铅酸蓄电池的型号各部分代表什么意义？

模块 2　通信蓄电池的工作原理和技术指标（ZY3201103002）

【模块描述】本模块介绍了通信蓄电池的工作原理和主要技术指标，包含密封阀控式铅酸蓄电池的工作原理和容量。通过理论要点讲解，掌握影响密封阀控式铅酸蓄电池的容量的主要因素。

【正文】

通信蓄电池目前均采用免维护蓄电池（阀控式铅酸蓄电池），这是因为阀控式铅酸蓄电池为全密封，不会漏酸，而且在充放电时不会像老式铅酸蓄电池那样会有酸雾放出来而腐蚀设备，污染环境。

一、阀控式铅酸蓄电池的工作原理

1. 放电过程的化学反应

假定铅酸蓄电池已经充满电，这时正极板表面是一层二氧化铅（PbO_2），而负极为海绵状铅（Pb）。电解液为稀硫酸溶液（$2H_2SO_4$），电解液可以形成正的氢离子（$2H^+$）及负的硫酸根离子（SO_4^{2-}）。当铅酸蓄电池开始放电时：

正的氢离子向正极板移动，在正极板上产生如下的化学反应

$$PbO_2 + 2H^+ + H_2SO_4 = 2H_2O + PbSO_4$$

负的离子（SO_4^{2-}）向负极板移动，在负极板上发生的化学反应

$$Pb^{2+} + SO_4^{2-} = PbSO_4$$

可见，在铅酸蓄电池放电终结时，两极板表面都生成硫酸铅，电解液中硫酸则随放电过程而被消耗，同时形成水，使硫酸溶液浓度变小。

蓄电池放电总的电过程的化学反应式为

$$PbO_2 + 2H_2SO_4 + Pb \xrightarrow{放电} PbSO_4 + 2H_2O + PbSO_4$$
$$\text{正极}\quad\text{硫酸}\quad\text{负极}\qquad\text{正极}\quad\text{水}\quad\text{负极}$$

2. 充电过程的化学反应

将充电机的正、负极与被充电的铅酸蓄电池的正、负极相连。

在负极板上发生的化学反应为

$$PbSO_4 + 2H^+ = Pb^{2+} + H_2SO_4$$

可见经过充电，负极板表面又重新形成一层海绵状的铅，同时形成硫酸，硫酸溶液中的硫酸根负离子（SO_4^{2-}）向正极板移动，与正极板发生的化学反应为

$$PbSO_4 + 2H_2O + SO_4^{2-} = PbO_2 + 2H_2SO_4$$

可见充电的结果，使两个极板表面成为不同物质的导体，硫酸的浓度也得到恢复，于是又成为化学电源。

蓄电池充电总的电过程的化学反应式为

$$PbSO_4 + 2H_2O + PbSO_4 \xrightarrow{充电} PbO_2 + 2H_2SO_4 + Pb$$
$$\text{正极}\quad\text{水}\quad\text{负极}\qquad\text{正极}\quad\text{硫酸}\quad\text{负极}$$

二、阀控式铅酸蓄电池的容量

制造电池时，规定电池在一定放电率条件下，应该放出最低限度的电量。固定型铅酸蓄电池规定在25℃环境下，以10小时率电流放电至终了电压所能达到的容量规定为额定容量，用符号 C_{10} 表示。10小时率的电流值 I_{10} 为

$$I_{10} = \frac{C_{10}}{10}$$

蓄电池在实际使用中，其容量电压会受到放电率、温度、终止电压等因素的影响。放电率越高，放电电流越大，放电时容量越低，反之越大；在一定环境温度范围内放电时，温度越高放电时容量越

大，反之减小。终止电压越低，放电时容量越高，反之减小。

三、阀控式铅酸蓄电池维护的技术指标及其定义

（一）蓄电池的主要技术指标

（1）容量。额定容量是指蓄电池容量的基准值，容量指在规定放电条件下蓄电池所放出的电量，小时率容量指 N 小时率额定容量的数值，用 C_N 表示。

（2）最大放电电流。在电池外观无明显变形，导电部件不熔断条件下，电池所能容忍的最大放电电流。

（3）耐过充电能力。指完全充电后的蓄电池能承受过充电的能力。

（4）容量保存率。电池达到完全充电后静置数十天，由保存前后容量计算出的百分数。

（5）密封反应性能。在规定的试验条件下，电池在完全充电状态，每安时放出气体的量（mL）。

（6）安全阀动作。为了防止因蓄电池内压异常升高损坏电池槽而设定了开阀压，为了防止外部气体自安全阀侵入，影响电池循环寿命，而设立了闭阀压。

（7）防爆性能。在规定的试验条件下，遇到蓄电池外部明火时，在电池内部不引爆、不引燃。

（8）防酸雾性能。在规定的试验条件下，蓄电池在充电过程，内部产生的酸雾被抑制向外部泄放的性能。

（二）通信用阀控式密封铅酸蓄电池 YD/T 799—2002 技术要求

（1）放电率电流和容量。依据 GB/T 13337.2 标准，在 25℃环境下，蓄电池额定容量符号标注为：C_{10}——10 小时率额定容量（Ah），数值为 $1.00\,C_{10}$。10 小时率放电电流（I_{10}），数值为 $0.1\,I_{10}$ A。

（2）终止电压 U_f。10 小时率蓄电池放电单体终止电压为 1.8V。

（3）充电电压、充电电流、端压偏差。蓄电池在环境温度为 25℃条件下，浮充工作单体电压为 2.23～2.27V，均衡工作单体电压为 2.35V。各单体电池开路电压最高与最低差值不大于 20mV。蓄电池处于浮充状态时，各单体电池电压之差应不大于 90mV。最大充电电流不大于 $2.5\,I_{10}$ A。

【思考与练习】

1. 蓄电池额定容量是如何定义的？

2. 蓄电池时间放电容量主要受哪些因素的影响？

3. 蓄电池的浮充电压一般为多少？

模块 3　通信蓄电池的维护使用及注意事项（ZY3201103003）

【模块描述】本模块介绍了通信蓄电池的维护、使用及其注意事项，包含阀控式密封铅酸蓄电池的失效原因分析、使用和维护过程注意事项。通过要点讲解、曲线图形分析，掌握蓄电池使用与维护的方法及其注意事项。

【正文】

免维护阀控式密封铅酸蓄电池由于具有体积小、重量轻、自放电低、寿命长、节省投资、安装简便、安全可靠、使用方便、少维护、不溢酸雾、对环境无腐蚀污染等优良特性，因而在通信站中被大量使用。但从使用情况来看，不少用户不甚了解电池的使用要求，未能更新维护观念，合理地进行调整维护，致使电池较快失效。

一、免维护阀控式铅酸蓄电池的失效原因分析

（一）干涸失效

干涸失效是阀控式铅酸蓄电池所特有的。从阀控式铅酸蓄电池中排出水蒸气、酸雾、氢气、氧气，是电池失水、干涸的主要原因。

1. 失水的原因

（1）气体再化合的效率低；

（2）电池壳体裂纹，导致液体渗出；

（3）板栅腐蚀消耗水；

（4）自放电损失水。

2. 干涸的原因

（1）浮充电压过高。当浮充电压过高，气体析出量增加，气体再化合效率低，安全阀频繁开启，失水多；

（2）环境温度升高。环境温度升高，未及时调整浮充电压，同样产生失水过程。

（二）早期失效

早期失效是指蓄电池组在使用过程中，只有数个月或一年时间，其中个别电池的性能急剧变差，容量低于额定值的80%。导致电池早期失效的根本原因是电池中正负极板与隔板中电解液脱离接触。主要原因有：

（1）极群组装压力不适当；

（2）电解液高度过剩；

（3）电池在使用过程中失水的问题。

（三）热失控

由于充电电压和电流控制不当，在充电后期，会出现一种临界状态，即热失控。此时，蓄电池的电流及温度发生积累性的相互增强作用，使电池槽壳变形鼓起。

出现热失控的原因：

1. 氧复合反应

氧复合反应是放热反应，它将导致电池温度升高、电池内阻下降，如不及时下调浮充电压，就会使浮充电流加大，引起析氧量加大，复合反应加剧。如此反复积累，将会导致电池出现热失控。

2. 电池结构紧凑

电池采用了贫液式紧装配设计，隔板中必须保持10%的孔隙不准电解液进入，因而电池内部的导热性差，热容量小。

3. 环境温度升高

环境温度升高，则浮充电流相应增加，若不及时调整浮充电压，则会使电池温度迅速升高。

防止蓄电池热失控的措施有两点：

（1）通信电源应具有充电限流功能，并具备充电电压温度补偿功能。

（2）蓄电池组要放在通风良好的地方，最好有空调控制室温。

（四）负极不可逆硫酸盐化

当蓄电池经常处于充电不足或过放电，负极就会逐渐形成一种粗大坚硬的晶体（硫酸铅），它很难溶解，依靠通信电源的充放电难以使它转化为活性物质，因此电池容量会下降，进而导致蓄电池蓄电池寿命终止，这种现象称为极板的不可逆硫酸盐化。

为了防止蓄电池负极发生不可逆硫酸盐化，蓄电池放电后必须及时充电，不可过度放电。

（五）板栅腐蚀

在充电时，特别是在过充电时，正极板栅要遭到腐蚀，逐渐被氧化成二氧化铅而失去板栅的作用，为补偿其腐蚀量必须加粗加厚正极板栅。电池设计寿命是按正极板栅合金的腐蚀速率进行计算的，正极板栅被腐蚀的越多，电池的剩余容量就越少，电池寿命就越短。在设备实际运行过程中，一定要根据电池的使用手册正确设置浮充电压，并要考虑环境温度的影响。

二、免维护阀控式铅酸蓄电池的使用

（一）容量的选择

免维护阀控式铅酸蓄电池的额定容量一般是以10小时率放电容量为准。因此，我们应根据设备负载电流、后备时间等多种因素来选择合适容量的电池。

（二）免维护阀控式铅酸蓄电池的安装

1. 安装方式

免维护阀控式铅酸蓄电池一般安装在电池架、机柜上。安装方式要参考蓄电池厂商提供安装手册，并根据工作场地与设施而定。

2. 注意事项

（1）在接触蓄电池时，应穿上橡胶围裙和戴上橡胶手套，戴安全护目镜或其他保护眼睛的器具。

（2）连接螺丝必须拧紧，但也不要因用力过度导致极柱或螺丝损坏。脏污和松散的连接在大电流充放电过程中会引起电池连接端子打火、过热，可能导致蓄电池起火、爆炸，因此必须仔细检查。

（3）安装时要注意电池极性，特别是安装末端连接件和整个电源系统接通前，应认真检查正负极性，测量各单元总电压。

（4）预留一定的通道距离作维护空间，如电池背部靠墙，或背对背安装，至少预留 150cm 的空间距离。

（5）电池不要安装在密闭的设备或房间内，应有良好通风，最好安装空调。

（6）核对性放电。新安装的阀控蓄电池在验收时应进行核对性充放电，以后每 2～3 年应进行一次核对性充放电，运行 6 年以后的阀控蓄电池，宜每年进行一次核对性充放电。

（三）免维护阀控式铅酸蓄电池的充电特性

通信电源的蓄电池是长期并联在整流器和负载线路上，作为后备电源的工作方式。蓄电池的充电方式主要有两种：浮充充电和均充充电。

1. 补充充电

在运输过程中和安装前这段时间，蓄电池的容量由于自放电会有不同程度的损失。电池安装后应尽快进行初始补充充电。

2. 浮充工作特性

在市电正常时，蓄电池与整流器并联运行，蓄电池自放电引起的容量损失在全浮充状态下被补足。

（1）浮充电压的选择。浮充电压对蓄电池的使用寿命有直接影响，高于推荐值的浮充电压会降低电池使用寿命；低于推荐值的浮充电压会导致电池容量不足。浮充电压的选择应以蓄电池使用手册提供的参数为准，通常在环境温度为 25℃时，浮充电压为 2.23～2.27V。

（2）浮充电压的温度补偿。虽然电池的工作温度范围很宽，可在 –15～45℃ 范围内运行，但是电池运行最佳环境为 25℃ 左右，如果环境温度变化较大，需用温度系数进行补偿。在不同的环境温度下，单体电池充电电压可以参考图 ZY3201103003-1。应根据设置蓄电池厂家提供的参数手册设置温度补偿系数（–3～–4mV/℃）。

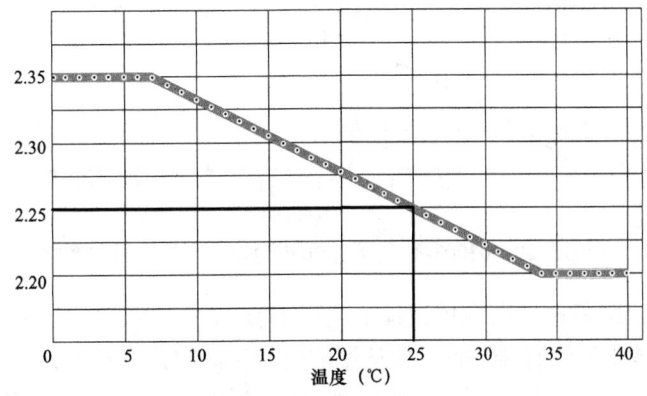

图 ZY3201103003-1　温度与浮充电压

3. 均充充电

蓄电池在正常的运行条件下是不需要均充充电的，但在电池间出现电压不一致时可用均充。在下列任一条件下应进行均充：

1）任意一个电池浮充电压小于 2.18V/单体。

2）在市电停电由电池放电后，要求在最短时间内对电池再充电。

3）在一组电池内单体之间电压差大于 0.10V，如果是 12V/节的电池，则大于 0.60V。

4）3～6 个月对电池组进行一次均充。

均充充电时，应采用恒压限流的方式，均充电压设定值参考蓄电池使用手册，通常均充电压不能

模块
3

ZY3201103003

超过 2.4V，充电限流值为 $0.1C_{10}$。

例如 100Ah 的电池，充电电流限制为 10A。当充电电流小于 $0.1C_{10}$ 可以再继续均充 2h。均充电时间不宜过长，充电时间不大于 10～12h。当均衡充电的电流减小至连续 3h 不变时，必须立即转入浮充电状态，否则，将会因过充电而影响电池的使用寿命。

（四）铅酸蓄电池的放电特性

铅酸蓄电池在实际运行中，是对实际通信设备放电，其放电速率与实际负荷有关。

图 ZY3201103003-2 为 12V 蓄电池放电特性曲线。该曲线表明电池放电电压与放电时间的关系。可以看出放电速率不同，电池终止电压也不相同。放电速率越高，终止电压越低。

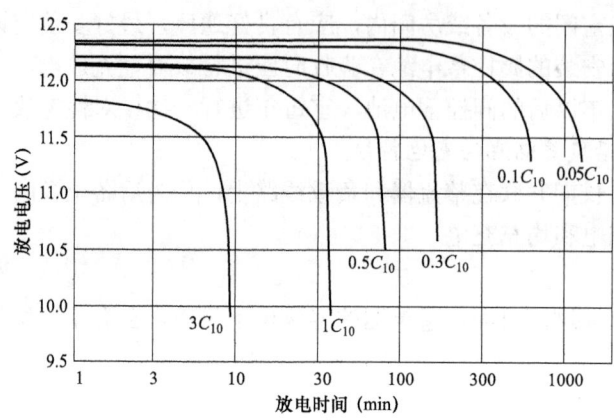

图 ZY3201103003-2　12V 蓄电池组放电特性曲线

温度和放电速率对电池放出的容量也有较大影响，如图 ZY32010010-3。通常环境温度越低，放电速率越大，电池放出的容量就越小。

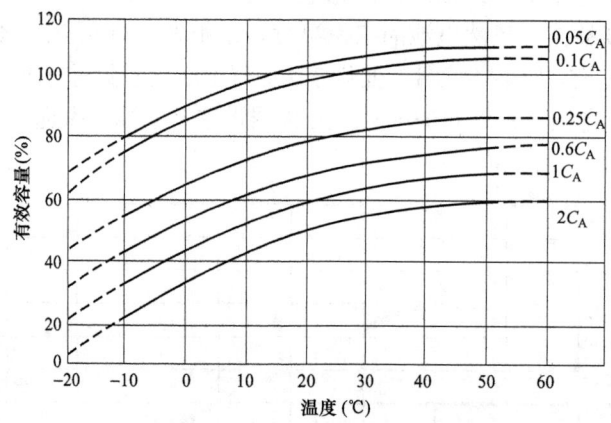

图 ZY3201103003-3　温度和放电速率对电池容量的影响

三、免维护阀控式铅酸蓄电池在维护过程中注意事项

（1）对阀控式铅酸蓄电池进行维护时，应从影响电池寿命的几个因素入手，消除或减小不利因素。影响电池寿命的因素有以下几个方面：① 环境温度。② 充电电压与电流。③ 放电的深度与频度。④ 交流纹波电压。⑤ 其他，热失控、密封失效、活性物质脱落、玻璃棉失去弹性等。

（2）每月维护的内容：① 目测电池的外壳是否有形变、密封点是否有漏液、连接条是否被氧化和腐蚀等。② 测量蓄电池组的运行电压：±1%。③ 蓄电池组运行的环境温度。④ 测量领先和落后单体电池（标示电池）电压。

（3）每季度维护内容：① 测量每只电池的电压。② 测量每只电池的温度，≤3℃。

（4）每年维护的内容：① 电池组的通风状况。② 检查连接条的紧固情况。③ 做容量试验。

新安装的阀控蓄电池投入运行后，以后每 2～3 年应进行一次核对性充放电，放电容量为 30%～40%；运行 5～6 年以后的阀控蓄电池，宜每年进行一次核对性充放电，每 3 年进行容量放电测试，放出额定容量的 80%。

【思考与练习】

1. 免维护阀控式铅酸蓄电池失水的主要原因是什么？

2. 热失控会对蓄电池造成什么危害？

3. 引起免维护阀控式铅酸蓄电池硫酸盐化的主要原因是什么？

4. 免维护阀控式铅酸蓄电池浮充电压为何要设置温度补偿？

5. 免维护阀控式铅酸蓄电池为何要定期均充？

6. 充电限流一般要如何设定？

7. 常见的蓄电池故障有哪些？如何处理？

国家电网公司
生产技能人员职业能力培训专用教材

第五十章 电源监控系统

模块 1 电源监控系统的功能（ZY3201104001）

【模块描述】本模块介绍了电源监控系统的各项功能，包含监控功能、交互功能、管理功能、智能分析功能、帮助功能。通过要点讲解、界面窗口示例，掌握监控器的主要功能及使用监控系统的方法。

【正文】

电源监控系统通过通信实时采集并进行分析统计对各通信站的通信电源系统进行监测及控制。电源监控系统是电源系统的控制、管理核心，它使人们对通信电源系统的管理由繁琐、低效变得简单、高效。通常其功能表现在三方面：

（1）电源监控系统可以全面管理电源系统的运行，方便地更改运行参数，可以对蓄电池进行放电检测，实施全自动管理，记录、统计、分析各种运行数据。

（2）当系统出现故障时，它可以及时、准确地给出故障发生部位，指导管理人员及时采取相应措施、缩短维修时间，从而保证电源系统安全、长期、稳定、可靠的运行。

（3）通过遥测、遥信、遥控功能，实现电源系统的少人值班或全自动化无人值班。

具体而言，通信电源集中监控管理系统的功能可以分为监控功能、交互功能、管理功能、智能分析功能以及帮助功能五方面，下面以泰坦电源远程监控系统为例进行通信电源监控系统功能介绍。

一、监控功能

监控功能是监控系统最基本的功能。监控功能可分为监视功能和控制功能两大部分。

（一）监视功能

监控系统能够对通信电源设备进行遥测和遥信，如图 ZY3201104001-1 所示。

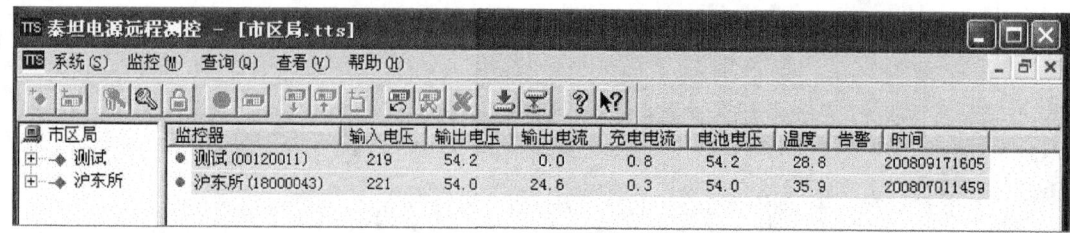

图 ZY3201104001-1 电源监控系统遥测与遥信量例图

通常遥测量包括：

（1）系统输出总电压、负荷总电流；

（2）电池电压、电池内阻、电池充放电电流、电池环境温度；

（3）输入交流市电电压；

（4）各整流模块的输出电压、输出电流。

遥信量主要有：

（1）直流配电各输出支路熔断器通断状态；

（2）电池组熔断器通断状态；

（3）电池充电电流过大，电池电压欠电压、过电压；

（4）市电电网停电、缺相，电压过高、过低或相间电压严重不平衡；

（5）整流模块工作温度过高、整流模块输出电压过高、过低；

（6）整流模块输出过电流保护。

（二）控制功能

监控系统可以对通信电源设备进行完全的控制，包括遥控和遥调，如图 ZY3201104001-2 所示。

遥控量主要有：

（1）整流模块开、关机控制；

（2）整流模块均、浮充转换控制。

遥调量主要有：

（1）整流模块的输出电压；

（2）蓄电池充电限流调整；

（3）电池温度补偿参数设置。

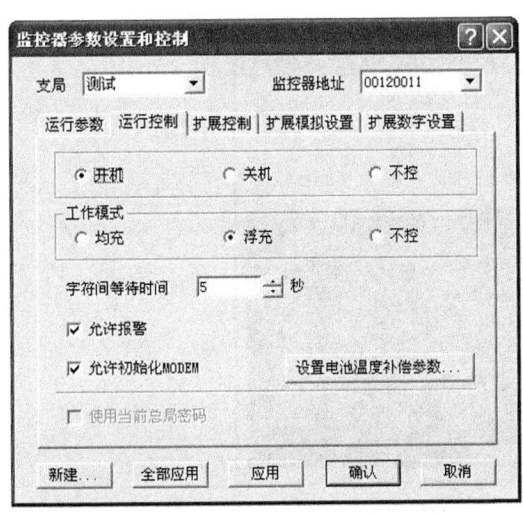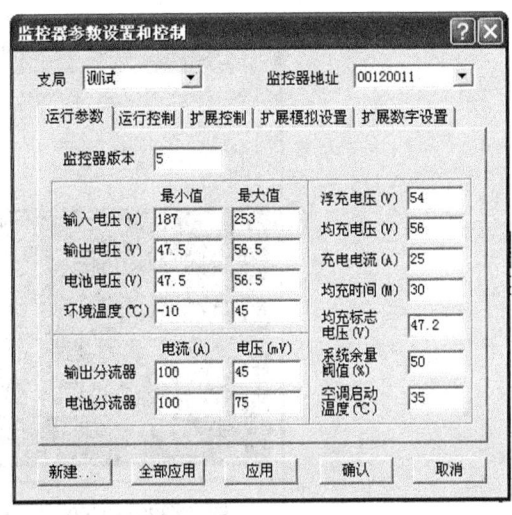

图 ZY3201104001-2　电源监控系统控制功能例图

二、交互功能

交互功能是指监控系统能够以图形化界面、数据、报表方式与维护人员之间交流、相互对话的功能。电源监控系统交互功能如图 ZY3201104001-3 所示。

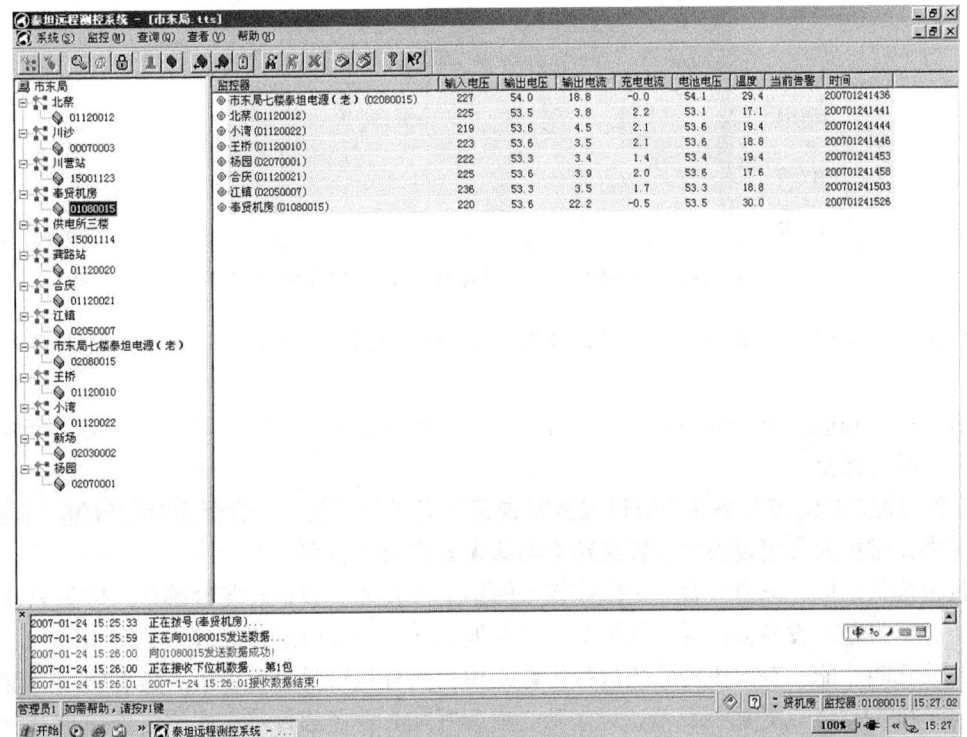

图 ZY3201104001-3　电源监控系统交互功能

三、管理功能

管理功能是指监控系统能够对当前数据、历史数据、告警记录、人员权限等进行管理和维护。

（一）数据管理功能

监控系统中采集到的数据，包括设备运行参数、环境参数和告警记录等。这些数据一般保存在计算机内相应的数据库文件夹内。在实际运行中，随着历史数据越来越多，有必要对数据进行管理。在监控系统中一般保留 30 天左右的数据，一些重要历史数据可以提取出来另行备份。

对保存在数据库内的资料可以进行数据处理和统计，并生成各种各样的报表和曲线，为维护工作提供科学的依据。

电源监控系统的数据管理图如图 ZY3201104001-4 所示。

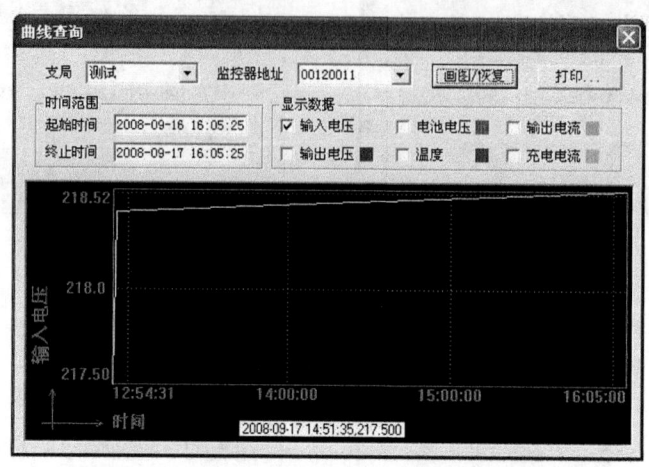

图 ZY3201104001-4 电源监控系统的数据管理例图

（二）告警管理功能

当监控系统检测到设备告警，系统界面会提示告警，并显示告警的具体内容，为维护人员处理故障提供依据。电源监控系统的告警管理功能例图如图 ZY3201104001-5 所示。

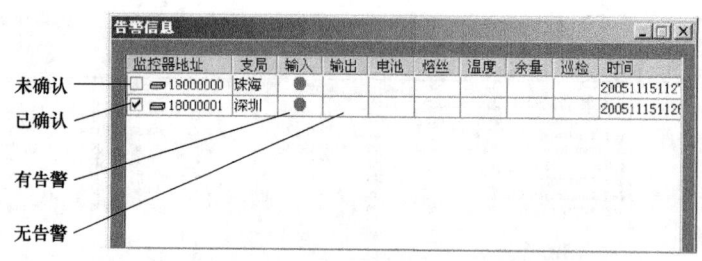

图 ZY3201104001-5 电源监控系统的告警管理例图

（1）告警显示功能。告警显示一般以在监控电脑弹出窗口的形式显示，主要有文字和声音告警两种方式。

（2）告警屏蔽功能。有些告警属于次要告警，可能对维护人员没有实际参考意义，可以将该项告警屏蔽，需要时再恢复。

（3）告警过滤功能。监控系统中可以设置将告警信息进行分类，一般分为紧急告警、非紧急告警、一般告警 3 类。维护人员可以根据告警级别来确认先处理哪些告警。

（4）告警确认功能。只有具有一定操作权限的维护人员才可以进行告警确认。因为只有专业的维护人员才能了解告警时设备会出现哪些状况，只有他们才可以及时进行处理。

（5）告警呼叫功能。有的监控系统自带告警终端，另外也可另外配置语音告警终端。这些告警终端可以安装手机 SIM 卡、连接网络等，以短信、语音呼叫、电子邮件等方式将告警信息及时通知维护人员。

（三）配置管理功能

配置管理是指对监控系统的各项参数进行设置、编辑、修改等，保证系统正常运行。

（四）安全管理功能

由于监控系统可以直接控制通信电源，出于对监控系统本身和通信电源的安全考虑，必须对监控系统的使用人员及权限进行限制，这项功能称为安全管理功能。

用户权限通常分为3种：一般用户、系统操作员和系统管理员。其中，一般用户只能进行一些简单数据查询；系统操作员则可以对监控系统进行告警确认、参数配置等维护操作；系统管理员具有最高权限，可以对监控系统进行全面的参数配置、用户分配管理和系统维护等操作。系统操作员和系统管理员要使用用户名和口令才能登录。

电源监控系统的安全管理功能示意图如图 ZY3201104001-6 所示。

四、智能分析功能

智能分析功能是指在监控系统中采用人工智能技术，协助维护人员对监控系统的数据进行分析处理。常见的智能分析功能包括告警分析功能、故障预测功能和运行优化功能。

五、帮助功能

在监控系统软件中，都会内置帮助菜单。提供监控系统的功能描述、操作方法、维护要点及疑难解答。帮助维护人员更快、更好地使用监控系统。电源监控系统的帮助功能示意图如图 ZY3201104001-7 所示。

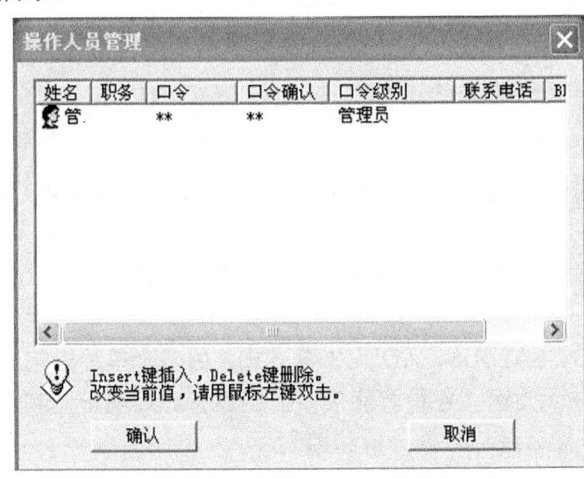

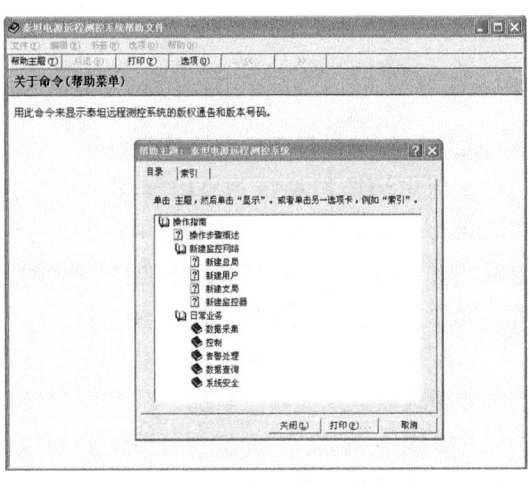

图 ZY3201104001-6　电源监控系统的安全管理功能示意图　　图 ZY3201104001-7　电源监控系统的帮助功能示意图

【思考与练习】

1. 电源监控系统对于通信电源系统有哪些重要性？
2. 通信电源监控系统的主要功能有哪些？
3. 通信电源监控系统中用户权限一般分为几种？有何区别？

模块 2　监控系统的数据采集和常见监控器件（ZY3201104002）

【模块描述】本模块介绍了监控系统的数据采集方法和常用监控器件，包含数据采集与控制系统的组成、串行接口与现场监控总线及常见监控器件。通过要点讲解、原理框图示例，熟悉监控系统各种数据采集与 RS–232 串口传输的方法。

【正文】

一、数据采集与控制系统的组成

通信电源监控系统监控需要采集的信号分为模拟量和数字开关量。模拟量，如直流电压、负荷电流、蓄电池电流和温度等，其输入直接连接到监控电源的模拟量输入接口。数字开关量，如开关状态、市电（正常与否）状态、火警及烟感状态的开关量，其输入也是直接连接到监控单元的开关量输入端

ZY3201104002

模块2

口，然后通过程序进行定义。

通信电源监控系统监控输出控制有两种方式，一种通过内部的现场控制总线如 I²C BUS、SATBUS 及 ADBUS 等与智能接口器件进行通信，如内置 CPU 的整流模块、外接数字量扩展盒、外接模拟量扩展盒等。这些智能器件之间通过数字信号进行通信和控制。另外一种控制方式为继电器开关量输出控制，其输出闭合及断开条件可以通过软件进行编程设置。本次以德国北宁 MCU2500 监控单元为例，MCU2500 的监控逻辑如图 ZY3201104002-1 所示。

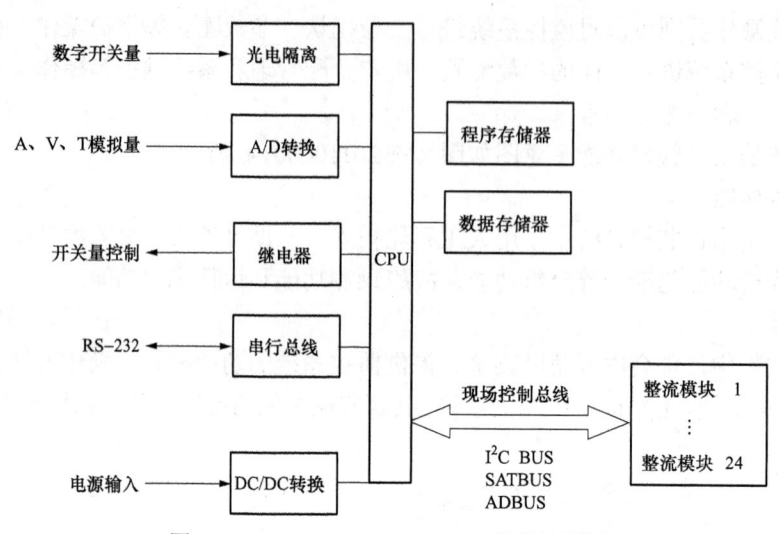

图 ZY3201104002-1　MCU2500 的监控逻辑

二、串行接口与现场监控总线

通信电源监控系统与监控终端一般采用串行异步通信方式，波特率一般可选设定为 2400～38 400bit/s。最常用的串行接口为 RS-232 接口。RS-232 接口采用负逻辑，逻辑"1"电平为-5～-15V，逻辑"0"电平为+5～+15V。RS-232 只适用于作短距离传输。如果需要长距离传输，需要添加协议转换装置，如 RS-232 转 TCP/IP 适配器等。

监控现场总线一般都采用专用总线，如 I²C BUS、SATBUS、ADBUS 等方式，由多个单片机构成主从分布式较大规模测控系统。以 MCU2500 监控单元为例，各种智能接口扩展设备通过现场控制总线如 SATBUS 或 ADBUS 送到监控主机 MCU2500，然后进行数据分析和控制。

三、常见监控器件

外部接口器件是在监控系统前端测量的重要器件，它负责将被测信号检出、测量并转换成前端计算机能够处理的数据信息。常见的监控器件有：

1. 模拟量采集器件

模拟量采集器件主要用于采集电源系统的模拟量参数，如交流电压、直流电压、负荷电流、蓄电池电流和温度等，并将这些模拟量经过各自的 A/D 转换电路转换为数字信号，并经过数据总线送给监控主机进行分析和控制。

2. 数字量采集器件

数字量（又称开关量）采集器件主要用于采集电源系统的状态参数，如开关状态、市电（正常与否）状态、火警及烟感状态等，并将这些数字量经过数据总线送给监控主机进行分析和处理。

3. 空节点输出控制器件

空节点输出控制器件一般又称为继电器开关量输出，监控主机根据上述模拟量和数字量采集的状态，经过预定的程序去控制继电器输出的状态，实现一些外部控制功能，如温度高于 35℃时启动风机降温等。

4. 协议转换器

监控系统主机一般具有 RS-232 通信接口，但由于 RS-232 传输距离一般小于 15m，只适用于做短距离传输。对需要远距离传输的站点，需要采用 RS-232 转 TCP/IP 或 RS-232 转 2M 的协议转换器，实现通过网络或 SDH 等设备实现远距离监控使用。

【思考与练习】

1. 监控系统的外部输入信号主要可以分为哪两种？
2. 现场控制总线一般有哪几种？

模块 3 监控系统的结构和组成 (ZY3201104003)

【模块描述】本模块介绍了监控系统的结构和组成，包含监控系统的总体结构和基本组成。通过结构图形讲解，掌握电源监控系统的总体结构和本地电源监控系统组成结构。

【正文】

一、监控系统的总体结构

集中监控系统常见的有下面几种组网方式：MODEM 方式、串口服务器组网方式和专线方式。随着电源监控器的发展，目前已有电源监控器内置网络口，可以直接接入内部专网。

1. MODEM 方式

MODEM 方式使用调制解调器，通过电话交换网与通信站内的通信电源监控器进行连接，如图 ZY3201104003-1 所示。

2. 串口服务器组网方式

电源监控器的通信接口大多是 RS–232 端口，使用串口服务器可以将串口转换为网络协议使用以太网传输。监控器端配一个串口服务器，在集中监控主机上配 1~2 个串口服务器（一个为巡检通道，另一个为告警通道），这种连接方式也称为 MODEM 仿真模式。串口服务器组网方式监控结构如图 ZY3201104003-2 所示。

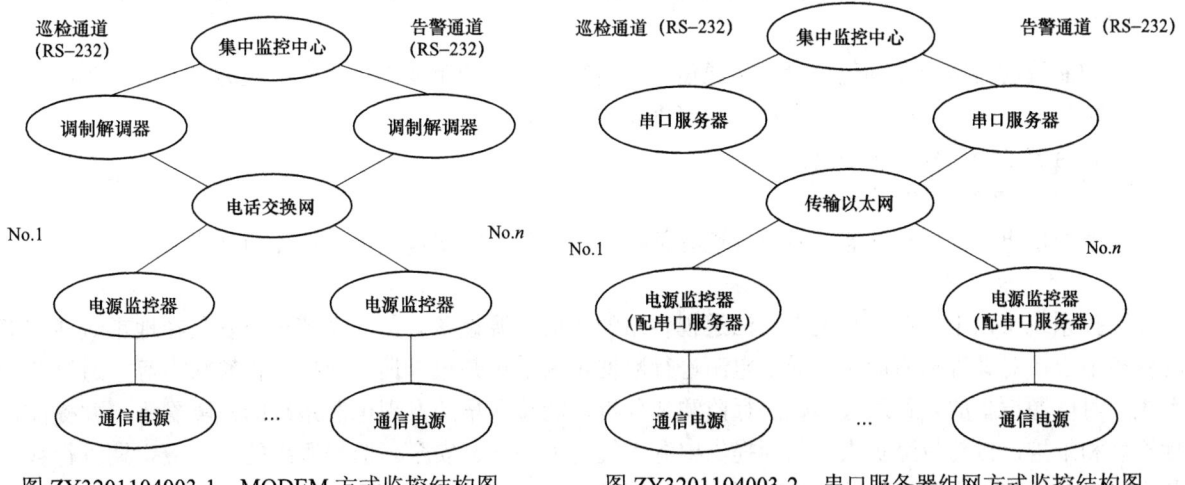

图 ZY3201104003-1 MODEM 方式监控结构图　　　　图 ZY3201104003-2 串口服务器组网方式监控结构图

3. 专线方式

在通信站中可以将电源监控器的串口直接接在传输设备上，通过传输设备将各个站点的串口监控信息连接至总局传输设备上，串口集线器负责将传输设备上的接口转换，并与监控主机实现通信。传输通道通常是基于 64kbit/s 的透明数字串行专线，用户从一端发送出来的数据，在另一端原封不动地被接收，网络对承载用户数据没有任何协议要求。专线方式监控结构如图 ZY3201104003-3 所示。

二、基本组成

常见的本地电源监控系统结构框图，如图 ZY3201104003-4 所示。监控主机与通信电源距离较短的，多用串口直接连接方式；距离较远的，可以采用串口服务器连接方式。

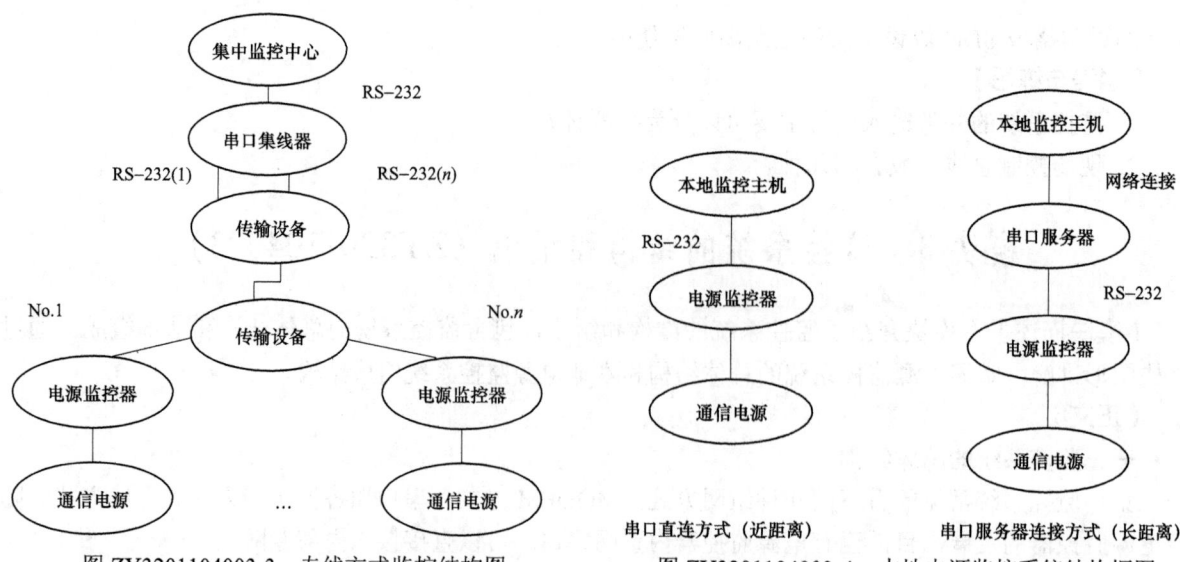

图 ZY3201104003-3　专线方式监控结构图　　　图 ZY3201104003-4　本地电源监控系统结构框图

【思考与练习】

1. 一个总局的电源监控系统常见的有哪几种组网方式？请画出相应的结构图。

2. 本地电源监控主要有几种连接方式？

模块 4　监控系统的日常操作和维护（ZY3201104004）

【模块描述】本模块介绍了监控系统的日常操作与维护方法，包含电源监控系统的使用、告警排除及其步骤。通过要点介绍，掌握监控系统日常维护检测项目、故障排除工作的过程和步骤。

【正文】

监控系统的日常操作和巡视检查是通信电源运行值班员的重要工作之一，及时发现异常和缺陷，对预防事故的发生，确保设备安全运行起着重要的作用。

一、监控系统巡视的一般规定

1. 监控系统巡视的目的

掌握通信电源的运行状态，及时发现异常状态，避免系统出现故障，影响负载设备的安全运行。

2. 监控系统巡视的基本方法和要求

监控系统可以采用单站轮询的方法巡视各站的通信电源设备。监控系统一般安装在地市级通信调度监控中心，对其管辖内的所有通信电源进行数据轮询采集并记录运行数据，告警状态等。通过监控系统，对电源设备的各种运行参数进行监测和分析，能够尽早的发现电源系统的故障隐患，并提前进行检修和维护，预防故障扩大，从而提供电源系统的可靠性、安全。监控系统的数据应定期进行数据备份，确保通信站电源设备的历史数据完整、准确。

3. 监控系统巡视周期

根据站点的重要程度，可以设定不同的巡检周期。如对集控站点，一天一次；对无人值班站点，两天一次等。

4. 监控系统巡视的分类

根据站点的重要程度，可以分为重点巡视站点和一般巡视站点。

二、监控系统巡视的流程

监控系统巡检的主要流程可以分为查询、故障处理和应急抢修等。

（1）监控值班人员负责监控系统的巡检操作，并按要求生成统计报表，提供运行分析报告；协助进行监控系统的测试工作；负责监控中心部分设备的日常维护和一般性故障处理。

（2）当值班人员发现故障告警后，需要相应的技术维护人员进行现场处理，对系统和设备进行例行维护和检查，包括对电源、监控设备和软件等的检查、维护、测试、维修等，建立系统维护档案。

（3）当发生紧急故障，需要一支专门的应急抢修队伍进行紧急修复和配合技术支撑维护人员进行日常维护工作。

三、监控系统的巡视项目及要求

（1）运行参数采集。主要包括交直流电压、负荷电流、蓄电池充放电电流等，要求数据精确到小数点后一位。

（2）运行状态采集。主要包括当前告警状态、告警内容、告警重要程度等，要求对告警出现的时间进行记录。

（3）系统运行情况。包括监控系统服务器状态检查、通信通道及网络状态检查等。

四、危险点分析

（1）对各个站点进行巡检时，应避免对系统进行遥控操作，防止产生人为告警和数据异常。

（2）对监控系统操作时，在不清楚的情况下，严禁上传程序和数据，避免监控系统功能紊乱。

【思考与练习】

1. 监控系统日常操作与维护的主要作用是什么？

2. 使用监控器巡检时应避免哪些操作？

国家电网公司
生产技能人员职业能力培训专用教材

第五十一章　电源测试与维护

模块 1　通信电源日常维护（ZY3201105001）

【模块描述】本模块介绍了通信电源系统的日常维护，包含交流电压、交流电流、直流电压、直流电流测试步骤。通过要点介绍、图形示意，熟悉通信电源设备的常规项目的测试方法。

【正文】

通信电源日常维护的主要工作就是巡视检查测试通信电源设备的工作状态、运行参数等，发现异常时及时处理，可以起到预防故障发生，确保设备运行安全的重要手段。

一、测试目的

按照通信电源的使用规程，定期对通信电源系统进行日常维护，通过对系统内各关键电的参数测量和查询，初步确定系统是否运行正常，预防故障的发生。测试前应准备数字万用表及交直流钳型表。

二、危险点分析及控制措施

1. 防止短路

在对系统内部各部件进行操作及测试时，注意不要短路。

2. 防止误动

在对系统内部的各部件进行维护及测试时，应注意不要误动开关等部件，防止误跳。

3. 仪表达到合适的挡位

根据测试内容，将仪表拨至合适的挡位，避免烧坏仪表。

三、测试前准备工作（包括仪器、材料、场地、试验条件）

（1）了解被测通信电源的性能及特点，以及关键测量点等。

（2）测试仪表。测试仪表应拨至合适的挡位进行测试，应放置在通风良好的场地。

（3）办理工作票并做好试验现场安全和技术措施。试验前交代测试内容、测试方法、注意事项以及安全防护等内容，并在现场做好防护标识牌，避免其他人员入内。

四、现场测试步骤及要求

1. 交流电压（400V 以下交流电压）的测量（市电输入电压）

将万用表放在适当的交流电压量程上，测试表棒直接并联在被测电路两端，电压表的读数即为被测交流电源的有效值电压。

2. 直流电压测量法（整流器输出电压、蓄电池电压等）

将万用表放在适当的直流电压量程上，测试表棒直接并联在被测电路两端，电压表的读数即为被测直流电源的电压。测试交流和直流电压如图 ZY3201105001-1 所示。

3. 交流电流的测量（交流输入电流、交流负荷输出电流等）

将钳型电流表放在适当的交流电流量程上，电流钳夹住所测火线线缆，电流表的读数即为被测交流电源的电流。使用钳型表测试电流时只能夹住火线，不能同时夹住火线和零线。测试交流电流如图 ZY3201105001-2 所示。

4. 直流电流的测量（直流总负荷电流、蓄电池充放电电流、分路负荷电流）

将钳型电流表放在适当的直流电流量程上，电流钳夹住所测部分直流线缆，电流表的读数即为被测直流电源的电流。

五、测试结果分析及测试报告编写

在系统正常运行状态下，记录交流电压、直流输出电压、负荷电流、蓄电池充放电电流等，作为

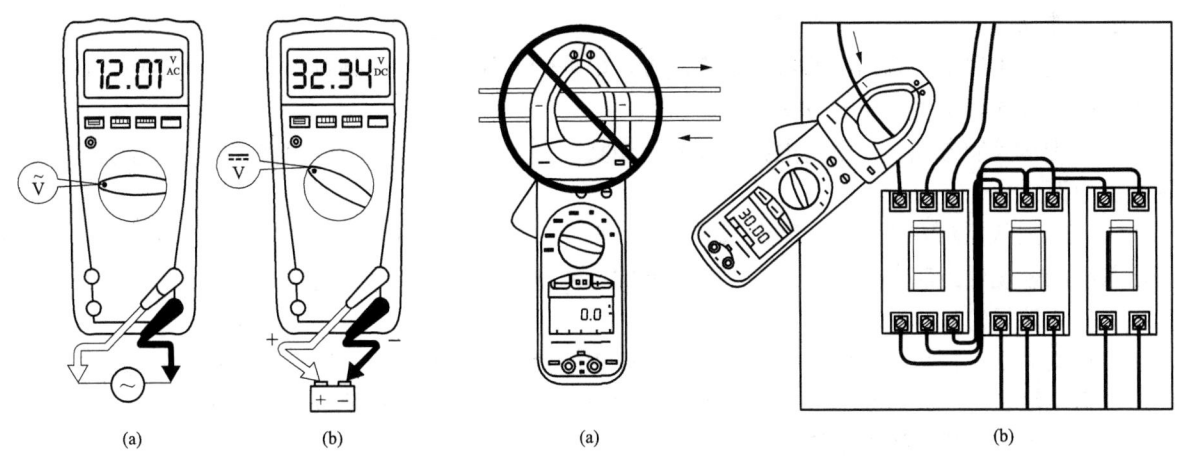

图 ZY3201105001-1　测试交流和直流电压

（a）交流电压；（b）直流电压

图 ZY3201105001-2　测试交流电流

（a）不正确；（b）正确

通信电源日常维护内容，当系统出现故障时可供参考。

六、测试注意事项

测试表计选择合适的量程，避免测试误差。

【思考与练习】

1. 为什么要进行通信电源的日常维护？
2. 对通信电源日常维护时，需要测试哪些内容？
3. 使用钳型表测试电流时应注意什么？

模块 2　双路交流切换功能试验（ZY3201105002）

【模块描述】本模块介绍了双路交流切换的方法，包含双路交流切换方式、控制方式。通过方法介绍、照片示例，了解主备用切换和互为主备用切换方式的区别，掌握双路交流切换的操作方法。

【正文】

一、装置介绍

1. 德国北宁 BLT600 系列电源自动切换装置介绍

德国北宁 BLT600 系列电源系统采用两个交流接触器组成切换主回路，根据控制要求组成相应的控制回路，通过控制接触器线圈的通（断）电实现交流主回路的通断。自动切换装置如图 ZY3201105002-1 所示。

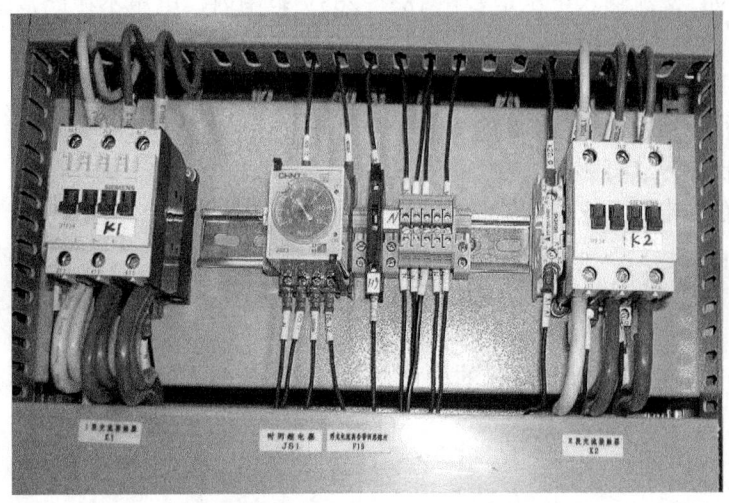

图 ZY3201105002-1　自动切换装置

2. 控制方式

德国北宁 BLT600 系列电源自动切换装置，根据输入的两路市电是否分为主用和备用，可以配置为主从控制方式和无主从控制方式两种。

（1）主从控制方式。当主用电源故障时，切换到备用电源；当主用电源恢复时，系统自动再返回到主用电源；

（2）无主从控制方式。当一路电源故障时，自动切换到另一路电源；当先前使用的一路电源恢复时，系统继续使用当前市电，不再返回到先前的电源。

二、测试目的

定期测试交流自动切换装置的工作状态，检查能否正常完成自动切换功能，避免因切换装置故障而造成蓄电池长时间放电及造成设备供电中断的情况发生，提高设备供电的可靠性。

三、危险点分析及控制措施

（1）检查两路市电供电电压。在试验前，检查两路市电输入电压是否正常（正常范围 185～265V）。

（2）检查蓄电池回路连接。在试验前，检查蓄电池工作状态及回路连接情况，避免因蓄电池回路故障而造成切换时负荷中断。

四、测试前准备工作（包括仪器、材料、场地、试验条件）

（1）了解被测装置的切换控制原理及操作方法。

（2）办理工作票并做好试验现场安全和技术措施。

试验前，交代试验内容、试验方法、注意事项以及安全防护等内容，并在现场做好防护标识牌，避免其他人员入内。

五、现场测试步骤及要求

（1）断开第一路市电电源，观察自动切换装置工作状态；

（2）闭合第一路市电电源，观察自动切换装置工作状态；

（3）断开第二路市电电源，观察自动切换装置工作状态；

（4）闭合第二路市电电源，观察自动切换装置工作状态。

六、测试结果分析及测试报告编写

（1）如果系统控制方式为主从控制方式，则断开第一路电源，系统应该能自动切换到第二路电源，第一路电源恢复时，系统再切换到第一路电源，上述切换功能正常即合格。

（2）如果系统控制方式为无主从控制方式，则断开第一路（假设原第一路电源投用）电源，系统应该能自动切换到第二路电源，第一路恢复时，系统不再切换到第一路电源上，当断开第二电源时，系统自动切换到第一路电源上，上述切换功能正常即为合格。

七、测试注意事项

测试前应注意检查交流输入电压是否在 185～265V 范围内，电压不在此范围时切换装置不会工作。

【思考与练习】

1. 为什么要进行双路交流切换试验？

2. 切换装置的控制方式有哪两种？

3. 切换装置对输入电压要求的范围是多少？

模块 3　模块均流检查（ZY3201105003）

【模块描述】本模块介绍了模块均流的检查方法。通过检查方法、流程介绍，掌握检查整流模块均流性能的方法。

【正文】

一、测试目的

在一个通信电源系统中，一般都配置多个电源模块，但是多个电源模块并联工作时，如果不采取一定的均流措施，每个模块的输出电流将出现分配不均的情况，有的电源模块将承担更多的电流，甚至过载，降低了模块的可靠性，分担电流小的模块可能处在效率不高的工作状态。通过电源模块的均流检查，了解整个电源系统各模块的均流特性，依据测试结果，将各模块的均流特性调整一致。

二、模块均流控制技术及输出电流检测方法简介

（一）均流控制技术简介

目前常用的均流方法有输出阻抗法、主从设置法、平均电流法、最大电流法和采用均流控制器的方法等。

1. 输出阻抗法

通过调整电源输出阻抗以获得负荷均流。负荷电流较小时，该方法的均流效果不很理想，电流逐渐增大后，均流作用有所改善，但各电源单元之间电流仍不平衡。

2. 主从设置法

它是用主控电源模块作为控制模块，让被控模块充当电流源。在该系统中，由于误差电压与负荷电流成正比，通过电流控制，可简化均流电路，若电源单元的结构相似，那么输出端的给定误差电压将使所有单元输出相同的负荷电流。采用这种均流法时，一旦主模块失灵，整个系统将瘫痪。

3. 平均电流法

平均电流法不需外部控制器，用均流线连接所有电源单元，用可调放大器比较共用线的电流和各单元的电流，然后用两电流差去调整电压放大器的基准，以实现负荷均流。采用该方法时，负荷电流分配比较精确，但也有一些问题：当电源处于限流状态时，会导致均流线负荷降低，输出电压被调到下限值；若共用线短路或线上任何单元失效，也将产生类似故障。

4. 最大电流法

在 n 个并联模块中，以输出电流最大的模块为主模块，而以其余的模块为从模块。由于 n 个并联模块中，一般都没有事先人为设定哪个模块为主模块，而是通过电流的大小自动排序，电流大的自然成为主模块。通过比较最大电流模块与各个电源单元的电流，并据此调整基准电压以保证负载电流均匀分配。最大均流法以其均流精度高、动态响应好、可以实现冗余技术等特点，越来越受到产品开发人员的青睐。

5. 采用均流控制器的方法

通过外加均流控制器来实现均流。输出电压由高阻抗电压放大器检测，每个电源单元的电流由另一个差分电流放大器检测，从而实现负荷均流。缺点是外加均流控制器法使系统变得过于复杂。

为了提高电源系统的可靠性和可维护性，采用的均流方法最好有如下特点：单个模块的故障不影响整个系统的正常运行；模块之间自动实现均流，无需人为的调整和设定，无需模块之外控制器的介入。

（二）模块输出电流检测方法

（1）有的通信电源模块本身配置有数字电流表或指针式电流表或液晶显示屏，可以直观的读出电流值。

（2）有的电源模块本身无电流表，但是可以通过监控器查询每个模块的电流，或者通过监控软件来查看。

（3）还有的电源模块外置电流数字量的检测端子，输出 0～5V 的电压值，5V 相当于模块的额定电流值，通过检测电压值，再折算成电流值。

（4）使用钳型电流表测量各模块的输出电流。

三、危险点分析及控制措施

（1）防止人员触电。通信电源机柜内部既有交流市电，又有直流-48V，防止碰触到带电部位。

（2）防止直流-48V 正负母线短路。直流-48V 正负母线短路将引起设备供电中断，所有金属工具应做好绝缘措施。

四、测试前准备工作

（1）熟悉通信电源模块的接线及电压、电流调整设置。查阅通信电源的使用手册等资料，充分了解该通信电源的使用与调整方法。

（2）测试用仪器设备准备。准备钳形电流表（可测量直流电流）、数字万用表、–48V 直流可调电子负荷或放电仪、安全帽、电工常用工具、试验临时安全遮栏、标示牌等。

（3）办理工作票并做好试验现场安全和技术措施。向其余试验人员交代工作内容、带电部位、现场安全措施、现场作业危险点，明确人员分工及试验程序。

五、现场测试步骤及要求

（一）测试接线

（1）将–48V 直流可调电子负荷或放电仪的电流调节旋钮或设定值调至最小。

（2）将该可调负荷或放电仪接至通信电源机柜上大容量输出开关或输出熔丝上，必要时也可以与蓄电池组正负极两端连接。

（二）测试步骤

（1）记录通信电源正常工作时的系统总电流和各个模块的输出电流。计算当前的系统输出电流占整个系统额定电流的百分比。

（2）开启可调负荷或放电仪，调整电流值，使当前的系统输出电流占整个系统额定电流的 50%，记录各模块的输出电流值。

（3）调整可调负荷或放电仪电流值，使当前的系统输出电流占整个系统额定电流的 75%，记录各模块的输出电流值。

（4）调整可调负荷或放电仪电流值，使当前的系统输出电流占整个系统额定电流的 100%，记录各模块的输出电流值。

六、测试结果分析及测试报告编写

（一）测试结果

（1）测试标准及要求。根据信息产业部 YD/T 731—2002 标准，并机工作整流模块自主工作或受控于监控单元应做到均分负载。在单机 50%～100% 额定输出电流范围，其均分负载的不平衡度不超过直流输出电流额定值的 ±5%。

（2）测试结果分析。将整个系统输出电流占额定电流的 50%、75%、100% 这三种情况下的各模块输出电流数据进行计算，求其三种情况下的平均值，再用每个模块的输出电流减去平均值后除以模块的额定电流，计算各模块电流的不平衡度。

（二）测试报告

测试报告编写应包括以下项目：测试时间、测试人员、环境温度、湿度、站点名称、通信电源型号与序列号、电源模块型号与数量、测试仪器设备型号与序列号、测试结果、测试结论、试验性质（交接、预试、检查、例行试验或诊断试验）、备注栏写明其他需要注意的内容。

七、测试注意事项

（1）测量仪表如钳型电流表、数字万用表应是经过校验的，并在有效期之内。

（2）钳型电流表在测试前，应先测试闭合导线，减小测试误差。

（3）注意区分系统总电流、负荷电流、蓄电池充电电流的关系。各电流之间关系如下：

系统总电流=各模块输出电流之和=负荷电流+蓄电池充电电流+可调负荷或放电仪电流

【思考与练习】

1. 简述通信电源常见的均流方法。

2. 通信电源模块输出电流检查的方法有哪几种？

3. 请详细描述模块均流的检查步骤。

模块 4　开关接线端子温度检查（ZY3201105004）

【模块描述】本模块介绍了通信电源内部开关接线端子温度的检查方法，包含红外温度测试仪的使用方法。通过图形示意、参数列举、检查流程介绍，掌握检查开关接线端子温度的方法。

【正文】

一、红外温度测试仪介绍

使用红外温度测试仪，可以从一段距离之外进行快速、非接触式温度测量，在电力系统可作为测量温度的首选仪器。

红外温度测试仪之间区分的关键因素是距离与光点直径比，或者距离多远测温仪可以能够精确测量一个特定目标区域。高性能测温仪，离目标的距离与测量光点直径之比要尽可能地大。

FLUKE 66 测试仪如图 ZY3201105004-1 所示。使用 FLUKE 66 可以瞄准 5m 范围内的指定目标。距离越大，被测量区域将越大（大约为距离除以 30）。

FLUKE 68 测试仪如图 ZY3201105004-2 所示。使用 FLUKE 68 可以瞄准 8m 范围内的指定目标。距离越大，被测量区域将越大（大约为距离除以 50）。

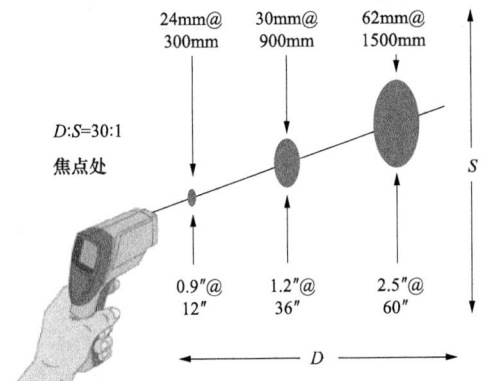

图 ZY3201105004-1　FLUKE 66 测试仪

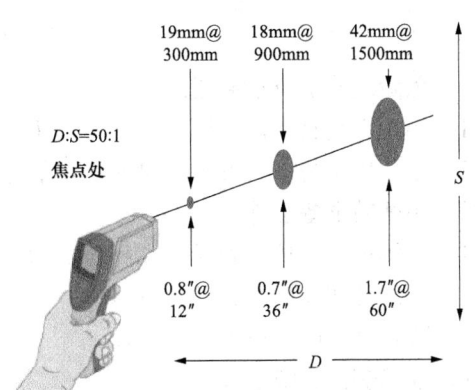

图 ZY3201105004-2　FLUKE 68 测试仪

一般红外温度测试仪获得精确测量值与目标物体的表面状况有关，需要根据被测物体的类型正确选择红外线反射率系数。红外温度测试仪常见物体反射率系数见表 ZY3201105004-1。

表 ZY3201105004-1　　　　　　红外温度测试仪常见物体反射率系数表

被 测 物	反 射 率 系 数	被 测 物	反 射 率 系 数
铅	0.50	氧化的铅	0.43
抛光黄铜	0.03	氧化的黄铜	0.61
黑色氧化的铜	0.78	铝	0.30
铁	0.70	生锈的铁	0.78
氧化的铁	0.84	塑料	0.95
橡胶	0.95	石棉	0.95
黑色油漆	0.96	陶瓷	0.95
钢	0.80	纸	0.95
木头	0.94	水	0.93
沥青	0.95	油	0.94

二、测试目的

供电系统的传输电路和各种器件的故障常常由于松动或腐蚀的接头以及压接不良所引起。这些不良接头一般会产生接触电阻，接触电阻将消耗电能产生热量，这部分热能使得线路、设备或器件的温度升高，可能会引起电气火灾或其他危险。因此电力维护人员应高度重视设备的温升值。通过对设备温升的测量和分析，我们可以间接地判断设备的运行情况。部分器件的温升允许范围见表 ZY3201105004-2。

344

表 ZY3201105004-2　　　　　　　　部分器件温升允许范围

测　点	温升允许范围（℃）	测　点	温升允许范围（℃）
A 级绝缘线圈	≤60	整流二极管外壳	≤85
E 级绝缘线圈	≤75	晶闸管外壳	≤65
B 级绝缘线圈	≤80	铜螺钉连接处	≤55
F 级绝缘线圈	≤100	熔断器	≤80
H 级绝缘线圈	≤125	珐琅涂面电阻	≤135
变压器铁心	≤85	电容外壳	≤35
扼流圈	≤80	塑料绝缘导线表面	≤20
铜导线	≤35	铜排	≤35

三、危险点分析及控制措施

（1）防止人员触电。在测试过程中，不要接触任何带电部位。

（2）不要用眼睛直视红外温度测试仪的光源。

四、测试前准备工作

（1）了解被测物体的材质，选择合适的反射系数。

（2）了解被测物体允许的温升值。

（3）准备合适的红外温度测试仪。

五、现场测试步骤及要求

（1）在一个离目标尽可能近的安全位置进行测量。在离开一段距离进行测量时，要根据距离与光点直径比来了解被测目标的尺寸（见图 ZY3201105004-1、图 ZY3201105004-2）。

（2）根据被测物体的类型正确设置红外线反射率系数，见表 ZY3201105004-1。

（3）扣动红外温度测试仪测试开关，使红外线打在被测物体表面，待显示数值稳定后，便可以从其液晶屏上读出被测物体的温度。

六、测试结果分析及测试报告编写

（一）测试结果分析

根据开关接线端子的材质，将所测得的试验数据与表 ZY3201105004-2 进行比对，判断物体的温升是否在正常范围内。

如果发现开关接线端子的温度过高，要尽快进行处理：重新拧紧端子；必要时更换开关和接线端子。

（二）测试报告编写

测试报告编写应包括以下项目：测试时间、测试人员、天气情况、环境温度、湿度、使用地点、检查的位置、测试结果、测试结论、试验性质（交接、预试、检查、施行状态检修的填明例行试验或诊断试验）、红外温度测试仪的型号、出厂编号，备注栏写明其他需要注意的内容。

七、测试注意事项

（1）被测点与仪表的距离不宜太远，仪表应垂直于测试点表面。

（2）红外温度测试仪仅能测量表面温度，不能测量内部温度。

（3）注意环境的影响。蒸汽、尘土和烟雾等可能会阻碍光路，影响测量精度。镜头变脏也会影响读数。

（4）红外温度测试仪无法透过玻璃来读取温度，另外测量光亮表面或抛光的金属表面，结果将不准确。

【思考与练习】

1. 简述红外线温度测试仪的正确使用方法。

2. 检查开关接线端子温升的目的是什么？

模块 5　电流、电压的指示查看（ZY3201105005）

【**模块描述**】本模块介绍了通信电源系统中各项电流、电压的查看方法，包含交流输入电压、交流输入电流、直流输出电压、蓄电池电压、负荷电流、蓄电池电流检查。通过查看流程介绍，掌握查看通信电源系统各项电压、电流值的方法。

【**正文**】

一、通信电源巡视查看的一般规定

（一）通信电源巡视查看的目的

通信电源系统由交流配电单元、直流配电单元、整流模块、监控器、蓄电池组等组成。在交流配电单元，我们需要了解交流市电电压是否稳定、是否在正常范围内。交流电流的指示可以让我们了解当前的交流负荷有多大。直流系统中直流输出电压、整流器总电流、负荷电流是通信电源的重要运行参数，直流输出电压的稳定可靠是保障通信设备正常运行的首要条件；蓄电池组的电压和充放电电流值在维护蓄电池工作中是必不可少的，合适的浮充均充电压和充电电流是确保蓄电池正常使用寿命的重要参数。

（二）通信电源巡视查看的方法和要求

1. 巡视的基本方法

巡视人员在巡视中一般通过看、听、嗅、测的方法对设备进行检查。其中：

看——查看通信电源的表计、指示灯显示，如交流电压、直流输出电压、告警指示等。通过观察设备运行情况判断其有无异常。

听——主要通过声音判断设备运行是否正常，如电源模块的散热风扇转动是否正常。

嗅——通过气味判断设备有无过热、焦烟味等异常气味。

测——通过测量的方法，掌握各项运行数据，如直流输出电压、负荷电流等。

2. 巡视的要求和注意事项

（1）设备巡视应遵循相关安全规定。

（2）值班人员应熟悉通信电源的正常运行参数。

（3）值班人员应按规定认真巡视检查设备，对通信电源的异常状态和缺陷做到及时发现，认真分析，及时处理。

（三）通信电源的巡视周期

对设备巡视检查的次数应严格按有关规程、规定执行，并将检查结果记录在监控巡视记录表或巡检卡上。

（四）通信电源巡视的分类

一次设备巡视一般分为交接班巡视、正常（全面）巡视。

（1）交接班巡视。在交接班时进行，由接班人员会同交班人员共同进行。

（2）正常（全面）巡视。正常巡视是按规定时间、路线和项目进行的定期巡视。

二、通信电源巡视项目及要求

电压、电流的指示一般通过数字表或指针表来显示，在通信电源系统中，监控器和监控软件大多都可以显示和查询上述各项参数。

（一）交流市电电压、电流指示的查看

交流市电电压、电流的指示一般是由数字表（早期大多是指针式表头）直接显示，直观易读。交流电压一般是测量每相的电压，有的可以通过转换开关分别显示每相电压和相与相之间的电压。

交流电流一般通过互感器线圈进行测量，再接入数字电流表显示。

（二）直流输出电压、整流器总电流、负荷电流的查看

直流输出电压的显示主要是直流数字电压表。有的电源模块上也带有数字表或指针表，可以显示直流电压。

整流器总电流指的是所有电源模块输出的总电流，它包含负荷电流和电池充电电流。通过查看总电流，我们可以了解当前模块的负荷情况。当负荷较重时，我们要加强巡视，或者增加电源模块，预防1～2台模块发生故障时，确保电源系统仍然能正常工作。

负荷电流指示的是接入的通信设备负荷情况，通过负荷电流指示，我们可以知道通信设备正常工作的电流值。当通信设备发生故障时，此电流显示也可以作为检查故障的辅助参考。

（三）蓄电池的电压和充放电电流的查看

蓄电池电压表主要显示电池电压，当市电正常时，它和直流输出电压表的读数应一致；当电池放电时，它指示电池组总电压。

蓄电池电流表在市电正常时显示的是电池充电电流。当电池处于充满电的状况时，电流很小；当电池放电后再次充电时，电流会比较大，但最大不应超过充电限流值。

当市电掉电或停电时，蓄电池电流表显示放电电流，电流的大小主要取决于负载的大小。通过查看电池电压表和电池电流表，我们大致可以判断蓄电池可以维持多久的供电。

三、危险点分析

（1）通信电源机柜内部既有交流市电，又有-48V直流电，设备巡视人员应防止人身触电。

（2）检测用仪器仪表、工具应做好绝缘措施。

【思考与练习】

1. 简述交流电压电流、直流电压电流、蓄电池电压电流指示查看的重要性。
2. 实际查看一套通信电源的各种电压电流读数，记录并归类。

模块 6 蓄电池组的放电试验（ZY3201105006）

【模块描述】本模块介绍了蓄电池组进行放电试验的方法和步骤的介绍，包含蓄电池放电仪放电电流、放电截止电压、放电时间等参数设置方法。通过照片示例、测试流程介绍，掌握使用放电仪进行蓄电池组的放电试验的方法。

【正文】

一、装置介绍

蓄电池组放电一般采用假负荷来进行，假负荷可以设置放电终止电压阀值、放电容量、放电时间、单节蓄电池放电阀值、放电电流等参数。当起动放电时，蓄电池电压阈值或放电容量以及放电时间达到设定指标时，自动停止放电。

BCSE-2020蓄电池组容量监测放电仪见图ZY3201105006-1。

BCSE-2020 蓄电池组容量监测放电仪（简称放电仪）同时具有恒流放电功能、单体电压监测功能和容量快速分析功能，主要在放电的过程中自动监测各单节电池的端电压、温度及放电电流，根据预定设置自动停止放电，然后自动分析出电池组的容量和单体性能优劣。

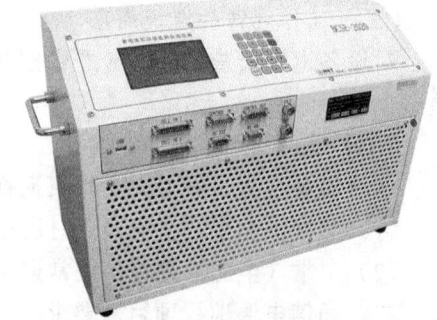

图 ZY3201105006-1 BCSE-2020 蓄电池组
容量监测放电仪

二、测试目的

按照电池的使用规程，定期实施对蓄电池进行核对性放电程序，并在放电的过程中监测电池的端电压、温度及电流等，分析出电池的优劣及容量大小，找出落后单体电池以使电池能够保证一定的储电能力。

三、危险点分析及控制措施

（1）防止蓄电池短路。在对蓄电池进行操作时，在蓄电池回路中应串接保护开关，防止蓄电池短路。

（2）放置蓄电池极性接反。在对蓄电池进行连线操作时，注意蓄电池和放电仪应正极对正极、负极对负极，不可接反，避免损坏设备。

（3）放电仪应保持通风。放电仪在工作时，内部的风扇会排放出大量的热量，应保持通风，密封热量聚集引发火灾。

四、测试前准备工作（包括仪器、材料、场地、试验条件）

（1）了解被测蓄电池的容量、品牌、使用年限等，以及室内温度等现场情况。

（2）放电仪准备。放电仪应放置在通风良好的场地。

（3）办理工作票并做好试验现场安全和技术措施。

试验前交代试验内容、试验方法、注意事项以及安全防护等内容，并在现场做好防护标识牌，避免其他人员入内。

五、现场测试步骤及要求

（1）先根据要求对被测电池组进行均充，时间根据蓄电池厂家要求。

（2）如现场电源系统仅配置一组蓄电池，则根据需要将一组备用蓄电池（4节12V 40Ah蓄电池）接入系统，防止意外停电发生。

（3）将被测的电池组脱离系统。

（4）电池组接入放电仪，放电仪正极接电池正极，负极接电池负极。

（5）连接每节蓄电池的电压采集线，根据要求及线上序号一一连接。

（6）调整放电仪的控制面板，根据蓄电池容量及要求设置放电电流、放电容量、放电终止电压、放电时间等。

1）放电电流按电池容量的 $0.1C$ 设置；

2）放电容量设置为电池容量的80%；

3）放电终止电压设置为43.2V，单节设置为1.8V；

4）放电时间设置为10h。

（7）在放电仪内插入USB盘或使用RS-232线连接电脑。

（8）起动自动放电按钮，系统会自动记录放电数据。

（9）放电时工作人员在旁监护，知道放电仪自动终止放电即可。

六、测试结果分析及测试报告编写

放电结束后，用专用软件分析USB盘放电数据，可以直接得出蓄电池组容量、每节电池容量、内阻、终止放电电压等。

七、测试注意事项

蓄电池放电前应注意近24h内通信电源系统是否有停电及蓄电池放电现象发生，避免影响测试的准确性。

【思考与练习】

1. 放电前需要对放电仪进行哪些参数设置？

2. 蓄电池跟放电仪如何连接？

3. 蓄电池放电有哪些步骤？

模块 7　蓄电池组的充电试验（ZY3201105007）

【模块描述】 本模块介绍了蓄电池组充电试验方法。通过充电流程介绍、图形示意，掌握监控器中设置均充、浮充、充电限流和充电时间的方法。

【正文】

一、装置介绍

蓄电池放电维护后，需要对蓄电池进行充电，充电装置一般采用通信电源设备直接进行充电。充电时，需要检查或重新设置充电装置的充电参数，如均充电压、均充时间、均充转浮充条件（如充电电流小于蓄电池容量的1%后转浮充）、充电限流等。进行正确设置后，将蓄电池接入充电机装置，然后手动起动均充即可。

以下就充电装置采用德国北宁 BLT600 通信电源系统来说明。该系统可以手动或自动的对蓄电池进行均充。手动均充可通过监控面板进行，充电参数可通过监控器面板或使用专用软件来设置。按图 ZY3201105007-1 所示可以手动起动均充操作。

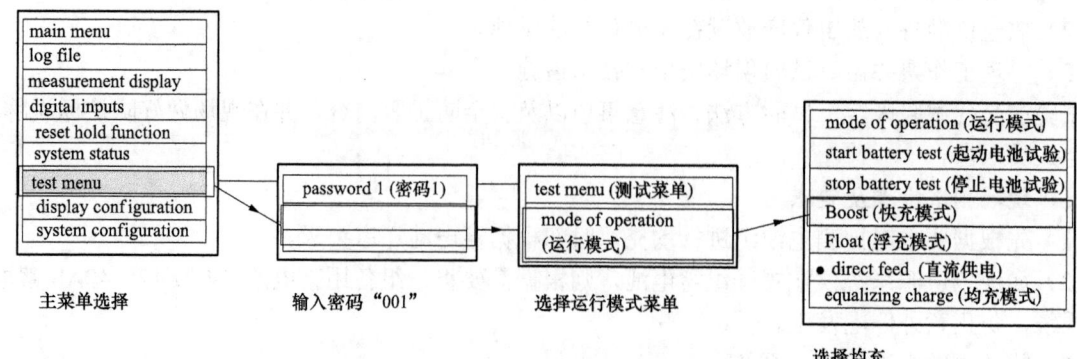

图 ZY3201105007-1 手动起动均充操作菜单

充电参数的检查及设置菜单如图 ZY3201105007-2 所示。

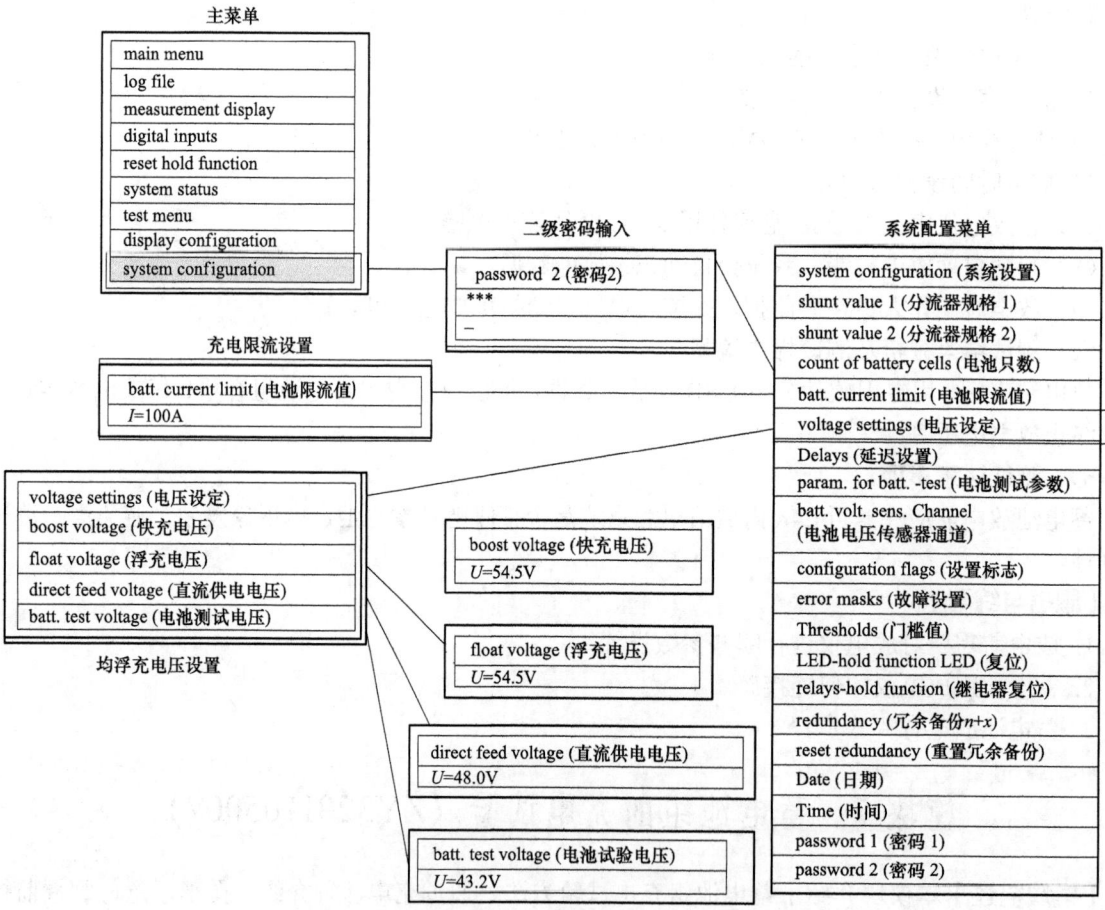

图 ZY3201105007-2 充电参数的检查及设置菜单

二、测试目的

按照电池的使用规程，定期实施对蓄电池进行核对性放电后需对蓄电池进行充电，并在充电过程中持续监测电池的端电压、温度及充电电流等，当蓄电池充电充满以后，自动转为浮充状态。

三、危险点分析及控制措施

防止蓄电池大电流充电：在对蓄电池进行充电操作时，应提前设置好蓄电池的最大充电电流不得超过蓄电池允许的最大充电限流值，避免过充烧坏电池极板，减少蓄电池寿命。

四、测试前准备工作

（1）了解被测蓄电池的容量、品牌、使用年限等，以及室内温度等现场情况。

（2）充电机设置。充电前，应设置好均充电压、充电限流、均浮充转换控制。

（3）办理工作票并做好试验现场安全和技术措施。试验前交代试验内容、试验方法、注意事项以及安全防护等内容，并在现场做好防护标识牌，避免其他人员入内。

五、现场测试步骤及要求

（1）检查及调整充电机的设置，根据蓄电池容量及要求设置浮充电压、均充电压、最大限流、均浮充转换时间等。

1）充电参数设置：

（a）浮充电压按照每单体 2.23～2.27V 设置；

（b）均充电压按照每单体 2.35V 设置；

（c）最大充电电流按照电池容量的 0.1C 设置。

2）均充转浮充条件：

（a）均充时间最大 10h，超过 10h 后自动转浮充；

（b）充电电流小于 0.01C 后继续均充 2h 后自动转浮充。

（2）将放电后的蓄电池接入充电机。

（3）手动起动均充。

（4）检查充电电压及充电电流是否符合要求。记录各单体蓄电池的充电电压、电池温度等。

六、测试结果分析及测试报告编写

给电池充电时，记录蓄电池充电电压和充电电流以及各单体蓄电池的充电电压和表面温度等。

七、测试注意事项

如发现某单体蓄电池表面温度异常升高，应立即停止充电。

【思考与练习】

1. 蓄电池充电有哪些步骤？

2. 蓄电池充电时需要进行哪些设置？

3. 蓄电池充电电流过大会有什么影响？

模块 8　电源监控系统的使用（ZY3201105008）

【模块描述】本模块介绍了电源监控系统的起动、巡检、单站采集，包含电源监控系统的使用方法。通过界面窗口示意，掌握电源监控系统的使用方法并能准确判断电源系统的工作状态。

【正文】

德国北宁 BLT600 电源系统采用专用的电源监测及设置软件——MCU 服务程序。该软件可以通过本地 RS–232 连接、TCP/IP 连接，实现对北宁电源系统的运行参数设置、告警状态和运行状态数据以及告警查询等功能。

（1）起动 MCU 服务程序电源监控系统，点击主程序菜单按钮后出现主界面，主界面如图 ZY3201105008-1 所示。

（2）巡检操作通过连接各站点的 IP 地址或串口编号来选择不同的站点，如图 ZY3201105008-2 所示。

（3）单站采集。连接某个站点后，可以进行参数查询及设置、告警查询等操作。

1）系统参数设置。点击"部件"—"其他外设"，双击整流模块，然后点击左下角的设置菜单，根据系统配置要求设置整流模块的运行参数，点击上传至所有模块即可。整流模块参数设定界面如图 ZY3201105008-3 所示。

图 ZY3201105008-1 主程序界面

图 ZY3201105008-2 站点连接设置

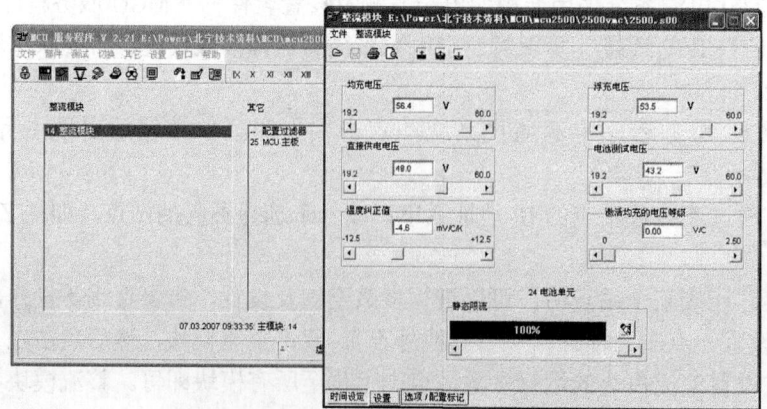

图 ZY3201105008-3 整流模块参数设定界面

　　2）告警查询。点击菜单"其他"—"周期性协议"，即可出现当前系统运行的参数及告警信息，告警信息如果激活的话，会以红色字体显示在如图 ZY3201105008-4 所示的激活的消息窗口中。

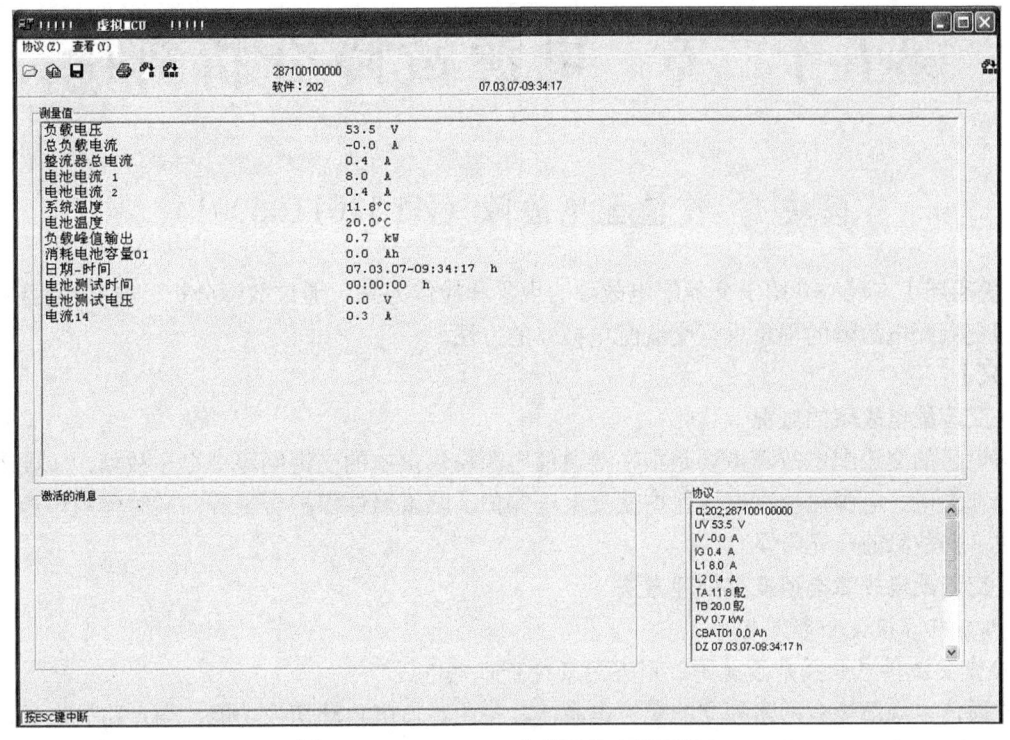

图 ZY3201105008-4　告警及状态显示窗口

　　通过 MCU 服务软件，可以对电源系统的工作状态和告警状态进行定期巡检，根据各站的运行参数和告警状态，判断系统是否存在异常，达到日常维护的目的。

　　【思考与练习】

　　1. MCU 服务程序跟站点的连接方式有哪两种？

　　2. 如何查询所连接站点的告警状态？

国家电网公司
生产技能人员职业能力培训专用教材

第五十二章　电源故障分析排除

模块1　交流配电故障（ZY3201106001）

【模块描述】本模块介绍了交流配电故障的现象和检修方法。通过故障分析、检修流程图形讲解，掌握根据交流配电故障的现象进行交流配电检修的方法。

【正文】

一、交流配电故障的概况

通信电源的交流配电故障主要是指在给通信电源模块供电的交流回路中存在故障，主要表现为电源模块全部失电、电源模块过电压保护或欠电压保护、防雷器件保护告警等，同时伴随电源系统输入告警或防雷器故障的声光告警。

二、交流配电故障类型及其处理方法

（一）当电源模块全部失电时

1. 检查交流供电开关是否跳闸，用万用表检查市电电压

一般通信电源都接有两路独立的交流电源，具备两路市电自动切换功能，当一路失电后，会自动切换到第二路。当通信电源模块全部失电时，我们首先检查两路交流开关是否跳闸。如果开关正常，应立即检测交流市电电压是否正常、是否缺相以及零线是否连接正常。

一般情况下，市电停电的情况多一些。当交流开关跳闸时，一般是后面的电路中存在过载或损坏性故障，需要认真仔细地排查。当发生过载性故障时，我们可以使用钳型电流表检查供电回路的电流，逐一打开模块的电源开关，确定是模块故障还是其他问题。

2. 当市电正常时，应检查两路交流切换电路

大多数交流切换电路都是采用交流接触器控制，我们主要检测交流接触器的线圈电压是否正常。如果线圈电压正常，可以通过断开输入开关后，检测线圈电阻值来进一步判断是否线圈烧坏。当检测不到电压时，需要检查双路切换的控制电路，主要检查控制电路供电熔丝是否熔断、有没有可见的元器件烧坏的痕迹。在检修双路切换电路时，最好和通信电源的供应商联系，取得他们的技术支持。

当确认是交流接触器损坏时，断开输入开光或熔丝后，更换相同规格接触器。控制电路故障时，更换电源厂商提供的配件。

整流模块全部失电检修流程如图 ZY3201106001-1 所示。

（二）电源模块过电压或欠电压保护

检查市电电压是否在正常范围。如果市电过高或过低，首先排除交流供电的故障。当交流电压恢复正常，电源模块会自动退出保护而正常工作。

（三）防雷器件故障

防雷器件一般接在两路交流切换电路后，当防雷器故障时，防雷器的显示窗口会显示红色，同时电源系统会提示防雷器故障。可以将防雷器模块直接拔出，更换相同规格的防雷器。

（四）交流供电电缆线路故障

（1）主要表现：交流供电线路的电缆出现表皮颜色异常。

（2）根本原因：线径较细，承担了较大的电流，时间久了，引起过热。

（3）连接点松动：主要指交流输入端子、开关接点、交流接触器端子接点等。

（4）处理对策：更换较细的电缆，重新压接端子接线，拧紧螺丝。

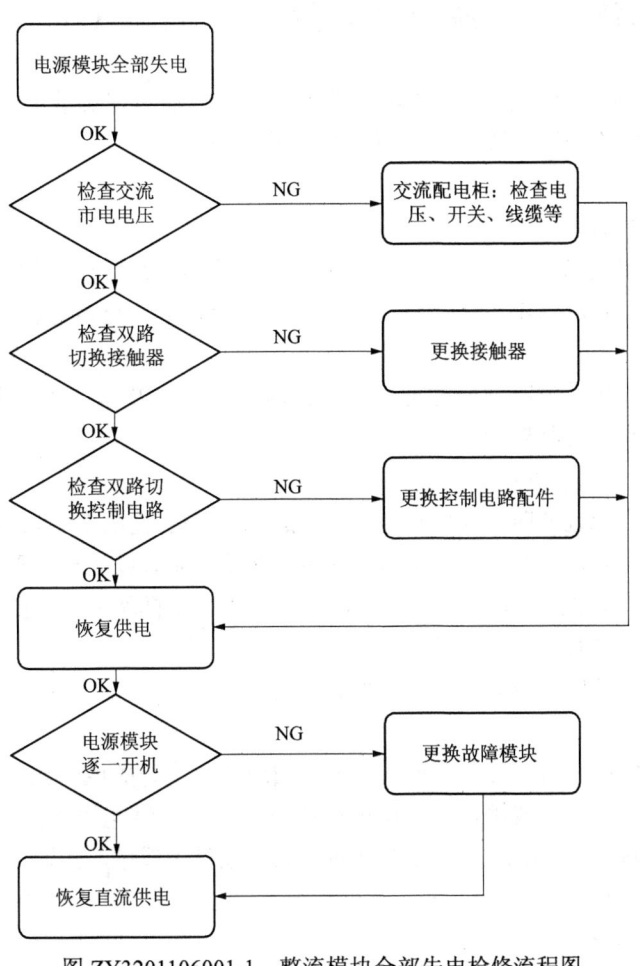

图 ZY3201106001-1　整流模块全部失电检修流程图

案例 1　交流市电控制回路故障

故障现象：某供电公司所属路灯所一套通信电源早上巡检时发现，电源模块已全部停止运行，只有蓄电池在维持供电。

现场检查：该套电源具备交流市电双路自动切换，但该站点只能提供一路市电；检查市电输入电压正常；检查交流接触器没有吸合，进一步检查交流接触器线包端无电压，而线包电阻值正常，判断交流接触器正常；检查给控制回路供电的电源变压器，次级无任何电压，断开市电测量该变压器初级电阻值为无穷大，判断该变压器已经烧坏。

故障处理：① 应急处理：因第二路市电输入没有使用，控制回路应是正常的。断开交流配电屏该路市电开关后，将第一路市电接线端子移至第二路，检查无误，接通市电，逐一开启电源模块，恢复正常供电。② 彻底处理：向电源供应商购买同规格变压器，在断开两路市电的情况下，更换该变压器。

案例 2　交流防雷器故障

故障现象：某供电分公司一套通信电源在例行维护时，发现有防雷器故障告警，检查发现交流 OBO 防雷器的其中一相的防雷器模块显示窗口为红色。

故障处理：拆下故障防雷模块，直接插入同规格防雷模块，告警恢复正常。

【思考与练习】

1. 当电源模块全部失电时，应如何进行检查与排除？

2. 防雷器故障应根据什么判断？如何检修？

模块 1

ZY3201106001

模块2　直流配电故障（ZY3201106002）

【模块描述】本模块介绍了直流配电故障的现象和检修方法。通过故障分析、检修流程讲解、案例介绍，掌握根据直流配电故障的现象进行直流配电检修的方法。

【正文】

一、直流配电故障的概况

通信电源的直流配电故障主要是指通信电源模块直流输出回路存在故障，主要表现为直流输出电压过高或过低、负载设备直流供电中断、直流回路熔丝熔断、电池充电电流不能限流、电源模块不能均流等。

通信电源直流配电发生故障时，要注意检查分析电源系统的告警，以帮助尽快找到故障点。

二、直流配电故障类型及其处理方法

（一）直流输出电压过高或过低

当直流输出电压过高或过低时，我们可以先检查电源模块的输出电流表显示，当某一电源模块电流表显示电流过大或过小时，可以将此模块退出系统（系统控制总线也要断开），再检测输出电压是否恢复正常。另外可以逐一将电源模块退出系统（每次只退出一个模块），检查输出电压是否恢复正常来判断，从而确定是哪个模块有问题。

另外要注意一点，当蓄电池放完电在充电时，电压会比较低。可以通过查看充电电流来确定。

（二）负载设备直流供电中断

当负载设备直流供电中断时，应检查通信电源侧相应的供电开关或熔丝是否正常，检测开关输出、输入侧的电压是否正常。开关（或熔丝）输出侧电压正常，说明供电线路存在断路故障。开关（或熔丝）输入侧电压正常而输出侧无电压，则可以判断是开关损坏（或熔丝熔断），更换相应配件后，还要用钳型表检测电流是否正常。

（三）直流回路熔丝熔断

直流回路熔丝主要指电源模块的输出至汇流排的熔丝和汇流排至直流分配屏的熔丝。大部分直流输出至负载使用开关控制，也有一些大电流输出采用熔丝控制。

电源模块至汇流排的熔丝熔断后，可以通过观察模块的输出电流表或用钳型表检测模块的输出电流来进行判断。拆下熔丝后，用万用表电阻挡或导通测试挡进行检测。注意，不要用万用表电阻挡直接在线测量，易导致万用表烧坏。

汇流排至分配屏的熔丝一般配置的容量较大，不易损坏。如果发生熔断，一般是负载回路或输出线路中存在短路现象。应对负载回路或供电线路逐一进行排查。

汇流排直接通过熔丝接负载的，应检测负载的启动电流和正常工作电流。

（四）电池充电电流不能限流

当电池在放电结束后，在重新充电的过程中，充电限流值一般设定为电池容量的1/10，我们可以查看充电电流表显示。电池充电不能限流一般是充电电流过大，超出设定值。首先应该检查电源监控器的充电电流设置以及电池电流分流器的参数设置，另外要检查每个电源模块的电流值是否有过大或过小的现象。

充电电流不能限流的主要原因有：① 电源监控器电池充电限流设置或分流器参数设置有误；② 某个电源模块存在故障；③ 电源监控器本身故障。

（五）电源模块不能均流

根据信息产业部 YD/T 731—2002 标准，并机工作整流模块自主工作或受控于监控单元应做到均分负载。在单机50%～100%额定输出电流范围，其均分负载的不平衡度不超过直流输出电流额定值的±5%。关于如何检查模块均流，请参考模块 ZY3201105003 "均流检查"。

电源模块不能均流时，我们可以查看每个模块的输出电流，找出电流最大或最小的模块，如果关闭该模块（系统总线也要断开）后电流恢复正常，则是模块故障。另外，有些种类电源模块的输出电

压可以微调，我们可以在电源供应商技术人员的指导下，微调那些电流过高或过低的模块输出电压，并注意观察模块电流显示。

直流配电故障根据故障现象以及电源系统的告警进行分析后，判断是电源模块、监控器问题还是输出开关或熔丝问题，直接更换相关配件即可。

案例 某供电公司通信电源模块均流故障

故障现象： 某供电公司供电的一套通信电源，在巡检中发现 6 台电源模块中的其中 1 台模块的输出电流显示只有 1A，其他模块的电流都在 7A 左右。

故障处理： 关闭该台模块，退出系统。将该台模块接上交流电源开机，检测输出电压正常，带载能力也正常，判断是内部均流控制电路故障。更换 1 台新模块，检测各模块的输出电流，电流显示值基本一致，均流功能正常。

【思考与练习】

1. 常见的直流配电故障有哪些？如何处理？

2. 直流输出电压过高或过低应如何进行检查与排除？

3. 电源模块不能均流时，应如何判断与排除？

模块 3 通信电源系统故障应急处理（ZY3201106003）

【模块描述】 本模块介绍了通信电源系统故障的应急处理的步骤和方法。通过方法分析、案例介绍，掌握通信电源系统故障应急处理的步骤和方法。

【正文】

一、通信电源系统故障的概况

通信电源系统故障主要是指通信电源系统交流部分发生故障，主要表现为交流切换部分故障、交流防雷器故障等。整流部分故障主要表现为单个模块故障，输出电压过高或过低，充电不能限流等；直流配电部分故障主要表现为负载开关频繁跳闸、直流防雷器故障，电池熔丝熔断等；监控系统故障主要表现为通信错误、控制失效及误告警。

通信电源系统发生故障时，要注意检查分析电源监控系统的告警指示，以帮助尽快找到故障点。另外，检修时需思路明确，避免故障范围扩大。

二、通信电源 BLT600 系统故障的排除方法

（一）交流部分故障

（1）交流切换部分故障。如果发现两路电压均在正常范围内，但相应的接触器不吸合，应根据电路控制原理，检查交流切换电路，如市电监控模块设置（过压设置、欠压设置）是否正常，市电控制模块工作指示灯是否正常，接触器线圈是否烧坏等。故障点一一检查后，故障元件用同型号替换，即可恢复。

（2）交流防雷器故障。检查防雷模块的窗口是否变为红色，变红则表示模块故障，需要拔出予以更换。如均为绿色，检查模块是否插紧，松动的直接插紧。

（二）整流部分故障

（1）单个模块故障。根据模块前面板指示等来判定故障模块，并换上备用模块。

（2）系统电源直流输出过高或过低。检查监控器设置参数值，如设置偏差，则予以修正；如设置正确，依次拔出模块检查，如拔出某个模块后，系统电压恢复正常，则直接更换此模块。另外，如果系统总负载电流大于整理器最大输出电流，蓄电池也会参与给负载供电，并造成系统电压降低，此种情况下需要增加整流模块数量。

（3）充电不能限流。检查监控器和整理模块限流参数，如设置偏差，则予以修正，否则更换模块总线接口板。

（三）直流配电部分故障

（1）负载开关频繁跳闸。检查负载电流是否大于开关容量，是则换合适容量的开关；不是则检查开关端子是否松动，因松动而引起的发热也容易使开关跳闸。

（2）直流防雷器故障。检查防雷模块的窗口是否变为红色，变红则表示模块故障，需要拔出予以更换。如均为绿色，检查模块是否插紧，松动的直接插紧。

（3）电池熔丝熔断。检查蓄电池无异常或短路情况后，直接更换同型号熔丝。

（四）监控系统故障

（1）通信错误。当监控器出现通信错误或无法通信时，检查连接电缆，无误后直接更换监控器。

（2）控制失效及误告警。检查监控器内部配置以及外围模块的通信指示是否正常，如外围功能模块通信指示不正常，则检查连接线，或更换外围模块、监控器等。

案例

某变电站，通信电源仅具有一路交流输入，在输入电压正常的情况下监控器发出市电故障告警，并蓄电池开始放电。

分析： 监控器发出市电故障，蓄电池开始放电，初步怀疑是市电输入中断或市电控制电路发生问题。

检修过程： 量测市电输入端子侧检查交流输入三相电压正常，继而检查市电监控模块显示市电故障指示，检查市电监控模块过欠压设置正常，故判定该模块故障，更换备品后系统恢复正常。

【思考与练习】

1. 通信电源系统故障现象主要有哪些？

2. 防雷模块故障应如何进行检查与排除？

3. 监控系统控制失效及误告警，应如何判断与排除？

第十二部分

仪表工具的使用

国家电网公司
生产技能人员职业能力培训专用教材

第五十三章 测 试 仪 表

模块 1 示波器的使用（ZY3201201001）

【模块描述】本模块介绍了示波器的使用，包含示波器的基本操作、稳定信号波形、读取示波器显示波形的频率和幅度、两路信号的波形比较及分析。通过要点讲解、结构图形示意，掌握正确使用示波器的操作技能。

【正文】

一、示波器简介

示波器是利用电子射线的偏转来复现电信号瞬时值图像的一种仪器。不但可以像电压表、电流表、功率表测量信号幅度，而且可以像频率计、相位计那样测试信号周期、频率和相位，并且还能测试调制信号的参数，估计信号的非线性失真等。

二、示波器的原理

示波器由示波管和电源系统、同步系统、X 轴偏转系统、Y 轴偏转系统、延迟扫描系统、标准信号源组成。示波器的内部结构和供电图如图 ZY3201201001-1 所示。

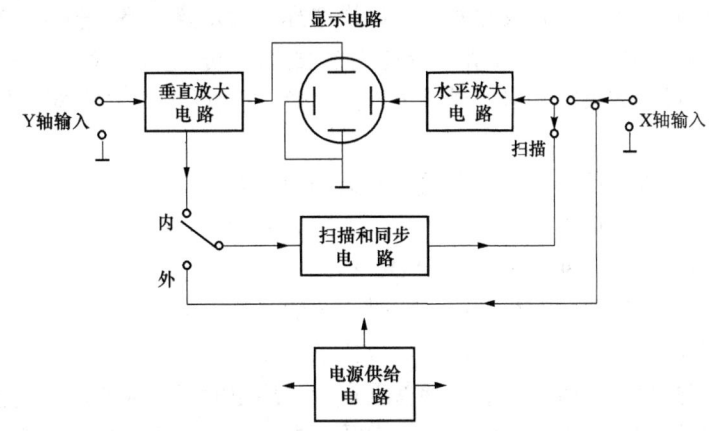

图 ZY3201201001-1　示波器的内部结构和供电图

三、通用示波器面板介绍

1. 亮度和聚焦旋钮

亮度调节旋钮用于调节光迹的亮度（有些示波器称为"辉度"），使用时应使亮度适当，若过亮，容易损坏示波管。聚焦调节旋钮用于调节光迹的聚焦（粗细）程度，使用时以图形清晰为佳。

2. 信号输入通道

常用示波器多为双踪示波器，有两个输入通道，分别为通道 1（CH1）和通道 2（CH2），可分别接上示波器探头，再将示波器外壳接地，探针插至待测部位进行测量。

3. 通道选择键（垂直方式选择）

常用示波器有 5 个通道选择键：

（1）CH1：通道 1 单独显示；

（2）CH2：通道 2 单独显示；

（3）ALT：两通道交替显示；

（4）CHOP：两通道断续显示，用于扫描速度较慢时双踪显示；

（5）ADD：两通道的信号叠加，维修中以选择通道 1 或通道 2 为多。

4. 垂直灵敏度调节旋钮

调节垂直偏转灵敏度，应根据输入信号的幅度调节旋钮的位置，将该旋钮指示的数值（如 0.5V/div，表示垂直方向每格幅度为 0.5V）乘以被测信号在屏幕垂直方向所占格数，即得出该被测信号的幅度。

5. 垂直移动调节旋钮

用于调节被测信号光迹在屏幕垂直方向的位置。

6. 水平扫描调节旋钮

调节水平速度，应根据输入信号的频率调节旋钮的位置，将该旋钮指示数值（如 0.5ms/div，表示水平方向每格时间为 0.5ms），乘以被测信号一个周期占有格数，即得出该信号的周期，也可以换算成频率。

7. 水平位置调节旋钮

用于调节被测信号光迹在屏幕水平方向的位置。

8. 触发方式选择

示波器通常有四种触发方式：

（1）常态（NORM）：无信号时，屏幕上无显示；有信号时，与电平控制配合显示稳定波形。

（2）自动（AUTO）：无信号时，屏幕上显示光迹；有信号时与电平控制配合显示稳定的波形。

（3）电视场（TV）：用于显示电视场信号。

（4）峰值自动（P–P AUTO）：无信号时，屏幕上显示光迹；有信号时，无需调节电平即能获得稳定波形显示。该方式只有部分示波器（如 CALTEK 卡尔泰克 CA8000 系列示波器）中采用。

9. 触发源选择

示波器触发源有内触发源和外触发源两种。如果选择外触发源，那么触发信号应从外触发源输入端输入，家电维修中很少采用这种方式。如果选择内触发源，一般选择通道 1（CH1）或通道 2（CH2），应根据输入信号通道选择，如果输入信号通道选择为通道 1，则内触发源也应选择通道 1。

四、使用方法

下面以测试示波器的校准信号为例，介绍示波器的使用方法。

（1）将示波器探头插入通道 1 插孔，并将探头上的衰减置于"1"挡；

（2）将通道选择置于 CH1，耦合方式置于 DC 挡；

（3）将探头探针插入校准信号源小孔内，此时示波器屏幕出现光迹；

（4）调节垂直旋钮和水平旋钮，使屏幕显示的波形图稳定，并将垂直微调和水平微调置于校准位置；

（5）读出波形图在垂直方向所占格数，乘以垂直衰减旋钮的指示数值，得到校准信号的幅度；

（6）读出波形每个周期在水平方向所占格数，乘以水平扫描旋钮的指示数值，得到校准信号的周期（周期的倒数为频率）；

（7）一般校准信号的频率为 1kHz，幅度为 0.5V，用以校准示波器内部扫描振荡器频率。如果不正常，应调节示波器（内部）相应电位器，直至相符为止。

五、使用注意事项

（1）为了仪器操作人员的安全和仪器安全，仪器在安全范围内正常工作，保证测量波形准确、数据可靠、降低外界噪声干扰。通用示波器通过调节亮度和聚焦旋钮使光点直径最小以使波形清晰，减小测试误差。亮度要适中，不能过亮。不要使光点停留在一点不动，否则电子束轰击一点宜在荧光屏上形成暗斑，损坏荧光屏。

（2）测量系统、被测电子设备的设备接地线必须与公共地（大地）相连。

（3）"Y 输入"的电压不可太高，以免损坏仪器。应避免"Y 输入"导线悬空，否则因外界电磁干扰出现干扰波形。

（4）关机前先将辉度调节旋钮沿逆时针方向转到底，使亮度减到最小，然后再断开电源开关。

【思考与练习】

1. 示波器通常有哪几种触发方式？

2. 以测试示波器的校准信号为例，说明示波器的使用方法。

3. 简述示波器的使用注意事项。

模块 2　话路分析仪的使用（ZY3201201002）

【模块描述】本模块介绍了话路分析仪的使用，包含利用话路分析仪进行点电平、频率特性、电平特性、空闲噪声、路际串话和量化失真等测试方法。通过操作步骤讲解、图形示意，掌握正确使用话路分析仪的操作技能。

【正文】

话路分析仪专用于二/四线模拟通道和低速数据传输通道测试的手持式仪表，可检测模拟通道和数据通道的传输质量，可进行点电平、频率特性、电平特性、空闲噪声、路际串话和量化失真等测试，是电力用户安装、开通和维护二/四线模拟通道或数据传输通道方便、实用和有效的工具。

话路分析仪通常包括硬件（主板、电源板、显示板）、软件（嵌入式软件及监控管理软件）及配件（测试电缆、AC 电源适配器、充电电池等）。

一、操作步骤

（1）根据仪表使用说明熟悉各状态告警灯的含义和键盘功能。

（2）连接电源适配器，按"电源开关"键，打开仪表；在电池供电方式下，直接按"电源开关"键，打开仪表。

（3）进行仪表相关参数的设置。

（4）测试项目。

1. 模拟通道的测试

可采用远端接口环回测试、本端/远端线路环测和远端对通测试的方式。

（1）远端接口环回测试。当模拟通道发生故障时，可断开系统，并将远端的模拟接口环回，话路分析仪接在本端的模拟端口，如图 ZY3201201002-1 所示。发送单音频信号，测试接收电平和频率，查看信号波形，或通过话路分析仪内置听音器监听接收的音频信号。

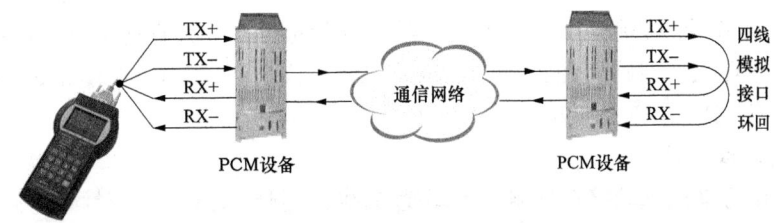

图 ZY3201201002-1　模拟通信远端接口环回测试

（2）本端/远端线路环测。在本端复用设备（如 PCM 设备）或传输设备（如 SDH 设备）的传输线路上进行环回，仪表测试连接如图 ZY3201201002-2 所示。话路分析仪接在本端的模拟四线端口或二线端口，发送单音频信号，测试接收电平和频率，并显示波形，或通过话路分析仪内置听音器监听接收的音频信号。

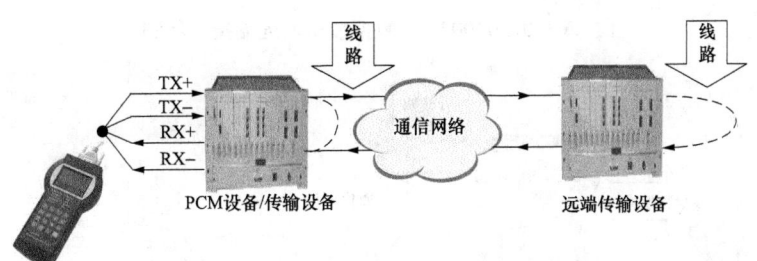

图 ZY3201201002-2　模拟通信本端/远端线路环测

（3）远端对通测试。两套仪表分别放置在本端或远端，直接对四线或二线模拟通道测试，仪表测试连接如图 ZY3201201002-3 所示。可通过本端的话路分析仪向远端的话路分析仪发送单音频信号，在远端测试该信号的电平和频率或监听所发送的音频信号，或者通过远端的话路分析仪向本端的话路分析仪发送单音频信号，在本端测试该信号的电平和频率或监听所发送的音频信号。

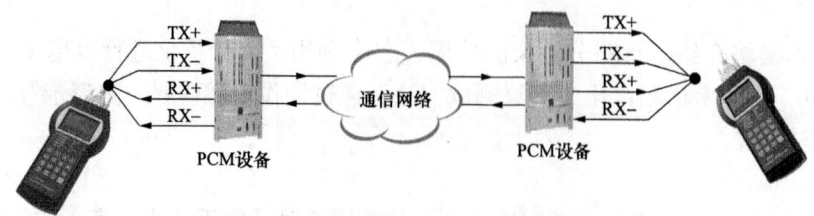

图 ZY3201201002-3 模拟通信远端对通测试

2. FSK 在线监测方法

将话路分析仪在线跨接在模拟通道上，在线实时测试发送信号或接收信号电平、频率（FSK 上、下载频），计算 FSK 信号的中心频率和频偏，并可在线监听信号，显示信号波形，如图 ZY3201201002-4 所示。

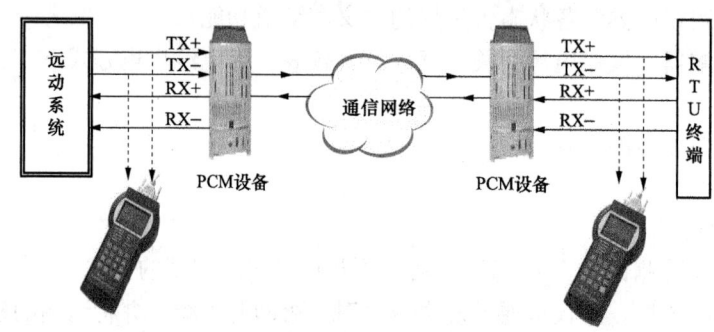

图 ZY3201201002-4 FSK 在线监测

3. FSK 误码测试方法

按照 FSK 调制方式的中心频率、频偏及传输波特率的标准，用伪随机序列精确测试模拟通道的误码情况，可采用接口环回、线路环回、接口对测的方法，仪表测试连接参见图 ZY3201201002-1、图 ZY3201201002-2 和图 ZY3201201002-3。

4. 数据通信的测试方法

数据接口的测试可采用远端接口环测、本端/远端线路环测、远端接口对测的方式，仪表测试连接及环回测试点如图 ZY3201201002-5、图 ZY3201201002-6 和图 ZY3201201002-7 所示。

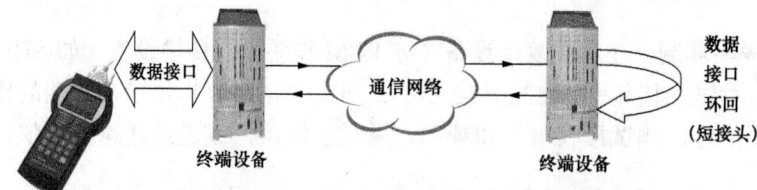

图 ZY3201201002-5 数据接口的远端接口环测

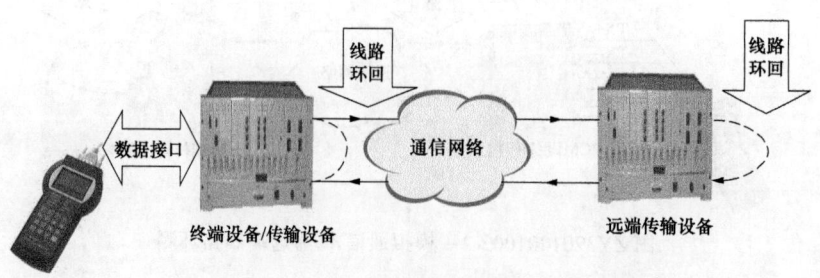

图 ZY3201201002-6 数据接口本端/远端线路环测

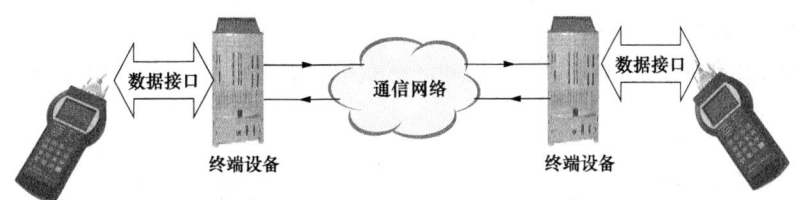

图 ZY3201201002-7 数据接口远端对测

5. 与 PC 机通信

仪表通过 RS–232 口与 PC 机通信，可完成两个任务：一是将仪表中存储的测试结果上传到 PC 机作进一步处理；二是通过 PC 机完成对仪表的嵌入式软件升级。

二、注意事项

（1）通过串行通信电缆将 PC 机串口与仪表进行连接时，不要带电插拔，并注意接地或使用防静电手腕带。

（2）在对仪表进行软件升级时，为了防止通信期间出现电池耗尽仪表掉电的现象，应使用 AC 电源适配器。

（3）外接 AC 电源适配器后，仪表可以一边工作，一边进行快速充电。快速充电时，"充电"指示灯亮。快速充电完成后，"充电"指示灯灭。也可以在关闭仪表电源的情况下进行充电，充电指示灯可以进行正确的显示。

（4）不得随意更换电池型号；不得使用非充电电池，以免发生电池爆炸等危险。

【思考与练习】

1. 利用话路分析仪可以进行哪些测试项目？

2. 画出模拟通信远端接口环回测试的接线图。

3. 画出数据接口本端/远端线路环测的接线图。

模块 3 光源、光功率计的使用（ZY3201201003）

【模块描述】 本模块介绍了光源、光功率计的使用。通过图形示意，操作步骤介绍，掌握正确使用光源和光功率计的操作技能。

【正文】

一、光功率计的工作原理

光功率计用于测量绝对光功率或通过一段光纤后光功率的相对损耗。在光纤系统中，测量光功率是最基本的项目。用光功率计和稳定光源组合使用，可用于测量连接损耗、检验连续性，并帮助评估光纤链路传输质量。

光通信中的光功率较微弱，范围大约从 nW 级到 mW 级。目前光功率计普遍采用光电法制作。这种光功率计首先由光电检测器在受光辐射后产生微弱的电流，该电流与入射光的功率成正比，转换成电压信号后再经过放大和数据处理后，显示出对应的光功率的大小。其原理如图 ZY3201201003-1 所示。

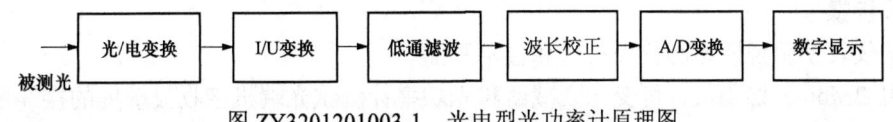

图 ZY3201201003-1 光电型光功率计原理图

二、操作步骤

（1）根据仪表使用说明熟悉各按键盘的功能。

（2）测试步骤。

1）打开光源的电源，调节标准光源，使它发出与被测光纤传输光波长相同的光。

2）打开光功率计的电源，选择相应的光波长和合适的量程。

3）校准功率计，用两根 1m 左右与被测光纤同类型的尾纤作为标准尾纤，将标准光源和光功率计连接起来,调节光功率计使光功率计显示为0。

4)按图 ZY3201201003-2 所示接入被测光纤,等待光功率稳定后,读出测试值即为光纤的总损耗。

图 ZY3201201003-2　光源、光功率计测试接线图

三、注意事项

(1)确定光功率计和光源与要测试的光缆类型匹配。

(2)光功率计和光源选用同一波长。

(3)如果被测光源由活动连接器输出,测量时应清洗活动连接器端面。如果是裸光纤,应配用裸光纤适配器和连接附加器,并制作一个平整的垂直于轴线的清洁端面。

(4)光功率计和光源使用结束后,必须及时戴好防尘帽。

(5)打开光功率计时,如果屏幕没有显示,通常需要更换电池。

【思考与练习】

1. 画出利用光源和光功率计测试光纤损耗的接线图。

2. 利用光源和光功率计测试光纤的损耗时注意事项有哪些?

模块 4　2M 误码仪的使用（ZY3201201004）

【模块描述】本模块介绍了 2Mbit/s 误码仪的使用,包含 2Mbit/s 误码仪在线监测和离线误码测试使用方法。通过图形示意,操作步骤介绍,掌握正确使用 2Mbit/s 误码仪的操作技能。

【正文】

一、2Mbit/s 误码仪的工作原理

2Mbit/s 误码仪主要用于数字设备调试和性能测试,其工作原理如图 ZY3201201004-1 所示。仪表 m 序列发生器产生一个 m 序列信号,由发送设备发送后经过信道到达接收设备。将本地 m 序列与收端解调出的 m 序列逐位进行模 2 加运算,一旦有错就会出现 1 码,并用计数器计数统计出错误码元的个数及比率。发送端 m 序列发生器及接收端的统计部分组成的成套设备称为误码测试仪。

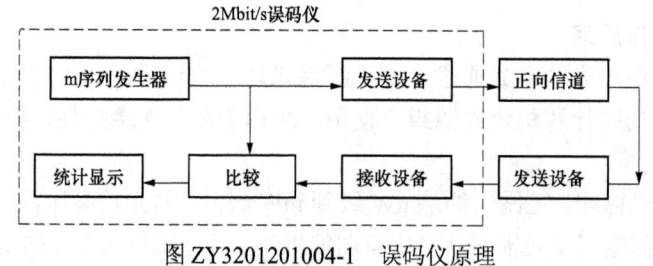

图 ZY3201201004-1　误码仪原理

二、操作步骤

(1)根据仪表使用说明熟悉仪表按键和显示画面。

(2)利用 2Mbit/s 误码仪、可变光衰减器和光功率计测试光端机接收灵敏度的接线及数字配线架(DDF)跳线如图 ZY3201201004-2 所示。

(3)测试步骤。

1)在光端机自环光路中串接可变光衰减器,并把可变光衰减器衰减挡位置零。

2)用自环线把所测 2M 口串接(在 DDF 架侧串接),用误码仪测试串接的 2M 口应该没有误码。

3)逐步加大光衰减器的衰减值,直至出现误码,再减小衰减值,直至刚好无误码。观察至少 10min,确保不再产生误码。

4)拔下光端机光板收光口的尾纤头连至光功率计,读出此时的接收光功率即为光接收灵敏度。

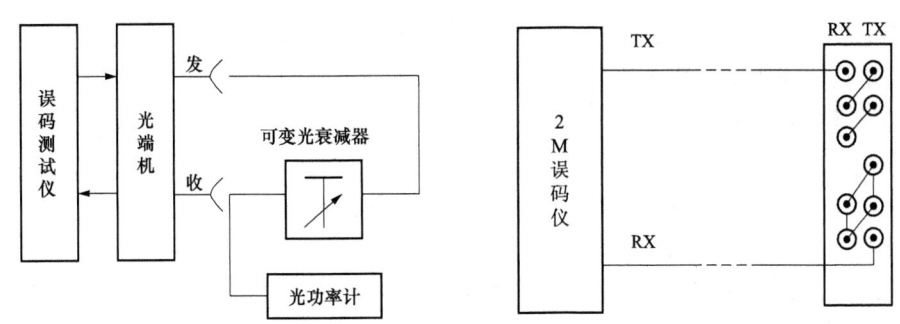

图 ZY3201201004-2　测试光端机的接收灵敏度接线图

5）记录测试结果，对比测试结果和相应指标。

三、注意事项

（1）使用外接交流电时，必须加接性能良好的电源稳压器。

（2）为保证测试结果的可靠性，在每次测试前，需检查电池电量，并将仪器的信号输出端和输入端短接，观察告警指示灯，应该都不亮。

四、日常维护事项

（1）为延长仪表内电池的使用寿命，仪器使用后必须将电池充满电。

（2）长期不用仪表时，一般 3 个月左右至少进行一次充放电。

【思考与练习】

1. 画出测试光端机接收灵敏度的接线图。

2. 简述测试光端机的接收灵敏度时注意事项有哪些。

模块 5　光时域反射仪（OTDR）的使用（ZY3201201005）

【**模块描述**】本模块介绍了 OTDR 的使用，包含 OTDR 的自动测试、高级测试以及波形分析、故障点判定、波形的存储与打印。通过要点介绍，掌握正确使用 OTDR 的操作技能。

【**正文**】

光时域反射仪（OTDR）是光纤通信系统中最重要的仪表之一，OTDR 可测试的主要参数有：① 测纤长和事件点的位置；② 测光纤的衰减和衰减分布情况；③ 测光纤的接头损耗；④ 光纤全回损的测量。

一、OTDR 的工作原理

当光脉冲在光纤中传输时，沿着光纤长度上的各个点都将产生散射，其散射的强弱与该点的光功率大小成正比，而光功率又和光纤的衰耗有关，所以散射的强弱也反映出光纤各点衰耗的大小。由于散射是全方位的，因此这些散射光中总有一部分光能够反向传输到输入端，称之为背向散射光。根据背向散射光可以计算出光纤的衰耗。如果光纤中断，则从中断点以后的背向散射光功率降为零，因此可以判断光纤的断点和长度。

OTDR 将光纤链路的完好情况和故障状态，以一定斜率直线（曲线）的形式清晰的显示在液晶屏上，根据事件表的数据，能迅速的查找确定故障点的位置和判断障碍的性质及类别，对分析光纤的主要特性参数能提供准确的数据。

二、操作步骤

（1）根据仪表使用说明熟悉仪表按键和显示画面。

（2）测试接线，用 OTDR 测量光纤（光缆）的衰减常数和长度的接线如图 ZY3201201005-1 所示。盲区光纤是一小盘长度为 1m 的过渡光纤，用于连接 OTDR 和被测光纤。有的 OTDR 不需要使用盲区光纤，具体参见OTDR 使用说明书。

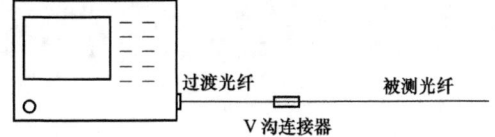

图 ZY3201201005-1　测试光纤（光缆）的衰减常数和长度的接线图

1. 测试步骤

（1）按自动设置或手动设置测量条件。

（2）按测量键开始测量。

2. 波形分析

（1）距离测量（使用光标测量开始点到连接点或故障点的距离）。

1）将光标调整到区域起始点位置，设置标记；

2）将光标调整到区域结束点位置，设置标记；

3）查看起止点之间的距离。

（2）测量连接损耗。

1）将光标移到所测事件点位置，并使用相应的功能键设定标记；

2）查看标记点的连接损耗。

3. 波形存储与打印

（1）波形存储。

1）按功能键进入文件操作的画面，并选择文件；

2）选取保存的位置、文件名、文件类型等；

3）选择功能键，保存文件。

（2）波形打印。选择功能键打印屏幕显示画面。

三、注意事项

（1）被测试光纤必须无运行业务运行以免损坏 OTDR，可用光功率计进行测试。

（2）使用外接交流电时，必须加接性能良好的电源稳压器。

（3）保持 OTDR 光输出头的清洁。使用结束，及时戴好防尘帽；每次测试前，要清洁被测光纤的端面。

（4）根据被测光纤的模式以及欲测的波长窗口选择合适的插件，保证光信号的模式和波长与被测光纤一致。

（5）根据被测光纤的长度及衰耗的大小，选择合适的量程及光脉冲的宽度。

四、日常维护事项

（1）OTDR 不能直接放在地上使用，在野外使时要做好防尘、防晒、防淋措施。

（2）为延长仪器内电池的使用寿命，仪器使用后必须将电池充满电。

（3）长期不用仪器时，一般 3 个月左右至少进行一次充放电。

【思考与练习】

1. 简述光时域反射仪（OTDR）的工作原理。

2. 利用光时域反射仪（OTDR）可以测量的项目有哪些？

3. 简述使用光时域反射仪（OTDR）时注意事项有哪些。

第十三部分

通信线缆制作及布线

第五十四章　线　缆　制　作

模块 1　2M 同轴电缆制作（ZY3201301001）

【模块描述】本模块介绍了 2Mbit/s 同轴电缆制作，包含 2Mbit/s 同轴电缆的制作工具、步骤、工艺要求。通过制作流程介绍、图形示意，掌握熟练制作 2Mbit/s 同轴电缆并进行屏蔽和导通性检测的基本技能。

【正文】

在数字通信传输系统中设备安装、系统调试时经常需要现场制作 2Mbit/s 同轴电缆。下面就常用的同轴电缆的制作方法作简单介绍。

一、作业内容

本部分主要讲述 2Mbit/s 同轴电缆的及制作的方法以及注意事项等。

二、作业前准备

制作 2Mbit/s 同轴电缆所需的材料和工具有同轴电缆（SYV 系列）、同轴接头（L9-J）（又称仿西门子头）、剥线钳、专用压线钳、尖头烙铁、焊锡、松香、万用表等。

三、操作步骤及质量标准

1. 剥线

同轴电缆由外向内分别为外护套、金属屏蔽网线（接地屏蔽线）、乳白色透明绝缘层和芯线（信号线），芯线由一根或几根铜线构成，金属屏蔽网线是由金属线编织的金属网。用剥线钳将同轴电缆外护层保护胶皮剥去 13mm，小心不要割伤金属屏蔽网线，再将芯线的乳白色透明绝缘层剥去 4mm，使芯线裸露。一般芯线为 4mm，金属屏蔽线为 6mm。L9-J 接头结构及 2Mbit/s 同轴头制作示意图如图 ZY3201301001-1 所示。

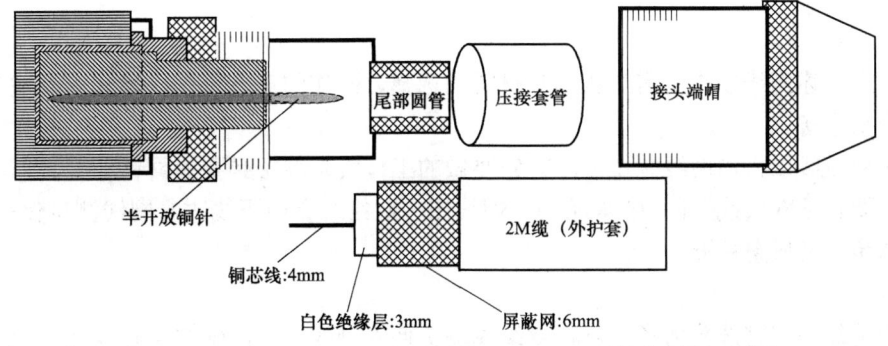

图 ZY3201301001-1　L9-J 接头结构及 2Mbit/s 同轴头制作示意图

2. 缆芯连接

L9-J 接头由接头端帽、金属压接套管、半开放铜针与端子头部连接一起的三部分组成。在同轴电缆开剥前，应将 L9-J 接头尾部的接头端帽、金属压接套管先套入 2Mbit/s 同轴电缆（注意方向、顺序不要弄反），再将已开剥的 2Mbit/s 同轴电缆芯线插入半开放铜针端子尾部，屏蔽网线均匀地敷在端子头后面的圆管上。

3. 压线

将金属压接套管前推，使套管将外层金属屏蔽线卡在 L9-J 接头端子头后面的圆管上，保持套管与金属屏蔽线接触良好。推上压接套管后，用压线钳压紧。

国家电网公司　STATE GRID CORPORATION OF CHINA　国家电网公司　生产技能人员职业能力培训专用教材

4. 焊接

将焊锡丝放在半开放的针孔处，电烙铁点在此点的焊锡上，焊锡融化 3～5s 后松开，正常焊点上有光泽。

5. 装配 L9-J 接头

焊接结束后，拧紧端子接头端帽。

重复上述方法（1～5 步）在同轴电缆另一端制作 L9-J 接头即制作完成。

6. 测试

缆线做好后应用万用电表进行测试，测试时将万用表挡位定在×10 电阻挡，分别进行导通和绝缘测试。

（1）导通测试。将表笔分别接触缆线两端的铜针→铜针、连接器内壁→连接器内壁，如果电阻都很小，证明导通连接正常的。如果其中有测试阻值较大（表针不摆动或者摆动非常小）的情况，则线缆与 L9-J 接头间制作不成功，连接阻抗过高，需重新制作。

（2）绝缘测试。将表笔分别接触缆线两端的铜针→连接器内壁、连接器内壁→铜针，如果电阻都很大，说明绝缘正常。如果测试有阻值（表针有摆动或者摆动非常大）或很小，则线缆与 L9-J 接头间存在短接可能，该缆也需重新制作。

四、注意事项

（1）应选择相匹配的缆线和接头，缆径最好不要大于接头的直径。

（2）用压线钳压线时不要压得太紧，以免压断缆芯。

【思考与练习】

1. 熟悉制作步骤，练习制作。

2. 如何判断制作好缆线的导通性？

模块 2　网线的制作（ZY3201301002）

【模块描述】本模块介绍了直通网线和交叉网线的制作，包含直通网线和交叉网线制作的步骤和工艺要求。通过制作流程介绍、图形示意，掌握熟练制作直通网线和交叉网线并进行导通性测试的基本技能。

【正文】

一、作业内容

本部分主要讲述网线制作所需工器具和材料的选择、制作的工艺流程、步骤以及注意事项等。

二、作业前准备

在 RJ-45 双绞线以太网网线制作中，首先要做的工作就是准备必要的材料和工具，制作网线所需材料及工具主要包括双绞线、RJ-45 水晶头、剥线钳、双绞线专用压线钳、网线测试仪等。

三、操作步骤及质量标准

1. 剥线

用卡线钳剪线刀口将线头剪齐，再将双绞线端头伸入剥线刀口，使线头触及前挡板，然后适度握紧卡线钳同时慢慢旋转双绞线，让刀口划开双绞线的保护胶皮，取出端头从而拨下保护胶皮。剥线的长度为 13～15mm，不宜太长或太短。

2. 按要求理线

（1）直通网线（一般用于计算机与集线器或交换机之间的连接）：网线两端的线序相同，线序为橙白、橙、绿白、兰、兰白、绿、棕白、棕色。

（2）交叉网线（一般用在集线器、交换机的级连、服务器与集线器、交换机的连接、对等网计算机的直接连接等情况）：网线两端线序不同，网线一端的第 1 脚连另一端的第 3 脚，网线一端的第 2 脚连另一头的第 6 脚，其他脚一一对应即可。当线的一端从左到右的芯线顺序依次为：白橙、橙、白绿、蓝、白蓝、绿、白棕、棕时，另一端从左到右的芯线顺序则应当依次为：白绿、绿、白橙、蓝、白蓝、橙、白棕、棕。

（3）按不同线序接法将线整理平行，整理完毕用剪线刀口将前端修齐。

3. 插线

一只手捏住水晶头，将水晶头有弹片一侧向下。另一只手捏平双绞线，稍稍用力将排好的线平行插入水晶头内的线槽中。

4. 压线

确认所有导线都到位后，将水晶头放入卡线钳夹槽中，用力捏几下卡线钳，压紧线头，使接触端铜片穿过线的绝缘部分即可。

重复上述方法，按照要求（直通或交叉）制作双绞线的另一端即制作完成。

完成的直通网线两端 RJ-45 接头如图 ZY3201301002-1 所示。

完成的交叉网线两端 RJ-45 接头如图 ZY3201301002-2 所示。

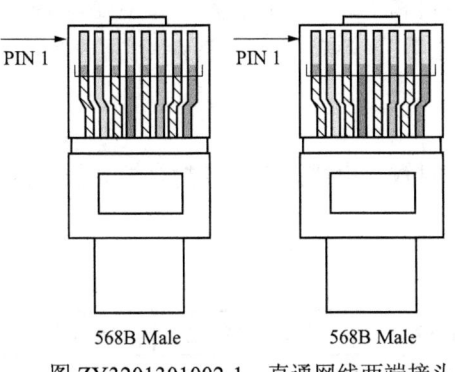

568B Male   568B Male

图 ZY3201301002-1　直通网线两端接头

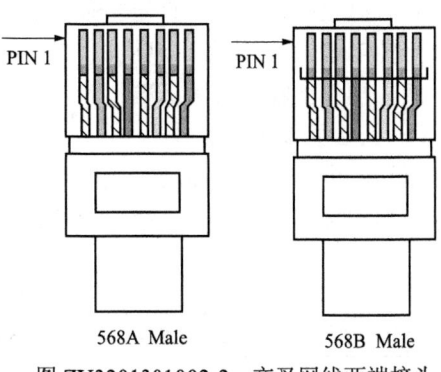

568A Male   568B Male

图 ZY3201301002-2　交叉网线两端接头

5. 测试

两端都做好水晶头后即可用网线测试仪进行测试。

测试直通网线时如果测试仪上 8 个指示灯都依次为绿色闪过，证明网线制作成功。如果出现任何一个灯为红灯或黄灯，都证明存在断路或者接触不良现象，此时最好先对两端水晶头再用网线钳压一次，再测，如果故障依旧，再检查一下两端芯线的排列顺序是否一样，如果不一样，剪掉一端重新按另一端芯线排列顺序制作水晶头。如果芯线顺序一样，但测试仪在重做后仍显示红色灯或黄色灯，则表明其中肯定存在对应芯线接触不好。此时没办法了，只好先剪掉一端按另一端芯线顺序重做一个水晶头了，再测，如果故障消失，则不必重做另一端水晶头，否则还得把原来的另一端水晶头也剪掉重做，直到测试全为绿色指示灯闪过为止。另外，可用万用表做简易测试，将万用表挡位放置在"电阻×10"，用两支表笔分别接在两端水晶头对应的位置，如果电阻很小，则表明这条线接通；如果电阻很大，则表明这条线不通或接触不好，如此测 8 次，可测出每根芯线的状态。交叉网线的测试亦可采用此法。

如有条件，亦可采用更高级的专业仪表进行测试，如 Fluke 620。

四、注意事项

（1）剥线时握卡线钳力度不能过大，否则会剪断芯线；

（2）插线一定要使各条芯线都插到水晶头的底部，不能弯曲（因为水晶头是透明的，所以可以从水晶头有卡位的一面可以清楚地看到每条芯线所插入的位置）。

【思考与练习】

1. 交叉网线两端缆线的芯线如何对应？

2. 如何检测直通网线的好坏？

模块 3　音频电缆对接（ZY3201301003）

【模块描述】本模块介绍了音频电缆对接的基本技能，包含音频电缆对接的步骤和工艺要求。通过制作流程介绍、图形示意，掌握音频电缆对接和测试的基本技能。

372

【正文】

音频电缆接续（包括芯线接续和接头封焊）是通信线路维护人员必须掌握的关键性技术之一。在日常维护和工程中，目前最常用的电缆芯线接续法是扣式接线子接续法和模块式（接续子）接续法。扣式接线子接续法主要用于零散芯线接续（如电缆芯线障碍处理），以及 300 对以下的较小对数的电缆芯线接续。而模块式接续法主要用于较大对数的整条电缆芯线或整单元芯线接续。

一、作业内容

本部分主要具体介绍常用的全塑电缆的芯线扣式接线子接续法的接续、接头封焊的一般要求、基本方法、步骤和安全注意事项等。

二、危险点分析与控制措施

使用喷灯必须小心，注意不要烫伤。

三、作业前准备

在音频电缆接续中，首先要做的工作就是准备必要的材料和工具，需材料及工具主要包括音频电缆（全塑电缆）、接线子、剥线钳、喷灯、热缩接头护套、扎带、砂布、PVC 胶带、万用表等。

四、操作步骤及质量标准

（一）电缆芯线接续

全塑料电缆接续长度及扣式接线子的排数应根据电缆的对数、电缆的直径及封合护套的规格等来确定。扣式接线子排数及接续长度见表 ZY3201301003-1。

表 ZY3201301003-1　　　　　　　　扣式接线子排数及接续长度

电缆对数（对）	接线子排数	接续长度（mm）	电缆对数（对）	接线子排数	接续长度（mm）
300	6	400～500	50	3	180～300
200	5	300～450	30 以下	2～3	149～160
100	4	300～400			

（1）根据电缆对数、接线子排列数及接续长度，在电缆上划线，剥去电缆外护套。注意：电缆芯线留长不小于接续长度的 1.5 倍。

（2）编号。全塑电缆多为全色谱，在单位结构中，以 25 对或 10 对为一个基本单位，再以两个或几个基本单位组成 50 对或 100 对等超单位。它的芯线编号是由中心层开始，按规定的绝缘色谱顺序，逐步向外层进行编号（这一点与铅包纸绝缘电缆不同）。电缆盘上的电缆是有方向性的，按照规定，电缆色谱顺序按顺时针方向进行编号为 A 端，应朝着交换机方向，而把逆时针方向进行编号的定为 B 端，应朝着用户方向。在编号的同时，将各层芯线分别按线对编号顺序，用废芯线临时编成结，叫作临时编线。编线的方法是：用一段废线作为编线，将编线对折顶端形成一个小圈，编线将芯线的第一对线放入对折形成的顶端小圈内，将编线对拧一个花，然后逐一按色谱顺序将其他线对进行线对编线，每编入一对线拧一个花，作为线对间的隔离，编线位置在芯线端头 4～10cm 处。每编完 10 对线将编线对拧 3～5 个花，做一个间隔结，以便计数。对数少的电缆可以连续、连层编，而对数较多的电缆可以分层编线，并做好记号，以防混淆。当遇有畸零线对或障碍线对时，一律放在本组线对的最后，并记录注明障碍线号及障碍性质。

（3）把被接续线对互相扭绕 2～3 个扭花，留长 50mm，剪去多余部分。要求 4 线平齐、无钩弯，a 线与 a 线压接，b 线与 b 线压接。

（4）接线子扣盖向外，将线对插入接线子进线孔内。要注意是否插到扣体的底部，若不到底可以向里推一推。

（5）压接时用力要均匀。压合后应注意扣盖是否压平实，防止接续不实。

（6）扣式接线子排列规格尺寸如图 ZY3201301003-1 所示。

（7）接续完成后进行导通性测试。一般采用放音对号器对号，或用万用表电阻挡测量线对的通断。采用何种方式应根据具体情况和工作习惯，做到正确、迅速核对线对便可。对线方法均应以芯线的第

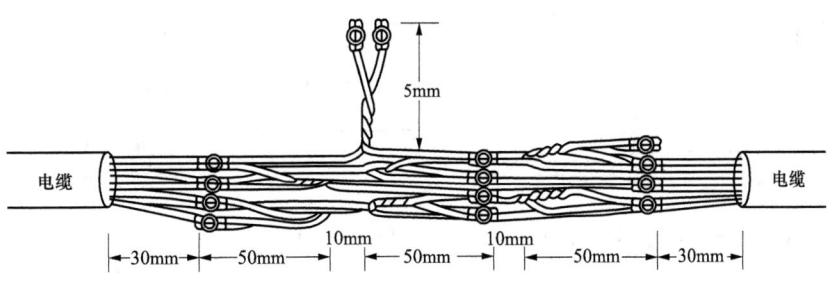

图 ZY3201301003-1 扣式接线子排列规格尺寸

一对（标志线）线作为联络线，待双方联系正常后便可对号。对号时放音机的音线接在待查的线对上，待对方在同一对线上听到蜂音，然后进行下一对。也可在电缆的一端将待查的线对先短接后开路，另一端用万用表测量其电阻，指针应明显摆动（短路时为环路电阻，电阻值较小，开路时为线间绝缘值，电阻很大）。对号顺序应按编号顺序，先小号、后大号逐一依次进行。遇有障碍线对，一律放在最后在所有线对校对完毕后，再对有障碍的线对复查一遍，并检查是否错对，待核此线对无法修复后，在做资料时注明该线对的障碍情况。一般来说全色谱电缆每个单位扎带颜色及各单位内的各线对绝缘颜色都是按照色谱顺序进行排列，A、B 线均能分别清楚，所以对号工作也比较简便。

（二）全塑电缆的接头封焊

全塑电缆接头护套型号规格众多，安装方式各异，有热缩方式、冷缩方式、装配方式、开启式方式等。以下就最常用的热缩方式安装操作步骤加以介绍。

1. 热缩接头护套选型

根据电缆外径、接头开长、接头外径等，选择合适型号规格的热缩接头护套。热缩接头护套（RSB）组件如图 ZY3201301003-2 所示。

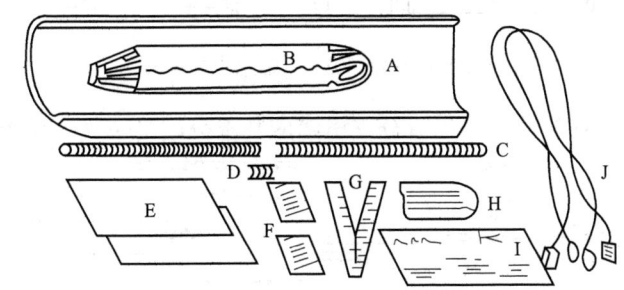

图 ZY3201301003-2 热缩接头护套（RSB）组件

A—热缩包管；B—金属内衬筒；C—不锈钢夹条（拉链）；D—夹条连接扣；

E—铝箔（隔热铝箔）；F—清洁剂；G—砂皮条；H—分歧夹；I—施工说明书；J—屏蔽连接线

2. 安装方法与步骤

（1）电缆芯线接续完毕后，在电缆两端口处，安装好专用屏蔽线，然后对已接续芯线进行包扎，如图 ZY3201301003-3 所示。

（2）在电缆接续部位，安装金属内衬套管，并把纵剖面拼缝用铝箔条或用 PVC 胶带粘接固定，热缩护套的金属内衬管应置于接头中间，内衬套管的纵向拼缝与热缩护套的夹条（拉链）成 90°，如图 ZY3201301003-4 所示。

图 ZY3201301003-3 芯线包扎

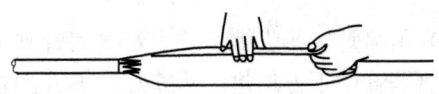

图 ZY3201301003-4 安装金属内衬套管

（3）把内衬管的两端全部用 PVC 胶带进行缠包固定，如图 ZY3201301003-5 所示。

（4）用清洁剂清洁内衬管的两端电缆外护套 200mm，并用砂布条打磨电缆清洁部位，如图

ZY3201301003-6 所示。

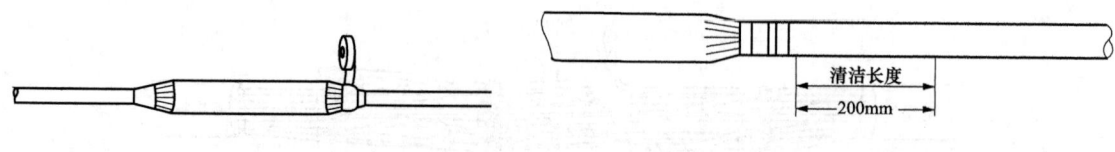

图 ZY3201301003-5 缠包 PVC 胶带　　　图 ZY3201301003-6 清洁电缆外护套并打磨电缆

（5）在热缩护套两端向内 20mm 处的电缆护套上划上标记，把隔热铝箔贴缠在电缆所划的标记部位，并用锤子拍平贴紧，如图 ZY3201301003-7 所示。

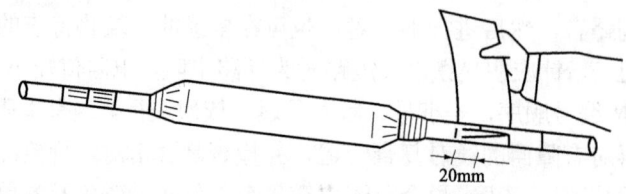

图 ZY3201301003-7 在电缆护套上划标记、贴缠平整隔热铝箔

（6）用喷灯加热金属内衬管和铝箔之间的电缆护层约 10s，其表面温度为 600℃左右，如图 ZY3201301003-8 所示。

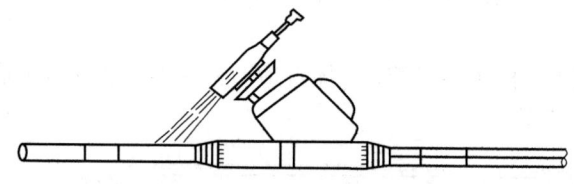

图 ZY3201301003-8 加热电缆护套

（7）将热缩护套居中装在接头上，如有分支电缆应装上分歧叉子夹，如图 ZY3201301003-9 所示。

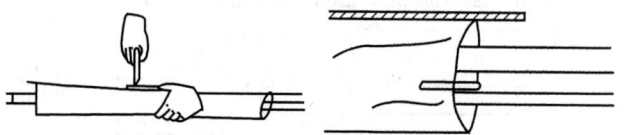

图 ZY3201301003-9 装热缩护套

（8）分支电缆一端距热缩套管 150mm 处应采用扎线永久性绑扎固定后，方可进行加温烘烤热缩护套，如图 ZY3201301003-10 所示。

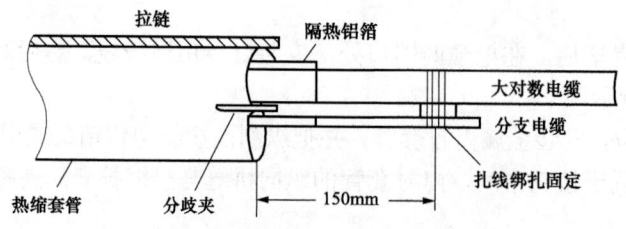

图 ZY3201301003-10 绑扎固定

（9）用喷灯加热收缩，首先对热缩管夹条（拉链）两侧进行加热，是热缩管拉链两侧先收缩，然后再从热缩管中下方加热。热缩套管下方加热收缩后，用喷灯向两端（先从任一端）圆周移动加热，温度指标漆应变色消失，直至完全收缩，再把喷灯移植另一端用相同方法加热，直至整个热缩管收缩成型，如图 ZY3201301003-11 所示。

（10）整个热缩护套加热成型后，再对整个夹条（拉链）两侧均匀加热 1min 左右，然后用锤子柄轻轻敲打热缩管两端弯头处夹条（拉链），使热缩管夹条（拉链）与内衬套紧密粘合，整个热缩护套加

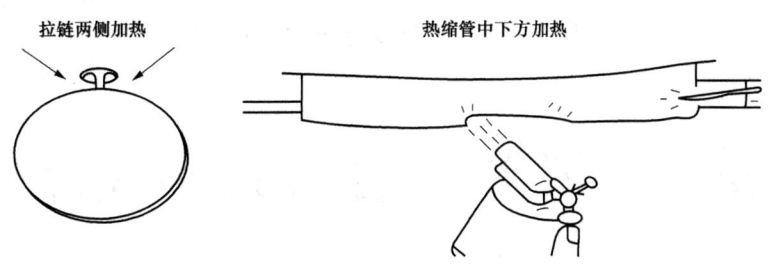

拉链两侧加热　　　　　　　　　　热缩管中下方加热

图 ZY3201301003-11　加热热缩管

热成型后，应圆整、无折皱、无烧焦现象，当指示色完全变色时即可认为接头封焊完成，如图 ZY3201301003-12 所示。

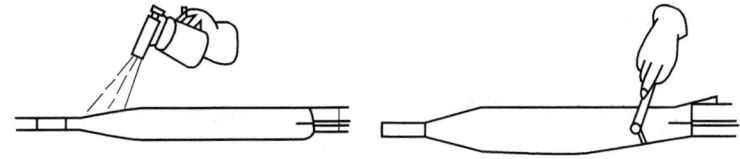

图 ZY3201301003-12　整个热缩夹条两侧再均匀加热及两端敲打粘合

（11）检查套管情况，温度指标漆均应变色，套管两端应有热熔胶流出。如指标色点没有完全变色，或套管两端无热熔胶流出，应再次用喷灯（中等火焰）对整个热缩管进行加热直至达到要求。

五、注意事项

（1）电缆芯线压合后应注意扣盖是否压平实，防止接续不实。

（2）喷灯嘴不能直接接触热缩护套，火焰要求中等、均匀。

【思考与练习】

1. 如何判断电缆芯线接续正确？

2. 练习全塑电缆的接头封焊。

第五十五章 通信综合布线

模块 1 布线 (ZY3201302001)

【模块描述】 本模块介绍了通信线缆布放的基本内容，包含通信线缆布放方法和要求。通过要点介绍，掌握通信线缆布放的基本技能及布放要求。

【正文】

在通信系统的安装调试工作中通常需要在通信机房内布放缆线，下面主要介绍布线的基本要求及几种具体方法。

一、缆线布放的基本要求

（1）电源线与其他缆线应分道单独布放，若条件不允许，需与其他线缆在一个走道布线时，其间距应大于 60mm；如有交叉，信号线缆应布放在上方；电源线必须采用整段线料，中间无接头。

（2）槽道内缆线应顺直，不得有明显扭绞现象、不得溢出槽道、在拐弯处不得有死弯、缆线进出槽道部位应绑扎牢固、缆线不得有中间抽头。

缆线拐弯处，应均匀圆滑，缆线弯曲的曲率半径应按图纸规定一般要求曲率半径不小于缆线直径的 15 倍。对于超过 10 根缆线的缆线堆，曲率半径应不小于 60mm。缆线从固定部分过渡到可移动部分时，应留有足够的余量，在过渡区缆线弯成 U 形或卷绕成线圈状，U 形弯曲的部分不应绑扎。

缆线下线时正面应垂直，侧面应重叠平行；凡有短路可能的屏蔽线，裸线均应加绝缘套管。

尾纤要单独布放，其位置要垫衬固定，或放入槽道以及塑料套管内，以防扭伤，其弯曲半径应符合标准规定；多余的尾纤分别在两端机柜内明显处或专用盘纤盒内盘放；尾纤连接后，防污帽应装入塑料袋，放置于明显位置。

（3）走道缆线捆绑要牢固，绑扎间隔均匀，松紧适度，做到紧密、平直、端正；对缆线绑扎固定时，应根据缆线的类型、缆径、缆线芯数分束绑扎、以示区别，也便于维护检查。在不产生相互干扰、耦合的情况下，同一路由的一组线缆布放完毕后一次完成绑扎。高频缆线要单独绑扎，在下线时应顺直无交叉，转弯时其变曲度应于其他缆线一致；尾纤不要与其他配线捆扎在一起，以防光纤软线受到损伤。

（4）每根线缆的两端应挂上相同或相对应的标示牌。

二、下走线布线

用户下走线电缆在设备机架底部成弯弧形，留有少量的预留量。

在防静电地板下布放缆线要符合设计图纸的要求，需要从机柜底部的下线孔出线，再至电缆的走线梯或走线槽。

电缆在地板下绑扎的每一条线扣中间的距离不大于 1m，距离机架底部 1m 远的电缆可以有少量交叉，但应编排成整体。

地板下电缆的布放一般每 4 根扎成一组，用线扣扎成一整体。可以多排叠加布放，但不能叠加的太高，叠加最大的高度不能超过防静电地板下部净空的 3/4，最好是 1/2。

电缆布放完毕后，走线槽的两端口要密封，防止沟槽内部的电缆遭到老鼠破坏。沟槽布线口至机柜之间的电缆一定要理顺，不能够有长短不一的电缆存在沟槽内。

三、上走线布线

上走线电缆布线时，要在机架上方架设走线桥架，不允许将用户电缆直接布放在机柜顶盖板上，以免影响整机的散热排风效果。

采用上走线时，在机柜顶部作拐弯处理并预留一定的长度余量。在机柜顶部 1m 处的用户电缆允许少量交叉，如果在机柜两侧的上出线口处布放了电缆竖走线梯，电缆交叉的长度要缩短。

在机柜顶部布放电缆时先以每 4 条电缆为一组用线扣捆绑，编排成整体，保证电缆布放不散乱；走线梯内电缆的布放也应该以 4 条电缆为一组捆扎，最后用线扣串联成整体；根据走线梯横杆的节距捆扎每一束电缆，扎带应该剪平。

机柜顶部走线桥架和机柜走线梯的高差小于 0.8m 时，电缆直接由机柜顶部拉线到桥架的走线槽；机柜顶部走线桥架和走线梯的高差大于 0.8m 时，使用下线梯用以固定用户电缆将电缆固定于下线梯内下线，避免拉力过大对芯线造成损伤。

走线梯至配线架下线时，不能将电缆拉得太紧；当走线梯需要穿过楼板时，不能将走线梯直接固定在墙面上，必须用架板将走线梯与需穿过的楼板可靠连接，以保证走线梯和桥架的安装强度。在吊顶内利用吊顶支撑柱附挂缆线，可以节省槽道的费用，但要求缆线的外护套必须具有阻燃性能。

【思考与练习】

1. 布放缆线转弯时应注意哪些？
2. 缆线绑扎固定一般有哪些要求？

模块 2 配线架的使用（ZY3201302002）

【模块描述】本模块介绍了各种配线架使用的基本技能，包含配线架分配图、跳线要求及测试。通过要点介绍，掌握正确进行配线架的各种操作的基本技能。

【正文】

在电力通信系统日常工作中，通信运行维护人员经常要进行配线架的操作，因此掌握配线架的使用是非常必要的。配线架的种类有很多，下面就常用的几种配线架的使用方法进行简要介绍。

一、音频配线架的使用

1. 音频配线架的作用和构成

音频配线架（VDF）是用于通信交换机房或通信中心机房，一般由接线排、保安单元、走线部分、机架等组成。在接线排上，可以通过各种插塞、塞绳进行示明、断开，测试、调线等作业。

2. 操作使用方法

（1）在使用 VDF 时，首先应熟悉、了解音频配线架标识、分配资料，理解每个标识符号的意义，根据资料准确找到具体的端口和线对。音频配线架标识、分配资料主要包括模块编号、端子编号、线对编号、对应的本端设备编号、子架号、板槽位号、端口号以及收发关系等。

每一对线缆都有起点和终点。在运行检修过程中，无论是从用户设备端资料为起点，还是从配线架资料作为起点，"顺藤摸瓜"，都可搞清楚配线的路由。

（2）目前，VDF 接线排的成端接续一般采用卡接式，每只模块下侧穿接内线电缆，上侧穿接跳线。局外电缆和跳线（内线电缆与跳线）应从模块的两端分别引进，并有线环及挡线杆作跳线的定位导向作用，可使跳线方便有序。

端子排上线时，按照先左后右、先上后下的原则，根据用户电缆的色谱图的标识进行穿线、卡线。内外线间的跳线径最靠近内外线的跳线环后，再上接线端子，相邻跳线最好采用不同颜色的芯线，以便于查找。所有经过跳线环的跳线均应均匀整齐。

（3）卡线时，使用卡接刀的力度要均匀，方向与模块端子成水平，不能卡断芯线，芯线的绝缘层应该保留在端子上。卡线时遵循从上到下、从左到右的顺序排列。

（4）一般接线排上（有保安单元）具有接成端电缆与跳线的两个端子平时显断开状态，只有插入保安单元，才构成通路。在实际工作中，也可利用保安单元的开断来分段判断故障。

二、数字配线架的使用

1. 数字配线架的作用和构成

数字配线架（DDF）是数字复用设备之间、数字复用设备与程控交换设备或非话业务之间的配线

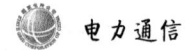
连接设备，它具有配线、调线、转接和自环测试等功能，能方便地对通信电路进行调配、转接和测试。数字配线架（以仿西门子数字配线架为例）一般由同轴连接器、单元面板、走线部分、机架等组成。

2. 操作使用方法

（1）和 VDF 相似，在使用 DDF 时，首先应熟悉、了解音频配线架标识、分配资料，理解每个标识符号的意义，根据资料准确找到具体的端口和缆线。数字配线架标识、分配资料主要包括模块编号、端子编号、线对编号、对应的本端设备编号、子架号、板槽位号、端口号以及收发关系等。

（2）同轴连接器装在单元板上，在物理结构上选用了同轴插头座上的面板上用螺母固定方式。因此，在压接电缆后仍可方便地装卸同轴插头，同样对调配系统带来很大的灵活性。只要同轴电缆有足够长度，在压好同轴插头后可任意插装在 DDF 的任一单元。同时，为了解决数字信号的在线测试，采用了带测试孔的 Y 形三通连接器，在不影响系统正常通信的情况下，可方便地进行数字信号带电测试操作。

三、光纤配线架的使用

1. 光纤配线架的作用和构成

光纤配线架（ODF）是光传输系统中一个重要的配套设备，它主要用于光缆终端的光纤熔接、光连接器安装、光路的调接、多余尾纤的存储及光缆的保护等，它对于光纤通信网络安全运行和灵活使用有着重要的作用。光纤配线架主要有架体部分、走线部分、配线部分、熔接部分、光缆固定和接地部分组成。

2. 操作使用方法

（1）在使用 ODF 时，首先应熟悉、了解和看懂 ODF 标识、分配资料。ODF 标识、分配资料主要包括 ODF 编号、模块编号、ODF 端口编号、对端局站设备编号、对应的本端设备编号、子架号、板槽位号、端口号以及收发关系等。

（2）光缆中引出的光纤与尾缆熔接后，将多余的光纤进行盘绕储存，并对熔接接头进行保护。将尾缆上连带的连接器插接到适配器上，与适配器另一侧的光连接器实现光路对接。适配器与连接器可能够灵活插、拔；光路可进行自由调配和测试。

（3）通过适配器将跳纤与尾纤连通；在跳纤上作好标记，并在熔配盘单元箱盖上的标记牌上作好配纤记录；用扎带将跳纤成匹；将跳纤放在护线环上；跳纤经过护线挡、上走线槽至右边的挂线轮将冗余长度盘续后，由下走线槽返回左边经跳纤出口至外部光端设备。

（4）配线架内应有适当的空间和方式，规则整齐地放置机架之间各种交叉连接的光连接线，使这部分光连接线走线清晰，调整方便，并能满足最小弯曲半径的要求。

【思考与练习】

1. 音频配线架由哪几部分组成？

2. 简述数字配线架操作使用方法。

3. 光纤配线架分配资料主要包括哪些部分？

ZY3201302002

模块 2

第十四部分

网络设备配置与调试

第五十六章 交换机配置与调试

模块 1 交换机的基本配置（ZY3201401001）

【模块描述】本模块介绍了交换机的基本配置，包含交换机管理端口、配置方式、CLI 命令界面及基本配置。通过要点介绍、图表示意，掌握交换机配置和调试的基本操作。

【正文】

一、交换机配置的基础知识

1. 交换机的配置工具

像大多数网络设备一样，交换机没有键盘、鼠标和显示器等输入和输出设备。对交换机进行配置和管理，要借助于 PC 或笔记本电脑来完成。与交换机之间的连接，通常是将 PC 或笔记本电脑的串口通过电缆连接到交换机的 Console（控制台）口，也可以通过网络连接，使用 Telnet、Web 浏览器或网络管理软件来进行访问。

除傻瓜式简易设备外，网络设备上一般均配有 Console 异步通信端口，用于连接配置管理计算机。通过 Console 口是最常用、最基本的管理和配置方式，网络设备初始化基本配置、设备访问安全配置，都需要通过 Console 口进行。新购置的交换机是无法实现远程管理的，对交换机的管理首先是借助于 Console 口来实现的。只有为交换机配置了访问密码和 IP 地址信息，才可以使用 Telnet 或超级终端进行远程管理。

2. 交换机的启动及对话式配置

交换机本质上是一台专用的计算机系统，开机后交换机会自动完成启动过程进入到正常运行状态。初次开机时，交换机启动完成后会自动运行一个对话式设置程序，根据提问键入必要的配置参数可以对交换机进行最基本的简单配置（为了详细介绍配置命令的使用，本模块不使用对话式配置）。

交换机的开机启动过程与路由器基本相同，可参考本教材 ZY3201402001 模块"路由器的基本配置"。

3. 人机命令和命令模式

对交换机的配置是在命令提示符下键入相应的命令和参数来进行的。输入的命令统称为 CLI（Command-line Interface）命令，人－机交互式对话界面称为 CLI 命令行界面，通过 Console 口连接超级终端进入的界面就是 CLI 命令行界面。网络设备经过初始化配置后，也可以通过 Web 浏览器图形界面和网管系统进行配置，但与 CLI 命令行相比，CLI 命令行方式的功能更强大，掌握起来难度也更大些。

每条 CLI 命令都必须在指定的模式下才能使用。可以使用相应的命令进入或退出某一命令行模式，或者在不同的模式之间进行切换。

4. 编号规则

在配置时，交换机的模块、端口、VLAN 等都是以编号来标识的，必须按编号规则输入，交换机才能识别。

5. 交换机的基本配置

交换机的基本配置包括初始配置和端口配置。初始配置主要是对交换机命名、设置管理 IP 地址信息、修改交换机的管理密码。

下面，我们以 Cisco 交换机为例，来介绍配置的基本操作和交换机的基本配置。

二、连接交换机 Console 口和设置超级终端

1. 将配置用计算机连接到交换机 Console 口

不同的网络设备，Console 口所处的位置不完全相同，有的位于前面板（如 Cisco 3640 和 Cisco

Catalyst 4500），而有的则位于后面板（如 Cisco Catalyst 2960 和 Catalyst 3750）。Console 口的上方或侧方都有"CONSOLE"或"CON"字样的标识。绝大多数网络设备 Console 口采用 RJ-45 接口，但也有少量网络设备采用 DB-9 串行接口。

将计算机的串口与交换机的 Console 口连接在一起之前，应当确认已经做好了以下准备工作：

（1）计算机运行正常。最好使用笔记本电脑，移动和操作都比较方便。

（2）计算机中安装有"超级终端"（Hyper Terminal）组件。如果在"附件"中没有发现该组件，可通过"添加/删除程序"，添加该 Windows 组件。

（3）厂家提供的专用 Console 线（反转线，两头的线序是 12345678 对应 87654321）以及 RJ-45 to DB-9 转换器（线序：RJ-45 端 12345678、DB-9 端 74355268）。如果没有，也可以自己动手用网线制作一条专用线，线的一端是 RJ-45 插头，另一端是 DB-9 插头，线序如下：

```
RJ45 插头                              串行口 DB9 插头
   1 RTS -------------------------------------CTS 8  DB9
   2 DTR -------------------------------- DSR 6  DB9
   3 TxD -------------------------------- RxD 2  DB9
   4 GND -------------------------------- GND 5  DB9
   5 GND -------------------------------- GND 5  DB9
   6 RxD -------------------------------- TxD 3  DB9
   7 DSR -------------------------------- DTR 4  DB9
   8 CTS -------------------------------- RTS 7  DB9
```

利用 Console 线将计算机的串口与交换机的 Console 口连接如图 ZY3201401001-1 所示。

2. 启用计算机上的 Windows 超级终端

配置计算机连接到交换机后，在计算机上要运行相应的通信程序或管理软件。在各类通信终端仿真程序中，最常用的是"超级终端"。超级终端是 Windows 内置的通信工具，被广泛应用于各种网络设备的配置和管理。

在使用超级终端建立与网络设备通信时，必须先对超级终端进行必要的设置。下面，以 Windows XP 为例，简要介绍操作过程。

第 1 步，依次单击："开始"→"所有程序"→"附件"→"通信"→"超级终端"，显示"连接描述"对话框，如图 ZY3201401001-2 所示，给该连接起一个名字并在"名称"框中键入，例如"Cisco"。

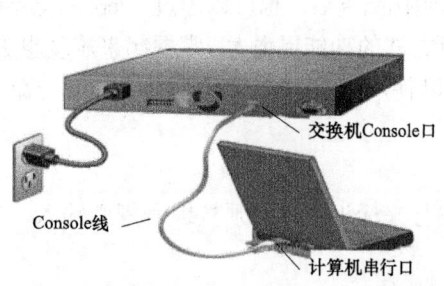

图 ZY3201401001-1　计算机与交换机通过 Console 口连接　　　图 ZY3201401001-2　超级终端"连接描述"对话框

第 2 步，单击"确定"按钮后，显示如图 ZY3201401001-3 所示"连接到"对话框。在"连接时使用"下拉列表中选择所使用的串行口，通常为"Com1"。

第 3 步，单击"确定"按钮后，显示如图 ZY3201401001-4 所示。根据网络设备厂商技术手册中提出的 Console 口参数要求，设置个通信参数。一般情况下，"波特率"选择"9600"，其他各选项统一采用默认值。

图 ZY3201401001-3 超级终端"连接到"对话框

图 ZY3201401001-4 超级终端通信参数设置

第 4 步，单击"确定"按钮，显示"超级终端"窗口。

打开网络设备电源后，连续按下计算机的回车键，即可显示该网络设备系统初始化界面。如果网络设备电源已经打开，那么，当连续按下回车键时，将显示用户登录界面。图 ZY3201401001-5 为 Cisco 2950 交换机初始页面。如果在计算机屏幕上未能显示交换机的启动过程，则可能是通信口选择错误，需重新配置超级终端。当然，也有可能是 Console 线或连接有问题，应当逐一进行检查。

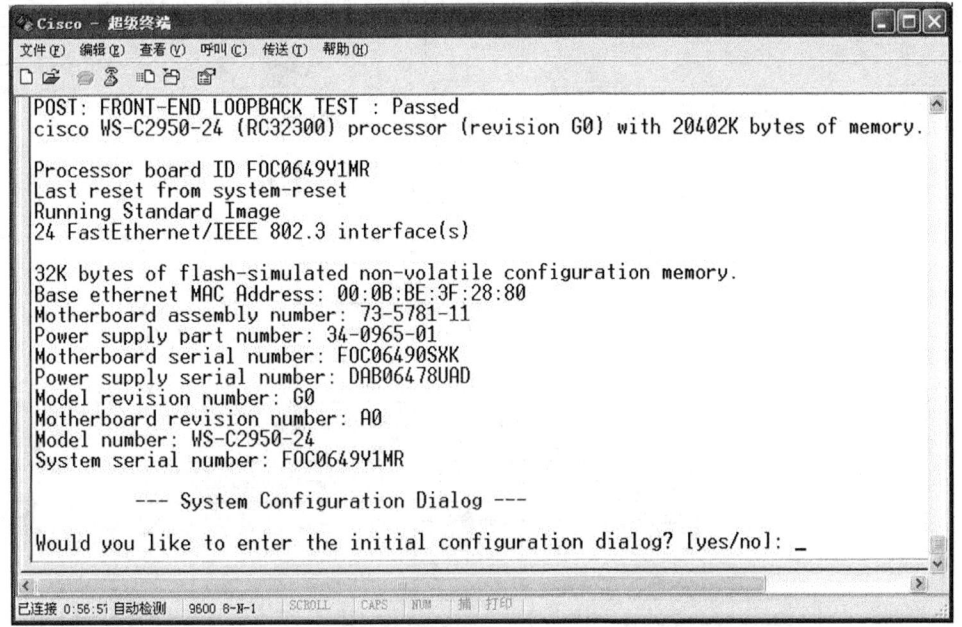

图 ZY3201401001-5 Cisco 2950 交换机启动初始页面

计算机与交换机连接成功之后，就可以用 CLI 命令对交换机进行配置和管理了。

第 5 步，退出超级终端时，计算机会提示"要保存名为 Cisco 的连接吗？"，此时，选择"是"按钮，Windows 系统将把该连接的参数配置保存在"所有程序"→"附件"→"通信"→"超级终端"程序组下，下次使用时，直接选择"超级终端"程序组下的 Cisco.ht"即可。

三、Cisco 交换机 CLI 命令使用规则

1. CLI 命令行模式

Cisco IOS 共包括 6 种不同的命令模式：User EXEC（用户）模式、Privileged EXEC（特权）模式、Global Configuration（全局配置）模式、Config-vlan（VLAN 数据库）模式、VLAN Configuration（VLAN 配置）模式、Interface Configuration（接口配置）模式和 Line Configuration 配置模式。当在不同的模

式下，CLI 界面中会出现不同的提示符。表 ZY3201401001-1 列出了 CLI 命令 6 种模式的用途、提示符、访问及退出方法。

表 ZY3201401001-1　　　　　　　　　　　　　CLI 命令模式一览表

模　式	进　入　方　法	提　示　符	退　出　方　法	用　　途
User Exec 用户模式	登录后的初始状态	switch>	键入 logout 或 quit	修改终端设置；进行基本测试；显示系统信息
Privileged Exec 特权模式	在 User Exec 模式下键入 enable 命令 该模式一般设有保护密码	switch#	键入 disable	可使用用户模式下的所有命令；查看、保存设置等配置命令
Global Configuration 全局配置模式	在 privileged Exec 模式下键入 configure terminal 命令	switch（config）#	键入 exit 或 end 或按下 Ctrl+Z 组合键，返回至 privileged Exec 状态	交换机整体参数配置
Interface Configuration 接口配置模式	在 Global Configuration 模式下，键入 interface 命令	switch（config-if）#	键入 exit 返回到 Global Configuration 模式；按下 Ctrl+Z 组合键或键入 end，返回到 Privileged Exec 模式	以太端口参数配置
Config-vlan vlan 配置模式	在 Global Configuration 模式下，键入 vlan *vlan-id* 命令	switch（config-vlan）#	键入 exit 返回到 Global Configuration 模式；按下 Ctrl+Z 组合键或键入 end，返回到 Privileged Exec 模式	设置 VLAN 参数
Line Configuration 终端访问配置模式	在 Global Configuration 模式下，键入 line vty 或 line console 命令	switch（config-line）#	键入 exit 返回到 Global Configuration 模式，按下 Ctrl+Z 或键入 end 返回到 Privileged Exec 模式	为 console 接口或 Telnet 访问设置参数

CLI 各种命令模式之间的关系及进入方法如图 ZY3201401001-6 所示。

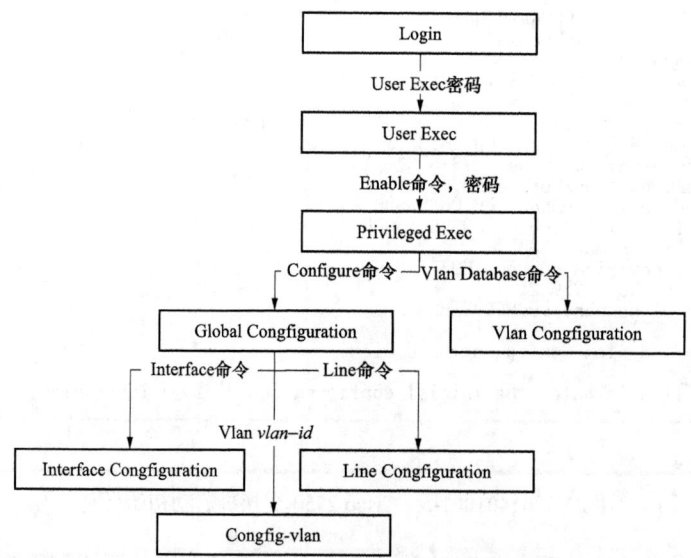

图 ZY3201401001-6　CLI 各种命令模式之间的关系及进入方法

CLI 各种命令模式的退出流程如图 ZY3201401001-7 所示。

2. 使用 CLI 的帮助功能

在任何命令模式下，键入"？"显示该命令模式下所有可用的命令及其用途。另外，还可以在命令和参数后面加"？"，以寻求相关的帮助。例如，我们想看一下在 Privileged Exec 模式下在哪些命令可用，那么，可以在"#"提示符下键入"？"并回车。

再如，如果想继续查看"Show"命令的用法，那么，只需键入"Show？"并回车即可。

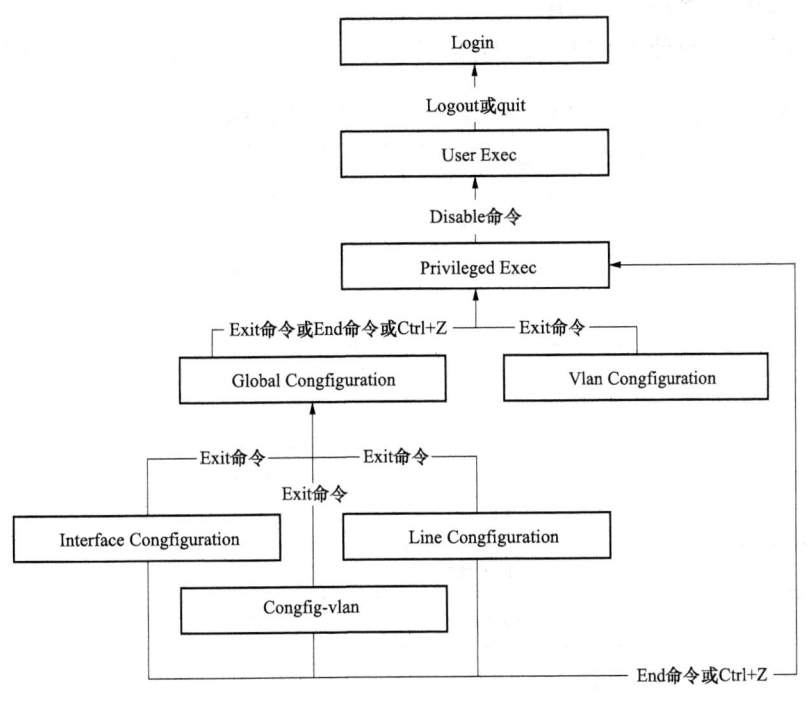

图 ZY3201401001-7　　CLI 各种命令模式的退出流程

另外，"？"还具有局部关键字查找功能。也就是说，如果只记得某个命令的前几个字符，那么，可以使用"？"让系统列出所有以该字符或字符串开头的命令。但是，在最后一个字符和"？"之间不得有空格。例如，在 Privileged Exec 模式下键入"Show r？"系统将显示以"Show r"开头的所有命令。

当显示的内容超过一屏时，显示会自动暂停，按回车键显示下一行，按空格键显示下一屏，按其他键则退出。

3. CLI 命令的简略方式

在配置过程中，不必键入完整的命令，只要键入的字符足以与其他命令相区别就可以。使用简略命令，无疑将加快命令的键入速度，例如，当欲键入"show running-config"命令时，只需键入"show run"即可；当欲键入"enable"命令时，只需键入"en"即可；当欲键入"config terminal"命令时，只需键入"conf t"即可。

另外，若要重新显示并使用之前曾经键入的命令，可直接使用"↑"光标键向前翻，即可逐一显示已经执行过的命令，直接回车即可重新执行。

4. 命令行出错信息及处理办法

在使用 CLI 命令行配置交换机时，可能会显示一些出错信息，表 ZY3201401001-2 中给出了这些出错信息的含义和解决的方法。

表 ZY3201401001-2　　　　　　　　　　命令行出错信息及处理办法

出　错　信　息	含　　义	解　决　办　法
% Ambiguous command: "show con"	键入的命令太过简略了，以至于与其他命令的前半部分相同，从而导致交换机不能识别和执行。需要键入足够长的字符，以便于交换机能够识别该命令	重新键入该命令，加空格后再键入"？"以显示完整的命令或可用的关键字
% Incomplete command	没有键入该命令所要求的全部关键字或参数	重新键入该命令，加空格后再键入"？"以显示完整的命令或可用的关键字
% Invalid input detected at '^' marker	键入的命令不正确，符号^指出了错误所在	键入"？"以显示当前模式下所有可用的命令

5. CLI 界面快捷键及命令行的编辑功能

为了提高工作效率，可使用 CLI 提供的快捷键及命令行编辑功能，见表 ZY3201401001-3。

表 ZY3201401001-3　　　　　　CLI 提供的快捷键及命令行编辑功能

功　能	快　捷　键	用　途
光标移动	Ctrl+B 或→	向左一个字符
	Ctrl+F 或←	向右一个字符
	Ctrl+A	移到行首
	Ctrl+E	移到行尾
	Esc B	向后一个字
	Esc F	向前一个字
	Ctrl+T	将光标所在的字符移到光标的左边
重复使用命令	Ctrl+P 或↑	上一条命令
	Ctrl+N 或↓	下一条命令
召回已删除的输入（交换机仅缓存最后 10 项）	Ctrl+Y	最后一项
	Esc Y	下一项
删除	Delete 或 Backspace	删除光标左边的字符
	Ctrl+D	删除光标所在的字符
	Ctrl+K	删除从光标至行尾的所有字符
	Ctrl+U 或 Ctrl+X	删除从光标至行首的所有字符
	Ctrl+W	删除光标左边的字
	Esc D	删除光标至字尾所有的字符
大小写转换	Esc C	大写光标所在字符
	Esc L	小写光标所在字符
	Esc U	大写光标至字尾所有的字符
重新显示被输出信息冲没的当前命令行	Ctrl+L 或 Ctrl+R	显示当前命令行

6. 使用 "no" 和缺省形式的命令

几乎每个配置命令都有相对应的 no 形式的命令。一般说来，no 形式的命令可用来关闭某个功能、撤销某个命令所做的设定或恢复默认值，例如，在使用 "shutdown" 命令关闭了 interface 后，使用 "no shutdown" 命令，则重新开启该 interface；在用 "speed" 命令修改了端口的速率之后，使用 "no speed" 命令可恢复端口的默认速率。

配置命令还可以有其 default 形式，用来恢复默认值。与 no 形式不同的是，对于有多个变量的命令，default 形式的命令可将这些变量都恢复到缺省值。

四、模块、端口、VLAN 编号规则及 MAC 和 IP 地址表示常识

1. 模块和端口的编号规则

在 CLI 命令中，当指定某个端口时，其语法为 mod_num/port_num（模块号/端口号）。例如，3/1 表示位于第 3 个模块上的第 1 个端口。

模块化交换机一般会在插槽位置处标明模块号（见图 ZY3201401001-8），并在模块上标明端口号。通常情况下，模块的排序为从上到下，顶端为 1；端口的排序从左至右，左侧为 1。同样，固定配置交换机也会标明端口号。需要注意的是，固定配置交换机上的所有端口都默认为位于 0 模块。

图 ZY3201401001-8 交换机上的模块号和端口号

在许多命令中必须键入端口列表，使用逗号","（不能插入空格）将各端口号分开，使用连字符"-"可指定端口范围（两个号码之间的所有端口），注意，"-"号前要插入一个空格。在一个端口列表中，既可以有单个的端口，也可以有连续的端口，连字符优先于逗号。

指定端口或端口范围示例如下：

2/1	指定模块 2 上的端口 1
3/4 -8	指定模块 3 上的端口 4 至端口 8
5/2，5/4，6/10	指定模块 5 上的端口 2 和端口 4，及模块 6 上的端口 10
3/1 -3，4/8	指定模块 3 上的端口 1 至端口 3，及模块 4 上的端口 8

2. VLAN 的编号规则

在 VLAN 加上一个数字即为 VLAN-ID，用于识别 VLAN。在指定 VLAN 列表时，使用逗号","（不能插入空格）可指定一个个单独的 VLAN，使用连字符"-"可指定 VLAN 范围（两个号码之间的所有 VLAN）。指定 VLAN 或 VLAN 范围的示例如下：

10	指定 VLAN 10
2，5，8	指定 VLAN2、VLAN5 和 VLAN8
2-9，12	指定 VLAN2 到VLAN9，及 VLAN12

3. MAC 地址表示

在命令中指定 MAC 地址时，必须是以连字符分开的 6 个十六进制标准格式，如 00-00-e8-66-86-b7。

4. IP 地址表示

在命令中指定管理地址时，必须使用点分十进制格式，如 192.168.8.80。

在命令中指定子网掩码时，可以使用点分十进制格式，也可以采用数字方式直接表示掩码的位数，如 255.255.255.0，也可直接表示为 24。

五、交换机的初始配置

交换机初始启动出现如图 ZY3201401001-5 所示的提示，键入"no"，回车后出现提示符 Switch>，表示进入了 CLI 的用户模式。此时，可以对交换机进行初始配置。

交换机的初始配置的主要项目有：交换机命名和 IP 地址信息；修改交换机的管理密码。配置前要确定交换机的名称和管理 IP 地址，还要确定 Enable secret 密码或 Enable 密码、Telnet 密码。具体的配置步骤如下：

388

第1步，进入全局配置模式

```
Switch>
Switch>enable            //进入特权模式。
Switch#                  //特权模式提示符。
Switch#config terminal   //进入全局配置模式。
Enter configuration commands, one per line. End with CNTL/Z.   //提示信息。
```

第2步，修改交换机的名称

```
Switch（config）#hostname s1        //将交换机的名字改为 S1。交换机默认的名称为 Switch，当
```
有多台交换机时，为了维护和管理的方便，可为每台设备取不同的名称。

```
s1（config）#            //提示符变为新的名称。
s1（config）#hostname Switch        //在本教材中，为便于参考，改回默认名称。
Switch（config）#
```

第3步，设置进入特权模式密码

```
Switch（config）#enable secret cisco     //密码设为 cisco 并且被加密，默认值为空。
```

第4步，设置 Telnet 访问密码

```
Switch（config）#line vty 0?          //查询交换机支持的虚拟终端的数量。
<1-15>  Last Line number
<cr>
Switch（config）#line vty 0 15        // vty 0 15 表示 Telnet 虚拟终端 0 到虚拟终端 15，共 16
```
个虚拟终端。

```
Switch（config-line）#password cisco
Switch（config-line）#login           //以上将 vty 0 15 的密码设为 cisco。
Switch（config-line）#exit
Switch（config）#
```

第5步，配置管理地址

如果交换机允许通过 Telnet 进行访问，就需要在交换机上配置一个 IP 地址。交换机的管理 VLAN 默认为 VLAN1，因此，管理地址要 VLAN1 上配置。

```
Switch（config）#interface vlan 1      //进入 VLAN1 中。
Switch（config-if）#ip address 172.16.0.1 255.255.0.0  //指定 IP 地址和子网掩码。
Switch（config-if）#no shutdown        //开启交换机管理接口。
Switch（config-if）#ip default-gateway 172.16.0.254      //为了使其他网段上的交换机也能
Telnet 该交换机，在交换机上设置默认网关。
Switch（config-if）#
```

第6步，返回特权模式

```
Switch（config）#exit
```

第7步，校验所做的配置

```
Switch#show running-config
```

第8步，保存配置。如果不保存，在交换机重新启动时，修改的配置将被丢失

```
Switch#copy running-config startup-config
Destination filename [start-config]? y  //键入 y，或直接按回车键确认。
1377 bytes copied in 1.816 secs （1377 bytes/sec）    //表示保存成功。
```

六、交换机的端口配置

对于交换机的以太网端口可以设置传输速率和双工模式。为了便于实现对端口的远程管理，可为每个端口都键入描述文字。为提高效率，可以将若干端口指定为端口组，从而将相关配置一次应用于该端口组内的所有端口。

1. 端口基本配置

端口基本配置包括设置速率、全双工模式和端口描述。

第 1 步，进入全局配置模式

Switch#**configure terminal**

第 2 步，选择要配置的端口，进入接口配置模式

Switch（config）#**interface** *interface-id* // interface-id 表示端口编号，如 f0/1 为第一个 100M 端口。

第 3 步，设置接口速率

Switch（config-if）#**Speed** [**10** | **100** | **1000** | **auto**] //单位为 Mbit/s。

第 4 步，设置双工模式

Swjtch（config-if）#**duplex** [**auto** | **full** | **half**] //full 表示全双工，half 表示半双工，auto 表示自动检测。

第 5 步，为端口添加文字描述

Switch（config-if）#**description** *string*

第 6 步，返回特权模式

Switch（config-if）#**end**

第 7 步，校验所做的配置

Switch#**show interfaces** *interface-id*

Switch#**show interfaces** *interface-id* **description**

第 8 步，保存配置

Switch#**copy running-config start-config**

2. 配置流控制

流控制只适用于 1000Base-T、1000Base-SX 和 GBIC 千兆端口。在端口启用流控制后，当端口处于拥塞状态、无法接收数据流时，将发送一个暂停帧，通知其他端口暂停发送，直到恢复正常状态。其他设备收到暂停帧后，将停止发送任何数据包，以防止在拥塞期内丢失数据包。当在交换机配置有 QoS（Quality of Service）时，就不再需要配置 IEEE 802.3X 流控制。

第 1 步，进入全局配置模式

Switch#**configure terminal**

第 2 步，选择要配置的端口，进入接口配置模式

Switch（config）#**interface** *interface-id*

第 3 步，设置端口的流控制

Switch（config-if）#**flowcontrol** {**receive** | **Send**} {**on** | **off** | **desired**}

第 4 步，返回特权模式

Switch（config-if）#**end**

第 5 步，检查所做的配置

Switch#**show interfaces** *interface-id*

第 6 步，保存配置

Switch#**copy running-config start-config**

七、恢复 Cisco 交换机的出厂设置

为了便于做实验，有时需要清空交换机上的所有配置，即恢复到出厂设置，可以使用下列命令，但对实际运行的设备应特别慎重。

交换机中的 VLAN 信息存放在单独的文件 flash：/vlan.dat 中，因此，如果要完全清除交换机的配置，除了使用"erase startup-config"命令外，还要使用"delete flash：/vlan.dat"命令把 VLAN 数据删除。

恢复交换机出厂设置的步骤如下：

```
Switch>enable
Switch#delete flash：/vlan.dat    //清除 VLAN 配置数据。
Delete filename [vlan.dat]?      //确认，按回车键。
Delete flash：/vlan.dat? [confirm]    //确认，按回车键。
Switch#erase startup-config      //清除配置。
Erasing the nvram filesystem will remove all files! Continue? [confirm] //确认，按回车键。
[OK]
Erase of nvram： complete
Switch#reload        //重新启动。
```

八、Telnet 的使用方法

Telnet 协议是一种网络访问协议，可以用它登录到远程计算机、网络设备或专用 TCP/IP 网络。Windows 98 及其以后的 Windows 版本都内置有 Telnet 客户端程序。

在使用 Telnet 访问网络设备前，应当确认已经做好以下准备工作。

（1）在用于管理的计算机中安装有 TCP/IP 协议，并配置好了 IP 地址信息。

（2）在被管理的网络设备上已经配置好 IP 地址信息。如果尚未配置 IP 地址信息，则必须通过 Console 口进行设置。

（3）在被管理的网络设备上建立了具有管理权限的用户账户。如果没有建立新的账户，则 Cisco 网络设备默认的管理员账户为"Admin"。

在计算机上运行 Telnet 客户端程序，并登录至远程网络设备。

第 1 步，依次单击"开始→运行"，键入 Telnet 命令：telnet *ip_address*

其中，*ip_address* 表示被管理网络设备的 IP 地址。

第 2 步，单击"确定"按钮，或单击回车键，建立与远程网络设备的连接。

第 3 步，根据实际需要对该交换机进行相应的配置和管理。

【思考与练习】

1. 如果需要制作一条 Console 线，两端的线序应如何排列？

2. 简述 Cisco 交换机基本配置的项目有哪些。

模块 2 交换机 VLAN 配置（ZY3201401002）

【模块描述】本模块介绍了交换机 VLAN 配置，包含交换机上创建 VLAN、删除 VLAN 操作步骤。通过要点介绍、配置实例，掌握交换机 VLAN 配置和调试的方法。

【正文】

一、VLAN 的基础知识

虚拟局域网（Virtual Local Area Network，VLAN）是一种将一个局域网划分为多个虚拟的局域网的技术。同一个 VLAN 内的各端口之间可以相互转发数据帧进行通信；而在不同 VLAN 之间没有任何数据链路层（二层）的联系，不能进行以太帧的转发。VLAN 技术有助于控制网络流量，提高网络的传输效率和信息的安全性。

1. VLAN 的作用

交换机是链路层设备，具备根据数据帧中目的 MAC 地址进行转发的能力，在收到广播报文或未知单播报文（报文的目的 MAC 地址不在交换机 MAC 地址表中）时，会向除报文入端口之外的所有端口转发。当网络内计算机数量增多时，广播的数量也会急剧增加，网络中的主机会收到大量并非以自身为目的地的报文，当广播包的数量占到通信总量的 30%时，会造成大量的带宽资源的浪费，网络的传输效率将会明显下降。为解决交换机在 LAN 中无法限制广播的问题，通常采用划分虚拟局域网的方式将网络分隔开来，即采用 VLAN 虚拟局域网技术将一个大的广播域划分为若干个小的广播域，以减少广播对网络性能造成的影响。VLAN技术可以使我们很容易地控制广播域的大小。

VLAN是交换机端口的逻辑组合，一个VLAN可以局限在一个交换机内，也可以跨越若干台交换机。VLAN划分示意图如图ZY3201401002-1所示。

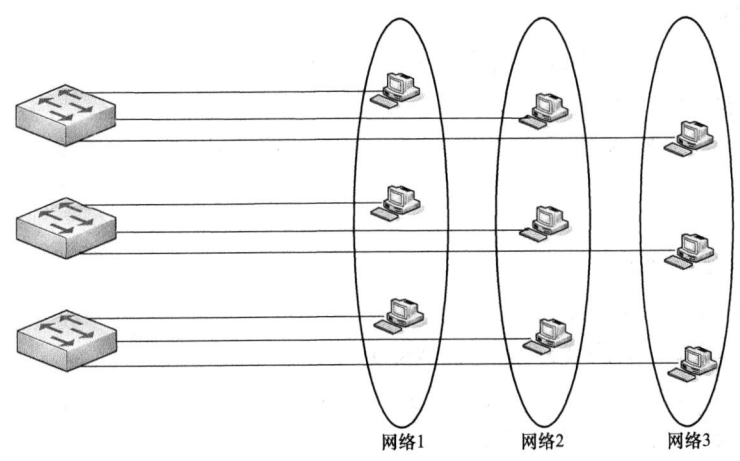

网络1　网络2　网络3

图 ZY3201401002-1　VLAN划分示意图

2. VLAN数据帧的格式

要使交换机能够分辨不同VLAN的报文，需要在报文中添加标识VLAN的字段。由于交换机工作在第二层，只能对报文的数据链路层封装进行识别。因此，如果添加识别字段，也需要添加到数据链路层封装中。IEEE于1999年颁布了用以标准化VLAN实现方案的IEEE 802.1Q协议标准草案，对带有VLAN标识的报文结构进行了统一规定。传统以太网帧封装格式如图ZY3201401002-2所示。

图 ZY3201401002-2　传统以太网帧封装格式

VLAN Tag的组成手段如图ZY3201401002-3所示。

图 ZY3201401002-3　VLAN Tag的组成字段

其中：TPID用来标识本数据帧是带有VLAN Tag的数据，长度为16bit。

Priority表示802.1P的优先级，长度为3bit。

CFI字段标识MAC地址在不同传输介质中是否以标准格式进行封装，长度为1bit。

VLAN ID标识该报文所属VLAN的编号，长度为12bit。

3. VLAN的优点

VLAN工作在OSI网络参考模型的第2层，一个VLAN就是一个广播域，VLAN之间的通信是通过第3层路由器来完成的。VLAN具有如下优点：

（1）将一个大的网络划分为若干小的子网络后，广播被限制在一个VLAN之内，一个VLAN上的广播不会扩散到另一个VLAN，从而减少了广播对网络性能的影响，提高了网络的传输效率。

（2）增强了网络的安全性。VLAN间不能直接通信，即一个VLAN内的主机无法直接访问另一个VLAN内的资源，从而控制用户对敏感数据的访问。

（3）简化了网络配置。使用VLAN可以划分不同的用户到不同的虚拟工作组中，当用户的物理位置在VLAN覆盖范围内移动时，管理员只需几条命令即可，不需改变其网络的配置。

4. 交换机端口划分VLAN的方法

交换机端口设定在哪个VLAN上的常用方法有：

（1）基于端口的划分：管理员人工设置各端口分别属于哪一个VLAN。

（2）基于 MAC 地址的划分：交换机根据主机的 MAC 地址，决定其属于哪一个 VLAN。

交换机通常可以划分 1005 个 VLAN，取值范围为 1～1005。默认情况下所有端口都属于 VLAN1，VLAN1 用于管理本交换机，并且不可删除。在二层交换机中可以对 VLAN 设置 IP 地址，但对以太网端口不能设置 IP 地址。

下面，我们以 Cisco 交换机为例，来介绍 VLAN 的配置。

二、Cisco 交换机 VLAN 配置

在交换机上配置 VLAN 需要两个步骤，首先要创建 VLAN，然后再将交换机的端口指定到特定 VLAN。

1. 创建 VLAN

第 1 步，进入全局配置模式

Switch#**configure terminal**

第 2 步，进入 VLAN 配置模式，输入 VLAN 编号

Switch（config）#**vlan** *vlan-id* //如果是一个新的 vlan-id，则交换机会自动创建这个 VLAN，如果是已经存在的 vlan-id，则进入该 VLAN 的修改模式。

第 3 步，为 VLAN 命名（可选）

Switch（config-vlan）#**name** *vlan-name* //如果不为 VLAN 命名，默认在 vlan-id 前添加数个 0 作为 VLAN 名称，例如，VLAN0002 是 VLAN 2 的默认命称。

第 4 步，返回特权模式

Switch（config-vlan）#**end**

第 5 步，检查配置

Switch#**show vlan** [**id** *vlan-id* | **name** *vlan-name*]

第 6 步，保存 VLAN 配置

Switch#**copy running-config start-config**

2. 将端口指定到 VLAN 中

默认情况下，交换机的所有端口都在 VLAN1 上，将端口划分到其他 VLAN 的步骤如下：

第 1 步，进入全局配置模式

Switch#**configure terminal**

第 2 步，指定要配置的端口

Switch（config）#**interface** *interface-id*

第 3 步，将该端口设置为 access 模式

Switch（config-if）#**switchport mode access**

第 4 步，将该接口添加至指定的 VLAN

Switch（config-if）#**switchport access vlan** *vlan-id*

第 5 步，返回特权模式

Switch（config-if）#**end**

第 6 步，显示并校验该接口当前的配置

Switch#**show interface** *interface-id*

第 7 步，保存 VLAN 配置

Switch#**copy running-config start-config**

若要将多个端口指定至同一个 VLAN，必须重复执行上述命令。也可采用端口组的方式，一次将多个端口指定至同一个 VLAN。例如，要将第 2～第 8 个以太口制定到同一个 VLAN，可在上述第 2 步中使用命令：

Switch（config）#**interface range** *f0/2 -8*

注意，"–"号前要插入一个空格。

3. 清除端口配置

将接口恢复为默认值，即可清除该接口的所有配置。

第1步，进入全局配置模式

Switch#`configure terminal`

第2步，清除端口上的所有配置

Switch（config）#`default interface` *interface-id*

第3步，返回特权模式

Switch（config）#`end`

第4步，保存对配置的修改

Switch#`copy running-config startup-config`

4. 删除 VLAN

使用"no vlan"命令删除 VLAN，例如，删除第 2 个 vlan，使用"no vlan 2"命令即可。VLAN1 是不能删除的。删除某一 VLAN 后，要把该 VLAN 上的端口重新划分到其他 VLAN 上，否则将导致端口的"消失"。

第1步，进入全局配置模式

Switch#`configure terminal`

第2步，删除 VLAN

Switch（config）#`no vlan` *vlan- id*

第3步，返回特权模式

Switch（config）#`end`　　// VLAN 数据库自动更新。

第4步，校验 VLAN 的修改

Switch#`show vlan brief`

第5步，保存对配置的修改

Switch#`copy running-config start-config`

【思考与练习】

1. 什么是 VLAN？划分 VLAN 有什么好处？

2. 简述在 Cisco 交换机上划分 VLAN 的步骤。

3. 交换机的端口有时为什么会"消失"？

模块 3　交换机端口 trunk 属性及 VTP 配置（ZY3201401003）

【模块描述】本模块介绍了交换机端口 trunk 属性及 VTP 配置，包含 VLAN 中继、VTP 协议基本概念及配置操作步骤。通过要点介绍、配置实例，掌握交换机 VLAN 中继和 VTP 协议的配置方法。

【正文】

一、VLAN Trunk 基础知识

当一个 VLAN 跨越多个交换机时，为了连接在不同交换机上但属于同一个 VLAN 的计算机之间进行通信，需要把用于交换机之间互联的端口设置为 Trunk。同时，多个 VLAN 可以使用同一条物理链路传送 VLAN 内的数据。

1. VLAN Trunk 工作原理

交换机从某 VLAN（例如 VLAN2）的一个端口上接收到数据帧后，会在数据帧中加上一个标记（TAG），表明该数据帧是属于 VLAN2 的，然后再通过 Trunk 端口发送出去，到了对方交换机，交换机会将该标记去掉，只将该数据帧转发到属于 VLAN2 的端口上，从而完成了跨越交换机的 VLAN 内部数据传输。

VLAN Trunk 标记有 ISL 和 802.1Q 两种标准。ISL 是 Cisco 专有技术，802.1Q 则是 IEEE 国际标准，除了 Cisco 两者都支持外，其他厂商只支持 802.1Q。

2. VLAN Trunk 的配置和端口的自动协商

交换机互联的端口之间是否构成 Trunk 可以通过自动协商来确定。端口协商采用 DTP 协议（Dynamic Trunk Protocol），DTP 还可以协商 Trunk 链路的封装类型。

Cisco 交换机以太端口支持下列三种链路工作模式：

（1）Access 模式。该端口只能属于 1 个 VLAN，一般用于连接计算机。

（2）Trunk 模式。端口可以属于多个 VLAN，可以接收和发送多个 VLAN 的报文，一般用于交换机之间的连接。当设置为 Trunk 模式时，还要设置该端口是否使用自动协商（negotiate）进程。

（3）Dynamic 模式，即动态协商模式。当设为 Dynamic desirable 时，端口主动变为 Trunk 模式，如果对方接口为 Trunk、Dynamic desirable 或 Dynamic auto 时，对方端口也将工作在 Trunk 模式。

当设为 Dynamic auto 时，该接口处于被动协商地位，如果对方接口为 Trunk 或 Dynamic desirable 时，则协商成功，双方端口都将工作在 Trunk 模式。

DTP 协商的结果如表 ZY3201401003-1 所示，其中"√"表示 Trunk 构建成功。

表 ZY3201401003-1　　　　　　　　　DTP 协商的结果一览表

	negotiate	desirable	auto	nonegotiate
negotiate	√	√	√	√
desirable	√	√	√	×
auto	√	√	×	×
nonegotiate	√	×	×	√

默认状态下，以太网端口接口自动处于 Access 模式。用 switchport mode 命令可以把一个以太网端口在三个模式之间切换。

3. VLAN 配置和管理的自动化

在一台或几台交换机上配置 VLAN 的工作量不是很大，但是，在大型企业网环境中，要对数量很多的交换机进行 VLAN 配置和管理就很复杂了，并且容易出错。为了解决这一问题，Cisco 开发了管理 VLAN 的协议——VTP 协议（VLAN Trunk Protocol）。

VTP 提供了一种用于在交换机上管理 VLAN 的方法，该协议使得我们可以在一台或几台交换机上创建、修改和删除 VLAN，VLAN 信息通过 Trunk 链路自动扩散到其他交换机上。任何参与 VTP 的交换机都可以接受这些修改，所有的交换均都保持相同的 VLAN 信息，从而大大减轻了网络管理人员配置交换机的负担。

需要注意是，VLAN 定义虽然可以自动传播到其他交换机上，但 VLAN 成员仍然需要在每一台交换机上逐个进行配置。

（1）VTP 协议中的两个重要概念。VTP 管理域（VTP Domain）由多台共享 VTP 域名的相互接连的交换机组成，每个参与 VTP 过程的交换机必须有一个共同的 VTP 域名、VTP 域密码，只有 VTP 域名、VTP 域密码完全相同的交换机之间才会互相转发 VLAN 的定义信息。要使用 VTP，就必须为每台交换机指定 VTP 域名。VTP 信息只能在 VTP 域内传送，一台交换机可属于并且只属于一个 VTP 域。

VTP 通告：在交换机之间用来传递 VLAN 信息的数据包称为 VTP 通告，VTP 通告只通过 VLAN1 和中继端口传递。VTP 通告是以组播帧的方式发送的，VTP 通告中有一个字段称为修订号（Revision），初始值为 0。只要在 VTP Server 上创建、修改或删除 VLAN，通告的 Revision 的值就增加 1，通告中还包含了 VLAN 的变化信息。需要注意的是：高 Revision 的通告会覆盖低 Revision 的通告，而不管发送者是 Server 还是 Client。交换机只接受比本地保存的 Revision 号更高的通告，如果交换机收到比自己的 Revision 号更低的通告，会用自己的 VLAN 信息反向覆盖。

（2）交换机的 VTP 工作模式。交换机有 3 种 VTP 工作模式，即服务器模式、客户机模式和透明模式。

1）服务器模式（server）。工作在服务器模式下的交换机可以创建、删除和修改 VLAN 参数。同时还有责任发送和转发 VLAN 更新消息。当在服务器模式交换机上进行了 VLAN 更改操作后，会将修订号加 1，向其他交换机发送包含新的 VLAN 配置的 VTP 通告。当处于服务器模式的其他交换机收到了比自己的 VTP 配置修订号更高的 VTP 广播时，会更新自己的 VLAN 数据库信息。在服务器模式的交换机上配置的 VLAN 信息会被存储在非易失性 RAM—NVRAM 中。因此，当交换机重新启动后，关于 VLAN 的配置信息并不会丢失。默认情况下，Catalyst 交换机处于 VTP 服务器模式。每个 VTP 域必须至少有一台服务器，域中的 VTP 服务器可以有多台。

2）客户机模式（client）。工作在客户机模式下的交换机不能创建、删除和修改 VLAN 参数（不能做任何更改 VLAN 设置的操作），它只能接收服务器模式交换机传来的 VLAN 配置信息。同时，客户机模式下的交换机也有责任转发 VLAN 更新消息。当处于客户机模式下的交换机收到了比自己的 VTP 配置修订号更高的 VTP 通告时，会更新自己的 VLAN 数据库信息。客户机模式的交换机收到的 VLAN 配置信息并不被永久保存。当交换机重新启动后，关于 VLAN 配置的信息都将丢失。实际上，工作在客户模式下的交换机一旦重新启动后，会立刻开始发出 VLAN 配置信息，请求数据包以获得当前的 VLAN 配置信息。

3）透明模式（transparent）。如果网络中的某些交换机需要单独配置 VLAN，可以将这些交换机设置成透明模式。工作在透明模式下的交换机可以创建、删除和修改 VLAN 参数。这些关于 VLAN 配置的信息并不向外发送，也不根据接收到的 VTP 通告信息更新和修改自己的 VLAN 数据库。但是，透明模式下的交换机也有责任转发收到的 VLAN 更新消息。透明模式的交换机上配置的 VLAN 信息会被存储在非易失性 RAM—NVRAM 中。因此，当交换机重新启动后，关于 VLAN 的配置信息并不会丢失。

需要特别注意的是，通常每隔 300s，VTP 通告就会被泛洪到整个 VTP 域。每个收到 VTP 通告的交换机（透明模式的交换机除外），如果自身的配置修订号较低，则需要同步自己的 VLN 数据库。而这种同步采用的是覆盖式的同步方法，即首先完全删除自己的 VLAN 配置，然后再完全接收新的 VLAN 信息。

下面，我们以 Cisco 交换机为例，来介绍 VLAN Trunk、DTP 端口协商和 VTP 协议的配置。

二、配置 VLAN Trunk

1. 配置 Trunk 端口

第 1 步，进入全局配置模式

```
Switch#configure terminal
```

第 2 步，指定要配置的接口

```
Switch（config）#interface interface-id
```

第 3 步，设置 Trunk 数据帧封装类型

```
Switch（config-if）#switchport trunk encapsulation dot1q   //封装类型为 802.1Q，同一链
```
路的两端类型要相同。有的交换机，如 2950 只能封装为 802.1Q，则无需设置。

第 4 步，将端口设置为 Trunk

```
Switch（config-if）#switchport mode { trunk | dynamic {auto | desirable}}
```

第 5 步，Native VLAN 设置

数据帧要在 Trunk 上传送，交换均会按 802.1Q 或 ISL 格式对其重新进行封装。当采用 802.1Q 标准时，如果是属于 Native VLAN 的数据帧，则无需封装而直接在 Trunk 链路上传输。Trunk 链路的 Native VLAN 设置要一致，否则交换机会提示出错。默认的 Native VLAN 为 VLAN 1，可改为其他 VLAN。

```
Switch（config-if）#switchport trunk native vlan vlan-id
```

第 6 步，返回特权模式

```
Switch（config-if）#end
```

第 7 步，查看并校验配置

```
Switch#show interfaces interface-id trunk
```

第 8 步，保存配置

Switch#**copy running-config start-config**

将接口恢复至默认值，可以使用"default interface *interface-id*"命令。若要将 Trunk 接口中的所有特征恢复为默认值，可以使用"no switchport trunk"接口配置命令。若要禁用 Trunk，可以使用"switchport access"命令，端口模式将改为静态访问端口。若要恢复 Native VLAN 默认的 VLAN，可以使用 "no switchport truck native vlan" 命令。

2. 指定允许使用该 Trunk 传送数据的 VLAN

默认状态下，Trunk 端口允许所有 VLAN 的发送和接收传输。当然，根据需要，我们也可以拒绝某些 VLAN 通过 Trunk 传输，从而限制该 VLAN 与其他交换机的通信，或者拒绝某些 VLAN 对敏感数据的访问。需要注意的是，不能从 Trunk 中移除默认的 VLAN 1。

第 1 步，进入全局配置模式

Switch#**configure terminal**

第 2 步，指定要配置的接口

Switch（config）#**interface** *interface-id*

第 3 步，将接口工作模式设为 Trunk 端口

Switch（config-if）#**switchport mode truck**

第 4 步，指定 VLAN

配置 truck 上允许的 VLAN 列表，使用 add（添加）、all（所有）、except（除外）和 Remove（移除）关键字，可以定义允许在 truck 上传输的 VLAN。VLAN 列表即可以是一个 VLAN，也可以是一组 VLAN。当同时指定若干 VLAN 时，不要在 "," 和 "-" 间使用空格。

Switch（config-if）#**switchport trunk allowed vlan {add | all | except | remove}** *vlan-list*

第 5 步，返回特权模式

Switch（config-if）#**end**

第 6 步，查看并校验配置

Switch#**show interface** *interface-id* **trunk**

第 7 步，保存配置

Switch#**copy running-config start-config**

若恢复允许所有 VLAN 都通过该 Trunk，可以使用 "no switchport trunk allowed vlan" 命令。

三、DTP 自动协商配置

DTP 需要链路两端双方相互协商配合，才能形成 Trunk 链路。当把端口工作模式设为 Trunk 时，可以控制该端口是否使用自动协商进程。如果对端支持 DTP，则使用 "no switchport nonegotiate" 命令启用自动协商功能；否则，则使用 "switchport nonegotiate" 命令禁用自动协商进程。

第 1 步，进入全局配置模式

Switch#**configure terminal**

第 2 步，指定要配置的接口

Switch（config）#**interface** *interface-id*

第 3 步，DTP 设置

（1）如果要把接口配置为进行 DTP 自动协商，使用

Switch（config-if）#**switchport trunk encapsulation {isl | dot1q}**

Switch（config-if）#**switchport mode truck**

Switch（config-if）#**no switchport nonegotiate**

（2）如果要把接口配置为禁用 DTP 自动协商，使用

Switch（config-if）#**switchport trunk encapsulation {isl | dot1q}**

Switch（config-if）#**switchport mode truck**

Switch（config-if）#**switchport nonegotiate**

（3）如果要把接口配置为 desirable，使用

Switch（config-if）#**switchport mode dynamic desirable**

Switch（config-if）#**switchport trunk encapsulation** {**negotiate** | **isl** | **dot1q**} //Trunk 上的数据帧封装模式也可以自动协商。

（4）如果要把接口配置为 auto，使用

Switch（config-if）#**switchport mode dynamic auto**

Switch（config-if）#**switchport trunk encapsulation** {**negotiate** | **isl** | **dot1q**}

第 4 步，返回特权模式

Switch（config-if）#**end**

第 5 步，查看并校验配置

Switch#**show interfaces** *interface-id* **switchport**

第 6 步，保存配置

Switch#**copy running-config start-config**

四、VTP 的配置

1. VTP 基本配置

VTP 的基本配置包括设置 VTP 域及为域中的各交换机指定管理模式。通过将每台交换机都赋予完全一致的域名和密码，就设置了一个 VTP 管理域。在进行 VTP 配置前要将交换机原有的配置全部清除。VTP 的配置要分别在各交换机上单独配置，步骤如下：

第 1 步，进入全局配置模式

Switch#**configure terminal**

第 2 步，配置 VTP 域名

switch（config）#**vtp domain** *name*

第 3 步，配置 VTP 工作模式

switch（config）#**vtp mode** {**server** | **transparent** | **client**} //默认为 server。

第 4 步，配置 VTP 密码

switch（config）#**vtp password** *password*

第 5 步，返回特权模式

Switch（config）#**end**

第 6 步，查看并校验配置

Switch#**show vtp status**

第 7 步，保存配置

Switch#**copy running-config start-config**

2. 配置 VTP 协议版本、VTP 修剪

目前 VTP 有 Ver.1 和 Ver.2 两个版本，这两个版本之间不能互相操作。默认情况下采用的是 Ver.1。Ver.2 提供了一些 Ver.1 不支持的选项，如 VLAN 一致性检查等。如果需要更改 VTP 协议版本，可以使用 vtp version 命令。

VTP 修剪能减少 Trunk 链路上不必要的信息量，通常需要启用。缺省情况下，发给某个 VLAN 的广播会送到每一个在 Trunk 上承载该 VLAN 的交换机。即使交换机上没有位于那个 VLAN 的端口也是如此。VTP 修剪可以减少没有必要扩散的通信量，提高 Trunk 的带宽利用率。仅当 Trunk 链路接收端上的交换机在那个 VLAN 中有端口时，才会将该 VLAN 的广播和未知单播转发到该 Trunk 链路上。

更改 VTP 协议版本和启用 VTP 修剪功能，只需在 VTP 服务器模式的一台交换机上进行，其他交换机会自动跟着更改。更改 VTP 协议版本和启用 VTP 修剪功能的步骤如下：

第 1 步，进入全局配置模式

Switch#**configure terminal**

第 2 步，配置为版本 2

switch（config）#**vtp version 2**

第 3 步，启用 VTP 修剪

switch（config）#**vtp pruning**

第 4 步，验证 VTP 版本、修剪的配置

Switch#**show vtp status**

（显示信息）

VTP Version	: 2	//VTP 版本为 Ver.2。
Configuration Revision	: 9	//目前的配置修改编号。
Maximum VLANs supported locally	: 64	//支持的最大的 VLAN 数量。
Number of existing VLANs	: 12	//现有 VLAN 数量。
VTP Operating Mode	: Server	//VTP 模式为服务器模式。
VTP Domain Name	: VTP-Training	//VTP 域名。
VTP Pruning Mode	: Enabled	//VTP 修剪功能已经启用。
VTP V2 Mode	: Enabled	//启用了 VTP 版本 2。
VTP Traps Generation	: Disabled	
MD5 digest	: 0xDD 0xAE 0xF5 0xC5 0xB1 0x3B 0x07 0x07	

Configuration last modified by 0.0.0.0 at 11-15-08 10：04：31 //配置修改者及时间。

Local updater ID is 0.0.0.0 （no valid interface found）

MD5 digest	: 0x5C 0xFD 0x08 0x82 0x3E 0x7C 0xAE 0x1B	
		//MD5 值。

Configuration last modified by 0.0.0.0 at 3-1-02 00：08：13

Local updater ID is 192.168.1.1 on interface Vl1 （lowest numbered VLAN interface found）

第 5 步，保存配置

Switch#**copy running-config start-config**

【思考与练习】

1. VLAN Trunk 的作用是什么？简述 DTP 协商的过程。

2. 在大型的局域网中，如何使用 VTP 协议来简化 VLAN 的配置和管理？

3. VLAN Trunk 配置的步骤有哪些？

模块 4 交换机生成树配置（ZY3201401004）

【模块描述】本模块介绍了交换机生成树配置，包含以太网交换机循环问题、STP 生成树协议功能和配置操作。通过图形示意、配置实例，掌握交换机生成树配置、避免以太网交换机循环的方法。

【正文】

一、生成树 STP 协议基础知识

1. 以太网交换循环问题的产生

在网状拓扑结构的局域网络中，由于交换机之间的链路存在着物理环路，使得一个以太数据帧在交换机之间不断来回传递，带来交换循环问题。如图 ZY3201401004-1 所示的外网络中，当交换机 A 从服务器上收到一个广播帧后会将该数据帧从其他端口上转发出去，交换机 B 收到后会广播给交换机 C，交换机 C 收到后又广播给交换机 A，交换机 A 会再次把该数据帧广播出去……，这样，一个数据帧在三个交换机之间无休止地循环传递下去。交换循环会造成网络中出现广播风暴、多帧复制、网络阻塞及 MAC 地址表的不稳定等问题，严重影响网络的正常运行。

2. STP 协议的功能

IEEE802.1D 国际标准的生成树协议（Spanning-Tree Protocol，STP）也称为分支树协议，是一种

链路管理协议，用来避免交换循环。STP 的实现方法是通过阻断一些交换机的接口，将物理上的网状网变成逻辑上的树状结构，使网络中任意两个主机之间在某一时刻只有一条有效转发路径。当网络中节点之间存在多条路径时，生成树算法可以计算出最佳路径。

STP 协议不但可以消除交换循环，而且使得在交换网络中通过配置冗余备用链路来提高网络的可靠性成为可能。如图 ZY3201401004-1 所示的网络中，正常情况下，STP 协议会阻断交换机 B 与交换机 C 之间的链路；当交换机 A 与交换机 B 之间的链路中断时，STP 协议会重新进行计算，自动恢复交换机 B 与交换机 C 之间的链路，从而使得交换机 B 与其他交换机的连接不会中断。

3. STP 协议的工作原理

STP 协议允许交换机利用网桥协议数据单元（Bridge Protocol Data Unit，BPDU）组播帧定期（默认为 2s）与其他交换机交换配置信息，以发现网络物理环路。为了在网络中形成一个没有环路的逻辑拓扑，网络中的交换机通过选出根交换机、每台交换机的根端口和指定端口，来决定该阻断的接口，如图 ZY3201401004-2 所示。

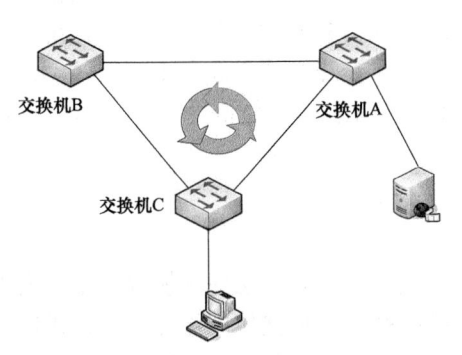

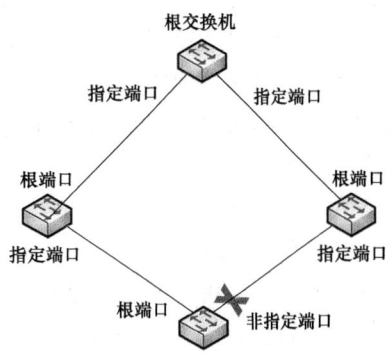

图 ZY3201401004-1　以太网交换循环　　　　图 ZY3201401004-2　生成树示意图

STP 协议的工作过程如下：

（1）在网络的交换机当中选择出根交换机。每台交换机都拥有一个 64 位二进制数的 ID。交换机 ID 由两部分组成：前面 16bit 是人为设定的优先级，默认为 32768；后面 48bit 为交换机的 MAC 地址。交换机 ID 的数值越小其优先级就越高，各交换机之间相互比较 ID 的大小，选举 ID 数值最小的交换机为根交换机。根交换机上的端口都是指定端口，都允许转发数据帧。在单一广播域（二层）中只能有一个根网交换机。

（2）在所有的非根交换机上选择出根端口。选出了根交换机后，其他的交换机自然就成为非根交换机了。每台非根交换机上都要选举一条到根交换机的根路径。STP 使用路径 Cost 来决定到达根交换机的最佳路径（Cost 是累加的，带宽大的链路 Cost 低），最低 Cost 值的路径就是根路径，该接口就是根端口；如果 Cost 值一样，则根据端口 MAC 地址的大小选举根端口。根端口也是距离根交换机最近的端口，根端口允许转发数据帧。

（3）在所有的链路上选择出指定端口。选举了根端口后，在每条链路上还要选择出指定端口。在一条链路上，距离根交换机最近的端口就是指定端口，指定端口允许转发数据帧。

最后，在非根交换机上剩下的既不是根端口、也不是指定端口的端口被确定为非指定端口。非指定端口不允许转发数据帧，但可以接收 BPDU。这样网络就构建出了一棵没有环路的转发树。

当网络的拓扑发生变化时，网络会从一个状态向另一个状态过渡，重新打开或阻断某些接口。交换机的端口要经过几种状态：禁用（Disable）、阻塞（Blocking）、监听状态（Listening）和学习状态（Learning），然后是到转发状态（Forwarding）。非指定端口处于丢弃（Discarding）状态。

4. VLAN 与 STP 协议

因为每个 VLAN 在逻辑上都是一个 LAN，STP 协议会为每个 VLAN 分别构建一棵 STP 树（Per Vlan STP，PVST），这样的好处是每个 VLAN 可以独立地控制哪些接口可转发数据，从而实现负载平衡。PVST 的缺点是，如果 VLAN 数量很多，会给交换机带来沉重的负担。Cisco 交换机默认的模式就是

PVST。

5. STP 协议的改进

IEEE 802.1d 是最早关于 STP 的标准，其存在的不足之处是重新收敛时间较长，通常需要 30～50s。为了减少这个时间，逐步引入了一些补充技术，如 Uplinkfast 和 Backbonefast 等。

Portfast 使得以太网接口一旦有设备接入，就立即进入转发状态，如果接口上连接的是主机或其他不运行 STP 的设备，是非常合适的。

Uplinkfast 则经常用在接入层交换机上，当它连接到主干交换机的主用链路故障时，能立即切换到备份链路上，而不需要经过 30s 或者 50s。Uplinkfast 只需要在接入层交换机上配置即可。

Backbonefast 则主要用在主干交换机之间，当主干交换机之间的链路上有故障时，可以比原有的 50s 少 20s 就切换到备份链路上。Backbonefast 需要在全部交换机上配置。

6. STP 防护

STP 协议并没有什么措施对交换机的身份进行认证。在稳定的网络中，如果接入非法的交换机，将可能给网络中的 STP 树带来灾难性的破坏。有一些简单的措施来保护网络，虽然这些措施显得软弱无力。Root Guard 特性将使得交换机的接口拒绝接收比原有根交换机优先级更高的 BPDU。而 BPDU Guard 主要是和 Portfast 特性配合使用，Portfast 使得接口一有计算机接入就立即进入转态，然而，万一这个接口接入的是交换机，就很可能造成环路。BPDU Guard 可以使得 Portfast 接口一旦接收到 BPDU，就关闭该接口。

下面，我们以 Cisco 交换机为例，来介绍 STP 协议的配置。

二、STP 协议的配置

在所有 Cisco 交换机上一般是默认开启的，在所有 2 层端口上启用生成树协议，不经人工干预即可正常工作。但这种自动生成的方案可能导致数据传输的路径并非最优化。因此，可以通过人工设置交换机 ID 优先级的方法影响生成树的生成结果。只有配置得当，才能得到最佳的方案。

1. 检查交换机自动生成的初始 STP 树

在特权模式下使用"show spanning-tree"命令查看交换机 SPT 摘要信息：

```
Switch#show spanning-tree

VLAN0001                                //以下为屏幕显示的信息。
Spanning tree enabled protocol ieee     //运行的 STP 协议为 IEEE 的 802.1D。
Root ID   Priority   1                   //根交换机的信息。
Address   0004.dc28.4001
Cost      20
Port      24 （FastEthernet0/24）
Hello Time  2 sec  Max Age 20 sec  Forward Delay 15 sec


Bridge ID  Priority    32769  （priority 32768 sys-id-ext 1）   //该交换机的 ID。
Address   000b.be3f.2880
Hello Time  2 sec  Max Age 20 sec  Forward Delay 15 sec
Aging Time  300
                                        //以下为交换机各端口的状态。
Interface   Port ID           Designated            Port ID
Name      Prio.Nbr Cost Sts  Cost  Bridge ID       Prio.Nbr
--------- ------------------ -- ----- ------------- -------
Fa0/24    128.24   19 FWD  1  32768  0014.c7fc.a761 128.14
```

2. 人为控制根交换机及指定端口的选择

在网络中通常是由各交换机根据 STP 协议的规则自动选择根交换机及指定端口，但也可以根据实际需要人为进行设置。但要注意：根交换机通常应该是汇聚层或核心层交换机，不要将接入层的交换机设置为根交换机。

通过"show spanning-tree"命令可以查看 SPT 树的信息后，通过设置交换机 ID 的优先级，可以指定哪个交换机为根交换机。各 VLAN 可以分别设置，使用不同的交换机作为根交换机。ID 的优先级通常为 4096 的整数倍，数值越高优先级就越低。假设网络中交换机 ID 的最高优先级为 4096，要设定交换机 1 作为 VLAN2 的根交换机，交换机 2 作为 VLAN3 的根交换机，设置步骤如下：

（1）在交换机 1 上配置。

第 1 步，进入全局配置模式

Switch#**configure terminal**

第 2 步，设置 VLAN1 的 ID 优先级

Switch（config）#**spanning-tree vlan** *2* **priority** *4096*

第 3 步，返回特权模式

Switch（config）#**end**

第 4 步，检查配置

Switch#**show spanning-tree**

第 5 步，保存 VLAN 配置

Switch#**copy running-config startup-config**

（2）在交换机 2 上配置。

第 1 步，进入全局配置模式

Switch#**configure terminal**

第 2 步，设置 VLAN2 的 ID 优先级

Switch（config）#**spanning-tree vlan** *3* **priority** *4096*

第 3 步，返回特权模式

Switch（config）#**end**

第 4 步，检查配置

Switch#**show spanning-tree**

第 5 步，保存 VLAN 配置

Switch#**copy running-config startup-config**

同样道理，使用"spanning-tree vlan *vlan-number* priority"命令，通过修改交换机 ID 的优先级数值，可以人为地控制指定端口的选择。

三、配置 Portfast

对于连接计算机的以太端口，当计算机接入时，端口首先进入侦听（Listening）状态，随后进入学习（Learning）状态，最后才能进入转发（Forwarding）状态，整个过程需要 30s 的时间，这对于有些应用来说太慢了。通过设置 Portfast 特性，可使得计算机一经接入，端口就立即进入转发状态。只能在连接计算机的接口启用 Portfast，配置步骤如下：

第 1 步，进入全局配置模式

Switch#**configure terminal**

第 2 步，指定要配置的端口

Switch（config）#**interface** *interface-id*

第 3 步，将该端口设置为 Portfast

Switch（config-if）#**spanning-tree portfast**

第 4 步，返回特权模式

Switch（config）#**end**

第 5 步，检查配置

Switch#**show running-config**

第6步，保存配置

Switch#**copy running-config startup-config**

使用"no spanning-tree portfast"命令可以关闭该端口的 Portfast 特性。

四、配置上行端口 Portfast

汇聚层和接入层的交换机通常都至少有一条冗余链路被 STP 阻塞，以避免环路。当交换机检测到转发链路失效时，会启用被阻塞的上行端口。同上一节所述，上行端口经过侦听、学习最后进入到转发状态也需要大约 30s 的时间。使用端口的 Uplinkfast 特性，可使阻断的上行端口直接进入到转发状态。上行端口 Portfast 配置步骤如下：

第1步，进入全局配置模式

Switch#**configure terminal**

第2步，指定要配置的端口

Switch（config）#**interface** *interface-id*

第3步，将该端口设置为 Portfast

Switch（config-if）#**spanning-tree uplinkfast**

第4步，返回特权模式

Switch（config）#**end**

第5步，检查配置

Switch#**show running-config**

第6步，保存配置

Switch#**copy running-config startup-config**

使用"no spanning-tree uplinkfast"命令可以关闭该端口的 uplinkfast 特性。

五、配置主干链路 Backbonefast

Backbonefast 主要用在主干交换机之间，当主干交换机之间的链路故障时，Backbonefast 特性可以减少切换到备份链路上所需要的时间。与 uplinkfast 设置不同的是，uplinkfast 只需要在一台交换机上设置，而 backbonefast 需要在全部交换机上进行配置。配置步骤如下：

第1步，进入全局配置模式

Switch#**configure terminal**

第2步，该交换机上启用 backbonefast

Switch（config-if）#**spanning-tree backbonefast**

第3步，返回特权模式

Switch（config）#**end**

第4步，检查配置

Switch#**show spanning-tree**

第5步，保存配置

Switch#**copy running-config startup-config**

使用"no spanning-tree backbonefast"命令可以关闭该交换机的 backbonefast 特性。

【思考与练习】

1. STP 协议防止环路产生的原理是什么？
2. 在交换机上是否一定要进行 STP 协议的配置？
3. 要人为控制根交换机的建立以及指定端口的选择，如何进行配置？

模块 5　交换机端口镜像设置（ZY3201401005）

　　【模块描述】本模块介绍了交换机端口镜像设置，包含端口镜像的概念及其用途、端口镜像配置操作。通过图形示意、配置实例，掌握端口镜像的配置方法。

【正文】

一、端口镜像及其用途

交换机是采用单播的方式来转发数据的，交换机只把数据帧转发到目的 MAC 地址对应的端口上，也就是说，在交换机的某一个端口上仅能收到与连接到该端口的设备相关的数据帧。如果想在一个端口上获取其他端口的数据流，可采用端口镜像技术，将其他一个或多个端口的数据帧复制一份转发到该端口上。如图 ZY3201401005-1 所示，将连接笔记本电脑的端口设为镜像端口，把连接服务器和 PC 的端口设为被镜像端口，然后，在笔记本电脑上就可以抓取到服务器和 PC 机发送和接收的所有数据流量。镜像端口统称也叫作监听端口。

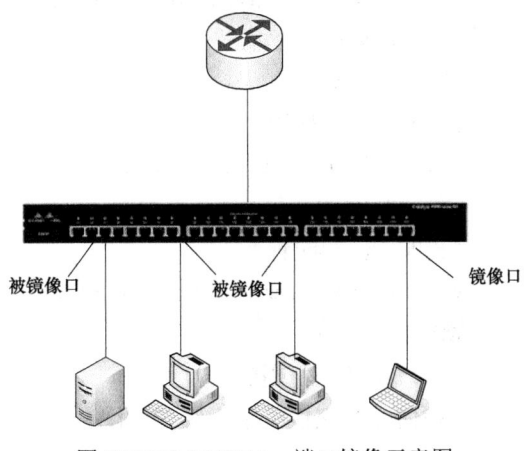

图 ZY3201401005-1　端口镜像示意图

在网络故障定位和安全防护工作中，交换机端口镜像非常有用。镜像端口可用来连接网络分析仪或运行 Sniffer（嗅探器）软件的计算机，捕获交换机上其他端口上的数据帧，通过对数据报的协议分析和统计实现对网络运行情况的监视和网络故障的定位。网络级入侵检测系统获取网络数据包通常也是通过端口镜像来实现的。

下面，我们以 Cisco 交换机为例，来介绍端口镜像的配置。

二、Cisco 交换机端口镜像的配置

Cisco 交换机的端口镜像称为 SPAN（Switch Port Analyzer，SPAN）。在同一台交换机上，可以同时创建多个端口镜像，以实现对不同 VLAN 中的端口进行监听。监听口与被监听口必须处于同一个 VLAN 中。处于被监听状态的端口，不能变更为监听口。监听口也不能是 trunk 端口。

Cisco 交换机端口镜像要在全局配置命令模式下进行配置，配置方法如下：

1. 将一个端口设置为镜像端口

命令格式：**monitor session** *session_number* **destination interface** *interface-id*

由于在一个交换机中可以同时存在多个不同的端口镜像进程，一个进程就是一个 session，*session_number* 表示进程的编号，destination 表示该端口为镜像口，interface *interface-id* 表示端口及端口号。

撤销某个端口的镜像端口设置，使用命令

no monitor session *session_number* **destination interface** *interface-id*

2. 将一个或多个端口设置为被镜像端口

命令格式：**monitor session** *session_number* **source interface** *interface-id* **[both | rx | tx]**

注意，进程的编号 *session_number* 要与上一步中的编号一致。source 表示所定义的端口为被镜像端口。如果只监听端口流出的流量选 tx，只监听端口流入的流量选 rx，监听双向流量选 both，缺省设置为双向监听。

要撤销某个端口的被镜像端口设置，使用命令

no monitor session *session_number* **source interface** *interface-id*

3. 删除端口镜像配置

命令格式：**no monitor session** **{** *session_number* **| all }**

如果要删除单个端口镜像配置，使用 *session_number* 表示，如果要删除该交换机上的所有的端口镜像配置，使用参数 all 表示。

三、配置实例

将交换机千兆以太端口 g0/2 到 g0/6 的双向流量镜像到端口 g0/1，镜像进程编号设为 1，配置如下：

第 1 步，进入全局配置模式

```
Switch#configure terminal
```

404

第2步，指定镜像进程编号和被镜像端口

Switch（config）#**monitor session 1 source interface** *gigabitethernet0/2-6* **both**

第3步，指定镜像端口

Switch（config）#**monitor session 1 destination interface** *gigabitethernet0/1*

第4步，返回特权模式

Switch（config）#**end**

第5步，检查配置

Switch#**show monitor session 1**

Switch#**show running-config**

第6步，保存配置

Switch#**copy running-config startup-config**

【思考与练习】

1. 端口镜像有何用途？
2. 如何进行交换机端口镜像的配置？

模块6 交换机端口汇聚配置（ZY3201401006）

【模块描述】本模块介绍了交换机端口汇聚配置，包含端口汇聚的概念及其用途、端口汇聚配置操作。通过要点介绍、配置实例，掌握多链路捆绑的配置方法。

【正文】

一、端口汇聚基础知识

交换机的端口汇聚也叫作链路捆绑技术，它将两个交换机之间的两条或多条快速以太或千兆以太物理链路捆绑在一起，组成一条逻辑链路，从而达到增加带宽的目的。端口汇聚将流量分配在各条物理链路上，当某条物理链路出现故障时，流量将自动转移到其他物理链路上，整个过程在几毫秒内完成，从而起到链路冗余备份的作用。

1. 端口汇聚的自动协商

两台交换机之间的链路捆绑，可以设置为固定方式，也可以设置成自动协商方式。在自动协商方式下，多个端口是否汇聚形成捆绑链路由两段的交换机根据设定，采用自动协商协议进行协商。

自动协商有PAgP和LACP两个协议，PAgP协议是Cisco专有的协议，LACP协议是公共的标准。Cisco设备对这两个协议都支持。

（1）PAgP自动协商。由Cisco公司开发的端口汇聚技术称之为EtherChannel（以太通道），端口汇聚协议（Port Aggregation Protocol，PAgP）是EtherChannel的增强版，它支持在EtherChannel上的Spanning Tree和Uplink Fast功能。使用PAgP可以很容易地在有EtherChannel能力的端口间自动建立起Fast EtherChannel和Gigabit EtherChannel连接。

使用PAgP协议，在配置时，端口的工作模式可以设定为：

auto：将端口置于被动协商状态，可以对接收到的PAgP作出响应，但不主动发送PAgP包进行协商。当侦测到对方端口为PAgP设置时，将启用PAgP。

desirable：无条件启用PAgP。将接口置于主动协商状态，通过发送PAgP包，主动与对方端口进行协商。

on：将端口强行指定为EtherChannel，只有两个on模式接口组连接时，EtherChannel才可用。

PAgP协商的结果如表ZY3201401006-1所示，"√"表示EtherChannel构建成功。

表ZY3201401006-1 PAgP协商结果一览表

	ON	desirable	auto
ON	√	×	×

	ON	desirable	auto
desirable	×	√	√
auto	×	√	×

（2）LACP 自动协商。链路汇聚控制协议（Link Aggregation Control Protocol，LACP）利用符合 IEEE 802.3ad 的设备创建捆绑链路。

使用 LACP 协议，端口的工作模式可以设定为：

active：激活接口的主动协商状态，通过发送 LACP 包，与对方端口进行主动协商，当侦测到对方端口为 LACP 时，将启用 LACP。

passive：将端口置于被动协商状态，可以对接收到的 LACP 作出响应，但是不主动发送 LACP 包进行协商。当侦测到 LACP 设备时，将只启用 LACP。

On：将端口强行指定为捆绑链路。只有双方端口都设置为 on 模式时，捆绑链路才可用。

LACP 协商的结果如表 ZY3201401006-2 所示，"√"表示捆绑链路构建成功。

表 ZY3201401006-2　　　　　　　　　　LACP 协商结果一览表

	ON	active	passive
ON	√	×	×
active	×	√	√
passive	×	√	×

2. 流量分配

在捆绑链路上的流量可以均衡地分配到各条物理链路上，可以根据源 IP 地址、目的 IP 地址、源 MAC 地址、目的 MAC 地址，以及源 IP 地址与目的 IP 地址的组合、源 MAC 地址与目的 MAC 地址的组合等条件，设置流量在各条物理链路上的分布。

3. Cisco 交换机端口汇聚配置注意事项

在 Cisco 交换机上进行端口汇聚配置时，应当遵循下列限制性规定：

（1）每台交换机上最多可以配置 48 个 EtherChannel。

（2）每个 PAgP EtherChannel 最多可以配置 8 个相同类型的端口，即每个设备 4 个端口。

（3）每个 LACP EtherChannel 最多可以配置 16 个相同类型的端口，即每个设备 8 个端口，其中 8 个处于活动状态，8 个处于备用状态。

（4）EtherChannel 中的所有端口都必须采用相同的速度和双工模式。

（5）启用 EtherChannel 中的所有端口。当其中的某个端口处于禁用状态时，所有网络流量都将由 EtherChannel 中其他端口承担，从而影响网络传输带宽。

（6）创建端口组时，其他所有端口的参数都与添加至该组的第一个端口相同。当修改下列其中一个参数时，必须在该 EtherChannel 组中所有端口做出修改。包括允许 VLAN 列表、每个 VLAN 的 Spanning-tree 路径费用、每个 VLAN 的 Spanning-tree 端口费用，以及 Spanning-tree Port fast 设置。

（7）不能将一个端口指定至两个或多个 EtherChannel 组。

（8）不能将 EtherChannel 同时配置为 PAgP 和 LACP 模式。不过 PAgP 和 LACP 模式的 EtherChannel 组可以在同一交换机上共存。

（9）不能将 Switched Port Analyzer（SPAN）目的端口指定至 EtherChannel。

（10）不能将安全端口指定至 EtherChannel 或者将 EtherChannel 指定为安全端口。

（11）不能将 private-VLAN 指定至 EtherChannel。

（12）不能将 EtherChannel 中的端口（无论是活动的，还是备用的）作为 802.1x 端口。如果尝试在一个 EtherChannel 端口上启用 802.1x，将显示一个错误信息，并且 802.1x 不能被启用。

（13）如果已经在接口上配置了 EtherChannel，那么，在交换机上启用 802.1x 之前，应当从该接口移除 EtherChannel 配置。

（14）对于第 2 层 EtherChannel 而言，应当将欲添加至同一 EtherChannel 的所有端口都指定至同一 VLAN，或者将这些端口配置为 Trunk。处于不同 VLAN 的端口不能被指定至同一 EtherChannel。若欲将 Trunk 端口配置为 EtherChannel，应当保证所有 Trunk 的模式都是相同的（ISL 或 802.1Q）。如果采用不同 Trunk 模式，将导致难以预计的后果。

（15）对于第 3 层 EtherChannel 而言，应当为逻辑 Charnel 端口指定 IP 地址信息，而不能为 EtherChannel 中的物理端口指定。

（16）GBIC 和 SFP 接口不能被配置为 EtherChannel。

下面，我们以 Cisco 交换机为例，来介绍端口汇聚的配置。

二、配置 EtherChannel

第 1 步，进入全局配置模式

`Switch#configure terminal`

第 2 步，创建 EtherChannel 逻辑接口

`Switch（config）#interface port-channel` *port-channel-number* // port-channel-number 为以太通道的逻辑接口编号，取值为 1～6。

第 3 步，选择要配置为 EtherChannel 的物理端口

`Switch（config）#interface range` *f0/13 -14* //端口列表可根据实际情况指定。

第 4 步，将接口指定至 EtherChannel

`Switch（config-if）#channel-group` *port_channel_number* `mode {{auto | desirable | on} | {active | passive}}` //其中，on 表示人工指定，不必协商；auto、desirable 表示采用 PAgP 自动协商模式；active | passive 表示采用 LACP 自动协商模式。

第 5 步，退出接口配置模式

`Switch（config-if）#exit`

第 6 步，设置负载均衡方式

`Switch（config）#port-channel load-balance {dst-mac | src-mac}` //其中，dst-mac 表示基于包的目的主机的 MAC 地址进行负载分配，在 EtherChannel 中，发送至同一目的主机的包被转发至相同端口，不同目的主机的包被发送至不同的端口；src-mac 表示基于包的源 MAC 地址进行负载分配，在 EtherChannel 中，来自不同主机的包使用不同的端口；来自于同一主机，则使用同一端口。

第 7 步，返回特权模式

`Switch（configf）#end`

第 8 步，显示并校验配置

`Switch#show etherchannel summary`

第 9 步，保存配置

`Switch#copy running-config start-config`

三、配置三层 EtherChannel

要想在三层设备（如三层交换机）之间实现高速连接，可以采用三层 EtherChannel 方式，从而避免由路由连接而产生的瓶颈。

当将 IP 地址从物理接口移动至 EtherChannel 时，必须先从物理接口中删除该 IP 地址。

第 1 步，进入全局配置模式

`Switch#configure terminal`

第 2 步，创建以太通道逻辑接口

`Switch（config）#interface port-channel` *port-channel-number*

//Port-channel-number 为以太通道逻辑接口的编号，取值为 1～6。

第 3 步，将接口置于三层模式

```
Switch（config-if）#no switchport
```
第 4 步，为该 EtherChannel 指定 IP 地址和子网掩码
```
Switch（config-if）#ip address ip-address mask
```
第 5 步，选择欲配置的物理接口
```
Switch（config）#interface interface-nnmber
```
第 6 步，创建 3 层路由端口
```
Switch（config-if）#no switchport
```
第 7 步，确保该物理接口没有指定 IP 地址
```
Switch（config-if）#no ip address
```
第 8 步，将接口配置至以太通道，并指定 PAgP 或 LACP 模式
```
Switch（config-if）#channel-group channel-group-number mode {{auto | desirable | on}
| {active | passive}}
```
第 9 步，配置 Etherchannel 负载均衡
```
Switch（config）#port-channel load-balance {src-mac | dst-mac | src-dst-mac | src-ip
| dst-ip | src-dst-ip | src-port | dst-port | sac-dst-port}
```
//其中，src-mac 指源 MAC 地址，dst-mac 指目的 MAC 地址，src-dst-mac 指源和目的 MAC 地址，src-ip 指源 IP 地址，dst-ip 指目的 IP 地址，src-dst-ip 指源和目的 I P 地址，src-port 指源第 4 层端口，dst-port 指目的第 4 层端口，src-dst-port 指源和目的第 4 层端口第 6 步，退出配置模式。

第 10 步，返回特权模式
```
Switch（config-if）#end
```
第 11 步，显示并校验配置
```
Switch#show etherchannel summary
```
第 12 步，保存配置
```
Switch#copy running-config start-config
```
四、移除端口和 EtherChannel
1. 从 EtherChannel 中移除接口
第 1 步，进入全局配置模式
```
Switch#configure terminal
```
第 2 步，选择要移除的物理端口
```
Switch（config）#interface interface-id
```
第 3 步，从 EtherChannel 中移除接口
```
Switch（config-if）#no channel-group
```
第 4 步，返回特权模式
```
Switch（config-if）#end
```
第 5 步，显示并校验配置
```
Switch#show running-config
```
第 6 步，保存配置
```
Switch#copy running-config start-config
```
2. 移除 EtherChannel
第 1 步，进入全局配置模式
```
Switch#configure terminal
```
第 2 步，移除 Channel 接口
```
Switch（config）#no interface port-channel port-channel-number
```
第 3 步，退出配置模式
```
Switch（config-if）#end
```

第 4 步，显示并校验配置

Switch#**show etherchannel summary**

第 5 步，保存配置

Switch#**copy running-config start-config**

【思考与练习】

1. 通常所说的"端口汇聚"、"链路汇聚"、"链路捆绑"是同一回事吗？

2. 简述端口汇聚自动协商的过程。

3. 配置三层 EtherChannel 的步骤有哪些？

模块 7 交换机软件及配置的备份与恢复（ZY3201401007）

【模块描述】本模块介绍了交换机软件及配置的备份与恢复，包含交换机软件及配置数据存储机制、TFTP 服务器、软件和配置数据备份与恢复操作步骤。通过照片示意、配置实例，掌握交换机软件及配置备份与恢复的方法。

【正文】

一、交换机操作系统软件及配置文件备份的重要性

交换机、路由器等网络设备实际上都是特殊用途的计算机系统，与常见的 PC 一样，他们也都有 CPU、内存及类似于硬盘用途的各类存储器，也需要在操作系统软件的基础上才能正常运转。在 Cisco 设备中操作系统通常称为 IOS（Internetwork Operating System），其作用和计算机上的 Windows 一样，IOS 是交换机的核心。与常见 PC 不同的是，除简易的傻瓜式设备外，各种智能化的网络设备要经过复杂的配置后才能发挥其应有的作用。为了使网络设备在发生故障后能尽快恢复运行，其操作系统软件及配置数据的备份与恢复是非常重要的。

本模块的内容也适用于路由器、防火墙等其他类别的网络设备，其基本原理和备份方法基本上是一样的。

下面，我们以 Cisco 交换机为例，来介绍交换机中存储器的种类和特点、操作系统软件及配置文件的备份与恢复方法。

二、交换机中的存储器及其特性

交换机等网络设备中的所使用的存储器主要有 RAM、ROM、Flash 及 NVRAM 等四种类型，除 RAM 会在交换机重新启动或关掉电源时丢失其中的内容以外，其他均为非易失性存储器。

1. 随机存储器（RAM）

RAM 即内存，运行期间暂时存放操作系统、当前配置（Running-config）和临时的运算结果。RAM 的存取速度快，CPU 能快速访问这些信息。众所周如，RAM 中的数据在设备重启或断电时是会丢失的。

2. 闪存（Flash）

Flash 是可擦除、可编程的 ROM，类似于计算机的硬盘，主要用于存放操作系统软件 IOS，Flash 的可擦除特性允许我们在更新、升级 IOS 时，不用更换设备内部的芯片。设备断电后 Flash 的内容不会丢失。当 Flash 容量较大时，可以存放多个 IOS 版本，这在进行 IOS 升级时十分有用。当不知道新版 IOS 是否稳定时，可在升级后仍保留旧版 IOS，当出现问题时可迅速退回到旧版操作系统，从而避免长时间的网路故障。

3. 非易失性 RAM（Nonvolatile RAM，NVRAM）

NVRAM 是可读可写的存储器，在系统重新启动或关机之后仍能保存数据，主要作用是保存设备配置数据，即常说的启动配置或备份配置。当加电启动时，首先寻找并加载该配置文件，启动完成后就成了内存中的"运行配置"，当修改了运行配置并执行存储后，运行配置就被复制到 NVRAM 中，下次交换机重启后，该配置就会被自动调用。NVRAM 的速度较快，成本也比较高。由于 NVRAM 容量较小，通常仅用于保存配置文件。

4. 只读存储器（ROM）

ROM 在交换机、路由器中的功能与计算机中的 ROM 相似，主要用于系统初始化等功能。ROM 中存储了开机诊断程序、启动引导程序和特殊件版本的 IOS 软件（用于诊断等有限用途）。当 ROM 中软件升级时需要更换芯片。

图 ZY3201401007-1　交换机中的各类存储器

三、操作系统软件及配置文件备份与恢复方法

通过 CLI 命令对交换机所做的配置是保存在交换机的内存中的，配置完成后一定要及时使用"copy running-config startup-config"命令，把内存中的当前配置保存到 NVRAM 中，否则，当交换机再次启动时，所做的配置将会丢失。

我们还需要把交换机操作系统 IOS 软件和配置文件备份到 TFTP 服务器上，以防万一。当交换机闪存中的 IOS 软件或配置文件出现问题时，可以通过 TFTP 服务器进行恢复。

利用 TFTP（Trivial File Transfer Protocol）服务器，使得对交换机 IOS 软件和配置文件的管理变得简单和快捷。因此，应先安装一台 TFTP 服务器。任何一台计算机或笔记本电脑，只要安装了 TFTP 服务器软件，即可成为 TFTP 服务器。TFTP 服务器软件又很多种，可在 Cisco 网站（http://www.cisco.com）下载。

四、交换机 IOS 软件的备份与恢复

交换机和服务器必须位于同一子网，确认交换机能够与 TFTP 服务器正常通信。在上传 IOS 软件之前，需要在 TFTP 服务器上创建一个空的文件夹。如果覆盖一个已经存在的文件，要确认赋予了相应的权限，即赋予其"world-Write"权限。

备份 IOS 软件至 TFTP 服务器，需要先通过 Console 口或 Telnet 登录交换机，如果使用 Telnet，当交换机运行新软件而重新启动时，连接将会被断开。

1. 备份 IOS 软件至 TFTP 服务器

第 1 步，测试交换机到 TFTP 服务器的连通情况

```
Switch#ping 172.16.1.105        //172.16.1.105 为 TFTP 服务器的 IP 地址。
Type escape sequence to abort.
Sending 5, 100-byte ICMP Echos to 172.16.1.105, timeout is 2 seconds:
!!!!!
Success rate is 100 percent (5/5), round-trip min/avg/max = 1/3/5 ms
```

第 2 步，查看交换机 Flash 中的 IOS 文件名和大小

```
Switch>enable
Switch#show flash
Directory of flash: /
```

```
2 -rwx   2664051   Mar 01 1997 00: 04: 30  c2950-i6q4l2-mz.121-11.EA1.bin
......
```

第3步，将 IOS 软件上传至 TFTP 服务器

```
Switch#copy flash: c2950-i6q4l2-mz.121-11.EA1.bin tftp:
Address or name of remote host []? 172.16.1.105   //指定 TFTP 服务器的 IP 地址或主机名。
Destination filename [c2950-i6q4l2-mz.121-11.EA1.bin]?   //指定文件名，默认与源文件名相
```
同，一般采用默认值。

备份完成后可以在 TFTP 服务器相应的目录下找到该文件。

2. 恢复 IOS 软件

如果不慎误删了 IOS，不要将交换机关机，可以直接使用 "copy tftp flash" 命令从 TFTP 服务器将 IOS 软件下载到交换机的 Flash 存储器中。通过 Console 口或 Telnet 登录交换机。在提示符下键入 TFTP 服务器的 IP 地址或主机名，以及下载文件的文件名。

3. 升级 IOS 软件

第1步，使用 "copy tftp flash" 命令从 TFTP 服务器将新的 IOS 软件下载到交换机的 Flash 存储器中，在 Flash 中可以保存多个 IOS 文件。

第2步，使用 "set boot system flash *device*: *filename* prepend" 命令修改启动设置，指定 flash 设备（device）和文件名（filename）。

第3步，使用 "reload" 命令重新启动交换机。

第4步，当交换机重新引导后，键入 "show version" 命令检查交换机上的系统软件版本。

五、配置文件的备份与恢复

1. 将配置文件备份至 TFTP 服务器

第1步，通过 Console 口或 Telnet 登录至交换机，并使用 "Ping" 命令测试交换机到 TFTP 服务器的连通情况。

第2步，使用 "copy config tftp" 命令，指定 TFTP 服务器的 IP 地址或主机名以及目的文件名，配置文件将被上传至 TFTP 服务器。

把启动配置文件上传至 TFTP 服务器，备份启动配置文件：

```
Copy startup-config tftp
```

或者，把当前运行配置文件上传至 TFTP 服务器，备份当前运行配置：

```
Copy running-config tftp
```

2. 从 TFTP 服务器恢复配置文件

第1步，通过 Console 端口或 Telnet 登录至交换机。

第2步，使用 "copy tftp config" 命令，根据提示，指定 TFTP 服务器的 IP 地址或主机名，以及下载文件的文件名，配置文件从 TFTP 服务器被下载。

把配置文件从 TFTP 服务器拷贝至 NVRAM，恢复启动配置文件。

```
Copy tftp startup-config
```

也可以把配置文件从 TFTP 服务器拷贝为当前运行配置，恢复系统配置：

```
Copy tftp running-config
```

【思考与练习】

1. 简述交换机操作系统软件及配置文件备份的重要意义。

2. 交换机配置文件备份操作的步骤有哪些？

模块8 三层交换机 VLAN 间路由配置（ZY3201401008）

【模块描述】 本模块介绍了三层交换机 VLAN 间路由配置，包含三层交换机 IP 地址、三层物理及逻辑接口、默认网关及静态路由设置步骤。通过配置实例，掌握三层交换机实现不同 VLAN 间数据通

信的配置方法。

【正文】

一、利用三层交换机实现 VLAN 间通信

交换机上划分了 VLAN 之后，连接在不同 VLAN 上的计算机之间就无法直接通信了。VLAN 之间的通信必须借助于第三层设备，可以使用路由器，但更常用的是采用三层交换机。使用路由器时，通常会采用单臂路由模式。

三层交换通常采用硬件来实现，其数据包处理和转发能力比路由器要大得多。三层交换机可以看成是交换机加上一个虚拟的路由器，这个虚拟的路由器与每个 VLAN 都通过一个逻辑接口相连，这些接口的名称就是 VLAN1、VLAN2 等。Cisco 三层交换采用 CEF（Cisco Express Forwarding）技术，CEF 能够动态优化网络层性能交换机。三层交换机利用路由表生成转发信息库（FIB）并与路由表保持同步。FIB 的查询是用硬件实现的，其速度很快。邻接表（Adjacency Table）的用途类似于 ARP 表，用于存放第 2 层的封装信息。FIB 表和邻接表在数据转发之前就已经建立好了，一旦有数据包要转发，交换机就能直接利用它们进行数据封装和转发，不需要查询路由表和发送 ARP 请求，因此 VLAN 间路由的速度很高，可以实现 VLAN 间的线速路由。

下面，我们以 Cisco 交换机为例，来介绍三层交换机 VLAN 间路由及相关的配置。

二、三层交换机 VLAN 路由功能配置

要配置 VLAN 间路由，需要在三层交换机上启用路由功能。启用路由功能需要先用"ip cef"命令启用 CEF（默认值是启用的）功能。

第 1 步，进入全局配置模式

`Switch#configure terminal`

第 2 步，开启路由功能

`Switch（config）#ip route`

第 3 步，指定要配置的 VLAN

`Switch（config）#interface vlan vlan-id`

第 4 步，在 VLAN 上配置 IP 地址

`Switch（config-if）#ip address ip-address subnet-mask` //该 VLAN 中的计算机，将使用该 IP 地址作为默认网关。

第 5 步，启用该逻辑接口

`Switch（config-if）#no shutdown`

第 6 步，返回特权模式

`Switch（config-if）#end`

第 7 步，校验配置

`Switch#show running-config`

第 8 步，保存配置

`Switch#copy running-config startup-config`

三、交换机端口配置为三层接口

在三层交换机上可以实现类似传统路由器的功能，实现端口间的路由。给交换机的以太端口配置 IP 地址后，该接口就可作为路由口使用，这时就与路由器上的以太端口的功能是一样的了。如果一台交换机上的全部端口都这样设置，那么，从功能上来说，该交换机就变成了路由器。将交换机以太端口配置为三层接口的步骤如下：

第 1 步，进入全局配置模式

`Switch#configure terminal`

第 2 步，启用路由功能

`Switch（config）#ip routing`

第 3 步，指定要配置的接口

```
Switch（config）#interface interface-id        //可以是物理接口，也可以是 EtherChannel。
```

第 4 步，将二层接口设为三层接口

```
Switch（config-if）#no switchport
```

第 5 步，为该接口配置 IP 地址

```
Switch（config-if）#ip address ip-address subnet-mask
```

第 6 步，启用该三层接口

```
Switch（config-if）#no shutdown
```

第 7 步，返回特权模式

```
Switch（config-if）#end
```

第 8 步，校验配置

```
Switch#show interface interface-id
Switch#show ip interface interface-id
Switch#show running-config interface interface-id
```

第 9 步，保存配置

```
Switch#copy running-config startup-config
```

四、设置默认网关

当没有配置路由协议时，交换机使用默认网关实现与其他网络的通信。需要注意的是，默认网关必须是直接与交换机相连接的路由器端口的 IP 地址。默认网关配置步骤如下：

第 1 步，进入全局配置模式

```
Switch#configure terminal
```

第 2 步，配置默认网关

```
Switch（config）#ip default-gateway ip-address
```

第 3 步，返回特权模式

```
Switch（config）#end
```

第 4 步，校验设置

```
Switch#show ip route
```

第 5 步，保存配置

```
Switch#copy running-config startup-config
```

五、设置静态路由

如果 Telnet 终端或 SNMP 网络管理站点与交换机位于不同的网络，并且没有配置路由协议，则需要添加静态路由表以实现彼此之间的通信。静态路由配置步骤如下：

第 1 步，进入全局配置模式

```
Switch#configure terminal
```

第 2 步，配置到远程网络的静态路由

```
Switch（config）#ip route dest-ip-address mask {forwarding- IP | vlan vlan-id}
```

第 3 步，返回特权模式

```
Switch（config）#end
```

第 4 步，校验设置

```
Switch#show running-config
```

第 5 步，保存当前配置

```
Switch#copy running-config startup-config
```

【思考与练习】

1. 在三层交换机上，VLAN 间通信如何实现？

2. 如何将三层交换机临时用作路由器？

3. 为什么要给 VLAN 设置 IP 地址？

第五十七章 路由器配置

模块 1 路由器的基本配置 （ZY3201402001）

【模块描述】本模块介绍了路由器的基本配置，包含路由器管理端口、配置方式、CLI 命令界面及基本配置。通过要点介绍、配置实例，掌握路由器配置和调试的基本操作。

【正文】

一、路由器配置的基础知识

在将路由器添加至企业网络之前，必须先对路由器做一些最基本的配置，以启用最基本的路由功能，并具备实现远程管理的条件。

1. 路由器配置的工具

路由器的初始配置需要通过路由器上的 Console 口进行，所需要的工具是一台计算机或笔记本电脑和厂家提供的 Console 线。具体的使用方法，可参见本教材 ZY3201401001 模块"交换机的基本配置"中的介绍。

2. 路由器的启动及对话式配置

路由器本质上是一台专用的计算机系统，开机后路由器会自动完成启动过程进入到正常运行状态。初次开机时，路由器启动完成后会自动运行一个对话式设置程序，根据提问键入必要的配置参数可以对路由器进行最基本的简单配置。

3. 路由器配置 CLI 命令行模式

对路由器进行配置和管理，最经常使用的是命令行（Command Line Interface，CLI）模式，在这里可以设置任何可以设置的东西，几乎没有任何的限制。

4. 路由器的基本配置

同一个品牌的路由器的默认主机名都是一样的，当网络中存在有多台路由器时，为便于区分，最好对每台路由器都重新命名。另外还要设置密码，以防止对路由器的非法访问。

对路由器的多类端口进行配置。

对于 Cisco 路由器还要进行 CDP 协议的设置。CDP（Cisco Discovery Protocol）协议是 Cisco 专有的协议，该协议能使 Cisco 网络设备发见与其直连的 Cisco 其他设备。因为 CDP 是数据链路层的协议，因此使用不同的网络层协议的 Cisco 设备都可以获得对方的信息。

下面，我们以 Cisco 路由器为例，来介绍配置的基本操作和路由器的基本配置。

二、路由器的启动过程及对话式配置

1. 路由器的启动过程

路由器也有自己的操作系统，在 Cisco 设备中通常称为 IOS（Internetwork Operating System），其作用和计算机上的 Windows 一样，IOS 是路由器的核心。

路由器开机后，首先执行一个开机自检（Power On Self Test，POST）过程，诊断验证 CPU、内存及各个端口是否正常，紧接着路由器将进入软件初始化过程，如图 ZY3201402001-1 所示，其基本步骤如下：

（1）系统硬件加电自检。运行 ROM 中的硬件检测程序，检测各组件能否正常工作。完成硬件检测后，开始软件初始化工作。引导程序加载（Bootstrap Loader），它和计算机中的 BIOS 的作用类似，Bootstrap 会把 IOS 带到 RAM 中。

（2）软件初始化过程。运行 ROM 中的 BootStrap 程序，进行初步引导工作。

（3）寻找并载入 IOS 系统文件。

（4）IOS 装载完毕，系统在 NVRAM 中查找 Startup-config 文件。如果 NVRAM 中存在 Startup-config 文件，则将该文件调入 RAM 中并逐条执行，进行系统的配置。

（5）如果在 NVRAM 中没有找到配置文件，系统进入 setup 配置模式（也称为配置对话模式），进行路由器初始配置。在这个模式中只能够进行最基本的配置，配置方式比较简单，通常是一问一答的形式。而且在每个问题后面的中括号中都有缺省的选项。这个模式的优点就是只要你懂英文，就能配置，最大的缺点就是，配置不了什么功能，最多也就是能让路由器正常工作。要对路由器进行全面配置，就要使用 CLI 命令行模式。

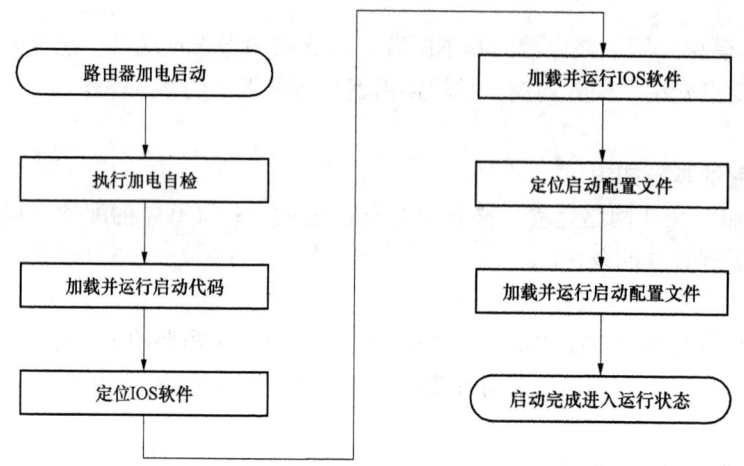

图 ZY3201402001-1　路由器启动过程

2. 对话式简单配置

如上所述，路由器初次开机后，计算机的超级终端窗口上会出现以下提示：

```
--- System Configuration Dialog---
At any point you may enter a question mark "?" for help.
Use ctrl-c to abort configuration dialog at any prompt.
Default settings are in square brackets '[ ]'.
Would you like to enter the initial configuration dialog? [yes/no]:
```

第 1 步，键入"yes"并回车，进入初始化配置对话

```
Would you like to enter the initial configuration dialog? [yes/no]:yes
At any point you may enter a question mark '?' for help.
Use ctrl-c to abort configuration dialog at any prompt.
Basic management setup configures only enough connectivity
for management of the system,extended setup will ask you
to configure each interface on the system.
Would you like to enter basic management setup? [yes/no]:
```

第 2 步，键入"Yes"并回车，进入基本管理配置

```
Would you like to enter basic management setup? [yes/no]:yes
Configuring global parameters:
```

第 3 步，键入路由器的名称，如 3800

```
Enter host name [Router]:3800
The enable secret is a password used to protect access
to privileged EXEC and configuration modes.
This password,after entered,becomes encrypted in the configuration.
```

第 4 步，键入 Enable Secret 密码

Eater enable secret:**** 　　　//当查看配置时，该密码将加密显示。

The enable password is used when you do not specify an enable secret

password,with some older software versions,and some boot images.

第 5 步，键入一个与 Enable Secret 密码不同的 Enable 密码

Enter enable password:**** 　　　//在查看配置时，该密码不会被加密显示。

The virtual terminal password is asked to project

access to the router over a network interface.

第 6 步，键入虚拟终端密码

Eater virtual terminal password:**** 　　//防止未经授权用户通过 Console 口以外的端口访问路由器。当使用 Telnet 或超级终端远程访问路由器时，将需要键入该密码。

第 7 步，设置 SNMP

Configure SNMP Network Management?[yes]:**Yes**

Community string [public]:

第 8 步，系统摘要显示可用的接口

第 9 步，选择可用 LAN 接口进行配置，使其可以连接到局域网络，从而便于进行远程管理

Enter interface name used to connect to the management network

from the above interface summary:**fastethernet0/0**

第 10 步，为该 LAN 接口键入 IP 地址和子网掩码

Configuring interface FastEthenet0/0:

Use the 100 Base-TX(RJ-45)connector? [yes]:

  Operate in full-duplex mode? [no]:**yes**

  Configure IP on this interface? [yes]:

    IP address for this interface:**10.1.1.1**

    Subnet mask for this interface [255.0.0.0]:**255.255.0.0**

    Class A network is 10.0.0.0,16 subnet bits;mask is /16

第 11 步，当显示下述信息时，选择"2"并单击回车键，保存基本配置

[0] Go to the IOS command prompt without saving this config.

[1] Return back to the setup without saving this config.

[2] Save this configuration to nvram and exit.

Enter your selection [2]:**2**

Press RETURN to get started:RETURN

第 12 步，用户提示符被修改，配置生效

3800>

三、CLI 命令行模式及使用方法

1. 进入 CLI 界面

路由器初次开机后，当系统显示如下信息：

Would you like to enter the initial configuration dialog? [yes/no]:

此时，键入"no"并按回车键，即可进入 CLI 配置模式，系统提示符为：

Router>

对于已经配置过的或运行中的路由器，在计算机上打开超级终端后按回车键，则直接进入 CLI 命令行模式。以下配置全部是在 CLI 模式下进行的。

2. CLI 命令模式

CLI 下又划分为几种模式，这几种模式各自有各自的功能、作用以及配置命令，不同模式下的命令是不能混用的。所以，在学习命令的时候一定要注意这个命令是属于哪个模式的。各个主要模式之

间的关系如图 ZY3201402001-2 所示。

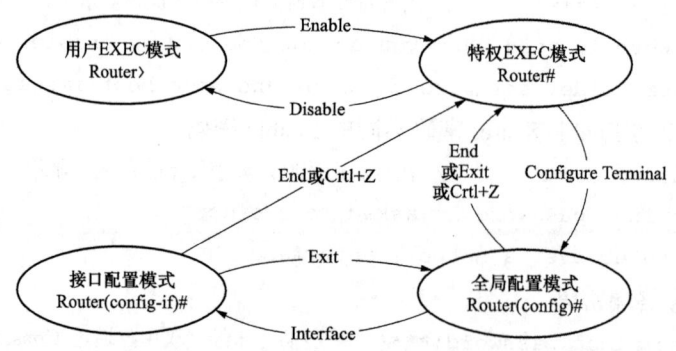

图 ZY3201402001-2   CLI 命令模式及其相互之间的关系

用户模式通常用来查看路由器的状态，但在此模式下无法对路由器进行配置，可以查看的路由器信息也是有限的。

在特权模式下，使用"Show"命令可以查看路由器的所有信息，如图 ZY3201402001-3 所示。在特权模式下，进入全局配置模式或接口配置模式后，可以更改路由器的配置。对路由器进行配置后，要把配置保存在 NVRAM 中，开机时路由器会自动读取。

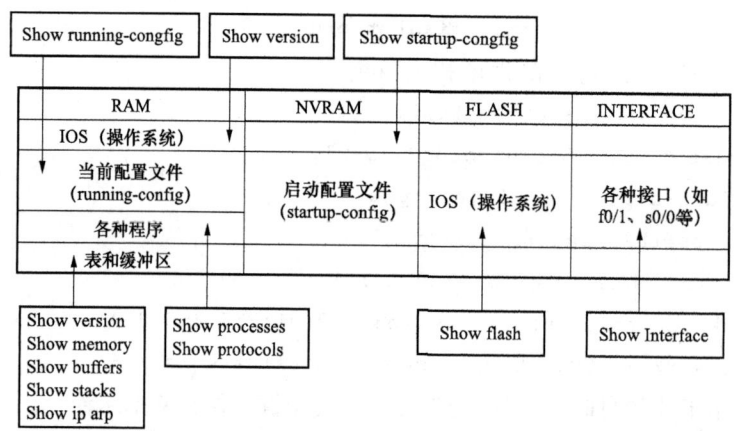

图 ZY3201402001-3   显示路由器的各类信息

3. CLI 命令的使用方法

Cisco 路由器 CLI 命令的使用方法与交换机的基本一致，具体的使用方法，可参见本教材 ZY3202301001 模块"交换机的基本配置"中的介绍。

四、配置主机名和密码

Cisco 路由器默认的主机名为"Router"，为便于区分，可以重新命名。设置密码防止对路由器的非法访问。

第 1 步，进入特权模式

Router>**enable**   //">"表示当前处在用户模式，键入 Enable 命令。

Route#   //"#"表示进入了特权模式。

第 2 步，进入全局配置模式

Rooter#**configure terminal**   //键入 configure terminal 命令。

第 3 步，为该路由器命名一个有意义的名字，以取代默认的名称"Rooter"

Router(config)#**hostname** name   //为叙述方便，本教材不作修改，仍采用默认名称。

第 4 步，设置访问密码

Router(config)#**enable password** password // password 表示自定义的字符串，该密码用于从用户模式进入特权模式。

第5步，Console 口超时设置（可选）

```
Router(config)#line console 0          //进入 Line 配置模式。
Router(config-line)#exec-timeout 0 0   //防止因在一段时间内没有键入而导致超时退出。
```

第6步，返回特权模式

```
Router(config-line)#end
```

第7步，校验配置

```
Router#show running-config
```

第8步，退出特权模式

```
Router#exit
Route>
```

第9步，重新进入特权模式，验证设定的密码

```
Router> enable
Password:password    //键入第 4 步设置的密码。
Router#
```

第10步，保存配置

```
Router#copy running-config startup-config
```

如果不保存，在路由器重新启动时，修改的配置将会丢失。

五、配置以太网接口

第1步，进入特权模式

```
Router> enable
Password:<password>
```

第2步，进入全局配置模式

```
Rooter#configure terminal
```

第3步，启用 IP 路由协议

```
Router(config)#ip routing
```

第4步，指定要配置的以太网端口

```
Router(config)#interface e0/0    //进入接口配置模式，e0/0 表示第 0 个模块上的第 0 个以太端口，
```
编号从 0 开始。

第5步，为该接口指定 IP 地址和子网掩码

```
Router(config-if)#ip address ip-address sub-mask
```

第6步，启用该端口

```
Router(config-if)#no shutdown    //默认时路由器的各个端口是关闭的。
```

第7步，退回到上一级模式

```
Router(config-if)#exit
```

如果路由器上有多个以太端口，则重复上述步骤 4-6。

第8步，返回特权模式

```
Router(config-if)#end
```

第9步，查看配置

```
Router#show running-config
```

第10步，保存配置

```
Router#copy running-config startup-config
```

六、配置串行接口

第1步，进入特权模式

```
Router> enable
Password:<password>
```

第 2 步，进入全局配置模式

Rooter#**configure terminal**

第 3 步，指定要配置的串行端口

Router(config)#**interface** *s0/0*

第 4 步，为该接口指定 IP 地址和子网掩码

Router(config-if)#**ip address** *ip-address sub-mask*

第 5 步，启用该端口

Router(config-if)#**no shutdown**

第 6 步，退回到上一级模式

Router(config-if)#**exit**

如果路由器上有多个串行接口，则重复上述步骤 3-5。

第 7 步，返回特权模式

Router(config-if)#**end**

第 8 步，查看配置

Router#**show running-config**

第 9 步，保存配置

Router#**copy running-config startup-config**

七、CDP 协议配置

在 Cisco 网络设备中，CDP 协议默认是启动的。

1. 查看路由器 CDP 定时信息

Router#**show cdp**

```
Global CDP information:
        Sending CDP packets every 60 seconds
        Sending a holdtime value of 180 seconds
```

以上信息说明：路由器每 60s 发送一次 CDP 数据包，要求对方将接收到的 CDP 信息保留 180s。

2. 查看是否已启用 CDP 协议

Router#**show cdp interface**

```
Ethernet0 is up,line protocol is down,encapsulation is ARPA
   Sending CDP packets every 60 seconds
   Holdtime is 180 seconds
Serial0 is down,line protocol is down,encapsulation is HDLC
   Sending CDP packets every 60 seconds
   Holdtime is 180 seconds
Serial1 is administratively down,line protocol is down,encapsulation is HDLC
   Sending CDP packets every 60 seconds
   Holdtime is 180 seconds
```

以上信息表明，路由器的三个接口上都启用了 CDP 协议。

3. 查看 CDP 发现的各接口上的邻居

Router#**show cdp neighbors**

```
Capability Codes:R - Router,T - Trans Bridge,B - Source Route Bridge
            S - Switch,H - Host,I - IGMP,r - Repeater
```

Device ID	Local Intrfce	Holdtme	Capability	Platform	Port ID
R2	Ser 0	149	RSI	2821	Ser 0/0/0
S1	Eth 0	167	SI	WS-C3560	Fas 0/1

以上信息表明，路由器有两个邻居：S1 和 R2。

要查看 R2 的详细信息，使用命令：

`Router#`**`show cdp entry R2`**

4. 禁用、启用 CDP 协议

在 Ser0 端口上禁用 CDP，其他端口上继续运行，使用命令：

`Router(config)#`**`interface`** *`s0`*

`Router(config-if)#`**`no cdp enable`**

在整个路由器上禁用 CDP，使用命令：

`Router(config)#`**`no cdp run`**

在整个路由器上启用 CDP，使用命令：

`Router(config)#`**`cdp run`**

在 Ser0 端口上启用 CDP，使用命令：

`Router(config)#`**`interface`** *`s0`*

`Router(config-if)#`**`cdp enable`**

5. 调整 CDP 定时参数

CDP 消息发送时间调整为 30s，使用命令：

`Router(config)#`**`cdp timer`** *`30`*

要求对方将接收到的 CDP 信息保留时间改为 120s，使用命令：

`Router(config)#`**`cdp holdtime`** *`120`*

八、其他常用命令

1. 设置交换机日期和时间

`Router#`**`clock set`** *`15:30:00 28 november 2008`*

2. 显示最近使用过的命令

`Router#`**`show history`**

缓存的命令条数默认为 10 条，如果想改为 20 条，使用命令：

`Router#`**`terminal history size`** *`20`*

九、路由器系统软件及配置数据的备份与恢复

为了使路由器在发生停机故障后能尽快恢复正常运行，其操作系统软件及配置数据的备份是非常重要的。运行过程中要定期进行备份，在对重要参数作了修改后也要及时进行备份。

路由器系统软件及配置数据的备份与恢复的原理、操作方法与交换机的基本一致，详见本教材模块 ZY3201401007（交换机软件及配置的备份与恢复），具体命令请参考路由器使用手册。

【思考与练习】

1. 简述 Cisco 路由器的开机启动过程。

2. CDP 协议的用途是什么？通过 CDP 相关的命令可以了解哪些信息？

3. 路由器基本配置的内容有哪些？

模块 2   配置静态路由 （ZY3201402002）

【模块描述】本模块介绍了路由器静态路由配置，包含静态路由、默认路由设置及调试步骤。通过要点介绍、配置实例，掌握路由器静态路由的配置方法。

【正文】

一、静态路由配置的基础知识

虽然静态路由不适合在大型网络中使用，但是由于静态路由配置简单、路由器处理负载小、可控性强等优点，在网络结构比较简单，或者到达某一网络只有唯一路径时，最好采用静态路由。

1. 路由器的环回接口

在路由器的配置调试过程中，经常要使用路由器的环回接口，在此我们先介绍一下环回接口的

相关知识。

路由器的环回接口（Loopback，Lo）又叫本地环回接口，是一种逻辑接口，几乎在每台路由器上都会使用，与 Windows 系统中采用 127.0.0.1 作为本地环回地址类似。环回接口通常具有如下用途：

（1）作为路由器的管理地址。为了方便管理，系统管理员会为每一台路由器创建一个 loopback 接口，并在该接口上单独指定一个 IP 地址作为管理地址，管理员会使用该地址对路由器远程登录（telnet），该地址实际上起到了类似设备名称一类的功能。

但是每台路由器上都会有多个接口和地址，为何不从当中随便选一个呢？这是因为，假设选用的端口由于故障 down 掉了，此时使用 telnet 命令就不能访问该路由器了，而逻辑接口是永远也不会 down 掉的。

（2）作为动态路由协议 OSPF、BGP 的 router id。动态路由协议 OSPF、BGP 在运行过程中需要为路由器指定一个 Router id，作为此路由器的唯一标识，并要求在整个自治系统内唯一。由于 router id 是一个 32 位的无符号整数，这一点与 IP 地址十分相像，而且 IP 地址是不会出现重复现象的，所以通常将路由器的 router id 指定为与该设备上的某个接口的地址相同。由于 loopback 接口的 IP 地址通常被视为路由器的标识，所以也就成了 router id 的最佳选择。

（3）作为 BGP 建立 TCP 连接的源地址。在 BGP 协议中，两个运行 BGP 的路由器之间建立邻居关系是通过 TCP 建立连接完成的。在配置邻居时，为了增强 TCP 连接的健壮性，通常指定 loopback 接口为建立 TCP 连接的源地址（通常只用于 IBGP）。

2. 配置静态路由的常用命令

我们以 Cisco 路由器为例来介绍静态路由的配置方法。Cisco 路由器配置静态路由的常用命令有：

（1）配置静态路由。配置静态路由的命令格式为：

ip route *prefix mask* {*ip-address* | *interface-type interface-number*} [*distance*]

其中，prefix 为目的网络的 IP 地址，mask 为目的网络的子网掩码。

ip-address | *interface-type interface-number* 用于指定下一跳，有两种表示方式：如果到下一跳链路是点到点链路（如 PPP 封装的链路），采用对端路由器接口的 IP 地址或本端接口编号都是可以的；如果链路是多路访问的链路（如以太端口），则只能采用对端路由器接口的 IP 地址来表示。

distance 是可选项，表示本条路由的管理距离，静态路由的缺省值为 1，使用大于 1 的数值则表示该条路由为浮动静态路由。

（2）显示路由表的内容。要查看路由器的路由表中的所有路由条目，使用命令：

show ip route

该命令非常有用，在路由协议配置和调试中经常用到。命令显示的路由表中的内容，后面会介绍。

3. 默认路由的配置

默认路由的配置命令与静态路由是一样的，只是把目的网络的 IP 地址和子网掩码设为 "0.0.0.0 0.0.0.0"，代表全部网络即可。

路由器上设置了默认路由以后，如果执行了 "no ip classless" 命令，则当路由器上存在一个主类网络的某一子网的路由时，路由器将认为自己已经知道该主类网络的所有子网的路由，到达该主类网络的任一子网的数据包都不会通过默认路由发送。相反地，如果执行了 "ip classless" 命令，则所有在路由表中查不到具体路由的数据包，将都会通过默认路由发送。在缺省情况下，路由器认为是执行了 "ip classless" 的。

二、配置静态路由示例

在配置静态路由时，一定要保证路由的双向可达，既要配置到远端路由器路由，远端路由器也要配置到近端路由器回程路由。

在图 ZY3201402002-1 所示的网络中，通过设置静态路由，使三个路由器之间能够互相通信。

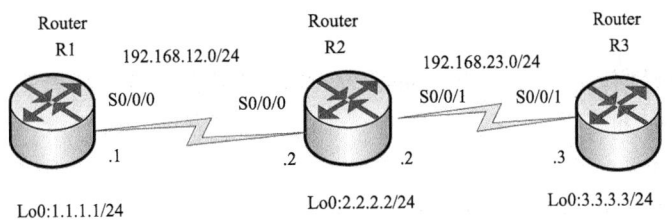

图 ZY3201402002-1 网络拓扑

配置步骤如下:

1. 在各路由器上配置环回接口和直联接口

第1步,配置路由器 R1

```
R1(config)#interface loopback0                          //设置环回接口。
R1(config-if)#ip address 1.1.1.1 255.255.255.0          //为环回接口设置 IP 地址。
R1(config)#interface s0/0/0                              //设置串行接口。
R1(config-if)#ip address 192.168.12.1 255.255.255.0     //为串行接口设置 IP 地址。
R1(config-if)#no shutdown                                //启用端口。
```

第2步,配置路由器 R2

```
R2(config)#interface loopback0
R2(config-if)#ip address 2.2.2.2 255.255.255.0
R2(config)#interface s0/0/0
R2(config)#clock rate 128000
R2(config-if)#ip address 192.168.12.2 255.255.255.0
R2(config-if)#no shutdown
R2(config)#interface s0/0/1
R2(config)#clock rate 128000
R2(config-if)#ip address 192.168.23.2 255.255.255.0
R2(config-if)#no shutdown
```

第3步,配置路由器 R3

```
R3(config)#interface loopback0
R3(config-if)#ip address 3.3.3.3 255.255.255.0
R3(config)#interface s0/0/1
R3(config-if)#ip address 192.168.23.3 255.255.255.0
R3(config-if)#no shutdown
```

2. 配置静态路由

第1步,在路由器 R1 上配置静态路由

```
R1(config)#ip route 2.2.2.0 255.255.255.0 s/0/0/0      // s/0/0/0 是 R1 上的接口。
R1(config)#ip route 3.3.3.0 255.255.255.0 192.168.12.2
```

第2步,在路由器 R2 上配置静态路由

```
R2(config)#ip route 1.1.1.0 255.255.255.0 s/0/0/0
R2(config)#ip route 3.3.3.0 255.255.255.0 s/0/0/1
```

第3步,在路由器 R3 上配置静态路由

```
R3(config)#ip route 1.1.1.0 255.255.255.0 s/0/0/1
R3(config)#ip route 2.2.2.0 255.255.255.0 s/0/0/1
```

如果要删除路由器上的已有的静态路由,可使用 "no ip route" 命令,即在配置命令前加 "no",例如:

```
R1(config)#no ip route 2.2.2.0 255.255.255.0 s/0/0/0
```

3. 验证、调试

在三个路由器上分别使用"show ip route"命令，可以查看各路由器静态路由设置的结果。例如，显示 R2 的路由表如下：

```
R2#show ip route
Codes:R - RIP derived,O - OSPF derived,
      C - connected,S - static,B - BGP derived,
      * - candidate default route,IA - OSPF inter area route,
      i - IS-IS derived,ia - IS-IS,U - per-user static route,
      o - on-demand routing,M - mobile,P - periodic downloaded static route,
      D - EIGRP,EX - EIGRP external,E1 - OSPF external type 1 route,
      E2 - OSPF external type 2 route,N1 - OSPF NSSA external type 1 route,
      N2 - OSPF NSSA external type 2 route
Gateway of last resort is not set

C  192.168.12.0/24 is directly connected,Serial 0/0/0
   1.0.0.0/24 is subnetted,1 subnets
S    1.1.1.0 is directly connected,Serial 0/0/0
   2.0.0.0/24 is subnetted,1 subnets
C    2.2.2.0 is directly connected,Loopback0
   3.0.0.0/24 is subnetted,1 subnets
S    3.3.3.0 is directly connected,Serial 0/0/1
C  192.168.23.0/24 is directly connected,Serial 0/0/1
```

在以上 R2 的路由表，每个路由条目中首先显示该条路由类型的简写，"C"为直连网络，"S"表示静态路由。然后是到达目的子网的路由，"Serial 0/0/0"是指到达下一跳的出口。以上显示表明了，在 R2 的路由表的路由表中有了两条静态路由。

在通过查看各路由器的路由表，验证了静态路由正确设置以后，还可以在各路由器上分别使用"Ping"命令进一步验证，例如：

```
R1#ping 2.2.2.2 source loopback 0    //指名源接口，如果不指名，则默认为是出口的 IP 地址
R1#ping 3.3.3.3 source loopback 0
R2#ping 1.1.1.1 source loopback 0
R2#ping 3.3.3.3 source loopback 0
R3#ping 1.1.1.1 source loopback 0
R3#ping 2.2.2.2 source loopback 0
```

以上命令都应该能够 ping 通。

【思考与练习】

1. Cisco 路由器的路由表中，路由条目前面的"C"、"S"分别代表什么意思？
2. 简述静态路由的配置步骤。
3. 路由器的 Loopback 接口有哪些用途？

模块 3　配置 RIP 协议动态路由（ZY3201402003）

【模块描述】本模块介绍了路由器 RIP 协议动态路由的配置，包含 RIP 协议动态路由设置及调试步骤。通过要点介绍、配置实例，掌握路由器 RIP 协议动态路由的配置方法。

【正文】

一、配置 RIP 协议动态路由的基础知识

RIP 协议及版本的介绍参见本教材模块 ZY3200503002"动态路由协议"。

1. RIP 协议路由的基本配置

在路由器上首先要启用 RIP 协议进程，然后在路由器直连的网段中，指定哪些网段要使用 RIP 作为路由协议。RIP 协议有 v1 和 v2 两个版本，为了使路由器之间能够交换 RIP 路由更新信息，要设置接收和发送数据包所使用的 RIP 协议的版本。

在网络中的各路由器上都进行了以上设置以后，通过相互交换路由信息，各路由器建立起各自的路由表后，就可以提供路由选择和数据转发服务了。

2. 路由更新定时器的设置

为了管理路由的更新和避免路由循环的发生，RIP 设有四个定时器对路由信息的交换和路由条目的更新进行控制，这四个定时器的定值可根据具体情况进行设置。

（1）更新定时器。更新定时器（update）用于设置定时发送路由更新信息的周期，默认值为 30s。除定时更新外，RIP 协议也支持路由条目的触发更新。

（2）失效定时器。失效定时器（invalid after）用于设置路由条目的有效期，当某路由条目在有效期内没有得到更新，则认为该条路由失效，路由器将该路由条目的度量值修改为 16，同时向邻居路由器发送不可达信息，默认值为 180s。

（3）保持定时器。保持定时器（hold down）也叫作抑制定时器，用于设置路由条目失效后的保持时间，路由器将在保持时间内不再对该路由条目进行更新，默认值为 180s。在保持期间，该路由条目仍可被用来转发数据包。

（4）清除定时器。清除定时器（flushed after）用于设置路由条目失效后的保留时间，如果在保留时间内一直没有收到来自同一邻居的更新信息，则从路由表中删除该路由条目，默认值为 240s。

3. 被动接口与单播更新的配置

RIP 协议支持主机被动模式，即主机只接收路由更新信息，但不发送路由更新信息。因此，可以将连接主机的接口，设置为被动接口，以禁止该接口接收路由更新信息。

默认情况下，RIP 路由更新将通过路由器上的所有接口广播出去，也可设置为以组播的方式发送。

4. 路由条目手工汇总

路由条目汇总也叫作路由聚合，通过使用路由汇总可以减少路由表中路由条目，提高路由处理效率。缺省情况下 RIP 会自动将路由条目汇总为无类网络路由，要进行手工汇总，首先要关闭自动汇总。

5. RIP 协议安全配置

路由协议信息交换安全是保证网络安全的基础。路由协议信息交换应采取的安全措施：一是对路由更新信息进行认证，以防止伪造的路由更新信息对路由器的攻击；二是对认证密钥进行加密，以防止黑客窃取认证密钥。RIP 协议 v1 版本没有认证和加密机制，是一种不安全的协议。RIP 协议 v2 版本提供了明文认证和 MD5 加密两种认证方式。明文认证是在路由更新信息数据包中加入一个字符串（Key）作为密钥，接收端路由器收到该数据包后根据本机上设置的同样的字符串进行认证，认证成功后才会接收该信息。MD5 加密认证是在明文认证原理的基础上，对认证字符串进行 MD5 进行加密。

RIPv2 协议安全配置的主要内容是：① 设置密钥链，在一个密钥链中可以设置多个认证字符串；② 启用认证，并指定是采用明文认证还是 MD5 认证；③ 在网络接口上调用密钥链。

如果在密钥链中设置了多个认证字符串，在认证的过程中，明文认证与 MD5 认证的匹配原则是不一样的。

明文认证的匹配原则是：发送方发送最小 Key ID 的密钥但不携带 Key ID 的编号；接收方会将收到的密钥与本端所有 Key ID 中的密钥匹配，如果匹配成功，则认证通过。例如：路由器 R1 有 1 个 Key ID，Key1=cisco；路由器 R2 有 2 个 Key ID，Key1=ccie，Key2=cisco。根据上述原则，结果是 R1 认证失败、R2 认证成功。所以，在 RIP 中出现单边路由的情况是有可能的。

MD5 认证的匹配原则：发送方发送最小 Key ID 的密钥同时携带 Key ID 的编号；接收方首先查

找本端是否有相同的 Key ID，如果有，只匹配一次即决定认证是否成功。如果没有该 Key ID，只向下查找下一跳：若匹配，则认证成功；若不匹配，则认证失败。例如：路由器 R1 有 3 个 Key ID，Key1=cisco，Key3=ccie，Key5=cisco；路由器 R2 有 1 个 Key ID，Key2=cisco。根据上述原则，结果是 R1 认证失败、R2 认证成功。

6. 浮动静态路由和默认路由的设置

静态路由的默认管理距离为 1，RIP 路由的默认管理距离为 120，默认情况下，路由器会优先选择静态路由。将静态路由的管理距离修改为大于 120 的值（如 130），路由器在选路时就会优先选择 RIP 路由。当 RIP 路由不可用时，路由器才会选择静态路由。上述静态路由通常称为浮动静态路由，浮动静态路由起到了路由备份的作用。

RIP 协议可以选择直连到其他路由器上的网络作为默认路由。

下面，我们以 Cisco 路由器为例，来介绍 RIP 协议动态路由的配置和调试方法。

二、Cisco 路由器 RIP 协议路由配置和调试常用命令

1. 启用 RIP 协议进程

要使用 RIP 协议进行路由选择，首先要在路由器上全局配置模式下启用 RIP 进程，命令的格式：

router rip

使用该命令后自动进入到路由配置模式。

2. RIP 协议版本设置

缺省情况下，路由器对这两个版本的数据包都能够接收，但只发送 v1 版本的数据包。在路由配置模式下，设置 RIP 协议版本选择的命令格式：

version {1|2}

其中，1 表示路由器与其他路由器交换路由信息时，接收和发送数据报都是用 v1 版本；2 表示路由器与其他路由器交换路由信息时，接收和发送数据报都是用 v2 版本。

在上述设置的基础上，还可以针对某一个接口单独设置所使用的协议版本。在接口配置模式下，命令格式如下：

ip rip receive {1|2}

ip rip send {1|2}

3. 指定使用 RIP 路由协议的网段

必须指定本路由器直连的网段中，哪些网段使用 RIP 作为路由协议。在路由配置模式下，命令格式：

network *ip-address*

其中，ip-address 表示路由器直连网段的网络号。网络号中不能包含任何子网信息。

路由器对该命令的使用次数没有限制。路由器通过与指定网段的接口发送和接收 RIP 更新数据包，而且只发送与指定网段有关的更新。

4. 调整路由更新的三个定时器定值

调整路由更新的三个定时器定值，在路由配置模式下，命令格式：

timers basic *update invalid holddown flush*

在调整时要注意："invalid" 和 "hold down" 时间应分别至少是 "update" 时间的 3 倍。要确保网络内各路由器 RIP 时间参数的设置都是一致的。

要恢复默认值，使用命令：

no timers basic

5. 设置等价路径数量限制

等价路径就是在路由表中具有相同度量值的并列路由条目。RIP 协议支持的最大等价路径条数为 1～6 条，可以进行修改，当路由表中并列路由的条数达到了最大值时，就不允许再增加并列路由了。在路由配置模式下，设置最大等价路由条数的命令格式：

```
maximum-paths number-paths
```

其中，number-paths 表示设定的最大值。要恢复默认值，使用命令：

```
R1(config-router)#no maximum-paths
```

6. 被动接口设置

要禁止某个接口向外发送路由更新信息，在路由配置模式下，使用命令：

```
passive-interface interface-type interface-number
```

其中，*interface-type interface-number* 为接口的类型和编号。

7. 设置点对点发送路由更新信息

要以单播方式发送路由更新信息，路由条目手工设置命令：

```
neighbor ip-address
```

其中，*ip-address* 为点对点发送交换路由更新信息的接收方路由器的 IP 地址。

8. 路由条目手工汇总

在某个接口上可以对 IP 地址和子网地址进行汇总，汇总以后该接口只向外通告汇总地址的路由更新。在接口配置模式下，手工汇总使用命令：

```
ip summary-address rip ip-address ip-network-mask
```

其中：*ip-address ip-network-mask* 为汇总后的子网地址和掩码。

Cisco 路由器默认使用自动汇总功能。自动汇总功能将地址自动向有类边界汇总，这在 RIPv2 是由无类地址时是不需要的。可以使用 no auto-summary 命令关闭自动汇总功能。

9. 设置默认路由

要选择直接连接到其他路由器上的网络作为默认路由，在全局配置模式下使用命令：

```
ip default-network network-number
```

其中，*network-number* 为直接连接到其他路由器上的网络的网络号。

10. 显示路由表的内容

要查看路由器的路由表中的所有路由条目，使用命令：

```
show ip route [rip|prefix]
```

其中，可选项 *rip* 表示只显示 RIP 协议获得的路由；可选项 *prefix* 为目的网络地址，表示只显示到某一目的网络相关的路由；不带可选项时则显示路由表中的全部路由条目。

11. 显示路由协议相关信息

要显示路由协议的相关信息，如 RIP 定时器的设定值、协议的版本、参与 RIP 进程的网络、利用信息来源等参数和统计信息，在特权配置模式下使用命令：

```
show ip protocols
```

该命令显示的信息，在路由配置和调试过程非常有用。

12. 查看 RIP 路由动态更新过程

要查看 RIP 路由的动态更新过程，在特权配置模式下使用命令：

```
debug ip rip
```

键入该命令后，再键入 clear ip route * 命令，通过清除路由表中的路由条目，来触发路由更新，随后可以观察到路由更新的全过程。

13. 查看 RIP 数据库信息

要查看 RIP 路由数据库中收集到所有的路由信息（汇总的地址信息），在特权配置模式下使用命令：

```
show ip rip database [ip-address mask]
```

其中，*ip-address mask* 为可选项，表示想查看的 IP 地址及其子网掩码。

三、RIPv1 的配置

（一）RIPv1 的基本配置

RIPv1 的基本配置内容包括在路由器上启动 RIP 路由协议进程；指定参与路由协议的接口和网

络；查看和调试 RIPv1 路由协议相关信息。通过配置过程，可以进一步理解路由表的含义。配置的
网络拓扑如图 ZY3201402003-1 所示。

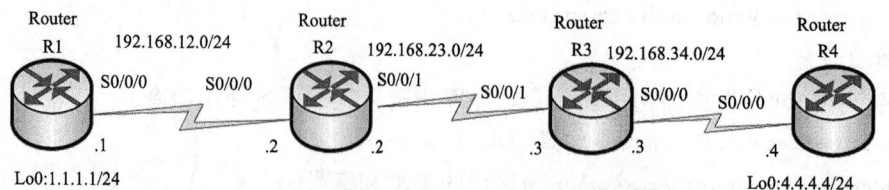

图 ZY3201402003-1　网络拓扑（RIPv1 基本配置）

1. 配置路由器

第 1 步，配置路由器 R1

```
R1(config)#router rip
R1(config-router)#version 1
R1(config-router)#network 1.0.0.0
R1(config-router)#network 192.168.12.0
```

第 2 步，配置路由器 R2

```
R2(config)#router rip
R2(config-router)#version 1
R2(config-router)#network 192.168.12.0
R2(config-router)#network 192.168.23.0
```

第 3 步，配置路由器 R3

```
R3(config)#router rip
R3(config-router)#version 1
R3(config-router)#network 192.168.23.0
R3(config-router)#network 192.168.34.0
```

第 4 步，配置路由器 R4

```
R4(config)#router rip
R4(config-router)#version 1
R4(config-router)#network 192.168.23.0
R4(config-router)#network 192.168.34.0
R4(config-router)#network 4.0.0.0
```

2. 验证、调试

（1）查看路由表的内容。

```
R1#show ip route
Codes:R - RIP derived,O - OSPF derived,
      C - connected,S - static,B - BGP derived,
      * - candidate default route,IA - OSPF inter area route,
      i - IS-IS derived,ia - IS-IS,U - per-user static route,
      o - on-demand routing,M - mobile,P - periodic downloaded static route,
      D - EIGRP,EX - EIGRP external,E1 - OSPF external type 1 route,
      E2 - OSPF external type 2 route,N1 - OSPF NSSA external type 1 route,
      N2 - OSPF NSSA external type 2 route
Gateway of last resort is not set

C   192.168.12.0/24 is directly connected,Serial 0/0/0
    1.0.0.0/24 is sub netted,1 subnets
```

```
C      1.1.1.0 is directly connected,Loopback 0
R    4.0.0.0/8 [120/3] via 192.168.12.2,00:00:03,Serial 0/0/0        //详见后面的解释。
R    192.168.23.0/24 [120/1] via 192.168.12.2,00:00:03,Serial 0/0/0
R    192,168.34.0/24 [120/2] via 192.168.12.2,00:00:03,Serial 0/0/0
```

解释：以上输出信息表明，路由器 R1 学到了 3 条 RIP 路由。以路由表中路由项"4.0.0.0/8 [120/3] via 192.168.12.2，00:00:03，Serial 0/0/0"为例，对路由表的含义解释如下：

1) R：表示路由条目是通过 RIP 路由协议学习得来的；

2) 4.0.0.0/8：表示目的网络的地址；

3) [120/3]：管理距离/度量值，120 是 RIP 路由协议的默认管理距离；3 表示从路由器 R1 到达网络 4.0.0.0/8 的度量值为 3 跳；

4) 192.168.12.2：表示下一跳地址，数据包发送到的下一个路由器的接口地址；

5) 00:00:03：从路由项最后一次被修改到现在所经过的时间，路由项每次被修改时，该时间重置为 0；

6) Serial 0/0/0：从本路由器到达下一跳的接口，数据包会从这个接口上发送出去。

同时通过该路由条目的掩码长度可以看到，RIPv1 只传送有类地址子网掩码信息。

（2）查看路由器路由协议配置和统计信息。

```
R1#show ip protocols
Routing Protocol is "rip"        //路由器上启用了 RIP 协议
Outgoing update filter list for all interfaces is not set  //在出方向上没有设置过滤列表。
Incoming update filter list for all interfaces is not set  //在入方向上没有设置过滤列表。
sending updates every 30 seconds,next due in 23 seconds  //更新周期是 30s，距离下次更
新还有 23s。
invalid after 180 seconds,hold down 180,flushed after 240s  //路由更新定时器的定值。
redistributing:rip  //只运行 RIP 协议，没有其他的协议重分布进来。
default version control:send version 1,Receive version 1  //默认发送版本的路由更新，接
收版本的路由更新。
Interface    Send Recv Triggered RIP    Key-chain
serial 0/0/0   1      1
loopback0    1    1    //以上 3 行显示了运行 RIP 协议的接口，以及接收和发送的 RIP 路由更新的版本。
Automatic network summarization is in effect   //RIP 协议默认开启自动汇总功能。
Maximum path:4                  //4 条等价路径。
Routing for Networks
1.0.0.0
192.168.12.2                   //以上 3 行表明 RIP 通告的网络。
Routing Information Sources
Gateway      Distance   Last Update
192.168.12.2   120       00:00:3    //以上 3 行表路由信息源，其中 gateway：学习路由信息的路
由器的接口地址，也就是下一跳地址；distance：管理距离；last update：更新发生在多长时间之前。
Distance:(default is i20)  //默认管理距离是 120。
```

（3）查看 RIP 路由协议的动态更新过程。

```
R1#debug ip rip
R1#clear ip route *              //"*"表示全部动态路由条目。
Dec 7 10:43:13.311:RIP:sending request on Serial0/0/0 to 255.255.255.255
Dec 7 10:43:13.315:RIP:sending request on Loopback0 to 255.255.255.255
Dec 7 10:43:13.323:RIP:received v1 update from 192.168.12.2 on Serial/0/0/0
```

428

```
Dec 7 10:43:13.323:   4.0.0.0 in 3 hope
Dec 7 10:43:13.323:   192.168.23.0 in 1 hops
Dec 7 10:43:13.323:   192.168.34.0 in 2 hops
Dec 7 10:43:15.311:RIP:sending v1 flash update to 255.255.255.255 via Loopback0(1.1.1.1)
```
//闪式更新，当某个路由的度量值发生变化时立即发出路由更新。
```
Dec 7 10:43:15.311:RIP:build flash update entries
Dec 7 10:43:15.311:   network4.0.0.0 metric 4
Dec 7 10:43:15.311:   network 192.168.12.0 metric 1
Dec 7 10:43:15.311:   network 192.168.23.0 metric 2
Dec 7 10:43:15.311:   network 192.168.34.0 metric 3
Dec 7 10:43:15.311:RIP:sending v1 flash update to 255.255.255.255 via Serial/0/0/0
Dec 7 10:43:15.311:RIP:build flash update entries
Dec 7 10:43:15.311:   network 1.0.0.0 metric 1
```

通过以上输出，可以看到 RIPv1 采用广播更新（255.255.255.255），分别向 Loopback 0 和 Serial/0/0/0 发送路由更新，同时从 Serial/0/0/0 接收 3 条路由更新，分别是 4.0.0.0，度量值是 3 跳；192.168.23.0，度量值是 1 跳；192.168.34.0，度量值是 2 跳。

（二）被动接口与单播更新的配置

1. 被动接口的配置

在如图 ZY3201402003-2 所示的网络拓扑结构中，以太口 g0/0 和 g0/1 连接主机，不需要向这些接口发送路由更新，可将这两个接口设置为被动接口。被动接口不发送路由更新，只接收路由更新。

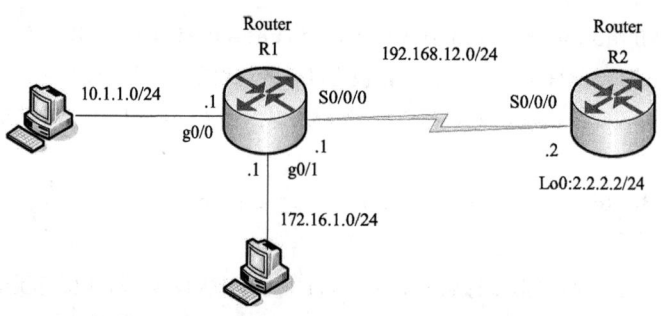

图 ZY3201402003-2　网络拓扑（被动接口配置）

第 1 步，配置路由器 R1
```
R1(config)#router rip
R1(config-router)#version 1
R1(config-router)#network 10.0.0.0
R1(config-router)#network 172.16.0.0
R1(config-router)#network 192.168.12.0
R1(config-router)#passive-interface g0/0      //设置被动接口。
R1(config-router)#passive-interface g0/1
```
第 2 步，配置路由器 R2
```
R1(config)#router rip
R1(config-router)#version 1
R1(config-router)#network 192.168.12.0
R1(config-router)#network 2.0.0.0
```
第 3 步，使用"debug ip rip"命令查看 RIP 路由协议的动态更新过程

```
R1#clear ip route *
R1#debug ip rip
Dec 8 10:24:41.275:RIP:sending request on Serial0/0/0 to 255.255.255.255
Dec 8 10:24:41.283:RIP:received v1 update from 192.168.12.2 on Serial/0/0/0
Dec 8 10:24:41.283: 2.0.0.0 in 1 hope
Dec 8 10:24:43.275:RIP:sending v1 flash update to 255.255.255.255 via Serial/0/0/0
(192.168.12.1)
Dec 8 10:24:43.275:RIP:build flash update entries
Dec 8 10:24:43.275: network 10.0.0.0 metric 1
Dec 8 10:24:43.275: network 172.16.0.0 metric 2
```

通过以上输出，路由器 R1 确实不向接口 g0/0 和 g0/1 发送路由更新信息。

2. 单播更新的配置

在如图 ZY3201402003-3 所示的网络中，路由器 R1 只需要把路由更新送到路由器 R3 上。实现方法为：先把 R1 的 g0/0 设置为被动接口，然后设置向 R3 发送单播更新。

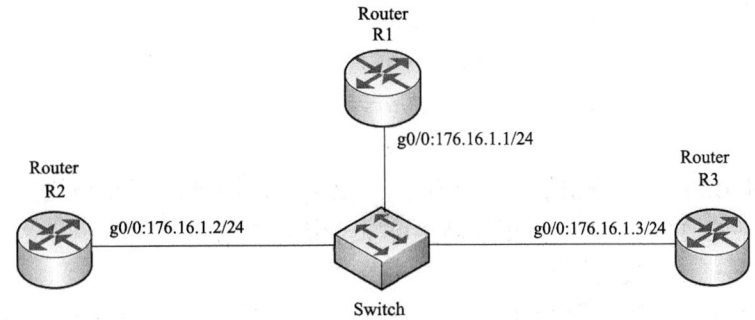

图 ZY3201402003-3　网络拓扑（单播更新的配置）

路由器 R1 具体的配置如下：

```
R1(config)#router rip
R1(config-router)#passive-interface g0/0
R1(config-router)#neighbor 172.16.1.3
```

（三）使用子网地址

RIPv1 路由更新可以携带子网信息，但必须同时满足以下两个条件：一是整个网络所有地址在同一个主类网络；二是子网掩码的长度必须相同。

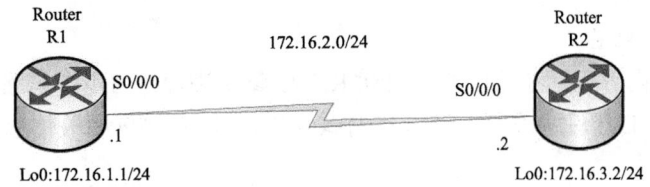

图 ZY3201402003-4　网络拓扑（子网地址的配置）

在如图 ZY3201402003-4 所示的网络中，使用子网地址的配置如下：

1. 配置路由器

第 1 步，配置路由器 R1

```
R1(config)#router rip
R1(config-router)#version 1
R1(config-router)#network 172.16.0.0
```

第 2 步，配置路由器 R2

```
R2(config)#router rip
R2(config-router)#version 1
R2(config-router)#network 172.16.0.0
```

2. 调试验证

查看路由器 R1 的路由表信息。

```
R1#show ip route
    ......
    172.16.0.0/24 is sub netted,3 subnets
C   172.16.1.0 is directly connected,Loopback 0
C   172.16.2.0 is directly connected,Serial 0/0/0
R   172.16.3.0 [120/1] via 172.16.2.2,00:00:03,Serial 0/0/0
```

查看路由器 R2 的路由表信息。

```
R2#show ip route
    ......
    172.16.0.0/24 is sub netted,3 subnets
R   172.16.1.0 [120/1] via 172.16.2.1,00:00:03,Serial 0/0/0
C   172.16.2.0 is directly connected,Serial 0/0/0
C   172.16.3.0 is directly connected,Loopback 0
```

从路由器 R1 和 R2 的路由输出信息可以看出，它们互相学习到了网络前缀为 24 位的路由条目，从而可以说明，在某些情况下，RIPv1 更新确实可以携带子网信息。

3. 验证确定子网掩码长度的原则

在图 ZY3201402003-4 中，假设路由器 R2 的 s0/0/0 接口的 IP 地址的掩码长度为 25 位，那么我们来看一看路由器 R2 上的路由信息：

```
R2#show ip route
    ......
    172.16.0.0/16 is subnetted,3 subnets,2 masks
R   172.16.1.0/25 [120/1] via 172.16.2.1,00:00:17,Serial 0/0/0
C   172.16.2.0/25 is directly connected,Serial 0/0/0
C   172.16.3.0/24 is directly connected,Loopback 0
```

由此可以看出，RIPv1 接收子网路由后，确定子网掩码长度的原则：如果路由器收到的是子网路由条目，就以接收该路由条目的接口的掩码长度作为该子网路由条目的掩码长度。

四、RIPv2 的配置

（一）RIPv2 的基本配置

RIPv2 的基本配置内容包括在路由器上启动 RIPv2 路由进程；启用参与路由协议的接口，并且通告网络；自动路由汇总的开启和关闭；查看和调试 RIPv2 路由协议相关信息。配置的网络拓扑如图 ZY3201402003-5 所示。

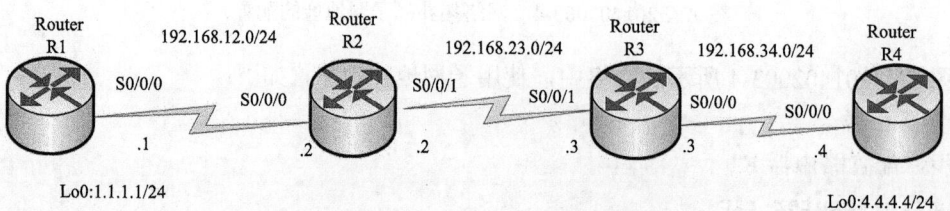

图 ZY3201402003-5　网络拓扑（RIPv2 的配置）

1. 配置路由器

第 1 步, 配置路由器 R1

```
R1(config)#router rip
R1(config-router)#version 2                    //配置 RIPv2。
R1(config-router)#no auto-summary              //关闭自动路由汇总功能。
R1(config-router)#network 1.0.0.0
R1(config-router)#network 192.168.12.0
```

第 2 步, 配置路由器 R2

```
R2(config)#router rip
R2(config-router)#version 2
R2(config-router)#no auto-summary
R2(config-router)#network 192.168.12.0
R2(config-router)#network 192.168.23.0
```

第 3 步, 配置路由器 R3

```
R3(config)#router rip
R3(config-router)#version 2
R3(config-router)#no auto-summary
R3(config-router)#network 192.168.23.0
R3(config-router)#network 192.168.34.0
```

第 4 步, 配置路由器 R4

```
R4(config)#router rip
R4(config-router)#version 2
R4(config-router)#no auto-summary
R4(config-router)#network 192.168.34.0
R4(config-router)#network 4.4.4.0
```

2. 调试

(1) 查看路由器上的路由表信息。

```
R1#show ip route
......
C  192.168.12.0/24 is directly connected,Serial 0/0/0
   1.0.0.0/24 is sub netted,1 subnets
C    1.1.1.0 is directly connected,Loopback 0
   4.0.0.0/8 is variably subnetted,2 subnets,2 masks
R    4.4.4.0/24 [120/3] via 192.168.12.2,00:00:03,Serial 0/0/0    // 可以看出:RIPv2
路由更新是携带子网信息的。
R  192.168.23.0/24 [120/1] via 192.168.12.2,00:00:03,Serial 0/0/0
R  192,168.34.0/24 [120/2] via 192.168.12.2,00:00:03,Serial 0/0/0
```

(2) 查看路由器路由协议配置和统计信息。

```
R1#show ip protocols
Routing Protocol is "rip"
Outgoing update filter list for all interfaces is not set
Incoming update filter list for all interfaces is not set
sending updates every 30 seconds,next due in 23 seconds
invalid after 180 seconds,hold down 180,flushed after 240s
redistributing:rip
```

```
default version control:send version 2,Receive version 2
    Interface    Send Recv Triggered RIP   Key-chain
    serial 0/0/0   2    2
    loopback0    2     2   //RIPv2 在默认情况下只接收和发送版本 2 的路由更新,详见下面的解释。
Automatic network summarization is not in effect  //RIP 自动汇总功能被关闭。
Maximum path:4
Routing for Networks
    1.0.0.0
    192.168.12.2
Routing Information Sources
    Gateway     Distance   Last Update
    192.168.12.2   120      00:00:3
Distance:(default is 120)
```

解释：可以通过命令"ip rip send version"和"ip rip receive version"来控制在路由器接口上接收和发送的版本。例如，在 s0/0/0 接口上可以接受版本 1 和版本 2 的路由更新，但只发送版本 2 的路由更新，配置如下：

```
Rl(config-if)#ip rip send version 2
R1(config-if)#ip rip receive version 1 2
```

接口上的设置优先于路由器 RIP 协议整体设置。

（二）RIPv2 路由条目的手工汇总

RIPv2 的手工汇总配置内容包括手工汇总的配置和调试；验证 RIPv2 不支持 CIDR（无分类域间路由选择，Classless Inter-Domain Routing）汇总，但可以传递 CIDR 汇总。配置的网络拓扑如图 ZY3201402003-6 所示。

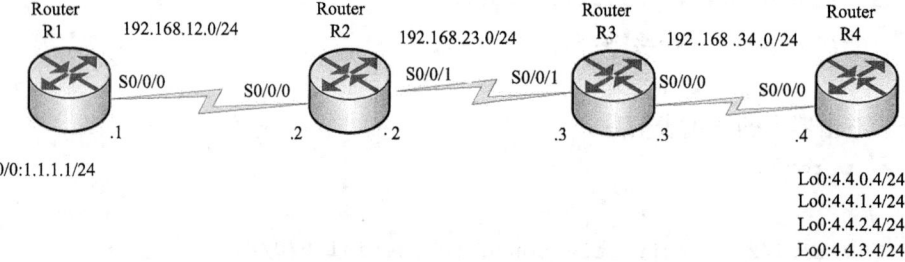

图 ZY3201402003-6　网络拓扑（RIPv2 的手工汇总配置）

1. 配置路由器

路由器 R1、R2 和 R3 的配置和上节相同，R4 的配置如下：

```
R4(config)#router rip
R4(config-router)#version 2
R4(config-router)#no auto-summary
R4(config-router)#network 192.168.34.0
R4(config-router)#network 4.0.0.0
R4(config)#interface s0/0/0
R4(config-if)#ip summary-address rip 4.4.0.0 255.255.252.0  //RIP 手工路由汇总
```

2. 调试、验证

（1）在没有执行汇总之前路由器 R1 的路由表如下：

```
R1#show ip route
......
```

```
C   192.168.12.0/24 is directly connected,Serial 0/0/0
     1.0.0.0/24 is sub netted,1 subnets
C    1.1.1.0 is directly connected,Loopback 0
    4.0.0.0/8 is subnetted,4 subnets
R    4.4.0.0/24 [120/3] via 192.168.12.2,00:00:21,Serial 0/0/0
R    4.4.1.0/24 [120/3] via 192.168.12.2,00:00:21,Serial 0/0/0
R    4.4.2.0/24 [120/3] via 192.168.12.2,00:00:12,Serial 0/0/0
R    4.4.3.0/24 [120/3] via 192.168.12.2,00:00:05,Serial 0/0/0
R   192.168.23.0/24 [120/1] via 192.168.12.2,00:00:21,Serial 0/0/0
R   192,168.34.0/24 [120/2] via 192.168.12.2,00:00:21,Serial 0/0/0
```

从上面的输出可以看到，路由器 R1 的路由表中有 R4 的 4 条环回接口的明细路由。

（2）执行汇总以后路由器 R1 的路由表如下：

R1#**show ip route**

......

```
C   192.168.12.0/24 is directly connected,Serial 0/0/0
     1.0.0.0/24 is sub netted,1 subnets
C    1.1.1.0 is directly connected,Loopback 0
    4.0.0.0/22 is subnetted,1 subnets
```
R   4.4.0.0 [120/3] via 192.168.12.2,00:00:21,Serial 0/0/0
```
R   192.168.23.0/24 [120/1] via 192.168.12.2,00:00:21,Serial 0/0/0
R   192,168.34.0/24 [120/2] via 192.168.12.2,00:00:21,Serial 0/0/0
```

上面的输出表明，在路由器 R1 的路由表中接收到了汇总路由，当然 R2 和 R3 上也能收到汇总路由。

3. 验证 RIPv2 不支持 CIDR 汇总，但可以传递 CIDR 汇总

在上例中，将路由器 R4 上的 4 个环回接口 Lo0～Lo3 的地址分别修改为 192.168.96.4/24、192.168.97.4/24、192.168.98.4/24 和 192.168.99.4/24，看一看在 s0/0/0 接口下是否还能实现路由汇总。

在 R4 上做如下配置：

R4(config)#**router rip**

R4(config-router)#**network** *192.168.96.0*

R4(config-router)#**network** *192.168.97.0*

R4(config-router)#**network** *192.168.98.0*

R4(config-router)#**network** *192.168.99.0*

R4(config)#**interface** *s0/0/0*

R4(config-if)#**ip summary-address rip** *192.168.96.0 255.255.252.0*

路由器会发出如下提示：

" Summary mask must be greater or equal to major net"

表明要实现路由汇总，要满足汇总后的掩码长度必须大于或等于主类网络的掩码长度。在该例中，路由器认为：192.168.96.0 为主类网络，其默认的掩码长度为 24 位，命令中汇总路由的掩码长度为 22 位，因为 22<24，所以不能汇总。在上一例中，主类网络 4.4.0.0 为 A 类地址，其默认的掩码长度为 8 位，因而可以实现汇总。以上就说明了 RIPv2 不支持 CIDR 汇总。但是 RIPv2 可以传递 CIDR 汇总，实现方法如下：

（1）用静态路由发布被汇总的路由。

R4(config)#**ip route** *192.168.96.0 255.255.252.0*

（2）将静态路由重分布到 RIP 网络中。

```
R4(config)#router rip
R4(config-router)#redistribute static          //将静态路由重分布到 RIP 路由协议中。
R4(config-router)#no network 192.168.96.0      //撤销已宣告的网络。
R4(config-router)#no network 192.168.97.0
R4(config-router)#no network 192.168.98.0
R4(config-router)#no network 192.168.99.0
```

（3）在路由器 R1 上查看路由表信息。

```
R1#show ip route
……
   C   192.168.12.0/24 is directly connected,Serial 0/0/0
        1.0.0.0/24 is sub netted,1 subnets
   C    1.1.1.0 is directly connected,Loopback 0
   R   192.168.23.0/24 [120/1] via 192.168.12.2,00:00:18,Serial 0/0/0
   R   192,168.34.0/24 [120/2] via 192.168.12.2,00:00:18,Serial 0/0/0
   R   192,168.96.0/22 [120/3] via 192.168.12.2,00:00:18,Serial 0/0/0
```

可以看出，RIPv2 是可以传递 CIDR 汇总路由信息的。

（三）RIPv2 协议安全及触发更新配置

RIPv2 协议认证配置的实验拓扑图如图 ZY3201402003-1 所示。配置步骤如下：

1. 配置路由器

第 1 步，配置路由器 R1

```
R1(config)#key chain test                          //配置密钥链。
R1(config-keychain)#key 1                           //配置 KEY ID。
R1(config-keychain-key)#key-string cisco            //配置密钥，最大长度为 16 个字符。
R 1(config)#interface s0/0/0
R1(config-if)#ip rip authentication mode text       //启用认证,采用明文方式。
R1(config-if)#ip rip authentication key-chain test  //在接口上调用密钥链。
R1(config-if)#ip rip triggered                      //在接口上启用触发更新。
```

第 2 步，配置路由器 R2

```
R2(config)#key chain test
R2(config-keychain)#key 1
R2(config-keychain-key)#key-string cisco
R2(config)#interface s0/0/0
R2(config-if)#ip rip authentication key-chain test
R2(config)#interface s0/0/1
R2(config-if)#ip rip authentication key-chain test
R2(config-if)#ip rip triggered
```

第 3 步，配置路由器 R3

```
R3(config)#key chain test
R3(config-keychain)#key 1
R3(config-keychain-key)#key-string cisco
R3(config)#interface s0/0/0
R3(config-if)#ip rip authentication key-chain test
R3(config-if)#ip rip triggered
R3(config)#interface s0/0/1
R3(config-if)#ip rip authentication key-chain test
```

```
R3(config-if)#ip rip triggered
```

第 4 步，配置路由器 R4

```
R4(config)#key chain test
```

```
R4(config-keychain)#key 1
```

```
R4(config-keychain-key)#key-string cisco
```

```
R4(config)#interface s0/0/0
```

```
R4(config-if)#ip rip authentication key-chain test
```

```
R4(config-if)#ip rip triggered
```

2. 调试

（1）查看路由器路由协议配置和统计信息。

```
R2#show ip protocols
```

```
Routing Protocol is "rip"
```

```
Outgoing update filter list for all interfaces is not set
```

```
Incoming update filter list for all interfaces is not set
```

```
sending updates every 30 seconds,next due in 23 seconds
```

```
invalid after 180 seconds,hold down 0,flushed after 240s   //由于采用触发更新,hold
```

down 计时器自动为 0。

```
redistributing:rip
```

```
default version control:send version 2,Receive version 2
```

```
Interface     Send  Recv  Triggered RIP   Key-chain
```

```
serial 0/0/0   2     2        yes             test
```

```
serial 0/0/1   2     2        yes             test
```

//以上两行表明 serial 0/0/0 和 serial 0/0/1 接口启用了认证和触发更新。

```
      ......
```

（2）查看 RIP 路由协议的动态更新过程。

```
R2#debug ip rip
```

```
RIP protocol debugging is on
```

```
R2#clear ip route *     //清除路由表已触发路由更新。
```

```
Dec 9 10:51:31.827:RIP:sending triggered request on Serial/0/0 to 224.0.0.9
```

```
Dec 9 10:51:31.531:RIP:sending triggered request on Serial/0/1 to 224.0.0.9
```

```
......
```

```
Dec 9 10:51:32.019:RIP:received packet with text authentication cisco
```

```
Dec 9 10:51:32.019:RIP:received v2 triggered update to 192.168.12.1 on Serial0/0/0
```

```
......
```

```
Dec 9 10:51:32.035:RIP:received v2 triggered update to 192.168.12.3 on Serial0/0/1
```

```
......
```

从上面的输出可以看出，在路由器 R2 上，由于采用触发更新，所以并没有看到每隔 30s 更新一次的信息，而是清除路由表这个事件触发了路由更新，而且所有的更新中都有 "triggered" 的字样，同时在接收的更新中带有 "text authentication" 字样，证明接口 s0/0/0 和 s0/0/1 启用了触发更新和明文认证。

（3）使用 "show ip rip database" 命令查看 RIP 数据库。

```
R2#show ip rip database
```

```
1.0.0.0/8     auto-summary
```

```
1.1.1.0/24
```

```
   [1] via 192.168.12.1,00:12:22(permanent),Serial0/0/0
```

```
     * Triggered Routes:
     -[1] via 192.168.12.1,Serial0/0/0
4.0.0.0/8      auto-summary
4.4.4.0/24
     [1] via 192.168.23.3,00:12:22(permanent),Serial0/0/1
     * Triggered Routes:
     [2] via 192168.23.3,Serial0/0/1
192.168.12.0/24   auto-summary
192.168.12.0/24   directly connected,Seirial0/0/0
192.168.23.0/24   auto-summary
192.168.23.0/24   directly connected,Seirial0/0/1
192.168.34.0/24   auto-summary
192.168.34.0/24
     [1] via 192.168.23.3,00:12:22(permanent),Serial0/0/1
     Triggered Routes:
      [1] via 192.168.23.3,Serial0/01
```

以上输出进一步说明了在 s0/0/0 和 s0/0/1 启用了触发更新。

（4）查看定时器的定值。

```
R2#show running-configuration
router rip
version 2
timers basic 30 180 0 240     //由于触发更新，在配置中自动加入上面一行，且 hold down 计时器
被设置为 0。
network 192.168.12.0
network 192.168 .23.0
no auto-summary
```

3. MDS 认证设置

MDS 认证，只需在接口下声明认证模式为 MD5 即可。例如，在 R1 上的配置如下：

```
R1(config)#key chain test                          //配置密钥链。
R1(config-keychain)#key 1                          //配置 KEY ID。
R1(config-keychain-key)#key-string cisco           //配置 KEY ID 的密钥。
R l(config)#interface s0/0/0
R1(config-if)#ip rip authentication mode md5       //启用认证，认证模式为 MD5。
R1(config-if)#ip rip authentication key-chain test //在接口上调用密钥链。
```

（四）浮动静态路由的配置

通过修改静态路由的管理距离为 130。使得路由器在选路时，优先选择 RIP，而静态路由作为备份。配置的网络拓扑如图 ZY3201402003-7 所示。

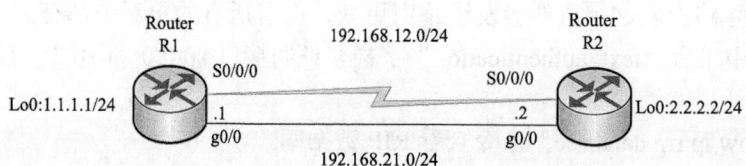

图 ZY3201402003-7　网络拓扑（浮动静态路由的配置）

1. 配置路由器

第 1 步，配置路由器 R1

R1(config)#**ip route** *2.2.2.0 255.255.255.0 192.168.12.2 130*　　　//配置一条静态路由并将其管理距离设为130。

R1(config)#**router rip**

R1(config-router)#**version** *2*

R1(config-router)#**network** *1.0.0.0*

R1(config-router)#**network** *192.168.21.0*

第2步，配置路由器R2

R2(config)#**ip route** *1.1.1.0 255.255.255.0 192.168.12.1 130*

R2(config)#**router rip**

R2(config-router)#**version** *2*

R2(config-router)#**network** *2.0.0.0*

R2(config-router)#**network** *192.168.21.0*

2. 调试

（1）在路由器 R1 上查看路由表。

R1#**show ip route**

......

C 192.168.12.0/24 is directly connected,Serial 0/0/0

　　1.0.0.0/24 is subnetted,1 subnets

C　　1.1.1.0 is directly connected,Loopback 0

　　2.0.0.0/24 is subnetted,1 subnets

R　　2.2.2.0 [120/1] via 192.168.12.2,00:00:18,GigabitEthernet0/0

C　　192.168.21.0/24 is directly connected,GigabitEthernet0/0

从以上输出可以看出，路由器将 RIP 的路由放入路由表中，因为 RIP 的管理距离为 120，小于静态路由设定的 130，而静态路由处于备份的地位。

（2）在 R1 上将 g0/0 接口关闭（shutdown），然后查看路由表。

R1(config)#**interface** *g0/0*

R1(config-if)#**shutdown**

R1#**show ip route**

......

C 192.168.12.0/24 is directly connected,Serial0/0/0

　　1.0.0.0/24 is subnetted,1 subnets

C　　1.1.1.0 is directly connected,Loopback 0

　　2.0.0.0/24 is subnetted,1 subnets

S　　2.2.2.0 [130/0] via 192.168.12.2

以上输出说明，当主路由中断后，备份的静态路由被放入到路由表中。

（3）在 R1 上将 g0/0 接口启动，然后再查看路由表。

R1(config)#**interface** *g0/0*

R1(config-if)#**no shutdown**

R1#**show ip route**

......

C 192.168.12.0/24 is directly connected,Serial 0/0/0

　　1.0.0.0/24 is subnetted,1 subnets

C　　1.1.1.0 is directly connected,Loopback 0

　　2.0.0.0/24 is subnetted,1 subnets

R　　2.2.2.0 [120/1] via 192.168.12.2,00:00:18,GigabitEthernet0/0

```
C   192.168.21.0/24 is directly connected,GigabitEthernet0/0
```
以上输出表明，当主路由恢复后，浮动静态路由又恢复到备份的地位。

（五）默认路由的配置

通过 ip default-network 向网络中注入一条默认路由，注意：default-network 后的网络一定要是主类网络，可以是直连的，也可以是通过其他协议学到的网络。配置的网络拓扑如图 ZY3201402003-8 所示。

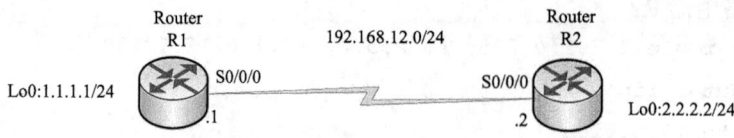

图 ZY3201402003-8　网络拓扑（默认路由的配置）

1. 配置路由器

第1步，配置路由器 R1

```
R1(config)#router rip
R1(config-router)#version 2
R1(config-router)#no auto-summary
R1(config-router)#network 192.168.12.0
```

第2步，配置路由器 R2

```
R2(config)#router rip
R2(config-router)#version 2
R2(config-router)#no auto-summary
R2(config-router)#network 192.168.12.0
R2(config)#ip default-network 1.0.0.0
```

2. 调试

（1）在 R2 上查看路由表。

```
R2#show ip route
......
Gateway of last resort is 192.168.12.1 to network 0.0.0.0   //表明默认路由的网关为
192.168.12.1
C   192.168.12.0/24 is directly connected,Serial 0/0/0
    2.0.0.0/24 is subnetted,1 subnets
C      2.2.2.0 is directly connected,Loopback 0
R*  0.0.0.0 [120/1] via 192.168.12.1,00:00:18,Serial 0/0/0
```

从以上输出可以看出 R1 上的"ip default-network"命令确实向 RIP 网络中注入一条标记为"R*"的默认路由。

（2）在 R2 上 ping 1.1.1.1。

```
R2#ping 1.1.1.1
 Type escape sequence to abort
Sending 5,100-byte ICMP Echos to 1.1.1.1,timeout is 2 seconds:
!!!!!
Success rate is 100 percent(5/5),round-trip min/avg/max = 12/14/16 ms
```

因为在 R2 的路由表中没有 1.1.1.0 的路由条目，一般情况下是不可能 ping 通地址 1.1.1.0 的。以上输出表明，在路由器 R2 上可以 ping 通地址 1.1.1.1，虽然在 R1 的 RIP 进程中没有通告该网络，也恰恰说明是默认路由起了作用。

【思考与练习】

1. Cisco 路由器 RIP 协议配置和调试的常用命令有哪些?

2. 请解释下列路由表中路由条目中各参数的含义。

"R   2.2.2.0 [120/1] via 192.168.12.2,00:00:18,GigabitEthernet0/"

3. RIP 协议动态路由基本配置的内容有哪些?

4. 要保证路由信息交换安全,需要进行哪些设置?

模块4 配置 OSPF 协议动态路由 (ZY3201402004)

【模块描述】本模块介绍了路由器 OSPF 协议动态路由的配置,包含 OSPF 协议动态路由设置及调试步骤。通过要点介绍、配置实例,掌握路由器 OSPF 协议动态路由的基本配置方法。

【正文】

一、配置 OSPF 协议动态路由的基础知识

OSPF 协议是开放型标准,其性能远强于 RIP 协议,在大中型网络中应用较为普遍。OSPF 路由协议的管理距离是 110,度量值采用 Cost 作为度量标准。OSPF 维护邻居表、拓扑表和路由表。OSPF 协议提供路由分级管理。关于 OSPF 协议的知识,参见本教材模块 ZY3200503002 动态路由协议中的介绍。

1. OSPF 协议使用的术语

(1)自治系统。采用同一种路由协议交换路由信息的路由器及其网络构成一个自治系统。

(2)区域。有相同区域标志的一组路由器和网络的集合,在同一个区域内的路由器有相同的链路状态数据库。

(3)邻居(Neighboring Routers)与邻接(Adjacency)。在同一区域中的两台路由器通过 Hello 报文可以互相发现并保持联系,如果相互之间无需交换路由信息,那么它们就是邻居关系;如果相互之间交换路由信息,那么它们就是邻接关系。

(4)链路。链路就是路由器用来连接网络的接口及通信电路。

(5)链路状态。用来描述路由器接口及其与邻居路由器的关系,所有链路状态信息构成链路状态数据库。

2. OSPF 的网络类型

OSPF 协议的运作是以路由器周围的网络拓扑结构为基础的。OSPF 将网络划分为以下几种类型:

(1)点对点(Point-to-Point)网络。两台路由器之间仅通过一条链路(如串行链路)相连。

(2)广播多路访问(BMA)网络。多台路由器通过多路访问型网络(如以太网)连接在一起,一台路由器发送的广播信息,其他路由器都能收到。

(3)非广播多路访问(NBMA)网络。多台路由器通过网络连接在一起,但网络没有广播功能,如 X.25、帧中继网络。

3. 指定路由器

在 BMA 类型的网络中,为了避免各路由器之间都建立完全邻接关系,任何一台路由器的路由信息都会被多次传递,从而带来网络带宽的大量开销,OSPF 协议采用了"指定路由器(Designated Router,DR)"的方法。路由器之间通过 Hello 报文交换信息,选举产生 DR。BMA 网络中的各路由器与 DR 建立邻接关系,与其他路由器保持邻居关系。所有路由器将路由更新信息只发送给 DR,再由 DR 广播给其他路由器,这样一来,大大减少了路由信息交换引起的网络流量。

在选举 DR 的同时还要选举一个备用的 DR(Backup Designated Router,BDR),在 DR 失效的时候,BDR 担负起 DR 的责任,各路由器都与 BDR 建立邻接关系。DR 和 BDR 采用的组播地址为 224.0.06。DR 和 BDR 是以各个网络为基础的,也就是说,DR 和 BDR 选举是路由器接口的特性,而不是整个路由器的特性。

DR 选举的原则：

（1）首要因素是时间，最先启动的路由器被选举成 DR。

（2）如果同时启动，或者重新选举时，则看接口优先级（取值范围为 0～255，数值越大优先级越高），优先级最高的将被选举为 DR。在默认情况下，多路访问网络的接口优先级为 1，点到点网络接口优先级为 0，Cisco 路由器修改接口优先级的命令是"ip ospf priority"，如果接口的优先级被设置为 0，那么该接口将不参加 DR 选举。

（3）如果前两者都相同，则比较路由器 ID，路由器 ID 高的被选举为 DR。

DR 一旦选定，除非路由器故障或人为地重新选举，否则是不会改变的。人为重新选举 DR 的方法有两个，一是重新启动路由器，二是使用清除 OSPF 的命令（Cisco 路由器为 clear ip ospf process）。

4. OSPF 协议路由的基本配置

配置 OSPF 协议路由，首先要启动 OSPF 协议进程、指定参与 OSPF 运作的网络和接口、划分路由器所在的区域并指定区域号。对于基本的 OSPF 配置，需要进行的操作包括：

（1）配置路由器标识（Router ID）。路由器的 ID 是一个采用 IP 地址形式表示的 32 比特二进制数，是自治系统中每台路由器的唯一标识。路由器的 ID 可以采用默认值也可以人为设定，路由器确定 Router ID 的顺序如下：优先采用人为设定的 ID；其次采用环回接口的最大的 IP 地址；最后选用所有处于激活状态的物理接口的 IP 地址中的最大值。最稳妥、可靠的办法是采用环回接口的 IP 地址。

（2）启用 OSPF 协议进程。OSPF 支持多进程，一台路由器上启动的多个 OSPF 进程之间由不同的进程号区分。OSPF 进程号在启动 OSPF 时进行设置，它只在本地有效，不影响与其他路由器之间的报文交换。

（3）指定应用 OSPF 协议的网段。启动 OSPF 后，还必须指定在哪个网段上应用 OSPF 进行路由选择。

在网络中的各路由器都作了以上设置以后，路由器通过相互交换路由信息，都建立起了各自的路由表，这时就可以提供基本的路由选择和数据转发服务了。

5. 协议安全设置

OSPF 协议对路由更新信息进行认证的方式有两种：一是简单口令认证方式，类似于 RIPv2 的明文认证方式；二是 MD5 认证方式，与 RIPv2 相同。OSPF 既可以在接口上进行认证，也可以基于区域进行认证，接口认证优先于区域认证。OSPF 定义了 3 种认证：Type 0——不认证，是默认的类型；Type 1——采用简单口令认证；Type 2——采用 MD5 认证。

下面，我们以 Cisco 路由器为例，来介绍 OSPF 协议动态路由的配置和调试方法。

二、Cisco 路由器 OSPF 协议路由配置常用命令

1. 启用 OSPF 协议进程

要使用 OSPF 协议进行路由选择，首先要在路由器上全局配置模式下启用 OSPF 进程并分配一个进程号。命令的格式：

router ospf *process-id* 　　　　　//启用 OSPF 路由进程。

其中，*process-id* 为进程号，取值范围为 1～65535。使用该命令后自动进入到路由配置模式。

2. 指定路由器的 ID

要设置路由器的 ID，在路由配置模式下，使用命令：

router-id *ip-address*

其中，*ip-address* 为 IP 地址格式的路由器 ID 号。

3. 指定使用 OSPF 路由协议的网段和区域 ID 号

必须指定本路由器直连的网段中，哪些接口或网段使用 OSPF 作为路由协议。在路由配置模式下，命令格式：

network *ip-address wildcard-mask* **area** *area-id*

其中，*ip-address wildcard-mask* 为接口或网段的 IP 地址和反掩码，反掩码与网络掩码的表示方法是相反的，IP 地址对应于反掩码值为 1 的位可以不用考虑，借助于反掩码，以此可以指定一组 IP 地址。为区域 ID 编号，取值范围为 0～4294967295，也可采用十进制 IP 地址格式表示。在单区域 OSPF 中，所有的区域 ID 都应该一致。

4. 查看 OSPF 协议进程信息

要查看 OSPF 协议进程信息，如路由器运行 SPF 算法的次数等。在特权配置模式下使用命令：

show ip ospf [*process-id*]

其中，*process-id* 进程 ID 是可选项。

5. 查看 OSPF 接口的信息

要查看 OSPF 接口的信息，如路由器运行 SPF 算法的次数等。在特权配置模式下使用命令：

show ip ospf interface [*interface-type interface-number*] [*brief*]

其中，*interface-type interface-number* 为接口的类型和编号，可选项 brief 表示简要信息。

三、单区域点对点 OSPF 设置

点到点链路上的 OSPF 设置的主要内容有：在路由器上启动 OSPF 路由进程；启用参与路由协议的接口，并且通告网络及所在的区域；度量值 cost 的计算；Hello 相关参数的配置；点到点链路上的 OSPF 的特征；查看和调试 OSPF 路由协议相关信息。

设置的网络拓扑结构图 ZY3201402004-1 所示。

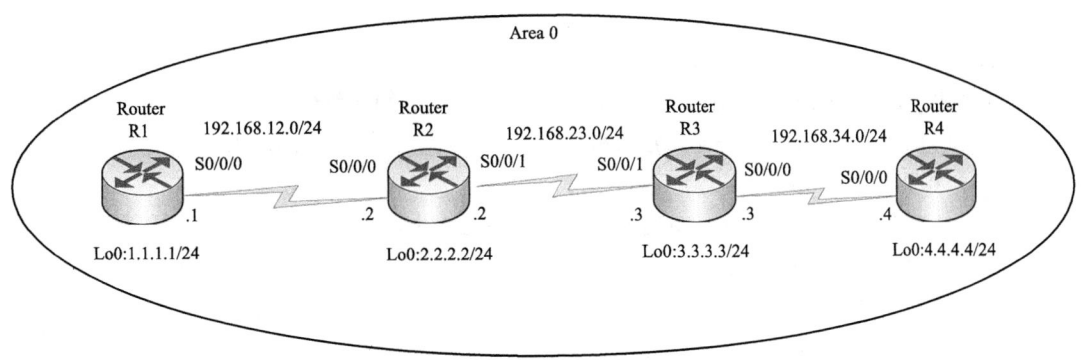

图 ZY3201402004-1　网络拓扑

1. 配置路由器

第 1 步，配置路由器 R1

```
R1(config)#router ospf 1
R1(config-router)#router-id 1.1.1.1
R1(config-router)#network 1.1.1.0 255.255.255.0 area 0
R1(config-router)#network 192.168.12.0 255.255.255.0 area 0
```

第 2 步，配置路由器 R2

```
R2(config)#router ospf 1
R2(config-router)#router-id 2.2.2.2
R2(config-router)#network 192.168.12.0 255.255.255.0 area 0
R2(config-router)#network 192.168.23.0 255.255.255.0 area 0
R2(config-router)#network 2.2.2.0 255.255.255.0 area 0
```

第 3 步，配置路由器 R3

```
R3(config)#router ospf 1
R3(config-router)#router-id 3.3.3.3
R3(config-router)#network 192.168.23.0 255.255.255.0 area 0
R3(config-router)#network 192.168.34.0 255.255.255.0 area 0
```

```
R3(config-router)#network 3.3.3.0 255.255.255.0 area 0
```

第 4 步，配置路由器 R4

```
R4(config)#router ospf 1

R4(config-router)#router-id 4.4.4.4

R4(config-router)#network 4.4.4.0 255.255.255.0 area 0

R4(config-router)#network 192.168.34.0 255.255.255.0 area 0
```

2. 查看、验证

（1）使用"Show ip route"命令，查看路由器上的路由表信息。

```
R2#show ip route

Codes:R - RIP derived,O - OSPF derived,
    C - connected,S - static,B - BGP derived,
    * - candidate default route,IA - OSPF inter area route,
    i - IS-IS derived,ia - IS-IS,U - per-user static route,
    o - on-demand routing,M - mobile,P - periodic downloaded static route,
    D - EIGRP,EX - EIGRP external,E1 - OSPF external type 1 route,
    E2 - OSPF external type 2 route,N1 - OSPF NSSA external type 1 route,
    N2 - OSPF NSSA external type 2 route

Gateway of last resort is not set

C   192.168.12.0/24 is directly connected,Serial 0/0/0
    1.0.0.0/32 is subnetted,1 subnets            //详见解释一。
O      1.1.1.1 [110/782] via 192.168.12.1,00:18:40,Serial0/0/0
    2.0.0.0/24 is subnetted,1 subnets
C      2.2.2.0 is directly connectedly Loopback0
    3.0.0.0/32 is subnetted,1 subnets
O      3.3.3.3 [110/782] via 192.168.23.3,00:18:40,Serial0/0/1
    4.0.0.0/32 is subnetted,1 subnets
O      4.4.4.4 [110/1563] via 192.168.23.3,00:18:40,Serial0/0/1   //详见解释二。
C   192.168.23.0/24 is directly connected,Serial0/0/1
O   192.168.34.0/24 [110/1562] Via 192.168.23.3,00:18:41,Serial0/0/1
```

路由条目前面的"O"表示该条路由是通过 OSPF 路由协议得到的路由。通过以上信息可以看出，R2 通过 OSPF 路由协议得到了 4 条路由。

解释一：尽管通告了 24 位，到环回接口的路由的掩码长度却是 32 位，这是环回接口的特性决定的。如果要求路由条目的掩码长度与通告的一致，解决办法是在环回接口下修改网络类型为"point-to-Point"，命令如下：

```
R2(config)#interface loopback 0

R2(config-if)#ip ospf network point-to-point
```

解释二：该条路由的度量值即 cost 值为 1563，计算方法如下：

一条链路的 Cost 值等于 10^8 除以该链路的带宽（bps），然后取整。一条路由的 Cost 值为该条路由所经过的路径上所有链路入口 cost 值之和。规定环回接口的 cost 值为 1。

R2 到达目的网络"4.4.4.4"的路径包括 R4 的 loopback0、R3 的 s0/0/0、R2 的 s0/0/1。所以计算如下：$1+10^8/128000+10^8/128000=1563$。

也可以直接通过命令"ip ospf cost"设置接口的 cost 值，并且它优先于计算值。

（2）使用"show ip protocols"命令查看路由器路由协议配置和统计信息。

```
R2#show ip protocols

Routing Protocol is "ospf 1"    //当前路由器上运行的路由协议是 OSPF，进程 ID 是 1。
```

Outgoing update filter list for all interfaces is not set　//在出方向上没有设置过滤列表。

Incoming update filter list for all interfaces is not set　//在入方向上没有设置过滤列表。

Router ID 2.2.2.2　//本路由器的 ID。

Number of areas in this router is 1. 1 normal 0 stub 0 nssa　//本路由器参与的区域数量和类型。

Maximum path:4　　//支持等价路径最大数目。

Routing for Networks

2,2.2.0 0.0.0.255 area 0

192.168.12.0 0.0.0.255 area 0

192.168,23.0 0.0.0.255 area 0　　　　　//以上 4 行表明 OSPF 通告的网络以及这些网络所在的区域。

Reference bandwidth unit is 100 mbps　//参考带宽为 10^8。

Routing Information Sources

Gateway　　　Distance　Last Update

4.4.4.4　　　　　110　　　00:08:36

3.3.3.3　　　　　110　　　00:08:36

1.1.1.1　　　　　110　　　00:08:36　　　//以上 5 行表路由信息源。

Distance:(default is i20)　　　　　//OSPF 默认的管理距离。

（3）使用"Show ip OSPF"命令显示 OSPF 进程及区域的细节，如路由器运行 SPF 算法的次数等。

R2#**show ip ospf** *1*

Routing Process "ospf 1" with ID 2.2.2.2

Start time:00:50:57.156,Time elapsed:00:42:41.880

Supports only single TOS(TOS0)routes

......

　Area BACKBONE(0)

　　　Number of interfaces in this area is 3

　　　Area has no authentication

　　　SPF algorithm last executed 00:15:07.580 ago

　　　SPF algorithm executed 9 times

　　　area ranges are

　　　Number of LSA 4. Checksum Sum 0x02611A

......

（4）使用"Show ip ospf interface"命令，查看路由器 OSPF 接口的信息。

R2#**show ip ospf interface** *s0/0/0*

Serial0/0/0 is up,line protocol is up

　　Internet Address 192.168.12.2/24,Area 0　//该接口 IP 地址和 OSPF 区域。

　　Process ID 1,Router ID 2.2.2.2,Network Type POINT-TO-POINT,cost:78　//进程 ID，路由器 ID，网络类型，接口 cost 值。

　　Transmit Delay is 1 sec,State POINT-TO-POINT　//接口的延时和状态。

　Timer intervals configured,Hello 10,Dead 40,wait 40,Retransmit 5

oob-resync timeout 40　　　　　　　　//显示几个计时器的值。

　　Hello due in 00:00:05　　　　　　//距离下次发送 Hello 报的时间。

Supports Link-local Signaling(LLS)　　　//支持 LLS。

Cisco NSF helper support enabled

IETF NSF helper support enabled　　　//以上 2 行启用了 IETF 和 Cisco 的 NSF 功能。

```
Index 1/1,flood queue length 0
Next 0x0(0)/ 0x0(0)
Last flood scan length is 1,maximum is 1
Last flood scan time is 0 msec,maximum is 0 msec
Neighbor Count is 1,Adjacent neighbor count is 1    //邻居的个数以及已建立邻接关系的邻居
```
的个数。
```
    Adjacent with neighbor 1.1.1.1    //已经建立邻接关系的邻居路由器ID。
Suppress hello for 0 neighbor(s)    //没有进行Hello抑制。
```
（5）使用"show ip ospf neighbor"命令查看路由器OSPF邻居的基本信息。
```
R2#sbow ip ospf neighbor
Neighbor ID    Pri    State    Dead Time      address        Interface
3.3.3.3        0      FULL/-   00:00:35       192.168.23.3   Serial0/0/1
1.1.1.1        0      FULL/-   00:00:38       192.168.12.1   Serial0/0/0
```
以上输出表明路由器R2有两个邻居，它们的路由器ID分别为1.1.1.1和3.3.3.3，其他参数解释如下：

Pri：邻居路由器接口的优先级；

State：当前邻居路由器接口的状态；

Dead Time：清除邻居关系前等待的最长时间；

Address：邻居接口的地址；

Interface：自己和邻居路由器相连接口；

"-"表示在点到点的链路上OSPF不进行DR选举。

说明：如果发现应该建立邻居关系的路由器之间未建立邻居关系，常见的原因有：

1）Hello时间间隔和Dead时间间隔不同。同一链路上的Hello包之间的时间间隔与Dead的间隔必须相同才能建立邻居关系。在默认情况下，Hello包发送时间间隔如表ZY3201402004-1所示。

表ZY3201402004-1　　　　　　　　　　**Hello包发送时间间隔**

网络类型	Hello间隔（s）	Dead间隔（s）
广播多路访问	10	40
非广播多路访问	30	120
点到点	10	40
点到多点	30	120

默认时，Dead间隔是Hello间隔的4倍。可以在接口下用"ip ospf hello-interval"和"ip ospf dead-interval"命令进行调整。

2）区域号码不一致。

3）特殊区域（如stub和nssa等）区域类型不匹配。

4）认证类型或密码不一致。

5）路由器ID相同。

6）Hello包被ACL deny。

7）链路上的MTU不匹配。

8）接口下OSPF链路类型不匹配。

（6）使用"Show ip ospf database"命令查看OSPF拓扑结构数据库。
```
R2#show ip ospf database
        OSPF Router with ID(2.2.2.2)(Process ID 1)
        Rout Link States(area 0)
```

```
Link ID      ADV Router    Age       seq#        Checksum    Link count
1.1.1.1      1.1.1.1       240       0x80000005  0x00BA35    3
2.2.2.2      2.2.2.2       1308      0x80000008  0x00D7C0    5
3.3.3.3      3.3.3.3       1310      0x80000007  0x00282D    5
4.4.4.4      4.4.4.4       44        0x80000004  0x009AFB    3
```

以上输出是 R2 的区域 0 的拓扑结构数据库的信息，标题行的解释如下：

1）Link ID：是指 Link State ID，代表整个路由器，而不是某个链路；

2）ADV Router：是指通告链路状态信息的路由器 ID；

3）Age：老化时间；

4）Seq#：序列号；

5）Checksum：校验和；

6）Link count：通告路由器在本区域内的链路数目。

四、广播多路访问链路上的 OSPF 配置

广播多路访问链路上的 OSPF 配置的主要内容有：路由器上启动 OSPF 路由进程；启用参与路由协议的接口，并且通告网络及所在的区域；修改参考带宽；DR 选举的控制；广播多路访问链路上的 OSPF 的特征。网络的拓扑结构如图 ZY3201402004-2 所示。

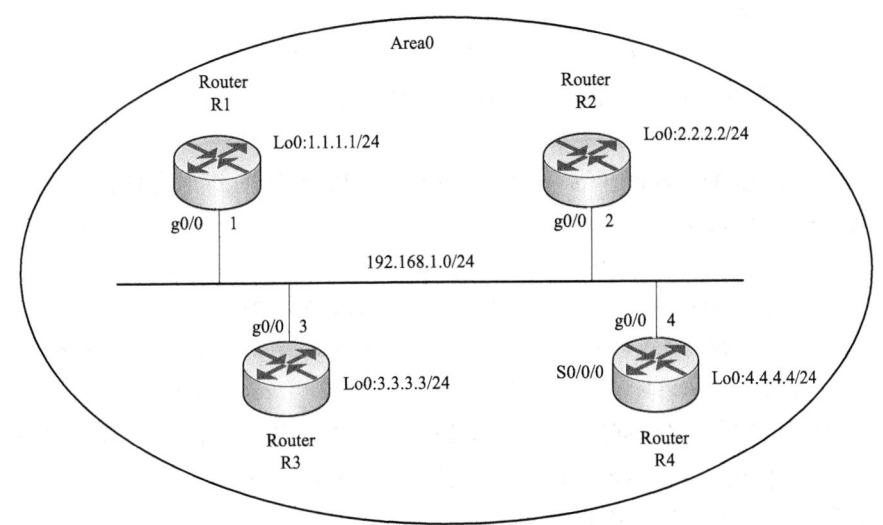

图 ZY3201402004-2　网络拓扑（广播多路访问链路上的 OSPF 配置）

1. 配置路由器

第 1 步，配置路由器 R1

R1(config)#**router ospf** *1*　　　　　　　　　　　//启用 OSPF 路由选择进程，并分配一个进程号，进程号的取值范围为：1~65535。不同路由器的路由进程可以不同。

R1(config-router)#**router-id** *1.1.1.1*　　//配置路由器 ID，一般选用路由器的环回接口。

R1(config-router)#**network** *1.1.1.0 255.255.255.0* **area** *0*　　//设置 OSPF 运行的接口以及其对应的区域 ID，区域 ID 的取值范围为：0~4294967295 或 IP 地址格式。

R1(config-router)#**network** *192.168.1.0 255.255.255.0* **area** *0*

R1(config-router)#**auto-cost reference-bandwidth** *1000*　　　　//修改参考带宽。

第 2 步，配置路由器 R2

R2(config)#**router ospf** *1*

R2(config-router)#**router-id** *2.2.2.2*

R2(config-router)#**network** *2.2.2.0 255.255.255.0* **area** *0*

R2(config-router)#**network** *192.168.1.0 255.255.255.0* **area** *0*

```
R2(config-router)#auto-cost reference-bandwidth 1000
```

第3步，配置路由器 R3

```
R3(config)#router ospf 1
R3(config-router)#router-id 3.3.3.3
R3(config-router)#network 3.3.3.0 255.255.255.0 area 0
R3(config-router)#network 192.168.1.0 255.255.255.0 area 0
R3(config-router)#auto-cost reference-bandwidth 1000
```

第4步，配置路由器 R4

```
R4(config)#router ospf 1
R4(config-router)#router-id 4.4.4.4
R4(config-router)#network 4.4.4.0 255.255.255.0 area 0
R4(config-router)#network 192.168.1.0 255.255.255.0 area 0
R4(config-router)#auto-cost reference-bandwidth 1000
```

说明："auto-cost reference-bandwidth"命令是用来修改参考带宽的，因为本例中为千兆接口，如果采用默认的百兆参考带宽，计算出来的 cost 是 0.1，这显然是不合理的。当使用"auto-cost reference-bandwidth"命令时，路由器会给出提示信息：

```
%OSPF:Reference bandwidth is changed
        Please ensure reference bandwidth is consistent across all routers
```

要求在所有的路由器上修改参考带宽，确保相同的参考标准。

2. 调试

（1）使用"show ip ospf neighbor"命令查看路由器 OSPF 邻居的基本信息。

```
R1#show ip ospf neighbor

Neighbor ID  Pri   State       Dead Time   address       Interface
2.2.2.2       1   FULL/BDR     00:00:37    192.168.1.2   GigabitEthernet0/0
3.3.3.3       1  FULL/DROTHER  00:00:37    192.168.1.3   GigabitEthernet0/0
4.4.4.4       1  FULL/DROTHER  00:00:34    192.168.1.4   GigabitEthernet0/0
```

以上输出表明在该广播多路访问网络中，R1 是 DR，R2 是 BDR，R3 和 R4 为 DROTHER。

（2）使用"Show ip ospf interface"命令，查看路由器 OSPF 接口的信息。

分别在路由器 R1 和 R4 上执行该命令

```
R1#show ip ospf interface g0/0

GigabitEthernet0/0 is up,line protocol is up
    Internet Address 192.168.1.1/24,Area 0    //该接口的地址和运行的 OSPF 区域。
    Process ID 1,Router ID 1.1.1.1,Network Type BROADCAST,cost:10   //进程 ID,路由器
ID,网络类型为广播式,接口 cost 值。
    Transmit Delay is 1 sec,State DR,Priority 1          //接口的状态是 DR。
Designated Router(ID)1.1.1.1,Interface address 192.168.1.1  //DR 的路由器 ID 以及接口
地址。
    Backup Designated Router(ID)2.2.2.2,Interface address 192.168. 1.2   //BDR 的路由器
ID 以及接口地址。
    Timer intervals configured,Hello 10,Dead 40,wait 40,Retransmit 5
oob-resync timeout 40                       //显示几个计时器的值。
    Hello due in 00:00:09                    //距离下次发送 Hello 报的时间。
Supports Link-local Signaling(LLS)           //支持 LLS。
Cisco NSF helper support enabled
IETF NSF helper support enabled              //以上 2 行启用了 IETF 和 Cisco 的 NSF 功能。
```

Index 2/2,flood queue length 0

Next 0x0(0)/ 0x0(0)

Last flood scan length is 1,maximum is 1

Last flood scan time is 0 msec,maximum is 4 msec

　　　Neighbor Count is 3,Adjacent neighbor count is 3　 //R1 是 DR,有 3 个邻居,并且全部
形成邻接关系。

　　　　Adjacent with neighbor 2.2.2.2(Backup Designated Router)　//已经建立邻接关系的邻
居路由器 ID。

　　　Adjacent with neighbor 3.3.3.3

　　　Adjacent with neighbor 4.4.4.4

　　Suppress hello for 0 neighbor(s)　 //没有进行 Hello 抑制。

R4#**show ip ospf interface** g0/0

　GigabitEthernet0/0 is up,line protocol is up

　　Internet Address 192.168.1.1/24,Area 0　 //该接口的地址和运行的 OSPF 区域。

　　Process ID 1,Router ID 4.4.4.4,Network Type BROADCAST,cost:10　 //进程 ID,路由器
ID,网络类型为广播式,接口 cost 值。

　　Transmit Delay is 1 sec,State DROTHER,Priority 1　 //接口的状态是 DROTHER。

　Designated Router(ID)1.1.1.1,Interface address 192.168.1.1　 //DR 的路由器 ID 以及接口
地址。

　　Backup Designated Router(ID)2.2.2.2,Interface address 192.168. 1.2　 //BDR 的路由器
ID 以及接口地址。

　　Timer intervals configured,Hello 10,Dead 40,wait 40,Retransmit 5

　oob-resync timeout 40　　　　　　　　　 //显示几个计时器的值。

　　Hello due in 00:00:06　　　　　　　 //距离下次发送 Hello 报的时间。

　Supports Link-local Signaling(LLS)　　 //支持 LLS。

　Cisco NSF helper support enabled

　IETF NSF helper support enabled　　　　 //以上 2 行启用了 IETF 和 Cisco 的 NSF 功能。

　Index 2/2,flood queue length 0

　Next 0x0(0)/ 0x0(0)

　Last flood scan length is 1,maximum is 1

　Last flood scan time is 0 msec,maximum is 0 msec

　　Neighbor Count is 3,Adjacent neighbor count is 1　 //有 3 个邻居,只与 R1 和 R2 形成邻
接关系,与 R3 只是邻居关系。

　　　Adjacent with neighbor 1.1.1.1(Designated Router)

　　　Adjacent with neighbor 2.2.2.2(Backup Designated Router)　 //上面 2 行表示与 DR 和
BDR 形成邻接关系。

　Suppress hello for 0 neighbor(s)　 //没有进行 Hello 抑制。

　　从上面的路由器 R1 和 R4 的输出得知,邻居关系和邻接关系是不能混为一谈的,邻居关系是指
达到 2WAY 状态的两台路由器,而邻接关系是指达到 FULL 状态的两台路由器。

　　（3）使用 "debug ip ospf adj" 命令显示 OSPF 邻接关系创建或中断的过程。

　R2#**debug ip ospf adj**

　OSPF adjacency events debugging is on

　R2#**clear ip ospf process**　　　　　 //清除 OSPF 进程以触发中断和重建。

　Reset ALL OSPF processes? [no]:y

　……

Dec 10 10:37:33.459:OSPF:Backup seen Event before WAIT timer on GigabitEthernet0/0

Dec 10 10:37:33.459:OSPF:DR/BDR election on GigabitEthernet0/0

Dec 10 10:37:33.459:OSPF:Elect BDR 4,4,4,4

Dec 10 10:37:33.459:OSPF:Elect DR 1.1.1.1

Dec 10 10:37:33.459:DR:1.1.1.1(Id)BDR:4.4.4.4(Id)

......

从显示的信息中可以观察到 DR 重新选举的全过程，选举结果为 DR 是 R1，BDR 是 R4。

五、OSPF 协议安全配置

对如图 ZY3201402004-3 所示的网络进行基于区域的 OSPF 简单口令认证配置，步骤如下。

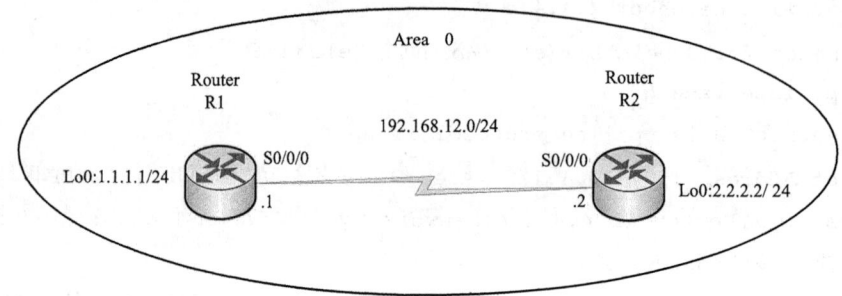

图 ZY3201402004-3 网络拓扑（OSPF 简单口令认证配置）

1. 配置路由器

第 1 步，配置路由器 R1

R1(config)#**router ospf** 1   //启用 OSPF 路由选择进程，并分配一个进程号。

R1(config-router)#**router-id** 1.1.1.1   //配置路由器 ID，一般选用路由器的环回接口。

R1(config-router)#**network** 192.168.1.0 255.255.255.0 **area** 0

R1(config-router)#**network** 1.1.1.0 255.255.255.0 **area** 0

R1(config-router)#**area** 0 **authentication**   //区域 0 启用简单口令认证。

R1(config)#**interface** s0/0/0

R1(config-if)#**ip ospf authentication-key** cisco   //配置认证密码。

第 2 步，配置路由器 R1

R2(config)#**router ospf** 1

R2(config-router)#**router-id** 2.2.2.2

R2(config-router)#**network** 192.168.1.0 255.255.255.0 **area** 0

R2(config-router)#**network** 2.2.2.0 255.255.255.0 **area** 0

R2(config-router)#**area** 0 **authentication**

R2(config)#**interface** s0/0/0

R2(config-if)#**ip ospf authentication-key** cisco

2. 调试

（1）使用"Show ip ospf interface"命令，查看路由器 OSPF 接口的信息。

R1#**show ip ospf interface** s0/0/0

Serial0/0/0 is up,line protocol is up

    Internet Address 192.168.12.1/24,Area 0 //该接口的地址和运行的 OSPF 区域。

    Process ID 1,Router ID 1.1.1.1,Network Type POINT-TO-POINT,cost:781 //进程 ID,

路由器 ID，网络类型，接口 cost 值。

    Transmit Delay is 1 sec,State POINT-TO-POINT //接口的延时和状态。

Timer intervals configured,Hello 10,Dead 40,wait 40,Retransmit 5

```
oob-resync timeout 40                        //显示几个计时器的值。
    Hello due in 00:00:02                     //距离下次发送 Hello 报的时间。
Supports Link-local Signaling(LLS)           //支持 LLS。
Cisco NSF helper support enabled
IETF NSF helper support enabled              //以上 2 行启用了 IETF 和 Cisco 的 NSF 功能。
Index 1/1,flood queue length 0
Next 0x0(0)/ 0x0(0)
Last flood scan length is 1,maximum is 1
Last flood scan time is 0 msec,maximum is 0 Esec
Neighbor Count is 0,Adjacent neighbor count is 0
Suppress hello for 0 neighbor(s)             //没有进行 Hello 抑制。
Simple Password authentication enabled
```

以上输出最后一行信息表明该接口启用了简单口令认证。

（2）使用"Show ip OSPF"命令显示 OSPF 进程及区域的细节，如路由器运行 SPA 算法的次数等。

```
R1#show ip ospf 1
Routing Process "ospf 1" with ID 1.1.1.1
Supports only single TOS(TOS0)routes
    ......
Area BACKBONE(0)
    Number of interfaces in this area is 2(1 loopback)
    Area has simple password authentication
    SPF algorithm last executed 00:00:01.916 ago
    SPF algorithm executed 5 times
    area ranges are
    Number of LSA 2. Checksum Sum 0x010117
    Number of opaque link LSA 0. Checksum Sum 0x000000
    Number of DCbitless LSA 0
    Number of indication LSA 0
    Number of DoNotAge LSA 0
    Flood list length 0
```

以上输出信息表明区域 0 采用了简单口令认证。

1）如果 R1 区域 0 没有启动认证，而 R2 区域 0 启动简单口令认证，则 R2 上出现下面的信息：

```
Dec 10 11:03:03.071:OSPF:Rcv pkt from 192.16812.1,Serial0/0/0:Mismatch Authentication
type. Input packet specified type 0,we use type 1
```

2）如果 R1 和 R2 的区域 0 都启动了简单口令认证，但是 R2 的接口下没有配置密码或密码错误，则 R2 上会出现下面的信息：

```
Dec 10 10:55:53.071:OSPF:Rev pkt from 192.168.12.1,Serial0/0/0:Mismatch Key Clear
Text
```

六、OSPF 默认路由设置

通过"Default-information originate"命令向 OSPF 网络注入一条默认路由。

网络的拓扑结构如图 ZY3201402004-4 所示，用 R1 的环回接口 1 来模拟 Internet。

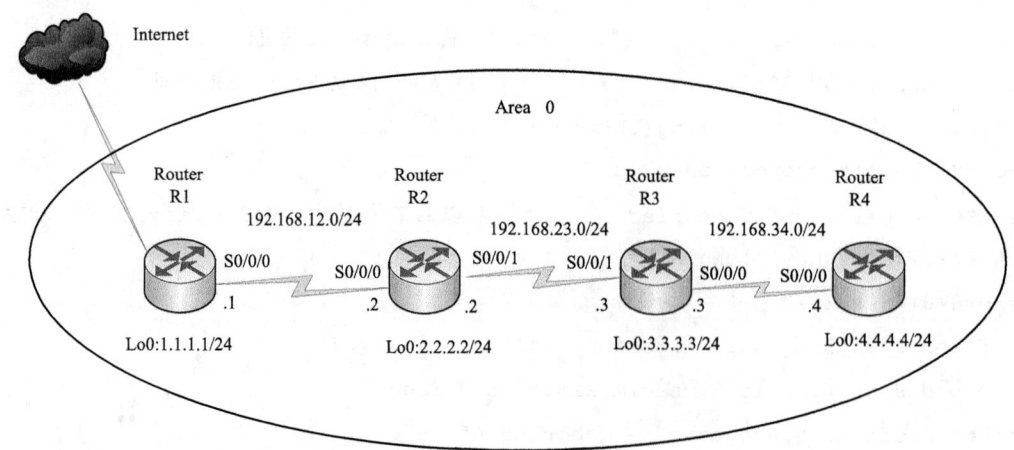

图 ZY3201402004-4　网络拓扑（OSPF 默认路由配置）

1. 配置路由器

第 1 步，配置路由器 R1

```
R1(config)#interface loopback 1
R1(config-if)#ip address 5.5.5.5 255.255.255.0
R1(config)#ip route 0.0.0.0 0.0.0.0 loopback 1
R1(config)#router ospf 1
R1(config-router)#router-id 1.1.1.1
R1(config-router)#network 1.1.1.0 255.255.255.0 area 0
R1(config-router)#network 192.168.12.0 255.255.255.0 area 0
R1(config-router)#default-information originate
```

"default-information originate" 命令后面可选 "always" 参数，如果不使用该参数，那么，路由器上必须存在一条默认路由，否则该命令不产生任何效果。如果使用该参数，无论路由器上是否存在默认路由，路由器都会向 OSPF 区域内注入一条默认路由。

第 2 步，配置路由器 R2、R3 和 R4

R2、R3 和 R4 的配置同第二节 "点到点链路上的 OSPF 设置" 中的配置完全相同。

2. 调试

（1）使用 "Show ip route" 命令，查看路由器上的路由表信息。

```
R4#show ip route
Codes:C - connected,S - statics,R - RIP,M - mobile,B - BGP
      D - EIGRP,EX - EIGRP external,O -OSPF,IA - OSPY inter area
      N1 - OSPF NSSA external type 1,N2 - OSPF NSSA external type 2
      E1 - OSPF external type 1,E2 - OSPF external type 2
      i - IS-IS,su - IS-IS summary,L1- IS-IS levels-1,L2 - IS-IS level-2
      ia - IS-IS inter area,* - candidate default,U - per-user static route
      o - ODR,P - periodic static route
Gateway of last resort is 192.168.34.3 to network 0.0.0.0

O    192.168.12.0/24 [110/2343] via 192.168.34.3,00:01:26,Serial0/0/0
     1.0.0.0/32 is subnetted,1 subnets
O       1.1.1.1 [110/2344] via 192.168.34.3. 00:01:26,Serial0/0/0
     2.0.0.0/32 is subnetted,1 subnets
O       2.2.2.2 [110/1563] via 192.168.34.3,00:01:26,Serial0/0/0
     3.0.0.0/32 is subnetted,1 subnets
O       3.3.3.3 [110/782] via 192. 168.34.3,00:01:26,Serial0/0/0
```

```
O    192.168.23.0/24 [110/1562] via 192.168.34.3,00:01:27,Serial0/0/0
O*E2 0.0.0.0/0 [110/1] via 192.168.34.3,00:01:27,Serial0/0/0
R3#show ip route
Codes:C - connected,S - statics,R - RIP,M - mobile,B - BGP
      D - EIGRP,EX - EIGRP external,O -OSPF,IA - OSPY inter area
      N1 - OSPF NSSA external type 1,N2 - OSPF NSSA external type 2
      E1 - OSPF external type 1,E2 - OSPF external type 2
      i - IS-IS,su - IS-IS summary,L1- IS-IS levels-1,L2 - IS-IS level-2
      ia - IS-IS inter area,* - candidate default,U - per-user static route
      o - ODR,P - periodic static route
Gateway of last resort is 192.168.23.2 to network 0.0.0.0

O   192.168.12.0/24 [110/1563] via 192.168. 23.2,00:05:28,Serial0/0/1
    1.0.0.0/32 is subnetted,1 subnets
O       1.1.1.1 [110/1563] via 192.168.23.2,00:05:28,Serial0/0/1
    2.0.0.0/32 is subnetted,1 subnets
O       2.2.2.2 [110/782] via 192.168.23.2,00:05:28,Serial0/0/1
    4.0.0.0/32 is subnetted,1 subnets
O       4.4.4.4 [110/782] via 192. 168.34.4,00:05:28,Serial0/0/0
O*E2 0.0.0.0/0 [110/1] via 192.168.23.2,00:05:30,Serial0/0/1
```

从上面 R3 和 R4 的路由表的输出可以看到，通过 "default-information originate" 命令确实可以向 OSPF 区域注入一条默认路由。

（2）使用 "Show ip ospf database" 命令查看 OSPF 拓扑结构数据库。

```
R4#show ip ospf database

              OSPF Router with ID(4.4.4.4)(Process ID 1)
                Rout Link States(area 0)

Link ID     ADV Router     Age      seq#          Checksum     Link count
1.1.1.1     1.1.1.1        746      0x80000010    0x000DB7       3
2.2.2.2     2.2.2.2        188      0x80000016    0x00CFB8       5
3.3.3.3     3.3.3.3        163      0x80000007    0x00282D       5
4.4.4.4     4.4.4.4        248      0x80000004    0x009402       3
                Type-5 AS External Link States
    Link ID     ADV Router     Age     Seq#         Checksum    Tag
    0.0.0.0     1.1.1.1        863     0x80000001   0x001D91    1
```

通过查看 R4 的拓扑结构数据库可以看到，确实从外面注入了一条类型 5 的 LSA。

【思考与练习】

1. Cisco 路由器 OSPF 协议配置和调试的常用命令有哪些？
2. OSPF 协议动态路由基本配置的内容有哪些？
3. 针对不同的网络拓扑结构二层链路类型，OSPF 协议动态路由的配置有何特点？

模块 5　网络地址转换（ZY3201402005）

【模块描述】本模块介绍了在路由器上实现网络地址转换的配置，包含网络地址转换概念、静态及动态地址转换设置、端口复用地址转换设置步骤。通过理论分析、配置示例，掌握在路由器上实现

IP 地址转换的基本概念和配置方法。

【正文】

一、网络地址转换基础知识

网络地址转换（Network Address Translation，NAT）不仅能够解决 IP 地址不足的问题，而且还能隐藏内部网络的结构，避免来自外部网络的攻击，因此被广泛应用于内部网络 Internet 接入。NAT 可以在路由器或防火墙设备上实现，但大多情况下是在路由器上。本模块介绍路由器上网络地址转换的配置。

1. 合法 IP 地址和私有 IP 地址

IP 地址可分为两类，一类是合法 IP 地址，另一类是私有 IP 地址。合法 IP 地址也叫作公有 IP 地址、公网 IP 地址，是指通过向 ISP 或注册中心申请而得到的、在 Internet 网上全球唯一的 IP 地址。私有 IP 地址是指 RFC1918 为私有网络预留的、可以在内部网络中自由使用的 IP 地址。RFC1918 为私有网络预留出了三个 IP 地址块：

A 类：10.0.0.0～10.255.255.255；

B 类：172.16.0.0～172.31.255.255；

C 类：192.168.0.0～192.168.255.255。

上述三个范围内的 IP 地址不会在 Internet 上分配，因而可以不必向 ISP 或注册中心申请而在企业内部网络上自由使用。

2. 网络地址转换原理

随着 Internet 规模的快速发展，IP 地址短缺已成为一个十分突出的问题。IETF 制定的 NAT 标准使得一个采用私有 IP 地址的内部网络通过少量的合法 IP 地址连接到 Internet，实现私有内部网络访问外部公用网络的功能，有利于减缓合法 IP 地址不足的矛盾。

一般情况下，内部网络是通过路由器连接到外部 Internet 网的。内网主机通过路由器向外网发送数据包时，NAT 将数据包报头中的私有地址转换为合法 IP 地址，反之亦然。

在配置网络地址转换实现的过程之前，首先必须搞清楚内部接口和外部接口，以及在哪个外部接口上启用 NAT。通常情况下，连接到企业网络的接口是 NAT 内部接口，而连接到外部网络（如 Internet）的接口是 NAT 外部接口，如图 ZY3201402005-1 所示。

3. NAT 的类型

NAT 的实现方式有 3 种，即静态转换、动态转换和端口多路复用。

（1）静态 NAT。是指将内网私有 IP 地址一对一固定地转换为外网合法 IP 地址，

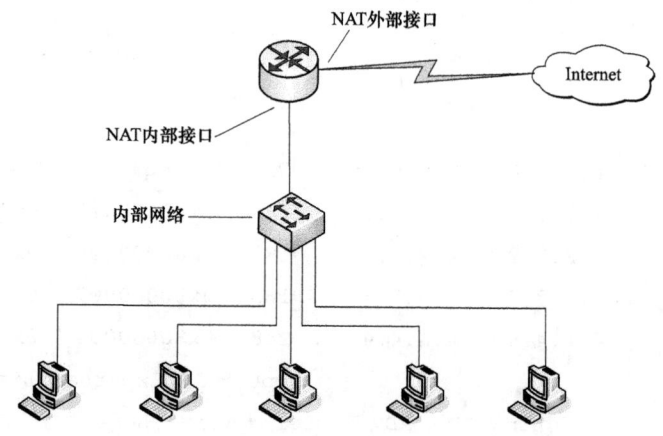

图 ZY3201402005-1　网络拓扑（网络地址配置）

即将合法 IP 地址一一对应地转换为私有 IP 地址。如果内网中有对外网提供服务的邮件或 FTP 服务器，这些服务器的 IP 地址必须采用静态转换，以便外部用户可以使用这些服务。

（2）动态 NAT。是指先将多个合法 IP 地址定义为一个地址池，内网私有 IP 地址转换为外网合法 IP 地址时，路由器从地址池中随机选定一个未被使用的合法 IP 地址。私有 IP 地址与合法 IP 地址是动态一对一映射的。当 ISP 提供的合法 IP 地址少于内网络中的主机数量时，可以采用动态 NAT。

（3）端口 NAT。NAT 又称为 PAT（Port Address Translation），是动态 NAT 的一种特殊形式，它将内网多个私有 IP 地址映射到一个合法 IP 地址的不同端口上，内部多台主机共享一个合法 IP 地址，实现对 Internet 的访问，从而可以最大限度地节约 IP 地址资源。PAT 的另一个优点是能更好地隐藏网络内部的所有主机，有效避免来自 Internet 的攻击。

下面，我们以 Cisco 路由器为例，来介绍 NAT 的配置方法。

ZY3201402005

二、静态 NAT 的配置

如果内网已获得多个合法 IP 地址，可以借助静态地址转换方式，将合法 IP 地址转换为内部服务器的 IP 地址，从而实现通过 Internet 对内网服务器的访问。

假设某一网络，其内部使用的 IP 地址段为 192.168.100.1～192.168.100.254，路由器局域网端口（即默认网关）的 IP 地址为 192.168.100.1，子网掩码为 255.255.255.0。网络申请到的合法 IP 地址范围为 61.159.62.128～61.159.62.135，路由器广域网中的 IP 地址为 61.159.62.129，子网掩码为 255.255.255.248，可用于转换的 IP 地址为 61.159.62.133。要求将内部网址 192.168.100.2～192.168.100.6 分别转换为合法 IP 地址 61.159.62.133。配置步骤如下：

第 1 步，进入全局配置模式

```
Router#config terminal
```

第 2 步，设置 NAT 外部端口

```
Router(config)#interface s0/0
Router(config-if)#ip address 61.159.62.133 255.255.255.248
Router(config-if)#ip nat outside
```

第 3 步，返回全局配置模式

```
Router(config-if)#exit
```

第 4 步，设置 NAT 内部端口

```
Router(config)#interface f0/0
Router(config-if)#ip address 192.168.100.1 255.255.255.0
Router(config-if)#ip nat inside
```

第 5 步，返回全局配置模式

```
Router(config-if)#exit
```

第 6 步，设置静态 NAT

```
Router(config)#ip nat inside source static 192.168.100.2 61.159.62.130    //将私有
```
IP 地址 192.168.100.2 转换为合法 IP 地址 61.159.62.130

```
Router(config)#ip nat inside source static 192.168.100.3 61.159.62.131
Router(config)#ip nat inside source static 192.168.100.4 61.159.62.132
Router(config)#ip nat inside source static 192.168.100.5 61.159.62.133
Router(config)#ip nat inside source static 192.168.100.6 61.159.62.134
```

第 7 步，返回特权模式

```
Router(config)#end
```

第 8 步，显示并校验配置

```
Router#show ip nat translations
```

第 9 步，保存配置

```
Router#copy running-config startup-config
```

三、动态 NAT 的配置

配置动态 NAT，先要用"ip net pool"命令把可用的合法 IP 地址设定为一个地址池，再把准许访问外网的私有 IP 地址用"access-list"命令设置到访问控制列表中，然后通过"ip nat inside source"命令实现动态地址转换。有关访问控制列表的配置知识详见模块 ZY3202503001（利用访问列表进行访问控制）。

假设某一网络，其内部使用的 IP 地址段为 172.16.100.1～172.16.100.254，路由器局域网端口（即默认网关）的 IP 地址为 172.16.100.1，子网掩码为 255.255.255.0。网络分配到的合法 IP 地址范围为 61.159.62.128～61.159.62.191，路由器广域网中的 IP 地址为 61.159.62.129，子网掩码为 255.255.255.192，可用于转换的 IP 地址范围为 61.159.62.130~61.159.62.190。要求将内部 IP 地址 172.16.100.1～172.16.100.254 动态转换为合法理地址 61.159.62.130~61.159.62.190。动态 NAT 的配置

454

步骤如下：

第1步，进入全局配置模式

Router#**config terminal**

第2步，设置外部端口

Router(config)#**interface** *s0/0*

Router(config-if)#**ip address** *61.159.62.129 255.255.255.192*

Router(config-if)#**ip nat outside**

第3步，返回全局配置模式

Router(config-if)#**exit**

第4步，设置内部端口

Router(config)#**interface** *f0/0*

Router(config-if)#**ip address** *172.16.100.1 255.255.255.0*

Router(config-if)#**ip nat inside**

第5步，返回全局配置模式

Router(config-if)#**exit**

第6步，定义合法 IP 地址池

Router(config)#**ip nat pool** *nat-test 61.159.62.130 61.159.62.190* **netmask** *255.255.255.192*
// nat-test 为自定义的地址池名称。

第7步，定义允许访问 Internet 的访问控制列表

Router(config)#**access-list 1 permit** *172.16.100.0 0.0.0.255* //其中，"1"为表号，取值范围为 1~99 之间的整数；0.0.0.255 为通配符掩码。

第8步，设置网络地址转换

Router(config)#**ip nat inside source list 1 pool** *nat-test*

第9步，返回特权模式

Router(config)#**end**

第10步，显示并校验配置

Router#**show ip nat translations**

第11步，保存配置

Router#**copy running-config startup-config**

四、PAT 的配置

配置 PAT 的方法与动态 NAT 基本相同，只是在"ip nat inside source"命令中要加上"overload"关键字。当只有一个合法 IP 地址，合法 IP 地址池中起、止地址是相同的。

假设某一网络，其内部使用的 IP 地址段为 10.100.100.1～10.100.100.255，路由器局域网端口（即默认网关）的 IP 地址为 10.100.100.1，子网掩码为 255.255.255.0。路由器 Internet 接口的 IP 地址为 202.99.160.1，子网掩码为 255.255.255.252。要求将内部网址 10.100.100.1～10.100.100.254 转换为合法 IP 地址。配置过程如下：

第1步，进入全局配置模式

Router#**config terminal**

第2步，设置外部端口

Router(config)#**interface** *s0/0*

Router(config-if)#**ip address** *202.99.160.1 255.255.255.252*

Router(config-if)#**ip nat outside**

第3步，返回全局配置模式

Router(config-if)#**exit**

第4步，设置内部端口

```
Router(config)#interface f0/0
Router(config-if)#ip address 10.100.100.1 255.255.255.0
Router(config-if)#ip nat inside
```
第 5 步，返回全局配置模式
```
Router(config-if)#exit
```
第 6 步，定义合法 IP 地址池
```
Router(config)#ip nat pool pat-test 202.99.160.1 202.99.160.1 netmask 255.255.255.252
```
// pat-test 为自定义的地址池名称。

第 7 步，定义访问控制列表
```
Router(config)#access-list 2 permit ip 10.100.100.1 0 0.0.0.255 any
```
第 8 步，设置端口地址转换
```
Router(config)#ip nat inside source list 2 pool pat-test overload
```
第 9 步，返回特权模式
```
Router(config)#end
```
第 10 步，显示并校验配置
```
Router#show ip nat translations
```
第 11 步，保存配置
```
Router#copy running-config startup-config
```

如果有多个合法 IP 地址，也可采用 PAT，在合法 IP 地址池中输入相应的起、止地址即可。此时，采用 PAT 比采用动态 NAT 的转换效率更高。

在只有一个合法 IP 地址的情况下，也可以直接使用路由器的外部接口，而不必定义合法 IP 地址池。将第 8 步的命令改为：
```
Router(config)#ip nat inside source list 2 interface s0/0 overload
```

五、NAT 配置和调试其他常用命令

1. 查看动态 NAT 转换的过程

要查看网络地址转换的动态过程，先输入命令：
```
Router#debug ip nat
```
然后再输入命令：
```
Router#clear ip nat translation *
```
清除现有动态 NAT 重新启动地址转换，从路由器输出的信息中可以观察到转换的过程。

2. 查看 NAT 转换的统计信息

查看 NAT 转换的统计信息可使用命令：
```
Router#ip nat statistics
```

【思考与练习】

1. 网络地址转换的用途是什么？

2. 网络地址转换的实现方式有几种？

3. 简述动态 NAT 的配置步骤。